Auftrags- und Projektmanagement

Michael Kleinaltenkamp · Wulff Plinke ·
Ingmar Geiger
Herausgeber

Auftrags- und Projektmanagement

Mastering Business Markets

2., vollständig überarbeitete Auflage

Springer Gabler

Herausgeber

Prof. Dr. Michael Kleinaltenkamp
Marketing-Department
Freie Universität Berlin
Berlin, Deutschland

Prof. Dr. Ingmar Geiger
Executive Master of Business Marketing
Freie Universität Berlin
Berlin, Deutschland

Prof. Dr. Wulff Plinke
Europ. School of Management & Technology
Berlin, Deutschland

ISBN 978-3-658-01351-6
DOI 10.1007/978-3-658-01352-3
ISBN 978-3-658-01352-3 (eBook)

Die Deutsche Nationalbibliothek verzeichnet diese Publikation in der Deutschen Nationalbibliografie; detaillierte bibliografische Daten sind im Internet über http://dnb.d-nb.de abrufbar.

Springer Gabler

Lektorat: Barbara Roscher, Jutta Hinrichsen

Gedruckt auf säurefreiem und chlorfrei gebleichtem Papier.

Springer Gabler ist eine Marke von Springer DE. Springer DE ist Teil der Fachverlagsgruppe Springer Science+Business Media
www.springer-gabler.de

Vorwort zur zweiten Auflage

Der vorliegende Band zum „Auftrags- und Projektmanagement“ ist neben dem Grundlagenwerk „Technischer Vertrieb“ und den Bänden zum „Markt- und Produktmanagement“, zum „Geschäftsbeziehungsmanagement“ sowie zum „Strategischen Business-to-Business-Marketing“ einer der vier Vertiefungsbände in unserer umfassenden Reihe „Mastering Business Markets“ (vormals: „Technischer Vertrieb“) zum Business-to-Business-Marketing. Gleichzeitig mit dem Wechsel zum Springer Gabler-Verlag ist der Kreis der Herausgeber um Ingmar Geiger erweitert worden.

Die nun vorliegende 2. Auflage enthält eine grundlegende Überarbeitung und Erweiterung des bisherigen Buches. Wir tragen damit sowohl den neueren Entwicklungen in der Praxis als auch den vielfältigen Forschungsergebnissen zu den verschiedenen Themenbereichen dieses Buches Rechnung. Die Kap. 1, 3 und 8 wurden im Hinblick auf die relevanten Konzepte und die Entwicklungen in der Literatur aktualisiert, die Kap. 2, 4 und 7 von anderen Autorenteams als in der ersten Auflage neu geschrieben. Da im Auftrags- und Projektmanagement sowohl dem Vertragsmanagement als auch dem Verhandlungsmanagement eine ganz entscheidende Bedeutung in Bezug auf die Profitabilität eines Auftrags sowie auf seine Durchführung zukommt, haben wir in dieser zweiten Auflage des Buches zwei umfangreiche, neue Kapitel (5 und 6) zu diesen beiden Themenkomplexen aufgenommen. Während also die Grundkonzeption des Buches dieselbe geblieben ist, so ist seine konkrete Ausgestaltung vollkommen überarbeitet und maßgeblich erweitert worden.

Zu danken haben wir den Autorinnen und Autoren, die an der Erstellung des Buches mitgewirkt haben, für die gute Zusammenarbeit. Auch bedanken wir uns bei den Teilnehmerinnen und Teilnehmern sowie den Mitarbeiterinnen und Mitarbeitern des Studienganges „Executive Master of Business Marketing“ an der Freien Universität Berlin für ihr kritisch-konstruktives Feedback zu den einzelnen Beiträgen.

Im SpringerGabler-Verlag geht unser Dank an unsere Lektorin, Frau Jutta Hinrichsen. Unser ganz besonderer Dank gilt unserem wissenschaftlichen Mitarbeiter Dipl.-Ing. Matthias Claßen für die Gesamtkoordination des Werkes, der einzelnen AutorInnen und Beiträge sowie unserer studentischen Hilfskraft, Frau Carolyn Seifert, für das Redigieren der Texte und Abbildungen in unermüdlicher Kleinarbeit.

Wir widmen dieses Buch dem früheren Autor in der ersten Auflage, Prof. Dr. Günther Heger, der uns im Jahr 2010 viel zu früh verlassen hat.

Berlin, im November 2012

Michael Kleinaltenkamp
Wulff Plinke
Ingmar Geiger

Vorwort zur ersten Auflage

„Einen Geschäftsabschluss zu tätigen" stellt das Ziel eines jeden Akquisiteurs im Technischen Vertrieb dar. In vielen Branchen des Business-to-Business-Bereichs ist die Durchführung und Abwicklung eines solchen Geschäfts ein oft komplizierter und auch langwieriger Vorgang, an dem viele unterschiedliche Personen und Institutionen beteiligt sein können. Ein effektives und effizientes Management der betreffenden Tätigkeiten ist deshalb von ausschlaggebender Bedeutung für den Erfolg eines Unternehmens. Das Auftrags- und Projektmanagement stellt somit einen der zentralen Aufgabenbereiche des Technischen Vertriebs dar. Hierfür ist eine Vielzahl von Instrumenten, Methoden und Vorgehensweisen entwickelt worden, die in dem vorliegenden Buch zusammenfassend dargestellt werden. Das Buch ist damit der zweite Vertiefungsband in unserer Reihe zum Technischen Vertrieb, nach dem Grundlagenwerk und dem „Geschäftsbeziehungsmanagement". Wir haben allen Autoren, die an der Erstellung des Buches mitgewirkt haben, für die gute Zusammenarbeit zu danken. Zudem gebührt unser Dank den Teilnehmern früherer Studienjahrgänge des Weiterbildenden Studiums Technischer Vertrieb, die durch ihre konstruktiv-kritischen Anmerkungen zu früheren Fassungen der Lehrtexte den Verfassern und den Herausgebern wertvolle Hinweise für die inhaltliche und formale Gestaltung der einzelnen Kapitel gegeben haben. Unser ganz besonderer Dank gilt wiederum dem Team von Herrn Dipl.-Kfm. Martin Kardekewitz für den professionellen und unermüdlichen Einsatz bei der Erstellung des druckfertigen Manuskripts.

Berlin, im Dezember 1997

Michael Kleinaltenkamp
Wulff Plinke

Inhaltsverzeichnis

Abbildungsverzeichnis

Tabellenverzeichnis

Auftragsmanagement

1

Frank Jacob

Inhaltsverzeichnis

Zusammenfassung

Das Auftrags- und Projektgeschäft zeichnet sich durch individuell für einen Kunden zugeschnittene Problemlösungen aus. In genau dieser Form werden sie oftmals nur ein einziges Mal erstellt, womit jede Transaktion in gewisser Weise einzigartig ist. Somit kommt dem Auftragsmanagement, also den Marketinganstrengungen eines Anbieters, die auf den Erhalt und die profitable Durchführung eines einzelnen Auftrags oder Pro-

Prof. Dr. Frank Jacob ✉
Lehrstuhl für Marketing, ESCP Europe Wirtschaftshochschule Berlin, Heubnerweg 8-10, 14059 Berlin, Deutschland
e-mail: fjacob@escpeurope.eu

M. Kleinaltenkamp et al. (Hrsg.), *Auftrags- und Projektmanagement*,
DOI 10.1007/978-3-658-01352-3_1,

jekts gerichtet sind, eine enorme Bedeutung zu. Das nachfolgende Kapitel geht dieser Bedeutung zuerst in einer kurzen theoretischen und dann in einer ausführlicheren managementorientierten Betrachtungsweise nach. Es setzt sich dabei mit verschiedenen Theorien der Transaktion auseinander, bevor es die einzelnen Aktivitäten des Auftragsmanagements näher betrachtet. Im Einzelnen sind dies die Analyse, Planung, Durchführung, Organisation und Kontrolle der Transaktion.

1.1 Einleitung

Konstituierendes Merkmal eines Marktes und elementarer Handlungs- und Untersuchungsgegenstand des Marketings ist die marktliche Transaktion. Eine Markttransaktion ist dadurch beschrieben, dass ein Anbieter und ein Nachfrager wechselseitig Übereinkunft über den Austausch von Verfügungsrechten an Gütern oder Leistungen treffen (Plinke 2000, S. 9) – in der einfachsten Form: „Ware gegen Geld". Marktliche Transaktionen kommen jedoch nicht durch übergeordnete Pläne zustande, auch sind sie nicht an einen „von oben" vorgegebenen Verlauf gebunden. Andererseits ist es aus betrieblicher Perspektive nicht sinnvoll, sowohl ihre Entstehung als auch ihren Verlauf dem Zufall zu überlassen. Vielmehr müssen Transaktionen aktiv vorbereitet und gesteuert werden. Dieses Aufgabenspektrum kann als Auftragsmanagement bezeichnet werden. Moderne Märkte sind zumeist als Käufermärkte charakterisiert, d. h. das Angebot übersteigt die Nachfrage. Nachfrager kommen somit in die Situation der Wahlmöglichkeit, d. h. sie können zwischen verschiedenen Angeboten bzw. Anbietern auswählen und u. U. Bedingungen stellen. Anbieter stehen dagegen miteinander im Wettbewerb um die Gunst der Nachfrager. Insofern ist das Auftragsmanagement in erster Linie eine Aufgabe der Anbieter. Relativiert wird diese Aussage durch die Bedeutung, die der Beschaffung als eigenständiger Managementaufgabe in der betrieblichen und marktlichen Praxis zukommt (Günter und Kuhl 2000). Diese Perspektive soll im vorliegenden Beitrag auch eingenommen werden.

Eine systematische Betrachtung des Auftragsmanagement kann zweierlei Standpunkte einnehmen: eine theoretische Perspektive und eine Managementperspektive. Die theoretische Perspektive will das Geschehen innerhalb von Markttransaktionen (lediglich) erklären. Sie sucht nach der Formulierung von Ursache-/Wirkungsbeziehungen. Die Managementperspektive nimmt dagegen die Position des betrieblichen Entscheiders ein und strebt danach, ihm Entscheidungshilfen zur Erreichung seiner Ziele zur Verfügung zu stellen. Ohne eine theoretische Fundierung bleibt die Aussagekraft von Managementansätzen jedoch oft eingeschränkt. Insofern sollen in diesem Beitrag beide Perspektiven eingenommen werden, wobei der Managementperspektive allerdings der Schwerpunkt verbleibt.

1.2 Die Theorie der Transaktion

Im Folgenden wird eine Auswahl theoretischer Ansätze vorgestellt, die einen Bezug zum Auftragsmanagement aufweisen. Diese Auswahl erhebt keinen Anspruch auf Vollständigkeit. Auch kann der Bezug zu den anschließend vorgestellten Managementansätzen nicht immer explizit aufgezeigt werden. Der betriebliche Entscheider, der mit dem Management von Aufträgen betraut ist, kann die theoretischen Ansätze immer dann sinnvoll einsetzen, wenn er Managementansätze für konkrete und spezifische Anwendungsfälle modifizieren und anpassen muss. Die Theorie liefert ihm dann – neben den konkreten Anwendungsbedingungen – den Bezugsrahmen.

1.2.1 Austauschtheorie

Im Sinne einer Klassifikation von Ansätzen im Marketing, wie sie von *Sheth, Gardner und Garrett* vorgenommen wurde (Sheth et al. 1988, S. 19 ff.), wäre die *Austauschtheorie* als interaktive und ökonomische Perspektive zu bezeichnen. Zur Einordnung als grundsätzlich ökonomische Perspektive kann auf die Aussagen von Plinke (2000) zurückgegriffen werden. Untersuchungsobjekt ist der Austausch in dem Sinne, wie er oben definiert wurde (Abschn. 1.1; Plinke 2000). Eine Grundaussage besteht nun darin, dass ein solcher Austausch nur zustande kommt, wenn er von allen Beteiligten als vorteilhaft angesehen wird. Als Konsequenz muss eine wesentliche Aufgabe darin gesehen werden zu erklären, wie Vorteilhaftigkeit entsteht und aus welchen Elementen sie sich zusammensetzt (Thibaut und Kelley 1959). Austausch beruht insofern auf Gegenseitigkeit, als er für alle Beteiligten sowohl mit Nutzen als auch mit Opfern (Kosten) verbunden ist. Anbieter und Nachfrage vergleichen und bewerten Nutzen und Kosten aus ihrer jeweiligen Perspektive. Sowohl der Nutzen als auch die Kosten können auf den Vertragsgegenstand an sich, auf die Transaktion als Prozess und auf die Folgewirkung des Austauschs bezogen werden. In diesem Sinne entsteht die Einteilung gemäß Tab. 1.1.

Übersteigt sowohl für den Anbieter als auch für den Nachfrager der Nutzen die Kosten und ist diese Differenz größer als bei allen Alternativen, die dem Nachfrager und dem Anbieter zum gegebenen Zeitpunkt zur Verfügung stehen, so sind die Voraussetzungen für das Zustandekommen eines marktlichen Austauschs gegeben.

Jeder Marktbeteiligte, der an dem Zustandekommen eines Austauschs interessiert ist, bzw. ihn aus seiner Perspektive möglichst vorteilhaft gestalten möchte, kann sich diesen Zusammenhang zunutze machen. Hilfreich ist der Ansatz in jedem Fall als Analyseraster zur Beurteilung der Wahrscheinlichkeit eines Austauschs. Er liefert zusätzlich jedoch auch Hinweise darauf, wie diese Wahrscheinlichkeit durch das Ergreifen von Maßnahmen erhöht, bzw. wie die Austauschrelation zum eigenen Vorteil weiter verbessert werden kann.

Tab. 1.1 Nutzen- und Kostenelemente des Austauschs im Überblick (Plinke 2000, S. 50)

		Nutzenelemente	
	Nutzen aus dem Vertragsgegenstand	Transaktionsnutzen	Nutzen aus Folgewirkungen des Austauschs
Käufersicht	Nutzenbündel des Produkts	Know-how-Zuwachs Sicherheit	Sicherheit Kostensenkung
Anbietersicht	Entgelt	Know-how-Zuwachs	Referenznutzen Kooperationsnutzen
		Kostenelemente	
	Kosten aus der Bereitstellung	Transaktionskosten	Kosten aus Folgewirkungen des Austauschs
Käufersicht	Kaufpreis Betriebskosten	Beschaffungskosten	Lieferantenwechselkosten
Anbietersicht	Herstellkosten	Vertriebskosten	Bereitschaftskosten Kooperationskosten

1.2.2 Principal-Agent-Theorie

Die *Principal-Agent-Theorie* ist dem weiteren Gebiet der Neuen Institutionenökonomik zuzuordnen (Fischer et al. 1993; Jacob 1995, S. 145 ff.). Ihr wesentliches Augenmerk ist dem Umstand gewidmet, dass der Informationsstand der an einer Transaktion Beteiligten nicht nur unvollständig, sondern meistens auch noch asymmetrisch verteilt ist. Somit gibt es also grundsätzlich Beteiligte mit einem Informationsvorsprung (Agenten) und einem Informationsnachteil (Prinzipale). Im Anwendungsbereich des Auftragsmanagements auf Business-to-Business-Märkten handelt es sich bei den Prinzipalen i. d. R. um die Auftraggeber, bei den Agenten um die Auftragnehmer (Fließ 2000, S. 262 ff.). Der Informationsnachteil des Prinzipalen manifestiert sich vor allem in sogenannter endogener Unsicherheit, d. h. unvollständigen Informationen über den Kooperationsinput des Agenten. Ist sich ein Prinzipal dieses Nachteils bewusst und kann er weiterhin opportunistisches Verhalten des Agenten nicht grundsätzlich ausschließen, so führt dies zu sogenannter Verhaltensunsicherheit, also der Befürchtung, dass der Agent seinen diskretionären Handlungsspielraum zu eigenem Nutzen und zum Schaden des Prinzipals einsetzt. In Abhängigkeit vom Zeitpunkt, auf den sich die Verhaltensunsicherheit bezieht, von der Möglichkeit, noch Einfluss auf das Verhalten auszuüben, und von der Beobachtbarkeit des Verhaltens durch den Prinzipalen können nun typische Agency-Probleme unterschieden werden, auf die an dieser Stelle allerdings nicht näher eingegangen werden soll (Spremann 1990; Jacob 1995, S. 146 f.).

Ist eine Transaktionssituation durch hohe Verhaltensunsicherheit geprägt, so kann dies durchaus zu Marktversagen führen, also dem Umstand, dass keinerlei Transaktionen tatsächlich zu Ende geführt werden. Ein solches grundsätzliches Marktversagen ist allerdings in der Regel weder im Interesse des Agenten noch des Prinzipalen. Verschiedene Transaktionsdesigns stehen zur Verfügung, um Verhaltensunsicherheit zu reduzieren und damit

Marktversagen zu vermeiden. Zum Beispiel kann der Prinzipal vom Agenten formelle Garantien verlangen, er kann seine Beobachtungsanstrengungen erhöhen oder er kann dem Agenten Anreizsysteme anbieten, die dessen Verhalten in eine bestimmte Richtung lenken. Andererseits kann der Agent auch Garantien von sich aus anbieten, er kann deutliche und eindeutige Signale aussenden, die den Informationsstand des Prinzipals verbessern, oder ebenfalls an der Entwicklung von Anreizsystemen mitarbeiten (Spremann 1988; Jacob 1995, S. 147 ff.).

Wichtig für das Management von Transaktionen insbesondere im Business-to-Business-Bereich ist es nun, dass die Rollen des Prinzipalen und des Agenten nicht eindeutig dem Anbieter oder dem Nachfrager zuzuordnen sind. Vielmehr wechselt die Zuordnung, je nach speziellem Verhaltenstatbestand und je nach der Phase, in der sich die Transaktion befindet. Die Situation des Käufermarktes impliziert allerdings, dass die Initiative zur Überwindung von Verhaltensunsicherheit – entweder der eigenen oder derjenigen des Nachfragers – immer vom Anbieter ausgehen muss. Insofern erfordert das Auftragsmanagement eine permanente Analyse der gegebenen Agency-Verhältnisse und das Ergreifen von entsprechenden Maßnahmen.

1.2.3 Transaktionskostentheorie

Grundlage der Transaktionskostentheorie (z. B. Kühne 2008) ist die Erkenntnis, dass nicht nur das Tauschobjekt an sich mit Nutzen und Kosten für Anbieter und Nachfrager verbunden ist, sondern der Prozess des Austauschens ebenso. Eine wesentliche Dimension zur Charakterisierung von Austauschprozessen nach *Williamson* ist die sogenannte Faktorspezifität (Williamson 1990, S. 59). Faktorspezifität liegt vor, wenn ein Faktor nur innerhalb eines bestimmten Bezugskontextes optimale Nutzenstiftung zulässt. Außerhalb dieses Bezugskontextes müsste eine Reduzierung des Faktornutzens in Kauf genommen werden. Investitionen in spezifische Faktoren haben insofern immer den Charakter von „sunk costs". Will ein Entscheider diese Nutzenreduktion nicht in Kauf nehmen, so ist er an den ursprünglichen Bezugskontext gebunden. Weiß ein Transaktionspartner um diese Bindung, so kann er sie zum eigenen Vorteil ausnutzen. Ursprünglich wurde Faktorspezifität nur auf bestimmte Faktoren bezogen, dazu gehören Standorte, Sachkapital, Humankapital und zweckgebundene Sachwerte (Williamson 1990, S. 49 ff.). Der Anwendungsrahmen kann jedoch durchaus erweitert werden. Typischerweise sind Vorleistungen, die ein Anbieter auf Business-to-Business-Märkten erbringt, um seine Auftragschancen beim Nachfrager zu erhöhen, ebenfalls spezifische Investitionen (z. B. Jacob 1995, S. 165). Fällt die Entscheidung des Nachfragers nämlich zugunsten eines anderen Anbieters aus, so sind diese Vorleistungen in aller Regel nichts mehr wert, weil andere Nachfrager andere Vorleistungen erfordern. Allerdings kann auch ein Nachfrager spezifische Investitionen in Bezug auf einen Anbieter tätigen, etwa indem er interne Beschaffungsabläufe speziell auf die Gegebenheiten bei einem einzigen Anbieter ausrichtet. Wechselt er den Anbieter später, so verlieren die Anstrengungen zur Ausrichtung dieser Abläufe ihren Wert.

Es kann nun die These aufgestellt werden, dass Transaktionen mit einem gewünschten Partner umso wahrscheinlicher werden, je mehr es gelingt, ihn zu spezifischen Investitionen zu bewegen. Umgekehrt formuliert können marktliche Freiheitsgrade von Anbieter und Nachfrager nur aufrechterhalten werden, wenn die spezifischen Investitionen in bestimmten Grenzen verbleiben. Das Management von Aufträgen ist damit auch immer ein Management von spezifischen Investitionen. Bereits erfolgte spezifische Investitionen stellen die Rahmenbedingungen dar, zukünftige Investitionen müssen aufgrund ihrer Spezifität beurteilt werden.

1.2.4 Interaktionsansatz

Der Interaktionsansatz im Business-to-Business-Marketing kann als Antwort auf die Probleme verstanden werden, die bei der Übertragung des im Konsumgüterbereich sehr weit verbreiteten SOR-Paradigmas (Stimulus-Organismus-Response) entstehen (Plinke 1991, S. 176). Danach sendet bei marktlichen Transaktionen der Anbieter als agierende Partei durch die Gestaltung seiner Marketinginstrumente Stimuli an den Nachfrager aus. Der Nachfrager als reagierende Partei verarbeitet diese Stimuli unter dem Einfluss vieler verhaltensrelevanter Faktoren (Organismus). Diese Verarbeitung mündet in ein Verhalten (Response), worunter im Allgemeinen die Kauf- bzw. Nichtkaufentscheidung zu verstehen ist. Im Business-to-Business-Bereich ist diese Sichtweise nicht generell haltbar. Insbesondere die klare Einordnung als ausschließlich agierende bzw. ausschließlich reagierende Partei entspricht nicht der Realität der Märkte. Anbieter und Nachfrager agieren und reagieren vielmehr wechselseitig und verfügen über eine Reihe von Handlungsalternativen (z. B. Gemünden 1980, S. 21). Insofern nimmt der Interaktionsansatz die Perspektive der gegenseitigen Beeinflussung und Beeinflussbarkeit ein. Die Gegenseitigkeit der Beeinflussung bezieht sich jedoch nicht nur auf die beiden Parteien Anbieter und Nachfrager, sondern auch auf Interaktionen innerhalb von Gruppen und Gremien auf beiden Seiten. Zudem ist Interaktion nicht nur auf paarweise Konstellationen (Dyaden) beschränkt, sondern kann durchaus multipersonale bzw. multiorganisationale Konstellationen betreffen (Gemünden 1985, siehe auch Kap. 8 dieses Buches).

Aus einer interaktionsorientierten Betrachtung von Markttransaktionen ist zunächst die Konsequenz zu ziehen, dass weder der Anbieter noch der Nachfrager unabhängig voneinander einseitige Ziele für eine Markttransaktion formulieren können. Ziele sind nur sinnvoll, wenn beide Partner Einigkeit darüber finden. Das heißt nicht, dass die Zielfestlegung immer kooperativ durchgeführt werden muss. Sie kann durchaus auf eine Partei delegiert werden. Voraussetzung bleibt jedoch, dass beide Partner mit der Delegation einverstanden und sich dessen bewusst sind. Gemeinsame Zielfestlegung mit dem Nachfrager wird damit zu einer wichtigen Aufgabe für das Transaktionsmanagement des Anbieters. Der Interaktionsansatz lehrt weiterhin, dass der Transaktionsverlauf immer unter dem Aspekt der Verfolgung dieser Ziele gesteuert werden muss. In einem sehr anschaulichen Beitrag haben Backhaus und Günter aufgezeigt, wie ein Modell für diese Steuerung aussehen kann (Backhaus und Günter 1976).

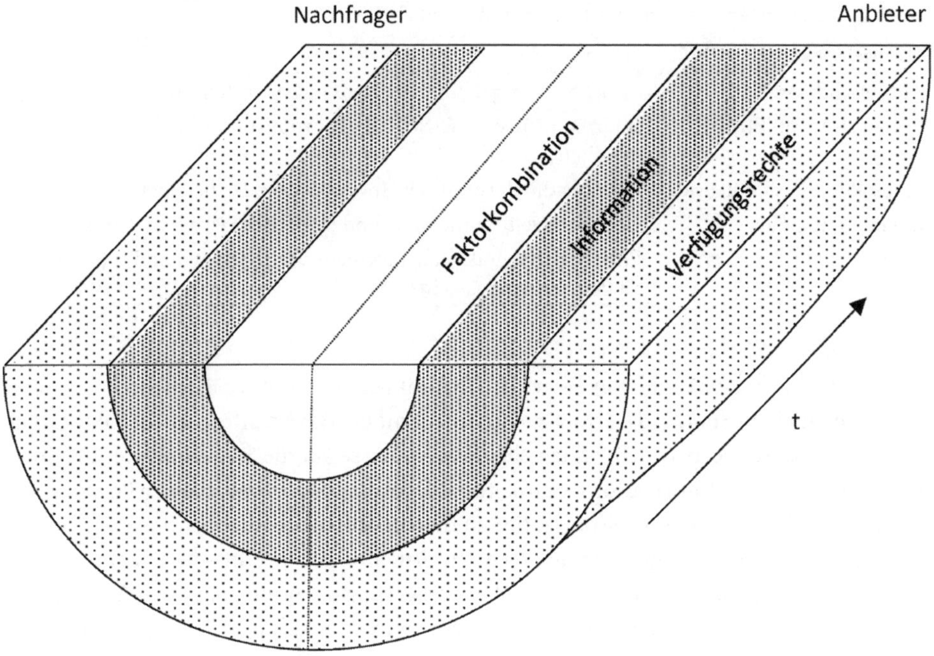

Abb. 1.1 Sphären einer Markttransaktion (Kleinaltenkamp 1997, S. 89)

1.2.5 Markttransaktion und Integrativität

Ansätze, die sich der grundsätzlichen Erforschung von Markttransaktionen widmen, tragen nun explizit dem Umstand Rechnung, dass Markttransaktionen sowohl den Austausch eines konkreten Objektes, als auch der Verfügungsrechte darüber, als auch von relevanten Informationen umfassen (Kleinaltenkamp 1997). Eine Markttransaktion hat damit eine physische Sphäre, eine Informationssphäre und eine Sphäre der Verfügungsrechte (Abb. 1.1).

Die Komplexität des gesamten Austauschs sowie der einzelnen Sphären ist in erster Linie abhängig vom Ausmaß der sogenannten Integrativität, also dem Grad der Individualität einer Markttransaktion und dem Einfluss des Nachfragers auf das Leistungsergebnis. Auf die Bedeutung dieser Integrativität insbesondere im Business-to-Business-Bereich verweist bereits Alderson in einem Beitrag aus dem Jahre 1957 (Alderson 1957, S. 334). Je individueller der Bedarf eines Nachfragers ist, umso mehr ergibt sich die Notwendigkeit, auch die physische Faktorkombination in die konkrete Markttransaktion einzubeziehen. Ebenso steigt der Anteil an Produktionsfaktoren, die nicht vom Anbieter sondern vom Nachfrager beigesteuert werden (z. B. Informationen, allerdings ist der Begriff der Information dabei differenziert zu betrachten (Kleinaltenkamp 1997, S. 92 ff.)). Sollen dagegen einheitliche Bedarfe bei einer Vielzahl von Nachfragern gedeckt werden, so kann die Fak-

Tab. 1.2 Theorien/Ansätze der Transaktion im Überblick

Theorie/Ansatz	Schwerpunkt
Austauschtheorie	Subjektiv wahrgenommene Nettonutzenvorteile der Beteiligten
Principal-Agent-Theorie	Informationsasymmetrie und opportunistisches Verhalten der Beteiligten
Transaktionskostentheorie	Bindung durch spezifische Invesititionen der Beteiligten
Interaktionsansatz	Gegenseitige Beeinflussung und Beeinflussbarkeit der Beteiligten
Integrativität	Physische Integrativität, informative Integrativität und Integrativität der Verfügungsrechte

torkombination unabhängig von einzelnen Transaktionen – zum Beispiel auf Lager oder nach einheitlichem Standard – erfolgen. Aus dem Einfluss des Nachfragers auf Faktorkombinationsprozesse ergeben sich jedoch ebenfalls Einflüsse auf die Steuerung von Informationsflüssen und der Informationsverarbeitung. Informationsströme, die der Leistungsgestaltung unabhängig von Einzeltransaktionen dienen (Potenzialinformationen), erfordern nämlich ein anderes Management als solche Informationsströme, die die integrative Faktorkombination begleiten bzw. erst möglich machen (Episodeninformationen, Weiber und Jacob 2000). Sowohl für die integrative Faktorkombination als auch für das Management von transaktionsbezogenen Informationen ergeben sich nun spezielle Probleme daraus, dass die Verfügungsrechte über den Beitrag des Nachfragers bei ihm verbleiben. Hieraus resultiert die Frage, wie die Verfügungsrechte am Leistungsergebnis, das ja integrativ zustande kam, aufgeteilt werden sollen. Sowohl der Anbieter als auch der Nachfrager haben ein Interesse an diesen Verfügungsrechten, stellen sie doch einen wesentlichen Einflussfaktor der Einigung auf einen Preis zwischen Anbieter und Nachfrager dar. Beide wissen auch um die Problematik der Aufteilung. Insofern stellt auch das Management der Verfügungsrechte eine wesentliche Herausforderung innerhalb des Managements von Transaktionen bzw. Aufträgen dar.

1.2.6 Theorien der Transaktion im Überblick

In Tab. 1.2 sind die Theorien, die als Bezugsrahmen für eine Betrachtung des Auftrags bzw. der marktlichen Einzeltransaktion auf der Ebene von Ursachen und Wirkung herangezogen werden können, mit ihren Schwerpunkten noch einmal zusammengefasst.

Der betriebliche bzw. marktliche Entscheider kann je nach Entscheidungssituation bzw. gegebenen Rahmenbedingungen Schwerpunkte bei der Auswahl seines Bezugsrahmens setzen. Konkrete Modelle und Ansätze zur Entscheidungsunterstützung werden in den folgenden Teilen behandelt.

1.3 Das Management der Transaktion

Management als Tätigkeit ist die systematische Anwendung von Instrumenten, Modellen und Methoden (zusammengefasst: Mittel) zur Erreichung betrieblicher Ziele. Zielvorgabe für das Auftragsmanagement sind Effektivität und Effizienz bei der Verfolgung einzelner Markttransaktionen. Der Managementprozess kann generell in folgende Teilschritte unterteilt werden (z. B. Staehle 1994, S. 78 f.):

- Analyse,
- Planung,
- Durchführung und
- Controlling.

Analyse bedeutet für das Auftragsmanagement, dass sämtliche Tatbestände, die für die Entstehung und den Verlauf einer Einzeltransaktion relevant sein können, zusammengestellt und systematisiert werden. Planung bedeutet, dass sich der Anbieter unter Berücksichtigung der Analyseergebnisse für eine bestimmte Vorgehensweise bei der Auftragsverfolgung entscheidet. In der Durchführungsphase wird dieser Plan umgesetzt. Controlling steht im Gegensatz zu den drei genannten Teilschritten nicht in einem sequenziellen Zusammenhang, sondern stellt eine alle Phasen begleitende Aufgabe dar. Durch Controlling soll sichergestellt werden, dass alle anderen Einzelschritte des Auftragsmanagements aufeinander aufbauen und insbesondere Veränderungen der Tatbestände sofort berücksichtigt werden können. Diesem Schema folgt die Gliederung der folgenden Ausführungen.

1.3.1 Die Analyse der Transaktion

Aufträge bzw. Transaktionen sind oben definiert worden als wechselseitige Übereinkunft zwischen Anbieter und Nachfrager auf Märkten über den Transfer von Verfügungsrechten an Gütern oder Leistungen. Insofern handelt es sich bei den Tatbeständen der Analyse von Transaktionen bzw. Aufträgen um solche aus dem Bereich des Nachfragers, solche aus dem Bereich des Wettbewerbs und solche aus dem Bereich anderer beteiligter Parteien auf dem jeweiligen Markt (Drittparteien).

1.3.1.1 Nachfrageranalyse

Im Hinblick auf die Nachfrageranalyse für Zwecke des Auftragsmanagements können wir zunächst konstatieren, dass investive Nachfrager Beschaffungen bzw. Investitionen bewusst oder unbewusst immer mit dem Ziel durchführen, entweder unmittelbar oder mittelbar ihre eigene Position auf den von ihnen bearbeiteten Märkten zu erhalten oder zu verbessern. Insofern unterliegt einer Beschaffungs- oder Investitionsentscheidung immer ein „objektives“ Problem. Allerdings werden die Beschaffungs- oder Investitionsentscheidungen von Menschen, in aller Regel sogar von Gruppen getroffen, was sie der Sphäre des „Objektiven“

Abb. 1.2 Das Modell der Wertkette nach Porter (Porter 1989, S. 62)

wiederum enthebt und dem „Subjektiven" zuführt. Insofern sind sowohl das Problem an sich als auch die an der Beschaffung beteiligten Personen Gegenstand der Analyseaufgabe für das Management von Aufträgen.

Problemanalyse

Auftragsbezogene Probleme von Nachfragern auf Business-to-Business-Märkten können nach unterschiedlichen Kriterien systematisiert werden, u. a. nach

- der Struktur,
- der Evidenz,
- dem Umfang und
- den institutionellen Rahmenbedingungen.

Will man die sachliche **Struktur** des auftragsrelevanten Problems eines Nachfragers abbilden und analysieren, so bietet sich als Analyseinstrument der Wertkettenansatz nach Porter an. Demgemäß kann jedes Unternehmen – und damit auch jeder Nachfrager auf Business-to-Business-Märkten – verstanden werden „als eine Ansammlung von Tätigkeiten, durch die ein Produkt entworfen, hergestellt, vertrieben, ausgeliefert oder unterstützt wird. All diese Tätigkeiten lassen sich in einer Wertkette darstellen" (Porter 1989, S. 63). Wertkettenaktivitäten lassen sich in primäre und unterstützende Aktivitäten unterteilen: „Primäre Aktivitäten [...] befassen sich mit der physischen Herstellung des Produktes und dessen Verkauf und Übermittlung an den Abnehmer sowie dem Kundendienst. [...] Unterstützende Aktivitäten halten die primären Aktivitäten unter sich selbst dadurch aufrecht, dass sie für den Kauf von Inputs, Technologie, menschliche Ressourcen und von verschiedenen Funktionen für das ganze Unternehmen sorgen" (Porter 1989, S. 65). Abbildung 1.2 verdeutlicht diese Zusammenhänge.

Eine Problemstrukturierung kann nun erfolgen, indem der „Strang“ von Wertkettenaktivitäten antizipiert und nachgezeichnet wird, der durch einen Auftrag beim Nachfrager betroffen ist. Ein Beispiel soll dies verdeutlichen:

Beispiel 1

Ein Hersteller von pharmazeutischen Produkten will seinen Außendienst mit einem Informationssystem neuerer Art ausstatten. Im Außendienst sind sogenannte „Ärztebesucher“ beschäftigt, die in aller Regel zu sehr kurzen Gesprächen bei Ärzten vorgelassen werden. Im Rahmen dieser Besuche gehört es zu ihren Aufgaben, die Ärzte mit neuen Informationen über Entwicklungen und Produkte zu versorgen und von den Ärzten Informationen über Erfahrungen mit den eigenen Produkten zu erhalten. Das Informationssystem soll aus Tablet-Computern bestehen, die die Außendienstmitarbeiter mit zu ihren Besuchen nehmen. Eine App-Software gibt die Informationen und Fragen vor und dient der Erfassung der Antworten. Über eine mobile Internetverbindung kann ein permanenter Datenabgleich mit einem zentralen Server erfolgen. Man erhofft sich durch dieses Informationssystem eine schnellere Übermittlung von Informationen an die Außendienstmitarbeiter, eine Systematisierung der Datenerhebung durch die Außendienstmitarbeiter und einen Imagegewinn bei den Ärzten.

Ein Anbieter von entsprechenden Informationssystemen möchte seinen Akquisitionserfolg systematisch sicherstellen und zeichnet daher den Wertkettenstrang des Pharmaherstellers nach, der durch diese Investition betroffen ist:

- Zunächst ist der Teilprozess des Ärztebesuchs betroffen. Für diesen Zweck muss der Tablet-Computer samt Anwendung einfach in der Bedienung und sicher im Betrieb sein. Zudem schadet Ästhetik im Erscheinungsbild nichts, wenn tatsächlich ein entsprechender Imageeffekt erreicht werden soll.
- Weiterhin betrifft das System den Bereich „Server-Operating“ in der Unternehmenszentrale. Dieser Bereich wird Kompatibilität zwischen gegebenenfalls unterschiedlichen Betriebssystemen der Tablet-Computer einerseits und dem Server-System andererseits in den Mittelpunkt stellen.
- Der Bereich „Vertriebsleitung“ des Pharmaherstellers möchte unter Umständen Daten zur Besuchslogistik über das System verwalten, was den Umfang und die Gestaltung der App-Software betrifft. Außerdem darf angenommen werden, dass Schulungen und Help-desk-Angebote für die Nutzer (Außendienst) durch den Lieferanten wichtig sind.
- Für den Bereich „Produktmanagement“ stehen dagegen Möglichkeiten zur Gewinnung bzw. Übertragung von produktbezogenen Informationen im Zentrum. Auch dies muss bei der App-Gestaltung berücksichtigt werden.
- Schließlich betrifft die Investition auch den Bereich Beschaffung, der entscheiden muss, ob er den Gesamtauftrag in einzelne Lose aufteilt (z. B. zentrale Server-Hardware, Tablet-Computer, App-Software) oder als „Turn-key“-Projekt vergibt.

Diese Art der Problemstrukturierung setzt an den Nutzungsprozessen eines Nachfragers an (Ehret 1996). Nutzungsprozesse bilden ein zentrales Beschaffungsmotiv auf Business-to-Business-Märkten, worauf später noch einzugehen ist (Abschn. 1.3.1.2).

Hat sich der Anbieter eine Vorstellung über die Struktur des Problems im engeren Sinne gemacht, so bedeutet dies noch lange nicht, dass dies mit der Wahrnehmung des Nachfragers übereinstimmt. Ebenso ist es durchaus vorstellbar, dass der Nachfrager das Problem als solches überhaupt nicht erkennt. Eine weitere Analyseaufgabe des Anbieters besteht folglich darin, das Ausmaß der **Evidenz** auf Nachfragerseite zu erfassen und einzuordnen. Dabei können wir unterstellen, dass es sich bei der Nachfrageevidenz um ein mehrstufiges Konstrukt handelt (Engelhardt und Schwab 1982, S. 503–513; Ernenputsch 1986).

Ausgangspunkt einer vollständigen Nachfrageevidenz ist zunächst das Problem an sich, also das Defizit in der Wertkette des Nachfragers. Hieran schließt sich die Konzeption zur Lösung dieses Problems in sachlicher Hinsicht an. Vollständige Nachfrageevidenz umfasst allerdings auch die Möglichkeiten zur Beschaffung dieser Problemlösung über den Markt. Sowohl zum Problem, zur Lösung als auch zum Markt können wir nun weiterhin zwischen dem Bewusstsein und der Transparenz unterscheiden. Bewusstsein bedeutet in diesem Zusammenhang, dass der Nachfrager grundsätzlich die Existenz eines Problems, eines Lösungsweges bzw. marktlicher Beschaffungswege erkennt. Transparenz ist gegeben, wenn diese Erkenntnis auch in eine strukturierte Beschreibung und Bewertung überführt werden kann. Weder das Bewusstsein noch die Transparenz sind diskrete Größen in dem Sinne, dass sie gegeben oder nicht gegeben sind. Vielmehr können sie unterschiedlich stark ausgeprägt sein und bewegen sich somit jeweils auf einem Kontinuum. Im Beispiel des Herstellers von pharmazeutischen Produkten gestaltet sich die Nachfrageevidenz wie folgt:

Fortsetzung Beispiel 1

Problembewusstsein ist gegeben, wenn die Unternehmens- oder Vertriebsleitung feststellt, dass ihr Außendienst weniger effizient und/oder effektiv arbeitet als etwa Außendienste von Schwesterunternehmen im gleichen Konzern oder von Wettbewerbern. Problemtransparenz kann unterstellt werden, wenn dieses Defizit von den Verantwortlichen auf einen mangelhaften Informationsfluss zwischen dem Außendienst und der Zentrale zurückgeführt werden kann. Lösungsbewusstsein liegt z. B. vor, wenn die Unternehmens- oder Vertriebsleitung weiß, dass ihr konkretes Defizit etwa durch den Einsatz mobiler und Internet-basierter Informationssysteme zu lösen ist. Je mehr alternative technische Lösungswege einem Nachfrager gewahr sind, umso größer darf sein Lösungsbewusstsein eingeschätzt werden. Lösungstransparenz bedeutet nun, dass der Nachfrager den bzw. die Lösungswege systematisieren und damit beurteilen kann. Der Pharmaziehersteller weiß z. B., dass ein entsprechendes Informationssystem aus den Komponenten „Server-System", „Internet-Einbindung", „App-Software" und „Tablet-Computer" besteht. Marktbewusstsein ist der Grad, mit dem ein Nachfrager erkennt, ob die benötigte Leistung extern vom Markt bezogen werden kann. Hat die Unternehmens- oder Vertriebsleitung des Pharmaziehertellers kein ausgeprägtes Marktbewusstsein, so wird sie wahrscheinlich die Make-Entscheidung, also den

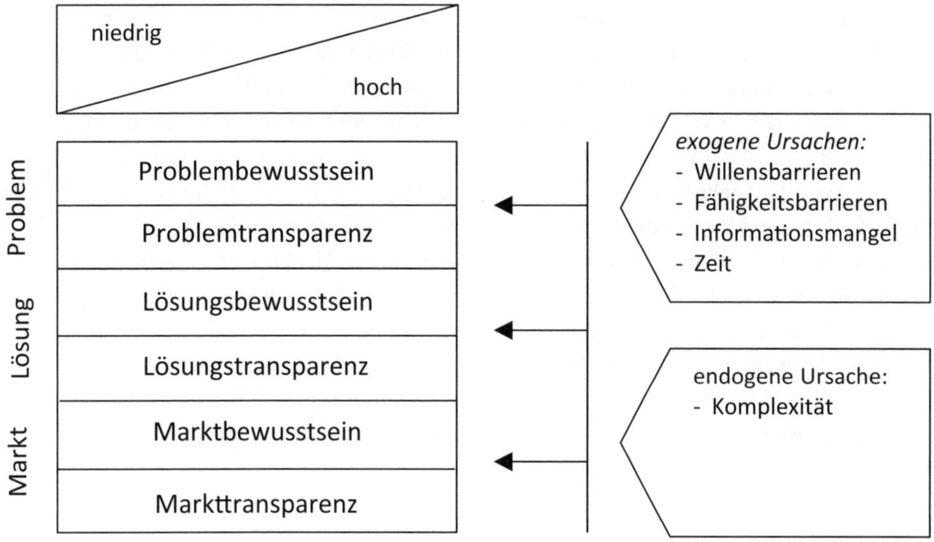

Abb. 1.3 Struktur und Ursachen mangelnder Evidenz der Nachfrage

Zukauf von einzelnen Komponenten und das Programmieren einer entsprechenden Anwendungs-Software in eigener Regie als einzige Option ansehen. Markttransparenz bedeutet nun, dass der Nachfrager durchaus unterschiedliche Angebote unterschiedlicher Marktpartner bewerten und beurteilen kann – etwa Angebote für Teilleistungen oder das Angebot eines schlüsselfertigen Systems.

Defizite der Nachfrageevidenz können auf verschiedene Ursachen zurückgeführt werden (Abb. 1.3). Exogene Ursachen entspringen nicht dem auftragsbezogenen Problem des Nachfragers als solches, sondern wirken von außen darauf ein. Hierzu zählen z. B. Willens- und Fähigkeitsbarrieren auf der Seite des Nachfragers, ebenso ein genereller Informationsmangel. Die Zeit spielt insofern eine Rolle, als mit wiederholtem Auftreten eines Problems bei einem einzelnen Nachfrager die Nachfrageevidenz durch die gesammelte Erfahrung zunimmt. Tritt ein spezielles Problem zwar nicht bei dem einzelnen Nachfrager mehrfach auf, kann dieser aber auf ähnliche Problemstellungen und Lösungserfahrungen bei anderen Nachfragern zurückgreifen, so ist ebenfalls mit einem Anstieg der Nachfrageevidenz zu rechnen (Marra 1995; Kleinaltenkamp und Marra 1995). Die Komplexität der Problemstellung an sich, der technischen und organisatorischen Lösungsmöglichkeiten sowie der Marktkonstellationen trägt als endogene Ursache zur Reduktion der Nachfrageevidenz bei.

In jedem Fall ist es wichtig, dass der Anbieter die Nachfrageevidenz einordnen kann. Problemevidenz auf der Seite des Nachfragers ist die Grundvoraussetzung für eine jede Transaktion. Ein Höchstmaß an Problemevidenz ist somit im Sinne des Anbieters. Hinsichtlich der Lösungsevidenz ist es für den Anbieter ebenfalls vorteilhaft, wenn er auf ihre Entwicklung Einfluss nehmen kann. Es wird ihm somit leichter möglich, diese Problemevidenz in Richtung seiner eigenen Potentiale zu lenken. Im Sinne des Ansatzes von Plinke zur Modellierung des Wettbewerbsvorteils (Plinke 2000, S. 66 ff.) wird über die Lösungsevidenz der wahrgenommene Nutzen eines Angebots determiniert. Hinsichtlich der Marktevidenz ist allerdings zu bemerken, dass eigentlich alle Strategien der Differenzierung darauf abzielen, die Marktevidenz sogar zu reduzieren. Differenzierung zielt schließlich darauf ab, eine Art Alleinstellung in den Augen des Nachfragers zu erreichen. Im Sinne von Plinke fließt die Marktevidenz in die Gestaltung des Nettonutzenvorteils ein.

Selbst bei weitgehender Nachfrageevidenz behält der Nachfrager Entscheidungsautonomie darüber, welche Teile eines auftragsbezogenen Problems er tatsächlich über den Markt lösen möchte („buy") bzw. welche er mit eigenen Mitteln bewältigen will („make"). Die Aufteilung einer Leistung in ihre Teile muss dabei jedoch nicht nur ihrem physischen Aufbau folgen. Der Begriff der **Teilaufgabe** ist weiter zu fassen. Um diesen Aspekt näher zu charakterisieren, bietet es sich an, das Gesamtproblem, wie es den Auftrag betrifft, wie folgt zu zerlegen:

- die Beschaffungsaufgabe,
- die Finanzierungsaufgabe,
- die Projektmanagementaufgabe,
- die Integrationsaufgabe,
- die Implementierungsaufgabe,
- die technische und wirtschaftliche Nutzungsaufgabe und
- die Wettbewerbsaufgabe.

Die Beschaffungsaufgabe betrifft die Analyse des Marktes aus Nachfragersicht, die Bewertung von Alternativentscheidungen und die Durchführung der marktlichen Transaktion an sich. Die Finanzierungsaufgabe umfasst die Bereitstellung der finanziellen Mittel zur Bezahlung der Leistung. Projektmanagement ist die Planung von Terminen und des Ressourceneinsatzes beim Nachfrager im Zusammenhang mit Beschaffungsaufgaben. Durch Integration wird sichergestellt, dass eine Problemlösung, die im Rahmen einer Transaktion beschafft wird, auch tatsächlich mit den anderen Komponenten der Wertkette eines Nachfragers technisch und organisatorisch kompatibel ist. Im Rahmen der Implementierungsaufgabe wird diese Integration tatsächlich durchgeführt. Die technische und wirtschaftliche Nutzungsaufgabe betrifft die grundsätzliche Aufrechterhaltung der Funktionsfähigkeit der Wertkette eines Nachfragers während der laufenden Nutzung. Allerdings muss eine Wertkette nicht nur funktions-, sondern auch wettbewerbsfähig sein, was ebenfalls einen eigenen Aufgabenbereich darstellt.

Jede dieser Aufgaben kann der Nachfrager nun entweder selbst erfüllen oder aber an einen bzw. mehrere Anbieter vergeben. Beschaffung dürfte typischerweise eine Aufgabe sein, die der Nachfrager selbst übernimmt. Gerade im Anlagen- und Systemgeschäft, aber auch bei öffentlichen Auftraggebern ist es jedoch nicht unüblich, die Beschaffungsaufgabe nach außen – etwa an unabhängige Berater – zu vergeben. Im internationalen Anlagengeschäft wird die Finanzierungsaufgabe ebenfalls verstärkt auf die Anbieter verlagert, was

Abb. 1.4 Teilaufgaben und mögliche Aufgabenträger

dann mit der Bezeichnung „Financial Engineering" versehen wird (Backhaus und Voeth 2010, S. 375 ff., siehe auch Kap. 4 dieses Buches). Auch das Projektmanagement kann auf den Anbieter verlagert werden, Projektmanagement als separate Leistung wird aber ebenso von eigenständigen Dienstleistern angeboten (Schulte und Stumme 1997). Die Integrationsaufgabe ist vor allem im Systemgeschäft von herausragender Bedeutung, wo ein einzelner Anbieter oftmals technisch überhaupt nicht in der Lage ist, alle Komponenten aus einer Hand anzubieten. Auch diesbezüglich haben sich entsprechende Dienstleister entwickelt, sogenannte Systemintegratoren (Kleinaltenkamp 1993, S. 182 ff.). Im Normalfall darf man davon ausgehen, dass ein Nachfrager seine Wertkette selbst nutzen möchte. Risikoaspekte können ihn jedoch dazu bewegen, den Anbieter auch über die Transaktion hinaus einzubinden. Sogenannte „Build-Operate-Transfer (BOT)"-Projekte, im Rahmen derer der Anbieter auch an den Betrieb der Wertkette technisch und organisatorisch gebunden bleibt, sind daher vor allem im Großanlagenbau keine Seltenheit. Ist eine wirtschaftliche Einbindung im Sinne einer Beteiligung an Gewinnen und Verlusten aus dem Betrieb der Wertkette explizit eingeschlossen, so betrifft dies auch die Wettbewerbsaufgabe („Build-Operate-Own-Transfer (BOOT)"-Projekte).

Es kann gesagt werden, dass eine entsprechende Erfassung und Einordnung der Arbeitsteilung, wie sie sich der Kunde vorstellt, für den Entscheider auf Anbieterseite im Rahmen des Auftragsmanagements von herausragender Bedeutung ist. Sie ermöglicht ihm zum einen die Formulierung eines passenden Angebots, zeigt aber auch Wege auf, wie der Kunde u. U. auf die Vorteile einer anderen Arbeitsteilung hingewiesen werden kann.

Die zuletzt genannte Möglichkeit schränkt der Nachfrager jedoch von sich aus immer dann ein, wenn er selbst **institutionelle Rahmenbedingungen** für einen Auftrag bzw. eine

Transaktion formuliert. In der Praxis der Märkte treten solche Rahmenbedingungen etwa in Form von Ausschreibungen und Ausschreibungsbedingungen auf. Für den Bereich der öffentlichen Auftragsvergabe sind diese Bedingungen sehr genau definiert und explizit formuliert (Robl 1995). Ausschreibungen nicht-öffentlicher Nachfrager unterliegen jedoch grundsätzlich der Handlungsfreiheit selbständiger Marktteilnehmer. Sie lehnen sich jedoch oft an die Verfahren bei öffentlicher Ausschreibung an.

Für ihre Mitgliedsländer hat die EU verbindliche Richtlinien festgelegt, die beinhalten, wann öffentliche Institutionen Aufträge auszuschreiben haben und wie der Ausschreibungsprozess abzulaufen hat. Dabei ist eine eindeutige und erschöpfende Leistungsbeschreibung i. d. R. auf der Basis eines detaillierten Verzeichnisses der zu erbringenden Leistungen (Leistungsbeschreibung mit Leistungsverzeichnis) als zentrales Element der Ausschreibung gefordert. Der Gesetzgeber erhofft sich daraus eine Vergleichbarkeit der Angebote und eine hohe Wirtschaftlichkeit durch Auftragsvergabe an den Anbieter mit der niedrigsten Preisforderung. Zu unterscheiden sind die offene Ausschreibung, bei der jeder Anbieter zur Abgabe eines Angebots aufgerufen ist, und die beschränkte Ausschreibung, bei der nur eine eingegrenzte Anzahl von Anbietern zur Teilnahme aufgefordert wird (Günter und Kuhl 2000; Engelhardt und Günter 1981). Nur in Ausnahmefällen kann eine sogenannte freihändige Auftragsvergabe erfolgen, etwa wenn allgemein geltende Marktpreise existieren oder etwa Gründe der militärischen Geheimhaltung dies erfordern. Vom Prinzip der Auftragsvergabe an das niedrigste Angebot darf z. B. abgewichen werden, wenn die Leistung a priori noch nicht spezifiziert werden kann, die Leistung also einen mehr oder weniger innovativen Charakter hat. Dann dürfen sogenannte Kostenpreise vereinbart werden, bei denen nach Aufwand abgerechnet wird. In jüngerer Vergangenheit treten jedoch auch Ausschreibungen auf, die nicht mehr ein Leistungsverzeichnis beinhalten, sondern lediglich Funktionsanforderungen. Jeder Bieter muss dann selbst ein Leistungsverzeichnis entwickeln.

Nicht-öffentlichen Nachfragern steht es grundsätzlich frei, sich der gleichen Methoden zu bedienen. Eine spezifische Entwicklung in diesem Zusammenhang stellt die sogenannte „Supplier Qualification" dar. Hierbei formuliert der – i. d. R. nicht-öffentliche – Nachfrager Bedingungen, die Anbieter erfüllen müssen, um überhaupt als Lieferanten in Frage zu kommen bzw. „gelistet" zu werden. Die Erfüllung dieser Rahmenbedingungen wird dann im Rahmen sogenannter „Audits" regelmäßig überprüft. Diese Audits können so weit gehen, dass der Nachfrager Einblick in die Kalkulation des Anbieters verlangt und aktiven Eingriff in seine Preispolitik nimmt.

Im Rahmen des Auftragsmanagement müssen diese institutionellen Rahmenbedingungen sehr genau analysiert werden, bestimmen sie doch den Handlungsspielraum des Anbieters in Markttransaktionen. Sind diese Rahmenbedingungen tatsächlich sehr restriktiv, ist die Marktmacht des entsprechenden Nachfragers sehr hoch und ist die allgemeine Kapazitätsauslastung in einer Branche zeitweilig gering, so bleibt in der Tat lediglich der Preis als Parameter der Differenzierung vom Wettbewerb. Jedem noch so kleinen Freiraum zu anderen Arten der Differenzierung, den der Nachfrager lässt, kommt damit umso mehr Bedeutung zu.

Beteiligte Personen

Kaufprozesse auf Business-to-Business-Märkten sind in aller Regel multipersonale Prozesse, d. h. an ihnen wirken Gruppen von Personen mit. Alle Personen, die auf Nachfragerseite an einem Kaufprozess beteiligt sind, bezeichnet man als „Buying Center". Von der Art der Zusammensetzung des Buying Centers gehen wesentliche Einflüsse auf den Verlauf einer Transaktion und damit auf den Akquisitionserfolg bzw. -misserfolg eines Anbieters aus. Für das Auftragsmanagement ist es in jedem Fall wichtig zu wissen, wie die Rollen in einem Buying Center verteilt sind. Nur so kann das Verhalten des Buying Centers prognostiziert und richtig eingeordnet werden. Ebenso lassen sich bereits aus dieser Analyse Anhaltspunkte für gezielte Maßnahmen der Buying-Center-Beeinflussung ableiten. Zur Analyse dieses Buying Centers existieren verschieden Ansätze. Weil diese in der vorliegenden Reihe ebenfalls schon ausführlich behandelt wurden (z. B. Fließ 2000, S. 251 ff.; weiterhin Mayntz 1980, Sp. 2044; Webster und Wind 1972; Witte 1973, 1976), sollen sie hier nicht näher erörtert werden.

Hingewiesen werden soll lediglich auf einige Vorschläge zur Behandlung von sogenannten Opponenten in einem Buying Center (Klöter 1997). Ursprünglich eingeführt und thematisiert wurde der Begriff des Opponenten von Witte, der im Rahmen einer umfangreichen empirischen Untersuchung unterschiedliche Rollen bei der Einführung von Innovationen in Unternehmen identifizierte (Witte 1973; Witte 1976). Diese Rollen lassen sich auch für die Analyse von Kaufprozessen im Allgemeinen anwenden. Opponententum entsteht dabei durch Widerstand einzelner gegen eine Kaufentscheidung, der entweder durch Willens- oder durch Fähigkeitsbarrieren begründet ist. Fähigkeitsbarrieren betreffen das „Können" der betroffenen Personen, Willensbarrieren dagegen das „Wollen". Es kann nun weiterhin danach unterschieden werden, ob der Widerstand auf einem loyalen Bemühen zur Vermeidung von negativen Konsequenzen einer Beschaffung beruht oder auf eigennützigen Beweggründen der Vermeidung von ausschließlich persönlichen Nachteilen für den einzelnen (Klöter 1997, S. 191). Opponententum der erstgenannten Art wird als loyaler Widerstand bezeichnet, Opponententum der zweiten Art dagegen als egozentrierter Widerstand. Loyale Widerstände sollen den Anbieter veranlassen, zuallererst das von ihm unterbreitete Leistungsangebot für den konkreten Auftrag zu überdenken. Ansatzpunkte zur Strukturierung dieses Prozesses sind das Leistungsprogramm an sich, die Distributionsleistung, die Kommunikationsleistung und das Leistungsentgelt (Kleinaltenkamp et al. 2006). Insofern sind Widerstände nicht in jedem Falle destruktiv (Klöter 1997, S. 197) sondern können durchaus auch eine Quelle für die Informationsbeschaffung zur Gestaltung von Wettbewerbsvorteilen darstellen.

Derartige rationale Überlegungen versagen jedoch, wenn es um die Überwindung egozentrierter Widerstände geht. Folgende zusätzlichen Maßnahmen werden daher vorgeschlagen:

- *Anpassung der Problemlösung an individuelle Präferenzen von Akteuren:* Dieser Weg ist gangbar, wenn die Widerstände des Opponenten nicht grundsätzlicher Natur sind, sondern lediglich Teilaspekte des Leistungsangebots betreffen. *Klöter* nennt das Beispiel der Assistentin, die sich der Beschaffung eines neuen Arbeitsplatzrechners zwar nicht grundsätzlich widersetzt, aber aus Prestigegründen auf eine Bildschirmgröße besteht, die bei „objektiver" Betrachtung eigentlich nicht nötig wäre. Sowohl der Anbieter als auch der Nachfrager können sich nun auf einen Kompromiss einlassen, wenn damit die Transaktion gerettet wird und die Nutzenminderung für beide Seiten vertretbar ist (Klöter 1997, S. 200 f.). Mit zunehmender Leistungskomplexität sinken jedoch die Spielräume für solche Maßnahmen.

- *Nutzung individueller Machtgrundlagen:*
  Opponententum kann seine Wirkung nur entfalten, wenn die entsprechenden Individuen über ausreichende Machtgrundlagen verfügen. Liegen diese nicht vor, so bleibt das Opponententum ohne Bedeutung. Liegen sie vor, so kann die Macht weiterer Buying-Center-Mitglieder, die der Beschaffung und dem Anbieter gegenüber positiv eingestellt sind, ausgenutzt werden. Die Möglichkeit versagt, wenn der Opponent allmächtig ist.
- *Nutzung netzwerkspezifischer Machtgrundlagen:*
  Insbesondere projekt- und auftragsspezifische Macht beruht oftmals nicht auf den Machtpositionen einzelner sondern auf Beziehungen und Interaktionen mehrerer Personen untereinander. Dieser Prozess kann als „networking" bezeichnet werden (Fließ 2000, S. 341 ff.). Opponierende Gatekeeper können identifiziert und gezielt umgangen werden; über Akteure mit zentraler Position, d. h. vielen Kommunikationsbeziehungen, können Informationen gestreut werden; ursprünglich isolierte Akteure mit hoher Machtbasis und einer positiven Position zum Auftrag oder Anbieter werden stärker in das Netzwerk eingebunden; Cliquen und Koalitionen können ihre Macht bündeln; die Anzahl der Netzwerkmitglieder wird erhöht oder vermindert; sich abzeichnende Koalitionen werden gefördert oder unterdrückt.

Die Aufzählung macht aber bereits deutlich, dass insbesondere die Möglichkeiten zur Überwindung egozentrischer Widerstände begrenzt sind. Das Ausmaß des Ressourceninputs in solche Maßnahmen sollte nicht zuletzt von der Wertigkeit eines Auftrags für den betroffenen Anbieter abhängig gemacht werden.

1.3.1.2 Wettbewerber- und Drittparteienanalyse

Wettbewerbsvorteile auf modernen Business-to-Business-Märkten können immer nur relativer bzw. komparativer Natur sein. Vor allem die vom Nachfrager wahrgenommene Nettonutzendifferenz eines gegebenen Angebots entsteht erst durch den Vergleich mit anderen Angeboten (Plinke 2000, S. 33 ff.). Der Analyse des Wettbewerbs kommt somit als Managementaufgabe eines Anbieters große Bedeutung zu. Wird die Analyse durchgeführt für Zwecke der Erarbeitung von Marketing-Programmen für umfassende Märkte bzw. umfangreichere Marktsegmente, so ist sie in erster Linie potenzialorientiert (Kleinaltenkamp 2000, S. 219 ff.). Wettbewerbsanalyse im Kontext des einzelnen Auftrags hat jedoch eher einen Episodencharakter (Weiber und Jacob 2000). Im Rahmen des Auftragsmanagements muss daher zunächst eingegrenzt werden, welcher Anbieter vom Nachfrager in einer gegebenen Transaktionssituation überhaupt als geeignet wahrgenommen wird. Vornehmlich

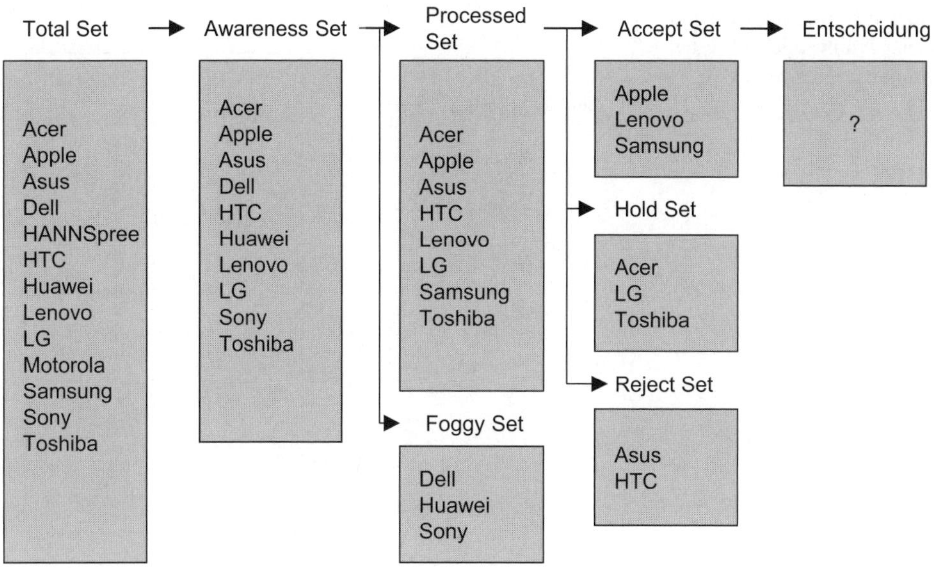

Abb. 1.5 Eingrenzung der relevanten Wettbewerber (Kotler et al. 2007, S. 297)

im Konsumgüterbereich spricht man diesbezüglich vom sogenannten „Evoked Set" und nennt einen Umfang von sieben Angeboten, die dieses „Evoked Set" bei bestimmten Kauftypen nicht überschreitet (Kroeber-Riel et al. 2009, S. 425 f.). In Abb. 1.5 ist schematisch dargestellt, wie die Eingrenzung eines solchen Evoked Set durch den Nachfrager ablaufen kann.

Beispiel 2

Ausgangspunkt ist zunächst die tatsächliche Menge aller Anbieter, die Leistungen zur Lösung eines bestimmten Anwendungsproblems anbieten können (Total Set). In der Abbildung sind beispielhaft Anbieter angegeben, die Tablet-Computer für den oben beschriebenen (Teil-)Bedarf des Pharmaunternehmens herstellen. Allerdings ist nicht davon auszugehen, dass sich jeder Nachfrager einen vollständigen Überblick vom gesamten Angebot für einen bestimmten Bedarf machen kann. In aller Regel sind die Informationskosten dafür prohibitiv hoch. Die Menge derjenigen Anbieter, die tatsächlich als solche wahrgenommen werden, wird als „Awareness Set" bezeichnet. Weil der Pharmahersteller u. U. nicht richtig einschätzen kann, ob die Produkte einzelner Hersteller tatsächlich den Kriterien eines Tablet-Computers entsprechen oder nicht doch eher als Laptop-Computer einzuordnen sind, teilt er die verbliebenen Anbieter in seiner Wahrnehmung in solche, mit denen er sich weiter beschäftigt wird („Processed Set") und solche, die zunächst ausscheiden („Foggy Set"). Wenn bereits explizite Gründe gegen die Auswahl bestimmter Anbieter vorliegen, z. B. ein drohendes Ausscheiden aus einem Markt oder Mängel bei Distribution und vertrieblicher Präsenz, so gelangen die-

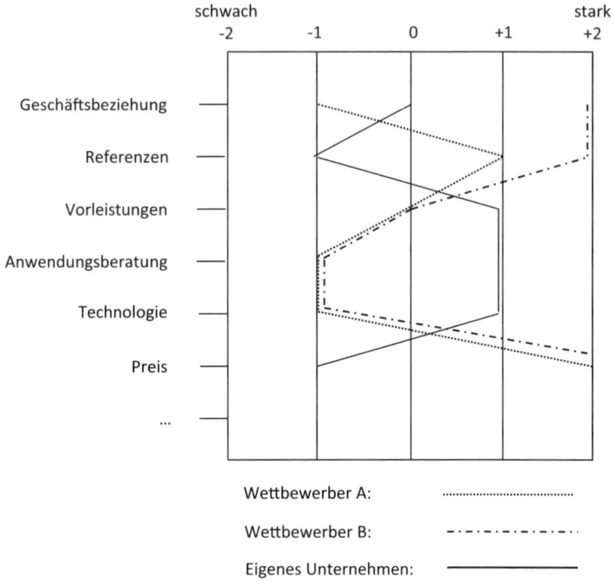

Abb. 1.6 Einzelauftragsbezogener Profilvergleich für die Konkurrenzanalyse

se Anbieter im nächsten Schritt in das „Reject Set". Anbieter, zu denen ausreichende Informationen vorliegen und gegen die keine vorgelagerten Ausschlussgründe gegeben sind, gelangen in das „Accept Set". Eine nicht-ausreichende Informationsbasis führt dazu, dass entsprechende Anbieter zunächst in ein „Hold Set" eingestellt werden. Die endgültige Lieferantenauswahl erfolgt schließlich aus dem „Accept Set". Zu berücksichtigen ist allerdings, dass sich diese Konstellation während des Verlaufs einer Akquisition auch ändern kann. Das heißt, durch Veränderungen der Informationsbasis oder des Zielsystems können Anbieter, die ursprünglich als „foggy" angesehen werden, plötzlich durchaus akzeptabel werden, oder Anbieter, die explizit abgelehnt wurden, werden neu bewertet. Neben der Erfassung muss der Anbieter seinen Informationsstand zum „Evoked Set" des Nachfragers folglich ständig auf dem neuesten Stand halten.

Beachtet werden muss auch, dass die Vorauswahl von Lieferanten im Business-to-Business-Bereich oftmals sehr bewusst und systematisch erfolgt. Zu verweisen sei hier erneut auf das Konzept der „Supplier Qualification", im Rahmen derer der Nachfrager Auswahlkriterien explizit formuliert und deren Erfüllung er beim Anbieter förmlich nachprüft. Eine entsprechende „Listung" stellt für diejenigen Anbieter, die die Kriterien erfüllen, einen Schutz, für alle anderen dagegen eine Hürde dar, deren Überwindung oftmals mit erheblichen Anstrengungen verbunden ist.

Hat der Anbieter das „Evoked Set" eingegrenzt, so besteht die nächste Aufgabe darin, die Stärken und Schwächen aller relevanten Wettbewerber abzuschätzen. Methodisch bietet sich dazu ein Profilvergleich der Wettbewerber anhand einzelauftragsbezogener Kriterien an, was in Abb. 1.6 beispielhaft dargestellt ist.

Geschäftsbeziehung spielen insofern eine herausragende Rolle, als sie dem sogenannten „In-Supplier" Gelegenheit geben, Eintrittsbarrieren für „Out-Supplier" zu errichten (Kleinaltenkamp et al. 2011). Referenzen sind gerade bei neuartigen Problemstellungen und Problemlösungen ein wesentliches Entscheidungskriterium für Nachfrager (Abschn. 1.3.3.2). Hat ein Wettbewerber im Rahmen einer anstehenden Transaktion bereits Vorleistungen erbracht, so mehrt dies in aller Regel seine Chancen auf einen Akquisitionserfolg. Meistens können Nachfrager durch solche Vorleistungen bereits frühzeitig gebunden oder in eine bestimmte Richtung gelenkt werden. Alle anderen Wettbewerber müssen berücksichtigen, dass Konkurrenten, die Vorleistungen erbracht haben, aufgrund deren Charakter als „sunk costs" oft zu Preiszugeständnissen bereit sind. Schließlich kann ein Nachfrager auch durch eine frühzeitige und gezielte Anwendungsberatung hinsichtlich seiner eigenen Spezifikationen dazu bewegt werden, Auftragsvergabekriterien im Sinne eines bestimmten Anbieters zu formulieren. Großer Einfluss geht ebenfalls von der technologischen Stärke eines Wettbewerbers und seiner Preispolitik aus.

Zu betonen ist noch einmal, dass auch dieser Vergleich so antizipiert werden muss, wie er vom Nachfrager durchgeführt wird. Denn ein Kundenvorteil entsteht nur in der subjektiven Wahrnehmung des Kunden.

1.3.2 Die Planung der Transaktion

Jede Analyse kann ihrer Natur nach allerdings niemals mehr sein als die Grundlage einer Planung. Gerade im Bereich der Planung von Aufträgen bzw. insbesondere der Auftragsakquisition liegen in der betrieblichen Anwendung noch erhebliche Defizite vor.

Beispiel 3

Eine Untersuchung der Kienbaum Unternehmensberatung für den Business-to-Business-Bereich ergab, dass zwar in 60 % aller Unternehmen mehr als 20 % der Mitarbeiter direkten Kundenkontakt haben, dass es jedoch bei Dreiviertel der Unternehmen keine verbindlichen Verfahrensanweisungen für den Umgang mit Kunden gibt. Fehlende Verfahrenshinweise deuten auf ein grundsätzliches Planungsdefizit. Für den Kundenkontakt geschult werden bei 20,7 % der Unternehmen alle Mitarbeiter, bei 47,3 % einige und bei 30,4 % keine (Kienbaum 1996).

In Abschn. 1.3.1.1 wurde die Evidenz des Problems eines Nachfragers und möglicher Lösungswege als wesentliches Analyseobjekt eingeführt. Hinsichtlich der Auftragsplanung spielt jedoch auch die Evidenz des Auftragsverlaufs eine große Rolle. Es ist also zunächst festzustellen, ob bzw. welche Vorstellungen sowohl der Anbieter als auch der Nachfrager über den Verlauf eines Auftrags haben. Unterstellen wir die drei Leistungsbereiche des Leistungspotentials, des Leistungserstellungsprozesses und des Leistungsergebnisses (Kleinaltenkamp 2000, S. 219 ff.), so können wir in diesem Zusammenhang von Prozessevidenz (Fließ 1996) sprechen. Auch für die Prozessevidenz sind zwei Quellen zu unterschei-

Abb. 1.7 Typen von Integrationsprozessen (Fließ 1996, S. 95)

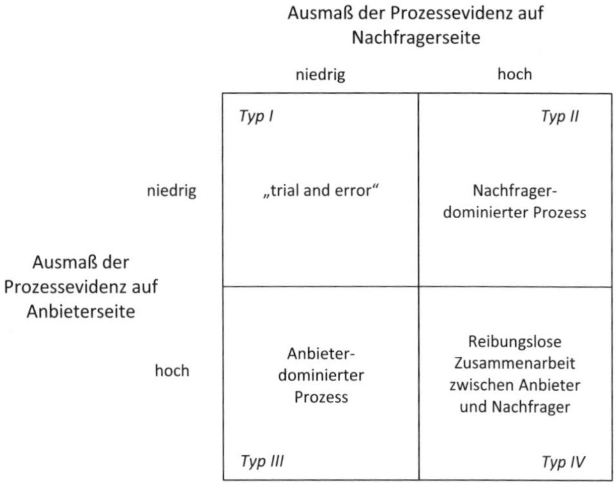

den, nämlich das Prozessbewusstsein und die Prozesstransparenz. Prozessbewusstsein beschreibt die grundsätzliche Erkenntnis einer beteiligten Partei, dass ein Auftrag Beiträge von allen Beteiligten erfordert und interaktiv abläuft. Prozesstransparenz beschreibt den Grad des exakten Wissens über Beiträge und Verläufe im Einzelnen. Defizite der Prozessevidenz können nun sowohl beim Nachfrager als auch beim Anbieter vorliegen. Dementsprechend sind in Abhängigkeit von der Prozessevidenz vier Typen von Transaktionssituationen zu unterscheiden, wie sie in Abb. 1.7 dargestellt sind.

Beim Typ I ist weder auf Anbieter- noch auf Nachfragerseite Prozessevidenz gegeben. Die Gefahr dieses Ablauftyps besteht darin, dass er höchst ineffizient erfolgt und eine tatsächliche Problemlösung für den Nachfrager unwahrscheinlich ist. Typ II tritt in Situationen auf, in denen der Nachfrager ein aktives Beschaffungsmanagement betreibt und den Prozessverlauf vorgibt. Die Aufgabe des Anbieters besteht darin, seine Evidenzdefizite möglichst schnell auszugleichen und die Vorgaben des Nachfragers in die eigene Planung zu übernehmen. Bei Typ III ergibt sich die genau umgekehrte Konstellation. In dieser Situation kann sich der Anbieter Wettbewerbsvorteile verschaffen, indem er den Nachfrager über die eigene Planung aufklärt und damit dessen Kooperationsbereitschaft fördert. Beim Typ IV darf die Kooperationsbereitschaft beider Beteiligter dagegen als gegeben vorausgesetzt werden.

In jedem Fall erscheint es für den Anbieter sinnvoll, den Planungsstand bzw. die Prozessevidenz sowohl in den eigenen Reihen als auch beim Nachfrager festzustellen, um die weitere Planung davon abhängig zu machen.

Zur Detailplanung eines Auftragsverlaufs aus der Perspektive des Anbieters bietet sich das Instrumentarium des „Blueprinting" an (Weiber und Jacob 2000, S. 578 ff.). Blueprints stellen einen schematischen Ablaufplan der einzelnen Phasen eines Prozesses dar – in diesem Fall eines Auftrages bzw. einer Auftragsakquisition.

Neben dem zeitlichen Ablauf kann illustriert werden, welche Unternehmensbereiche beim Anbieter involviert sind und wie diese Bereiche in der Wahrnehmung des Nachfragers einzuordnen sind. In ein Blueprint werden daher

- eine „Line of Interaction", die Anbieter- und Nachfragerbereiche trennt,
- eine „Line of Visibility", die Anbieterbereiche, die für den Nachfrager sichtbar sind, von solchen trennt, die dem Nachfrager verborgen bleiben,
- eine „Line of Internal Interaction", die Funktionsbereiche des Anbieters mit direktem Auftragsbezug von solchen ohne direkten Auftragsbezug trennt und
- eine „Line of Implementation", die beim Anbieter ausführende von steuernden Bereichen trennt,

eingetragen. In Abb. 1.8 ist beispielhaft ein solches Blueprint wiedergegeben.

Blueprints dienen als Strukturierungshilfe für den Auftragsverlauf, ebenso der Planung des Ressourceneinsatzes im Zeitablauf und der Visualisierung für eigene Mitarbeiter und Kunden. Laufen Aufträge bei einem Anbieter immer in relativ ähnlicher Form ab, so kann im Blueprint ein entsprechender „Musterverlauf" entwickelt werden. Sind einzelne Aufträge ihrer Art und Anforderungen nach unterschiedlich und kommt ihnen außerdem ein hoher Erfolgsbeitrag zu, so sind Blueprints u. U. für jeden Auftrag im Einzelnen zu entwickeln.

1.3.3 Die Durchführung der Transaktion

Akquisitionserfolge bei einzelnen Aufträgen sind die elementaren Erfolgseinheiten im Business-to-Business-Marketing. Damit diese Erfolge sichergestellt werden können, erfolgt eine gründliche Analyse von Transaktionssituationen und eine systematische Planung der Transaktion. Erfolgt die Durchführung der Transaktion im Sinne der Planung, so gewinnt ein Auftragserhalt und eine erfolgreiche Auftragsdurchführung in jedem Fall an Wahrscheinlichkeit.

Insbesondere bei Transaktionen auf Business-to-Business-Märkten handelt es sich aber zumeist um interaktive Prozesse (Abschn. 1.2.4). Das heißt, die beteiligten Partner agieren interaktiv, sie reagieren auch innerhalb einzelner Transaktionen aufeinander unter der Ausnutzung von Freiheitsgraden. Diese Tatsache wiederum setzt der Planbarkeit von Transaktionen Grenzen. „There are some activities which are only semiroutine and which cannot be fully prescribed and controlled by regulations. This is particularly true in such marketing activities as personal selling" (Alderson 1957, S. 82). Der interaktive Charakter der Transaktionen erfordert von den Beteiligten oftmals sehr schnelle und unmittelbare Anpassungen an Situationen, die in der Planung so nicht antizipiert wurden bzw. werden konnten.

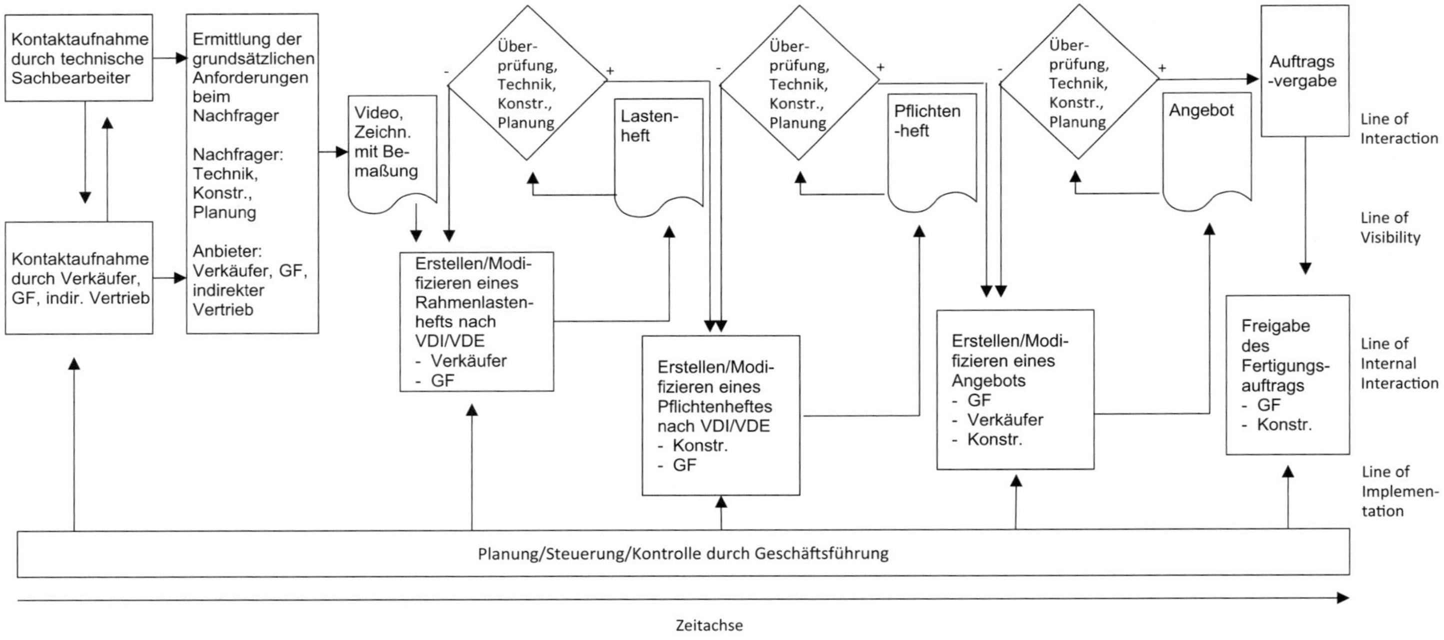

Abb. 1.8 Blueprint für die Auftragsakquisition (Weiber und Jacob 2000, S. 583)

1.3.3.1 Verkaufspsychologie und Verkaufstechnik

Im Zusammenhang der Verkaufspsychologie und der Verkaufstechnik wurden Instrumente entwickelt, die eine Bewältigung dieser Herausforderung unterstützen. Weil es bisher trotz enormer Anstrengungen an einer einheitlichen, unwidersprochenen und widerspruchsfreien Theorie der Verkaufspsychologie fehlt, Führungskräfte und Personalverantwortliche hierin jedoch ein wesentliches Qualifikationsfeld für Beschäftige in den Bereichen Marketing/Vertrieb sehen, wird das Gebiet von Verkaufstrainern und Unternehmensberatern dominiert. Deren Fähigkeiten und Leistungen sollen nicht geschmälert werden. Die Methoden sind jedoch sehr unterschiedlich und z. T. sehr stark von der Persönlichkeit des Trainers bzw. Beraters geprägt. An dieser Stelle soll eine Beschränkung auf solche Aussagen vorgenommen werden, die von verschiedenen Autoren in gleicher Weise genannt werden und für die eine gewisse Fundierung vorliegt (Bänsch 2006).

Ansätze zur Verkaufspsychologie setzen in den meisten Fällen an den Phasen des Verkaufsprozesses an. Zu nennen sind z. B.

- die AIDA-Formel (Aufmerksamkeit erreichen, Interesse aufbauen, Drang zum Kauf wecken, Abschluss durchführen),
- die BEDAZA-Formel (Kirchhof 1968, S. 291 ff.) (Begrüßungs-, Eröffnungs-, Demonstrations-, Abschluss-, Zusatzverkaufs- und Abschiedstechnik);
- die DIBABA-Formel (Goldmann 1975, S. 258) (Definition der Kundenwünsche, Identifizierung des Angebots mit den Kundenwünschen, Beweisführung für den Kunden, Annahme der Beweisführung durch den Kunden, Begehren des Kunden auslösen, Abschluss durchführen),
- die VERKAUFSPLAN-Formel (Wage 1991, S. 16 ff.) (Vorplan des Arbeitseinsatzes, Erfassung der Grunddaten, Referenz-Inventur, Kontaktaufnahme, Appell an die Motivation, Untersuchung der Bedarfslage, Fassung der Bedarfslage, Spezifizierung des Angebots, Prüfung der Argumente, Liquidierung von Einwänden, Abschlussvorschlag, Nachfassarbeit).

Zur Systematisierung von Aussagen zur Verkaufspsychologie sollen an dieser Stelle drei Phasen des Verkaufsprozesses unterschieden werden, die in Abb. 1.9 zunächst schematisch dargestellt sind.

Allerdings wird mit dieser Kurzdarstellung bereits deutlich, dass die Ansätze unvollständig bleiben. Gerade im Business-to-Business-Bereich kann der Abschluss von Verhandlungen nämlich nicht als zeitlicher Endpunkt einer Transaktion betrachtet werden. Der Auftragsmanager verbleibt auch nach dem Auftragsabschluss in einer Interaktion mit dem Nachfrager. Oft fällt ihm sogar die Aufgabe zu, den Auftragserfolg auch während der Auftragsdurchführung sicherzustellen. Insofern sind die Aussagen zur Verkaufspsychologie entsprechend auszudehnen.

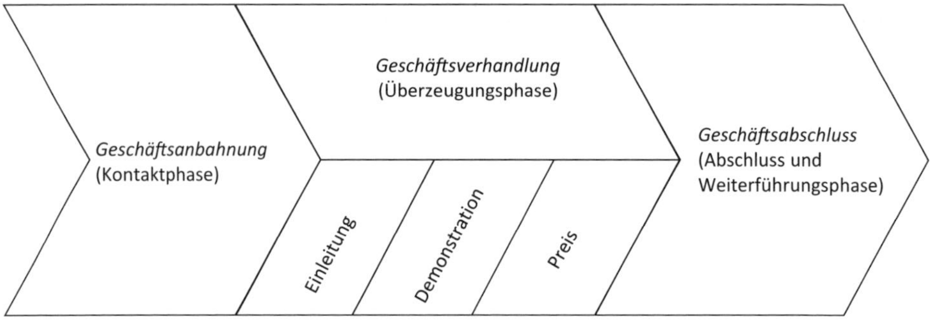

Abb. 1.9 Phasen des Kaufprozesses

Geschäftsanbahnung

Für die erste Phase eines Verkaufsprozesses können im Allgemeinen drei unterschiedliche Ausgangssituationen unterschieden werden:

- Der Kunden ergreift die Initiative und kontaktiert in Eigeninitiative den Anbieter,
- der Anbieter wird vom Kunden zum Kontakt aufgefordert, oder
- der Anbieter betreibt die Kontaktaufnahme von sich aus.

Die Herausforderung für den Verkäufer nimmt in der Reihenfolge der Nennung zu. In aller Regel wird empfohlen, Terminabsprachen mit Kunden telefonisch durchzuführen. Zu beachten sind in Deutschland allerdings die gesetzlichen Bestimmungen, die einen telefonischen Kontakt im Prinzip nur erlauben, wenn Anbieter und Nachfrager bereits in einer Geschäftsbeziehung stehen oder der Anbieter berechtigt davon ausgehen kann, dass der Nachfrager einen solchen Kontakt wünscht (z. B. Ahlert und Schröder 1989). Der Verkäufer sollte proaktiv mehrere Alternativen nennen, um die Geschäftsanbahnung nicht am Terminkalender des Kunden scheitern zu lassen. Findet der erste Kontakt in Räumlichkeiten des Anbieters statt, so kann Einfluss auf die räumliche Umgebung genommen werden. Empfang von Besuchern stellt heute in vielen Unternehmen einen eigenen Aufgabenbereich dar, der von speziell qualifizierten Mitarbeitern übernommen wird. Ähnliches gilt für Telefonzentralen bzw. „Call Center". Zur Wirkung von Farben ist zu sagen, dass in Vergleichstest im Allgemeinen festgestellt wird, dass von der Farbe Blau die angenehmste Wirkung ausgeht. Weiß wirkt dagegen langweilig, Rot aggressiv (z. B. Houben 1971). Zum Outfit des Verkäufers bleibt trotz der fortschreitenden Entwicklung in fast allen Kulturen hin zur Freizeitgesellschaft festzuhalten, dass bei allen zwischenmenschlichen Begegnungen eine dominierende und anhaltende Wirkung vom ersten Eindruck ausgeht (Mann 1972, S. 151). Man spricht vom sogenannten „Primacy Effect". Im Zweifel gilt deshalb: „Overdressed" sticht „Underdressed". Auch bei der Anrede und bei der Schreibweise von Namen sollte zunächst sehr auf Korrektheit geachtet werden.

In seinem frühen Grundlagenwerk zum Marketing schreibt der amerikanische Autor Wroe Alderson: „Among good salesmen, as well as among diplomats, a premium is placed on good manners and agreeable personality. While extending all possible courtesies to his opposite number, it may be the function of a representative to be pushing the other side constantly a little further in the direction of the arrangements which his side is trying to effect." (Alderson 1957, S. 134).

Sowohl bei Besuchen im eigenen Haus als auch bei Auswärtsterminen liegt es im Interesse des Verkäufers, möglichst schnell einen Sitzplatz anzubieten oder eine Aufforderung zum Hinsetzen zu erhalten. Gespräche im Stehen weisen tendenziell auf Unverbindlichkeit hin. Erstkontakte zwischen Anbieter und Nachfrager sind in aller Regel durch gegenseitige Unsicherheit geprägt. Insofern besteht eine erste Aufgabe des Verkäufers darin, entsprechende Schwellenangst des Nachfragers abzubauen. Selbst wenn der Kunde explizit auf terminliche Enge hinweist, sollte der Gesprächseinstieg Elemente des „Smalltalk" beinhalten (Bänsch 2006) – zur Not ein Scherz über die terminliche Enge. Bereits bei der Geschäftsanbahnung gilt aber ebenso: „Reden ist Silber, Schweigen ist Gold!" Auf die besondere Bedeutung von Kommunikation mit Selbstzweck, zu der auch der „Smalltalk" gehört, weist Alderson hin. Er verwendet die Bezeichnung „Phatic Communion", welche insbesondere bei Erstkontakten zwischen Menschen der Erkundung gegenseitiger Positionen durch Kommunikation über offensichtlich belanglose Themen dient (Alderson 1957, S. 49). Lässt man den Kunden nicht selbst zu Wort kommen, so findet auf seiner Seite keine Aktivierung statt. Aktivierung ist jedoch eine notwendige Voraussetzung des Lernens. Redet der Kunde also nicht selbst, so besteht die Gefahr, dass er das Gespräch und den Gesprächspartner sehr schnell wieder vergisst. Auch sehr wortkarge Partner sollte der Verkäufer daher von Beginn an durch Fragen – u. U. Ja/Nein-Fragen – aktivieren.

Geschäftsverhandlungen

Nach den eher auf die Atmosphäre gerichteten Gesprächsinhalten folgt das, was im Deutschen als Verhandlung bzw. im Englischen als „negotiation" bezeichnet wird. Durchaus amüsant ist die Herkunft des englischen Begriffs wie sie von Alderson erläutert wird:

> The term for business in Latin language is *negocio*. This word is related in its original significance to the word *negation*. In classical times anyone who was in government or the army, in philosophy or the arts, had a recognized occupation. Businessmen were not engaged in any of these recognized occupations, so they were regarded as occupied with negotiating – in other words, doing nothing (Alderson 1957, S. 130).

Geschäftsverhandlung bedeutet, dass der Verkäufer „zur Sache kommt". Zu vermeiden ist jedoch in jedem Fall der Eindruck des „Hochdruckverkaufs". Die Einleitung der zweiten Phase des Verkaufsprozesses sollte daher vom Bedarf, nicht vom Angebot ausgehen. Das Angebot als Instrument zur Deckung dieses Bedarfs sollte später in jedem Fall „dinglich" demonstriert werden. Produktmuster, Kataloge und Präsentationsmappen erfüllen diese Funktion traditioneller Weise. Die Präsentationstechnologie entwickelt sich heute jedoch parallel zur Computertechnologie, was permanent zu entsprechenden Innovationen führt. Grundsätzlich bleibt zu sagen, dass der Verkäufer in der Gegenwart des Käufers „sein“ Produkt bzw. „seine“ Leistung immer sehr sorgsam behandeln sollte. Bei der verbalen Erläuterung einer Produkt- bzw. Leistungsdemonstration gilt es, Verständlichkeit sicherzustellen. Verständlichkeit wird in aller Regel an vier Dimensionen festgemacht (z. B. Langer et al. 1974, S. 11 f.):

- Einfachheit,
- Gliederung und Ordnung,
- Kürze und Prägnanz und
- zusätzliche Stimulanz.

Einfachheit erreicht man z. B. durch den Gebrauch kurzer Sätze, die Verwendung geläufiger Wörter und die Erklärung von Fachwörtern. Weiterhin ist bekannt, dass von Substantiven und Adjektiven sehr viel Informationswirkung ausgeht. Ebenso nimmt bei Wörtern die Verständlichkeit mit zunehmender Silbenzahl ab (Hermann und Stäcker 1969, S. 432). Gliederung und Ordnung schafft ein erkennbarer „roter Faden“. Kürze und Prägnanz werden erreicht, indem man sich auf das Informationsziel konzentriert und Abschweifungen vermeidet. Zusätzliche Stimulanz wird bei der mündlichen Präsentation durch alle nichtverbalen Elemente der Kommunikation erreicht. Hierzu gehört z. B. das bereits erwähnte Demonstrationsobjekt, aber auch z. B. eine engagierte Gestik oder dosierter Humor. Aktivierung kann von der sinnlichen Wahrnehmung des Produktes oder der Leistung ausgehen. Aktivierung entsteht jedoch auch, wenn der Verkäufer den Käufer dazu bewegen kann, gemeinsam eine Skizze anzufertigen, eine Kostenübersicht aufzustellen oder gar eine Wirtschaftlichkeitsrechnung durchzuführen. Je größer der Zeitaufwand für solche Aktivitäten ist, umso mehr Bindungswirkungen gehen von ihnen aus.

Beiträge zum Konsumentenverhalten betonen die Bedeutung von Kaufmotiven für Kaufentscheidungen. Ein Motiv ist die Bereitschaft eines Menschen zu einem bestimmten Verhalten. Motive sind damit Dispositionen bzw. latentes Verhalten (auch Kroeber-Riel et al. 2009, S. 170 ff.). Motive soll der Verkäufer ergründen und in seiner Verkaufsargumentation ansprechen. Gültigkeit in allen marktlichen Bereichen hat sicherlich das Gewinnmotiv, bzw. das Kostensenkungs- oder Erlössteigerungsmotiv. Ähnliches gilt für Zeitersparnis und Sicherheit. Eher typisch für Konsumentenmärkte sind jedoch Motive wie die Bequemlichkeit, der Geltungstrieb, der Nachahmungstrieb oder das Abwechslungsmotiv. Motive für Beschaffungsentscheidungen im Business-to-Business-Bereich dürften dagegen auch aus dem Umstand abzuleiten sein, dass jeder Akteur zu allererst nach Wettbewerbsvorteilen auf seinen eigenen Märkten suchen muss (Abschn. 1.3.1.1). Kennt der Anbieter den Wettbewerbsvorteil seines Nachfragers auf dessen nachgelagerten Märkten, so kann er dessen marktliche Motive ableiten. Die Nutzungsprozesse des investiven Nachfragers (Abschn. 1.3.1.1), in die das eigene Produkt bzw. die eigene Leistung eingeht, entsprechen somit den Verhaltensstrukturen des konsumtiven Endverwenders.

Zur Argumentationsphase gehört auch die Preisargumentation. Beiträge zur Verkaufspsychologie empfehlen, die Preisfrage möglichst an das Ende von Verhandlungen zu schieben (Bänsch 2006). In jedem Fall soll eine Nutzenargumentation vor der Preisnennung erfolgen. Insistiert der Käufer auf einer vorzeitigen Nennung des Preises, so kann der Verkäufer einwenden, dass er dazu noch weitere Informationen vom Kunden benötigt und so seine Nutzenargumentation fortsetzen. Der Preis sollte aber auch nicht den Abschluss einer Verhandlung darstellen. Denn genauso wie der erste Eindruck anhält, so hält auch das letzte Wort an. Insbesondere professionelle Einkäufer aus dem industriellen Bereich leiten ihre Existenzberechtigung jedoch von dem Umstand ab, Verkäufer zu Preiszugeständnissen zu bewegen. Es gilt aber der Grundsatz, dass Preisnachlässe immer in einen sachlichen Zusammenhang gebracht werden müssen – also beispielsweise, dass sich der Anbieter bereit erklärt, die Transport- oder die Montagekosten zu übernehmen, dass Mengenrabatte gegeben werden oder Gegenleistungen vom Kunden zu erbringen sind. Der Eindruck beim Käufer, eine Preisreduktion diene lediglich der Erhöhung der Auftragswahrscheinlichkeit für den Verkäufer, ist zu vermeiden.

Geschäftsabschluss

Die Nennung eines Preises durch den Anbieter und eine anschließende Einigung über den Preis bedeuteten jedoch noch nicht, dass der Kunde tatsächlich kauft. Gerade im Business-to-Business-Bereich ist es sogar typisch, dass Verhandlungen zum Auftragsgegenstand, Preisverhandlungen und Abschlussverhandlungen zeitlich voneinander getrennt werden. Insofern besteht eine weitere Aufgabe darin, den Abschluss tatsächlich zustande zu bringen. Bei reinen oder modifizierten Wiederkäufen sind Kaufentscheidungen oftmals in einen formalen Prozess eingebettet. Steigen jedoch die mit einem Kauf verbundenen Risiken für den Nachfrager, so verlieren diese Routinen an Bedeutung. Die Aufgabe des Verkäufers besteht nun darin, den Kunden zur Überwindung seiner Risikoschwelle zu bewegen. Auch dazu bietet die Verkaufspsychologie bestimmte Techniken an (Bänsch 2006).

Einschlägigen Untersuchungen zufolge kann in solchen Situationen von Gruppeneffekten ein sogenanntes „Risiko-Schub-Phänomen" ausgehen (Argyle 1972, S. 253 ff.). Dieses Phänomen besagt im Prinzip, dass Gruppen zu riskanteren Entscheidungen neigen als Individuen. Erklärt wird dieses Phänomen damit, dass der einzelne in der Gruppe davon ausgehen kann, von negativen Konsequenzen eines Risikos weniger betroffen zu werden. Insofern sollte der Verkäufer also in Abschlussphasen versuchen, Kommunikation zwischen Buying Center-Mitgliedern zu fördern und in seinem Sinne zu beeinflussen. Generell sollte der Verkäufer Abschlusstechniken jedoch nur zur Anwendung bringen, wenn der Käufer signalisiert, dass er alle vorgelagerten Phasen des Kaufprozesses als beendet betrachtet.

1.3.3.2 Das Management von Vertrauen

Die Bedeutung von Unsicherheit als zentrale Determinante des Kaufverhaltens im Business-to-Business-Bereich wurde bereits im vorangegangenen Abschnitt angesprochen (Plinke

2000; Fließ 2000; Preß 1997). Tatsächlich zur Entfaltung gelangt diese Bedeutung im einzelnen Projekt bzw. im einzelnen Auftrag als elementare Handlungs- und Erfolgseinheit des Business-to-Business-Marketings. Sehr häufig wird das Vertrauen des Kunden in den Anbieter als Möglichkeit genannt, Unsicherheit im Verlauf der Verkaufsargumentation zu reduzieren. Vertrauen wird verstanden als „... die Erwartung gegenüber einer Person oder einer Personengruppe, dass diese sich hinsichtlich eines bewusst gemachten Ereignisses dem Vertrauenden gegenüber zumindest nicht opportunistisch verhalten hat bzw. verhalten wird" (Plötner 1995, S. 36; Plinke 2000; Fließ 2000; Kühne 2008).

Dem betrieblichen Entscheider stellt sich vor allem die Frage, welche Instrumente er zur Schaffung, Förderung und Gewährleistung von Kundenvertrauen einsetzen kann.

Referenzen

Als erste Kategorie solcher vertrauensfördernden Maßnahmen sollen hier jene Informationen erwähnt werden, die zwar nicht direkt die anliegende Transaktion betreffen, aber dem Nachfrager deutlich machen, dass der Anbieter bereits im Rahmen früherer Transaktionen seine Vertrauenswürdigkeit unter Beweis gestellt hat. Das Höchstmaß an Vertrauenswirkung geht dabei sicherlich von solchen Transaktionen aus, an denen beide Partner beteiligt waren und die das gleiche oder ein ähnliches Beschaffungsproblem des Nachfragers betrafen – also bei reinen oder modifizierten Wiederholungskäufen. Dieser Fall ist jedoch gerade im Business-to-Business-Bereich aufgrund des hohen technologischen Entwicklungstempos und des zunehmenden Trends zur Individualisierung der Nachfrage sowie des Angebots immer seltener gegeben (z. B. Jacob und Kleinaltenkamp 1994). Trifft dies zu oder liegen zwischen Anbieter und Nachfrager überhaupt keine gemeinsamen Transaktionserfahrungen vor, so kann der Nachfrager versuchen, die mit dem Anbieter gemachten Erfahrungen anderer einzuholen. Durch ein gezieltes Lancieren von Referenzen kann der Anbieter diese Informationssubstitution fördern.

Referenzen sind Anlagen/Systeme/Projekte aus bereits abgeschlossenen Aufträgen oder Projekten, auf die nach ihrer Fertigstellung und/oder ihrem Verkauf bei Absatz- und/oder beschaffungspolitischen Entscheidungen innerhalb mindestens eines weiteren Kauf-/Verkaufsprozesses Bezug genommen wird (Günter 1979). Modellieren lässt sich das Konstrukt der Referenz analog zur Darstellung aus Abb. 1.10.

Im Zentrum des Referenz-Konstrukts steht zunächst das Referenzobjekt. Dabei handelt es sich um die/das konkrete Anlage/System/Projekt, das für Referenzzwecke zusammen mit einem Anwender verwirklicht wird und von dem die Referenzwirkung ausgehen soll. Es kann sich dabei um eine Individuallösung, eine repräsentative Anwendung oder ein Pilotprojekt handeln. Als Referenzträger wird der Partner auf Anwenderseite bezeichnet, der das Referenzobjekt nutzt. Referenzsubjekt ist der Hersteller oder Vermarkter des Referenzobjektes, der sich eine Referenzwirkung für Folgeprojekte verspricht. Dabei wird es sich in aller Regel um das eigene Unternehmen handeln. Referenzsubjekt können zusätzlich jedoch auch Angebotspartner sein, nämlich dann, wenn die Marktleistung kooperativ erstellt wird. Referenztarget sind nun diejenigen Marktpartner, deren (zukünftige) Kaufentscheidungen durch die Existenz und Aktivierung der Referenz beeinflusst werden sollen.

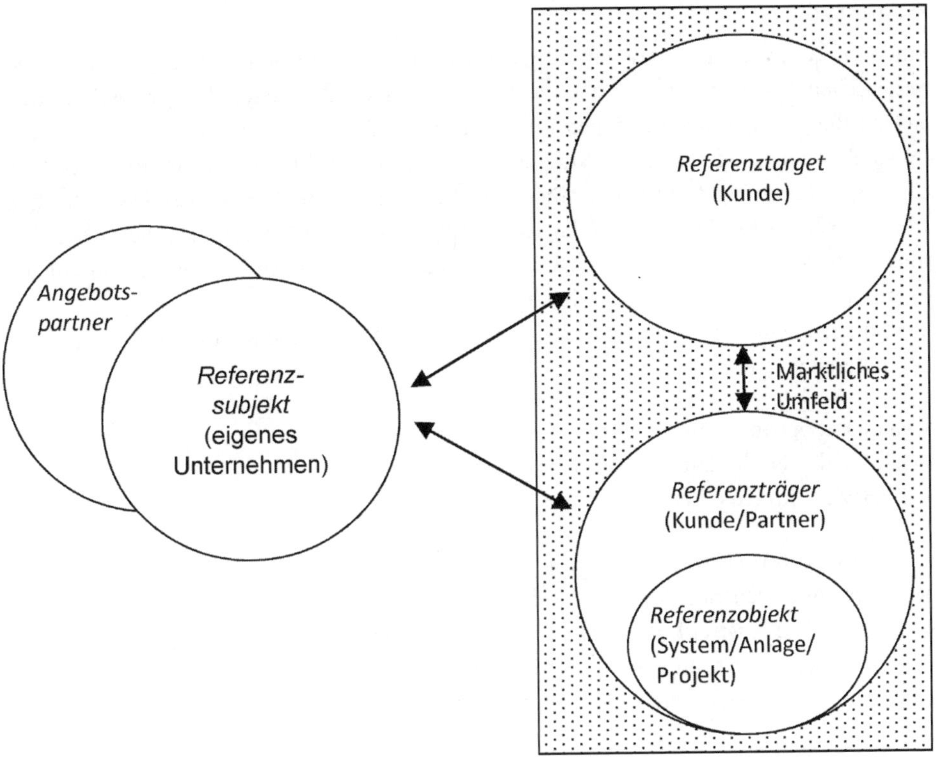

Abb. 1.10 Modellierung der Referenz

Gewöhnlich handelt es sich dabei um den Kunden in einem speziellen Projekt bzw. um die entsprechenden Buying Center-Mitglieder. Zu beachten ist, dass eine Referenz ihre Wirkung nur entfalten kann, wenn sie stimmig ist. Das heißt, das Anwendungsproblem von Referenzträger und Referenztarget müssen übereinstimmen. Das Referenzobjekt muss tatsächlich zu einer Lösung des Anwendungsproblems beitragen. Weiterhin müssen sowohl der Referenzträger als auch das Referenztarget zu einer Kontaktaufnahme bereit sein. Dem können z. B. gegenseitige Konkurrenzverhältnisse entgegenstehen.

Zusammenfassend können wir folgende Anforderungen an eine gute Referenz formulieren:

- Eine grundsätzliche Ähnlichkeit zwischen der vergangenen und der geplanten Transaktion ist erforderlich.
- Der Träger der Referenz muss glaubwürdig sein.
- Der Träger der Referenz muss zudem bereit sein, Auskünfte über seine Erfahrungen mit dem Anbieter zu geben.

Ähnlichkeit

Eine weitere Kategorie vertrauensaufbauender Stimuli sind solche Merkmale, die auf eine zwischen den Anbietern bestehende Ähnlichkeit schließen lassen. Die Ergebnisse einer ganzen Reihe von Untersuchungen unterstützen nämlich die Hypothese, dass ein Nachfrager eher einem Anbieter Vertrauen entgegenbringt, der ihm ähnelt, als einem solchen, demgegenüber er verstärkt Unterschiede zu sich selbst feststellt (z. B. Evans 1963; Schoch 1969; Crosby 1990). Dabei kann das Konstrukt „Ähnlichkeit" durchaus differenziert betrachtet werden. Generell ist zwischen Ähnlichkeiten auf der individuellen und auf der organisationalen Ebene zu unterscheiden.

Auf der Ebene der Individuen kann weiterhin zwischen folgenden Arten der Ähnlichkeit differenziert werden:

- Statusbezogene Ähnlichkeiten,
- Ähnlichkeiten der äußeren Erscheinung und
- Lifestyle-Ähnlichkeiten.

Vertrauensfördernd scheint es zu sein, wenn zwischen dedizierten Kontaktpartnern auf Anbieter- und Nachfragerseite die Ähnlichkeit in diesen Dimensionen möglichst hoch ausgeprägt ist. Die Auswahl des eigenen Kontaktpersonals darf also nicht als unabhängiger Entscheidungsbereich angesehen werden. Der Anbieter sollte vielmehr solches Personal einsetzen, das im Status, im Erscheinungsbild und hinsichtlich des Lifestyles den Gegebenheiten auf Nachfragerseite am nächsten kommt.

Beispiel 4

Folgendes Zitat aus der Praxis zeigt, dass auch Ähnlichkeiten auf der organisationalen Ebene vertrauensfördernde Wirkung haben können: „Unsere Stärke sind die Firmen, die eine ähnliche Struktur wie wir haben, wo der Unternehmer persönlich den Kopf hinhält. Der Unternehmer liebt, dass er auf der anderen Seite auch einen Unternehmer hat. [...] Zudem hat man gleiche gesellschaftliche Interessen. [...] Bei Kapitalgesellschaften sieht das anders aus. Die werden eher mit den Großen warm." (Loose und Sydow 1994, S. 185).

Erneut können verschiedene Dimensionen der Ähnlichkeit unterschieden werden, beispielsweise:

- Strukturelle Ähnlichkeiten (Größe, Rechtsform, Organisation etc.),
- Ähnlichkeiten der Unternehmens- und Marktstrategie und
- Ähnlichkeiten der Unternehmenskultur (Risikoneigung, Umgangsformen, geteilte Werte etc.).

Für kleine und mittelständische Anbieter sind diese Strukturmerkmale in aller Regel als gegeben anzusehen und weisen insbesondere in der Marketingarena „Projekte und Aufträge" keine Freiheitsgrade auf. Dem Auftragsmanager bleibt folglich nur die Möglichkeit, seine Aktivitäten von vornherein auf solche Nachfrager zu konzentrieren, zu denen ein Mindestmaß an Ähnlichkeit besteht. Großunternehmen und Konzerne verfügen in ihren Bereichsportfolios jedoch oft über Betriebsformen unterschiedlicher Struktur. Insofern kann es in manchen Fällen durchaus ratsam sein, die Auswahl der für das Projektmanagement verantwortlichen Unternehmenseinheit von den Strukturen des Nachfragers abhängig zu machen, also z. B. einen mittelständischen Nachfrager auch durch eine mittelständische Tochter zu bedienen.

Gerade im Business-to-Business-Bereich ist Ähnlichkeit allerdings zusätzlich auf einer weiteren Stufe zwischen dem einzelnen Mitarbeiter und dem Unternehmen als Ganzes zu beachten, nämlich die Ebene des Buying Centers auf Nachfragerseite und die Ebene des Selling Centers auf Anbieterseite. Berücksichtigt der Anbieter bei der Gestaltung seines Selling Centers den Aspekt der Vertrauensbildung und achtet er entsprechend auf Ähnlichkeit der Center-Strukturen, so kann man dies als Center Matching bezeichnen.

Selbstvertrauen

Aus der oben angeführten Vertrauensdefinition kann eine allgemeine Forderung nach Verhaltenskonstanz abgeleitet werden. Vertrauen kann nur entstehen, wenn das Verhalten desjenigen, dessen Vertrauenswürdigkeit auf dem Prüfstand steht, als konstant und damit berechenbar anzusehen ist. Hat eine Person kein Selbstvertrauen, sondern wird sie als charakterlich labil angesehen, ist es nicht möglich, ihr zukünftiges Verhalten anhand bisher bekannter Zustands- und Verhaltensmerkmale zu extrapolieren. Vielmehr müsste befürchtet werden, dass diese Person ihre dem Gegenüber implizit oder explizit mitgeteilten Verhaltenspläne bereits ändert, wenn deren Realisierung in ihrem sozialen Umfeld auf relativ geringen Widerstand stößt. Selbstvertrauen ist somit eine notwendige Voraussetzung für die Vertrauensschaffung beim Gegenüber. Die Grundstruktur des Entstehungsprozesses von Selbstvertrauen ist in Abb. 1.11 zusammengefasst.

In einem Unternehmen, welches das Kundenvertrauen durch eine Förderung des Selbstvertrauens der eigenen Mitarbeiter fördern möchte, sind im Sinne dieses Modells also beispielsweise Anreizsysteme zu installieren, die es dem Mitarbeiter ermöglichen, einen verhaltensverstärkenden Zusammenhang zwischen eigenen Aktionen und Reaktionen der Umwelt wahrzunehmen. Leistungs- bzw. erfolgsbezogene Entlohnungs- und/oder Personalentwicklungssysteme entsprechen dem. Ein weiterer Ansatzpunkt zur Stärkung des Selbstvertrauens des Mitarbeiters besteht darin, seine Fähigkeiten zu fördern bzw. zu verbessern. So wird er in die Lage versetzt, die ihm übertragenen Aufgaben erfolgreich zu erfüllen. Zur Unterstützung seiner fachlichen und sozialen Kompetenz ist dabei natürlich zunächst an die vielfältigen Möglichkeiten der Weiterbildung zu denken.

Reziprozität

„Do ut des", „Tit for tat", „Wie Du mir, so ich Dir" – solche oder ähnliche Sprichwörter existieren nahezu in jeder Sprache bzw. in jedem Kulturkreis. Sie beschreiben eine grundsätzliche Gegenseitigkeit des Verhaltens, d. h. Verhalten als Aktion löst gleiches Verhalten

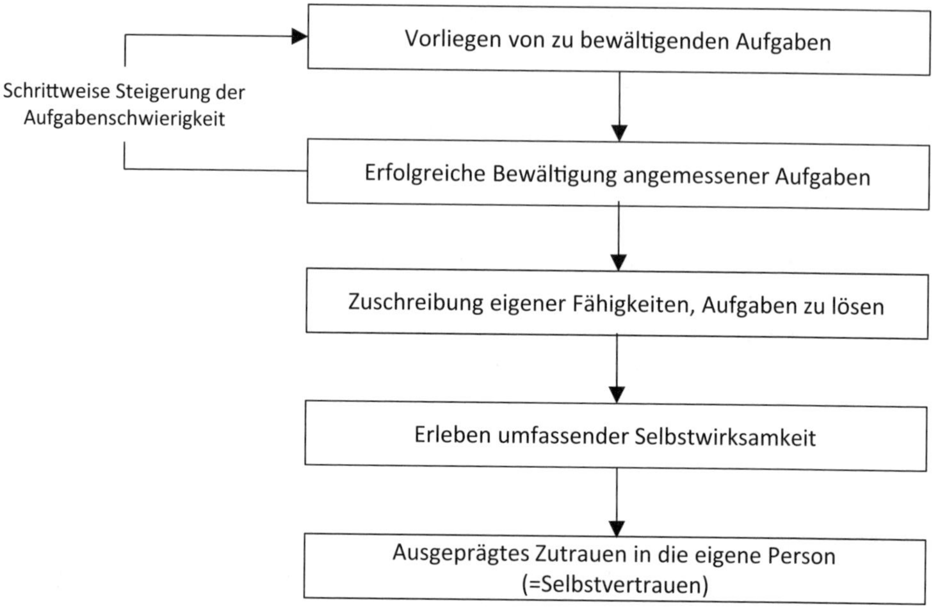

Abb. 1.11 Modell zum Aufbau von Selbstvertrauen (In Anlehnung an Petermann 1992)

als Reaktion aus. Um einen Begriff zu wählen, können wir diese Gegenseitigkeit als Reziprozität bezeichnen. Das Prinzip der Reziprozität lässt sich nun auch als Prinzip für das Management von Vertrauen verwenden. Eine ganze Reihe von Studien macht Reziprozität sogar zum konstituierenden Element des Vertrauens (z. B. Blau 1964; Rössl 1992). Anschauliche Beispiele für die vertrauens- bzw. misstrauenswirksamen Effekte der Reziprozität sind sicherlich die Aufrüstungs- und Abrüstungsspiralen zwischen den damaligen Supermächten aus den siebziger und achtziger Jahren (z. B. Osgood 1959).

Aus Abb. 1.12 wird die Gegenseitigkeit des Vertrauensaufbaus ersichtlich. Deutlich wird ebenfalls, dass der Anstoß zum Vertrauensaufbau von einem agierenden Partner ausgehen muss. Dieser Anstoß führt dazu, dass auf seiner Seite immer ein Vertrauensvorschuss zu verbuchen ist. Mit fortschreitendem Vertrauensaufbau verwässert dieser Vorsprung jedoch.

Aus dem Bereich der Soziologie stammen Programmvorschläge zur Ingangsetzung solcher Spiralen, die sich auf folgende vier Schritte zusammenfassen lassen (Plötner 1995, S. 149 f.):

1. Formulierung des eigenen Interesses an einer vertrauensvollen Zusammenarbeit im Rahmen einer allgemeinen Erklärung,
2. Ankündigung einer konkreten Initiative, mit der die eigene Vertrauensbereitschaft demonstriert wird,
3. Durchführung der Initiative,

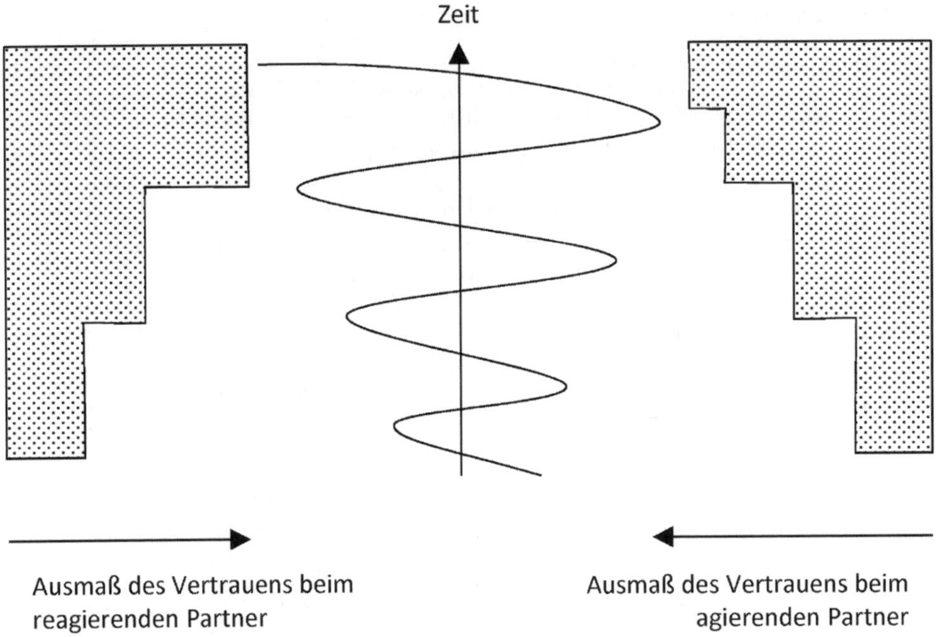

Abb. 1.12 Vertrauensspirale

4. Einladung zu reziprokem Verhalten.

Die Formulierung des eigenen Interesses sollte dabei möglichst „in der Öffentlichkeit" erfolgen, um die Glaubwürdigkeit und Ernsthaftigkeit zu unterstreichen. Sie kann damit als Bezugsrahmen für die Interpretation späterer Handlungen herangezogen werden. Öffentlichkeit kann im Business-to-Business-Bereich etwa durch Tagungen, Kongresse oder Statements in Werbeanzeigen hergestellt werden. Allerdings stellt auch bereits die Multipersonalität eines Buying Centers eine gewisse Öffentlichkeit dar. In der Einzeltransaktion sollte also immer sichergestellt werden, dass Schritt 1 tatsächlich alle Mitglieder des Buying Centers erreicht. Die explizite Ankündigung einer konkreten vertrauensbildenden Maßnahme in Schritt 2 soll gewährleisten, dass alle Betroffenen die Aktivität später auch wahrnehmen und eine entsprechende Soll-Erwartung bilden. Beispielsweise kann der Anbieter offerieren, bereits vor dem Vertragsabschluss Vorleistungen zu erbringen. Mit der Durchführung der Maßnahme in Schritt 3 liefert sich der Anbieter freiwillig dem Risiko aus, dass sein Vertrauensvorschuss missbraucht wird. Dabei scheint sicherlich eine Politik der kleinen Schritte angebracht, die dieses Risiko berechenbar macht. Ein überzogener Vertrauensvorschuss könnte den Partner auch überfordern, weil die Logik der Reziprozität einen Anspruch auf Gegenleistung impliziert. Ein solcher Anspruch kann durchaus als unerwünschter Zugzwang missinterpretiert werden. Dieser Argumentation entspricht es auch, wenn im nächsten Schritt lediglich eine Einladung zu reziprokem Verhalten erfolgen

Tab. 1.3 Instrumente für das Management von Vertrauen im Überblick

Referenzen	Identifikation „meinungsführender Lead User" Zusammenarbeit mit „meinungsführenden Lead User" Sicherung der Auskunftsbereitschaft „meinungsführender Lead User"
Ähnlichkeit	Ähnlichkeit auf der individuellen Ebene Center Matching Ähnlichkeit auf der organisationalen Ebene
Selbstvertrauen	Selbstvertrauen als Bewerberanforderung bei der Personalauswahl Einrichtung verhaltensstärkender Anreizsysteme Maßnahmen zur Erhöhung der fachlichen und sozialen Kompetenz der Mitarbeiter
Reziprozität	4-Punkte-Programm zur Ingangsetzung von Vertrauensspiralen Förderung der Machtsymmetrie im Anbieter/Nachfrager-Verhältnis

soll, die eindeutig dem Charakter der Freiwilligkeit folgt. Reziprokes Verhalten des Nachfragers wäre z. B. gegeben, wenn derjenige Anbieter, der eine Vorleistung erbracht hat, in die Formulierung von Auftragsspezifikationen eingebunden wird. Grundsätzlich darf sich der betroffene Anbieter daraus einen Vorteil versprechen, weil er die Spezifikationen in seinem Sinn und zum Nachteil möglicher Wettbewerber beeinflussen kann. Gelingt es, bei der Durchführung dieser vier Schritte die nötige „politische Sensibilität" für die Interessen aller Beteiligten zu bewahren, so bestehen berechtigte Wahrscheinlichkeiten dafür, dass eine Vertrauensspirale erfolgreich in Gang gesetzt werden kann.

Tabelle 1.3 zeigt noch einmal den Werkzeugkasten des Vertrauensmanagements.

1.3.3.3 Interkulturelle Aspekte

Sowohl die Aussagen zur Verkaufspsychologie als auch zum Management von Vertrauen in den vorangegangenen Abschnitten werden relativiert, wenn kulturelle Grenzen überschritten werden. So gilt beispielsweise die Farbe Blau, die oben noch als generell vorteilhaft genannt wurde, in bestimmten Kulturkreisen durchaus als Farbe der Trauer. Kulturelle Unterschiede als Gegenstand des Managements von Einzeltransaktionen sind dabei nicht nur auf Kontinentgrenzen überschreitende Marketing-Aktivitäten beschränkt, sondern beispielweise bereits innerhalb Europas zu berücksichtigen: „Zwar gibt es so etwas wie eine gemeinsame europäische Tradition und ‚Rahmenkultur', aber die Art, Geschäfte zu machen, unterscheidet sich deutlich von Land zu Land" (Wever 1989, S. 23). Die nationalen und kulturellen Unterschiede dürfen somit gerade in der Marketing-Arena der Einzelaufträge und Projekte nicht unterschätzt werden. Die Einführung in kulturelle Eigenheiten bestimmter Länder und Nationalitäten gehört heute ebenfalls zum Standardprogramm von Verkaufstrainern und Unternehmensberatern, wobei Branchenunterschiede ebenfalls Berücksichtigung finden können. Als „Meilenstein" in der vergleichenden Kultur- und Managementforschung wird in diesem Zusammenhang jedoch die Arbeit von *Hofstede* angesehen, in dessen Untersuchungen im Zeitraum von 1967 bis 1973 117.000 Fragebögen von Mitarbeitern des Hauses IBM aus 67 Ländern einflossen (Hofstede

Tab. 1.4 Kulturregionen und Länder (Scholz und Hofbauer 1990, S. 100)

	Kulturdimension				
Kulturregion	Machtabstand	Unsicherheitsvermeidung	Individualismus	Maskulinität	Ausgewählte Länder
Germanische Länder	•	••••	•••	••••	Österreich, Deutschland, Schweiz
Anglo-amerikanische Länder	••	••	•••••	•••••	USA, England, Kanada, Australien
Nordische Länder	•	••	••••	•	Dänemark, Finnland, Norwegen, Holland, Schweden
Weniger entwickelte romanische Länder	•••••	•••••	•	•••••	Mexiko, Venezuela, Portugal, Chile
Höher entwickelte romanische Länder	•••••	•••••	•••	•••	Belgien, Frankreich, Spanien, Brasilien, Italien
Asiatische Länder (außer Japan)	•••••	••	•	•••	Thailand, Pakistan, Indien, Hongkong
Japan	•••	•••••	•••	•••••	Japan
Naher Osten	•••••	•••••	•	•••	Griechenland, Iran, Türkei

hoch: •••••
niedrig: •

1984). Aus einer Verdichtung dieser Daten entstand die Darstellung aus Tab. 1.4, die verschiedene Kulturregionen anhand von vier Kulturdimensionen, die für Transaktionen zwischen Anbietern und Nachfragern relevant sind, unterscheidet (Scholz und Hofbauer 1990, S. 88 ff.).

Der Machtabstand zeigt, in welchem Ausmaß eine Gesellschaft ungleiche Machtverteilungen in Organisationen akzeptiert. Wenn der Machtabstand in einer Kulturregion hoch ausgeprägt ist, so deutet dies auf eine hohe Bedeutung des Status, den eine Person innehat. Beim Auftragsmanagement ist dem Rechnung zu tragen, indem besondere Sorgfalt bei der hierarchischen Zusammensetzung des Selling Centers an den Tag gelegt wird. In Ländern mit geringem Machtabstand sollte die verkaufende Partei dagegen auf eigene Statussymbole verzichten.

Ist in einem Kulturkreis das Streben nach Vermeidung von Unsicherheit gering ausgeprägt, so existieren in aller Regel nur wenige formale Regeln, die einzelnen Manager denken „strategisch" und beziehungsorientiert und sind in der Lage, individuelle und risikoreiche Entscheidungen zu treffen. Ist das Streben nach der Vermeidung von Unsicherheit dagegen hoch, so darf eine Vielzahl geschriebener Regeln, „Detaildenken" bei Managern, Aufgabenorientierung und Führungsstiltreue erwartet werden. Die Entscheidungsfindung erfolgt kollektiv und resultiert in weniger riskanten Entscheidungen.

Individualismus drückt die Bedeutung des Einzelnen im Gegensatz zur Gruppe oder zum Kollektiv aus. In Ländern mit hohen Individualismus-Werten ist die Selbstorientierung des einzelnen hoch ausgeprägt. Manager treffen Alleinentscheidungen, sie neigen aber ebenfalls zu hoher Arbeitsmobilität, d. h. zum Firmenwechsel. Niedrige Individualismus-Werte ziehen dagegen eine hohe moralische Verpflichtung des einzelnen gegenüber seiner Firma nach sich. Es dominieren Gruppenentscheidungen und das Senioritätsprinzip.

Maskulinität steht synonym für Begriffe wie Selbstbehauptung, Leistung, Ehrgeiz, materiellen Erfolg und Wettbewerb im Gegensatz zu beruflicher Sicherheit, Aufrechterhaltung von sozialen Kontakten sowie Lebensqualität. Geschäftspartner aus Ländern mit hoher Maskulinität sind oftmals sehr führungsorientiert. Sie haben eine hohe Stresstoleranz und übertragen die Prinzipien des Wettbewerbs auch auf die Ebene persönlicher Beziehungen. Der Anteil von Frauen in Führungspositionen ist in Ländern mit hoher Maskulinität eher gering. Niedrige Maskulinität wird mit der Neigung zu Kooperation und zu Gruppenbewusstsein in Verbindung gebracht. Neuerungen und Reorganisationen können in diesem Umfeld leichter umgesetzt werden.

1.3.4 Auftragsorganisation

Der Erfolg des Managements von Aufträgen hängt wesentlich von den vorhandenen organisatorischen Rahmenbedingungen eines Anbieters ab. Durch die Gestaltung von organisatorischen Strukturen werden die Voraussetzungen für ein systematisches und damit erfolgreiches Management von Projekten und Aufträgen geschaffen.

1.3.4.1 Alternativen der Organisationsgestaltung

Grundsätzlich stehen drei Alternativen der organisatorischen Strukturgestaltung zur Verfügung:

- Funktionale Strukturierung: Relativ gleichartige Verrichtungen werden zu Stellen zusammengefasst (Kieser und Kubicek 1992, S. 86).
- Objektorientierte Strukturierung: Aufgaben werden nach Zugehörigkeit zu bestimmten Objekten gebündelt (Diller 2001).
- Prozessorientierte Strukturierung: Aufgaben werden nach der Zugehörigkeit zu Unternehmensprozessen gebündelt (Picot et al. 2003; Jacob 1996).

In den Bereichen Marketing und Vertrieb können konkrete Erscheinungsformen der Organisationsstruktur entstehen, wie sie in Tab. 1.5 wiedergegeben sind.

Funktional gegliederte Marketing- und Vertriebsbereiche entstehen quasi organisch, wenn Unternehmen neu gegründet werden und wachsen. In diesem Sinne entsprechen funktional gegliederte Organisationen den Prinzipien wissenschaftlicher Unternehmensführung, wie sie von Frederick Taylor bereits zu Beginn des Jahrhunderts formuliert wurden und die Grundlage der industriellen Entwicklung in diesem Jahrhundert darstellen

Tab. 1.5 Strukturalternativen in Marketing und Vertrieb

	Strukturierungskriterien	Struktureinheiten
Funktional	Verrichtungen	Vertriebsaußendienst (Akquisition) Vertriebsinnendienst (Auftragslogistik) Händlerbetreuung Kommunikation (Werbung/Messen) Informationen (Marktforschung/EDV) ...
Objektorientiert	Produkte	Produktbereich A Produktbereich B ...
	Regionen	Region A Region B ...
	Kundengruppen	Segment A Segment B ...
	(Schlüssel-)Kunden	Key Account A Key Account B ...
	Projekte	Projekt A Projekt B ...
Prozessorientiert	Kernprozesse im Marketing	Analyse und Planung Vertriebsprozesse Innovation Management existierender Produkte ...

(Taylor 1913). Untersuchungen haben allerdings gezeigt, dass diese Organisationsform an Eignung verliert, sobald bestimmte Phasen des Wachstums erreicht werden (Greiner 1972, S. 41). Dann müssen Alternativen gefunden werden. Das Produktmanagement macht Produkte zum Ausgangspunkt für die Gestaltung von Organisationen und spielt im Konsumgüterbereich auch für das Management von Marken eine herausragende Rolle (Kotler et al. 2007, S. 1148; Wichman 1984, S. 27 ff.). Regionen und Ländermärkte werden dann für die Organisationsgestaltung relevant, wenn Unternehmen regional oder sogar international expandieren (Köhler 1995, Sp. 1644). Entscheidet sich ein Anbieter für eine differenzierte Bearbeitung seiner Märkte in Abhängigkeit von Charakteristika bestimmter Marktsegmente, so liegt die Zusammenfassung von Ressourcen speziell für die Bearbeitung dieser Kundengruppen nahe (Meffert 1992). Die Erkenntnis, dass der Unternehmenserfolg oft in hohem Maße von lediglich einer kleinen Anzahl sogenannter Schlüsselkunden abhängig ist, hat zur Entwicklung und Verbreitung des Key-Account-Managements und entsprechender Organisationsstrukturen geführt (Geiger und Kleinaltenkamp 2011; Rieker 1995). Produktinnovationen im Produkt- und Systemgeschäft sowie nahezu alle Transaktionen im

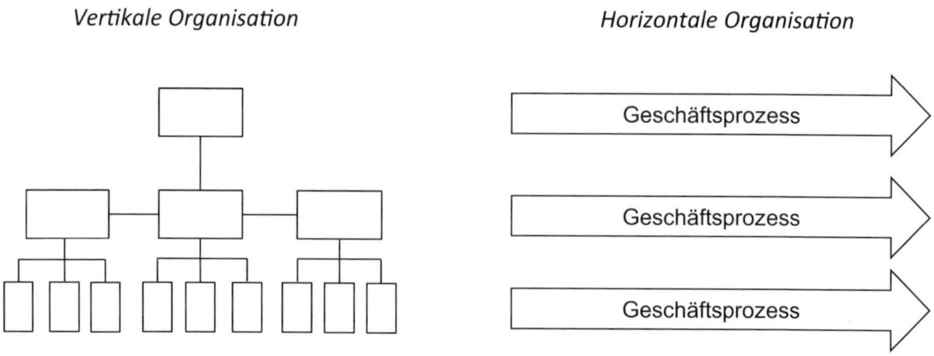

Abb. 1.13 Vertikale und Horizontale Organisation (Jacob 1996, S. 195)

Anlagengeschäft sind im allgemeinen als zeitlich befristete, komplexe und verhältnismäßig neue Aufgaben geprägt. Entsprechende Projekte bilden dann den Ausgangspunkt der Organisationsgestaltung (Kap. 7; Urban und Hauser 1980, S. 65 ff.; VDI 1995), das Resultat wird als Projektmanagement bezeichnet.

Im Zusammenhang des Stichwortes „Business Reengineering" (Hammer und Champy 1994) wird generell eine Abkehr sowohl von Formen der funktionalen als auch von Formen der objektorientierten Unternehmensstrukturierung gefordert. Stattdessen sollen Prozesse in den Mittelpunkt der Organisationsgestaltung rücken (Homburg et al. 1997, S. 22 ff.). Prozesse sind dabei definiert als „[...] Tätigkeiten, die zusammengenommen einen Wert für den Kunden schaffen" (Hammer und Champy 1994, S. 14). Den prinzipiellen Paradigmenwechsel zwischen funktionaler und objektorientierter Organisation auf der einen Seite (vertikale Organisation) und prozessorientierter Organisation auf der anderen Seite verdeutlicht Abb. 1.13.

Zu erkennen ist an dieser Stelle, dass offensichtlich keine der dargestellten Organisationsalternativen speziell auf das Management von Aufträgen und Projekten, die nicht in den Bereich der Innovation bzw. das Anlagengeschäft fallen, ausgerichtet ist.

Untersuchungen zeigen allerdings, dass Unternehmen insbesondere in den Bereichen Marketing und Vertrieb zur Kombination verschiedener Strukturierungsvarianten neigen (Homburg et al. 1997, S. 27). Insbesondere objektorientierte Strukturen in Verbindung mit einer Prozessorganisation, die die marktliche Einzeltransaktion als elementaren Unternehmensprozess in den Mittelpunkt stellt, erscheinen für das Management von Aufträgen und Projekten sehr gut geeignet. Zur allgemeinen Bedeutung, die der Prozessorganisation zukommt, siehe Homburg et al. (1997, S. 27).

1.3.4.2 Business Opportunity Management

Als beispielhaft kann in diesem Zusammenhang ein Ansatz genannt werden, der in der Unternehmenspraxis zurzeit unter Bezeichnungen wie „Business Opportunity Management" oder „Opportunity Management" eingeführt wird. Zielsetzungen dieser Modelle sind:

Tab. 1.6 Gliederung und Ressourcenzuordnung für den elementaren Unternehmensprozess „Marktliche Einzeltransaktion“

Teilprozess	Inhalte	Ressource
Erkennen	Erkennen von Möglichkeiten für die Durchführung marktlicher Einzeltransaktionen	Opportunity Noticer
Validieren	Ermitteln des grundsätzlichen Bedarfs Zuordnung zu einer Geschäftseinheit	Opportunity Identifier
Zuordnen	Zuordnung eines für den Auftrag/das Projekt verantwortlichen Mitarbeiters (des Opportunity Owners)	Resource Coordinator
Qualifizieren	Prüfen auf Realisierbarkeit, Kunden- und Anbietervorteile ggf. Übernahme der kompletten Verantwortung für den Auftrags-/Projekterfolg	Opportunity Owner
Selektieren	Priorisieren und Selektieren der Opportunities Entscheidung über die Durchführung Freigabe von Ressourcen	Opportunity Business Manager

- jede sich ergebende Möglichkeit für die Durchführung eines Auftrages oder eines Projektes systematisch zu erkennen,
- die tatsächliche Durchführung der Auftragsakquisition und Auftragsabwicklung sicherzustellen,
- Transparenz in Aufträgen und Projekten zu gewährleisten und damit
- Kundenzufriedenheit und Kundenvorteile zu erreichen.

Eine „Stellen- und Aufgabenbeschreibung“ für den Unternehmensprozess „Marktliche Einzeltransaktion“ kann aussehen wie in Tab. 1.6 widergegeben.

„Opportunity Noticer“ kann jeder Mitarbeiter im Unternehmen sein, der Informationen über Möglichkeiten für die Durchführung von marktlichen Einzeltransaktionen erhält. Seine Aufgabe würde darin bestehen, diese Informationen an einen „Opportunity Identifier“ weiterzugeben, der grundsätzlich klärt, ob die Geschäftsmöglichkeit in den strategischen Rahmen des Unternehmens passt und die Informationen an diejenige Geschäftseinheit weitergibt, die für die Auftrags- bzw. Projektdurchführung am besten geeignet erscheint. In dieser Geschäftseinheit ordnet ein „Resource Coordinator“ die bereits erweiterten Informationen dem Verantwortungsbereich eines „Opportunity Owners“ zu. Dieser wiederum prüft, ob auf Anbieterseite die Realisierbarkeit überhaupt gegeben ist und wo Ansatzpunkte für Kunden- bzw. Anbietervorteile liegen. Die endgültige Entscheidung über die Weiterverfolgung einer Geschäftsmöglichkeit oder den Abbruch trifft der „Opportunity Business Manager“.

Damit ein solches Modell wirklich funktionsfähig sein kann, müssen bestimmte Voraussetzungen erfüllt sein. Zunächst ist klar, dass die schnelle Informationsweitergabe und Dokumentation von herausragender Bedeutung ist. Insofern sind Modelle des „Business Opportunity Management“ auf den Einsatz moderner und vernetzter IT-Systeme angewiesen. Weiterhin wird deutlich, dass diese Modelle sehr dynamisch sind und kaum noch als Struktur im engeren Sinn bezeichnet werden können. Betont wird zum Beispiel, dass

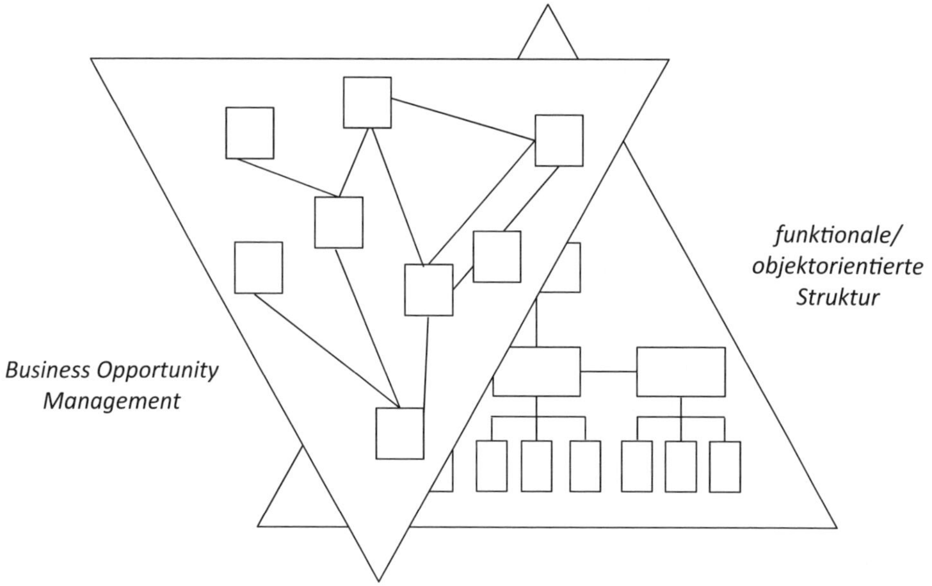

Abb. 1.14 Hypertext Organisation

als Opportunity Noticer tatsächlich jeder Mitarbeiter in Frage kommt. Man kann sich vorstellen, dass das ganze System sehr schnell wahlfreie bzw. sogar chaotische Strukturen annimmt. Aus Japan kommt in diesem Zusammenhang der Vorschlag, solche Strukturen nur als eine „Sicht" einer Unternehmensstruktur anzusehen (Nonaka et al. 1992). Als Analogie werden sogenannte „Hypertexte" herangezogen, die durch die dezentrale Speicherung zusammenhängender Texte entstehen. Ein bekanntes Beispiel für Hypertexte ist das Internet, das sehr wohl definierbare Strukturen aufweist, für den Nutzer jedoch chaotisch und wahlfrei erscheint. Für die auftrags- bzw. projektbezogene Strukturierung der Bereiche Marketing und Vertrieb bedeutet dies, dass formale Strukturen im Sinne einer funktionalen oder objektorientierten Gliederung existieren. Business Opportunity Management vollzieht sich innerhalb dieser Strukturen durch relativ spontane Verknüpfungen. Es stellt sicher, dass die Auftrags- und Projektorientierung gewährleistet wird. Beide Dimensionen existieren in Symbiose, sie behindern sich nicht, sondern fördern sich gegenseitig. Abbildung 1.14 fasst die Zusammenhänge noch einmal grafisch zusammen.

1.3.5 Controlling und Steuerung der Transaktion

Controlling und Steuerung sind obligatorische Bestandteile eines jeden modernen Managements. Controlling bedeutet, dass möglichst zeitnah Informationen erfasst und zur Verfügung gestellt werden. Steuerung bedeutet, dass mit Hilfe dieser Informationen fortlaufend die Übereinstimmung der Durchführung mit den Vorgaben der Planung überprüft wird, Abweichungen erfasst werden und Ansatzpunkte für Gegenmaßnahmen aufgezeigt werden (Horvath 2003).

Auch das Auftragsmanagement bedarf eines eigenen Controllings. Controlling kann im Zusammenhang des einzelnen Auftrags

- vorbereitenden,
- begleitenden oder
- nachträglich bewertenden

Charakter haben.

1.3.5.1 Database Marketing zur Auftragsvorbereitung

Wenn Kunden nicht von sich aus mit einer expliziten Anfrage auf einen Anbieter zugehen, so besteht eine wesentliche Aufgabe des Auftragsmanagements darin, potentielle Kunden mit einem latenten Bedarf systematisch zu bestimmen und aktiv anzugehen (Adamson et al. 2012). Oftmals ist die Anzahl aller möglichen Kunden auf einem industriellen Markt überschaubar, was es möglich macht, Informationen über jeden einzelnen Kunden und damit auch über deren latente Bedarfe zu sammeln. Aus einem solchen Informationsbestand können dann Rückschlüsse für gezielte Akquisitionsbemühungen gezogen werden. Für diese Aufgabe stellt die EDV-Technologie entsprechende Hilfsmittel zur Verfügung. Für die Verknüpfung von Auftragsmanagement und insbesondere dem Einsatz entsprechender Datenbanksysteme wurde die Bezeichnung „Database Marketing" eingeführt (Link und Hildebrand 1993, S. 29 f.).

Um ein Database Marketing zu verwirklichen, gilt es zunächst zu klären, welche Arten von Informationen dafür besondere Bedeutung erlangen. In Anlehnung an Link und Hildebrand (1993, S. 34) können in diesem Zusammenhang unterschieden werden:

- Grunddaten, die vor allem längerfristig gleichbleibende und weitgehend auftragsunabhängige Kundendaten enthalten,
- Potentialdaten, die auftragsbezogene Anhaltspunkte für das Auftragsvolumen liefern,
- Aktionsdaten, welche auftragsspezifische Marketing-Maßnahmen dokumentieren, und
- Reaktionsdaten, die das Kundenverhalten festhalten und Aufschluss über die Wirksamkeit der Maßnahmen des eigenen wie der konkurrierenden Unternehmen geben.

In Tab. 1.7 sind aus dieser Grobstruktur einzelne Informationsfelder einer Kundendatenbank abgeleitet.

Ziel des Database Marketings ist es nun, aufgrund einer systematischen Erfassung, Pflege und Auswertung der Datenbanken „[...] die richtigen Kunden zum richtigen Zeitpunkt mit den richtigen Maßnahmen [...] anzusprechen" (Link und Hildebrand 1993, S. 30) und damit Aufträge optimal vorzubereiten. Handelt es sich bei den Produkten eines Anbieters beispielsweise um Verbrauchsgüter, so kann aus einer Gegenüberstellung von ausgelieferten Mengen und einer Kennzahl für den Verbrauch ein ungefährer Termin eines erneuten

Tab. 1.7 Informationsfelder und -inhalte einer Kundendatenbank (nach Hildebrand und Link 1993, S. 36)

Grunddaten	Potentialdaten
Firmenname Anschrift Telefon, Telefax, E-Mail Vertriebsregion Betreuende Geschäftsstelle Kundennummer Branche/Geschäftszweig Produkt-/Leistungsprogramm Unternehmensgröße Bonität Eigentumsverhältnisse Unternehmensverflechtungen Namen und Adressen der Führungskräfte und Ansprechpartner Struktur und Merkmale der Mitglieder des Buying Centers	Produktgruppenspezifischer Gesamtbedarf Zeitpunkte konkreter Bedarfssituationen Derzeitige Ausstattung (eigene Produkte/Leistungen und Wettbewerbsprodukte/-leistungen) Lieferhistorie Position im Kundenportfolio Wettbewerbsstrategie des Kunden
Aktionsdaten	**Reaktionsdaten**
Art der Kontaktaktivität (Mailing, Katalog, Telefonkontakt, Außendienstbesuch) Intensität der Kontaktaktivität (Umfang, Wert, Dauer) Kontakthistorie Verantwortlicher Kundenbetreuer	Umsatzhöhe und Struktur von Aufträgen Deckungsbeitragshöhe von Aufträgen Gesamtauftragsbestand Auftragshistorie Anfragenstatus Reklamationen Retouren Lost-Orders Dauer der Kundenbeziehung Kundenloyalität

Bedarfs errechnet werden. Ähnlich verhält es sich mit Gebrauchsgütern, die einer zeitlichen Abnutzung unterliegen. Führt der Anbieter Buch über die Beschaffungszeitpunkte aktuell genutzter Anlagen, Maschinen, Systeme etc., so kann er in etwa abschätzen, wann diese ersetzt werden müssen. Wenn F&E-Tätigkeiten eines Anbieters zu Innovationen in seinem Produkt- und Leistungsbereich führen und dieser Anbieter über möglichst vollständige Informationen hinsichtlich der Nutzungsprozesse, Technologien und/oder Produktionsabläufe seiner potentiellen Kunden verfügt, so kann er relativ leicht ermitteln, welchen Nachfragern seine Innovation den größten Nutzen stiften würde. Bei diesen Kunden wäre die Erfolgswahrscheinlichkeit seiner Akquisitionsbemühungen entsprechend hoch ausgeprägt. Ein weiteres Beispiel für den Einsatz des Database Marketings sind Änderungen der gesetzlichen Rahmenbedingungen oder sonstiger Vorschriften, die Nachfrager betreffen. Zum Beispiel können sich die Grenzwerte für Emissionen aus Produktionsprozessen verändern. Einem Anbieter von Technologie zur Reduktion dieser Emissionen würde eine umfangreiche Datenbasis über die zur Zeit verwendete Technologie bei den einzelnen Nachfragern die Möglichkeit verschaffen, diese gezielt auf die Veränderungen der Rahmenbedingungen hinzuweisen und Akquisitionsbemühungen sehr frühzeitig zu starten.

1.3.5.2 Prozesskostenrechnung zur Begleitung des Auftrags

Auftragsmanagement wird für Anbieter auf modernen Business-to-Business-Märkten nur dann zu einer Aufgabe der Unternehmensgestaltung, wenn die Auftragsdurchführung entsprechend komplex ist. Dies ist regelmäßig der Fall, wenn Markttransaktionen nicht uniform und gleichartig, sondern unterschiedlich und heterogen sind. Gerade dieser Aspekt führt jedoch auch dazu, dass sich die Ermittlung der Kosten für die Durchführung einzelner Aufträge äußerst schwierig gestaltet. Diese Kosten sind nun nicht zu verwechseln mit den Kosten für die Herstellung von Produkten und Dienstleistungen, die innerhalb eines Auftrages ausgetauscht werden. Es handelt sich vielmehr um die Kosten für die Analyse, Planung, Durchführung und Kontrolle des Auftrags. Mit Einschränkung entspricht dies den Transaktionskosten, wie sie an anderer Stelle erläutert werden (z. B. Plinke 2000, S. 45). Vertreter des Transaktionskostenansatzes weisen selbst darauf hin, wie schwer es in der betrieblichen Anwendung ist, diese Kosten zu ermitteln (Picot und Dietl 1990). Weiterhin ist die Tatsache zu berücksichtigen, dass durch das Auftragsmanagement sehr viele Kostenpositionen entstehen, die nicht eindeutig durch einzelne Aufträge verursacht werden, d. h. es entsteht ein Gemeinkostenproblem (Plinke und Rese 2000) heranzuziehen. Weder eine Auftragsvor- noch eine Auftragsnachkalkulation sind dann sinnvoll durchzuführen. Eigentlich benötigt der betriebliche Entscheider jedoch entsprechende Informationen. Die Ergebnisse einer Vorkalkulation müssten in Überlegungen zur Preisfindung einfließen, die Ergebnisse einer Nachkalkulation u. U. in Überlegungen zur generellen Gestaltung des Auftragsmanagements. Eine auftragsbegleitende Kalkulation kann Entscheidungsunterstützung bei der Frage liefern, ob die Weiterverfolgung eines Auftrags aus Kosten- und Erlössicht überhaupt noch sinnvoll ist oder etwa ein Abbruch sinnvoller wäre.

Ein erster Schritt in Richtung der Gestaltung eines entsprechenden Rechenwerks ist sicherlich die explizite Berücksichtigung von Aufträgen als eigenständige Kostenträger. Praktisch bedeutet dies, dass für jeden Auftrag in der Kostenrechnung ein eigenes Konto angelegt wird. So können eindeutige Einzelkosten eines Auftrags wie etwa Reisekosten im Rahmen von Akquisitionsbemühungen oder Kosten einer Vorleistung entsprechend zugeordnet werden. Das Gemeinkostenproblem ist damit aber noch nicht gelöst. Eine gewisse Hilfestellung zu dessen Überwindung verspricht jedoch die sogenannte „Prozesskostenrechnung“ (Reckenfelderbäumer 1994). Mit ihr wird in expliziter Form das Ziel verfolgt, Gemeinkosten transparent zu machen und auch zu ihrer Reduktion beizutragen (Reckenfelderbäumer 1994, S. 26 ff.). Den grundsätzlichen Aufbau einer Prozesskostenrechnung verdeutlicht zunächst Abb. 1.15.

Ausgangspunkt einer Prozesskostenrechnung ist die Ebene der Kostenstelle, etwa des Bereichs Vertrieb/Auftragsabwicklung. Zunächst wird analysiert, welche Tätigkeiten dort im Einzelnen ausgeführt werden und welchen Zeitbedarf sie erfordern (Reckenfelderbäumer 1994, S. 35 ff.).

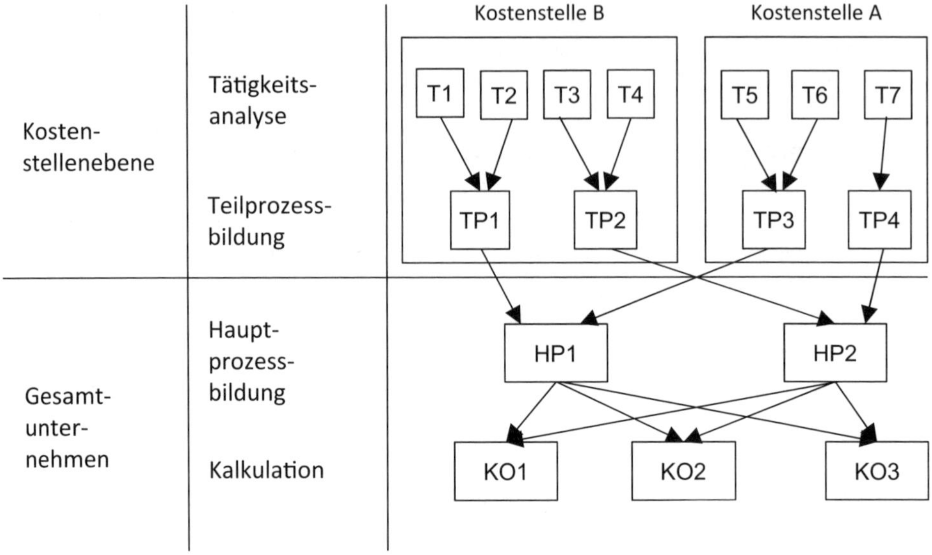

Abb. 1.15 Aufbau einer Prozesskostenrechnung (Reckenfelderbäumer 1994, S. 34)

Im Bereich Vertrieb/Auftragsabwicklung könnte es sich dabei z. B. handeln um:

- Telefonieren,
- Reisen,
- Bearbeitung von technischen Unterlagen,
- Bearbeiten von kaufmännischen Unterlagen,
- Beschaffung von Informationen,
- Planen etc.

Tätigkeiten werden dann zu Teilprozessen aggregiert, der Zeitbedarf für die Teilprozesse ebenso. Teilprozesse des Auftragsmanagements wären typischerweise:

- Auftragsanalyse,
- Akquisitionsplanung,
- Akquisitions- und Auftragsdurchführung sowie
- Auftragscontrolling.

Anhand des Zeitbedarfs für die einzelnen Teilprozesse im Rahmen einer ganzen Periode werden dann diejenigen Kosten der Kostenstelle, die nicht direkt als Einzelkosten dem einzelnen Auftrag zugerechnet werden können, proportionalisiert. Man verwendet den Zeitbedarf als Schlüssel, weil es sich bei den Gemeinkosten des Vertriebsbereiches in erster Linie um Personalkosten handelt. In Tab. 1.8 ist beispielhaft eine Situation dargestellt, in

Tab. 1.8 Beispielhafte Ermittlung von Teilprozesskostensätzen

Teilprozesse		Periodenkosten		Maßgröße		Teilprozess-kostensatz
Nr.	Bezeichnung	Basis	Summe	Art	Menge	
1	Auftragsanalyse	0,5 MJ	200.000	# Auftragsanalysen	300	666
2	Akquisitionspla-nung	0,5 MJ	200.000	# Akquisitionsplanungen	150	1.333
3	Akqusisitions-/ Auftragsdurchf.	3,0 MJ	1.200.000	# Akquisitionsdurchfüh-rung	100	12.000
4	Auftragscontrol-ling	0,5 MJ	200.000	# Auftragscontrolling	25	8.000
Σ		4,5 MJ	1.800.000			

der innerhalb einer Kostenstelle der Betrag von Euro 1.800.000,– als Kosten zu berücksichtigen sind, die nicht unmittelbar als Einzelkosten von Aufträgen weiterverrechnet werden können. Insgesamt stehen der Kostenstelle 4,5 Mannjahre pro Periode zur Verfügung. Weil 0,5 Mannjahre für den Teilprozess „Auftragsanalyse" verwendet wird, entfällt der Betrag von Euro 200.000,– auf diesen Teilprozess.

Aus den gesamten Periodenkosten eines Teilprozesses werden mit Hilfe einer Maßgröße Teilprozesskostensätze ermittelt. Im Beispiel aus Tab. 1.8 wird als Maßgröße für den Teilprozess „Auftragsanalyse" die Anzahl (Symbol #) der Auftragsanalysen, die insgesamt in einer Periode durchgeführt werden, herangezogen. Es ergibt sich somit ein Teilprozesskostensatz in Höhe von Euro 666,–. Die Teilprozesse werden dann wiederum zu Hauptprozessen verdichtet. Beispiele solcher Hauptprozesse für den Bereich Vertrieb/Auftragsmanagement wären etwa:

- Akquisition eines Neukunden,
- Akquisition im Rahmen einer neuen Bedarfssituation bei einem bekannten Kunden,
- Transaktion bei einer bekannten Bedarfssituation mit einem bekannten Kunden.

Hauptprozesskostensätze werden ermittelt über die Anzahl der Teilprozesse, die jeweils in einen Hauptprozess einfließen. So ist es z. B. denkbar, dass in den Hauptprozess „Neukundenakquisition" 50 % der Kapazität aus dem Teilprozess „Auftragsanalyse" einfließt, während für den Teilprozess „Routinetransaktion/reiner Wiederholungskauf" keinerlei Kapazität aus dem Teilprozess „Auftragsanalyse" benötigt wird. Wichtig ist in diesem Zusammenhang auch, dass in einen Hauptprozess Teilprozesse aus verschiedenen Kostenstellen einfließen können. Unter Umständen würden z. B. in die Akquisition eines Neukunden auch Teilprozesse aus dem Bereich „Debitorenbuchhaltung" einfließen, etwa für die Bestimmung der Bonität eines Kunden. In die Akquisition einer neuen Bedarfssituation bei einem bekannten Kunden könnten auch Teilprozesse aus dem Bereich Entwicklung/Konstruktion einfließen. Für die Hauptprozesse müssen weiterhin sogenannte „Kostentreiber" festgelegt werden. Diese dienen als Basis für die Verrechnung der

Gemeinkosten auf Kalkulationsobjekte (Reckenfelderbäumer 1994, S. 62). Im Rahmen der hier unterstellten Hauptprozesse („Neukunde", „neuer Bedarf bei bekanntem Kunden", „bekannter Bedarf bei bekanntem Kunden") ist die Anzahl der jeweils durchgeführten Transaktionen der jeweilige Kostentreiber. Andere Hauptprozesse, die den gleichen Kalkulationsobjekten zugeordnet werden – also den Aufträgen, können jedoch durchaus andere Kostentreiber aufweisen. So wäre für den Hauptprozess „Auslieferung" nicht die Anzahl der Aufträge, sondern etwa der Bedarf an Tonnenkilometern als Kostentreiber heranzuziehen.

Insbesondere der Schritt von der Teilprozessbildung zur Hauptprozessbildung macht jedoch nur Sinn, wenn zwischen den Teilprozessen und den Hauptprozessen relativ starre Verhältnisse vorliegen – etwa im Sinne von Arbeitsplänen. Weil dies im Falle des Auftragsmanagements in aller Regel nicht gegeben ist, wird z. T. auch empfohlen, die Prozesskostenrechnung nur bis zur Ebene der Teilprozesse zu betreiben (Reckenfelderbäumer 1994, S. 86). Geht man z. B. davon aus, dass ein „Mannjahr" 1000 Arbeitsstunden umfasst, so ergäbe sich aus Tab. 1.8 für den Teilprozess „Auftragsanalyse" ein „Mannstundensatz" von € 200,–. Ähnliche Werte können auch für die anderen Teilprozesse ermittelt werden. Mit diesen „Mannstundensätzen" können nun für spezifische und einzigartige Auftragssituationen sowohl Vorkalkulationen als auch auftragsbegleitende Kalkulationen durchgeführt werden. Die Prozesskostenrechnung kann also auch in diesem Zusammenhang eine nützliche Hilfestellung sowohl für die Preisfindung als auch die Auftragssteuerung liefern.

1.3.5.3 Auftragsverlustanalyse zur Beurteilung der Akquisition

Die Prozesskostenrechnung erlaubt nach dem Abschluss und der Durchführung eines Auftrags im Sinne einer Nachkalkulation auch dessen abschließende Bewertung. Bedenkt man allerdings, dass die Quote des tatsächlichen Auftragserhalts, also die Anzahl von Aufträgen, für die ein Anbieter tatsächlich den Zuschlag vom Kunden erhält, im Verhältnis zur Gesamtzahl der Aufträge, um die er sich bemüht, in vielen Unternehmen den Wert von 10 % nicht überschreitet, so wird sehr schnell deutlich, dass wesentliche Lerneffekte auch von einer Analyse derjenigen Aufträge zu erwarten sind, die an den Wettbewerb verloren wurden (Plinke und Fließ 1988a; Plinke und Fließ 1988b). Sie verursachen beträchtliche Verluste durch hohe Kosten der Angebotserstellung und ungünstige Auftragsraten. Ein Ziel muss daher darin bestehen, alle Möglichkeiten wahrzunehmen, um die Auftragsraten zu erhöhen und damit die Angebotskosten zu reduzieren.

Allerdings muss nicht jeder Auftragsverlust unbedingt auf Fehler des Anbieters zurückzuführen sein. Tabelle 1.9 fasst mögliche Gründe für einen Auftragsverlust zusammen.

Immer dann, wenn ein Auftrag trotz Akquisitionsbemühungen des eigenen Unternehmens an einen Wettbewerber gegangen ist, ist Anlass für eine systematische Auftragsverlustanalyse gegeben. Systematische Auftragsverlustanalyse ist durch folgende Eigenschaften gekennzeichnet:

Tab. 1.9 Mögliche Gründe für einen Auftragsverlust

Der Bedarf des Kunden ist weggefallen („Projekt gestorben“). Der Kunde hat den Bedarf zurückgestellt. Das Kundenunternehmen ist aufgekauft worden oder in Konkurs gegangen („Kunde gestorben“). Der Kunde wird an der Verfolgung des Projektes gehindert („höhere Gewalt“).	Ausdruck von Änderungen und Schwierigkeiten im Einflussbereich des Kunden → keine Anhaltspunkte für die Überprüfung der eigenen Leistung
Ein Konkurrent hat den Auftrag erhalten!	Unternehmen hat im Wettbewerb verloren! → systematische Fehlersuche sinnvoll und hilfreich

- Es handelt sich um eine systematische Fehleranalyse zum Nutzen zukünftiger Akquisitionsbemühungen.
- Sie umfasst Aktivitäten, die vor allem ex post bei Kunden, der Konkurrenz sowie den eigenen Potenzialen, d. h. Stärken und Schwächen, durchgeführt werden.
- Die Anwendung sollte planmäßig erfolgen, d. h. nicht erst im Falle eines überraschenden Auftragsverlustes. Unternehmen sollten sich bereits in der Angebotsphase Klarheit über die Wertigkeit eines angestrebten Auftrages verschaffen und damit auch über die Art und den Umfang einer möglichen Auftragsverlustanalyse.
- Systematische Auftragsverlustanalyse ist notwendiger Bestandteil einer integrierten Akquisitionsplanung und -kontrolle.

Mit der Auftragsverlustanalyse können durchaus Zielsetzungen auf verschiedenen Ebenen verfolgt werden:

- Auf der operativen Ebene können aus der ausführlichen Analyse des einzelnen Auftragsverlusts Konsequenzen für mögliche Transaktionen mit dem gleichen Kunden in der Zukunft gezogen werden.
- In strategischer Hinsicht erlaubt die Analyse einer Vielzahl von Auftragsverlusten eine umfassende Stärken-und-Schwächen-Beurteilung des eigenen Unternehmens im Vergleich zu Wettbewerbern im gleichen Markt.

Mögliche Fragestellungen für die Auftragsverlustanalyse sind in Tab. 1.10 zusammengefasst.

Um die Beurteilung von Auftragsverlusten möglichst effizient durchzuführen, sollte die Analyse soweit wie möglich standardisiert sein. Dies wird ermöglicht, wenn sich die Form für eine IT-gestützte Aufbereitung eignet. Dadurch wird der Zeitaufwand für jede einzelne Analyse möglichst gering gehalten. Allerdings ist auch bei der standardisierten Beurteilung zu beachten, dass unterschiedliche Aufträge in aller Regel auch eine unterschiedliche Wertigkeit für das anbietende Unternehmen aufweisen. Daher sollte jedes verlorene Angebot einer intensitätsmäßig abgestuften Auftragsverlustanalyse unterzogen werden. Die

Tab. 1.10 Fragestellungen der Auftragsverlustanalyse (Plinke und Fließ 1988a, S. 110)

→ Gibt es dominierende Gründe für den Auftragsverlust?
→ Gibt es Bündel von Gründen, die auf tiefere Ursachen von Auftragsverlusten schließen lassen?
→ Gibt es typische Konstellationen von Gründen für den Auftragsverlust?
→ Gibt es Verbindungen von typischen Konstellationen von Gründen mit bestimmten Wettbewerbern?
→ Treten bestimmte typische Auftragsverlustgründe mit bestimmten Anlagen-, System- oder Produkttypen auf?
→ Gibt es Verbindungen von typischen Auftragsverlustgründen mit bestimmten Kundengruppen beziehungsweise Ländern?
→ Treten Abbrüche von bestimmten Projekttypen gehäuft in bestimmten Projektphasen auf?
→ Gibt es Zusammenhänge zwischen Projektlaufzeit und bestimmten Begleitumständen und Ursachen des Projektverlustes?
→ Treten bestimmte Konstellationen von Gründen bei bestimmten Auftragsgrößenklassen auf?

Kriterien der Auftragswertigkeit lassen sich bereits sehr frühzeitig im Rahmen der Anfragenbewertung, die der eigentlichen Angebotsphase noch vorgelagert sein sollte, ermitteln (siehe hierzu Kap. 2 dieses Buches). Als Einflussfaktoren der Auftragswertigkeit lassen sich folgende Elemente unterscheiden:

- der Angebotsnutzen für den Anbieter (Erlös, Deckungsbeitrag, Referenzwirkung, ...),
- der Angebotsaufwand für den Anbieter (Zeit, Mühe und Kosten der Angebotserstellung, ...) und
- die Auftragswahrscheinlichkeit.

Formal lässt sich die Angebotswertigkeit wie folgt darstellen:

$$\text{Auftragswertigkeit} = \frac{\text{Angebotsnutzen}}{\text{Angebotsaufwand}} \cdot \text{Auftragswahrscheinlichkeit.}$$

Sowohl der Angebotsnutzen als auch der Angebotsaufwand sind mehrdimensionale und z. T. qualitative Größen, weshalb zu ihrer Ermittlung in den meisten Fällen auf Nutzwertmodelle zurückzugreifen ist. Tabelle 1.11 stellt ein solches Nutzwertmodell exemplarisch dar.

In Abhängigkeit einer solchen Ermittlung der Auftragswertigkeit kann dann über die Art und den Umfang der Auftragsverlustanalyse entschieden werden. Aus Tab. 1.12 ist eine entsprechende Zuordnung exemplarisch zu entnehmen.

Eine individuelle Auftragsverlustanalyse kommt bei allen verlorenen Aufträgen mit hoher und sehr hoher Auftragswertigkeit zur Anwendung. In aller Regel sind diese Fälle heterogener Natur, so dass die Vorgehensweise der Auftragsverlustanalyse darin besteht, dass sich die Auftragsverantwortlichen und entsprechende Fachvorgesetzte zusammensetzen, um gedanklich den chronologischen Ablauf der Akquisition nachzuvollziehen, und

Tab. 1.11 Nutzwertmodell zur Ermittlung der Auftragswertigkeit (Plinke und Fließ 1988b, S. 65)

Merkmale des Auftrags	Gewicht	Ausprägungen	Eingabe	Punktwert
Ergebniswirkung	0,4		3	1,20
Ausstrahlungswirkung	0,6	Schwach = 1/mittel = 3/stark = 5	2	1,86
Referenzkunde	0,4	Schwach = 1/mittel = 3/stark = 5	5	0,8
Referenzauftrag	0,2	Schwach = 1/mittel = 3/stark = 5	4	1,0
Präqualifikation	0,3	Schwach = 1/mittel = 3/stark = 5	1	1,2
Kooperationspartner	0,1	Schwach = 1/mittel = 3/stark = 5		0,1
Ergebnis Nutzen	1	1 bis 5		3,06
Direkte Kosten	0,4	Schwach = 1/mittel = 3/stark = 5	1	0,40
Akquisitionsintensität	0,6	Schwach = 1/mittel = 3/stark = 5	3	1,80
Ergebnis Aufwand	1	1 bis 5		2,20
Auftragswahrscheinlichkeit	4	Parallelangebot = 0/gering = 1/ mittel = 3/hoch = 5	3	12,00
Auftragswertigkeit		0 bis 100		17,26

Tab. 1.12 Intensitätsmäßige Abstufung der Auftragsverlustanalyse (Plinke und Fließ 1988b, S. 66)

Indexwert	Maßnahmen zur Auftragsverlustanalyse
0 bis 10	Standardisierte Auftragsverlustanalyse
11 bis 20	Standardisierte + teilstandardisierte Auftragsverlustanalyse
21 bis 100	Standardisierte + individuelle Auftragsverlustanalyse

eventuell erkennbare Schwachstellen suchen. Erleichtert wird dieser Prozess, wenn der Akquisitionsverlauf vorher entsprechend dokumentiert wurde. Es lassen sich zwei Anhaltspunkte für die Suche nach solchen Schwachstellen festhalten:

1. Die Akquisitionsplanung ist von falschen Prämissen ausgegangen. Die Erwartungen des Kunden wurden falsch eingeschätzt, die beteiligten Wettbewerber und deren Verhalten nicht richtig eingeordnet, der Einfluss von Drittparteien über- oder unterschätzt. Grundsätzlich weist dies auf Schwächen des Anbieters bei der Analysearbeit zur Vorbereitung der Transaktion hin.
2. In der jeweiligen Situation sind in Bezug auf gegebene Ziele falsche Maßnahmen ergriffen worden. Zum Beispiel wurde die angebotene Leistung durch den Kunden falsch interpretiert, was auf einen Fehler in der Kommunikationspolitik hindeutet. Oder das Angebot löst nicht das Problem des Kunden, worin ein Mangel der Produktpolitik zu sehen ist.

Basis für eine standardisierte Auftragsverlustanalyse, die computergestützt erfolgt, ist ein Erhebungsblatt, in dem alle relevanten Beurteilungskategorien enthalten sind. Ein solches Erhebungsblatt sollte:

Auftragsverlustanalyse			
Bearbeiter:	Datum:	Verteiler:	
Kundennummer:	Kundengruppe:	Projektnummer:	Projektleiter:
Auftragswert:	Technik:		

Gründe des Auftragsverlusts:

Technische Dimensionen
□□□ Know how
□□□ angebotene Technik
□□□ Kompatibilität

Ökonomische Dimension
□□□ Preis
□□□ Wirtschaftlichkeit

Persönliche Dimension
□□□ Kundenbetreuung
□□□ Team-Zusammensetzung
□□□ Persönliche Kontakte
□□□ Vorhandene Kundenpräferenzen

Länderspezifische Gründe
□□□ Politische Veränderungen
□□□ Präferenzen für bestimmte Anbieterländer
□□□ Import-/Exportrestriktionen

Anwendung der akquisitorischen Instrumente
□□□ Image
□□□ Kundeninformation
□□□ Angebotsdokumentation
□□□ Angebotspräsentation
□□□ Fristversäumnisse bei Angebotsabgabe
□□□ Finanzierungskonditionen
□□□ Kompensationsgeschäft
□□□ Zusätzliche Dienstleistungen
□□□ Vertragsbedingungen
□□□ Liefertermine

Vorleistungen
□□□ Fehler früherer Aufträge
□□□ Zulieferer
□□□ Referenzen
□□□ Approbation

Legende: ☒□□ = keine Bedeutung, ☒☒□ = mitursächlich, ☒☒☒ = ausschlaggebend

Bemerkungen:

Datum der Angebotsabgabe:			Datum des Projektabbruchs:		
Phase des Projektabbruchs:			Auftragsattraktivitäsbewertung:		
Anfrage	Angebot	Verhandlung	Preis:	Deckungsbeitrag:	Wahrscheinlichkeit:

Abb. 1.16 Erhebungsbogen für die standardisierte Auftragsverlustanalyse (Plinke und Fließ 1988a, S. 109)

- Datenkategorien für die Identifizierung des Projektes und der Projektbetreuer,
- eine Liste typischer Auftragsverlustgründe,
- Datenkategorien über den Wettbewerber, der den Auftrag erhalten hat, und
- Datenkategorien über die Begleitumstände des Auftragsverlustes

enthalten. Ein entsprechender Vorschlag zur Strukturierung des Informationsbedarfs und der Informationserfassung wurde von Plinke und Fließ unterbreitet und ist in Abb. 1.16 wiedergegeben.

Eine systematische Auftragsverlustanalyse dient vor allem dazu, die Verantwortlichen vom Preis als „probates" Alibiargument für den Auftragsverlust wegzubewegen. Gerade

Mitarbeiter im Technischen Vertrieb neigen zu dieser Verhaltensweise (Plinke und Fließ 1988a, S. 110). Wie in diesem Beitrag dargelegt wurde, geht das Auftragsmanagement aber weit über die Kommunikation einer reinen Preisinformation hinaus. Insofern dürfte das Preisargument nur in den seltensten Fällen den alleinigen und wesentlichen Ausschlag für die Entscheidung des Kunden liefern.

1.4 Übungsaufgaben

1. Grenzen Sie die Kaufklassen des „Neukaufs", des „Modifizierten Wiederkaufs" und des „Reinen Wiederkaufs" gegeneinander ab.
2. Nennen und beschreiben Sie die einzelnen Dimensionen der Nachfrageevidenz.
3. In welche Teilprobleme kann das gesamte Problem eines Nachfragers, wie es einen Auftrag betrifft, eingeteilt werden und wie sind diese Teilprobleme charakterisiert?
4. Nennen Sie unterschiedliche Formen der Ausschreibung durch öffentliche Auftraggeber. Wie unterscheiden sich diese Formen?
5. Welche Rollen unterscheidet das Rollenmodell zur Analyse des Buying Centers nach Webster und Wind? Welche Merkmale weisen diese Rollen auf?
6. Erläutern Sie ein Schema zur Eingrenzung der relevanten Wettbewerber aus Nachfragersicht.
7. Erläutern Sie typische Konstellationen der Prozessevidenz bei Anbietern und Nachfragern in Einzeltransaktionen.
8. Erläutern Sie wie ein Blueprint zur Auftragsplanung aufgebaut ist.
9. Wie kann ein Verkaufsprozess systematisiert werden?
10. Nennen Sie grundsätzliche Regeln, die bei der Geschäftsanbahnung beachtet werden müssen.
11. Wie kann „Verständlichkeit" in der Geschäftsverhandlung sichergestellt werden?
12. Was ist bei der Nennung von Preisen in einer Verhandlung zu beachten?
13. Nennen Sie operative Ansatzpunkte zum Management des Vertrauens.
14. Welche Parteien und Elemente müssen beim Management einer Referenz berücksichtigt werden?
15. Welche Kulturdimensionen können unterschieden werden, die bei der Einordnung verschiedener Länder und Regionen hinsichtlich ihrer Wirkung für das Auftragsmanagement zu beachten sind?
16. Wie unterscheiden sich funktionale, objektorientierte und prozessorientierte Formen der Unternehmensstrukturierung?
17. Welche Funktionen können im Business Opportunity Management unterschieden werden?
18. Was versteht man unter Database Marketing?
19. Erläutern Sie den grundsätzlichen Aufbau einer Prozesskostenrechnung für das Auftragsmanagement.
20. Welche Ziele können mit der Auftragsverlustanalyse verfolgt werden?

Literatur

Adamson, B., Dixon, M., & Toman, N. (2012). The end of solution sales. *Harvard Business Review, 90*(7), 60–68.

Ahlert, D., & Schröder, H. (1989). *Rechtliche Grundlagen des Marketing*. Stuttgart: Kohlhammer.

Alderson, W. (1957). *Marketing Behavior and Executive Action*. Homewood/Illinois: R.D. Irwin.

Argyle, M. (1972). *Soziale Interaktion*. Köln: Kiepenheuer & Witsch.

Backhaus, K., & Günter, B. (1976). A phase-differentiated iteraction approach to industrial marketing decisions. *Industrial Marketing Mangagment, 1976*(5), 255–270.

Backhaus, K., & Voeth, M. (2010). *Industriegütermarketing*. München: Vahlen.

Bänsch, A. (2006). *Verkaufspsychologie und Verkaufstechnik*, 8. Aufl. München et al.: Oldenbourg.

Blau, P. M. (1964). *Exchange and Power in Social Life*. London – Sydney: John Wiley & Sons.

Crosby, L. A. et al. (1990). Relationship Quality in Services Selling: An Interpersonal Influence Perspective. *Journal of Marketing, 54*, 68–81.

Diller, H. (2001). Marketingorganisation. In H. Diller (Hrsg.), *Vahlens Großes Marketinglexikon* (S. 1006–1008, 2. Aufl.). München: Vahlen.

Ehret, M. (1996). Nutzungsprozesse als Ausgangspunkt des Innovationsmanagements. *Vortragsunterlagen zum 5. Workshop Dienstleistungsmarketing der Arbeitsgruppe Dienstleistungsmarketing an der Ruhr-Universität Bochum*. Bochum.

Engelhardt, W. H., & Günter, B. (1981). *Investitionsgütermarketing*. Stuttgart et al.: Kohlhammer.

Engelhardt, W. H., & Schwab, W. (1982). Die Beschaffung von investiven Dienstleistungen. *Die Betriebswirtschaft, 42*(4), 503–513.

Ernenputsch, M. A. (1986). *Theoretische und empirische Untersuchungen zum Beschaffungsprozess von konsumptiven Dienstleistungen*. Bochum: Brockmeyer.

Evans, F. B. (1963). Selling as a dyadic relationship – a new approach. *American Behavioral Scientist, 6*, 76–79.

Fischer, M., Hüser, A., & Mühlenkamp, C. et al. (1993). Marketing und neuere ökonomische Theorie: Ansätze zu einer Systematisierung. *Betriebswirtschaftliche Forschung und Praxis, 45*(4), 444–470.

Fließ, S. (1996). Prozessevidenz als Erfolgsfaktor der Kundenintegration. In M. Kleinaltenkamp, S. Fließ, & F. Jacob (Hrsg.), *Customer Integration* (S. 91–103). Wiesbaden: Gabler.

Fließ, S. (2000). Industrielles Kaufverhalten. In M. Kleinaltenkamp, & W. Plinke (Hrsg.), *Technischer Vertrieb* (S. 251–369, 2. Aufl.). Berlin, Heidelberg, New York: Springer.

Geiger, I., & Kleinaltenkamp, M. (2011). Interne Umsetzung des Geschäftsbeziehungsmanagements. In M. Kleinaltenkamp, W. Plinke, I. Geiger, F. Jacob, & A. Söllner (Hrsg.), *Geschäftsbeziehungsmanagement* (S. 255–308, 2. Aufl.). Wiesbaden: Gabler.

Gemünden, H. G. (1980). Effiziente Interaktionsstrategien im Investitionsgütermarketing. *Marketing ZFP, 1980*(1), 21–32.

Gemünden, H. G. (1985). Der Interaktionsansatz im Investitionsgütermarketing. *Lehrbrief des Weiterbildenden Studiums Technischer Vertrieb der Freien Universität Berlin*. Berlin.

Goldmann, H. M. (1975). *Wie man Kunden gewinnt* (7. Aufl.). Essen: Cornelsen.

Greiner, L. E. (1972). Evolution and revolution as organizations grow. *Havard Business Review, 1972*, 37–46.

Günter, B. (1979). Die Referenzanlage als Marketing-Instrument. *Zeitschrift für betriebswirtschaftliche Forschung, 31*, 145–151.

Günter, B., & Kuhl, M. (2000). Industrielles Beschaffungsmanagement. In M. Kleinaltenkamp, & W. Plinke (Hrsg.), *Technischer Vertrieb* (S. 371–450, 2. Aufl.). Berlin, Heidelberg, New York u. a.: Springer.

Hammer, M., & Champy, J. (1994). *Business Reengineering*. Frankfurt – New York: Campus.

Hermann, T., & Stäcker, K. H. (1969). Sprachpsychologische Beiträge zur Sozialpsychologie. In K. Gottschaldt, P. Lersch, F. Sander et al. (Hrsg.), *Handbuch der Psychologie* (S. 398–474, Bd. 7(1)). Göttingen: Hogrefe.

Hofsteede, G. (1984). *Culture's Consequences – International Differences in Work-related Values* (2. Aufl.). Beverly Hills – London – New Delhi: Sage Publications.

Homburg, C., Gruner, K., & Hocke, G. (1997). Entwicklungslinien der Marketingorganisation. *Arbeitspapier Nr. 2 des Zentrum für Marktorientierte Unternehmensführung*. Koblenz: Wissenschaftliche Hochschule für Unternehmensführung Otto-Beisheim Hochschule.

Horvath, P. (2003). *Controlling* (8. Aufl.). München: Vahlen.

Houben, A. M. J. (1971). Farbwahl und Farbgestaltungsverfahren. In K. Gottschaldt, P. Lersch, F. Sander et al. (Hrsg.), *Handbuch der Psychologie* (S. 744–769, 3. Aufl., Bd. 6). Göttingen: Hogrefe.

Jacob, F. (1995). *Produktindividualisierung*. Wiesbaden: Gabler.

Jacob, F. (1996). Business Reengineering und Customer Integration. In M. Kleinaltenkamp, S. Fließ, & F. Jacob (Hrsg.), *Customer Integration* (S. 193–201). Wiesbaden: Gabler.

Jacob, F., & Kleinaltenkamp, M. (Hrsg.) (1994). *Einzelkundenbezogene Produktgestaltung – Ergebnisse einer empirischen Untersuchung*. Business-to-Business-Marketing, Bd. 4. Freie Universität Berlin

Kienbaum Unternehmensberatung GmbH (1996). *Wie managen Sie Ihre Kundenbeziehung; Ergebnisse einer Unternehmensbefragung der VDI-Nachrichten in Zusammenarbeit mit der Kienbaum Unternehmensberatung GmbH*. Düsseldorf: VDI.

Kieser, A., & Kubicek, H. (1992). *Organisation* (3. Aufl.). Berlin – New York: Gruyter.

Kirchhof, H. (1968). *Leichter, schneller, mehr verkaufen*. Düsseldorf u. a.: Econ.

Kleinaltenkamp, M. (1993). *Standardisierung und Marktprozess*. Wiesbaden: Gabler.

Kleinaltenkamp, M. (1997). Integrativität als Kern einer umfassenden Leistungslehre. In K. Backhaus, B. Günter, M. Kleinaltenkamp et al. (Hrsg.), *Marktleistung und Wettbewerb* (S. 83–114). Wiesbaden: Gabler.

Kleinaltenkamp, M. (2000). Einführung in das Business-to-Business Marketing. In M. Kleinaltenkamp, & W. Plinke (Hrsg.), *Technischer Vertrieb* (S. 171–247, 2. Aufl.). Berlin, Heidelberg, New York: Springer.

Kleinaltenkamp, M., & Marra, A. (1995). Insitutionenökonomische Aspekte der Customer Integration. *Zeitschrift für betriebswirtschaftliche Forschung, 1995*(Sonderheft 35), 101–117, hrsg. von Klaus Peter Kaas

Kleinaltenkamp, M., Plinke, W., Geiger, I. et al. (Hrsg.) (2011). *Geschäftsbeziehungsmanagement* (2. Aufl.). Wiesbaden: Gabler.

Klöter, R. (1997). *Opponenten im organisationalen Beschaffungsprozess*. Wiesbaden: Gabler.

Köhler, R. (1992). Absatzorganisation. In E. Frese (Hrsg.), *Handwörterbuch der Organisation* (S. 34–56, 3. Aufl.). Stuttgart: Schäffer-Poeschel.

Köhler, R. (1995). Marketingorganisation. In B. Tietz, R. Köhler, & J. Zentes (Hrsg.), *Handwörterbuch des Marketing* (S. 1636– 1653, 2. Aufl.). Suttgart: Schäffer-Poeschel.

Kotler, P., Keller, K. L., & Bliemel, F. (2007). *Marketing-Management* (12. Aufl.) München - Boston - San Francisco et al.: Pearson.

Kroeber-Riel, W., Weinberg, P., & Gröppel-Klein (2009). *Konsumentenverhalten* (9. Aufl.). München: Vahlen.

Kühne, B. (2008). *Asymmetrische Bindungen in Geschäftsbeziehungen: Einflussfaktoren im Business-to-Business-Bereich.* Wiesbaden: Gabler. Gabler Edition Wissenschaft

Langer, I., Schulz v. Thun, F., & Tausch, R. (1974). *Verständlichkeit*. München - Basel: Reinhardt.

Link, J., & Hildebrand, V. (1993). *Database Marketing und Computer Aided Selling*. München: Vahlen.

Loose, A., & Sydow, J. (1994). Vertrauen und Ökonomie in Netzwerkbeziehungen – Strukturationstheoretische Betrachtungen. In J. Sydow, & A. Windeler (Hrsg.), *Management interorganisationaler Beziehungen* (S. 160–193). Opladen: Westdeutscher Verlag.

Mann, L. (1972). *Sozialpsychologie.* Weinheim – Basel: Beltz.

Marra, A., & Kleinaltenkamp, M. (Hrsg.). (1995). *Marktprozess und Einzeltransaktion.* Business-to-Business-Marketing, Bd. 8. Freie Universität Berlin.

Mayntz, R. (1980). Rollentheorie. In Grochla, E (Hrsg.), *Handwörterbuch der Organisation* (Sp. 2044–2052, 2. Aufl.). Stuttgart: Poeschel.

Meffert, H. (1992). Kundenmanagement, Organisation des. In E. Frese (Hrsg.), *Handwörterbuch der Organisation* (S. 1215–1228). Stuttgart: Schäffer-Poeschel.

Nonaka, I., Konno, N., Tokuoka, K., & Kawamura, T. (1992). Hypertext Organization for Accelerating Organizational Knowledge Creation. *Diamond Harvard Business.* (in Japanisch)

Osgood, C. E. (1959). Suggestions for winning the real war with communism. *Journal of Conflict Resolution, 3*, 295–325.

Petermann, F. (1992). *Psychologie des Vertrauens* (2. Aufl.). München.

Picot, A., & Dietl, H. (1990). Transaktionskostentheorie. *WiSt, 9*(4), 178–184.

Picot, A., Reichwald, R., & Wigand, R. T. (2003). *Die grenzenlose Unternehmung: Information, Organisation und Management* (5. Aufl.). Wiesbaden: Gabler.

Plinke, W. (1991). Investitionsgütermarketing. *Marketing ZFP, 1991*(3), 172–177.

Plinke, W. (2000). Grundlagen des Marktprozesses. In M. Kleinaltenkamp, & W. Plinke (Hrsg.), *Technischer Vertrieb* (S. 3–99, 2. Aufl.). Berlin, Heidelberg, New York u. a.: Springer.

Plinke, W., & Fließ, S. (1988a). Analyse von Auftragsverlusten im technischen Vertrieb erhöht Wettbewerbsfähigkeit. *Maschinenmarkt, 94*(13), 108–111.

Plinke, W., & Fließ, S. (1988b). Auftragsverlustanalyse im Anlagengeschäft senkt Angebotskosten. *Maschinenmarkt, 94*(4), 64–66.

Plinke, W., & Rese, M. (2000). Analyse der Erfolgsquellen. In M. Kleinaltenkamp, & W. Plinke (Hrsg.), *Technischer Vertrieb* (S. 691–760, 2. Aufl.). Berlin, Heidelberg, New York: Springer.

Plötner, O. (1995). *Das Vertrauen des Kunden – Relevanz, Aufbau und Steuerung auf industriellen Märkten.* Wiesbaden: Gabler.

Porter, M. (1989). *Wettbewerbsvorteile.* Frankfurt/M. – New York: Campus.

Preß, B. (1997). Kaufverhalten in Geschäftsbeziehungen. In M. Kleinaltenkamp, & W. Plinke (Hrsg.), *Geschäftsbeziehungsmanagement* (S. 63–111). Berlin et al.: Springer.

Reckenfelderbäumer, M. (1994). *Entwicklungsstand und Perspektiven der Prozesskostenrechnung.* Wiesbaden: Gabler.

Rieker, S. A. (1995). *Bedeutende Kunden – Ansätze zur Analyse und Gestaltung von langfristigen Anbieter-Nachfrager-Beziehungen auf industriellen Märkten.* Wiesbaden: Gabler.

Robl, K. (1995). Aufträge, öffentliche. In B. Tietz, R. Köhler, & J. Zentes (Hrsg.), *Handwörterbuch des Marketing* (S. 74–82, 2. Aufl.). Stuttgart: Schäffer-Poeschel.

Rössl, D. (1992). Die Funktion und die Bildung von Vertrauen in der unternehmerischen Partnerschaft. In Betriebswirtschaftliches Institut für empirische Gründungs- und Organisationsforschung e. V. (Hrsg.), *Partnerschaftsmanagement in unternehmerischen Partnerschaften* (S. 54–71). Dortmund: AGP.

Schoch, R. (1969). *Der Verkaufsvorgang als sozialer Interaktionsprozess.* Winterthur: Hans Schellenberg.

Scholz, C., & Hofbauer, W. (1990). *Organisationskultur.* Wiesbaden: Gabler.

Schulte, H., & Stumme, G. (1997). Projektmanagement. *Lehrbrief des Weiterbildenden Studiums Technischer Vertrieb der Freien Universität Berlin.* Berlin: Freie Universität Berlin. (in Vorbereitung)

Sheth, J. N., Gardner, D. M., & Garrett, D. E. (1988). *Marketing Theory – Evolution and Evaluation.* New York et al.: Wiley.

Spremann, K. (1988). Reputation, Garantie, Information. *Zeitschrift für Betriebswirtschaft, 58*(5/6), 613–629.

Spremann, K. (1990). Asymmetrische Informationen. *Zeitschrift für Betriebswirtschaft, 60*(5/6), 561–586.

Staehle, W. H. (1994). *Management* (7. Aufl.). München: Vahlen.

Taylor, F. W. (1913). *Die Grundsätze wissenschaftlicher Betriebsführung.* München – Berlin.

Thibaut, J. W., & Kelley, H. H. (1959). *The Social Psychology of Groups.* New York: Transaction. Nachdruck im Jahr 1991

Urban, G. L., & Hauser, J. R. (1980). *Design and Marketing of New Products.* Engelwood Cliffs: Prentice Hall.

VDI (1995). *Auftraggsabwicklung – Methodische Abwicklung von Aufträgen im Investitionsgütergeschäft.* VDI-Richtlinie, Bd. 4505 Berlin und Düsseldorf: VDI.

Wage, J. L. (1991). *Psychologie und Technik des Verkaufsgesprächs* (11. Aufl.). München: Moderne Industrie.

Webster, F. E. Jr., & Wind, Y. (1972). *Organizational Buying Behavior.* Englewood Cliffs: Prentice Hall.

Weiber, R., & Jacob, F. (2000). Kundenbezogene Informationsgewinnung. In M. Kleinaltenkamp, & W. Plinke (Hrsg.), *Technischer Vertrieb. Grundlagen des Business-to-Business Marketing* (S. 523–612, 2. Aufl.). Berlin, Heidelberg, New York u. a.: Springer.

Wever, U. A. (1989). *Unternehmenskultur in der Praxis – Erfahrungen eines Insiders bei zwei Spitzenunternehmen.* Frankfurt – New York: Campus.

Wichman, W. J. (1984). Product Management – Lessons from the Package Goods Industry. *Journal of Retail Banking, VI*(4), 27–34.

Williamson, O. E. (1990). *Die ökonomischen Institutionen des Kapitalismus.* Tübingen: Mohr.

Witte, E. (1973). *Organisation für Innovationsentscheidungen.* Göttingen: Schwartz.

Witte, E. (1976). Kraft und Gegenkraft im Entscheidungsprozess. *Zeitschrift für Betriebswirtschaft, 45*, 319–326.

2 Anfragenbewertung und Angebotserstellung

Ingmar Geiger und Sarah Krüger

Inhaltsverzeichnis

Zusammenfassung

Die Bearbeitung von Anfragen und Ausschreibungen dient vor allem der Auftragsgenerierung eines Unternehmens und bildet somit eine wichtige Grundlage für seine

Prof. Dr. Ingmar Geiger ✉
Executive Master of Business Marketing, Freie Universität Berlin, Otto-von-Simson-Str. 13, 14195 Berlin, Deutschland
e-mail: ingmar.geiger@fu-berlin.de
Sarah Krüger
Daimler AG, Potsdamer Straße 7, 10785 Berlin, Deutschland
e-mail: sarah.krueger@daimler.com

M. Kleinaltenkamp et al. (Hrsg.), *Auftrags- und Projektmanagement*,
DOI 10.1007/978-3-658-01352-3_2,

Geschäftstätigkeit. Doch aufgrund der Vielzahl an Anfragen, die ein Unternehmen innerhalb eines Geschäftsjahres erhält, muss das Anbieterunternehmen eine Selektion vornehmen und entscheiden, ob und wie auf bestimmte Anfragen reagiert werden soll. Das vorliegende Kapitel beinhaltet eine Bestandsaufnahme und Darstellung der nach aktuellem Stand in der wirtschaftswissenschaftlichen Literatur vorhandenen Modelle und Selektionskriterien zur Entscheidungsunterstützung bei der Bewertung von Anfragen. Dazu wird zunächst auf die Grundlagen der Anfragenbewertung eingegangen, indem zwischen einer strategischen und einer operativen Perspektive unterschieden wird. Darüber hinaus werden die beschriebenen Modelle hinsichtlich ihrer praktischen Anwendung untersucht. Nachdem eine Anfrage genau geprüft und positiv bewertet worden ist, folgt der Prozess der Angebotserstellung. Dieser Prozess wird im letzten Abschnitt dieses Kapitels genauer betrachtet. Hierbei geht es vor allem um die schriftliche Festlegung aller mit dem Auftrag verbundenen Details wie zum Beispiel den angebotenen Problemlösungsmöglichkeiten oder der genauen Auflistung der anfallenden Kosten.

Während das Forschungsgebiet des organisationalen Kaufverhaltens in der Literatur schon weitgehend untersucht wurde (z. B. Backhaus und Voeth 2010; Bonoma et al. 1977; Kleinaltenkamp und Saab 2009; Parkinson und Baker 1986; Webster und Wind 1972), weist die Gegenseite, die sich mit dem Verkaufsverhalten von Unternehmen auseinandersetzt, noch erhebliche Forschungslücken auf. Im Rahmen des Verkaufsverhaltens von Unternehmen im Anlagen- und Projektgeschäft wird vor allem der Bearbeitung von Anfragen und Ausschreibungen ein hoher Stellenwert beigemessen, da diese der Auftragsgenerierung dient und somit eine wichtige Grundlage für die Geschäftstätigkeit eines Unternehmens darstellt.

Der Umfang an Anfragen und Ausschreibungen, mit denen ein Unternehmen im Bereich des Anlagen- und Projektgeschäfts im Laufe eines Geschäftsjahres konfrontiert wird, ist groß und reicht von der Preisauskunft zu einer einzelnen Maschine bis hin zur Konzeption und Umsetzung von individuell ausgestalteten Großprojekten oder dem Bau hochkomplexer und zur Einzelnutzung vorgesehener Maschinen oder Anlagen. Da es in der Regel unmöglich ist, alle erhaltenen Anfragen in gleichem Umfang zu bearbeiten, ist eine Selektion und Priorisierung der Fülle an Anfragen notwendig. Doch anhand welcher Kriterien lässt sich dieser Prozess am effizientesten umsetzen?

Das vorliegende Kapitel soll die in der wirtschaftswissenschaftlichen Literatur sowie in der Praxis des Anlagen- und Projektgeschäfts vertretenen Modelle und Selektionskriterien für eine erfolgreiche Anfragenbewertung darstellen und erläutern. Darauf aufbauend soll der Prozess der Angebotserstellung etwas näher untersucht werden. Das Kapitel kümmert sich also schwerpunktmäßig um die beiden ersten Schritte im Angebotsprozess (siehe Abb. 2.1).

Zu diesem Zweck ist es zunächst notwendig darzulegen, aus welchen Perspektiven, einer operativen oder einer strategischen, der Prozess der Anfragenbewertung betrachtet werden kann und welche Ziele damit verfolgt werden. Dies geschieht in Abschn. 2.1. Darauf

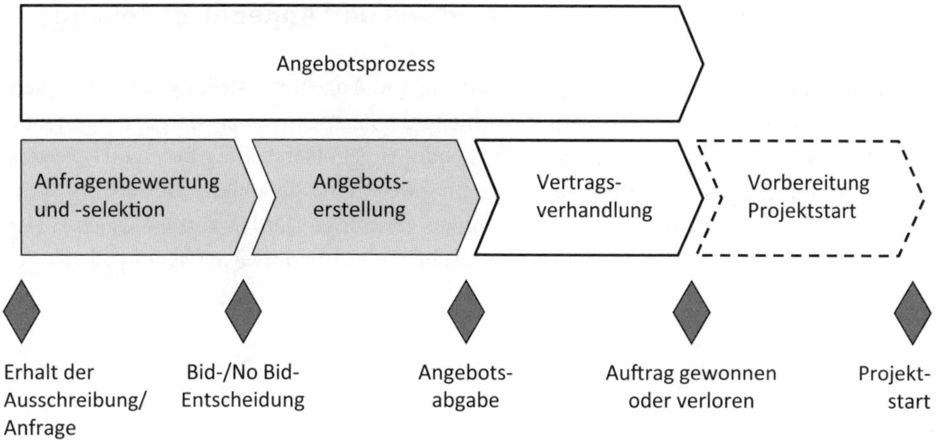

Abb. 2.1 Der Angebotsprozess im Projektgeschäft

aufbauend werden in den folgenden Abschnitten die verschiedenen Modelle und Ansätze vorgestellt, die einen Beitrag dazu leisten sollen, den Entscheidungsprozess im Hinblick auf die mögliche Erstellung eines Angebots zu rationalisieren und zu unterstützen. Dabei wird ebenso untersucht, inwieweit sich die vorgestellten Ansätze in der Praxis wiederfinden lassen und ein geeignetes Instrument innerhalb eines Unternehmens darstellen können. Darüber hinaus wird der auf der Anfragenbewertung aufbauende Prozess der Angebotserstellung genauer dargestellt (Abschn. 2.3). Wird im Rahmen des Bewertungsprozesses entschieden, dass die geprüfte Anfrage bearbeitet werden soll, müssen die Details des Auftrages geklärt werden. Wir stellen hierzu exemplarisch ein Prozessmodell zur Angebotserstellung für technische Anlagen vor, das die Phasen Grobplanung, Feinplanung und Abschluss unterscheidet.

Wir stützen uns in unseren folgenden Ausführungen einerseits auf die vorhandene betriebswirtschaftliche Literatur zum Thema Anfragenbewertung und Angebotserstellung. Hierbei ist zu konstatieren, dass in den vergangenen zwanzig bis dreißig Jahren auf diesem Gebiet der wissenschaftlichen Auseinandersetzung eine Sättigung eingetreten ist und daher viele der verwendeten Quellen fälschlicherweise einen etwas „angestaubten" Eindruck hinterlassen mögen. Dem ist nicht so; vielmehr hält sich die Anzahl der neueren Veröffentlichungen schlichtweg in Grenzen. Andererseits stützen wir unsere Argumentation auf zahlreiche Experteninterviews (n > 25), die wir im ersten Halbjahr 2012 mit Vertriebs- und Vertragsmanagern aus Unternehmen des Projekt- und Anlagengeschäfts durchgeführt haben, um einen besseren Einblick in die Unternehmenspraxis in Fragen der skizzierten Problemstellung zu erhalten.

2.1 Grundlagen der Anfragenbewertung und Angebotserstellung

Bevor einzelne Methoden der Anfragenbewertung und Angebotserstellung vorgestellt werden, erscheint es sinnvoll, zunächst die verschiedenen Perspektiven zu klären, unter denen die Anfragenselektion und die darauf aufbauende Angebotserstellung betrachtet werden sollten. Es soll dargestellt werden, zu welchem Zweck eine detaillierte Bewertung sinnvoll ist und welche Informationen darüber hinaus gewonnen werden können. Nach Heger (1988, S. 153) kann eine Anfrage aus strategischer oder operativer Perspektive bewertet werden.

2.1.1 Strategische Perspektive

Eine strategische Perspektive auf die Bewertung von Anfragen hat in erster Linie zur Aufgabe, solche Anfragen auszuwählen und zu bearbeiten, die sich im relevanten Markt befinden. Dieser lässt sich nach Abell (1980, S. 169 f.) anhand von drei Dimensionen bestimmen: anhand der betrachteten Kunden- und Zielgruppe („*customer group*“), der zu erfüllenden Funktionen („*customer function*“) sowie anhand der zur Auswahl stehenden Technologien zum Zweck der Problemlösung („*alternative technologies*“). Sofern anhand dieser Dimensionen der relevante Markt einer Unternehmung und das strategische Geschäftsfeld bestimmt worden sind, ist jede Anfrage auf diese Punkte hin zu untersuchen und entsprechend einzuordnen. Stimmt die Anfrage in allen drei Dimensionen mit dem strategischen Geschäftsfeld überein, ist die Bearbeitung der Anfrage zur Erreichung der strategischen Ziele sinnvoll. Mithilfe einer Bewertung nach dem Konzept von Abell kann festgestellt werden, ob die Bearbeitung der jeweiligen Anfrage der Verfolgung der Ziele des strategischen Geschäftsfelds dient.

Die Thematik der strategischen Aspekte der Anfragenbewertung ist in der Literatur bisher jedoch nur unzureichend vertreten, obwohl die Praxis regelrecht danach verlangt. Werden Anfragen nicht so selektiert, dass nur gezielt die relevanten Märkte bearbeitet werden, kann sich dies negativ auf die Wettbewerbsfähigkeit eines Unternehmens auswirken (Porter 1999, S. 33 ff.).

Auch wenn die zur Bewertung herangezogenen Kriterien häufig eher operativen Ursprungs sind, so zeigt sich dennoch in der Praxis, dass die strategische Perspektive auf Anfragen einen nicht unerheblichen Stellenwert bei der Bewertung einnimmt. So ist häufig die Bandbreite an Ländern und Kunden, die in den strategischen Zielbereich der Unternehmung fallen, bereits von vorneherein begrenzt. Einzelne Faktoren wie beispielsweise Sonnenstunden pro Tag schränken die Möglichkeit der Geschäftstätigkeit eines Solarunternehmens in einigen anfragenden Ländern ein oder machen sie gänzlich unmöglich. Mithilfe einer strategischen Perspektive auf die Anfragenbewertung kann also bei diesem Beispiel bereits frühzeitig entschieden werden, ob die Anfrage weiterverfolgt werden soll, da sie der Bearbeitung des strategischen Geschäftsfeldes dient, oder aber ob eine bestimmte

Anfrage zum Anlass genommen werden kann, das strategische Geschäftsfeld zu erweitern und für zusätzliche Zielgruppen geschäftlich tätig zu werden.

Viele Unternehmen haben aufgrund bisheriger Erfahrungen mit bestimmten Ländern, Projekten oder Produkten und Verfahren Grundlagen gesammelt, auf denen sie ihre Geschäftsfelder mittels der drei genannten Kriterien sehr genau bestimmen können. Eine Selektion dient dann unter strategischen Gesichtspunkten dazu, die festgelegte „Marketingstrategie durch eine entsprechende Auftragsstruktur zu realisieren" (Backhaus und Dringenberg 1984, S. 54).

2.1.2 Operative Perspektive

Neben der strategischen Perspektive auf die Entscheidung über die mögliche Abgabe eines Angebots kann eine Anfrage auch aus operativer Sicht bewertet werden. Dabei ist das Ziel, Aufträge zu erhalten, die sich für das Unternehmen in Erlösen niederschlagen (Heger 1988, S. 160). Dazu wird eine Anfrage anhand von gewissen Mindestanforderungen beurteilt. Diese können zwischen den Unternehmen je nach Branchenzugehörigkeit stark variieren, beinhalten aber häufig zwei identische Kriterien, nämlich die Auftragswahrscheinlichkeit und den Deckungsbeitrag (Heger 1988, S. 161). Sollten diese beiden Kriterien in ausreichendem Maß erfüllt sein, ist die Abgabe eines Angebots unter operativen Gesichtspunkten sinnvoll.

Die Praxis zeigt, dass ein wichtiges Augenmerk auf Mindestanforderungen bezüglich verschiedener, relevanter Kriterien gelegt wird. Vom Unternehmen oder innerhalb eines Geschäftsbereichs gibt es gewisse Anforderungen, die eine Anfrage aufweisen muss, damit sie dem relevanten Kreis der zu bearbeitenden Anfragen zugeordnet wird. Dabei werden vor allem Kriterien wie Umsetzbarkeit, das Vorhandensein der notwendigen technologischen und humanen Ressourcen oder bisher gemachte Erfahrungen mit dem Anfragenden überprüft.

Weiterhin können Zielvorgaben gesetzt werden, die durch die Angebotserstellung bzw. Generierung von Aufträgen erfüllt werden müssen. Beispielsweise kommt es vor, dass sich ein Geschäftsbereich über die Aufträge komplett selbst finanzieren muss, so dass in diesem Fall die Betrachtung des Auftragsvolumens einer Anfrage bei der Bewertung in den Vordergrund tritt und anderen Aspekten dafür weniger Beachtung geschenkt wird.

Um die Anfragenbewertung aus operativer Sicht zu optimieren, ist es sinnvoll, ein verstärktes Augenmerk auf die Nachbereitung, Dokumentation und zentrale Speicherung der Bewertung von vergangenen Anfragen zu legen. Dieses Vorgehen ist zwar relativ aufwändig, da die Bedingungen und Konditionen der einzelnen Anfragen stark variierten, ist aber für das zukünftige Vorgehen eine entscheidende Hilfestellung (Heger 1988, S. 164).

Obwohl aus einer wissenschaftlichen Perspektive eine Trennung von strategischer und operativer Perspektive sinnvoll erscheint, ist festzustellen, dass die Praxis meist von einer strikten Trennung zwischen den Perspektiven bei der Bewertung von Anfragen absieht.

Vielmehr beruht die Entscheidung und Beurteilung auf einem Gesamturteil, bei dem neben den genannten Kriterien auch auf die Erfahrungswerte einzelner Mitarbeiter zurückgegriffen wird. Dennoch lassen sich die in der Literatur genannten Aspekte zu den strategischen und operativen Zielen der Anfragenbewertung nachvollziehen und fließen in die tatsächlich getroffenen Entscheidungen in der Praxis ein.

Nachdem die mit der Anfragenbewertung beabsichtigten Aufgaben und Ziele dargestellt wurden, sollen im nächsten Abschnitt die einzelnen Modelle der Anfragenbewertung vorgestellt werden, die dazu dienen, „die Entscheidung im Sinne einer konsequenten Ausrichtung auf die Ziele der Unternehmung" (Heger 1988, S. 167) zu verbessern.

2.2 Modelle der Anfragenbewertung

Ziel eines jeden Anfragenselektionsprozesses ist die Entscheidung darüber, ob aufgrund der vorliegenden Gegebenheiten ein Angebot erstellt werden soll oder nicht. Eine solche Entscheidungssituation ist im Rahmen der Entscheidungstheorie „definiert durch die nicht kontrollierbaren möglichen Zustände der Welt [...], die wählbaren Handlungen [...] sowie die damit festgelegten Konsequenzen einer Entscheidung" (Jungermann 1976, S. 7). In der betriebswirtschaftlichen Entscheidungsforschung liegt das Forschungsinteresse vor allem darin, Verfahren und Hilfestellungen zur Verfügung zu stellen, die dazu dienen, wirtschaftliche Entscheidungsprozesse zu optimieren (Eisenführ und Weber 2010). Auch der Entscheidungsprozess im Hinblick auf die mögliche Erstellung eines Angebots sollte auf einer rationalen Grundlage basieren (Heger 1988, S. 40).

Als Grundlage für die Entscheidung, ob ein Unternehmen mit einem Angebot auf eine Anfrage bzw. Ausschreibung reagieren soll oder nicht, wird in der wissenschaftlichen Theorie auf die Nutzung von Bewertungsmodellen verwiesen, die dazu dienen, eine Anfrage anhand verschiedener Kriterien zu beurteilen und daraus Vorgehensweisen abzuleiten. Die Praxis zeigt allerdings, dass sich Unternehmen deutlich darin unterscheiden, in welchem Ausmaß und auf welche Art und Weise bestimmte Grundmodelle der Anfragenbewertung tatsächlich genutzt werden. Dennoch erachten wir es für sinnvoll, einen Überblick über grundsätzlich zur Verfügung stehende Modelle zu geben, da jedes einzelne Modell verschiedene wichtige Aspekte beleuchtet und verschiedene Modelle auch gemeinsam angewendet werden können.

Die bisherigen von der Literatur zur Verfügung gestellten Modelle zur Anfragenbewertung lassen sich allgemein in quantitative und qualitative Konzepte unterscheiden (Backhaus und Dringenberg 1984, S. 59; Fischer und Minolla 1981, S. 21; Kuhlmann 2001, S. 253). Den qualitativen Verfahren ist beispielsweise das Checklistenverfahren zuzuordnen, das zwar eine kostengünstige Beurteilung ermöglicht, andererseits aber dazu führt, dass verschiedene Personen zu ganz unterschiedlichen Aussagen über die Wertigkeit einer Anfrage und dementsprechend zu divergierenden Entscheidungen über eine Angebotserstellung kommen können. Quantitative Verfahren hingegen verursachen zwar in ihrer Anwendung höhere Kosten, führen dafür aber zu einem zuverlässigeren Ergebnis (Kuhlmann 2001, S. 253). Darüber hinaus hat die Literatur Ansätze hervorgebracht mit dem Ziel, die Vorteile beider Richtungen miteinander zu verbinden.

Die Abbildung des Prozesses der Anfragenbewertung mithilfe eines Modells unterstützt die Entscheidungsfindung in mehreren Dimensionen: Das Problembewusstsein wird erhöht, die Problemstellung wird besser verstanden, vorhandene Informationen können systematischer und besser genutzt werden. Durch eine strukturierte Anfragenbewertung werden außerdem entscheidungsrelevante Informationen hinterlegt, so dass ein konkreter Bewertungsprozess jederzeit nachvollzogen und bewertet werden kann. Schließlich stehen die Informationen eines abgeschlossenen Prozesses für künftige Anfragen und deren Bewertung zur Verfügung (vgl. Naert 1978, S. 450 ff.; Naert und Leeflang 1978, S. 26 ff.).

Auch wenn sich vermutlich nicht alle im Folgenden vorgestellten, aus der Literatur stammenden Verfahren in der Praxis eins zu eins anwenden lassen, so sollen sie „Heuristiken [anbieten], die zumindest Hilfestellungen für die Anfragenbewertung geben" (Heger 1988, S. 45) und sicherstellen, dass bestimmte Kriterien in jedem Fall berücksichtigt werden. Es soll eine Systematik und Einheitlichkeit geschaffen werden, mit deren Hilfe der Entscheidungsprozess auf eine objektive Ebene gestellt wird und somit möglichst rational und unabhängig von dem jeweiligen Entscheidungsträger und seiner Erfahrungsgrundlage stattfinden kann (Heger 1988, S. 45). Wir beginnen unsere Darstellung mit dem Checklistenverfahren, dem in der Praxis unseren Erfahrungen nach die größte Bedeutung zugemessen wird.

2.2.1 Checklistenverfahren

Die Beurteilung und Selektion von Anfragen mittels einer Checkliste ist das in der Literatur und Praxis am häufigsten zur Anwendung kommende Verfahren. Eine Checkliste dient dabei in erster Linie der „Bestandsaufnahme aller für die Bewertung eines Projektes relevanten Gesichtspunkte" (Strebel 1975, S. 31). Auch wenn mit der Bewertung einer Anfrage mittels Checkliste ein erheblicher subjektiver Beurteilungsspielraum einhergeht, so dient sie dennoch dazu, dass zunächst alle für die Beurteilung relevanten Faktoren erfasst, dokumentiert und berücksichtigt werden (Strebel 1975, S. 32). In der Regel geht es um eine erste Aufnahme und Untersuchung der allgemeinen und technischen Projektdaten. Häufig können – ähnlich einer Notenskala – je nach Kriterium Beurteilungen wie „sehr gut" über „gut" bis zu „unzureichend" abgegeben werden. Sofern das Kriterium diese Abstufungen nicht erlaubt, ist auch nur eine Beantwortung mit „Ja" oder „Nein" möglich (Strebel 1975, S. 31). Eine Checkliste zur globalen Vorselektion ausgeschriebener Projekte zeigt Tab. 2.1.

Eine Checkliste kann beispielsweise im Rahmen eines „Bid/No-Bid Sheets" angewendet werden. Die für die mögliche Erstellung eines Angebots wichtigen Kriterien sind darin aufgelistet und durch Ankreuzen von „Ja" oder „Nein" zu beurteilen. Sollte ein Kriterium mit „Nein" beantwortet werden, besteht allerdings die Möglichkeit, eine subjektive Einschätzung abzugeben und zu beurteilen, ob sich dieser Punkt ausgleichen lässt bzw. durch welche Maßnahmen ein eventuelles Risiko oder Schwachstellen zu beheben sind.

Tab. 2.1 Checkliste zur globalen Vorselektion ausgeschriebener Projekte (Barrmeyer 1982, S. 122)

Checklistenpunkte	Ja	Nein
1. Ist der zu beliefernde Kunde in der Lage, seinen finanziellen Verpflichtungen nachzukommen?		
2. Reicht das Know-how aus bzw. ist es ggf. fristgerecht beschaffbar, um den Auftrag auszuführen?		
3. Sind die durch den Auftrag entstehenden technischen Risiken vertretbar?		
4. Sind die durch den Auftrag entstehenden finanziellen Risiken vertretbar?		
5. Sind die politischen Risiken vertretbar? Bestehen keine rechtlichen Bedenken?		
6. Wird das mit dem Auftrag verbundene Kapazitätsbeschaffungsproblem für lösbar gehalten?		
7. Liegen die qualitativen Anforderungen des Auftrags im Rahmen der betrieblichen Möglichkeiten?		
8. Führt der Auftragserhalt zu keiner unvertretbaren Abhängigkeit von einem Auftraggeber?		
9. (Bei Baustellenfertigung:) Wird der Standort für akzeptabel gehalten?		
10. Besteht in Anbetracht der Konkurrenten überhaupt eine Chance, den Auftrag erteilt zu bekommen?		

Häufig kann es aber auch schon ein einzelnes Kriterium sein, das bei positiver Beurteilung eine Angebotsabgabe mit sich bringt. Ein mögliches Beispiel dafür wäre die Zugehörigkeit der anfragenden Organisation zum Kreise der Stammkunden, die von enormer Bedeutung für die Erstellung eines Angebots sein kann. Sobald sich eine Anfrage dem Stammkundenkreis zuordnen lässt, wird unabhängig von der Kapazitätsauslastung und ohne weitere Prüfungen automatisch ein Angebot erstellt, zum Einen aus einer gewissen Verpflichtung heraus und zum Anderen, weil man in der Zusammenarbeit bereits auf positive Erfahrungen zurückgreifen kann und oft davon ausgegangen werden kann, dass mit der Angebotsabgabe auch mit erhöhter Wahrscheinlichkeit der Auftragserhalt einhergeht. Der Detaillierungsgrad des Angebots ist damit noch nicht bestimmt und kann durchaus variieren. Die Entscheidung, dass mit einem Angebot reagiert wird, sei aber selbstverständlich.

Bei der Bewertung einer Anfrage mittels einer Checkliste werden die einzelnen Punkte noch nicht gewichtet oder miteinander in ein Verhältnis gebracht, sondern dienen lediglich als Gedankenstütze für den Bearbeiter, damit jede Anfrage innerhalb des Unternehmens auf die gleichen Kriterien hin überprüft werden kann. Da jedes Unternehmen andere Kriterien als relevant einstuft, können Checklisten sehr unterschiedlich ausfallen; oft sind aber auch identische Kriterien vorzufinden.

Im Folgenden sollen Kriterien und Kriteriengruppen dargestellt werden, die sich als gebräuchlich und hilfreich für die Entscheidungsfindung in der Praxis herausgestellt haben.

2.2.1.1 Kundenbezogene Kriterien

Um sich vorab einen allgemeinen Eindruck über die eingegangene Anfrage zu verschaffen, werden in der Regel Kriterien mit Bezug zum Kunden überprüft. Hierbei richtet sich das Augenmerk vor allem auf die Art des Kunden (Neukunde vs. Stammkunde), die Zuverlässigkeit des Kunden (sofern Erfahrungen vorhanden sind), den Ansprechpartner bzw. die Projektleitung auf Kundenseite oder die Bonität des Kunden.

2.2.1.2 Unternehmensbezogene Kriterien

Ein nächster unumgänglicher Schritt ist die Prüfung von Kriterien, die sich auf das eigene Unternehmen beziehen. Diese Prüfung umfasst wichtige Punkte wie die Verfügbarkeit der angefragten Produkte und des dafür zuständigen Personals oder die Frage nach der Realisierbarkeit. Gibt es eventuell Hürden oder terminliche Engpässe, die eine Durchführung unmöglich machen? In diesem Zusammenhang ist auch die Finanzierung eines Projekts relevant. Teilweise liegt bei Großprojekten die letzte Zahlung mehrere Monate nach der Auftragsfertigung und ist an den Erfolg eines Projektes gekoppelt. Gerade bei den Projektsummen, die bei der Abwicklung von Großprojekten anfallen, sollte diesem Punkt ausreichend Beachtung geschenkt werden. Auch die Kapazitätsauslastung stellt einen wichtigen Aspekt dar. In Zeiten minimaler Auslastung wird eher auf eine Anfrage reagiert und ein Angebot erstellt, als wenn die Kapazitäten komplett ausgelastet sind. Bei Vollauslastung werden im Rahmen der Prüfung eher strategische Gesichtspunkte wie die Bearbeitung der strategischen Geschäftsfelder berücksichtigt, während bei Leerlauf auch auf Projekte zurückgegriffen werden kann, die nicht unbedingt von strategischer Relevanz sind.

2.2.1.3 Umfeldbezogene Kriterien

Die letzte Kriteriengruppe umfasst das Umfeld des anfragenden Unternehmens bzw. des Realisierungslandes. In diesem Zusammenhang werden ökologische, soziale und makroökonomische Gegebenheiten erfasst, die über erhebliches Einflusspotenzial auf die Entscheidung über die Abgabe eines Angebots verfügen. Es bedarf einer detaillierten Einschätzung bezüglich möglicher Länderrisiken (Backhaus und Meyer 1986, S. 43 ff.). In manchen Unternehmen beinhaltet eine speziell angelegte Datenbank alle wichtigen Informationen zu den möglichen Auftragsländern und hilft dabei, u. a. folgende Fragestellungen zu beantworten:

- Gehört das Land oder die Region einem Krisen- oder Kriegsgebiet an?
- Welche politischen, rechtlichen und wirtschaftlichen Gegebenheiten liegen vor?
- Gab es hier kürzlich gesellschaftliche Veränderungen oder Gesetzesänderungen?

So würde eine Anfrage aus Griechenland bezüglich eines Großprojekts im Jahr 2012 mit Vorsicht zu behandeln sein. Auch die vorhandene Infrastruktur und das Vorhandensein von lokalen Kooperationspartnern müssen geprüft werden. Sofern es restriktive Export- oder Zollbestimmungen gibt, muss mit lokalen Zulieferern zusammengearbeitet werden. Hierbei stellt sich die Frage, ob diese vorhanden sind. Auch im Hinblick auf die Umwelt muss gegebenenfalls geprüft werden, welche Lizenzen oder Genehmigungen vorab benötigt werden. Dazu gibt es teilweise separate Tools, Computerprogramme und Know-how-Datenbanken, die bisher gesammeltes Wissen aus durchgeführten Aufträgen, wie z. B. Ideenskizzen oder technische Zeichnungen, speichern und diese bei Bedarf für weitere Projekte zur Verfügung stellen (Feuerbaum 1979, S. 5 ff.; Gerke 1979, S. 88 ff.; Steppan 1990, S. 43 ff.). Über unternehmensinterne Datenbanken hinaus greift z. B. die Solarbranche bei der Beschaffung projektbezogener Informationen auf Regierungshomepages, Unternehmensberatungen, Messen und Events oder die Deutsche Energie-Agentur (dena) zurück (Informationen zur Deutschen Energie-Agentur über www.dena.de).

Eine Zuordnung von Kriterien zu Gruppen scheint unter dem Aspekt sinnvoll zu sein, dass manche Anfragen nur eine partielle Prüfung des Kriterienkatalogs erfordern. Handelt es sich beispielsweise um einen Stammkunden oder um Kunden, mit denen in der Vergangenheit bereits des Öfteren zusammengearbeitet wurde, was zu guten Erfahrungen geführt hat, so ist eine erneute Überprüfung von kundenbezogenen Kriterien nicht erforderlich. Durch das Überspringen kompletter Kriterienblöcke kann somit viel Zeit eingespart werden.

Auch wenn nicht alle Kriterien die gleiche Wichtigkeit besitzen, so ist zu erkennen, dass die Entscheidung bezüglich des weiteren Vorgehens im Hinblick auf die Erstellung eines Angebots die Anwendung eines umfangreichen Kriterienkatalogs erfordert. Die Prüfung mittels des Checklistenverfahrens stellt zu diesem Zweck eine einfach anzuwendende Hilfestellung dar, auch wenn Inhalt und Umfang variieren können.

Da vor jedem Projekt gewisse allgemeine und technische Kriterien überprüft werden müssen, ist davon auszugehen, dass in jeder Vertriebsabteilung – eine individuelle Ausgestaltung ist durchaus möglich – ein Checklistenverfahren Anwendung findet. Dies ist zumindest das Ergebnis der von uns durchgeführten Interviews.

Solch detaillierte und vor allem dokumentierte Untersuchungen sollen besonders zur Begründung der jeweils getroffenen Entscheidung über den weiteren Umgang mit der Anfrage sowie der Transparenz dienen (Heger 1998, S. 74). Eine vor allem in den letzten Jahren aufgekommene Thematik, die auch im Bereich der Anfragenbewertung eine Aktualisierung der Prozesse erfordert, ist das Kriterium zum Thema Compliance. Unter dem Begriff Compliance wird verstanden, dass ein Unternehmen für die Einhaltung von gesetzlichen Bestimmungen, regulatorischen Standards und für die Erfüllung weiterer, wesentlicher und in der Regel vom Unternehmen selbst gesetzter ethischer Standards und Anforderungen sorgt (Deutscher Corporate Governance-Kodex, 2012). Dieses immer häufiger berücksichtigte Kriterium dient dazu, dass offen dargelegt und dokumentiert werden kann, welche Anfragen bearbeitet und mit welchen Angeboten Aufträge eingeholt worden sind. Damit soll vermieden werden, dass sich Vorfälle wiederholen, bei denen Unternehmen Aufträge durch Korruption oder Bestechung erhalten haben.

In der Praxis werden eingegangene Anfragen häufig zunächst von einer Person geprüft und beurteilt. Sollte darüber hinaus Unsicherheit bestehen oder sollten weitere Meinungen für eine finale Entscheidung hinzugezogen werden, so dient die Checkliste als Diskussionsgrundlage für eine Entscheidung im Konsens (Heger 1998, S. 75). Innerhalb eines

Gremiums wird die jeweilige Anfrage noch einmal ganzheitlich zur Bewertung vorgelegt. Das Gremium, bestehend aus Mitarbeitern verschiedener Abteilungen und nach Bedarf der Geschäftsleitung, entscheidet anschließend über die Angebotsabgabe. Eine Möglichkeit ist, dass die Inhalte der Anfrage und des damit verbundenen Projekts mündlich vorgetragen und im Anschluss diskutiert werden. Bei größeren und komplexeren Projekten wird dem Gremium, das über „Bid“ oder „No-Bid“ entscheidet, das Projekt mit allen Chancen und Risiken mithilfe eines Papers präsentiert.

Mithilfe der Kriterien der Checkliste als Basis lassen sich zunächst alle wichtigen Informationen einholen und in einer übersichtlichen Darstellung abbilden. Welche Entscheidung aus den vorliegenden Informationen resultiert – für oder gegen die Erstellung eines Angebots –, bleibt dem zuständigen Bearbeiter der Anfrage selbst oder dem Gremium überlassen. Die Checkliste gibt keine Gewichtung der Kriterien vor, auf deren Basis eine Entscheidung getroffen werden soll, so dass die Entscheidungen zwischen verschiedenen Bearbeitern trotz des gleichen Informationsstandes unterschiedlich ausfallen können.

2.2.2 Profilvergleich

Ein weiteres Tool zur Entscheidungsunterstützung bei der Bewertung von Anfragen stellt der Profilvergleich dar. Der Profilvergleich erweitert das Checklistenverfahren durch eine optische Darstellung. Der Ansatz ging aus der Dissertation von Barrmeyer (1982) hervor und sieht eine zweistufige Prüfung der Anfrage vor (S. 111 ff.). Er ist speziell auf die mögliche Angebotsabgabe bei Submissionen zugeschnitten. Submissionen stellen ein festgelegtes Verfahren zur Vergabe von Aufträgen dar, mit dem Unternehmen aufgefordert werden, ein vollständiges Angebot in einem verschlossenen Umschlag abzugeben. Am Submissionstermin öffnet der Auftraggeber alle Umschläge und erteilt den Zuschlag für einen Anbieter (Barrmeyer 1982, S. 2). Neben der Einzelplanung der Angebotsabgaben, deren Prozess im Folgenden dargestellt werden soll, umfasst der Ansatz des Profilvergleichs darüber hinaus die Möglichkeit, eine Programmplanung der Angebotsabgaben und damit eine Rangfolge der zu bearbeitenden Angebote zu erstellen, wie es beispielsweise auch Scoring-Modelle zulassen (Barrmeyer 1982, S. 112, 114).

Auf der ersten von zwei Stufen findet eine Vorselektion aller Anfragen und vorliegenden Ausschreibungen statt, basierend auf dem Prinzip einer Checkliste, wie es im vorangegangenen Abschnitt bereits beschrieben wurde. Anhand verschiedener Fragestellungen, die den Umfang der in Abschn. 2.2.1 genannten Kriterien abdecken, werden zunächst die Anfragen aussortiert, die ein zu hohes Risiko tragen bzw. schlichtweg nicht realisierbar sind (Barrmeyer 1982, S. 112). Die Anfragen, bei denen sich die Fragestellungen in allen Punkten bejahen lassen, werden in den nächsten Schritt überführt. Dazu werden die ausführlichen Ausschreibungsunterlagen angefordert, auf deren Basis sich der zweite Schritt der detaillierten Ausschreibungsanalyse vollzieht. Ziel der detaillierten Analyse ist es, Anfragen zu bestimmen, die gewisse Mindestanforderungen erfüllen bzw. diese übererfüllen, so dass eine Angebotserstellung sinnvoll und ratsam ist. Weiterhin sollen sol-

Tab. 2.2 Katalog der Vorbehaltskriterien (Barrmeyer 1982, S. 128)

Kriterien	Bewertungsschema	
	4 Punkte	0 Punkte
I. Sicherheitsvorbehalt		
1. Fertigungstechnische Risiken	Nicht vorhanden: Fertigungsprozess wird vollkommen beherrscht	Vorhanden: Auftrag macht Neukonstruktion mit neuer Fertigungstechnik notwendig
2. Bonität des Kunden	Sehr gut: Zahlungsfähigkeit gesichert durch 100 % Bürgschaften	Bedenklich: Liquidität des Kunden scheint gefährdet
3. Liquiditätssicherung	Abschnittsweise Zahlung im Voraus	Ratenzahlung nach Lieferung/Erstellung
II. Unabhängigkeitsvorbehalt		
1. Erhaltung der Unabhängigkeit gegenüber Lieferanten und Subunternehmen	Bei Auftragserhalt kein Fremdbezug von Material oder Know-how notwendig	Hoher Fremdbezugsanteil unumgänglich; Beschaffungspreis kaum abschätzbar
2. Erhaltung der Unabhängigkeit gegenüber dem Kunden	Kleinauftrag eines „Erstbestellers"	Großauftrag des Hauptkunden; weitere Aufträge werden bereits ausgeführt
III. Beschäftigungsvorbehalt		
Sicherung der Beschäftigung/Ausnutzung verfügbarer Kapazitäten	Bei Auftragserhalt ist die Beschäftigung auf längere Zeit gesichert; brachliegende Kapazitäten werden idealerweise genutzt	Auftrag führt lediglich zu Beschäftigung im überbelasteten Bereich

che Anfragen aussortiert werden, die das Mindestprofil des Unternehmens nicht erfüllen können.

Zur Erstellung des Mindestprofils verweist Barrmeyer auf die Verwendung von Vorbehaltskriterien und Erfolgsfaktoren (Barrmeyer 1982, S. 125 f.). Unter Vorbehaltskriterien versteht er Nebenbedingungen, die für eine Weiterverfolgung auf jeden Fall im Mindestmaß erfüllt sein müssen. Die vorgeschlagenen Vorbehaltskriterien zeigt Tab. 2.2. Sollten die Werte das Mindestmaß stark überschreiten, bleibt dies unberücksichtigt.

Im Gegensatz dazu stellen Erfolgsfaktoren Kriterien dar, die im Mindestmaß erfüllt werden müssen, deren Werte aber bei Übererfüllung in die Beurteilung mit einbezogen und positiv berücksichtigt werden. Sie lassen sich unterscheiden in nachhaltige und kurzfristige Erfolgsfaktoren (Barrmeyer 1982, S. 129) und beziehen sich auf den Horizont der Gewinnerzielung. Tabelle 2.3 gibt einen Überblick. Je besser die Kriterien erfüllt werden, desto höher fällt die einem Kriterium zugeordnete Punktzahl aus. Neben Punktwerten werden der Bewertung außerdem verbale Ergänzungen beigefügt.

Nach Ermittlung aller notwendigen Faktoren kann ein individuelles Profil für jede vorliegende Anfrage erstellt werden. Dieses wird daraufhin mit dem vom Unternehmen oder dem zuständigen Bearbeiter definierten Mindestprofil verglichen. Dies geschieht auch graphisch (vgl. Abb. 2.2), so dass auf den ersten Blick deutlich wird, ob eine Anfrage in allen

Tab. 2.3 Katalog der Erfolgsfaktoren (Barrmeyer 1982, S. 130)

	Erfolgsfaktoren	Bewertungsschema	
		4 Punkte	0 Punkte
Nachhaltige Erfolgsfaktoren Absatzbereich	1a. Erschließung neuer Marktsegmente – auftragsbezogen	Installation einer Referenzanlage völlig neuer Art aus einem strategisch wichtigen Produktbereich möglich; es handelt sich um eine wegweisende Technologie	Der Auftrag kann nicht als Referenz dienen
	1b. Erschließung neuer Marktsegmente – regional	Auslieferung in ein völlig neues Absatzgebiet von großer strategischer Bedeutung	Auslieferung in das Hauptabsatzgebiet
	2. Verdrängung der Konkurrenz	Durch Auftragserhalt entsteht endgültige Marktführerschaft und nachhaltige Verdrängung der Konkurrenz	Auftrag bedeutet keine nennenswerte Verdrängung der Konkurrenz
	3. Geschäftsbeziehung zum Kunden	Kunde ist von großer Bedeutung; Auftragsverlust hätte Einbüßen einer Vormachtstellung zur Folge	Kunde ist bisher nicht in Erscheinung getreten und hat keine weitere Bedeutung
	4. Öffentlichkeitswirkung	Auftrag ist äußerst werbewirksam; Berichte in diversen Medien sind zu erwarten; Steigerung von Firmenimage und Bekanntheitsgrad	Auftrag hat eher Imageverlust zur Folge
Nachhaltige Erfolgsfaktoren Produktionsbereich	1. Produktivitätsverbesserung	Bei Auftragserhalt lassen sich in idealer Weise Synergien in Produktion und Beschaffung realisieren	Auftrag „passt nicht"; allgemeine Produktivität würde darunter leiden
	2. Technologie- und Know-how-Zuwachse	Auftragserteilung wird zu einem Vorsprung sichernden technologischen Fortschritt führen und das Know-how der Mitarbeiter entscheidend verbessern	Bei dem Auftrag handelt es sich um ein Standarderzeugnis, dessen Fertigung seit Jahren beherrscht wird.
Kurzfristige Erfolgsfaktoren	1. Kostensituation	Auftrag lässt sich unter Ausnutzung von Kostendegression durchführen; kaum Umstellungskosten; Erfahrungen mit vergleichbaren Aufträgen vorhanden	Auftrag nur durch Zurückstellen anderer Arbeiten sowie Einrichtung von Sonderschichten ausführbar; erhebliche Umstellungen und Einarbeitung notwendig
	2. Konkurrenzlage	Unternehmen ist Monopolist	Ruinöser Wettbewerb; Konkurrenten bieten zu Dumping-Preisen an
	3. Allgemeine Gewinnerwartung & vergleichbare Aufträge	Überdurchschnittlich hoher Deckungsbeitrag realistisch	Auftragsausführung wahrscheinlich nicht kostendeckend möglich

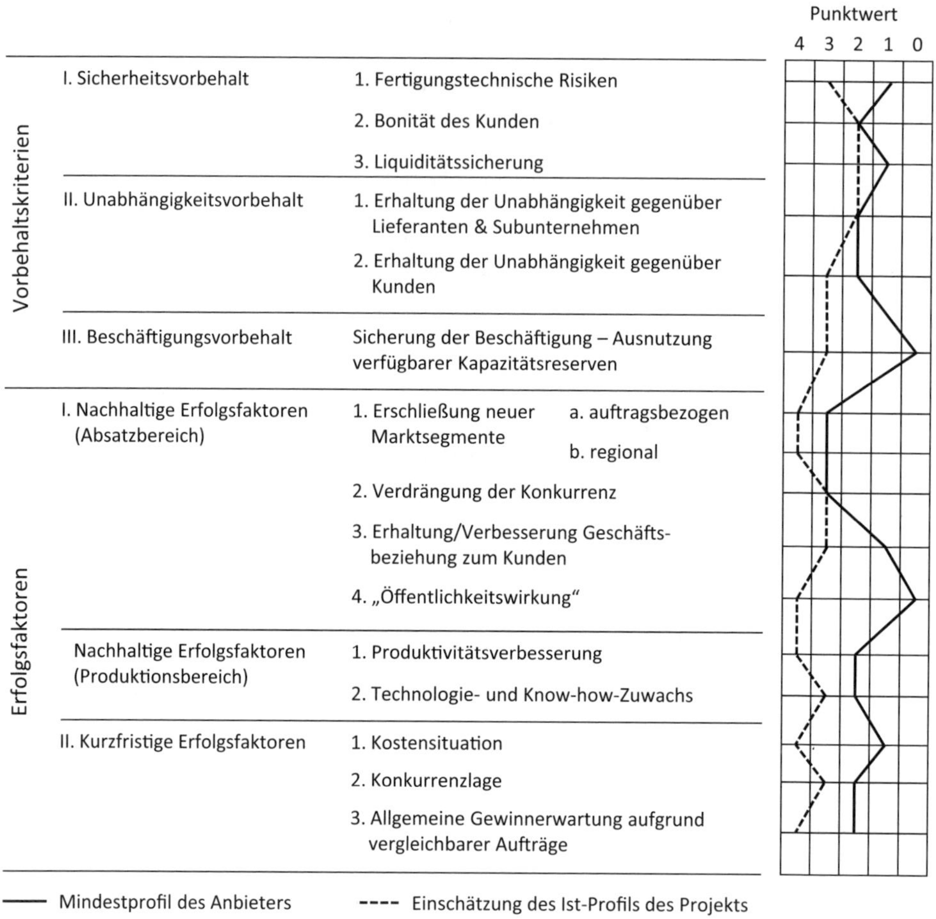

Abb. 2.2 Beispielhafter Profilvergleich eines Projekts (Heger 1988, S. 26)

Punkten das Mindestprofil erfüllt oder sogar darüber hinausreicht. Sollte dies der Fall sein, kann die Anfrage weiterbearbeitet werden. Sollte das Mindestprofil nicht erreicht worden sein, werden diese Anfragen zunächst zurückgestellt (Barrmeyer 1982, S. 112 f.). Das Mindestprofil kann vom Unternehmen je nach Situation angepasst und die Anforderungen erhöht oder gesenkt werden, so dass die geforderten Mindestwerte nicht dauerhaft fixiert sein müssen.

Das von Barrmeyer entwickelte Verfahren zur Bewertung von Anfragen weist die Vorteile eines einfachen Checklistenverfahrens auf und ermöglicht darüber hinaus, dass die Beurteilung der Anfragen, auf die mit der Erstellung eines Angebots reagiert wird, im Hinblick auf den Grad der Erfüllung der wichtigen Kriterien identisch ist. Im Gegensatz zu anderen Verfahren, die in ihren Vorgaben relativ festgelegt sind, gibt Barrmeyer lediglich Hinweise für die Kriterienauswahl. Wie die einzelnen Kriterien und zu beantwortenden

Fragestellungen letztendlich konkret ausgestaltet werden, ist dem Unternehmen bzw. dem Bearbeiter einer Anfrage selbst überlassen. Damit bietet dieser Ansatz eine geeignete Basis mit Hinweisen für ein mögliches Vorgehen, ist aber insoweit individuell anpassbar, dass branchen- und unternehmensspezifische Charakteristika berücksichtigt werden können. Die Gefahr ist jedoch, dass Anfragen aufgrund der Unterschreitung des Mindestprofils in nur einem einzelnen, eventuell weniger relevanten oder kompensierbaren Kriterium direkt aussortiert werden. Die Verbindung zu einem zentral festgelegten Mindestprofil wurde in diesem Zusammenhang zwar nicht angesprochen, dennoch ist davon auszugehen, dass jeder Bewerter von Anfragen die zufriedenstellende Erfüllung gewisser Kriterien voraussetzt. Unter diesen Gesichtspunkten stellt die Anfragenbewertung mittels Profilvergleich ein Verfahren dar, das neben der reinen Checkliste am ehesten die Anforderungen aus der Praxis zu erfüllen vermag.

2.2.3 Additive Scoring-Modelle

Scoring-Modelle, in der Literatur auch unter den Begriffen Punktbewertungsmodell oder Nutzwertanalyse zu finden, „sind Verfahren zur Ordnung von Alternativen entsprechend den Präferenzen des Entscheidungsträgers“ (Heger 1988, S. 28). Sie stellen eine Mischform zwischen quantitativen und qualitativen Konzepten dar (Kuhlmann 2001, S. 253). Die Anwendung eines Scoring-Modells läuft i. d. R. in folgenden Schritten ab (Homburg und Krohmer 2009, S. 557):

- Definition der relevanten und hinreichend überschneidungsfreien Bewertungskriterien
- Gewichtung der einzelnen Bewertungskriterien
- Bewertung der Anfrage im Hinblick auf die Erfüllung der Bewertungskriterien
- Berechnung eines Gesamtwerts für eine Anfrage durch Summierung der gewichteten Einzelwerte

Im Hinblick auf die auszuwählenden Kriterien, die zur Bewertung der Anfrage einbezogen werden sollen, ist neben der hinreichenden Überschneidungsfreiheit darauf zu achten, dass sie zueinander in einem kompensatorischen Verhältnis stehen: Nur wenn ein Kriterium mit schlechter Ausprägung durch eines mit guter Ausprägung ausgeglichen werden kann, können die Aussagen eines Scoring-Modells valide sein. Von daher bietet es sich an, der Anwendung eines Scoring-Modells die Überprüfung der Einhaltung von Mindestkriterien voranzustellen, die i. d. R. nicht-kompensatorische Kriterien darstellen.

Sollen über einen Zeitraum hinweg verschiedene Anfragen miteinander verglichen werden, ist es außerdem notwendig, die im Scoring-Modell verwendeten Kriterien konstant zu halten sowie für die Kriterien mögliche Ausprägungen vorzudefinieren. Auf diese Weise erhält man eine Kennziffer für die Attraktivität einer Anfrage, die mit den Werten anderer Anfragen verglichen werden kann (Kuhlmann 2001, S. 253). Das Punktbewertungsverfahren ermöglicht somit die Erstellung einer Rangfolge der zu bearbeitenden Anfragen.

Einschränkend muss gesagt werden, dass bei Scoring-Modellen sowohl die Gewichtung der einzelnen Kriterien als auch die Bewertung der Kriterienausprägungen der subjektiven Einschätzung der Anwender unterworfen ist, und somit bei variablen Kriterien und Kriteriengewichtungen erheblicher Manipulationsspielraum besteht. Andererseits ist den meisten Anwendern diese Problematik klar, so dass Scoring-Modelle gerade bei wichtigen Entscheidungen als eine von mehreren Grundlagen verwendet werden, um zu einem Entscheidungskonsens zu gelangen, und somit zur Herstellung einer informierten Abwägeentscheidung beitragen.

Eine aus dem amerikanischen Raum stammende Erweiterung und Verfeinerung der Scoring-Modelle stellen Analytical Hierarchy Process (AHP)-Ansätze dar. Gegenüber den einfachen Scoring-Modellen weisen sie eine Hierarchie der zu verwendenden Bewertungskriterien auf. Außerdem verlangen sie in ihrer Reinform sowohl zur Gewichtung der Kriterien als auch zur Bewertung der Alternativen, in unserem Falle also der Anfragen, einen paarweisen Vergleich der Kriterien bzw. Alternativen (Saaty 2006, S. 2). Durch eine Reihe von Matrizenmultiplikationen werden dann sowohl die Kriteriengewichtungen als auch die Alternativenbewertungen ermittelt.

Durch Verbindung mit der Nutzentheorie wurde ein solcher AHP-Ansatz von Dozzi et al. (1996) entworfen, um in Bieterverfahren die Attraktivität einer Anfrage oder Ausschreibung zu ermitteln und je nach Attraktivität einen entsprechend geringen oder hohen Aufschlag (Markup) auf einen Angebotspreis zu ermitteln. Je unattraktiver die Anfrage evaluiert wird, desto höher fällt der durch das Verfahren ermittelte Aufschlag aus.

Die Vorgehensweise von Dozzi et al. (1996) gliedert sich in fünf Schritte:

1. Am Anfang des Prozesses steht die Identifikation und Anordnung der relevanten Evaluierungskriterien. Dozzi et al. (1996) schlagen dazu 21 Kriterien vor, die sie einer Studie von Ahmad und Minkarah (1988) entnommen haben und unter 400 Generalunternehmern des Baugewerbes in USA ermittelt wurden. Sie werden nun in einen inhaltlichen Zusammenhang gebracht und gruppiert und können im Anschluss in eine hierarchische Ordnung zusammengeführt werden wie in Abb. 2.3 dargestellt.
2. Als nächstes wird für jedes Kriterium eine Nutzenfunktion konstruiert. Dazu ist in einem ersten Schritt der Wertebereich des Kriteriums festzulegen. Abbildung 2.4 zeigt auf der Abszisse beispielhaft den Wertebereich für das Kriterium „2.5 Arbeitsanteil Zentrale“: Unter 10 % und über 50 % Arbeitsanteil der Unternehmenszentrale sind somit ausgeschlossen. Als nächstes müssen die möglichen Ausprägungen der Kriterien in kardinale Nutzenwerte überführt werden. Die beste Ausprägung sollte dabei den Nutzenwert 1 bekommen. Gibt es bezüglich des jeweiligen Kriteriums eine Mindestausprägung, so sollte diese den Wert 0 erhalten. Ggf. darunter liegende Ausprägungen, die die Mindestanforderungen nicht erfüllen, erhalten demnach einen negativen Nutzenwert. In unserem Beispiel läge die Mindestanforderung bei einem Arbeitsanteil der Zentrale von 20 %, die beste Ausprägung bei 30 %. Wie die Ausprägungen für 40 % und 50 % zeigen, kann die Transformation von Merkmalsausprägungen in Nutzenfunktionen auch dazu

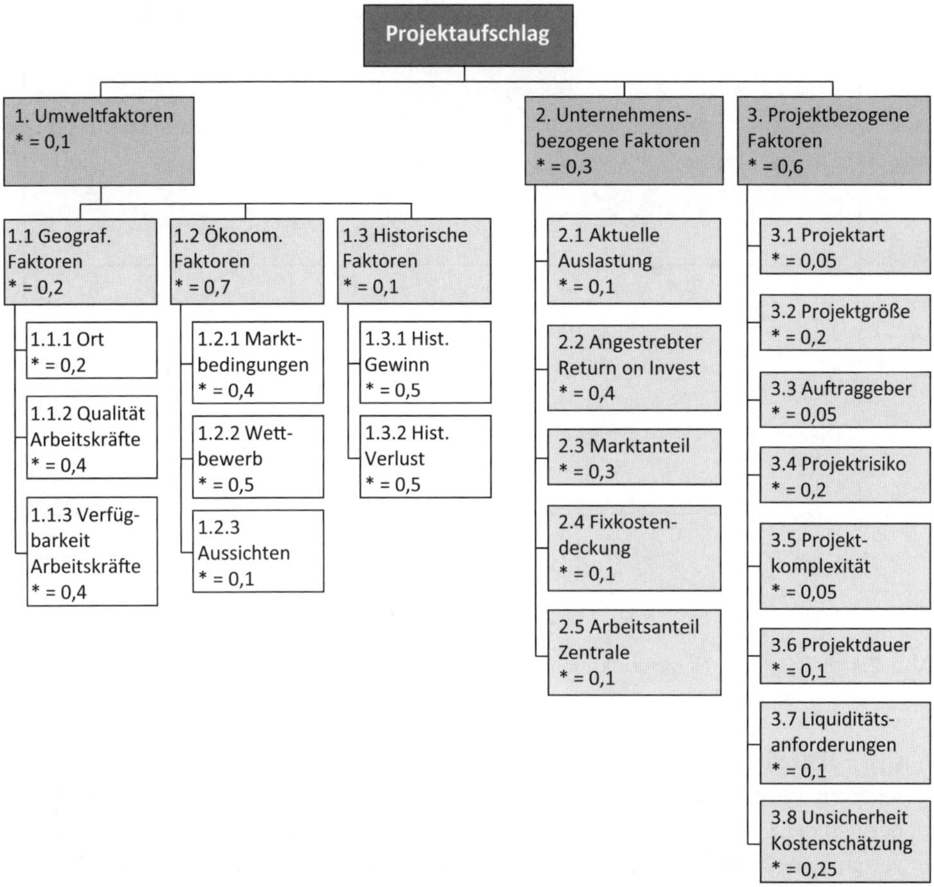

Abb. 2.3 Beispiel einer AHP-Struktur (in Anlehnung an Backhaus und Voeth 2010, S. 342)

genutzt werden, andere als lineare Zusammenhänge zu modellieren und somit Sättigungseffekte oder unterschiedliche Risikoneigungen abzubilden.

3. Zur Aggregation der Einzelurteile in ein Gesamturteil ist weiterhin die Bestimmung der relativen Wichtigkeiten (Gewichte) der einzelnen Kriterien notwendig. Dies geschieht stufenweise auf den einzelnen Hierarchieebenen und zwar so, dass die Addition der relativen Wichtigkeiten in einer Gruppe immer 100 % ergibt. In unserem Beispiel in Abb. 2.3 sind diese relativen Wichtigkeiten mit einem * gekennzeichnet. Die Bestimmung der relativen Wichtigkeiten kann entweder direkt (z. B. im Konstantsummenverfahren) oder indirekt (paarweiser Vergleich der Kriterien und entsprechende anschließende Rechenoperationen) erfolgen (Backhaus und Voeth 2010, S. 344).
4. Mit dem nun aufgesetzten Modell kann für jede Anfrage ein Gesamtnutzenwert errechnet werden. Hierzu wird zu jedem Kriterium ein Nutzenwert aus den kriterienspezifi-

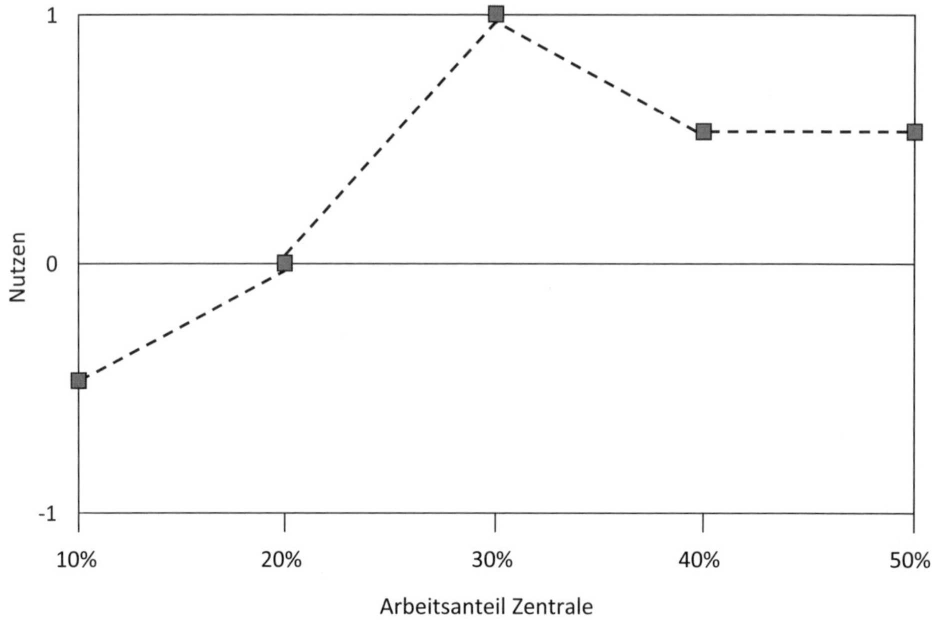

Abb. 2.4 Beispielhafte Nutzenfunktion für Kriterium 2.5

schen Nutzenfunktionen ermittelt. Die Nutzenwerte einer Gruppe werden nun mit den relativen Wichtigkeiten des Kriteriums multipliziert und alle so erhaltenen Werte innerhalb der Gruppe zu einem Gruppennutzenwert addiert. Auf den höheren Ebenen verfährt man ebenso und erhält zum Schluss einen Gesamtnutzenwert für eine Anfrage oder Ausschreibung.

5. Um mit dem erhaltenen Gesamtnutzenwert einen Aufschlag zu bestimmen, muss das gesamte Modell noch einmal für den theoretischen Worst Case durchgerechnet werden. Sofern die besten Ausprägungen jedes Kriteriums immer den Nutzenwert 1 erhalten haben, ergibt sich auch der maximale Gesamtnutzenwert zu 1. Die jeweiligen Gesamtnutzenwerte des Worst und Best Case ergeben den Kriteriumsbereich für die Bestimmung des Aufschlags. In unserem Bespiel in Abb. 2.5 ergibt sich ein Gesamtnutzenwertbereich von – 0,4 bis 1. Die Spanne der möglichen Gesamtnutzenwerte wird nun ins Verhältnis gesetzt zu den im Unternehmen üblichen Aufschlägen. Hierbei kann wie in unserem Beispiel in Abb. 2.5 ein linearer Zusammenhang angenommen werden; es besteht aber auch die Möglichkeit, andere Relationen zu modellieren. Angenommen die Bewertung einer Anfrage mit dem in Abb. 2.3 dargestellten Kriterienschema hat einen Gesamtnutzenwert von 0,4 erhalten, so zeigt Abb. 2.5, dass hierfür mit einem Aufschlag von 7 % gerechnet werden müsste.

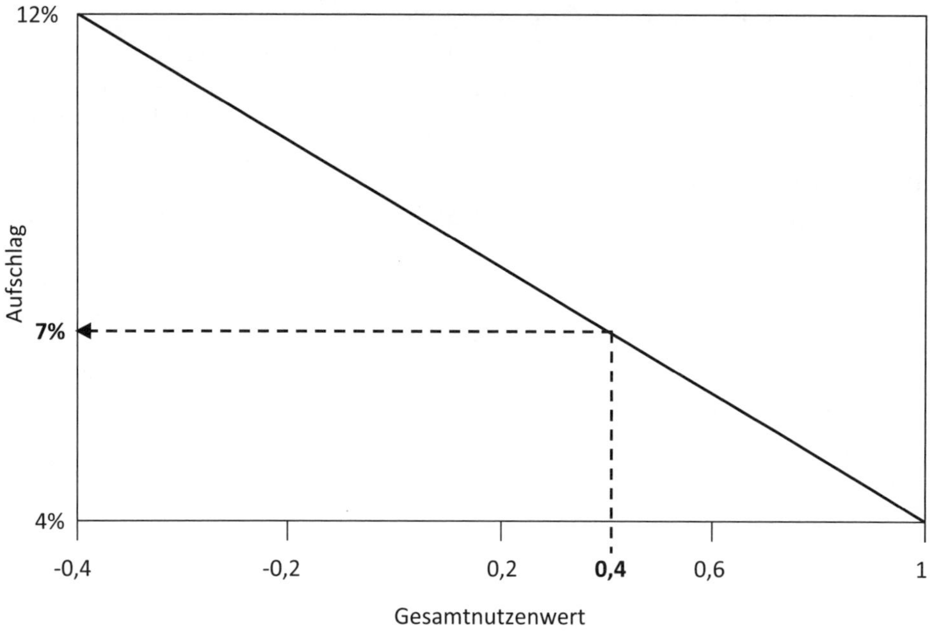

Abb. 2.5 Berechnung des Aufschlags bei bekanntem Gesamtnutzen (in Anlehnung an Backhaus und Voeth 2010, S. 344)

2.2.4 Weitere Modelle und Methoden

2.2.4.1 Wertziffernverfahren nach Kambartel

Ein besonderes Scoring-Modell stellt das Wertziffernverfahren nach Kambartel (1973) dar. Gegenüber einem additiven Scoring-Modell, in dem die einzelnen Kriterien und deren Gewichtungen unter Berücksichtigung gewisser Einschränkungen vom Anwender weitestgehend frei gewählt werden können, erhebt das Kambartel'sche Modell den Anspruch, sowohl alle für die Anfragenselektion relevanten Kriterien als auch deren Gewichtung ausgewogen vorzugeben. Die 16 insgesamt relevanten Kriterien bildet Kambartel in jeweils einer Wertziffer W_{KI} ab, wobei sich die Ausprägung der Wertziffer immer nach dem Erfüllungsgrad des jeweiligen Kriteriums richtet. Durch Multiplikation der einzelnen Wertziffern ergibt sich schließlich eine Gesamtwertziffer, aus der sich konkrete Handlungsempfehlungen ableiten. Ein mit der Evaluation einer Anfrage oder Ausschreibung betrauter Sachbearbeiter muss demnach nur den Erfüllungsgrad der 16 Kriterien überprüfen und erhält am Ende eine eindeutige Handlungsempfehlung zur Erstellung eines Angebots.

Da die einzelnen Kriterien eine unterschiedlich hohe Bedeutung besitzen, werden sie durch die festen Wertziffern verschieden gewichtet (vgl. Tab. 2.4), so dass dadurch der Wert der Anfrage möglichst genau ausgedrückt werden kann. Die Berechnung einer Gesamtwertkennziffer zeigt Abb. 2.6. Dazu wird das Produkt aus den einzelnen Wertziffern

Tab. 2.4 Bewertungsschema zur Ableitung der Wertziffer nach Kambartel

	Wertkennziffer je nach Bewertung					
Kriterium	Sehr gut	Gut	Durchschnittlich	Schlecht	Sehr schlecht	Kein Angebot
Dominierende Kriterien						
1. Zuverlässigkeit des Kunden: $W_{K1} = (a + b)/4$ a) auftragsbezogen b) projektbezogen	a) 30 b) 10	a) 21 b) 7	a) 18 b) 6	a) 12 b) 4	a) 6 b) 2	a) – b) –
2. Bonität des Kunden: W_{K2}	10	8	6	4	2	0
3. Datennutzung: W_{K3}	27.600	10	8	2,7	0,01	0
Ergänzende Kriterien						
4. Technologisches Risiko: W_{K4}	1	–	0,9	0,5	0,01	–
5. Angebotsfrist: W_{K5}	1	0,96	0,75	0,2	0,1	–
6. Staatliche Verordnungen: W_{K6}	1	0,98	0,9	–	0,005	–
7. Schutzrechte: W_{K7}	1	–	0,8	0,4	0,01	0
8. Politisches Risiko: W_{K8}	1	0,97	0,9	0,65	0,005	0
9. Mittlere Angebotskapazität: W_{K9}	1	–	0,96	0,7	0,01	–
10. Technische Kapazität: $W_{K10} = (a + b)/2$ a) Vorhandensein Produktionsmittel b) Verfügbarkeit Produktionsmittel	a) 1 b) 3	a) – b) 2,6	a) 0,4 b) 1,2	a) – b) 0,1	a) 0,02 b) 0,06	a) – b) –
11. Fremdbezug: $W_{K11} = (a + b)/2$ a) Einstandspreise b) Beschaffung	a) 1 b) 1	a) 0,96 b) 0,96	a) 0,8 b) 0,8	a) 0,25 b) 0,25	a) 0,1 b) 0,1	a) 0 b) 0
12. Kapitalbedarf: W_{K12}	1	–	0,7	–	0,01	0
13. Personalbedarf: $W_{K13} = (a + b)/4$ a) Vorhandensein Fachkräfte b) Verfügbarkeit Fachkräfte	a) 1 b) 3	a) – b) 2,6	a) 0,4 b)1,2	a) – b) 0,1	a) 0,02 b) 0,06	a) – b) –
14. Preisvorgabe: W_{K14}	1	0,96	0,8	0,5	0,4	–
15. Terminvorgabe: W_{K15}	1	0,96	0,8	0,5	0,4	–
16. Investitionszeitraum: W_{K16}	1	–	0,5	0,005	–	–

gebildet. Darüber hinaus lassen sich je nach Höhe der Gesamtwertziffer bereits Aussagen über die Art des zu erstellenden Angebots machen. Allerdings lässt sich die Idee Kambartels von einem einheitlichen Bewertungsverfahren für alle Anfragen und alle Unternehmen kaum in der Realität umsetzen.

Die angefragten Produkte und Projekte sind in der Regel so individuell und komplex, dass eine Vereinheitlichung der Bewertungskriterien samt ihrer Gewichtung nicht zweckmäßig wäre. Darüber hinaus kritisiert Heger (1998, S. 84 f.), dass einige Kriterien trotz Einzelgewichtung voneinander abhängig sind und dass diese nach wie vor einen subjek-

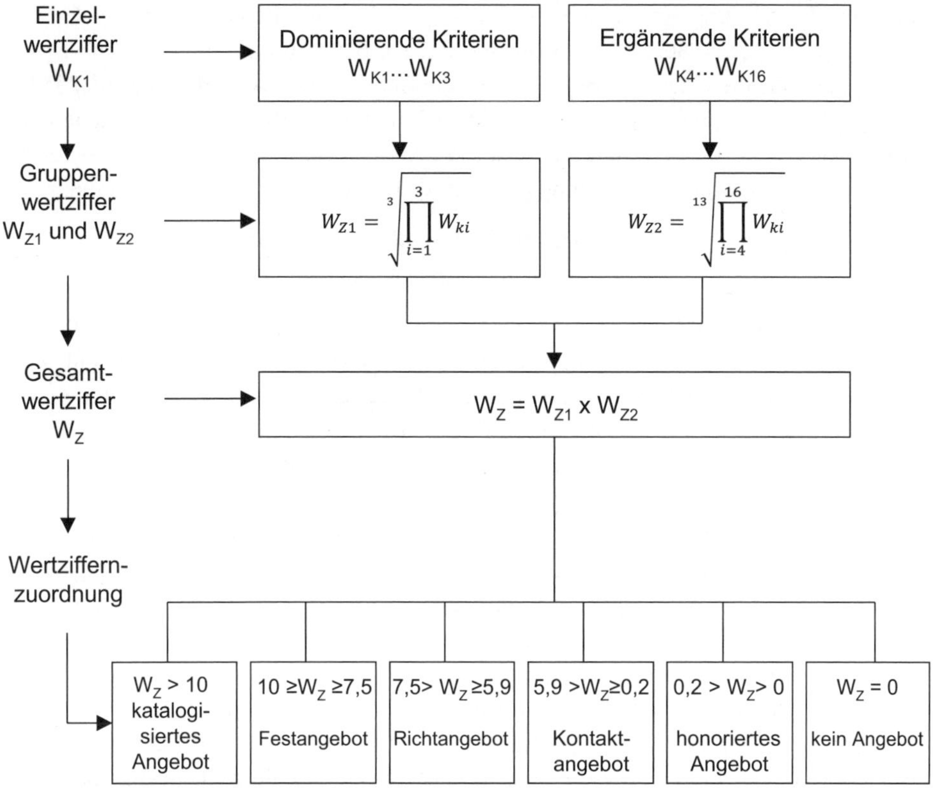

Abb. 2.6 Berechnung und Aussage der Gesamtwertziffer (Kambartel 1973, S. 72)

tiven Spielraum ermöglichen. Barrmeyer (1982, S. 172) kritisiert ergänzend, dass dieses Modell zur Bewertung von Anfragen dafür sorgt, dass Projekte, die in den relevanten Kriterien durchweg durchschnittlich abschneiden, gegenüber solchen, die sehr positive sowie sehr negative Beurteilungen erfahren, bevorzugt werden. Dies ist der multiplikativen Verknüpfung der einzelnen Kriterien geschuldet. Somit besteht die Gefahr, dass Anfragen wegen einer schlechten Beurteilung in einzelnen Kriterien eventuell hintangestellt werden, obwohl sie für das Unternehmen insgesamt gesehen sehr attraktiv sein könnten.

2.2.4.2 Angebotserfolgskennziffer nach Backhaus

Um der bisherigen Kritik des subjektiven Bewertungsspielraumes entgegenzuwirken, schlägt Backhaus (1980, S. 30 ff.) eine Anfragenbewertung mithilfe einer Angebotserfolgskennziffer (AEK) vor. Diese Methode stellt ein quantitatives Konzept der Anfragenbewertung dar, da die Entscheidung rein auf Zahlengrößen basiert. Weil eine Anfrage teils nur sehr grob spezifiziert sein kann und aufgrund eines geringen Informationspotenzials nicht den kompletten Umfang des angefragten Projekts samt seiner Komponenten preisgibt, muss eine Berechnung auf einfach zu ermittelnden bzw. auf bereits bekannten Größen basieren (Backhaus 1980, S. 31). Schwerpunkt der Betrachtung von Backhaus ist die Überlegung, ob „die Ungewißheit in Kauf genommen werden [soll], daß die anfallenden Angebotskosten/auszahlungen gegebenenfalls nicht durch entsprechende Einzahlungen gedeckt werden […]." (Backhaus 1980, S. 31). Die Angebotserfolgskennziffer soll einen groben Maßstab für die Entscheidung liefern und lässt sich folgendermaßen ermitteln:

$$AEK = \frac{\text{Erfolgswahrscheinlichkeit für Auftragseingang} \times \text{Preis}}{\text{geschätzte Angebotskosten}}.$$

Basierend auf einer Untersuchung wird davon ausgegangen, dass sich der Preis bzw. Auftragswert auch in einem frühen Stadium des Bewertungsprozesses anhand einiger wichtiger Anhaltspunkte gut schätzen lässt (Backhaus 1980, S. 32 sowie Fußnote 6 auf S. 194). In diesem Zusammenhang fließt auch der bereits angesprochene Erfahrungsschatz des zuständigen Mitarbeiters mit ein. Zu den Berechnungen der weiteren Variablen der Gleichung wird vorgeschlagen, die geschätzten Angebotskosten mittels einer Angebotskostenfunktion durch eine multiple Regressionsanalyse zu ermitteln. Dabei stellen beispielsweise der Angebotswert, das Land des Kunden oder der angefragte Dokumentationsgrad beim Angebot Einflussgrößen auf die Angebotskosten dar. Die Erfolgswahrscheinlichkeit für den Auftragseingang hingegen lässt sich durch drei Arten von Ungewissheit mittels Indikatoren bestimmen, die entweder auf der Seite des Anbieters oder auf der Seite des anfragenden Unternehmens zu finden sind. Dazu gehören nach Backhaus die Ungewissheit über den Auftragseingang, die Ungewissheit bezüglich der anbieterseitigen Leistungserstellung sowie die Ungewissheit über den Zahlungseingang (Backhaus 1980, S. 35). Diese drei Faktoren müssen nicht unbedingt gleichzeitig in die Berechnung einfließen, sondern dies kann auch schrittweise erfolgen (Backhaus 1980, S. 37).

Durch Einsetzen der ermittelten Variablen in die oben genannte Gleichung erhält der Anwender die Angebotserfolgskennziffer. Die Zahl selbst gibt aber noch keine Antwort auf die Frage, ob ein Angebot erstellt werden soll oder nicht. Hier räumt Backhaus dem Anwender ein, nach subjektivem Empfinden einen Grenzwert festzulegen, der für die Erstellung eines Angebots mindestens erfüllt werden muss. Wird dieser nicht erfüllt, ist die Konsequenz, dass kein Angebot erstellt werden sollte.

Trotz der zunächst einfach erscheinenden Berechnung weist diese Methode einige Schwachstellen auf, die eine Anwendung in der Praxis erschweren (Heger 1998, S. 90 ff.). So wurde erwähnt, dass Überlegungen im Hinblick auf Folgeaufträge ein weiterer Aspekt sind, der bereits im Rahmen der Entscheidung über das weitere Vorgehen mit einer Anfrage berücksichtigt werden sollte. Im Bereich der technischen Anlagen besteht bspw. die Möglichkeit, über die angefragte Fertigung und Montage hinaus Verträge über Schulungen der Mitarbeiter abzuschließen. Dieser voraussichtlich mit Erlösen verknüpfte Aspekt, der im Voraus eventuell noch nicht explizit in einer Anfrage oder Ausschreibung genannt wurde, kann im weiteren Projektverlauf zur Generierung zusätzlicher Erlöse führen. Solche weiterführenden Maßnahmen bleiben derzeit in der Berechnung der Angebotserfolgskennziffer noch unberücksichtigt. Um das vorgestellte Modell für die praktische

Anwendung realistischer und attraktiver zu gestalten, sollte diese Eventualität zumindest Erwähnung finden und in die Berechnung mit einfließen können. Auch die subjektive Festlegung des Grenzwertes sowie der Indikatoren sollten mit Vorsicht behandelt werden. Hier spielen bereits vorhandene Erfahrungen des jeweils zuständigen Bearbeiters eine wichtige Rolle. Weiterhin können solche Grenzwerte innerhalb eines Unternehmens sehr unterschiedlich sein und sind demnach nicht projektübergreifend zu verwenden.

Auch wenn das Verfahren bei den von uns befragten Managern nicht zur Anwendung kommt, so ist davon auszugehen, dass die Ermittlung einer Angebotserfolgskennziffer eine hilfreiche Grundlage für eine erste Grobeinschätzung – beispielsweise für die Baubranche – darstellen würde, da gerade in dieser Branche der Kosten- und Zeitaufwand für die Angebotserstellung bei gleichzeitig niedrigen Margen enorm hoch ist. Durch die enge Zusammenarbeit mit anderen Unternehmen müssen oft viele Partner angefragt und Angebote eingeholt werden, bevor dem Kunden ein Angebot zur Verfügung gestellt werden kann. In dieser Situation wäre ein quantitatives Konzept als Entscheidungsgrundlage für eine Einschätzung, ob der Aufwand der Angebotserstellung gerechtfertigt ist oder nicht, sinnvoll.

2.2.5 Kritische Würdigung und Zusammenfassung

Im Zuge der genauen Untersuchung der ausgewählten Modelle zur Anfragenbewertung und -selektion wurden sowohl auf theoretischer als auch praktischer Ebene neben dem Nutzen solcher Modelle einige Schwachstellen deutlich. Das Vorgehen und der Prozess der Anfragenbewertung sind bei verschiedenen Unternehmen unterschiedlich ausgestaltet und vor allem durch die Branche und die angebotenen Leistungen geprägt. Der Gesamtprozess der Anfragenbewertung und Angebotserstellung inklusive der einzelnen Arbeitsschritte und Aufgaben sowie der zuständigen Mitarbeiter und Abteilungen ist in der Regel im Rahmen einer Verfahrensanweisung festgelegt. Das darin beschriebene Vorgehen sollte für jede Anfrage eingehalten werden.

Zwar stellen die vorgestellten Ansätze – allen voran das Bewertungsverfahren mittels einer Checkliste – zur Anfragenbewertung grundsätzlich eine Hilfestellung für die Entscheidung eines Unternehmens dar, ob ein Angebot erstellt werden soll oder nicht, bzw. dienen der Erstellung einer Rangfolge zur Bearbeitung von Anfragen. Die Praxis zeigt jedoch, dass die tatsächliche Umsetzung stark von der Theorie abweicht. Es lässt sich erkennen, dass die in der Literatur etablierten Modelle und Methoden zur Entscheidungsfindung nur unzureichend für die realen Strukturen geeignet sind und daher nicht bei allen Nutzern auf hohe Akzeptanz stoßen. Außer dem Checklistenverfahren und in Ansätzen dem Profilvergleich hat sich in unseren Interviews kein anderes Modell in der Anwendung finden lassen. Folgende Gründe wurden für die Nichtanwendung der theoretisch entworfenen Modelle angeführt:

- mangelnde Bekanntheit,
- zu geringe Flexibilität der Modelle,

- hohe Komplexität der Projekte, die in Modellen nicht vorgesehen ist, und
- ein zu großer Aufwand oder die mangelnde Verfügbarkeit von Daten, die u. a. für eine Berechnung von prognostizierten Wahrscheinlichkeiten notwendig wären.

Weiterhin erfordert die Praxis eine möglichst rasche Entscheidung, so dass die theoretischen Modelle inklusive ausführlicher Berechnungen dem Zeitdruck im Alltagsgeschäft nur schwer gerecht werden können und schlicht zu lange dauern. Aus diesem Grund wird oft auf Erfahrungswerte einzelner Mitarbeiter zurückgegriffen, ein Urteil somit verstärkt intuitiv statt regelbestimmt getroffen (Jungermann et al. 2005, S. 170). Nur in Ausnahmefällen findet eine detaillierte Bewertung statt, in die mehrere Personen involviert sind. Die Erfahrungen der Mitarbeiter stellen zwar einen unverzichtbaren Bestandteil bei der Bewertung von Anfragen dar, ermöglichen andererseits aber auch einen erheblichen subjektiven Handlungsspielraum (Heger 1998, S. 94) und können zu einer Entscheidung führen, die nicht auf einer rationalen Grundlage basiert. Mitarbeiter treffen aufgrund individueller, positiv oder negativ wahrgenommener Erfahrungen unterschiedliche Entscheidungen. Weiterhin variiert der Umfang der zu untersuchenden Kriterien sehr stark. Während einige Unternehmen eine Anfrage anhand von rund drei wichtigen Kriterien beurteilen, so prüfen andere Unternehmen eine Anfrage anhand eines umfangreichen Kriterienkatalogs, bevor eine Entscheidung getroffen wird (Backhaus und Dringenberg 1984, S. 88). Zudem sind viele Mitarbeiter häufig nur unzureichend über das Vorhandensein solcher Tools informiert, was zu einer eingeschränkten Anwendung führt.

Entgegen anfänglicher Vermutungen hat unsere Praxiserhebung gezeigt, dass bei vielen Anfragen nur eine einzelne Person für die Entscheidung der Anfragenselektion verantwortlich ist. Dies ist vor allem bei Routineprojekten und Anfragen aus Ländern der Fall, mit denen das Unternehmen durch bisherige Aktivitäten bereits vertraut ist. Erst bei sehr hohen Auftragsvolumina im Rahmen äußerst komplexer Projekte oder bei so genannten Leuchtturmprojekten, mit denen eventuell der Zutritt zu einem neuen, strategisch relevanten Markt gewonnen werden kann, werden weitere Personen für die Entscheidungsfindung berücksichtigt. In diesem Fall wird eine bereits finale Entscheidung entweder noch einer weiteren Person zur Kenntnisnahme und Bestätigung vorgelegt oder es kommt zu einer Ausweitung des Entscheidungsgremiums. Im letztgenannten Fall umfasst das Entscheidungsgremium über die Vertriebsmitarbeiter hinaus Ingenieure, Juristen oder Mitglieder der Geschäftsleitung, die bei einer eventuellen Angebotserstellung unterstützend eingreifen.

Ein weiterer Aspekt wird bei den theoretischen Modellen zur Entscheidungsfindung im Hinblick auf die praktische Anwendbarkeit nur unzureichend berücksichtigt: eine klare Unterscheidung zwischen Anfragen, die ohne aktive Bemühungen bei Firmen eingehen, und solchen, die ein Anbieter aufgrund verstärkter Akquisitionsbemühungen erhält. Es wird in der Literatur zwar angemerkt, dass die Auftragswahrscheinlichkeit eventuell in Abhängigkeit der Akquisitionsbemühungen steigt (Albers und Krafft 2000, S. 1091). Inwiefern dies aber bei der Bewertung berücksichtigt werden kann und soll, wird nicht bestimmt. Dabei ist davon auszugehen, dass es keiner weiteren Entscheidung bezüglich der Erstellung eines Angebots bedarf, wenn nach langen Bemühungen eine Anfrage oder Ausschreibung vorliegt, die offensichtlich angestrebt war. Es ist davon auszugehen, dass dieser mögliche Auftrag den Mindestanforderungen einer Bearbeitung entspricht, da ein Unternehmen sich aktiv darum bemüht hat, während unvorhersehbaren Anfragen teils weniger Aufmerksamkeit gewährt wird.

Um Schwierigkeiten bei der Anwendung der Modelle zur Anfragenbewertung erklären zu können und im Hinblick auf die Modifizierung bestehender Modelle bzw. die Hervorbringung neuer Modelle gilt es, einige besondere Anforderungen aus der Praxis zu berücksichtigen.

Backhaus (1980, S. 29) hat bereits Ursachen für eine eingeschränkte Verwendbarkeit herausgearbeitet. In erster Linie ist der reale Prozess wesentlich komplexer, als es die Abbildung in einem Modell erlaubt. So können unvorhersehbare Umweltveränderungen nur schwer abgebildet werden. Weiterhin muss klar zwischen der Auftrags- und der Realisierungswahrscheinlichkeit unterschieden werden. Die Modelle beinhalten häufig nur die Auftragswahrscheinlichkeit. Das Risiko, dass ein Projekt, beispielsweise aufgrund mangelnder Genehmigungen und Lizenzen oder fehlender Finanzierungspakete, generell nicht stattfindet, wird nur nebensächlich als Möglichkeit erwähnt. Im Projektgeschäft kann dies aber häufig vorkommen und sollte – gerade im Baugewerbe – unbedingt berücksichtigt werden, bevor ein detailliertes und kostspieliges Angebot erstellt wird.

2.3 Prozess der Angebotserstellung

Wie der vorangehende Abschnitt gezeigt hat, klaffen bei der Evaluierung von Anfragen und Ausschreibungen theoretische Überlegungen und Modelle einerseits und die praktische Anwendung andererseits deutlich auseinander. Deutlich wurde in unserer Erhebung jedoch auch, dass dem Prozess der Angebotserstellung in der Praxis wiederum wesentlich größere Bedeutung zugemessen wird, als dies bisher in der wissenschaftlichen Literatur abgebildet ist. Weder Backhaus und Voeth (2010) noch Kleinaltenkamp und Plinke (1998) als wichtige Vertreter im deutschsprachigen Business-to-Business-Marketing gingen bisher in ihren Darstellungen des Marketings im Anlagen- und Projektgeschäft explizit auf den Prozess der Angebotserstellung ein. Dies ist auch der Tatsache geschuldet, dass viele Entscheidungen in diesem Prozess in den entsprechenden spezifischen Texten wie auch in diesem Buch an anderer Stelle zu finden sind, bspw. im Hinblick auf die Gestaltung des Leistungsentgelts (siehe Kap. 3), des Finanzierungskonzepts (Kap. 4), eines Anlagenvertrags (Kap. 5) oder der projektbezogenen Anbieterorganisation (Kap. 8).

Andererseits zeigt neben unserer Erhebung auch eine im Jahr 2007 vom Verein deutscher Ingenieure in Auftrag gegebene Studie zum Angebotsmanagement, dass dem Prozess der Angebotserstellung in vielen Unternehmen eine hohe Bedeutung zugesprochen wird und gleichzeitig ein erheblicher Optimierungsbedarf besteht (Schmidt 2008, S. 5 f.). Eine Ursache hierfür ist neben der unzureichenden Berücksichtigung von Kundenanforderungen in vielen Angeboten – bspw. durch die Darstellung konstruktiver Alternativen – die

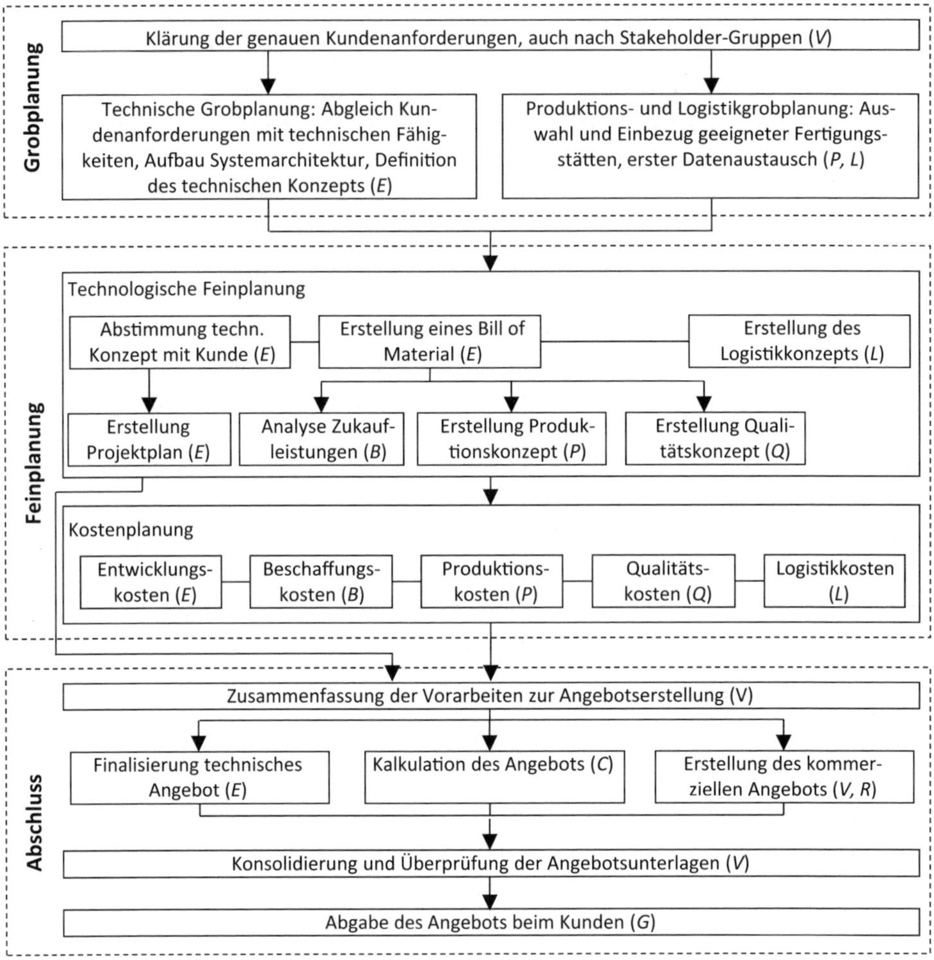

Beteiligte Abteilungen: B: Beschaffung, C: Controlling, E: Engineering, G: Geschäftsführung, L: Logistik, P: Produktion, Q: Qualitätsmanagement, R: Rechtsabteilung, V: Vertrieb

Abb. 2.7 Beispiel für einen Angebotserstellungsprozess (technische Anlage)

knappe Zeit zur Erstellung eines solchen (Krause et al. 2005, S. 7 f.). Daher wird in manchen Unternehmen großer Wert darauf gelegt, dass die verschiedenen Aktivitäten während der Angebotserstellung parallel verlaufen sollten, um das Problem der knappen Zeit möglichst zu umgehen. Einen prototypischen Ablauf der Angebotserstellung für eine technische Anlage zeigt Abb. 2.7. Ausgangspunkt für die Erstellung eines Angebots ist die positive Bewertung der Anfrage bzw. Ausschreibung. Der hier beispielhaft dargestellte Prozess ist in drei Phasen unterteilt, die im Folgenden kurz vorgestellt werden sollen. Auch sind die jeweiligen involvierten Abteilungen den einzelnen Prozessschritten zugeordnet.

2.3.1 Grobplanung

Gerade bei größeren technischen Anlagen oder Dienstleistungsprojekten wird zur Bearbeitung einer Anfrage und zur Erstellung eines Angebots ein Projektteam gebildet, häufig unter Leitung des Vertriebs, das für die Gesamtkoordination der Angebotserstellung zuständig ist. Ein erster Schritt der Grobplanung stellt dabei die Klärung der genauen Kundenanforderungen dar. Häufig existieren verschiedene technologische Möglichkeiten, die Kundenanforderungen zu erfüllen, die möglicherweise von verschiedenen Mitgliedern des Buying Centers in der Kundenorganisation verschieden bewertet werden. Somit kommt auch der Betrachtung der Buying Center-Struktur eine gewisse Bedeutung zu. Solche Klärungsaufgaben werden häufig vom Vertrieb wahrgenommen.

Bereits im nächsten Schritt, der eigentlichen Grobplanung, bietet es sich an, aus Zeitgründen parallel an der Angebotserstellung zu arbeiten. Dabei ist das Engineering oder die Entwicklungsabteilung mit der technischen Grobplanung betraut. Zu dieser gehören u. a. der Abgleich der Kundenanforderungen mit den technischen Fähigkeiten des Anbieters, der Entwurf und Aufbau einer Systemarchitektur sowie die Definition des technischen Feinkonzepts. Der Aufbau eines modularen Konstruktionssystems für die Erstellung kundenindividueller Anlagen wird dabei sowohl in der Praxis als auch in der Literatur als essenziell angesehen (Krause et al. 2005, S. 8). Die Modulbauweise stellt sowohl eine Antwort auf das Zeitproblem bei der Angebotserstellung als auch auf die zunehmende Kostensensitivität von Kundenorganisationen dar. Durch eine Modulbauweise entsteht sowohl eine schneller abrufbare Variantenvielfalt in der Konstruktion als auch eine schnellere Kostentransparenz für den Anbieter (Körsmeier 1996, S. 10 f.).

Parallel zur technischen Grobplanung bietet es sich an, bereits eine Fertigungs- und Logistikgrobplanung zu betreiben. Hierbei werden u. a. Fragen nach den möglichen Fertigungsstätten und deren logistischer Anbindung geklärt. Ebenso findet ein erster Datenaustausch mit den entsprechenden Einheiten statt. Während dieser Schritt bei einem Anbieter mit nur einer zentralen Fertigungsstätte teilweise entfällt, ist er für größere Anbieterunternehmen wichtig, wenn der potenzielle Kunde z. B. local content-Anforderungen stellt. Ist der Auftrag nicht als Generalunternehmer, sondern nur in einem Konsortium zu bewältigen, sollte hier auch schon die mögliche Zusammenarbeit mit Konsortialpartnern eruiert werden (vgl. auch Kap. 8).

2.3.2 Feinplanung

Das Ergebnis der Grobplanung ist sowohl ein definiertes technisches Konzept als auch eine erste Vorstellung über die benötigten Fertigungs- und Logistikkapazitäten. Bevor nun eine Feinplanung in den verschiedensten Funktionen stattfindet, ist eine Abstimmung des detaillierten technischen Konzepts mit dem Kunden unumgänglich. Andernfalls läuft der Anbieter Gefahr, an den Kundenanforderungen vorbei zu planen und anzubieten, was den fast sicheren Verlust des Auftrags zur Folge hätte. Hier wird in der Regel von Techniker zu Techniker gesprochen. Parallel zur Abstimmung des technischen Konzepts ist die Zusammenstellung aller benötigten Ressourcen nötig, der sogenannte Bill of Material. Dieser dient als Voraussetzung für die Erarbeitung eines Beschaffungs-, Produktions- und Qualitätskonzepts, das durch die jeweiligen Fachabteilungen erarbeitet werden sollte. Das Logistikkonzept sowie ein Projektplan können ebenfalls parallel entworfen werden.

Erst die technische Feinplanung ermöglicht im Anschluss eine detaillierte Kostenplanung. Hierzu werden Entwicklungs-, Beschaffungs-, Produktions-, Qualitäts- und Logistikkosten sowie ggf. weitere dem Projekt zurechenbare Kosten erfasst. Idealerweise kann die Kostenplanung auf eine Prozesskostenrechnung zurückgreifen und damit sowohl variable als auch fixe Kosten dem jeweiligen Projekt zurechnen (Plinke und Rese 2006, S. 134 ff.).

2.3.3 Abschluss

Sind alle Vorarbeiten der Feinplanung geleistet, so steht sowohl die technische als auch die produktionsunterstützende Planung im Wesentlichen fest. Dennoch wird das mit der Angebotserstellung beauftragte Projektteam vor der finalen Angebotserstellung alle Vorarbeiten konsolidieren. Die eigentlichen Angebotsunterlagen werden dann wieder von den jeweiligen Fachabteilungen erstellt bzw. überprüft. Das Engineering finalisiert demnach das technische Angebot mit allen notwendigen Spezifikationen, Mitwirkungspflichten des Kunden, technischen Zeichnungen, einem detaillierten Zeitplan etc. Vertrieb und Rechtsabteilung entwerfen das kommerzielle Angebot, das u. a. die kommerziellen Bedingungen, die Finanzierungskonditionen (vgl. Kap. 4), den Angebotspreis (vgl. Kap. 3) sowie die entsprechenden rechtlichen Bedingungen enthält (vgl. Kap. 5). Das Controlling ist in dieser Phase für die Überprüfung der Kostendeckung zuständig.

Endergebnis ist somit ein fertig erstelltes Angebot, das bei Annahme durch den Kunden zur rechtlichen Basis einer oftmals langen Zusammenarbeit zwischen Anbieter und Kunde wird. Daher sollten eine finale Prüfung des Angebots mit allen beteiligten Fachabteilungen sowie die Freigabe durch die jeweiligen Verantwortlichen den letzten Prozessschritt darstellen, bevor das Angebot an den Kunden übermittelt wird und die Kundenverhandlungsphase beginnt.

2.3.4 Kritische Würdigung

Das hier vorgestellte Beispiel eines Angebotserstellungsprozesses unterscheidet drei Phasen und ist speziell auf die Erstellung technischer Großanlagen zugeschnitten. Somit ist davon auszugehen, dass Unternehmen, die andere Leistungen anbieten, auch einen anderen Prozess haben, um Angebote schnell und qualitativ hochwertig zu erstellen. Gerade die VDI-Studie zum Angebotsmanagement zeigt deutlich, dass die Angebotserstellung in vielen Unternehmen ein gewachsener und immer wieder angepasster Prozess ist (Schmidt

2008, S. 5). Die Verankerung des Prozesses und seine Optimierung erfolgt dabei häufig in Form von Verfahrensanweisungen im Rahmen des Qualitätsmanagements eines Unternehmens.

Uns erschien es aber dennoch wichtig, einen solchen Prozess einmal exemplarisch aufzuzeigen, auch um die folgenden Kapitel mit ihren speziellen Fragestellungen besser in den Vermarktungsprozess von großen Anlagen und Projekten einordnen zu können.

2.4 Übungsaufgaben

1. Wie bettet sich die Anfragenbewertung und -selektion in den Vermarktungsprozess von Projekten ein?
2. Wodurch unterscheiden sich strategische und operative Perspektive bei der Anfragenbewertung und -selektion?
3. Nennen und beschreiben Sie die beiden wichtigsten Größen bei der operativen Anfragenbewertung! Welche weiteren Kriterien sind zu berücksichtigen?
4. Welche Vor- und Nachteile gehen mit dem Checklistenverfahren zur Anfragenbewertung einher?
5. Welche Arten von Kriterien sollte eine Checkliste zur Anfragenbewertung enthalten und warum?
6. Inwieweit erweitern der Profilvergleich und additive Scoring-Modelle den Gedanken des Checklistenverfahrens?
7. Wodurch unterscheiden sich AHP-Modelle von einfachen Scoring-Modellen?
8. Nennen Sie Gründe, warum viele Modelle der Anfragenbewertung in der Praxis nicht verwendet werden!
9. Stellen Sie die Herausforderungen bei der Erstellung eines Angebots dar! Welche Prozessschritte werden dabei durchlaufen?

Literatur

Abell, D. F. (1980). *Defining the Business – The Starting Point of Strategic Planning*. Englewood Cliffs: Prentice Hall.

Ahmad, I., & Minkarah, I. A. (1988). Questionnaire survey on bidding in construction. *Journal of Management in Engineering*, *4*(3), 227–243.

Albers, S., & Krafft, M. (2000). Regeln zur Bestimmung des fast-optimalen Angebotsaufwands. *Zeitschrift für Betriebswirtschaft*, *70*(10), 1083–1107.

Backhaus, K. (1980). *Auftragsplanung im industriellen Anlagengeschäft*. Stuttgart: Poeschel.

Backhaus, K., & Dringenberg, H. (1984). Anfragenselektion. In K. Backhaus (Hrsg.), *Planung im industriellen Anlagengeschäft* (S. 53–92). Düsseldorf: VDI-Verlag.

Backhaus, K., & Meyer, M. (1986). Ansätze zur Beurteilung von Länderrisiken. *Zeitschrift für betriebswirtschaftliche Forschung* *38*(20/86), 39–59.

Backhaus, K., & Voeth, M. (2010). *Industriegütermarketing* (9. Aufl.). München: Vahlen.

Barrmeyer, M. C. (1982). *Die Angebotsplanung bei Submission*. Münster: Dissertation.

Bonoma, T. V., Zaltman, G., & Johnston, W. J. (1977). *Industrial buying behavior*. Cambridge: Marketing Science Institute.

Deutscher Corporate Governance-Kodex (2012). www.corporate-governance-code.de/ger/kodex/4.html. Zugegriffen: 26. Juli 2012

Dozzi, S. P., AbouRizk, S. M., & Schroeder, S. L. (1996). Utility-theory model for bid markup decisions. *Journal of Construction Engineering & Management, 122*(2), 119–124.

Eisenführ, F., & Weber, M. (2010). *Rationales Entscheiden* (5. Aufl.). Berlin: Springer.

Feuerbaum, E. (1979). Controlling in einem projektorientierten Unternehmen. In D. Solaro, H. D. Bürgel, E. Feuerbaum, J. Funk, W. F. Gerke, H. R. Kunkowsky, & A. Wiederstein (Hrsg.), *Projektcontrolling* (S. 1–47). Stuttgart: Poeschel.

Fischer, W., & Minolla, W. (1981). *Rationalisierung der technischen Angebotsbearbeitung*. Berlin, Köln: Beuth-Verlag.

Gerke, W. F. (1979). Manuelle und EDV-gestützte Projektplanungs- und Kontrollverfahren in einem Ingenieurunternehmen des Industrieanlagenbaus. In D. Solaro, H. D. Bürgel, E. Feuerbaum, J. Funk, W. F. Gerke, H. R. Kunkowsky, & A. Wiederstein (Hrsg.), *Projektcontrolling* (S. 81–118). Stuttgart: Poeschel.

Heger, G. (1988). *Anfragenbewertung im industriellen Anlagengeschäft*. Berlin.

Heger, G. (1998). Anfragenbewertung. In M. Kleinaltenkamp, & W. Plinke (Hrsg.), *Auftrags- und Projektmanagement* (S. 69–115). Berlin: Duncker & Humblot.

Homburg, C., & Krohmer, H. (2009). *Marketingmanagement* (3. Aufl.). Wiesbaden: Gabler.

Jungermann, H. (1976). *Rationale Entscheidungen*. Bern: Huber.

Jungermann, H., Pfister, H.-R., & Fischer, K. (2005). *Die Psychologie der Entscheidung* (2. Aufl.). München: Spektrum.

Kambartel, K.-H. (1973). *Systematische Angebotsplanung in Unternehmen der Auftragsfertigung*. Mainz: Dissertation.

Kleinaltenkamp, M., & Plinke, W. (Hrsg.). (1998). *Auftrags- und Projektmanagement*. Berlin: Springer.

Kleinaltenkamp, M., & Saab, S. (2009). *Technischer Vertrieb – Eine Praxisorientierte Einführung in das Business-to-Business-Marketing*. Berlin: Springer.

Körsmeier, R. (1996). *Kundennahe, rechnerunterstützte Angebotserstellung im Vertriebsaußendienst für komplexe Investitionsgüter*. Düsseldorf: VDI-Verlag.

Krause, F-., Kind, C., & Müller, C. (2005). Prozessoptimierung in der Angebotserstellung. *wt Werkstattstechnik online, 95*(1/2), 7–10.

Kuhlmann, E. (2001). *Industrielles Vertriebsmanagement*. München: Vahlen.

Naert, P. A. (1978). Some Cost-Benefit Considerations in Marketing Model Building. In E. Topritzhofer (Hrsg.), *Marketing: Neue Ergebnisse aus Forschung und Praxis* (S. 447–464). Wiesbaden: Gabler.

Naert, P. A., & Leeflang, P. (1978). *Building Implementable Marketing Models*. Leiden: Nijhoff.

Parkinson, S. T., & Baker, M. J. (1986). *Organizational buying behavior – purchasing and marketing management implications*. Houndmills: MacMillan.

Plinke, W., & Rese, M. (2006). *Industrielle Kostenrechnung* (7. Aufl.). Berlin: Springer.

Porter, M. E. (1999). *Wettbewerbsstrategie (Competitive Strategy): Methoden zur Analyse von Branchen und Konkurrenten* (10. Aufl.). Frankfurt, New York: Campus Verlag.

Saaty, T. L. (2006). The analytic network process. In T. L. Saaty, & L. G. Vargas (Hrsg.), *Decision making with the analytic network process* (S. 1–26). New York: Springer.

Schmidt, H. (2008). *Studie zum Angebotsmanagement*. Düsseldorf: VDI.

Steppan, G. (1990). Know-how-Datenbanken mit einer integrierten Zeichnungsverwaltung im Angebotswesen. In VDI-Gesellschaft (Hrsg.), *Erfolgreich im Vertrieb – Innovative Informationssysteme zur Angebotserstellung* (S. 43–64). Düsseldorf: VDI-Verlag.

Strebel, H. (1975). *Forschungsplanung mit Scoring-Modellen*. Baden-Baden: Nomos.

Webster, F. E., & Wind, Y. (1972). *Organizational Buying Behavior*. Englewood Cliffs: Prentice Hall.

Erlösgestaltung im Projektgeschäft

3

Wulff Plinke und Matthias Claßen

Inhaltsverzeichnis

Zusammenfassung

Das Projektgeschäft ist gekennzeichnet durch Einmal-Leistungen, die sich im Hinblick auf Komplexität, Größe und Individualität vom Produktgeschäft deutlich unterscheiden. Aufgrund von langen Fertigungs- und Abwicklungszeiträumen, die oftmals mehrere Jahre betragen, ergeben sich planerische Risiken, die eine ex ante Festlegung des Preises erschweren. Gerade aber bei Projektausschreibungen muss der Anbieter eine

Prof. Dr. Wulff Plinke ✉
ESMT European School of Management and Technology Berlin, Schloßplatz 1,
10178 Berlin, Deutschland
e-mail: plinke@esmt.org
Matthias Claßen
Executive Master of Business Marketing, Freie Universität Berlin, Otto-von-Simson-Str. 13,
14195 Berlin, Deutschland
e-mail: matthias.classen@fu-berlin.de

M. Kleinaltenkamp et al. (Hrsg.), *Auftrags- und Projektmanagement*,
DOI 10.1007/978-3-658-01352-3_3,

möglichst genaue Schätzung der anfallenden Projektkosten durchführen, um einerseits bei Angebotsabgabe eine Chance gegenüber seinen Mitbietern zu haben und um andererseits sicherzugehen, das Projekt kostendeckend bzw. gewinnbringend abzuwickeln.

Die Entscheidung über die Preishöhe erfordert im Projektgeschäft somit eine sorgfältige Projektkalkulation und eine systematische Erlösplanung. Zudem müssen Kalkulationsrisiken, die etwa durch Lohn- und Materialpreisschwankungen über die Projektlaufzeit verursacht werden, weitgehend mitigiert werden. Der vorliegende Beitrag zeigt Kalkulationsmethoden auf und erläutert diese durch praktische Rechenbeispiele. Die Kalkulationsmethoden (z. B. Kilokostenmethode oder Detailkalkulation) werden in unterschiedlichen Projektphasen eingesetzt und variieren hinsichtlich ihres Kalkulationsaufwandes und ihrer Ergebniszuverlässigkeit. Ebenso werden Verfahren und vertragliche Vereinbarungen wie z. B. Preisvorbehalte oder Preisgleitklauseln zur Minimierung der Kalkulationsrisiken erläutert und anhand eines praktischen Beispiels dargestellt.

3.1 Grundlagen

Große Projekte wie Industrieanlagen, Tunnelbauten, Flughäfen, städtische Großbauten sind Einmal-Leistungen. Sie sind einzigartig in ihrer technischen und kommerziellen Konfiguration, werden deshalb auftragsabhängig individuell geplant und realisiert, nehmen lange Vorlauf- und Abwicklungszeiträume in Anspruch und weisen ein entsprechendes Wertvolumen auf. Dementsprechend weist auch die Gestaltung der Gegenleistung erhebliche Besonderheiten auf, die das Projektgeschäft gegenüber dem Produktgeschäft und dem Systemgeschäft grundsätzlich unterschiedlich erscheinen lassen und eine besondere Methodik und Analyse erfordern.

Im industriellen Anlagengeschäft wird das Entgelt für die Leistung des Lieferanten als **Erlös** bezeichnet. Inhaltlich ist das gleichbedeutend mit dem Preis. Ein Prozess, der auf das Finden einer Angebotspreisentscheidung gerichtet ist, wird als **Erlösplanung** bezeichnet, der zu findende Angebotspreis als **Planerlös**.

Das Finden einer Preisentscheidung ist ein komplexer, zeitaufwendiger Prozess. Preisentscheidungen im industriellen Anlagegeschäft sind aufgrund der Projektstruktur immer Einmal-Entscheidungen. Jede Anlage ist anders, jeder Preis muss immer wieder individuell gefunden werden. Die Interessen von Lieferant und Kunde sind bezüglich der Preisgestaltung nahezu vollständig konträr. Während die Vorstellungen des Lieferanten darauf gerichtet sind, seine Ziele von Kostendeckung und Gewinn, d. h. seinen subjektiven Planerlös bzw. seine Preisuntergrenze durchzusetzen, laufen die Vorstellungen des Kunden im Gegensatz dazu darauf hinaus, bestimmte subjektive Höchstbeträge (Preisobergrenzen), abgeleitet aus der Budgetierung und der Investitionsplanung, nicht zu überschreiten. Die Ermittlung eines Preises ist für beide Seiten eines Austauschs ein **Suchprozess**, in welchem die Vorstellungen des Lieferanten und des Kunden schrittweise aneinander angenähert werden. Abbildung 3.1 verdeutlicht den Prozess. Es ist offenkundig, dass eine Übereinkunft

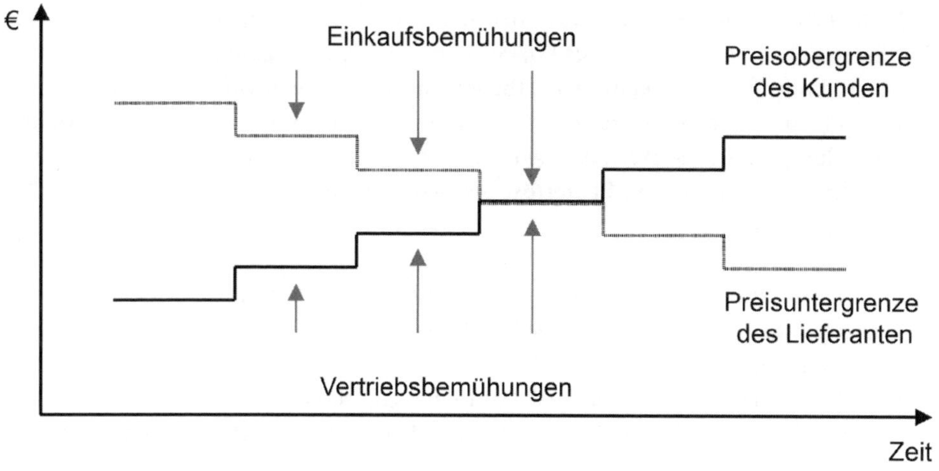

Abb. 3.1 Entwicklung von Preisobergrenze des Kunden und Preisuntergrenze des Lieferanten als Ergebnis der Akquisitionsbemühungen

erst möglich ist, wenn die subjektive Preisobergrenze des Kunden über der subjektiven Preisuntergrenze des Lieferanten liegt.

Das Anlagengeschäft vollzieht sich in Einzeltransaktionen, die Projekte darstellen. Projekte im industriellen Anlagengeschäft sind langfristiger Natur. Von der ersten Kontaktaufnahme zwischen Lieferant und Kunde bis zum endgültigen Abschluss des Geschäfts liegen Zeiträume, die von mehreren Monaten bis zu mehreren Jahren reichen. Die durchschnittliche Dauer bei Großanlagen liegt zwischen 2½ und 4½ Jahren (Backhaus und Voeth 2010, S. 330; Engelhardt und Günter 1981, S. 35; vgl. auch Spiegel-Verlag 1972, S. 29). Der Zeitraum zwischen dem ersten projektbezogenen Kontakt mit dem Kunden und der endgültigen Abwicklung des Projektes wird als **Projektepisode** bezeichnet (Kirsch 1978, S. 70 ff.; Kirsch et al. 1977, S. 54 ff.).

Die Projektepisode lässt sich nach der Art der jeweils erfolgenden Aktivitäten in **Phasen** gliedern, die durch bestimmte Ereignisse bzw. Entscheidungen deutlich voneinander getrennt sind (Engelhardt 1977, S. 26; Backhaus und Voeth 2010, S. 329 ff.; Plinke 1985, S. 7 ff.). Es lassen sich idealtypisch sechs aufeinander folgende Projektphasen unterscheiden: Vor-Anfragenphase, Anfragenphase, Angebotsphase, Verhandlungsphase, Lieferphase und Gewährleistungsphase.

Die Projektepisode stellt einen **gemeinsamen Problemlösungsprozess** der beteiligten Unternehmen dar, in dem sowohl unter gemeinsamen Zielen kooperiert als auch unter divergierenden Zielen Konflikte ausgetragen werden (Gemünden 1980, S. 26; Gemünden 1981, S. 19 ff.; Herbst 2007, S. 31). Die Phasen vor dem Vertragsabschluss lassen sich als Suchprozess interpretieren, in dem alle Beteiligten versuchen, eine für sie als befriedigend anzusehende Problemlösung zu finden.

Während der Projektepisode wirkt – nebeneinander und nacheinander – eine Fülle von Einflussgrößen auf das Ergebnis des Projektes ein, so dass zu Beginn nicht zu überblicken ist, ob am Ende der Projektepisode überhaupt ein Erlös zu verzeichnen ist, und wenn ja, welche Höhe er dann haben wird. Dennoch muss das anbietende Unternehmen von Anfang an Vorstellungen über die Wertdimension eines Projektes haben, und das heißt, dass von Beginn der Projektepisode an **Planerlöse** als Maßstab zur Steuerung und Kontrolle des Projektes erforderlich sind:

- Planerlöse sind die Richtgröße für eine „unverbindliche" Schätzung des wertmäßigen Projektvolumens, die der prospektive Kunde oft im Frühstadium des Projektes für seine Investitionsplanung wünscht,
- Planerlöse sind erforderlich für die Abgabe eines Angebotes,
- Planerlöse stellen im Verhandlungsprozess mit dem Kunden für den Anbieter die Informationsgrundlage seiner Dispositionen dar.

Zwischen der Unmöglichkeit einerseits, den letztlich realisierten Erlös eines Projektes im Frühstadium zu antizipieren und der Forderung andererseits, bereits ab Beginn der Projektepisode Planerlöse als Steuerungs- und Kontrollinformationen zu ermitteln, scheint ein Widerspruch zu liegen. Dieser Widerspruch lässt sich jedoch auflösen durch eine dem Entwicklungsstand des Projektes entsprechende Erlösplanung. Die Preisentscheidung im Anlagengeschäft wird aufgelöst in eine **phasenspezifische Erlösplanung**, wo von Phase zu Phase der Planerlös dem sich ändernden Informationsstand angepasst, d. h. fortgeschrieben wird.

Für die Erlösplanung ergeben sich in den einzelnen Phasen jeweils andere Fragestellungen. Tabelle 3.1 stellt diese zusammen. Die Strukturierung der Projektepisode in deutlich unterscheidbare Phasen resultiert aus der empfundenen Unsicherheit der beteiligten Unternehmen über die quantitativen, qualitativen und zeitlichen Merkmale der Leistung sowie über die zu erwartenden Kosten der Leistung einerseits und der Unsicherheit über die Angemessenheit der Höhe und der zeitlichen Bereitstellung der Gegenleistung andererseits (vgl. auch Sandstede 2010, S. 28 ff.).

Bedingt durch die Phasenstruktur der Projektepisode ergeben sich im Projektablauf Planerlöse ganz unterschiedlicher Qualität und ganz unterschiedlicher Funktion. Die Abgabe eines Schätzwertes an den Kunden während der **Anfragenphase** für das zu erwartende wertmäßige Projektvolumen ist weitgehend unverbindlich und bezeichnet im Wesentlichen die Größenordnung des Projektes. Die Anfragenphase ist dadurch gekennzeichnet, dass der Anbieter große Datenmengen benötigt, die insbesondere bei komplexen Anlagen nur schwer beschaffbar sind. Zudem ist die Anlage durch den Anbieter meist nur vage spezifiziert. Dem Anbieter sind die genauen technischen Ausführungen i. d. R. unbekannt (Backhaus und Voeth 2010, S. 357). In der **Angebotsphase** wird dem Abnehmer ein Angebot unterbreitet, das den vom Lieferanten gewünschten Erlös enthält. Dieser Wert ist insofern verbindlich, als dass er ohne Änderung der zugrunde gelegten Leistung im Regelfall nicht mehr überschritten werden kann. Zu hoch sollte der Wert auch nicht ange-

Tab. 3.1 Phasenstruktur und für die Erlösplanung relevanten Charakteristika eines Projektes (Plinke 1985, S. 9)

Phase des Projekts	Aktivitäten	Ereignis bzw. Entscheidung am Ende der Phase	Für die Erlösplanung relevantes Charakteristikum
Vor-Anfragenphase	Allgemeine Akquisition	Eingehen einer Anfrage	–
Anfragenphase	Prüfung der Anfrage/Verhandlungen über die Erstellung einer Vorstudie	Freigabe der Anfrage zur Erstellung eines Angebots/Eingehen einer Ausschreibung	Abgabe eines Schätzwerts für das zu erwartende Investitionsvolumen
Angebotsphase			
Einzelangebot	Erstellung eines technischen Lösungsvorschlags/Angebotskalkulation/Terminplanung	Abgabe des Angebots an den Kunden	Gegenüber dem Kunden verbindliche Festlegung auf Maximalpreisforderung
Partnerorientiertes Angebot	Wie Einzelangebot; zusätzlich Verhandlungen über Kooperationsform	Abgabe des Angebots an die Anbietergemeinschaft	Gegenüber den Angebotspartnern vorläufige Festlegung auf Erlösforderung
Partnerorientierte Verhandlungen	Verhandlungen mit Angebotspartnern über Leistung und Erlösanteil	Kooperative Abgabe des Angebots an den Kunden	Verbindliche Festlegung auf Maximalpreisforderung
Verhandlungsphase			
Einzelangebot	Verhandlungen mit Kunden über Leistung und Erlös	Kontraktabschluss	Verbindliche Festlegung auf Kontrakterlös bzw. auf Erlösermittlungsmethode
Kooperatives Angebot	Wie Einzelangebot; zusätzlich Verhandlungen mit den Angebotspartnern über Neufestsetzung von Leistung und Erlösanteil	Kontraktabschluss	Verbindliche Festlegung auf Kontrakterlös bzw. auf Erlösermittlungsmethode
Lieferphase	Projektierung, Fertigung, Montage/Vorkalkulation, Mitkalkulation	Abnahmeerklärung durch den Kunden	Im Sinne des Handelsrechts realisierter Erlös, einklagbare Forderung
Phase der Gewährleistung und finanziellen Abwicklung	Gewährleistungen, Finanzierungsleistung, Nachkalkulation	Ablauf der Gewährleistungsfrist/endgültige Bezahlung	Monetär realisierter Erlös ohne Risikovorbehalte

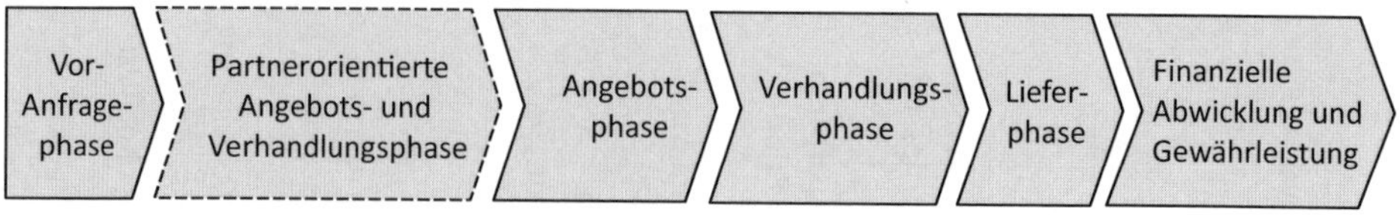

Abb. 3.2 Phasenstruktur des Anlagengeschäfts

setzt werden, sonst könnte der Lieferant mit seiner preislichen Forderung schnell konkurrierenden Anbietern unterlegen sein. Der Planerlös der Angebotsphase stellt denjenigen Betrag dar, den der Lieferant im Hinblick auf seine Zielsetzung sowie auf seine Einschätzung der Markt- und Unternehmenssituation für adäquat und erreichbar hält. Wir nennen diese Größe den **Angebotspreis**. Der Angebotspreis ist das Ergebnis der Vor-Anfragen-, Anfragen- und Angebotsphase, die wir im Hinblick auf die Aufgabenstellung der Erlösplanung zur **Angebotsphase i. w. S.** zusammenfassen.

Im Falle des kooperativen Angebots (z. B. Konsortium) (vgl. Kap. 8) ist in der Angebotsphase zusätzlich eine partnerorientierte Angebots- und Verhandlungsphase eingeschlossen, die als Zwischenschritt zur Ermittlung des Angebotspreises angesehen werden kann (Günter 1979, S. 169; Backhaus und Voeth 2010, S. 328; 351 ff.). Der Angebotspreis ist der Input für die **Verhandlungsphase**, in der durch Verhandlungen zwischen Anbieter und Nachfrager über Leistung und Gegenleistung der marktmögliche Preis zu ermitteln versucht wird. Der Angebotspreis stellt in der Verhandlungsphase eine der wesentlichen Richtgrößen für den Prozess der Abstimmung der Vorstellungen des Anbieters mit den Möglichkeiten des Marktes dar. Kommt es zu einer Einigung, so ist das Ergebnis der **Vertragspreis (Vertragserlös)**. Er ist – unter der Bedingung der Vertragserfüllung durch den Lieferanten – juristisch abgesichert.

Auch nach Vertragsabschluss existieren noch Fragen der Erlösplanung und Erlöskontrolle, die in diesem Kapitel nicht weiter verfolgt werden (vgl. dazu Plinke 1985, S. 147 ff.; Gaismayer 2011, S. 110 ff.). Das Problem der Preisplanung – die Findung eines angemessenen Preises – ist mit dem Vertragsabschluss bzw. mit dem Abbruch der Verhandlungen gelöst. Abbildung 3.2 fasst den Phasenablauf des Anlagengeschäfts zusammen.

Neben der zeitlichen Struktur besitzt der Planerlös im Anlagengeschäft eine sachliche Struktur. Dies resultiert daraus, dass das komplexe Hardware-Software-Bündel „Anlage" in der Regel nicht pauschal in einer einzigen Summe abgegolten wird, sondern nach sachlich gegliederten Teilleistungen. Wir können deshalb bei Anlagengeschäften in der Mehrheit der Fälle eine ganze Reihe von **Erlösarten** unterscheiden. Erlösarten sind die positiven und negativen Bestandteile des Gesamterlöses aus dem Anlagengeschäft (Laßmann 1979, S. 137; Kolb 1978, S. 39). Abbildung 3.3 zeigt eine Übersicht der wichtigsten Erlösarten im industriellen Anlagengeschäft.

Wir unterscheiden zwei Kategorien, nämlich Erlösarten, die aus Lieferungen und Leistungen resultieren, und Korrekturgrößen. Sie beschreiben im Einzelnen den Inhalt der Preisplanung. Die Preisplanung hat die Aufgabe, für ein Projekt diejenige Höhe des Erlöses

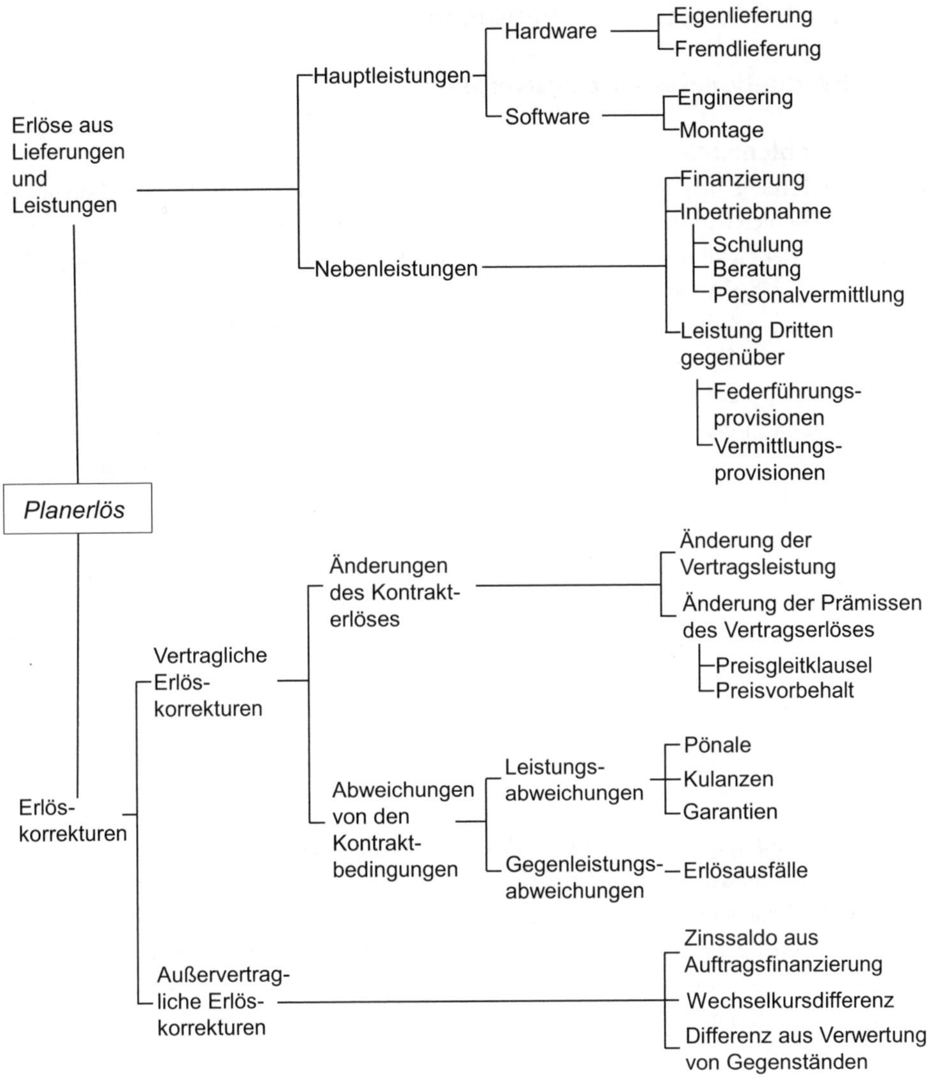

Abb. 3.3 Erlösarten im industriellen Anlagengeschäft

zu bestimmen, die unter Berücksichtigung der gegebenen und erwarteten Umweltbedingungen die betriebliche Zielsetzung erfüllt. Der **Planpreis** ist demnach eine Größe, die das anbietende Unternehmen für angemessen und erreichbar hält. Indikator für die **Angemessenheit** des Planpreises ist ein nach „normalen" Deckungserfordernissen kalkulierter, als erforderlich angesehener Angebotspreis. Die **Erreichbarkeit** drückt sich in der wahrgenommenen Obergrenze des preispolitischen Spielraums aus.

3.2 Entscheidung über die Preishöhe

3.2.1 Kalkulation des Auftragswertes

3.2.1.1 Problemstellung

Wegen des Fehlens bzw. wegen der Unsicherheit von Marktdaten in der Angebotsphase bleibt dem Anbieter in der Angebotsphase praktisch nichts anderes übrig, als den Angebotspreis auf der Grundlage der kalkulierten **Selbstkosten** zu ermitteln. Die Methoden der Preisplanung in der Angebotsphase sind also die **Kalkulationsmethoden**.

Aus der unternehmerischen Zielsetzung des Anbieters resultiert die Forderung, dass auf längere Sicht alle Erlöse zusammen mindestens so hoch sein sollen wie alle Kosten zusammen. Aus dieser Forderung lässt sich wiederum ableiten, dass der Erlös eines einzelnen Projektes einen „irgendwie" zu definierenden Beitrag zur Gesamtkostendeckung leisten muss. Die Gesamtkosten eines konkreten Projektes lassen sich nun in dieser Perspektive in zwei kategorial verschiedene Komplexe gliedern:

- Diejenigen Kosten, die durch das Projekt direkt verursacht werden – sie sind die **Projekteinzelkosten**. Projekteinzelkosten fallen nur an, wenn das Projekt überhaupt durchgeführt wird, d. h. es sind diejenigen Kosten, die durch das Projekt den Gesamtkosten des Betriebes hinzugefügt werden.
- Diejenigen Kosten, die unabhängig von der Existenz des Projektes im Betrieb anfallen, dies sind die **Projektgemeinkosten**. Sie werden in ihrer Höhe durch das Projekt selbst nicht berührt.

Wenn nun auf lange Sicht alle Erlöse des Unternehmens alle Kosten des Unternehmens decken sollen (müssen), dann ist es evident, dass das einzelne Projekt mit seinem Erlös nicht nur die Projekteinzelkosten decken, sondern darüber hinaus einen Beitrag zur Deckung der Projektgemeinkosten erwirtschaften muss. Dieser „Deckungsbeitrag" des einzelnen Projekts, summiert mit den Deckungsbeiträgen aller anderen Projekte, soll die vollständige Kostendeckung des Unternehmens sowie den Gewinn sichern. Der Planpreis hat also die Aufgabe, sowohl die Deckung der Projekteinzelkosten als auch eine anteilige Deckung der Projektgemeinkosten sicherzustellen.

Der **Deckungsbedarf für Einzelkosten** ergibt sich aus drei Dimensionen der Projekteinzelkosten – dem **Mengengerüst**, dem **Bewertungsgerüst** sowie dem **Zeitgerüst**. Das Mengengerüst stellt die in das Projekt eingehenden Kostengütermengen dar (Hardware und Software inkl. Dienstleistungen), das Bewertungsgerüst stellt die Kostengüterpreise dar, die mit den Kostengütermengen multipliziert werden, und das Zeitgerüst schließlich zeigt den Zeitpunkt des Kostenanfalls an, der bei der Langfristigkeit der Projekte eine wichtige Rolle spielt. Abbildung 3.4 stellt die Einflussgrößen des Deckungsbedarfs für Einzelkosten dar.

Der **Deckungsbedarf für Gemeinkosten** wird in seiner Höhe bestimmt zum einen durch die Höhe der Projektgemeinkosten insgesamt, d. h. durch die Höhe des Gesamt-

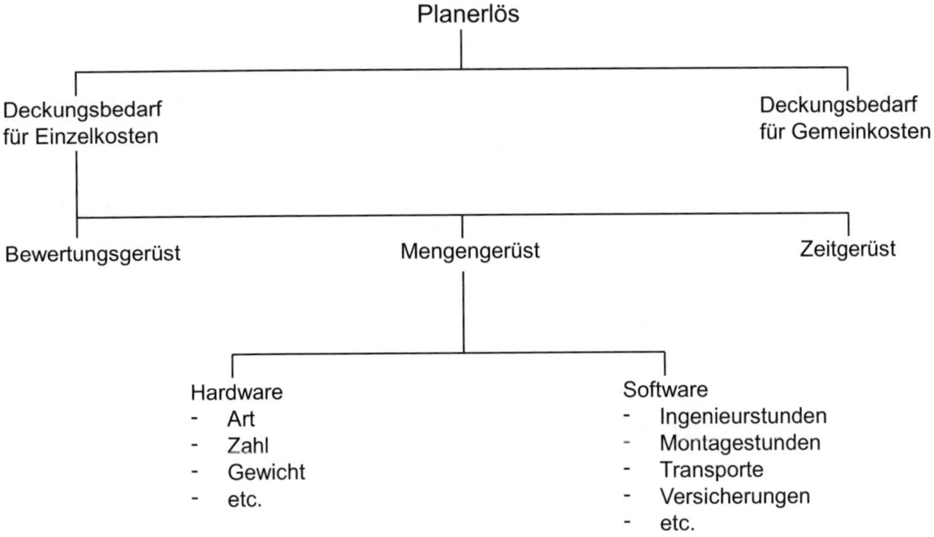

Abb. 3.4 Einflussgrößen des Planerlöses: Deckungsbedarf für Einzelkosten

deckungsvolumens sowie zum anderen durch den geplanten Anteil des Projektes am Gesamtdeckungsvolumen. Abbildung 3.5 stellt die Einflussgrößen des Deckungsbedarfs für Gemeinkosten zusammen.

Es fällt ins Auge, dass die Zahl der Einflussgrößen des gesamten Deckungsbedarfs sehr hoch ist. Im konkreten Planungsfall ist die Zahl noch wesentlich größer, da detailliertere Aufgliederungen – vor allem im Material- und Fertigungsbereich – notwendig sind. Schwierig zu beziffern aber ggf. auch zu berücksichtigen sind Kosten des Knowhow-Abflusses (Yang und Mattfeld 2007). Solche Kosten können entstehen, wenn es sich um ein internationales Projekt handelt und durch eine *Local Content* Vertragsbedingung vereinbart wird, dass ein Teil der Wertschöpfung lokal – im Ausland – stattfinden soll.

Über den größten Teil und über die wichtigsten der Einflussgrößen besitzt der Lieferant in der Angebotsphase nur höchst unvollkommene Informationen. Die Beschaffung von Informationen ist zeitaufwendig und kostspielig. Daraus resultiert ein erhebliches Planungsrisiko. Da nach Angebotsabgabe der Lieferant in der Regel an sein Angebot gebunden ist, er also seine Preisforderung nicht mehr überschreiten kann, führen Fehleinschätzungen des Deckungsbedarfs mitunter zu erheblichen Verlusten (Opitz et al. 1971, S. 16).

Bei bis zu 90 % der Fälle traten in der Untersuchung von Opitz et al. Abweichungen auf, die insbesondere in Anbetracht des hohen absoluten Wertvolumens der Projekte ein vertretbares Maß bei weitem überschreiten. Andere empirische Untersuchungen kommen zu vergleichbaren Ergebnissen (Wellensiek 2007, S. 10; Eversheim et al. 1977, S. 18 ff.; Feuerbaum 1979, S. 5). In Einzelfällen großer Projekte können relativ geringe Abweichungen zu absolut verheerenden Konsequenzen führen: „Bei einem Großauftrag würden Fehler in der

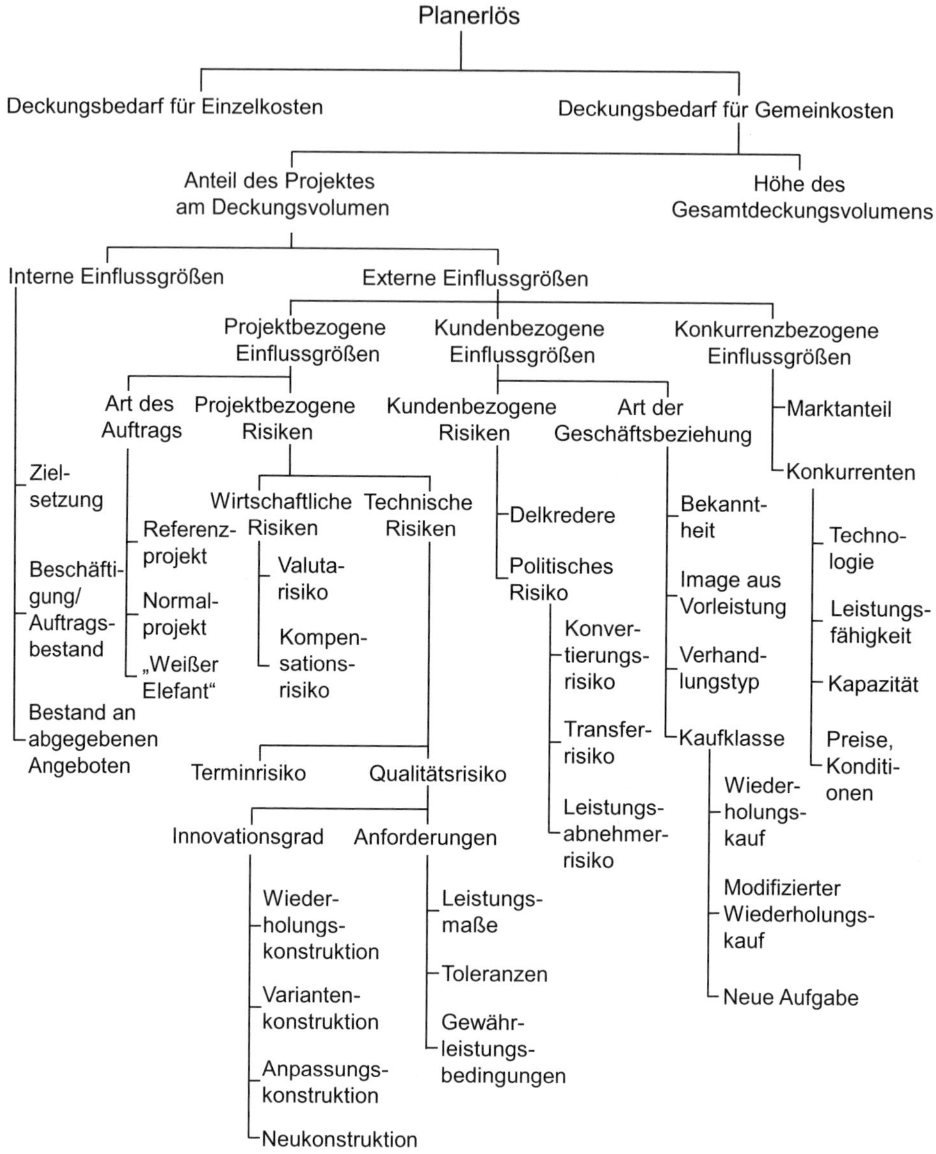

Abb. 3.5 Einflussgrößen des Deckungsbedarfs für Gemeinkosten

Vorkalkulation der Einkaufswerte in einer Größenordnung von 4–5 % das Stammkapital des Berichtsunternehmens überschreiten“ (Feuerbaum und Witte 1977, S. 156).

Angesichts solcher **Planungsrisiken** müsste eigentlich ein äußerst gründliches und umfassendes Planungsverhalten und die Analyse möglicher Risiken die Folge sein. Zahlreiche Modelle und Leitlinien wurden entwickelt, um im Projekt selbst und im Projektumfeld

Risiken zu identifizieren. Dazu gehören u. a. Risiken im Bereich von Konstruktion, Beschaffung, Arbeitsvorbereitung, Fertigung und Montage, Logistik und Gemeinkosten aber auch sozio-ökonomische und politische Risiken (Yosha 2012; Rimpau 2011; Bhattacharyya und Dey 2007; Floricel und Miller 2001; Dey et al. 1994). Eine so gründliche Planung und Risikobewertung ist allerdings nur sehr begrenzt möglich, weil die Abgabe von Angeboten nur in einem geringen Ausmaß zu Aufträgen führt. In empirischen Untersuchungen werden Quoten von weniger als 5 % bis zu weniger als 10 % genannt (Oo et al. 2012, S. 31; Krause et al. 2005, S. 10; Feuerbaum 1979, S. 12; Eversheim et al. 1977, S. 8; Opitz et al. 1971, S. 8). Bei gleichzeitiger absoluter Zunahme der Zahl der Angebote – bedingt durch weltweiten Wettbewerb der Anlagenanbieter – liegt in der geringen Auftragsumwandlungsrate ein zusätzlicher Kostenfaktor, da die Angebote nicht entgolten werden und bis zu 25 % des gesamten Projektaufwands darstellen können (Weiber und Kleinaltenkamp 2012, S. 250).

Die Ermittlung des Angebotspreises stellt sich mithin als ein extrem komplexes Problem der **Informationsverarbeitung** dar, das gekennzeichnet ist durch

- eine Vielzahl von heterogenen Einflussgrößen, über deren Wirkungsweise unzureichende Kenntnisse bestehen,
- hohe Kosten der Planung, verbunden mit eingeschränkter Auftragserlangungswahrscheinlichkeit und
- hohe Risiken der Fehlplanung im Falle der Auftragserteilung.

Das ökonomische Problem der Preisplanung in der Angebotsphase ist es, einen Planpreis zu ermitteln, der unter diesen Gegebenheiten die unternehmerische Zielsetzung in dieser Phase erfüllt. Das bedeutet, es muss ein Planpreis gebildet werden, der so hoch ist, dass er mit genügend großer Wahrscheinlichkeit die Projekteinzelkosten deckt und darüber hinaus einen als akzeptabel angesehenen Beitrag zur Deckung der Projektgemeinkosten und des Periodenergebnisses leistet. Dabei darf er nicht so hoch sein, dass das Angebot von vornherein vom anfragenden Kunden ausgesondert wird. Die Fragestellung findet also in drei Aufgaben ihren Niederschlag:

1. Es sind rationelle Methoden der Preisplanung zu entwickeln, die eine zuverlässige Schätzung des Deckungsbedarfs für Einzelkosten ermöglichen.
2. Es sind verlässliche Kriterien zur Bestimmung des Deckungsbedarfs für Gemeinkosten zu entwickeln.
3. Es sind Kriterien für Preisobergrenzen zu formulieren.

3.2.1.2 Kostenschätzung (Kilokostenmethode)

Die Kilokostenmethode ist ein Verfahren zur Vorkalkulation der Herstellkosten ähnlicher Erzeugnisse, das auf der Grundannahme beruht, das Gewicht des Produktes (und damit der Materialkostenanteil) sei die durchschlagende **Kosteneinflussgröße**, genauer: es bestehe eine funktionale Beziehung zwischen den Herstellkosten des Produktes und seinem Gewicht. Eine solche Beziehung kann außer zum Gewicht auch zu verschiedenen anderen Kosteneinflussgrößen hergestellt werden, z. B. „Meter Walzstraße“ bei Kaltwalzwerken,

Tab. 3.2 Beispiel für die Kilokostenmethode

Produkt	Datensatz 1		Datensatz 2		Datensatz 3	
	Herstellkosten	kg	Herstellkosten	kg	Herstellkosten	kg
1	100,–	510	80,–	510	90,–	510
2	115,–	620	135,–	620	109,–	620
3	118,–	750	118,–	750	132,–	750
4	129,–	775	139,–	775	136,–	775
5	158,–	866	138,–	866	153,–	866
Summe	620,–	3521	620,–	3521	620,–	3521
k_H/kg	0,176		0,176		0,176	

Tagestonnen-Leistung bei Zementfabriken oder Megawatt bei Kraftwerken. Wir werden hier das Produktgewicht als Kosteneinflussgröße exemplarisch darstellen.

Die Kilokosten sind ein Durchschnittswert, der sich aus der Erfahrung mit abgewickelten Aufträgen ergibt:

Kilokostenmethode

$$k_{Hj} = \frac{k_H^* \times x_j}{x^*}$$

wobei

k_{Hj} = Herstellkosten für Produkt j (Vorkalkulation)
x_j = Menge des Materialverbrauchs für Produkt j (in kg)
k_{Hj}^* = durchschnittliche Herstellkosten der bisherigen Produkte (Ist-Kosten)
x^* = durchschnittliches Materialgewicht der bisherigen Produkte

Wird die Kilokostenmethode unreflektiert angewendet, so können sich erhebliche Fehlkalkulationen ergeben. Wir wollen die rechnerische Problematik der Kostenschätzung an einem fiktiven Beispiel demonstrieren, in dem die Kilokosten auf der Basis von fünf Herstellkostenwerten der Vergangenheit ermittelt werden (Plinke und Rese 2006, S. 181 ff.). Zur Verdeutlichung der Problematik werden drei Datensätze nebeneinander gestellt, die jeweils identische kg-Werte, jedoch abweichende Herstellkostenangaben aufweisen. Dennoch kommen alle drei Datensätze zu einem identischen Kilokostenwert: 0,176 €/kg. Was ist ein zuverlässiger Wert, was nicht?

Eine prima-facie-Antwort auf diese Frage gibt ein Plot der drei Datensätze (vgl. Abb. 3.6; Tab. 3.2). Offenkundig ist die Dichte des Zusammenhanges zwischen den drei Datensätzen unterschiedlich ausgeprägt: Während der dritte Datensatz nahezu auf einer Geraden liegt, streut der zweite extrem und der erste Datensatz mäßig.

Die Zuverlässigkeit des Kilokostensatzes als Kalkulationsgrundlage hängt nun entscheidend davon ab, wie dicht sich der Zusammenhang zwischen Herstellkosten und Gewicht

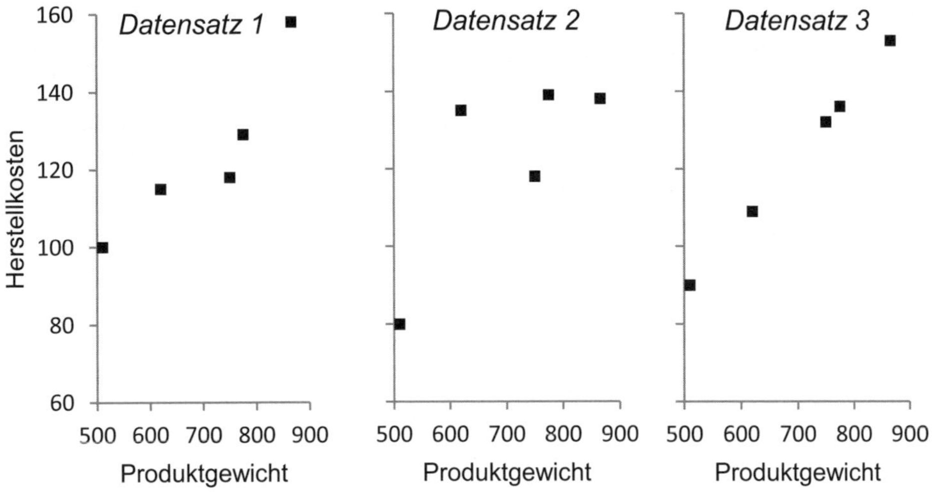

Abb. 3.6 Zusammenhang von Herstellkosten und Produktgewicht

der Produkte in der Vergangenheit dargestellt hat. Die Kilokostenmethode kann darüber keine Aussage machen, deshalb sind weiterführende Überlegungen vonnöten.

Die Methode zur Prüfung des Zusammenhanges zwischen den Herstellkosten und dem Gewicht eines Produktes ist die **einfache lineare Regressionsanalyse**. Sie ist ein mathematisch-statistisches Verfahren zur Schätzung einer linearen Funktion auf der Grundlage empirischer Werte der untersuchten Variablen.

Im Falle der Kilokostenmethode ist die abhängige Variable der Betrag der Herstellkosten, die unabhängige Variable das Produktgewicht. Gesucht ist eine allgemeine Beziehung vom Typ

$$y = a + b \cdot x$$

d. h.

$$\text{Herstellkosten}_j = a + b \cdot \text{Gewicht}_j \ .$$

Die Herstellkosten des Produkts j werden interpretiert als lineare Funktion seines Gewichts. Zur Vorkalkulation der Herstellkosten ist das Gewicht bekannt. Die Höhe der Herstellkosten y_j ergibt sich aus den beiden Parametern a und b der Kostenfunktion.

Die Bestimmung dieser Parameter erfolgt aufgrund der **Methode der kleinsten Quadrate** (vgl. auch Backhaus et al. 2011, S. 67). Sie führt zu folgenden Definitionen für die Parameter a und b.

Tab. 3.3 Ermittlung der Regressionsgleichung: Aufbereitung der Daten aus den Beobachtungen

Beobachtungswert i	Herstellkosten y	kg x	$x \cdot y$	x^2
1	100,–	510	51.000	260.100
2	115,–	620	73.300	384.400
3	118,–	750	88.500	562.500
4	129,–	775	99.975	600.625
5	158,–	866	136.828	749.956
Summe	620,–	3521	447.603	2.557.581
Mittelwerte	124,–	704		

$b = \frac{5 \cdot 447.603 - 3521 \cdot 620}{5 \cdot 2.557.581 - 3521^2} = 0{,}1408453$

$a = 124 - 0{,}1408453 \cdot 704{,}20 = 24{,}816774$

Definition 1: Regressionsgleichung

$$b = \frac{n\left(\sum_{i=1}^{n} x_i \cdot y_i\right) - \left(\sum_{i=1}^{n} x_i\right) \cdot \left(\sum_{i=1}^{n} y_i\right)}{n\left(\sum_{i=1}^{n} x_i^2\right) - \left(\sum_{i=1}^{n} x_i\right)^2}, \quad a = \overline{y} - b\overline{x}$$

wobei

a = konstantes Glied
b = Regressionskoeffizient
n = Zahl der Beobachtungen
x_i = Gewicht des Produktes i
y_i = Herstellkosten des Produktes i
$\overline{x}, \overline{y}$ = Mittelwerte

Die Ermittlung der Kostenfunktion wird beispielhaft am Datensatz 1 gezeigt. Dazu müssen die Daten zunächst aufbereitet werden. Die Werte können nun unmittelbar in die Definition eingesetzt werden (vgl. Tab. 3.3). Die vollständige Kostenfunktion lautet:

$$\text{Herstellkosten}_j = 24{,}816774 + 0{,}1408453 \cdot \text{Gewicht}_j\ .$$

Die Verwaltungs- und Vertriebsgemeinkosten werden den so ermittelten Herstellkosten als Prozentsatz zugeschlagen.

Die Kernfrage ist nunmehr, wie zuverlässig eine Kostenschätzung auf der Grundlage einer solchen Kilokostenfunktion ist. Die Kennziffer, die etwas über die Zuverlässigkeit der Schätzung aussagt, ist das **Bestimmtheitsmaß**.

Tab. 3.4 Ermittlung des Bestimmtheitsmaßes der Kostenfunktion aus den Beobachtungen

i	y_i	$\widehat{y}_i$	$y_i - \widehat{y}_i$	$(y_i - \widehat{y}_i)^2$	$y_i - \overline{y}$	$(y_i - \overline{y})^2$
1	100	96,65	3,35	11,24	−24,00	576,00
2	115	112,14	2,86	8,17	−9,00	81,00
3	118	130,45	−12,45	155,02	−6,00	36,00
4	129	133,97	−4,97	24,70	5,00	25,00
5	158	146,79	11,21	125,69	34,00	1.156,00
Summe				324,84		1.874,00
Mittelwert	124					
Daraus ergibt sich $r^2 = 1 - \frac{324,84}{1874,00} = 0,82665$						

▸ **Definition 2: Bestimmtheitsmaß der Kostenfunktion**

$$r^2 = 1 - \frac{\sum_{i=1}^{n}(y_i - \widehat{y}_i)^2}{\sum_{i=1}^{n}(y_i - \overline{y})^2}$$

wobei

r^2 = Bestimmtheitsmaß ($0 < r^2 < 1$)
y_i = Beobachtungswert Herstellkosten
$\widehat{y}_i$ = Schätzwert Herstellkosten auf Basis x_i
$\overline{y}$ = Mittelwert von y

Zur Anwendung dieser Definition auf den Beispielsdatensatz 1 müssen wiederum die Daten aufbereitet werden (vgl. Tab. 3.4).

Die Kennziffer bedeutet materiell, dass 82,7 % einer Variation der Herstellkosten auf eine Variation des Materialgewichts zurückzuführen sind – ein Ergebnis, das eine eingeschränkte Schätzgenauigkeit des Kilokostensatzes anzeigt.

Die Kilokostenmethode sollte nur dann angewendet werden, wenn ein sorgfältiger Test der Kostenfunktion durchgeführt worden ist. Der notwendige Umfang an empirischen Kostenaufzeichnungen ist $n \geq 30$ vollständige Datensätze. Vorsicht ist zudem bei stark volatilen Materialpreisen geboten (Abb. 3.7). Sinnvolle Angebote können dann nur vorbehaltlich eines Materialindexes abgegeben werden.

3.2.1.3 Materialkostenmethode

Die Materialkostenmethode ist ein Verfahren der Vorkalkulation der Herstellkosten **ähnlicher Erzeugnisse**, das von einer Relation

Materialkosten : Lohnkosten : Fertigungsgemeinkosten = const.

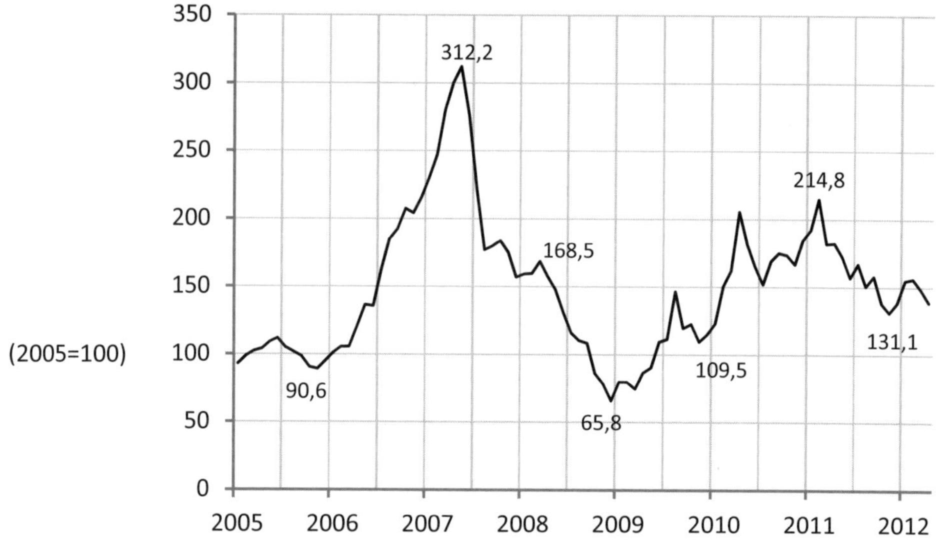

Abb. 3.7 Erzeugerpreisindex für Nickelerzeugnisse (Statistisches Bundesamt 2012)

ausgeht. Kennt man nun diese Kostenrelation aus mehreren abgewickelten Aufträgen, dann lassen sich die gesamten Herstellkosten allein auf der Basis der Materialkosten schätzen (bzw. ebenso gut auf der Basis der geschätzten Lohnkosten). Die Kostenschätzung erfolgt aufgrund folgender Formel:

Definition 3: Materialkostenmethode

$$k_H = \frac{k_m}{m}$$

wobei

k_H = Herstellkosten des Produkts
k_m = geschätzte Materialkosten des Produkts
m = Materialkostenanteil ($0 < m < 1$)

Die Verwaltungs- und Vertriebsgemeinkosten werden den so ermittelten Herstellkosten wiederum als Prozentsatz zugeschlagen.

Die Annahme einer konstanten Kostenstruktur über die Erzeugnisse hinweg ist ebenso problematisch wie die Kilokostenmethode, d. h. sie ist mit Schätzunsicherheiten behaftet, wenn der Zusammenhang nicht empirisch geprüft wird. Methodisch kann dazu auf die Kilokostenmethode verwiesen werden.

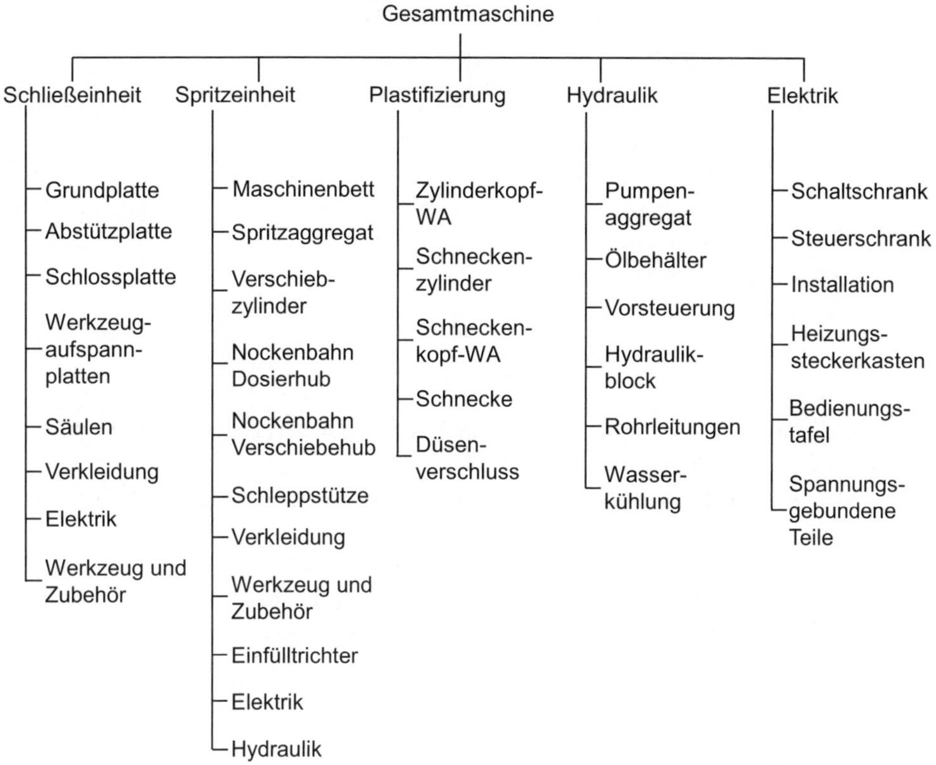

Abb. 3.8 Gliederungsstammbaum einer Kunststoff-Spritzgießmaschine (Eversheim et al. 1977, S. 33)

3.2.1.4 Einflussgrößenrechnung (Kalkulation mit Kostenfunktionen)

Die Vorkalkulation mit mehreren Kosteneinflussgrößen geht davon aus, dass es i. d. R. eine begrenzte Menge von Kosteneinflussgrößen gibt, die die Höhe der Herstellkosten **vergleichbarer** Produkte oder Komponenten bestimmen.

Da bei hoher technischer Komplexität häufig die **Komponenten** gar nicht mehr vergleichbar sind, werden die heterogenen Komponenten zunächst in **Baugruppen** zerlegt. Ein Beispiel zeigt Abb. 3.8.

Auf der Baugruppenebene findet man leichter relativ homogene Elemente, die auf ihre Kosteneinflussgrößen hin untersucht werden. Es wird also je Baugruppe eine Analyse der **möglichen** Kosteneinflussgrößen durchgeführt (z. B. Gewicht, Abmessungen, Leistungswerte, Bearbeitungsverfahren etc.), und dies wiederum auf der Basis empirischer Aufzeichnungen (vgl. Tab. 3.5).

Es wird deutlich, dass diese Vorgehensweise lediglich eine Erweiterung der Kilokostenmethode ist, die oben dargestellt worden ist. Der Unterschied ist,

Tab. 3.5 Datensammelblatt zur Ermittlung von Kostenfunktionen

	Baugruppe *j*							
Beobachtung	Herstellkosten	Gewicht	Volumen	Leistungswert	…	…	…	→
1								
2								
3								
4								
5								
6								
Σ								

- dass nicht das Endprodukt (die Komponente), sondern Baugruppen auf ihre Kosteneinflussgrößen hin analysiert werden, und
- dass nicht eine unabhängige Variable (Kosteneinflussgröße), nämlich das Gewicht, sondern mehrere Kosteneinflussgrößen berücksichtigt werden.

Um eine Kostenfunktion für eine Baugruppe zu entwickeln, müssen zunächst möglichst viele potentielle Kosteneinflussgrößen in die Untersuchung einbezogen werden. Die **multiple Regressionsanalyse** schafft dann die Klärung darüber, welche Größen tatsächlich einen signifikanten Einfluss auf die Höhe der Herstellkosten haben (vgl. auch Backhaus et al. 2011, S. 69).

Abbildung 3.9 zeigt schematisch den Ablauf der Kalkulation mit Kostenfunktionen.

Die Kostenfunktion einer **Baugruppe** hat dann die Form:

$$\text{Herstellkosten Baugruppe } j = a + b_1x_1 + b_2x_2 + \ldots + b_ix_i + \ldots + b_nx_n$$

wobei

a = konstantes Glied
b_i = Regressionskoeffizient der Kosteneinflussgröße i
x_i = Kosteneinflussgröße i

Wenn für jede Baugruppe eine Kostenfunktion gegeben ist, dann benötigt man für die Vorkalkulation lediglich die Benennung der erforderlichen Baugruppen sowie deren Abmessungen, um die Herstellkosten schätzen zu können.

Die Verwaltungs- und Vertriebsgemeinkosten werden den so ermittelten Herstellkosten wiederum als Prozentsatz zugeschlagen.

Die **Anwendungsgrenzen** des Verfahrens sollen noch einmal hervorgehoben werden.

1. Die Analyse muss sich auf ähnliche Produkte beziehen. Dazu ist es i. d. R. erforderlich, eine systematische Produktgliederung vorzunehmen, damit relativ ähnliche Baugruppen isoliert werden können.

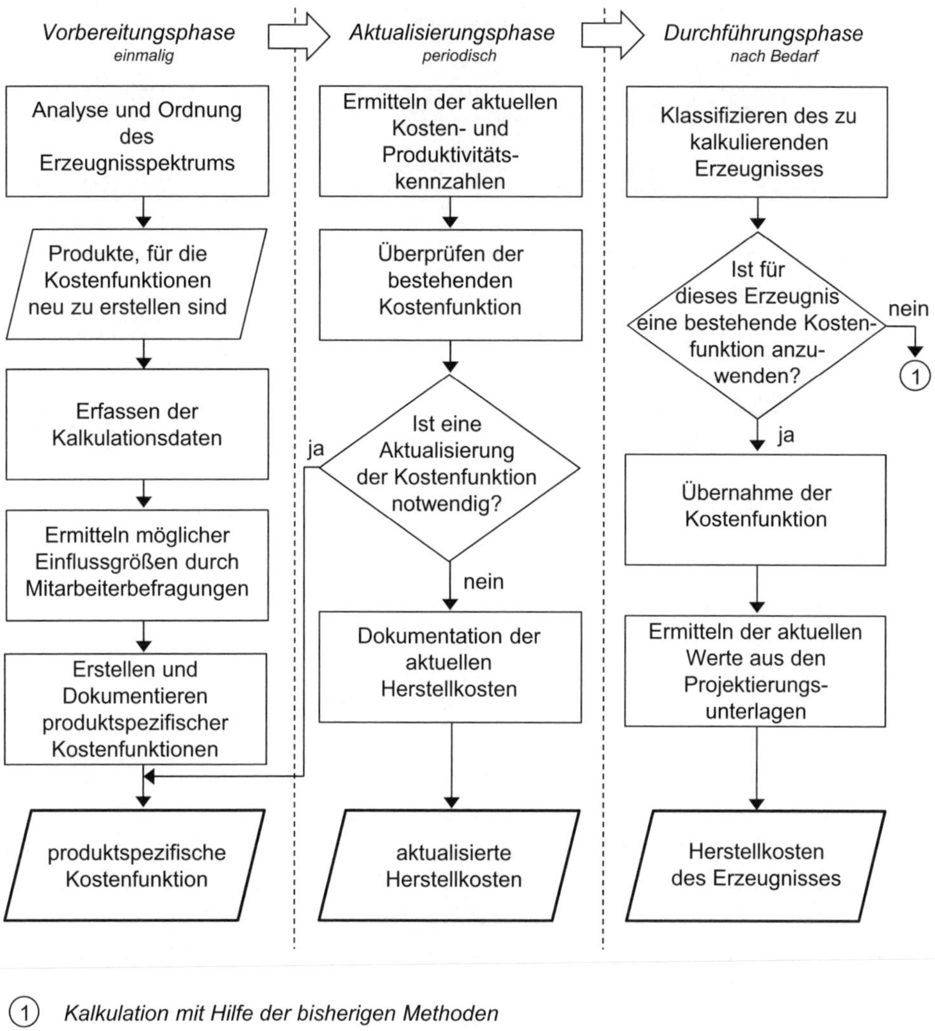

Abb. 3.9 Ermittlung einer multivariaten Kostenfunktion (Eversheim et al. 1977, S. 73)

2. Es müssen Kenntnisse über Kosteneinflussgrößen gegeben sein.
3. Es müssen umfangreiche empirische Aufzeichnungen über die Herstellkosten und die Ausprägungen der Kosteneinflussgrößen gegeben sein.
4. Der Zusammenhang zwischen Herstellkosten und Kosteneinflussgrößen muss linear sein.
5. Das Verfahren macht keine Aussagen über die Kalkulation von Verwaltungs- und Vertriebskosten.

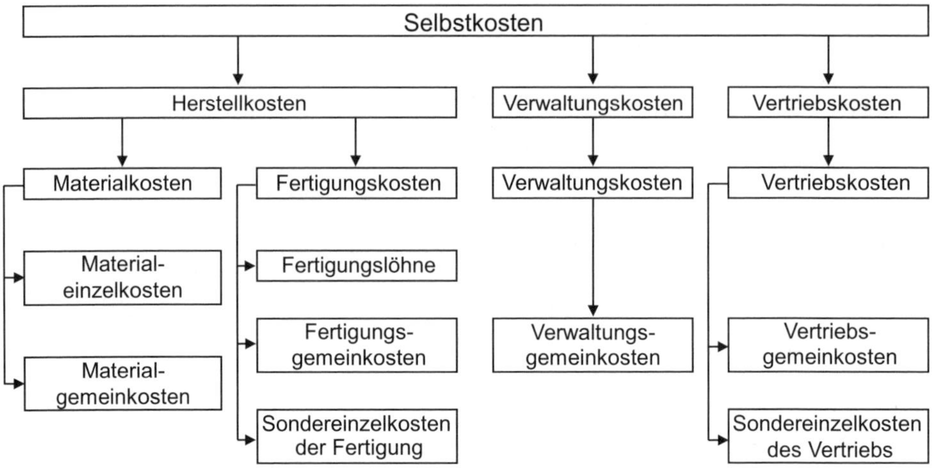

Abb. 3.10 Struktur der Selbstkosten bei differenzierender Zuschlagskalkulation

3.2.1.5 Detailkalkulation

Die Detailkalkulation geht entweder von vorhandenen Nachkalkulationen ähnlicher Erzeugnisse aus und passt die einzelnen Positionen der Kalkulation an die veränderte Angebotssituation an oder sie führt eine **vollständige Neukalkulation** durch. Der Umfang der Kalkulationsbemühungen ist in letzterem Fall extrem hoch. Die größten Schwierigkeiten macht dabei die Planung des Mengengerüsts der Einzelkosten des Produkts, da die Konstruktion in der Angebotsphase noch nicht endgültig feststeht.

Die Detailkalkulation stellt eine differenzierende **Zuschlagskalkulation** dar (vgl. auch Plinke und Rese 2006, S. 122 ff.; Plötner et al. 2010, S. 130 ff.). Das Grundprinzip der Zuschlagskalkulation ist die Trennung der primären Gesamtkosten des Betriebes in Einzelkosten und Gemeinkosten, hier in Projekteinzelkosten und Projektgemeinkosten. Die differenzierende Zuschlagskalkulation rechnet ausnahmslos die Einzelkosten jedem Projekt direkt zu, worin keine Kostenrechnungs-, sondern allenfalls eine Kostenerfassungsproblematik steckt (Dokumentation von Höhe und zeitlichem Anfall der Einzelkosten). Die Kernfrage der Zuschlagskalkulation ist die Aufteilung der Gemeinkosten auf die Projekte. Diese erfolgt durch einen **Zuschlag** auf die Einzelkosten. Der Zuschlag soll so bemessen sein, dass er nach Möglichkeit die Inanspruchnahme der betrieblichen Ressourcen durch das Projekt angemessen abbildet.

Die differenzierende Zuschlagskalkulation verrechnet die Gemeinkosten nicht in einem pauschalen Zuschlagssatz auf das Projekt, sondern sie gliedert die Gemeinkosten nach ihren Entstehungsbereichen auf und bildet je Entstehungsbereich einen oder mehrere Zuschlagssätze. Das Zahlenmaterial für die Bildung von Zuschlagssätzen liefert die **Kostenstellenrechnung** (**Betriebsabrechnungsbogen**). Je Endkostenstelle des Betriebsabrechnungsbogens wird ein Zuschlagssatz gebildet, d. h. jede Endkostenstelle verrechnet individuell ihre Gemeinkosten auf den Kostenträger. Die Zuschlagskalkulation benutzt

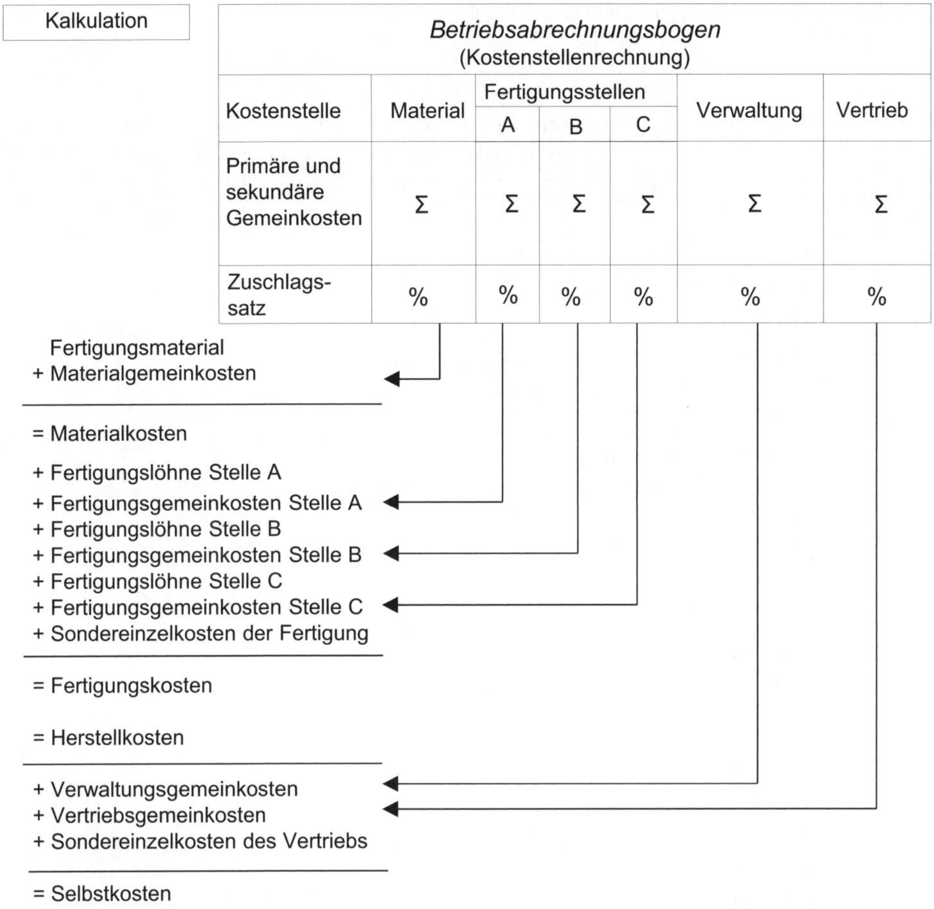

Abb. 3.11 Zusammenhang von Betriebsabrechnung und Kalkulation (Plinke und Rese 2006, S. 125)

ein nach betrieblichen Funktionsbereichen differenziertes Kalkulationsschema, dessen Grundstruktur Abb. 3.10 wiedergibt.

Die Zuschlagssätze werden je Endkostenstelle nach demselben Prinzip gebildet: Die Zuschlagsbasis stellt die Verteilungsgrundlage für die Gemeinkosten dar. Je mehr von der Zuschlagsbasis (z. B. Einzelkosten) beim Projekt gegeben sind, desto höher ist die anteilige Zurechnung von Gemeinkosten. Abbildung 3.11 zeigt den Zusammenhang zwischen Betriebsabrechnungsbogen und Zuschlagskalkulation. Ein praxisnahes Schema einer Detailkalkulation zeigt Tab. 3.6.

3.2.1.6 Vergleich der Kalkulationsmethoden

Die einzelnen Kalkulationsmethoden versprechen unterschiedlich genaue und zuverlässige Ergebnisse. Die Zuverlässigkeit des Kalkulationsergebnisses steht darüber hinaus in

Tab. 3.6 Beispiel für differenzierende Zuschlagskalkulation

				Auftrags-Nr.			
				Datum			
Zeilen-Nr.	Kalkulationsposten	Kalkulationsgrundlagen	Kalkulationsstruktur	Vorkalkulation	Nachkalkulation	Abweichungen	Bemerkungen
A	b	c	d	e	f	g	h
1	Rohstoffe						
2	Kleinteile (mittelbare Fertigungsstoffe)						
3	Fertigteile						
4	Bezogene größere Gegenstände						
5	Auswärtige Bearbeitung						
6	Materialgemeinkosten (MGK)						
7	./. Reststoffgutschriften (Schrott)						
8	Materialkosten	(1–7)					
9	Fertigungslöhne, mechanische Bearbeitung						
10	Fertigungsgemeinkosten (FGK), mechanische Bearbeitung						
11	a) Maschinenkosten						
12	b) Restgemeinkosten						
13	Fertigungslöhne, Handarbeit						
14	Fertigungsgemeinkosten (FGK), Handarbeit						
15	Sonstige Bearbeitung						
16	Fertigungskosten	(9–16)					
17	Modelle, Vorrichtungen, Sonderwerkzeuge						
18	Kalk. Fertigungswagnisse (Ausschuss + Nacharbeit)						
19	Sonderkosten der Fertigung	(18 + 19)					
20	Herstellkosten A	(8 + 17 + 20)					
21	Forschungs-, Entwicklungs- und Konstruktionskosten						
22	Außenmontagen						
23	Herstellkosten B	(21–23)					

				Auftrags-Nr.			
				Datum			
Zeilen-Nr.	Kalkulationsposten	Kalkulations-grundlagen	Kalku-lations-struktur	Vor-kalku-lation	Nach-kalku-lation	Abwei-chun-gen	Bemer-kungen
A	b	c	d	e	f	g	h
24	Verwaltungsgemein-kosten (VwGK)						
25	Vertriebsgemeinkosten (VtGK)						
26	Selbstkosten A	(24–26)					
27	Provisionen, Lizenzen						
28	Frachten, Transport, Verpackung						
29	Sonstige						
30	Sonderkosten des Vertriebs	(28–30)					
31	Wagniskosten des Vertriebs						
32	Selbstkosten B	(27 + 31 + 32)	100 %				
33	Gewinn/Verlust						
34	Verkaufspreis (netto)/Erlös						

einem Zusammenhang mit der Intensität der Kalkulationsbemühungen. Abbildung 3.12 stellt schematisch den tendenziellen Zusammenhang dar.

3.2.2 Preisobergrenze

3.2.2.1 Vom Kalkulationsergebnis zum Angebotspreis

Der Planpreis, der sich aus der Kalkulation ergibt, ist aufgrund standardisierter Prozeduren – evtl. sogar weitgehend maschinell – erstellt. Damit kann er nur eine erste Annäherung an einen Angebotspreis sein, denn es ist unumgänglich, die vorhandenen Informationen und Einschätzungen über die Marktlage wenigstens vorsichtig in das Angebot einfließen zu lassen. Das Kernproblem einer Angebotspreisfindung im Anlagengeschäft besteht ja darin, sich von internen Gegebenheiten an externe Verhältnisse „heranzuarbeiten". Der aus der Kalkulation abgeleitete Wert muss also an die (subjektiv eingeschätzten) **Marktverhältnisse** angepasst werden.

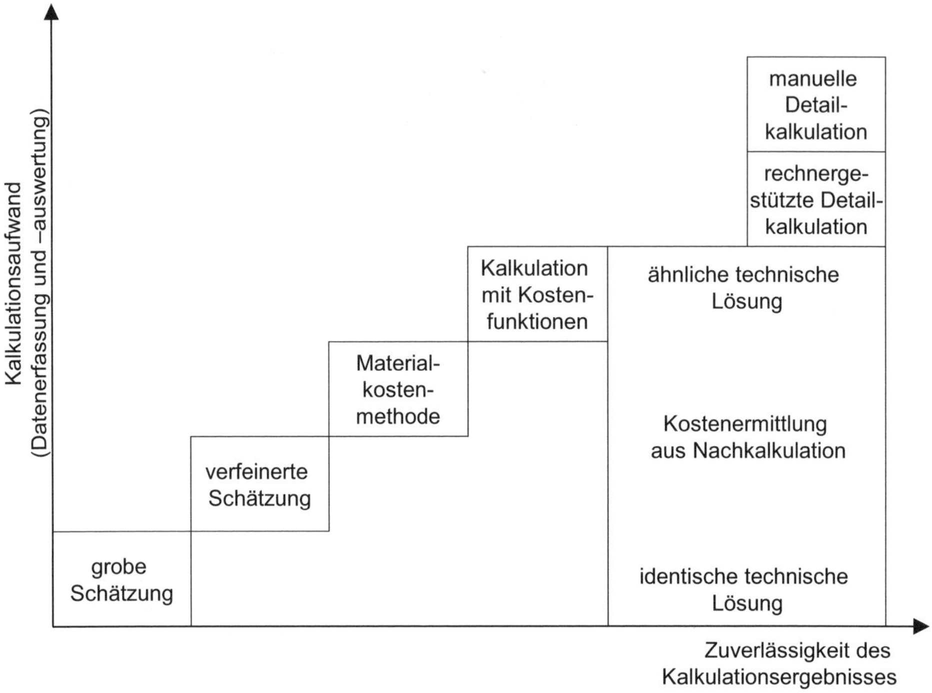

Abb. 3.12 Zusammenhang zwischen dem Kalkulationsaufwand und der Zuverlässigkeit des Kalkulationsergebnisses (Verein Deutscher Ingenieure 1983, S. 221)

Dieses vollzieht sich vornehmlich in der Verhandlungsphase. Aber auch bei Projekten, die Verhandlungen einschließen, ist bereits in der Angebotsphase eine Analyse der Marktsituation und ihre Berücksichtigung in der Festlegung der Preisforderung unumgänglich, und zwar aus mehreren Gründen:

1. Bei einer längerfristigen Bindung an das Angebot bzw. bei langen, oft mehrjährigen Abwicklungsfristen, ist die Einbeziehung von Kostensteigerungen in den Angebotspreis unbedingt erforderlich (z. B. **Festpreiszuschlag oder Preisgleitklausel**)
2. Der **Gewinnzuschlag** wird in einer ersten Rechnung häufig – angesichts fehlender Möglichkeit der Markteinschätzug – mit einem Standardprozentsatz eingesetzt. Gerade bei diesem Bestandteil des Angebotspreises besteht jedoch große Flexibilität nach oben und nach unten, je nachdem, wie die Marktsituation eingeschätzt wird. Eine allzu großzügige Bemessung des Gewinnzuschlags im Hinblick auf erwartete notwendige Verhandlungszugeständnisse kann sich jedoch auch als gefährlich erweisen. Zum einen kann es passieren, dass das anbietende Unternehmen aufgrund der Höhe des Angebotspreises gar nicht erst zu Verhandlungen eingeladen wird. Eine Auswertung von Bauprojekten im Schienenverkehr ($n = 200$ Submissionen im Jahr 2011 und 2012) zeigt, dass

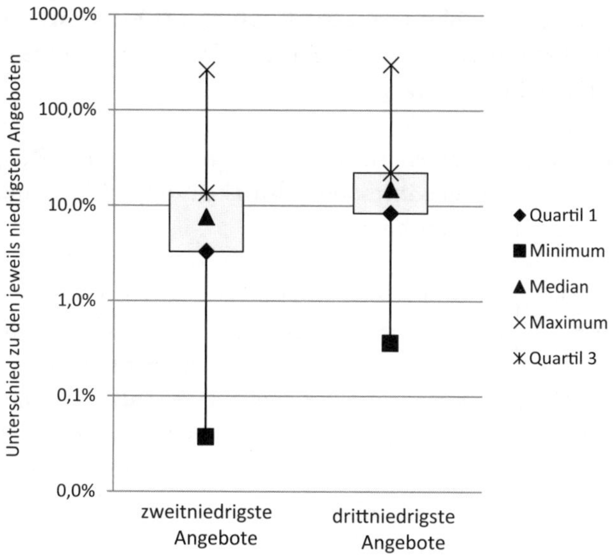

Abb. 3.13 Abweichungen zwischen den Preisforderungen mehrerer Anbieter

durchschnittliche Abweichungen von über 50 % zwischen den Preisforderungen der Anbieter auftreten. In jedem zehnten Bauprojekt ergeben sich sogar Abweichungen von über 100 % und das bei absoluten Größenordnungen, die mitunter in einem Bereich von € 10^6 liegen. Zu ähnlichen Ergebnissen für Bauprojekte in der Energiewirtschaft gelangen auch Opitz et al. (1971, S. 16 f.). Abbildung 3.13 zeigt die Verteilung der abgegebenen Angebote im Vergleich zum niedrigsten Angebot. Zum anderen kann der Anbieter nicht ohne weiteres davon ausgehen, dass Zugeständnisse im Verhandlungsprozess vom Nachfrager immer positiv bewertet werden. Der Anbieter kann leicht in ein Licht geraten, das ihn als unseriös erscheinen lässt, wenn er zu hohe Verhandlungsmargen in die Preisforderung seines Angebotes einrechnet. Der Angebotspreis muss also auch bei Aussicht auf Verhandlungen eine marktgerechte Größenordnung annehmen. Was dann im Einzelfall als „marktgerecht" anzusehen ist, hängt auch mit dem jeweiligen Kunden und seinem kulturellen Umfeld zusammen.

3. Eine **methodisch** korrekte Bestimmung des Gewinnzuschlages kann sich – bei gegebenen Informationsmöglichkeiten – allein aus einer Analyse der Preisobergrenze des Kunden ergeben. Wir werden darauf im nachfolgenden Abschnitt über die ökonomische Analyse des Kundenvorteils und über Competitive Bidding zurückkommen.
4. Ein negativer Gewinnzuschlag – eine Unterschreitung des Kalkulationsergebnisses – kann auch aus absatzpolitischen Gesichtspunkten begründet werden. Dieses ist im nachfolgenden Abschnitt über Preisuntergrenzen zu behandeln.

3.2.2.2 Die ökonomische Analyse des Kundenvorteils

Die **Preisobergrenze** des Kunden liegt bei derjenigen Preishöhe, die es für den Nachfrager ökonomisch gleichwertig macht,

- zu einem anderen Anbieter einer vergleichbaren Leistung zu wechseln oder
- auf die geplante Investition überhaupt zu verzichten und andere Kapitalverwendungen in Aussicht zu nehmen.

Die Preisobergrenze wird also von Nutzenvorstellungen bzw. Rentabilitätserwartungen des Kunden gesteuert. Zentraler Ansatzpunkt für eine Beeinflussung aus der Sicht des Lieferanten muss es also sein, die Nutzenvorstellungen bzw. Rentabilitätserwartungen des Kunden im Sinne des Lieferanten zu beeinflussen. Dies setzt zunächst eine klare Vorstellung des Lieferanten über das voraus, was der Kunde konkret mit der Anlage zu tun beabsichtigt, d. h. welche Mengen er produzieren, welche Intensitäten er fahren will und welche zeitliche Auslastung die Anlage haben wird. Das **Nutzungskonzept** der Anlage lässt sich durch technische Gespräche ermitteln.

In einem zweiten Schritt ist zu veranschlagen, welche Betriebskosten der Nachfrager bei seinem Nutzungskonzept mutmaßlich haben wird. Im ersten Abschnitt dieses Kapitels haben wir herausgestellt, dass es die gesamten finanziellen Belastungen des Kunden sind, die er zum erwarteten Nutzen der Anlage in Beziehung bringt, um seine Auftragsvergabeentscheidung zu fundieren. Deshalb kann für den Lieferanten ein Weg zu einer Einschätzung der Preisobergrenze des Kunden darin gefunden werden, die Wirtschaftlichkeitsrechnung des Kunden möglichst objektiv nachzuvollziehen bzw. (sofern der Kunde das zulässt) sie mit ihm gemeinsam durchzuführen.

Der **Kapitalwert** einer Investition ist aus der Sicht des Nachfragers definiert als

$$C_0 = -A_0 + \sum_{t=1}^{n}(E_t - A_t) \cdot (1+q)^{-t} \,,$$

in Worten: Der Kapitalwert C_0 im Zeitpunkt 0 (Vertragszeitpunkt) ist gleich der Differenz der über alle Perioden t (von 1 bis n) der Nutzungszeit der Anlage abgezinsten periodischen Einzahlungsüberschüsse $(E_t - A_t)$ und der Anfangsauszahlung A_0, die für den Kaufpreis steht (dabei kann im realen Fall die Zahlungsreihe durchaus differenzierter dargestellt werden, am Prinzip ändert das nichts). Der Kalkulationszinssatz q drückt den Anspruch des Investors an die Verzinsung der Investition aus und wird aus alternativen Anlagemöglichkeiten abgeleitet.

Nimmt man zunächst an, dass der Anbieter keinen Konkurrenten hat – der Nachfrager also nur entscheidet, ob er mit diesem Anbieter die Investition durchführt oder gar nicht – dann ist die Preisobergrenze des Nachfragers dort erreicht, wo der Kapitalwert null ist, d. h. die abgezinsten periodischen Einzahlungsüberschüsse gerade den Anschaffungspreis aufwiegen. Die Investition verzinst sich dann exakt in Höhe des Kalkulationszinssatzes q. Kann nun der **Anbieter** diesen Zinssatz sowie die periodischen Ein- und Auszahlungen realistisch schätzen, dann kann er auch die Preisobergrenze schätzen, also den Preis, bei dem der Nachfrager eine Alternativinvestition zum Zinssatz q (q = Prozent/100) als gleich vorziehenswürdig einschätzt.

$$0 = -A_0 + \sum_{t=1}^{n}(E_t - A_t) \cdot (1+q)^{-t}$$

$$P_{\max} = \sum_{t=1}^{n}(E_t - A_t) \cdot (1+q)^{-t} .$$

Kommt die Konkurrenzsituation unter den Anbietern in die Betrachtung hinein, dann ist die theoretische Preisobergrenze durch den Abstand zum jeweils stärksten Konkurrenten bestimmt. Es sei P^{A} der Preis des betrachteten Anbieters und P^{K} der des Konkurrenten. Es seien E^{A} und A^{A} die periodischen Zahlungsströme der Anlage des betrachteten Anbieters und entsprechend E^{K} und A^{K} die Zahlungsströme der Anlage des Konkurrenten. Dann ist die Vorteilhaftigkeit der Anlage des betrachteten Anbieters gegenüber der des Wettbewerbers wie folgt definiert:

$$C_0^{\mathrm{A}} - C_0^{\mathrm{K}} = -\left(P^{\mathrm{A}} - P^{\mathrm{K}}\right) + \sum_{t=1}^{n}\left[\left(E_t^{\mathrm{A}} - E_t^{\mathrm{K}}\right) - \left(A_t^{\mathrm{A}} - A_t^{\mathrm{K}}\right)\right] \cdot (1+q)^{-t} .$$

Indem man die **Kapitalwertdifferenz** gleich null setzt und die Gleichung nach P^{A} auflöst, erhält man den Preis, bei dem der Nachfrager beide Konkurrenten als ökonomisch gleichwertig betrachtet.

$$0 = P^{\mathrm{K}} - P^{A} + \sum_{t=1}^{n}\left[\left(E_t^{\mathrm{A}} - A_t^{\mathrm{A}}\right) - \left(E_t^{\mathrm{K}} - A_t^{\mathrm{K}}\right)\right] \cdot (1+q)^{-t}$$

$$P_{\max}^{\mathrm{A}} = P^{\mathrm{K}} + \sum_{t=1}^{n}\left(E\ddot{U}_t^{\mathrm{A}} - E\ddot{U}_t^{\mathrm{K}}\right)\ (1+q)^{-t} ,$$

in Worten: Der betrachtete Anbieter kann sich um die Differenz der Summe der abgezinsten Einzahlungsüberschüsse (**Überlegenheitsprämie**) im Preis von dem betrachteten Konkurrenten absetzen.

Häufig werden für eine Investition keine Einzahlungsreihen ermittelbar sein. In diesen Fällen bietet sich ein Vergleich der Auszahlungsbelastungen über die Nutzungsdauer hinweg an (Oxenfeldt 1966, 1977, 1979; Backhaus und Voeth 2010, S. 365):

$$C_0^{\mathrm{K}} - C_0^{\mathrm{A}} = \left(P_0^{\mathrm{K}} - P_0^{\mathrm{A}}\right) + \sum_{t=1}^{n}\left(A_t^{\mathrm{K}} - A_t^{\mathrm{A}}\right) \cdot (1+q)^{-t}$$

$$P_{\max}^{\mathrm{A}} = P_0^{\mathrm{K}} + \sum_{t=1}^{n}\left(A_t^{\mathrm{K}} - A_t^{\mathrm{A}}\right)\ (1+q)^{-t} .$$

In Worten: Der Anbieter kann sich um die Summe der Barwerte der Betriebskostenvorteile vom Konkurrenten im Preis absetzen.

Diese rechnerische Analyse verdeutlicht zunächst allein das Prinzip. Im realen Fall werden erhebliche Informationsprobleme auftauchen (Preise der Konkurrenten, Betriebskosten, Einzahlungsreihen etc.). Dies sollte jedoch nicht den Blick darauf verstellen, dass die Preisobergrenze **im Prinzip** existiert und dass der Anbieter sich preispolitisch ihr zu nähern versuchen und mit anderen Mitteln als der Preispolitik diese zu verändern suchen sollte, um sich im Wettbewerb zu behaupten.

3.2.2.3 Competitive Bidding

Die Unsicherheit des Anbieters über das Vergabeverhalten des Nachfragers (d. h. seine Präferenzen) sowie über das Verhalten der Konkurrenten ist in bestimmten Situationen der Preisplanung von überragendem Einfluss auf die Entscheidung. Solche Situationen sind z. B. bei **Submissionen** gegeben. Hierbei geht es für das anbietende Unternehmen darum, die konkurrierenden Anbieter im Rahmen der Competitive Bidding preislich zu unterbieten. Das Unternehmen, das dem Nachfrager das günstigste Angebot unterbreitet, erhält den Zuschlag (Homburg 2012, S. 735). Ein solches Bieterverfahren stellt somit das Spiegelbild einer Auktion dar, so dass man auch von *reverse auction* spricht (Alznauer und Krafft 2004, S. 1059). Der Anbieter kennt i. d. R. die Angebote des Wettbewerbs nicht und darf bei seinem Angebot nur ein „letztes Wort" sprechen, bevor der Nachfrager eine Vergabeentscheidung trifft.

Eine gedankliche Strukturierung einer solchen Angebots- bzw. Verhandlungssituation ist nicht leicht, vor allem sind bewährte, praktikable Methoden der Preisplanung für diesen Zweck noch nicht zur Hand. Es ist jedoch hilfreich, die Entscheidungssituation systematisch in ihre Komponenten zu zerlegen, um daraus Nutzen für Preisentscheidungen in schwierigen „*show-down*"-Situationen zu ziehen. Dazu ziehen wir das Modell von **Edelman** heran (Edelman 1965). Dieses Modell versucht, die optimale Preisentscheidung eines Anbieters in einer Submission zu simulieren, in der nur ein Konkurrent (der „gefährlichste") in die Analyse einbezogen wird. Sind in der Realität der „gefährlichste" und die meisten anderen Konkurrenten unbekannt, bezieht man einen „durchschnittlichen" Mitbieter in die Analyse ein (Alznauer und Krafft 2004, S. 1066 f.).

Das Modell geht von vier Schätzwerten aus (**Punktschätzungen**). Ausgangspunkt ist das Vergabeverhalten des Kunden. Aus seiner Sicht gibt es einen Abstand zum Konkurrenzpreis, bei dem mit Sicherheit der Auftrag an den Konkurrenten geht (3) und ebenso einen solchen, bei dem mit Sicherheit der Auftrag erhalten wird (4). Dateninput des Modells ist also der obere und untere **Grenzpreis**. Weiterhin benötigt das Modell eine Angabe über die Auftragswahrscheinlichkeit bei Preisgleichheit, das ist die **Kundenpräferenz** (1) und eine Angabe darüber, wie sich die Auftragswahrscheinlichkeit ändert bei einem geringfügigen Abweichen von der Preisgleichheit nach oben und unten, das ist die **Preisempfindlichkeit** (2). Aufgrund dieses Dateninputs kann das Modell eine **Preis-Zuschlags-Funktion** schätzen. Abbildung 3.14 zeigt diese Funktion und die vier Schätzpunkte.

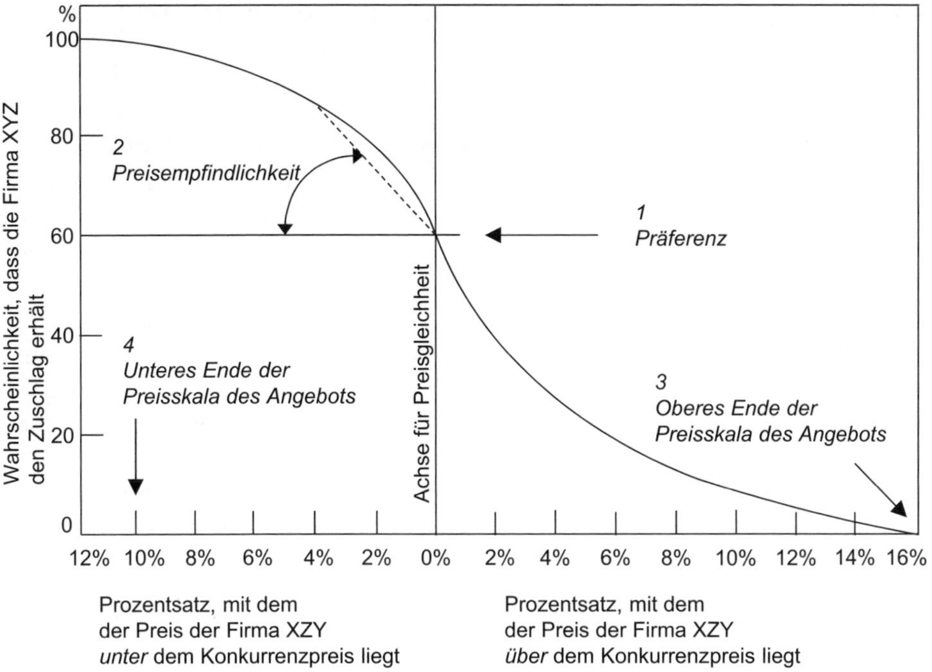

Abb. 3.14 Preis-Zuschlags-Funktion (Edelmann 1965, S. 105)

Ein weiterer Dateninput ist eine Schätzung über die mögliche Bandbreite der Konkurrenzpreise mit subjektiven Eintrittswahrscheinlichkeiten. Die Schätzungen können umso genauer vorgenommen werden, je besser der Anbieter sein Marktumfeld, den Abnehmer und die Wettbewerber kennt. Vor allem müssen Informationen über die Kostensituation und Geschäftspolitik der um den Auftrag konkurrierenden Unternehmen Beachtung finden. Hierbei bietet es sich an, Erfahrungen über das Verhalten von Konkurrenten aus früheren Ausschreibungen in die Schätzungen einfließen zu lassen. Persönliche Präferenzen des Abnehmers und die relative geographische Lage des Anbieterstandorts müssen ebenso berücksichtigt werden (Kuß 1977, S. 68).

Auf der Grundlage dieses Dateninputs über die Konkurrenzsituation kann das Modell nun zunächst für jede denkbare Kombination eigener Preis/Konkurrenzpreis eine Zuschlagswahrscheinlichkeit angeben. Für einen bestimmten eigenen Preis ist dann die Zuschlagswahrscheinlichkeit p^* durch die Summe aller paarweisen Zuschlagswahrscheinlichkeiten bei diesem Preis gegeben. In den meisten Ausschreibungen wird sich ein Abnehmer allerdings nicht vollkommen alleine aufgrund des geforderten Preises für einen Anbieter entscheiden. Er wird vielmehr auch andere Kriterien wie etwa Liefertreue und Lieferzeiten in seine Entscheidung einfließen lassen, so dass die Zuschlagswahrscheinlichkeit für einen Anbieter nicht automatisch gleich Null ist, wenn dessen geforderter Preis über dem der Konkurrenz liegt. Das Beispiel in Tab. 3.7 verdeutlicht das.

Tab. 3.7 Ermittlung der Zuschlagswahrscheinlichkeiten (Beispiel) (Backhaus und Voeth 2010, S. 367)

Eigene Preise	Konkurrenzpreise										
	5500	5630	5760	5890	6020	6150	6280	6410	6540	6670	6800	p^*
5360	1	1	1	1	1	1	1	1	1	1	1	1
5550	0,49	0,92	1	1	1	1	1	1	1	1	1	0,9555
5730	0,12	0,36	0,73	1	1	1	1	1	1	1	1	0,8329
5910	0	0,06	0,24	0,55	0,94	1	1	1	1	1	1	0,6255
6100	0	0	0	0,16	0,43	0,81	1	1	1	1	1	0,4167
6280	0	0	0	0	0,11	0,31	0,6	0,96	1	1	1	0,2595
6460	0	0	0	0	0	0,05	0,2	0,48	0,87	1	1	0,1635
6650	0	0	0	0	0	0	0	0,15	0,37	0,68	0,98	0,0894
6830	0	0	0	0	0	0	0	0	0,1	0,27	0,54	0,0347
7020	0	0	0	0	0	0	0	0	0	0,05	0,18	0,0079
7200	0	0	0	0	0	0	0	0	0	0	0	0
	0,07	0,11	0,13	0,21	0,13	0,12	0,05	0,05	0,05	0,05	0,03	
	Eintritts-Wahrscheinlichkeiten der Konkurrenzpreise										

Für den eigenen Preis T€ 6100 ergibt sich als Zuschlagswahrscheinlichkeit p^*:

$$(0{,}00 \cdot 0{,}07 + 0{,}00 \cdot 0{,}11 + 0{,}00 \cdot 0{,}13 + 0{,}16 \cdot 0{,}21 + 0{,}43 \cdot 0{,}13 + 0{,}81 \cdot 0{,}12 + 1{,}00 \cdot 0{,}05$$
$$+ 1{,}00 \cdot 0{,}05 + 1{,}00 \cdot 0{,}05 + 1{,}00 \cdot 0{,}05 + 1{,}00 \cdot 0{,}03) = 0{,}4167\ .$$

Auf diese Weise lässt sich für alle eigenen Preise die rechnerische Zuschlagswahrscheinlichkeit ermitteln.

Zieht man nun von den möglichen eigenen Preisen die Projekteinzelkosten ab, so erhält man den Deckungsbeitrag. In Fortführung des Beispiels aus Tab. 3.7 ergibt sich bei angenommenen Projekteinzelkosten von T€ 5550 folgende Verknüpfung aus Deckungsbeitrag und Zuschlagswahrscheinlichkeit (vgl. Tab. 3.8).

Es wird offenbar, dass der Erwartungswert des Deckungsbeitrages mit zunehmendem Preis zunächst zunimmt und dann – aufgrund der überproportional abnehmenden Auftragswahrscheinlichkeit – wieder abnimmt. Es gibt also einen rechnerisch optimalen Angebotspreis bei T€ 6100.

Abbildung 3.15 zeigt graphisch noch einmal den Zusammenhang zwischen Preis, Deckungsbeitrag, Auftragswahrscheinlichkeit und erwartetem Deckungsbeitrag.

Das Modell von **Edelman** hat einige restriktive Prämissen, die dessen Anwendung einschränken:

- Es ist nur ein Konkurrent vorgesehen. In der Realität lässt sich eine Konkurrenzsituation meist nicht so vereinfachen.

Tab. 3.8 Ermittlung des Erwartungswertes des Deckungsbeitrages

Eigener Preis (in T€)	Projekteinzelkosten (in T€)	Deckungsbeitrag (in T€)	Zuschlagswahrscheinlichkeit (p^*)	Erwartungswert des Deckungsbeitrags (in T€)
5360	5550	−190,00	1,0000	−190,00
5550	5550	0,00	0,9555	0,00
5730	5550	180,00	0,8329	149,92
5910	5550	360,00	0,6255	225,18
6100	**5550**	**550,00**	**0,4167**	**229,19**
6280	5550	730,00	0,2595	189,44
6460	5550	910,00	0,1635	148,79
6650	5550	1100,00	0,0894	98,34
6830	5550	1280,00	0,0347	44,42
7020	5550	1470,00	0,0079	11,61
7200	5550	1650,00	0,0000	0,00

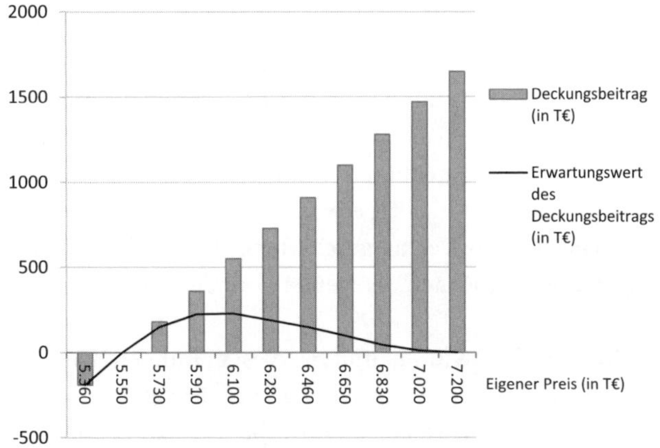

Abb. 3.15 Deckungsbeitrag und Erwartungswert des Deckungsbeitrages als Funktion des eigenen Preises

- Es ist Risikoneutralität unterstellt, d. h. ein Deckungsbeitrag von 100 mit einer Wahrscheinlichkeit von 0,1 wird gleich beurteilt wie ein Deckungsbeitrag von 10 mit der Wahrscheinlichkeit 1,0.
- Das Projekt wird isoliert gesehen ohne Verbunde zu anderen Projekten.
- Eine in der Praxis nicht immer gegebene Kenntnis über Wettbewerbertätigkeiten und exakte Schätzungen der Eintrittswahrscheinlichkeiten von Konkurrenzangeboten werden vorausgesetzt.

Weiterführende Modelle sind entwickelt worden (Backhaus 1980 mit Literaturangaben). Der eigentliche Wert von Modellen wie dem hier vorgestellten liegt weniger in der direkten Anwendung, sondern vielmehr in der gedanklichen Strukturierung der Entscheidungssituation, also in einem heuristischen Beitrag zur Bewältigung der extremen Komplexität.

3.2.3 Preisuntergrenze

Wenn der Preisdruck so stark ist, dass konventionelle, kostenorientierte Methoden der Angebotskalkulation nicht zu einem marktfähigen Preis führen, so stellen sich dem Anbieter verschiedene Möglichkeiten dar, den Preisdruck aufzufangen (Günter 1979, S. 179; Plinke 1985).

Den ersten Ansatzpunkt bieten Verhandlungen über die technische Auslegung der Anlage. Das Ziel besteht darin, gegebene Nutzenvorstellungen des Käufers mit einer abgemagerten Auslegung der Anlage zu verbinden, so dass ein kostendeckender Preis ermöglicht wird.

Weiterhin kann der Preisdruck an Vorlieferanten weitergegeben werden, indem der Anbieter seinerseits verstärkten Druck auf die Einstandspreise ausübt. Auch diese Vorgehensweise kann zu einem modifizierten Planpreis führen, der eine drohende Unterdeckung der Selbstkosten verhindern oder verringern kann.

Erst wenn alle diese Ansatzpunkte die drohende Deckungslücke nicht beseitigen können, kommt die schmerzhafteste der Möglichkeiten in Betracht: die Unterschreitung des Angebotspreises durch Zugeständnisse, die einen echten Deckungsverzicht darstellen.

Wenn die Kostenrechnung, auf der die Angebotskalkulation basiert, richtig und genau ist und wenn die Prämissen der Kostenrechnung stimmen, dann ist das auf diese Weise entstehende negative Auftragsergebnis ein echter Unternehmensverlust. Diesen nimmt man in einer Angebotssituation freiwillig nur hin, wenn er einen Vorteil verspricht. Vorteile, die nicht aus diesem Geschäft erwachsen, müssen konsequenterweise aus anderen Geschäften abgeleitet werden: **Verlustgeschäfte sind immer ein Tausch „Sicherer Verlust heute gegen Hoffnung auf morgen“.** Folgende Gründe kommen für ein solches Geschäft in Betracht:

- **Zusatzaufträge** in Zukunft bei diesem Kunden: Der Lieferant investiert durch den Kostendeckungsverzicht in die Geschäftsbeziehung mit seinem Kunden, indem er heute dem Kunden Vorteile gewährt, die in Zukunft für den Lieferanten nützliche Wirkungen hervorrufen sollen.
- **Markteintritt**: Der Lieferant investiert durch den Kostendeckungsverzicht in einen neuen Markt oder ein prestigeträchtiges Referenzprojekt, von dem er sich in Zukunft Vorteile verspricht.
- **Technologieeintritt**: Der Lieferant investiert durch den Kostendeckungsverzicht in die Akzeptanz einer neuen Technologie, von der er sich in Zukunft Vorteile verspricht.

In allen diesen Fällen besteht die Erwartung von Anschlussgeschäften, d. h. es existiert möglicherweise ein **Erlösverbund** zwischen mehreren Projekten, der die Planung beeinflusst. Neben diesem (erhofften) Erlösverbund können Gründe der Verteidigung der Existenz des Unternehmens genannt werden:

- Sicherung der **Beschäftigung**: Der Lieferant sieht es als günstiger an, eine Unterbeschäftigung, verbunden mit einem Kostendeckungsverzicht, in Kauf zu nehmen als

Kapazitäten abzubauen und ggf. später wieder aufzubauen. Er verteidigt damit seine Existenz.

- Der Lieferant sieht es als günstiger an, eine Unterbeschäftigung, verbunden mit einem Kostendeckungsverzicht, in Kauf zu nehmen als gar keinen Auftrag zu erhalten und damit die **Gefahr des Marktaustritts** zu vergrößern. Auch damit verteidigt er seine Existenz.
- Der Lieferant sieht es als günstiger an, eine Unterbeschäftigung, verbunden mit einem Kostendeckungsverzicht, in Kauf zu nehmen als den **Markteintritt von Wettbewerbern** zu ermöglichen. Damit verteidigt er seine Wettbewerbsposition.

Leistungen aus den genannten Gründen unterhalb der Kostendeckungsgrenze anzubieten, führt zwar im Rahmen von Competitive Bidding Modellen zu sehr hohen Wahrscheinlichkeiten, einen Auftrag zu erhalten kann in der Realität aber genau zum Gegenteil führen. So kann es sein, dass der Anbieter bei einem sehr niedrigen Angebot genau nicht den Auftrag erhält, weil der Nachfrager vermutet, dass der Anbieter in Nachverhandlungen versuchen wird, höhere Erlöse zu erzielen. Dies würde folglich zu Streitigkeiten zwischen den Vertragspartnern und somit fast zwangsläufig zu erhöhten Projektkosten oder Projektverzögerungen führen, so dass der Nachfrager einen konkurrierenden Anbieter trotz höheren Preises bevorzugen würde (Ioanno et al. 2010, S. 936).

Naheliegender Weise schaut der Akquisiteur in Situationen des Kostendeckungsverzichts in die Kalkulation, die ja die rechnerische und inhaltliche Grundlage des Angebotspreises ist. Ist das anbietende Unternehmen stark an dem Auftrag interessiert, kann jedoch einen vollkostendeckenden Preis nicht realisieren, taucht die Frage auf, bei welchen **Positionen** in der Kalkulation „zur Not" auf Deckung verzichtet werden kann. Das Grundprinzip heißt: Wenn Kosten verantwortlich erfasst und verrechnet worden sind, dann sind sie gegeben und müssen auch gedeckt werden. Wenn die aufgrund eines übergeordneten Deckungsplans dem Projekt zugerechneten Kosten nicht bei diesem Projekt gedeckt werden, dann müssen sie **zusätzlich** bei anderen, zeitlich nachfolgenden Projekten gedeckt werden. In anderen Worten: Jeder Deckungsverzicht bei den Selbstkosten eines Projektes führt zur Erhöhung der Selbstkosten zukünftiger Projekte.

Bei der Analyse der Kalkulation in Bezug auf mögliche Kürzungen der Kostenpositionen sind zwei Perspektiven zu unterscheiden:

- die **ökonomische** Perspektive der Deckungsdringlichkeit der einzelnen Kostenarten,
- die **unternehmensbezogene** Perspektive der Deckungsdringlichkeit der einzelnen Kostenarten.

3.2.3.1 Zur ökonomischen Perspektive

Nicht alle Kostenarten sind **kurzfristig** von gleicher Deckungsdringlichkeit. Es sind die **Projekteinzelkosten** von anderer kurzfristiger Deckungsdringlichkeit als die **Projektgemeinkosten**, weil die Projekteinzelkosten direkt durch das Projekt verursacht werden, die Projektgemeinkosten dagegen nicht. Kosten, die erst aufgrund der Projektdurchführung entstehen, werden auch als relevante Kosten bezeichnet. Würde der Auftrag nicht angenommen werden, entstünden diese Kosten auch nicht (Plinke und Rese 2006, S. 38; Plötner et al. 2010, S. 24 f.). So liegt es nahe, die relevanten Kosten bzw. Projekteinzelkosten mit einer absoluten Deckungsdringlichkeit zu sehen. Insofern spricht man in der Literatur auch von einer „**absoluten Preisuntergrenze**", die bei den Projekteinzelkosten liege (also eine **kostenwirtschaftliche** Preisuntergrenze darstellt).

Nun ist allerdings eine solche Formulierung geeignet, einige Missverständnisse zu erleichtern, wenn nicht gar zu produzieren: Die „absolute Preisuntergrenze" setzt das ökonomische Gewinnziel voraus und geht von einer **kurzfristigen Entscheidung ohne Auswirkungen auf nachfolgende Entscheidungen** aus. Das bedeutet, die Preisuntergrenzenentscheidung findet in einer Welt statt, die es nicht gibt: Immer bestehen in der wirklichen Welt Kosten- und Erlösverbunde zu vorausgegangenen oder nachfolgenden Projekten, die in die Entscheidungsfindung einzubeziehen sind. Aus **absatzwirtschaftlicher** Sicht gibt es deshalb überhaupt keine Regel für die Preisuntergrenze. Jeder Deckungsverzicht ist absatzwirtschaftlich als **Investition** in Positionen zu sehen, die zukünftige Absatzchancen sichern sollen. Im Extremfall kann der unterste Preis in dieser Sicht null, ja sogar negativ sein. Zu bedenken ist aber, dass je nach Art des Projekts oder Anlagentyps die Erlösverbunde unterschiedlich stark ausgeprägt sind, da ein Kunde i. d. R. innerhalb einer bestimmten Periode nur eine oder wenige Anlagen nachfragt. Je weiter die Kaufentscheidungen des Nachfragers auseinander liegen, desto geringer werden Bindungen aufgrund des technologischen Fortschritts oder organisatorischer Änderungen ausfallen (Rese und Herter 2004, S. 975; Plinke und Rese 2000, S. 709).

Richtet man den Blick auf die Sicherung der Liquidität des Unternehmens, dann lässt sich zusätzlich eine **finanzwirtschaftliche** Preisuntergrenze finden bei den durch das Projekt kurzfristig induzierten **Auszahlungen**.

3.2.3.2 Zur unternehmensbezogenen Perspektive

Die unternehmensbezogene Perspektive der Deckungsdringlichkeit einzelner Kostenarten richtet sich auf mögliche „Reserven" in der Kalkulation. So kann es z. B. aufgrund von Arbeitsteilung zwischen Rechnungswesen, Projektierung und Verkauf zu einer erheblichen kognitiven Distanz bezüglich des Inhalts der Kalkulation kommen, mit anderen Worten: Diejenigen, die die Kalkulation „herstellen", haben andere Prämissen und Erwartungen im Sinn als diejenigen, die die Kosteninformation „verwenden" (d. h. für Preisentscheidungen zugrunde legen).

Abbildungen 3.16 und 3.17 zeigen die unterschiedlichen Wahrnehmungen der Deckungsdringlichkeit üblicher Kostenarten bei Kaufleuten und Technikern des industriellen Anlagengeschäfts. Deshalb tritt mitunter der Fall ein, dass bei der Herstellung der Kalkulation absichtlich „Speck angesetzt" wird, um den erwarteten Preiszugeständnissen der Akquisiteure entgegenzuwirken. Letztere wiederum ahnen oder wissen das oder glauben das zu wissen und richten ihr Verhalten entsprechend danach aus, indem sie den „Speck" wieder herausrechnen. Auf diese Weise konterkarieren die Hersteller und die Nutzer der Kalkulation gegenseitig ihre Aufgaben. Die Folge in solchen Situationen ist, dass Akquisi-

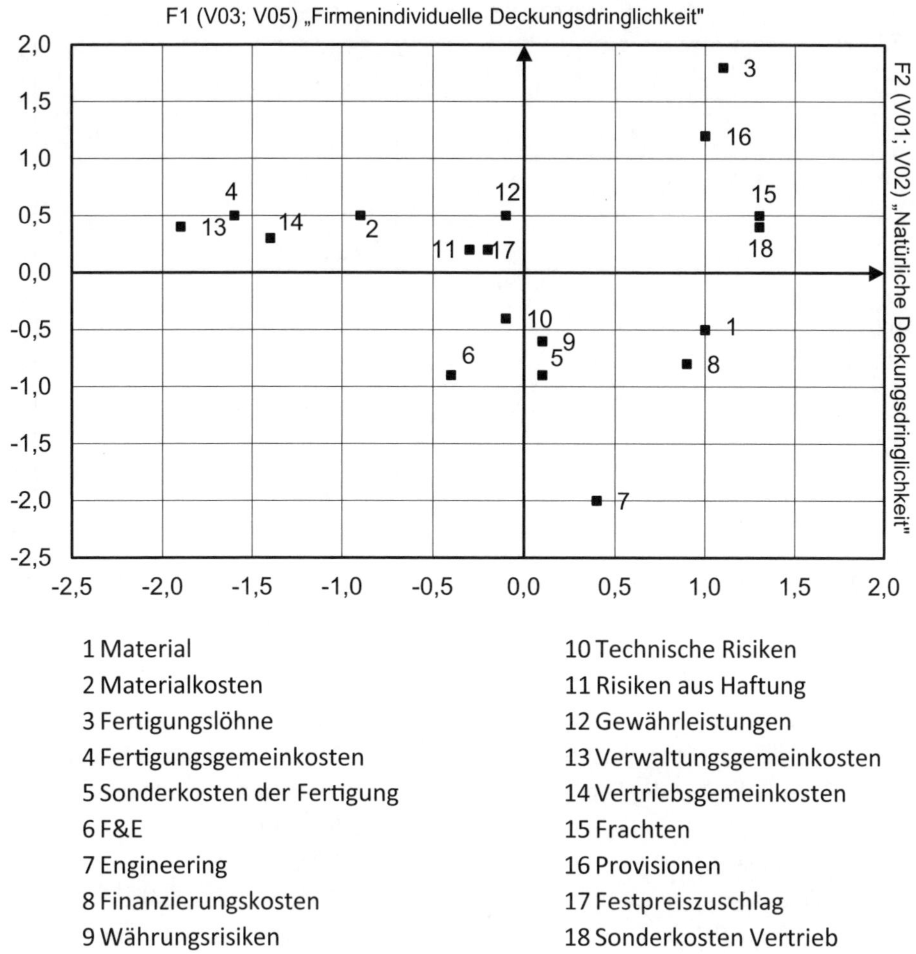

Abb. 3.16 Wahrgenommene Deckungsdringlichkeit typischer Kostenarten durch Vertriebsfachleute im industriellen Anlagengeschäft (Techniker)

teure eine verhängnisvolle Einstellung zur Deckungsdringlichkeit bestimmter Kostenarten entwickeln, was sich in zu großer Nachgiebigkeit in Preisverhandlungen niederschlagen kann.

Wir können festhalten: Ansatzpunkte zur Begründung von Deckungsverzichten in schwierigen Verhandlungssituationen liegen

- in den Projektgemeinkosten,
- in den erst langfristig mit Auszahlungen verbundenen Kostenanteilen,
- im Investitionscharakter eines Deckungsverzichts und
- in vermuteten Kalkulationsreserven.

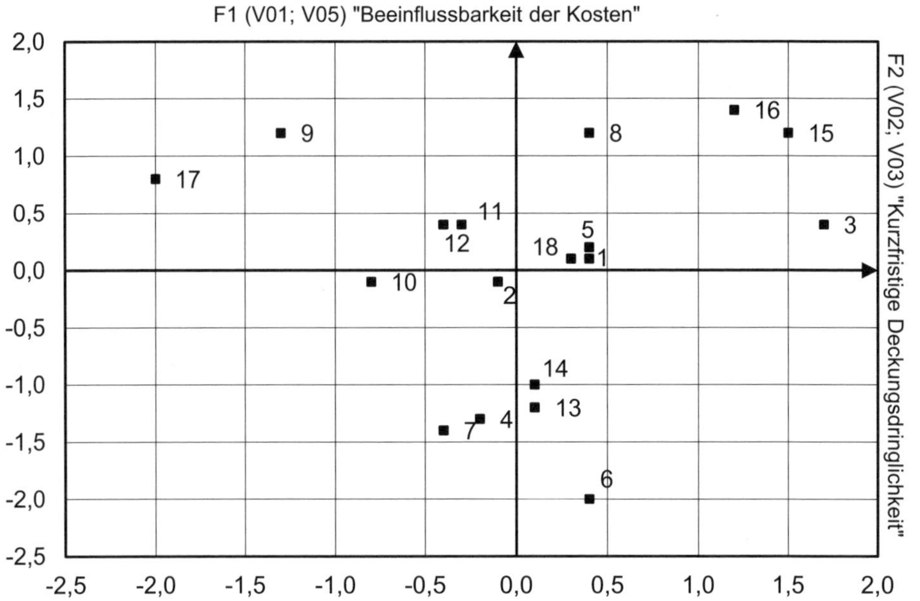

1 Material
2 Materialkosten
3 Fertigungslöhne
4 Fertigungsgemeinkosten
5 Sonderkosten der Fertigung
6 F&E
7 Engineering
8 Finanzierungskosten
9 Währungsrisiken
10 Technische Risiken
11 Risiken aus Haftung
12 Gewährleistungen
13 Verwaltungsgemeinkosten
14 Vertriebsgemeinkosten
15 Frachten
16 Provisionen
17 Festpreiszuschlag
18 Sonderkosten Vertrieb

Abb. 3.17 Wahrgenommene Deckungsdringlichkeit typischer Kostenarten durch Vertriebsfachleute im industriellen Anlagegeschäft (Kaufleute)

Die ersten beiden Gesichtspunkte laufen auf die kurzfristige Perspektive hinaus, die im industriellen Anlagengeschäft mit seiner Langfriststruktur nicht gelten. Sie können also im Anlagengeschäft zur Begründung von Deckungsverzichten nicht herangezogen werden.

Der letzte Gesichtspunkt führt zu einer abwegigen Verhaltensweise, weil dabei niemand im Unternehmen schließlich noch den Überblick behält, was die Kalkulation eigentlich materiell beinhaltet, d. h. wie groß der Deckungsdruck wirklich ist.

Der einzige betriebswirtschaftlich akzeptable Weg, Deckungsverzichte zu begründen, besteht darin, dass bestimmte unternehmerische Ziele der Preisentscheidung zugrundegelegt werden. Diese können darauf gerichtet sein, Potentiale und Positionen zu erhalten oder zu schaffen. Bei einer solchen Begründung ist ein Deckungsverzicht als **Kosten** der betreffenden Maßnahme anzusehen.

Ein Interpretieren der einzelnen Kalkulationspositionen im Hinblick auf Deckungsverzichte muss dann unterbleiben. Für die Kalkulation gilt der Grundsatz größtmöglicher Objektivität und Realitätsnähe und das schließt ein Kürzen an Einzelpositionen aus.

Die Perspektive des Deckungsverzichts als „**Kosten einer bestimmten unternehmerischen Maßnahme**" schafft dann auch die klare Notwendigkeit einer entsprechenden expliziten Begründung sowie darüber hinaus die Chance einer effizienten langfristigen Deckungskontrolle.

3.3 Entscheidung über Kalkulationsrisiken

3.3.1 Problemstellung

Im industriellen Anlagengeschäft entsteht eine sehr große Zahl von Risiken. An dieser Stelle ist nur von demjenigen Risiko die Rede, das sich aufgrund der Langfristigkeit der Projektepisode und der Komplexität der Kalkulation ergibt. Es ist das Risiko, dass sich die Kosten ex post anders – nämlich höher – herausstellen als im Angebot festgelegt. Der Lieferant hat verschiedene Möglichkeiten, sich gegen dieses Risiko zu schützen.

Eine mögliche Vorgehensweise für das anbietende Unternehmen, der Komplexität des Planungsproblems gerecht zu werden, ist die Anpassung der **Angebotsform** an die Genauigkeit der Kalkulation. Mit der Differenzierung der Angebotsform ist die Herabsetzung des „Commitments", das mit dem Angebot verbunden ist, beabsichtigt. Nicht immer ist es zweckmäßig, den Plan auf ein verbindliches **Festangebot** abzustellen. Es gibt vielmehr häufig Fälle, in denen lediglich grob geschätzte Planpreise ausreichen. Die Bedingungen, unter denen eine solche Vorgehensweise gerechtfertigt erscheint, sind

- der anfragende Kunde ist wahrscheinlich (noch) gar nicht an einer Auftragserteilung interessiert,
- der anbietende Lieferant ist – überhaupt oder zu diesem Zeitpunkt – an einem Auftrag nicht interessiert, glaubt aber, aus grundsätzlichen absatzpolitischen Gesichtspunkten heraus ein Angebot abgeben zu müssen, oder der zur Angebotsabgabe zur Verfügung stehende Planungszeitraum ist zu kurz, um ein verbindliches Angebot abgeben zu können.

Daraus resultieren zwei Angebotstypen, die ein erheblich reduziertes Risiko beinhalten. Im Fall 1 erstellt der Lieferant ein **Schätz- oder Richtangebot**, an dessen Entgelthöhe und Terminangaben er nicht oder nur in bestimmten Bandbreiten gebunden ist (Kambartel 1973, S. 47 ff.; Grabowski und Kambartel 1978, S. 38 ff.; Weiber und Kleinaltenkamp 2012, S. 264).

Im Fall 2 wird ein **Pro-Forma-Angebot** abgegeben, das entweder als unverbindlich erklärt wird oder so großzügig bemessene Entgeltforderungen und Terminangaben enthält, dass das Risiko überschaubar bleibt. Schätz- und Richtangebote können wegen der verringerten Verbindlichkeit des Angebotes durchaus mit Hilfe der Kilokosten- und der Materialkostenmethode durchgeführt werden, wenn entsprechende Schätzreserven einbezogen werden.

Die eigentliche Problematik der Preisplanung in der Angebotsphase tritt jedoch bei **Festangeboten** auf. Das Commitment des Lieferanten ist hoch, sein Informationsstand ist niedrig und deshalb die Ungewissheit über den Deckungsbedarf hoch. Die naheliegende Vorgehensweise, die die Ungewissheit reduzieren könnte, wäre eine detaillierte Projektierung vor Angebotsabgabe, die die Grundlage einer zuverlässigen Stücklistenauflösung und Einzelkostenkalkulation darstellt. Der Zeitaufwand und die Kosten dieser Methode sind jedoch angesichts einer Auftragswahrscheinlichkeit kleiner eins und der i. d. R. nicht entgoltenen Angebotsabgabe nicht zu rechtfertigen, so dass andere Methoden der Begrenzung des Kalkulationsrisikos gesucht werden müssen (vgl. auch Girmscheid 2010, S. 25). Es sind der Festpreiszuschlag, der Preisvorbehalt und die Preisgleitklausel.

3.3.2 Festpreiszuschlag

Der **Festpreiszuschlag** soll inflationäre Preisentwicklungen zwischen dem Kalkulationstag und dem Tag der Abrechnung des Projektes ausgleichen. Es wird ein Pauschalbetrag geschätzt und den kalkulierten Selbstkosten zugeschlagen. Der Festpreiszuschlag ist somit echter Kostenbestandteil und nicht etwa Verhandlungsreserve. Im Grunde ist der Festpreiszuschlag nur der rechnerische Ausgleich für eine nicht korrekte Bewertung der Einzelpositionen in der Kalkulation (die zumeist auf Tageswerten und nicht auf Zukunftswerten basiert).

3.3.3 Preisvorbehalt

Ein Festpreis kann vom Lieferanten allerdings nur dann ökonomisch vertreten werden, wenn die technischen und ökonomischen Risiken überschaubar und nicht zu groß sind. Bei dem oft extremen Wertvolumen von Großanlagen würde ein Anbieter an einem einzigen Projekt möglicherweise Verluste realisieren, die seine Existenz gefährden, wenn er unkalkulierbare Risiken eingeht: Man denke z. B. an den Bau von großen Gebirgstunneln, U-Bahnen, Militärgerät etc. Der **Preisvorbehalt** ist in solchen Situationen die vertraglich vereinbarte Form eines Kostenerstattungspreises, d. h. der Lieferant gibt nur einen Ausgangspreis an, der jedoch je nach tatsächlicher Kostenentwicklung modifiziert wird. Der Lieferant deckt auf diese Weise Kalkulationsrisiken im **Mengengerüst und im Bewertungsgerüst** der Kosten ab. Der Preisvorbehalt stellt demnach eine Methode einer vertraglich verankerten **flexiblen Abwälzung** von Kosten bzw. Kostensteigerungen auf den

Kunden dar. Dieses ist ein für den Lieferanten eigentlich sehr willkommenes Instrument (VDMA 1971). Der Kunde wird einem derart großen Beschaffungsrisiko allerdings nur dann zustimmen, wenn kein anderer Lieferant bereit ist, einen Festpreis für das Projekt zu nennen.

3.3.4 Preisgleitklausel

Teilweise liegt zwischen Vertragsabschluss und Leistungserbringung eine sehr große Zeitspanne, in der sich die Kostenstruktur oder andere Rahmenbedingungen des Lieferanten durch allgemeine Inflation, Lohnkostenerhöhungen, Rohstoffpreisschwankungen oder ähnliches nachhaltig verändern können. Um einer solchen Entwicklung und der Veränderung der Geschäftsgrundlage seit Vertragsschluss Rechnung tragen zu können, wird in Verträgen mit solch langen Zeitspannen oftmals eine **Preisgleitklausel** eingearbeitet. Mit der Preisgleitklausel wird eine Proportionalität von Kosten- und Preisentwicklung angestrebt, um so über die gesamte Zeitspanne zwischen Vertragsschluss und Leistungserbringung eine Gleichwertigkeit von Leistung und Gegenleistung zu gewährleisten. Die Preisgleitklausel stellt somit eine Methode einer vertraglich verankerten flexiblen Übernahme von Kostenänderungen durch den Kunden dar. Sie wird im Gegensatz zum Preisvorbehalt vor allem benutzt, um die aus der Langfristigkeit eines Projekts resultierenden Unsicherheiten bei den Kostengüterpreisen aufzufangen. Es geht bei diesem Instrument also nicht um das Mengengerüst, sondern allein um das **Bewertungsgerüst** der Kosten.

Die Preisgleitklausel hat zur Wirkung, dass sich die Preisänderungen bei bestimmten Kostengüterarten in einer im Voraus aufgrund einer mathematischen Formel festgelegten Gewichtung im Auftragserlös auswirken.

3.3.4.1 Ausgestaltung der Preisgleitklausel

Im Folgenden soll die Ausgestaltung einer Preisgleitformel detailliert anhand von Wartungsverträgen eines namhaften Herstellers von Gasturbinen in Kraftwerken dargestellt werden. Leistungsbestandteile solcher Verträge sind hauptsächlich Ersatzteile, deren Ein- und Ausbau, sowie Inspektionen und Reparaturen von Anlagenteilen.

Die relevanten Kostenelemente eines solchen Vertrages, der nicht selten über zehn Jahre läuft, sind Materialpreise und Löhne, die in der Preisgleitklausel vertraglich zwischen dem Anbieter und dem Kraftwerksbetreiber vereinbart werden.

Preisgleitformeln in Langzeitverträgen werden meist mit jedem Kunden je nach vertraglich vereinbartem Leistungsumfang individuell verhandelt. Dabei sind von besonderer Bedeutung die Gewichtung der **Hauptkostenfaktoren**, Lohn und Material, sowie, falls vertraglich vereinbart, die Gewichtung des Festanteils. Der Festanteil stellt den nicht veränderbaren Preisanteil dar. Die Festlegung der Stichtage, also die Länge des genauen Zeitraums, über den die Preise gleiten, ist ebenfalls von Bedeutung und muss vor Vertragsschluss bestimmt werden.

Eine typische Preisgleitformel, wie sie im Gasturbinengeschäft aber auch in anderen Branchen zum Einsatz kommt, sieht wie folgt aus:

$$P_1 = P_0(a + m \cdot (M_1/M_0) + l \cdot (L_1/L_0)) .$$

P_1 ist der zum Zeitpunkt der Leistungserbringung zu zahlende Preis. P_0 ist der Basispreis zum Zeitpunkt des Vertragsabschlusses. M_1/M_0 stellt die Entwicklung eines bestimmten Index M (Material) dar. M_0 stellt dabei den Wert des Index zum Zeitpunkt der Angebotsabgabe dar und M_1 den Wert desselben Index zum Zeitpunkt der Leistungserbringung. Es kann aber auch ein davon abweichender Zeitpunkt, z. B. ein fester Stichtag vereinbart werden (Gaßmann 2009, S. 18). Mit dem Index L und seinen Werten L_0 und L_1, die die Entwicklung eines bestimmten Index für Lohn darstellen, verhält es sich genauso. Die Faktoren m, l und a ergeben in Summe 1. Der Faktor m bzw. l in der Formel vor dem jeweiligen Indexverhältnis gibt die Gewichtung des jeweiligen Index an. Ein Faktor ohne Index, wie im Beispiel **a**, spiegelt den vereinbarten Festanteil wider. Dieser Anteil des Erlöses ist nicht von Marktentwicklungen abhängig und muss vom Kunden ohne gleitende Anpassung bei Leistungserbringung gezahlt werden. Der Festanteil in der Preisgleitformel wird durch keinen Index beeinflusst und ist somit nicht veränderbar. Die Einbeziehung eines Festanteils in die Preisgleitformel basiert auf der Idee, dass ein bestimmter Anteil der Kosten der zu erbringenden Leistung über die gesamte Erstellungszeit fix bleibt. Beispielsweise könnten das Anlagen sein, die schon vollständig abgeschrieben sind und somit im buchhalterischen Sinne keine jährlichen Kosten mehr darstellen. Da allerdings auch vermeintlich fixe Kosten über lange Zeiträume, wie sie für Langzeitverträge gelten, Preisänderungen unterworfen sind, kann im Grunde nicht von einem wirklichen Festanteil gesprochen werden. Es müssen nämlich auch die Wiederbeschaffungskosten für langlebige Wirtschaftsgüter, wie sie Produktionsanlagen darstellen, auf die zu erstellenden Leistungen aufgeschlagen und preislich gleitend angepasst werden. Wenn also in den Wartungsverträgen Festanteile vereinbart werden, dann bedeutet dies bei i. d. R. steigenden Hauptkostenfaktoren ein Zugeständnis des Lieferanten an den Kunden. Der Lieferant stellt dem Kunden hier nicht alle tatsächlich anfallenden Kostenerhöhungen in Rechnung. Bei umgekehrter Indexentwicklung würde der Lieferant nicht alle Kostensenkungen an den Abnehmer weitergeben. Neben der oben dargestellten traditionellen Form einer Preisgleitformel existieren bspw. im Zuliefferergeschäft auch Erweiterungen der Formel. Diese können noch weitere Indizes, geleistete An- oder Teilzahlungen sowie flexible Verhältnisse der Kostenbestandteile berücksichtigen, die durch betriebliche Rationalisierungen oder technischen Fortschritt notwendig werden (Witte 2005, S. 31; Backhaus 1979a, S. 44), sog. Ratiovereinbarungen.

Bei der Auswahl der Indizes ist es notwendig, solche Kostenfaktoren zu finden, die nicht manipulierbar sind und diese so zu gewichten, dass sie, in die Preisgleitformel eingesetzt, möglichst genau die tatsächlichen Kostenänderungen abbilden. Bei der Feststellung der Indexwerte ist zudem auf Neutralität und Unabhängigkeit zu achten. Die Indizes, auf die sich Anbieter und Kunde einigen, sollten daher von unabhängigen dritten Institutionen

(z. B. Statistikämter, Industrie- und Handelskammer) ermittelt und veröffentlicht werden, so dass sie gleichermaßen von beiden Vertragsparteien eingesehen werden können.

Bei der Festlegung des Kostenfaktors Material werden gewöhnlich Indizes für Werkstoffe verwendet, die die Kostenentwicklung für das Material widerspiegeln, das für die Leistungserbringung hauptsächlich benötigt wird. In unserem Beispiel würde sich für den Lieferanten der Gasturbine ein Index für bestimmte Stähle oder Eisenprodukte eignen, da ein Großteil der Ersatzteile aus Stahl besteht. Allerdings werden auch Bauteile aus anderen Materialien (z. B. Nickellegierungen, Keramiken) bei der Wartung als Ersatzteile eingesetzt, so dass die tatsächliche Kostenänderung zwangsläufig nicht mehr durch einen einzigen Materialindex abgebildet werden kann. Häufig wird daher ein Index verwendet, der die Preisänderungen eines Fertigproduktes oder einer bestimmten Produktgruppe abbildet, zu deren Erstellung verschiedene Materialien benötigt werden. In Wartungsverträgen für Gasturbinen wird daher häufig der sog. Turbinenindex, der die Preisentwicklung von artverwandten Maschinen beinhaltet, verwendet. Die Daten der Indexentwicklung werden monatlich vom statistischen Bundesamt in Wiesbaden bereitgestellt.

Ist der Preis einer Leistung zu großen Teilen abhängig von der Entwicklung der Arbeitskosten, wird als Hauptkostenfaktor ein Lohnindex in die Preisgleitformel eingesetzt. Der Lohnindex soll die Entwicklung des Lohnniveaus widerspiegeln.

Da aufgrund der Beeinflussbarkeit des Index durch den Lieferanten und zur Wahrung von Betriebsgeheimnissen keine betriebsinternen Daten verwendet werden können, muss ein Index gefunden werden, der nicht direkt vom Lieferanten gesteuert werden kann. Der gewählte Index sollte daher betriebsübergreifend die Lohnentwicklungen einer ganzen Branche abbilden. Im beschriebenen Beispiel wird meist der Index für den Ecklohn eines Facharbeiters der Metall- und Elektro-Industrie samt den gesetzlichen und tariflichen Zuschlägen für das entsprechende Tarifgebiet in Deutschland verwendet. So ist es möglich Neutralität hinsichtlich einer Kostensteuerung zu wahren und möglichst genau die Arbeitskosten des Lieferanten in dem Werk darzustellen, wo ein Großteil des Wartungspersonals beschäftigt ist. Die Entwicklung des Index wird durch die Industrie- und Handelskammer Nürnberg bestätigt.

Wird ein wesentlicher Anteil der Leistung im Ausland von ausländischem Fachpersonal erbracht, erscheint es sachgerecht, zusätzlich einen lokalen (ausländischen) Arbeitskostenindex in die Preisgleitformel zu integrieren, was allerdings an der Verfügbarkeit oder Vertrauenswürdigkeit der Daten scheitern kann. Ein weiteres Problem mit einem ausländischen Arbeitskostenindex besteht darin, dass bei Vertragsabschluss oftmals noch nicht genau fest steht, welche Leistung von inländischem oder ausländischem Personal erstellt werden soll (Backhaus 1979b, S. 6).

Bei der Gewichtung der Faktoren ist zu beachten, nicht nur die gegenwärtigen Kostenaufteilungen sondern auch zukünftige Entwicklungen insbesondere neue Technologien zu antizipieren. Denn über lange Projektlaufzeiten werden nicht selten Skaleneffekte oder technologische Fortschritte erzielt, die die anfänglichen Materialkosten im Vergleich zu den Lohnkosten senken würden. Umgekehrte Entwicklungen sind auch denkbar, wie etwa bei den beispielhaft beschriebenen Wartungsverträgen der Gasturbinen. Dort könnten über die Projektlaufzeit möglicherweise mehr Turbinen- und Anlagenteile durch verbesserte Verfahren repariert werden und müssten nicht mehr durch Neuteile ersetzt werden. Hierbei würde es sich anbieten, solche Kostenverschiebungen von Material- zu Lohnkosten zu berücksichtigen und die Lohnkosten für die Reparaturleistungen stärker zu gewichten als im Moment des Vertragsschlusses.

3.3.4.2 Besonderheiten und vertragliche Lösungen

Bei der vertraglichen Ausgestaltung einer Preisgleitklausel dürfen allerdings nicht nur wirtschaftliche und technische Aspekte berücksichtigt werden. Auch einer juristischen Prüfung müssen solche Klauseln Stand halten. In Deutschland unterliegen Verträge, die eine Preisgleitformel zur Bestimmung des zu zahlenden Preises besitzen, dem sog. **Preisklauselgesetz** (PreisklauselG). Dieses Gesetz besagt in seiner aktuellen Fassung von September 2007, dass grundsätzlich der Betrag von Geldschulden nicht unmittelbar und selbsttätig durch den Preis oder Wert von anderen Gütern oder Leistungen bestimmt werden darf, die mit den vereinbarten Gütern oder Leistungen nicht vergleichbar sind (§ 1 Abs. 1). Hintergrund des Gesetzes ist, dass eine unbeschränkte Verwendung automatisch wirkender Wertsicherungsklauseln einen Geldwertverlust, wie er in den 1920er Jahren stattfand, begünstigen und die Inflation fördern würde (Reul 2007, S. 445).

Zwei wesentliche Ausnahmen des Gesetzes bilden die sog. **Spannungsklauseln** (§ 1 Abs. 2 Ziff. 2) und **Kostenelementklauseln** (§ 1 Abs. 2 Ziff. 3). Eine Spannungsklausel setzt die Änderung des geschuldeten Betrages in ein Verhältnis zu anderen Gütern oder Leistungen, wenn diese anderen Güter oder Leistungen im Wesentlichen gleichartig oder vergleichbar sind (Reul 2007, S. 447). In der oben dargestellten Preisgleitformel in den Wartungsverträgen bildet die Abhängigkeit eines Teils des Preises vom Turbinenindex eine Spannungsklausel. Ein Teil des Preises für Gasturbinenkomponenten bemisst sich hier anhand der preislichen Entwicklung von artverwandten Produkten, anderen sog. Verbrennungskraftmaschinen.

Wird der geschuldete Betrag abhängig gemacht von der preislichen Entwicklung für Güter oder Leistungen, die einen direkten Einfluss auf die Selbstkosten des Lieferanten haben, spricht man von einer Kostenelementklausel (§ 1 Abs. 2 Ziff. 3). Bei der Verwendung einer Kostenelementklausel in einem Vertrag muss beachtet werden, dass sich bei der Verteuerung eines Kostenelements diese Verteuerung nicht vollständig auf den Gesamtpreis überträgt. Eine Preissteigerung darf nur in dem Umfang stattfinden, in dem das Kostenelement einen Anteil an den gesamten Kosten hat. Das heißt steigt bspw. der Lohnindex, darf die daraus resultierende Preissteigerung nur in dem Maße stattfinden, wie die Lohnkosten auch tatsächlich die Gesamtkosten der zu erbringenden Leistung bestimmen. Dies erfordert eine möglichst genaue Faktorengewichtung.

Weiterhin besteht im Projektgeschäft oder in langfristigen (Liefer-)Verträgen grundsätzlich die Möglichkeit in einer Vertragsklausel ein sogenanntes *Ceiling* festzuschreiben, um sich gegen zu starke Preisveränderungen abzusichern. Das *Ceiling* stellt eine Begrenzung der durch die Preisgleitformel ermittelten Preise nach oben dar. Das Risiko für Kostensteigerungen, die über den vereinbarten Wert hinausgehen, trägt alleine der Lieferant.

Ebenso kann aber auch der Anbieter auf Klauseln bestehen, die bei negativer Indexentwicklung eine Erlöserosion in bestimmtem Maße verhindern.

Erfahrungsgemäß drängen Kunden auf Investitionsgütermärkten auf einen Festpreisabschluss. Preispolitische Ansatzpunkte stellt die Gleitklausel auch insoweit dar, als sie parallel zu einem Festpreisangebot als Alternative angeboten werden kann. Eine breitere Anwendung der Preisgleitklausel als Instrument der Übernahme von Planungsrisiken durch den Kunden stellt sich in der Praxis in der Regel erst ab einer Lieferzeit bzw. Periode der Leistungserbringung von mehr als zwei Jahren ein.

3.4 Übungsaufgaben

1. Was ist ein Planerlös? In welchem Zusammenhang wird von Planerlösen gesprochen?
2. In welchem Verhältnis steht der Auftragswert zum Planerlös?
3. Welche Methoden der Kalkulation des Auftragswertes im Anlagengeschäft kennen Sie? Wie unterscheiden sich diese Methoden?
4. Wie berechnet man die Güte einer Kilokosten-Schätzung?
5. In welchem Verhältnis stehen der Kundenvorteil und die Preisobergenze zueinander?
6. Wie kann im Rahmen der Erlösplanung eine Preisobergrenze ermittelt werden?
7. Wie ist das Verfahren des Competitive Bidding gekennzeichnet? Beschreiben Sie ein Verfahren zur systematischen Ermittlung von Preisen für Situationen des Competitive Bidding.
8. Inwiefern ist der Beschäftigungsgrad wichtig für die Ermittlung von Preisuntergrenzen?
9. Welche Gefahren ergeben sich für die Preispolitik aus Missverständnissen der Kalkulation?
10. Wo liegt die sog. absatzwirtschaftliche Preisuntergrenze?
11. Inwiefern eignet sich eine Preisgleitklausel als Instrument zur Verringerung von Kalkulationsrisiken? Welche Aspekte müssen bei der Ausgestaltung einer solchen Klausel berücksichtigt werden?

Literatur

Alznauer, T., & Krafft, M. (2004). Submissionen. In K. Backhaus, & M. Voeth (Hrsg.), *Handbuch Industriegütermarketing. Strategien – Instrumente – Anwendungen* (S. 1057–1078). Wiesbaden: Gabler.

Backhaus, K. (1979). Preisgleitklauseln aus beschaffungsorientierter Sicht. *Beschaffung aktuell, 1979*(12), 41–44.

Backhaus, K. (1979). Preisgleitklauseln als risikopolitisches Instrument bei langfristigen Fertigungs- und Absatzprozessen. *Schmalenbachs Zeitschrift für betriebswirtschaftliche Forschung, 1979*(31), 3–10.

Backhaus, K. (1980). *Auftragsplanung im industriellen Anlagengeschäft*. Stuttgart: Schäffer-Poeschel.

Backhaus, K., Erichson, B., Plinke , W., & Weiber, R. (2011). *Multivariate Analysemethoden. Eine anwendungsorientierte Einführung* (13. Aufl.). Berlin et al.: Springer.

Backhaus, K., & Voeth, M. (2010). *Industriegütermarketing* (9. Aufl.). München: Vahlen.

Bhattacharyya, S. C., Dey, P. K. (2007). Managing risk in a large rural electrification programme in India. *Impact Assessment and Project Appraisal, 25*(March), 15–26.

Dey, P., Tabucanon, M. T., & Ogunlana, S. (1994). Risk management Planning for project control through risk analysis: a petroleum pipeline-laying project. *International Journal of Project Management, 12*(1), 23–33.

Edelman, F. (1965). Art and Science of Competitive Bidding. *Harvard Business Review, 43*(1), 53–56.

Engelhardt, W. H. (1977). Grundlagen des Anlagen-Marketing. In W. H. Engelhardt & G. Laßmann (Hrsg.), *Anlagen-Marketing* Sonderheft 7 der Zeitschrift für betriebswirtschaftliche Forschung (S. 9–37). Opladen.

Engelhardt, W. H., & Günter, B. (1981). *Investitionsgüter-Marketing*. Stuttgart et al.: Kohlhammer.

Eversheim, W., Fischer, W., & Minolla, W. (1977). *Angebotskalkulation mit Kostenfunktionen in der Einzel- und Kleinserienfertigung*. Berlin/Köln: Beuth.

Feuerbaum, E. (1979). Controlling in einem projektorientierten Unternehmen. In Solaro et al. (Hrsg.), *Projekt-Controlling* (S. 1–47). Stuttgart: Poeschel.

Feuerbaum, E., & Witte, K. (1977). Steuerung der Auftragsabwicklung im Großanlagenbau durch Bildschirm-Dialogverkehr. *IBM-Nachrichten, 27*, 153–160.

Floricel, S., & Miller, R. (2001). Strategizing for anticipated risks and turbulence in large-scale engineering projects. *International Journal of Project Management, 19*, 445–455.

Gaismayer, J. (2011). *Verminderung von Hold-up-Risiken in Nachverhandlungssituationen. Eine empirische Analyse aus der Perspektive von Logistik-Dienstleistern am Beispiel des Kontraktlogistik-Geschäfts*. Wiesbaden.

Gaßmann, J. (2009). *Bilanzielle Abbildung von Preisanpassungsklauseln. Im Rahmen von Unternehmenszusammenschlüssen nach IFRS 3 (rev. 2008)*. Hamburg: Kovac.

Gemünden, H. G. (1980). Effiziente Interaktionsstrategien im Investitionsgütermarketing. *Marketing – Zeitschrift für Forschung und Praxis, 1980*(1), 21–32.

Gemünden, H. G. (1981). *Innovationsmarketing. Interaktionsbeziehungen zwischen Hersteller und Verwender innovativer Investitionsgüter*. Tübingen: Mohr.

Girmscheid, G. (2010). *Angebots- und Ausführungsmanagement – Leitfaden für Bauunternehmen. Erfolgsorientierte Unternehmensführung vom Angebot bis zur Ausführung* (2. Aufl.). Berlin et al.: Springer.

Grabowski, H., & Kambartel, K.-H. (1978). *Rationelle Angebotsbearbeitung im Unternehmen mit Auftragsfertigung*. Essen: Girardet.

Günter, B. (1979). *Das Marketing von Großanlagen. Strategieprobleme des Systems Selling*. Berlin: Duncker & Humblot.

Herbst, U. (2007). *Präferenzmessung in industriellen Verhandlungen*. Wiesbaden: Gabler.

Homburg, C. (2012). *Marketingmanagement. Strategie – Instrumente – Umsetzung – Unternehmensführung* (4. Aufl.). Wiesbaden: Gabler.

Ioanno, P. G., Asce , M., & Awwad, R. E. (2010). Below-Average Bidding Method. *Journal of Construction Engineering and Management, 136*, 936–947.

Kambartel, H. (1973). *Systematische Angebotsplanung in Unternehmen der Auftragsfertigung*. Aachen: Dissertation.

Kirsch, W. (1978). *Die Handhabung von Entscheidungsproblemen*. München: Kirsch.

Kirsch, W., Lutschewitz, H., & Kutschker, M. (1977). *Ansätze und Entwicklungstendenzen im Investitionsgütermarketing*. München.

Kolb, J. (1978). *Industrielle Erlösrechnung. Grundlagen und Anwendung*. Wiesbaden: Gabler.

Krause, F., Kind, C., & Müller, C. (2005). Prozessoptimierung in der Angebotserstellung. Technologieorientierte Kostenkonfigurierung in der Angebotserstellung für komplexe Einzel- und Kleinserienprodukte. *Werkstattstechnik, 95*(1/2), 7–10.

Kuß, A. (1977). Competitive-Bidding-Modelle. *Zfbf Kontaktstudium, 29*(4), 63–70.

Laßmann, G. (1979). Erlösrechnung und Erlösanalyse bei Großserien- und Sortenfertigung. *Schmalenbachs Zeitschrift für betriebswirtschaftliche Forschung, 1979*(31), 135–142, 153–162

Oo, B. L., Lo, H.-P., & Lim, B.T.-H. (2012). The effect of bidding success in construction bidding. *Engineering, Construction and Architectural Management, 19*(1), 25–39.

Opitz, H., Brankamp, K., & Kambartel, K.-H. (1971). *Systematisierung der Angebotsplanung im Rahmen des integrierten Informationsflusses der Unternehmen*. Opladen: Westdeutscher Verlag.

Oxenfeldt, A. R. (1966). *Executive Action in Marketing*. Belmont, CA: Wadsworth.

Oxenfeldt, A. R. (1977). The Computation of Costs for Price Decisions. *Industrial Marketing Management, 6*(2), 83–90.

Oxenfeldt, A. R. (1979). The Differential Method of Pricing. *European Journal of Marketing, 13*(4), 199–212.

Plinke, W. (1985). *Erlösplanung im industriellen Anlagengeschäft*. Wiesbaden: Gabler.

Plinke, W., & Rese, M. (2000). Analyse der Erfolgsquellen. In M. Kleinaltenkamp, & W. Plinke (Hrsg.), *Technischer Vertrieb. Grundlagen des Business-to-Business Marketing* (S. 691–760, 2. Aufl.). Berlin et al.: Springer.

Plinke, W., & Rese, M. (2006). *Industrielle Kostenrechnung* (7. Aufl.). Berlin et al.: Springer.

Plötner, O., Sieben, B., & Kummer, T.-F. (2010). *Kosten- und Erlösrechnung. Anschaulich, kompakt, praxisnah* (2. Aufl.). Berlin et al.: Springer.

Rese, M., & Herter, V. (2004). Preise und Kosten – Preisbeurteilung im Industriegüterbereich. In K. Backhaus, & M. Voeth (Hrsg.), *Handbuch Industriegütermarketing. Strategien – Instrumente – Anwendungen* (S. 969–988). Wiesbaden: Gabler.

Reul, A. (2007). Aufhebung der Genehmigungspflicht bei Wertsicherungsklauseln – Das neue Preisklauselgesetz (PreisklauselG). *Mitteilungen des Bayerischen Notarvereins, der Notarkasse und der Landesnotarkammer Bayern (MittBayNot)* 6/2007.

Rimpau, C. (2011). *Wissensbasierte Risikobewertung in der Angebotskalkulation für hochgradig individualisierte Produkte*. München: Utz.

Sandstede, C. (2010). *Verhandlungen unter Unsicherheit auf Industriegütermärkten*. Wiesbaden: Gabler.

Spiegel-Verlag (Hrsg.). (1972). *Entscheidungsprozesse und Informationsverhalten in der Industrie*. Hamburg: Spiegel-Verlag.

Statistisches Bundesamt (2012). Erzeugerpreisindizes gewerblicher Produkte: Deutschland, Monate, Güterverzeichnis (GP2009 2–5-Steller Hierarchie). https://www-genesis.destatis.de/genesis/online/data;jsessionid=D891E78DB49C11E4AB7D4EA2562B1FFB.tomcat_GO_2_2?operation=abruftabelleBearbeiten&levelindex=2&levelid=1330957917805&auswahloperation

=abruftabelleAuspraegungAuswaehlen&auswahlverzeichnis=ordnungsstruktur&auswahlziel=werteabruf&selectionname=61241-0004&auswahltext=%23Z-01.01.2012%2C01.01.2011%2C01.01.2010%2C01.01.2009%2C01.01.2008%2C01.01.2007%2C01.01.2006%2C01.01.2005%23SGP09Y5-GP09-24451&werteabruf=Werteabruf Zugegriffen: 12.06.2012

VDMA (1971). *Preisvorbehaltsklauseln in rechtlicher Sicht*. Frankfurt a.M.: Abteilung Recht und Wettbewerbsordnung des VDMA. Sonderveröffentlichung Nr. 2/71

Verein Deutscher Ingenieure (Hrsg.). (1983). *Angebotserstellung in der Investitionsgüterindustrie*. Düsseldorf: VDI.

Weiber, R., & Kleinaltenkamp, M. (2012). *Business- und Dienstleistungsmarketing*. Stuttgart: Kohlhammer.

Wellensiek, M. (2007). Präzision bereits in der Planung – Featurebasiertes Kostenmanagement in frühen Phasen der Produktgestaltung. *Tools – Informationen der Aachener Produktionstechniker*, *14*(1), 10–11.

Witte, H. (2005). Die Bedeutung der Preisgleitklausel für Verträge mit Zulieferern in der Logistikkette. *Europa Regionum*, *VIII*, 25–36.

Yang, J., & Mattfeld, D. C. (2007). Entscheidungsunterstützung für die Ressourcenallokation im internationalen Großanlagenbau. In H.-O. Günther, D. C. Mattfeld, & L. Suhl (Hrsg.), *Management logistischer Netzwerke. Entscheidungsunterstützung, Informationssysteme und OR-Tools* (S. 137–155). Heidelberg: Physica.

Yosha, R. (2012). Make it not go wrong. Risk management can keep projects from fulfilling Murphy's Law. *Industrial Engineer*, *44*(6), 36–42.

Auftragsfinanzierung und Financial Engineering 4

Klaus Backhaus, Philipp Alexander Brüne und Nico Wiegand

Inhaltsverzeichnis

Zusammenfassung

Mit steigendem Welthandel haben industrielle Großprojekte sowie Infrastrukturmaßnahmen in den letzten Jahrzehnten erheblich an Bedeutung gewonnen. Dabei müssen sich die Beteiligten immer neuen Herausforderungen insbesondere in Fragen der Finanzierung und Abwicklung der Projekte stellen. Hohe Kapitalinvestitionen, lange Projektlaufzeiten und finanzschwache Abnehmer erfordern individuelle Finanzierungskonzepte, welche die Realisierung von Großaufträgen häufig erst ermöglichen. Die Auftragsfinanzierung wird damit zu einer wesentlichen Aufgabe des Marketings.

Prof. Dr. Dr. h.c. Klaus Backhaus ✉, Philipp Alexander Brüne, Nico Wiegand
Institut für Anlagen- und Systemtechnologien, Westfälische Wilhelms-Universität, Königsstraße 47, 48143 Münster, Deutschland
e-mail: backhaus@uni-muenster.de, philipp.bruene@uni-muenster.de, nico.wiegand@uni-muenster.de

M. Kleinaltenkamp et al. (Hrsg.), *Auftrags- und Projektmanagement*,
DOI 10.1007/978-3-658-01352-3_4,

Zu den zentralen Bestandteilen der Auftragsfinanzierung gehört das Management einer Vielzahl projektinhärenter Risiken. Dies betrifft nicht nur die Gefahren von Bauverzögerungen und Zahlungsausfällen, sondern auch der Internationalität der Projekte geschuldete politische und finanzwirtschaftliche Unsicherheiten. Aufgrund der erhöhten Komplexität wurde im Anlagenbau daher eine Reihe an Möglichkeiten geschaffen, Risiken zu mitigieren und somit aus Sicht der Projektträger zu minimieren. Neben öffentlichen und privaten Finanzintermediären bieten vor allem Exportkreditversicherungen spezielle Produkte an, ohne welche die Finanzierung von Großprojekten in der Regel nicht sichergestellt werden kann. Insbesondere die sogenannte Hermes-Deckung ist eine beliebte Art der Ausfuhrgewährleistung, die gerade im Rahmen der klassischen Finanzierungsinstrumente des Lieferantenkredits, des Bestellerkredits oder der Forfaitierung Anwendung findet. Über diese Instrumente hinaus spielen zunehmend weitergehende Finanzierungsalternativen eine wichtige Rolle. Exportleasing und Kompensationsgeschäfte als bilaterales Vertragswerk zwischen Auftragnehmer und Auftraggeber stehen dabei ebenso im Fokus wie die staatlich unterstützte Misch- und Verbundfinanzierung, bei denen die heimische Exportwirtschaft durch besondere Risikogewährleistungen und Finanzierungskonditionen gefördert wird. Eine besondere Bedeutung kommt der Projektfinanzierung zu. Ihr Ziel ist es, den Schuldendienst aus den durch das Projekt generierten Einzahlungsüberschüssen zu bedienen. Die Wirtschaftlichkeit des Projektes an sich ist daher ausschlaggebend für dessen Finanzierung und letztendliche Durchführung.

Der vorliegende Beitrag gibt einen Überblick über die Bestandteile der Auftragsfinanzierung sowie deren wichtigste Akteure und stellt die grundsätzliche Wirkungsweise klassischer und weitergehender Finanzierungalternativen dar.

4.1 Auftragsfinanzierung als Marketing-Instrument

Die Realisierung von industriellen Großprojekten und Infrastrukturmaßnahmen stellt Unternehmen in der Regel nicht nur vor eine Reihe technischer Herausforderungen, sondern ihre Auftraggeber häufig auch vor erhebliche Finanzierungsschwierigkeiten. Gründe für diese Schwierigkeiten sind in den Eigenschaften der Projekte und ihrer Auftraggeber zu finden. Einerseits machen Großanlagen hohe Kapitalinvestitionen nötig, lange bevor erste Überschüsse erwirtschaftet werden können. Großprojekte können Volumina von bis zu € 500 Mio. erreichen (vgl. VDMA 2011b). Aufgrund der langen Bauphasen von bis zu 10 Jahren kann die resultierende finanzielle Belastung gravierend sein. Ein Konzept zur Überbrückung der Finanzierungslücke ist daher oftmals entscheidend für das Zustandekommen des Auftrags. Andererseits handelt es sich bei den Abnehmern häufig um öffentliche Institutionen finanzschwacher Entwicklungs- oder Schwellenländer. Etwa drei Viertel des Auftragseingangs der deutschen Anlagenbauer stammen aus Entwicklungs- und Schwellenländern (VDMA 2010, S. 7). Die Bereitstellung finanzieller Mittel zur (teilweisen) Vorfinanzierung der Projektkosten durch den Abnehmer stellt demnach den

Ausnahmefall dar. Nicht selten ist zu beobachten, dass selbst die Einwerbung von Krediten zur Deckung des Auftragswertes durch den Auftraggeber nicht gewährleistet werden kann. Insofern ist es nicht verwunderlich, dass in der überwiegenden Mehrzahl der Ausschreibungen zur Angebotsabgabe der Anbieter dazu aufgefordert wird, ein detailliertes Finanzierungskonzept vorzulegen. Dies ermöglicht dem Kunden, die Liquiditätsbelastung der Anschaffungsauszahlung über einen längeren Zeitraum zu verteilen und die Rückzahlungstranchen zumindest teilweise aus den cash flows der Anlage zu generieren (vgl. Hombach et al. 1987, S. 3). Problematisch aus Anbietersicht ist jedoch, dass die relativ geringe Anzahl von Projekten und deren hoher monetärer Wert sowie langwierige Ausschreibungsprozesse zu einer weitgehenden Transparenz der Finanzierungskonditionen führen, was deren Konvergenz erhöht. Die Ausgestaltung des Finanzierungskonzeptes wird somit zu einer kreativen Herausforderung und zu einem eigenständigen Instrument des Marketings.

Auftragsfinanzierung wird immer dann nötig, wenn Auszahlungsüberhänge dadurch entstehen, dass projektbezogene Ein- und Auszahlungen zeitlich und/oder betragsmäßig auseinanderfallen (vgl. Backhaus und Molter 1989, S. 50). Maßnahmen zur Finanzierung dieser Überhänge sind Gegenstand der **Auftragsfinanzierung im engeren Sinne**. Insbesondere im Exportbereich fallen hierunter nicht nur die reine Fremdkapitalbeschaffung durch spezialisierte Banken, sondern auch die Vermittlung von Kreditversicherungen, ohne welche die Bereitstellung von ausreichendem Kapital häufig nicht sichergestellt werden kann. Da das Großprojektgeschäft in hohem Maße international geprägt ist – der Auslandsanteil deutscher Anlagenbauer lag im Jahr 2010 bei fast 80 % (vgl. VDMA 2011a) – sprechen wir in der Anlagenfinanzierung in der Regel von exportorientierten Finanzierungskonzepten.

Zu den Aktivitäten der **Auftragsfinanzierung im weiteren Sinne** gehören zusätzlich die Betreuung und Abwicklung der mit der Finanzierung in Zusammenhang stehenden Transaktionen. Diese umfassen unter anderem die Auswahl der Banken zur Avisierung und Bestätigung von Akkreditiven (Letter of Credit, LC) sowie die Beschaffung von Versicherungen zur Übertragung etwaiger Risiken (vgl. Hombach et al. 1987).

Wie bereits erkennbar geworden ist, unterscheidet sich die Auftragsfinanzierung damit deutlich von der Unternehmensfinanzierung. Diese umfasst sämtliche Maßnahmen zur Disposition über liquide Mittel für die Refinanzierung des gesamten Unternehmens. Internationale Auftragsfinanzierung hat einen anderen Fokus: sie konzentriert sich auf die Finanzierung eines klar definierten Projektes. Insofern ist auch der Begriff des **Financial Engineering** im Kontext der Auftragsfinanzierung abzugrenzen von seiner Interpretation als reines Kapitalmarktkonzept. Dort versteht man unter Financial Engineering die Konstruktion von Wertpapieren zur Schaffung maßgeschneiderter Finanzprodukte (Perridon et al. 2009, S. 24). Die Finanzierung von Großprojekten schließt die Kapitalmarktoption ein, bezieht sich darüber hinaus aber auch auf die Kombination weiterer Alternativen zur Planung und Ausarbeitung problemorientierter Finanzierungskonzepte, welche die Liquiditätsversorgung in der Leistungserstellungsphase sicherstellen. Bei der Zusammenstellung verschiedener Finanzierungsoptionen zu einem Gesamtpaket ist in der Praxis häufig eine

Reihe von Auflagen zu erfüllen, die eine bestimmte Ausgestaltung des Angebots bereits im Vorhinein festsetzen. So verlangen Auftraggeber möglicherweise besondere Finanzierungsarten, Maximalzinssätze oder weit in die Zukunft reichende Zahlungsziele von bis zu 50 Jahren. Darüber hinaus können gesetzliche Bestimmungen des Ziellandes, wie bspw. die zwangsläufige Einbeziehung von inländischen Lieferanten oder Lokalwährungskrediten, die Gestaltungsmöglichkeiten der Anbieter beeinflussen.

4.2 Bestandteile der Auftragsfinanzierung

4.2.1 Finanzwirtschaftliche Bestandteile

Das exakte Zusammenfallen von Ein- und Auszahlungen in der Bauphase internationaler Großprojekte stellt einen theoretischen Grenzfall dar. Vielmehr hat der Anbieter, in der Regel ein Konsortium verschiedener Unternehmen, dafür Sorge zu tragen, dass ausreichend liquide Mittel zur Verfügung stehen, um den Bau vorzufinanzieren. Das bedeutet jedoch nicht, dass der Auftraggeber bis zur Fertigstellung des Projektes keinerlei finanziellen Verpflichtungen nachkommen muss. Die OECD schreibt in ihren Leitlinien zur Exportkreditvergabe (sogenannter OECD-Konsensus) vor, dass der Abnehmer mindestens 15 % des gesamten Auftragswertes vor Beginn der Rückzahlungsphase als An- und Zwischenzahlung („down payment") zu entrichten hat (vgl. OECD 2011, Chapter II.10). Rückzahlungen der restlichen 85 % des Auftrags sind sodann in gleichbleibenden Raten zu entrichten. Erklärtes Ziel dieser Vorschriften ist es, der Exportfinanzierung einen verbindlichen institutionellen Rahmen zu geben, um Finanzierungskonditionen in Ausschreibungswettbewerben vergleichbarer zu machen und die Vergabeentscheidung zurück zu den Determinanten Qualität und Preis zu führen. Abbildung 4.1 stellt beispielhaft die Ein- und Auszahlungen in den beiden Projektphasen (Bauphase und Betriebsphase) gemäß den OECD-Mindestanforderungen dar.

Bevor eine Anfrage oder Ausschreibung zum Auftrag wird, hat der Anbieter neben Akquisitionsbemühungen bereits evtl. eine Bietungsgarantie hinterlegt sowie die Planungs- bzw. Projektierungsleistung erbracht. Da diese **Angebotskosten** jedoch nicht Bestandteil des Auftragswertes sind, werden sie vom Anbieter eigenständig finanziert.

Material- und Personalkosten des Projektes sind Hauptbestandteile des zu finanzierenden Auftragswertes. Nicht nur ist im Vorfeld eine möglichst genaue Kalkulation dieser Positionen über die gesamte Bauphase und möglicherweise darüber hinaus durchzuführen, auch etwaige zukünftige Entwicklungen sind zu prognostizieren und gegebenenfalls abzusichern. So können Preisniveauänderungen auf der Beschaffungsseite die Baukosten und somit das Finanzierungsvolumen in die Höhe treiben. Auch müssen die Projektteilnehmer damit rechnen, dass technologische Entwicklungen und/oder eine Änderung der Kundenbedürfnisse Modifikationen notwendig machen, die sowohl den Auftragswert als auch die Länge der Bauphase beeinflussen können.

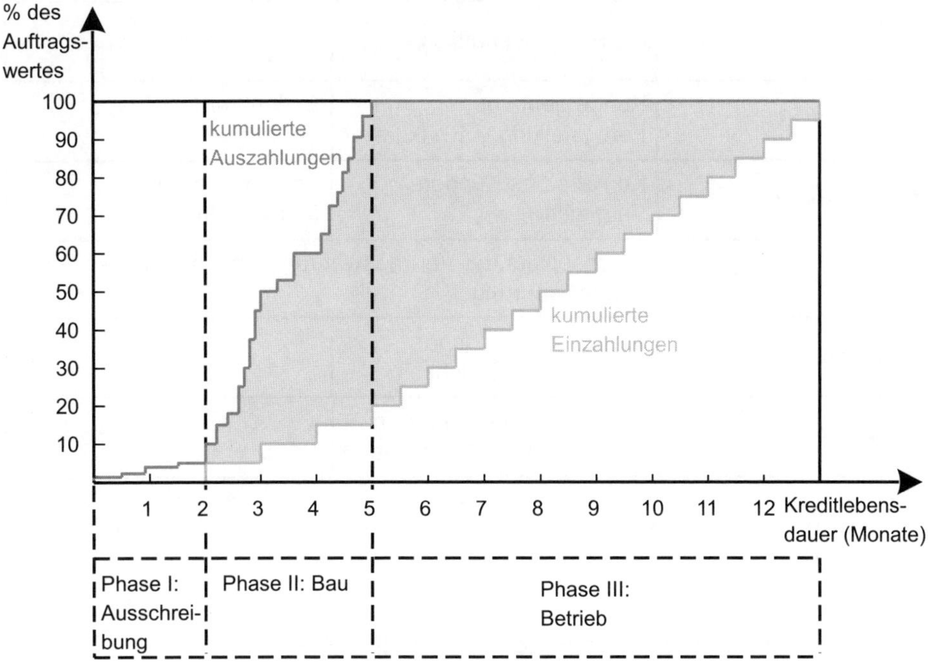

Abb. 4.1 Beispielhaftes Zahlungsprofil der Auftragsfinanzierung (in Anlehnung an Backhaus und Molter 1989)

Von den Leitlinien der OECD ebenfalls eingeschlossen werden etwaige **Gewinnmargen** des Anbieters, die bis zu 100 % vorfinanziert werden können (vgl. OECD 2011, Chapter II.10). Dieser Einschluss der Margen im Rahmen des Kredits oder deren Versicherung stellen den Regelfall dar. Alternativ wäre auch eine Verteilung des Gewinns über die Rückzahlungsdauer oder eine einmalige Zahlung mit der letzten Tilgungsrate denkbar. Jedoch würde in diesen Fällen eine Diskontierung der Einzahlungen notwendig, was vor allem aufgrund der langen Rückzahlungsphase und des hohen Auftragswertes ein schwer kalkulierbares Risiko für den Anbieter bedeuten würde.

Über die operativen Kosten in der Bauphase und Gewinnanteile hinaus fallen **Kosten für die Finanzierung** des Projektes an. Diese sind unmittelbar ausgabewirksam und können einen Anteil von 30 % und mehr am Gesamtpreis der Anlage ausmachen (vgl. Feuerbaum 1979). Die Finanzierungskosten beinhalten Zinszahlungen auf das geliehene Kapital sowie Kosten für den Einsatz von Sicherungsinstrumenten zur Abdeckung von Risiken innerhalb der Exportfinanzierung (Export Credit Cover, ECC). Ohne diese systemrelevanten Instrumente würden viele Großprojekte bereits an ihrer Finanzierung scheitern. Die Vielfalt der Risiken und ihre Relevanz im Rahmen der Auftragsfinanzierung werden im Folgenden adressiert.

	Wirtschaftlich	Politisch
Fabrikationsrisiko	Kunde geht vor Fertigstellung in Konkurs	Einfuhrverbot, Krieg, Embargo
Zahlungsrisiko	Konkurs des Kunden, Vergleich	Zahlungsverbot, Moratorium
Wechselkursrisiko	Wechselkurs der Vertragswährung sinkt gegenüber der Landeswährung	
Zinsrisiko	Zinsen steigen ohne Weitergabemöglichkeit	
Kostenrisiko	Preise von Zulieferungen steigen, Lohnsteigerungen	

Abb. 4.2 Wirtschaftliche und politische Risiken im internationalen Anlagengeschäft (Hombach et al. 1987, S. 18)

4.2.2 Risiken der Exportfinanzierung und ihre Deckung

Die eingangs erläuterten Besonderheiten des internationalen Anlagengeschäfts führen dazu, dass Leistungsanbieter einer Vielzahl beträchtlicher Risiken ausgesetzt sind. Zwar resultieren diese Risiken vor allem aus der Internationalität des Exportgeschäfts und sind daher auch in anderen Branchen als dem Großanlagenbau zu finden, jedoch ist das finanzielle Verlustpotenzial hier ungleich höher (vgl. Feuerbaum 1979, S. 23; Funk 1986, S. 17). Zudem verhindert die geringe Anzahl an Aufträgen einen natürlichen Risikoausgleich durch das Gesetz der großen Zahl. Abbildung 4.2 zeigt eine Übersicht typischer Risiken im Anlagengeschäft aus Anbietersicht, deren Herkunft wirtschaftlicher und/oder politischer Art sein kann.

Fabrikations- und Zahlungsausfallrisiken werden aufgrund der kundenindividuellen Leistungserbringung bedeutsam. Kann oder darf ein Kunde die Anlage nicht abnehmen, so steht der Anbieter buchstäblich mit nahezu leeren Händen dar (bis auf die Anteile des Auftragswertes, die vor Fertigstellung bereits gezahlt wurden). Der in einem Not- oder Weiterverkauf der Anlage zu erzielende Erlös liegt in der Regel deutlich unter dem verhandelten Kontraktwert (vgl. Häberle 2002a, S. 4). Gründe für die Nicht-Abnahme oder Zahlungsunfähigkeit des Kunden können wirtschaftlicher Natur sein (Insolvenz), oder, aufgrund der Zielländer der Exporte ebenfalls nicht ausgeschlossen, in Handelsrestriktionen mündende politische Spannungen zwischen den Ländern. Das Fabrikationsrisiko beginnt mit der Aufnahme der Baumaßnahmen und verschwindet mit ihrer Beendigung. Mit Übergabe der fertigen Anlage geht dem Anbieter meist eine Forderung über den Vertragswert abzüglich der geleisteten Anzahlungen zu (vgl. Backhaus und Molter 1989). Dieser Forderungszugang stellt gleichzeitig den Entstehungszeitpunkt des Zahlungsausfallrisikos dar, das erst mit Eingang der letzten Zahlungsrate erlischt. Zur Absicherung beider Risiken können Anbieter in der Praxis auf Exportkreditversicherungen oder banktechnische Sicherungsinstrumente wie Akkreditive und Zahlungsgarantien zurückgreifen (vgl. Häberle 2002a, S. 286).

Dadurch, dass die Preisfindung und Kalkulation des Finanzierungsbedarfs vor der eigentlichen Leistungserstellung stattfindet, müssen Entwicklungen der Rohstoff- und Lohnkosten geschätzt werden, um den Auftragswert zu berechnen. Die langen Bauzeiten machen zuverlässige Prognosen schwierig. Werden mögliche Preisentwicklungen der Produktionsfaktoren vertraglich nur unzureichend berücksichtigt, so entsteht ein ungedecktes **Kostensteigerungsrisiko** für den Anbieter (vgl. Backhaus 1979, S. 3). Zudem kann auch die Finanzierung des Auftrags, je nach Ausgestaltung der Finanzierungskonditionen, zu unerwarteten Kosten für den Anbieter führen, falls sich Zinsen oder Wechselkurse zu dessen Nachteil ändern **(Zins- und Wechselkursrisiko)**. Diese Gruppe von Risiken wird von Exportkreditversicherungen nur bedingt abgedeckt. Da Zahlungsgarantien hier keine Anwendung finden, ist die Mitigation der Risiken vor allem durch entsprechende Vertragsklauseln oder derivative Finanzinstrumente sicherzustellen (vgl. Hombach et al. 1987, S. 21).

Um Fremdkapital zur Finanzierung eines Großprojektes zu erhalten, sind Versicherungen des Fabrikations- und Zahlungsausfallrisikos regelmäßig eine Notwendigkeit (vgl. Sauer 1997, S. 429). Daher sind es insbesondere **Exportkreditversicherungen**, die im internationalen Anlagenbau zur Anwendung kommen und den Löwenanteil der inhärenten Risiken abdecken. Diese kompensieren den Exporteur im Falle eines Zahlungsausfalls- oder einer Zahlungsverzögerung seitens des Abnehmers. Es existiert eine Vielzahl an Finanzprodukten, die deutschen Exportunternehmen zur Verfügung stehen und jeweils an die besonderen Bedürfnisse unterschiedlicher Exportprojekte angepasst sind. Für eine Übersicht von Produkten der Bundesrepublik Deutschland siehe www.agaportal.de. Ziel dieser Instrumente ist es, die Exportwirtschaft zu unterstützen und möglichst viele Projekte durch den vereinfachten Zugang zu Kapital zu realisieren. Staatliche Versicherungsagenturen bieten im Gegensatz zu privatwirtschaftlichen Unternehmen auch die Deckung politischer Risiken an, weshalb der Großteil der Absicherungsinstrumente von öffentlicher Seite bereitgestellt wird. Der Umfang der gedeckten Risikoursachen von Fabrikations- und Zahlungsausfallrisiken ist vielfältig und umfasst typischerweise (vgl. Bödeker 1992, S. 372; Matschke und Olbrich 2000, S. 65 f.):

- Zahlungsunfähigkeit durch Insolvenz, Vergleich oder erfolglose Zwangsvollstreckung,
- vorbehaltlose Nichtzahlung und Zahlungsverzug,
- behördliche Maßnahmen, Krieg, Aufruhr oder Revolutionen,
- Unmöglichkeit der Konvertierung oder Transferierung ausländischer Zahlungsmittel,
- Unmöglichkeit der Vertragserbringung aus politischen Gründen,
- Zerstörung oder Beschlagnahmung.

Versichert wird grundsätzlich der Auftragswert abzüglich der bereits getätigten Anzahlungen. Etwaige anfallende Zinsen sind demnach in der Regel nicht im Deckungsbetrag enthalten. Bei der Absicherung des Fabrikationsrisikos sind die zum Zeitpunkt des Eintretens des Versicherungsfalles angefallenen Selbstkosten des Anbieters maßgeblich. Demgegenüber bezieht sich die Deckung des Zahlungsausfallrisikos auf den Zeitraum nach Fertigstellung und Übergabe der Anlage und hat somit als Versicherungsgegenstand die eingegangene Forderung an den Auftraggeber. Je nach Art und Ausgestaltung der Kreditversicherung sind außerdem Besonderheiten zu beachten.

Die Konditionen für Versicherungsprodukte unterscheiden sich im Wesentlichen nach ihrer Kreditlaufzeit und -höhe sowie nach dem Länderrisiko des Ziellandes und der Bonität des Schuldners (vgl. Euler Hermes 2011a, S. 3). In jedem Fall wird eine Selbstbeteiligung des Versicherten von 5 % der Versicherungssumme fällig. Dieses Restrisiko trägt folglich der Anbieter. Kosten für die Kreditversicherung gliedern sich typischerweise in Entgelte und Bearbeitungsgebühren. Letztere richten sich lediglich nach der Höhe des zu deckenden Auftragswertes, während Entgelte darüber hinaus anhand der oben beschriebenen Risikofaktoren adjustiert werden (vgl. Euler Hermes 2011b, S. 2). Eine Schlüsselrolle kommt hierbei der Einstufung in Länderkategorien zur Abschätzung der landesspezifischen Risiken zu. Je nach Zugehörigkeit zu einer von sieben Risikogruppen (1 = bestes Risiko, bis 7 = schlechtestes Risiko) sind unterschiedlich hohe Entgelte zu entrichten (vgl. Euler Hermes 2011b, S. 3). Die achte Länderkategorie 0 umfasst OECD-Hocheinkommensländer sowie Euro-Staaten und wird bei der Entgeltberechnung besonders behandelt. Ein ähnliches Einstufungsverfahren findet im Rahmen der Bonitätsprüfung einzelner Käufer Anwendung.

Neben Instrumenten der Exportkreditversicherung existieren ebenfalls banktechnische Sicherungsprodukte, die den Exporteur vor Zahlungsausfällen oder Nicht-Abnahme durch den Besteller schützen. Hierzu gehören die **Zahlungsgarantie** und das **Dokumenten-Akkreditiv**. Letzteres kann als Instrument zur Zahlungsabwicklung genutzt werden und ist dadurch gekennzeichnet, dass die Bank des Importeurs dessen Platz einnimmt und als Schuldner gegenüber dem Exporteur auftritt. Sämtliche Zahlungsansprüche sind sodann, nach Vorlage der entsprechenden, den Zahlungsanspruch begründenden Dokumente, von der Bank zu begleichen (vgl. Blomeyer und Kuttner 1992, S. 60 f.). Sofern eine zweite, im Land des Exporteurs ansässige Bank das Akkreditiv bestätigt und somit ihrerseits ein Zahlungsversprechen gegenüber dem Anbieter abgibt, werden neben den wirtschaftlichen Risiken des Abnehmers auch die politischen Risiken des Abnehmerlandes mitigiert.

Zahlungsgarantien erfüllen eine ähnliche Funktion wie Akkreditive, unterscheiden sich jedoch in ihrer Ausgestaltung. Wie das Akkreditiv sind sie abstrakt, d. h. vom Grundgeschäft unabhängig. Eine Zahlungsgarantie ist allerdings kein Abwicklungs-, sondern ein reines Sicherungsinstrument. Während das Dokumenten-Akkreditiv sicherstellt, dass Leistung und Gegenleistung für beide Parteien gleichermaßen korrekt erfüllt werden, ist die Garantie eine einseitige Absicherung des Anbieters gegen Zahlungsausfall oder -verzögerung des Abnehmers. Auch hier können politische Risiken vermieden werden,

	Absicherungsinstrumente
Fabrikationsrisiko	- HERMES-Deckung - Unwiderrufliches bestätigtes Akkreditiv - Anzahlung
Zahlungsausfallrisiko	- HERMES-Deckung - Unwiderrufliches bestätigtes Akkreditiv - Zahlungsgarantie einer Bank - Forfaitierung
Wechselkursrisiko	- Devisenoptions-, Devisentermingeschäft - Fremdwährungskredite - Fortfaitierung - Innerbetriebliche Kompensation von Fremdwährungs-forderungen mit -verbindlichkeiten - Kursgleitklausel
Zinsänderungsrisiko	- Zinsswap-Geschäft - Weitergabe an Unterlieferanten

Abb. 4.3 Risikoabsicherung im langfristigen Exportgeschäft (Hombach et al. 1987, S. 21)

wenn der Garant im Land des Exporteurs ansässig ist oder eine dort ansässige Bank gegenüber der Bank des Importeurs eine Rückgarantie abgibt.

Über die typische Deckung des Fabrikations- und Zahlungsausfallrisikos hinaus sind ebenfalls Instrumente verfügbar, welche die übrigen deckungsfähigen Risiken des Exportgeschäfts adressieren. Hierzu gehören Produkte zur Absicherung vor Zinssteigerungen und Wechselkursschwankungen wie auf dem Kapitalmarkt gehandelte Derivate (bspw. Caps, Floors, Swaps) oder von Exportkreditversicherern angebotene Instrumente (bspw. Interest Make-Ups, Pure Cover Garantien, Währungsgarantien; vgl. Ex-Im 2011). Voraussetzung für die Notwendigkeit solcher Absicherungsmaßnahmen sind flexible und volatile Underlyings (in diesem Fall Zinsen bzw. Wechselkurse). Abbildung 4.3 stellt zusammenfassend die typischen Risiken im internationalen Großanlagengeschäft und ihre Deckungsmöglichkeiten dar.

4.3 Beteiligte Akteure bei der Finanzierung von Großprojekten

4.3.1 Auftraggeber und Anbieterkonsortien

In den vergangenen zwei Jahrzehnten hat sich die Kunden- und Wettbewerbssituation auf dem Markt für internationale Großanlagen erheblich verändert. Verantwortlich hierfür ist in hohem Maße der rasante wirtschaftliche Aufstieg der **BRIC-Staaten** (Brasilien, Russland, Indien, China), allen voran China, das mittlerweile zum wichtigsten Abnehmerland deutscher Anlagenbauer aufgestiegen ist (vgl. VDMA 2010, S. 8). Mehr als 30 % des gesamten Auftragseingangs der deutschen Großanlagenexporte gingen im Jahr 2010 von den vier BRIC-Staaten aus (vgl. hier und im Folgenden VDMA 2011b). Vor 20 Jahren waren es weniger als 10 %. Mit einem Plus von 83 % im Vorjahresvergleich wächst das Ordervolumen in China mit Abstand am stärksten. Nur etwa ein Viertel aller Exporte von Großanlagen findet Abnehmer in Industrieländern – vorwiegend in den Vereinigten Staaten (vgl. VDMA 2010, S. 6). Der Anteil von Schwellen- und Entwicklungsländern fällt dementsprechend hoch aus.

Aber auch auf der Anbieterseite zeigen sich Auswirkungen dieser strukturellen Verschiebung der weltwirtschaftlichen Machtverhältnisse. Die Anzahl global tätiger Unternehmen im Großanlagenbau steigt stetig (vgl. hier und im Folgenden VDMA 2011c). Das deutlich wachsende Angebot trifft auf eine nur leicht steigende Nachfrage, was die internationale Wettbewerbssituation merklich verschärft. Nicht zuletzt diese Tendenzen ermöglichen es den Auftraggebern, hohe Anforderungen bereits in der Ausschreibungsphase an die potenziellen Anbieter heranzutragen. Aufgrund der starken Stellung der Nachfrager spricht man in diesem Zusammenhang auch von einem **Käufermarkt** (vgl. Petersen 2004, S. 172).

Aufgrund der Komplexität der Kundenanfragen, besonderer Kundenpräferenzen, hoher Spezialisierung bei der Leistungserbringung sowie limitiertem Zugang zu Finanzierungsmöglichkeiten ist es als Anbieter häufig notwendig, **Unternehmenskonsortien** zur Realisierung von Großprojekten zusammenzustellen. Diese Anbietergemeinschaften können Unternehmen aus unterschiedlichen und/oder derselben Branche beinhalten (vgl. hier und im Folgenden Backhaus und Voeth 2010, S. 378). Häufig werden nicht nur inländische, sondern auch ausländische Unternehmen in einem Konsortium zusammengezogen (vgl. Häberle 2002a, S. 686). Insbesondere für den gängigen Fall, dass die Vorlage eines detaillierten Finanzierungskonzeptes im Rahmen der Auftragsvergabe als notwendige Bedingung in den Ausschreibungsspezifikationen enthalten ist, wird ein Zusammenschluss in Anbietergemeinschaften unumgänglich (vgl. Fieten 1985; König 1982; Siepert 1987). Folgende Gründe sind hierfür verantwortlich (vgl. Siepert 1987):

- Da die Finanzierung und Versicherung einzelner Kunden oder Länder aus Gründen der Risikostreuung nur in sehr limitiertem Maße möglich ist, wird die Anbietergemeinschaft häufig **Voraussetzung** für die Realisierbarkeit eines Großprojektes.
- Durch die Verteilung von Finanzierungs- und Versicherungsanteilen auf mehrere Konsorten oder Unterlieferanten, häufig aus unterschiedlichen Ländern, kann die Anbietergemeinschaft **Zugang zu günstigeren Konditionen** erhalten, was die Attraktivität der Auftragsfinanzierung für den Kunden und somit die Zuschlagswahrscheinlichkeit des Anbieters erhöht.
- Die Unterstützung verschiedener nationaler Exportkreditversicherer kann, auf Grundlage ihrer unterschiedlichen Risikoeinschätzungen und/oder -bereitschaften, einen

„matching-Fall" herbeiführen, so dass auch relativ langfristige Zielfinanzierungen realisiert werden können.

- In internationalen Anbietergemeinschaften können besonders günstige **Wechselkursentwicklungen** sowie **Exportsubventionen** der jeweiligen Länder ausgenutzt werden.

Auch für den Fall, dass sich verschiedene Unternehmen in internationalen Anbietergemeinschaften zusammenschließen, bleibt die Abwicklung des eigenen Finanzierungsanteils jedoch in der Verantwortung des einzelnen Projektpartners.

4.3.2 Finanzintermediäre

Die Risikostrukturen in der internationalen Auftragsfinanzierung führen häufig dazu, dass sich auch auf Seiten der beteiligten Kreditinstitute Konsortien bilden (vgl. Backhaus und Voeth 2010, S. 379). Dies ist vor dem Hintergrund der hohen zu finanzierenden Wertvolumina nicht überraschend. Drei Gruppen von Finanzintermediären können an der Finanzierung von Großprojekten beteiligt sein: **private Geschäftsbanken** (bspw. Deutsche Bank), **öffentliche Geschäftsbanken** (bspw. WestLB) sowie **Spezialinstitute** (bspw. in Deutschland die KfW IPEX-Bank oder die AKA-Bank). Die Banken treten im Rahmen der Auftragsfinanzierung in unterschiedlichen Funktionen auf, unter anderem

- als direkter Kreditgeber (bspw. im Rahmen von Lieferanten- oder Bestellerkrediten),
- als Mittler zwischen der ausländischen Bank des Anbieters und dem Besteller (bspw. im Rahmen von Bestellerkrediten) oder zwischen dem Anbieter und Spezialinstitutionen,
- als Sicherungsgeber zur Deckung verschiedener Risiken auf Besteller- und Anbieterseite (bspw. im Rahmen von Akkreditiven oder Garantien).

In Deutschland nimmt die Gruppe der Geschäftsbanken die bedeutendste Rolle in der Exportfinanzierung ein. Sie treten vor allem als Anbieter mittel- und längerfristiger Kredite oder als Mittler zwischen Exporteur und Spezialinstitut auf und beteiligen sich gegebenenfalls an deren Kreditvergabe (vgl. Büter 2007, S. 311).

Unter dem Dach der **AKA-Bank (Ausfuhr-Kreditgesellschaft mbH)** haben sich zudem führende deutsche Kreditinstitute mit besonderem Engagement in der Finanzierung von Großanlagenexporten zusammengeschlossen. Das Konsortium bietet eine Vielzahl von Produkten sowohl im Bereich der klassischen Auftragsfinanzierung (bspw. Bestellerkredit oder Forderungsankauf) als auch für die strukturierte Finanzierung (bspw. Projektfinanzierung) und darüber hinaus (bspw. Beratungs- und Administrationsleistungen) an. Für die unterschiedlichen Kreditvergabezwecke stehen verschiedene Kreditlinien (Plafonds) zur Verfügung. Die AKA-Bank stellt damit das privatrechtliche Pendant zur im Bundes- und Landesbesitz befindlichen KfW IPEX-Bank dar.

4.3.3 Exportkreditversicherungen

In nahezu allen exportorientierten Industrienationen haben sich Kreditversicherungsinstitute herausgebildet, die als Intermediäre zwischen Unternehmen und dem Staat zur Förderung der Exportwirtschaft fungieren (sogenannte Export Credit Agencies, ECAs. Diese ECAs können sowohl als öffentliche Institutionen direkt unter der Weisung des jeweiligen Staates stehen oder als private Unternehmen im Auftrag des Staates agieren (vgl. OECD 2011; Stephens 1999). Typischerweise bieten sie Instrumente zur Risikoabsicherung an, um die Kreditvergabe der Banken zu Exportzwecken zu erleichtern. Jedoch können ECAs, je nach Ausgestaltung des Geschäftsmodells, auch direkt als Kreditgeber auftreten.

In Deutschland bieten die Euler Hermes Kreditversicherungs-AG und die PricewaterhouseCoopers AG WPG im Auftrag des Bundes neben anderen Versicherungsprodukten sogenannte **Ausfuhrgewährleistungen** an. Da Euler Hermes mit einem Marktanteil von fast 40 % der führende deutsche Kreditversicherer (vgl. Atevis 2011) und federführender Mandatar des Bundes ist (vgl. Bundesministerium für Wirtschaft und Technologie 2011), werden diese Produkte in der Praxis auch als „**Hermes-Deckungen**" bezeichnet.

Im internationalen Bereich stellt die Berner Union (BU) den größten Zusammenschluss von Exportkreditversicherern dar (vgl. hier und im Folgenden von Bernstorff 2007, S. 106 f.). Ihre Mitglieder haben es sich zum Ziel gesetzt, die Befolgung internationaler Standards, allen voran die Leitlinien der OECD, durchzusetzen sowie den Aufbau neuer und funktionsfähiger ECAs zu unterstützen. Zur Erreichung dieser Ziele hat die BU unter anderem ein an den OECD-Konsensus angelehntes „General Understanding" formuliert, das Vorgaben der OECD in einigen Punkten aufgreift und detaillierter regelt.

4.4 Finanzierungsinstrumente

Zur Deckung des Liquiditätsbedarfs im Rahmen internationaler Großprojekte hat sich eine Vielzahl an Finanzierungsalternativen herausgebildet. Neben den „klassischen" Finanzierungsformen des Darlehens und der Forfaitierung sind weitere Möglichkeiten entwickelt worden, Anlagenprojekte mit dem nötigen Kapital zu versorgen (vgl. Metschies 1995, S. 111 f.). Diese Entwicklung ist insbesondere darauf zurückzuführen, dass die klassischen Instrumente der Auftragsfinanzierung immer häufiger an ihre Grenzen stoßen, wenn es darum geht, größere Anlagen- oder Infrastrukturprojekte zu fördern. Im Folgenden werden klassische und weiterführende Finanzierungsalternativen dargestellt.

4.4.1 Klassische Auftragsfinanzierung

4.4.1.1 Lieferantenkredit

Der Begriff des Lieferantenkredits wird häufig insofern fehlinterpretiert, als er sich im internationalen Exportgeschäft eben nicht auf die Einräumung eines Zahlungsziels für den

Abnehmer seitens des Lieferanten bezieht. Wird dem Abnehmer von dem Lieferanten ein „Kredit" über eine Zahlungsbedingung gewährt, so bezeichnet man diesen als **Liefervertragskredit** (vgl. von Bernstorff 2007, S. 104 f.). Im Rahmen dessen hat der Kunde nach Abnahme des Exportgutes die Ausfuhrforderung gemäß dem vereinbarten Zahlungsplan sukzessive zu tilgen.

Zur Refinanzierung des eingeräumten Zahlungsziels nutzt der Lieferant hingegen einen **Lieferantenkredit** bei seiner Exportbank, sofern er die finanziellen Mittel zur Vorfinanzierung der entstehenden Kosten nicht selbst aufbringen kann. Dem Lieferantenkredit liegt demnach immer ein Exportliefervertrag zugrunde, der eine Zahlungsverpflichtung des Kunden festschreibt (vgl. von Bernstorff 2007, S. 109). Die Tilgung des Kredits wird regelmäßig an die Eingänge der Rückzahlungsraten durch den Abnehmer gekoppelt. Die Exportbank des Anbieters prüft im Vorfeld die Kreditwürdigkeit sowohl des Exporteurs, mit dem sie in einem direkten Kreditverhältnis steht, als auch des Importeurs, auf dessen Zahlungen sie faktisch angewiesen ist. Zur Reduktion des Fabrikations- und Zahlungsausfallrisikos verlangt sie zudem bestimmte Sicherheiten (Hermes-Deckung, Zahlungsgarantie der Bank des Importeurs, Abtretung der Exportforderung, Pfandrechte). In der Praxis beschränken sich die Kreditsicherheiten in der Mehrzahl der Fälle auf die Hermes-Deckung und Formen der Forderungsabtretung durch den Exporteur (vgl. von Bernstorff 2007, S. 109). Während der Übertrag der Exportforderungen in stiller Form vollzogen werden kann, ist die Abtretung der Ausfuhrsicherung an die Bank dem Importeur mitzuteilen (vgl. Büter 2007, S. 310). Die simultane Anwendung beider Instrumente ist aus Sicht der Exportbank notwendig, um

- das Risiko des Forderungsausfalls des Abnehmers zu reduzieren (Hermes-Deckung) und
- das Risiko des Rückzahlungsausfalls auf Anbieterseite abzusichern (Forderungsabtretung).

Abbildung 4.4 stellt die Struktur eines Lieferantenkredits mit Hermes-Deckung vereinfacht dar.

Diese Grundstruktur wird in einigen Fällen durch zusätzliche Akteure erweitert. So kann ein Spezialinstitut (AKA oder in Ausnahmefällen KfW-IPEX Bank) zur Kreditvergabe herangezogen werden, wobei die Exportbank in dieser Konstellation die (teilweise) Refinanzierung des Lieferantenkredits übernimmt (vgl. Voigt und Müller 1996, S. 139). Je nach Ausgestaltungsform der Kreditbeziehung sind weitere Konstellationen denkbar, bei denen Spezialinstitute unterschiedliche Aufgaben erfüllen können.

Verglichen mit den Anfangszeiten der deutschen Exportförderung hat der Lieferantenkredit insgesamt an praktischer Bedeutung verloren (vgl. Büter 2007, S. 310). Lieferantenkredite werden von der KfW-IPEX Bank sogar nur noch in begründeten Einzelfällen gewährt. Als Hauptinstrument der klassischen Auftragsfinanzierung hat sich der Bestellerkredit entwickelt (KfW-IPEX 2011, S. 8), der im Folgenden näher betrachtet werden soll.

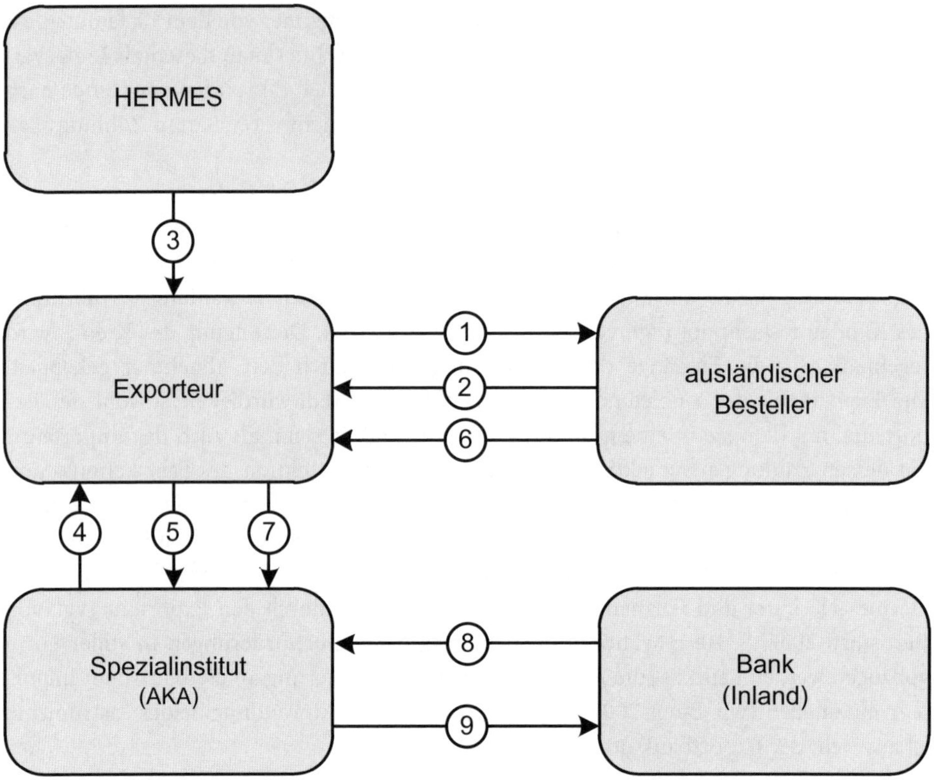

1) Lieferant (= Exporteur) erwirbt eine Lieferforderung, deren Bezahlung er dem Besteller aufgrund des im Liefervertrag zugesagten Lieferkredits stundet.
2) Besteller stellt dem Lieferanten (= Exporteur) Sicherheiten.
3) HERMES-Finanzkreditdeckung zugunsten des Exporteurs.
4) Exporteur erhält vom Spezialinstitut einen Kredit, mit dessen Liquidität er seinen Liefervertragskredit refinanziert.
5) Exporteur tritt seine Lieferforderung nebst Sicherheiten als Sicherheit still an das Spezialinstitut ab.
6) Besteller zahlt Tilgungen und Kundenzinsen an den Exporteur.
7) Exporteur tilgt und verzinst den von seiner Bank erhaltenen Kredit.
8) Bank refinanziert den Lieferantenkredit des Spezialinstituts und übernimmt die Haftungsfunktion gegenüber dem Spezialinstitut in Bezug auf den Exporteur.
9) Forderung und Sicherheiten (siehe Pfeil 4) gehen an die Bank über.

Abb. 4.4 Grundstruktur eines Lieferantenkredits mit Hermes-Deckung (Häberle 2002a, S. 703)

4.4.1.2 Bestellerkredit

Im Rahmen eines Bestellerkredits geht die Exportbank eine **direkte Kreditbeziehung** mit dem Importeur (klassischer Bestellerkredit) oder mit der Hausbank des Importeurs (Bank-zu-Bank-Kredit) ein (vgl. Matschke und Olbrich 2000, S. 97). Zur Gewährung eines Bestellerkredits hat nicht etwa der ausländische Besteller bzw. Käufer, sondern der Exporteur einen Antrag bei seiner Exportbank zu stellen (vgl. Häberle 2002a, S. 709). Bis auf die Antragstellung ist der Exporteur allerdings nicht in die Finanzierung eingebunden und belastet somit auch nicht seine Bilanz mit zusätzlichen Risiken (vgl. Häberle 2002a, S. 694).

Anders als der Lieferantenkredit wurde der Bestellerkredit ursprünglich zur reinen Finanzierung der Verpflichtung des Importeurs gegenüber dem Exporteur **nach Fertigstellung der Anlage**, also zur Finanzierung des Liefervertragskredits, genutzt. In diesen Fällen war es aus Anbietersicht notwendig, die in der Bauphase anfallenden Kosten anderweitig vorzufinanzieren (bspw. mit Hilfe eines Lieferantenkredites). Mittlerweile wird zunehmend vereinbart, die Auszahlung des Bestellerkredites **pro rata** Fertigungsfortschritt zu tätigen, wobei der Bestellerkredit somit eine sehr leistungsnahe Finanzierungsform und eine umfassendere Alternative zum Lieferantenkredit darstellt (vgl. Becker 2000, S. 68).

Die Auszahlung der Kreditsumme kann beim Bestellerkredit auf verschiedene Arten erfolgen. Möglich ist eine Transferierung des Kapitals **direkt an den Kunden**, wobei die Abwicklung häufig über dessen Importbank vollzogen wird (vgl. Häberle 2002a, S. 693). Der Kunde nutzt die Liquidität zur Rückzahlung des Liefervertragskredits, sodass die Forderung des Exporteurs erlischt. Aus Kundensicht haben jedoch lediglich die Gläubiger gewechselt, sodass Tilgung und Zinsen nicht länger im Rahmen des Liefervertragskredites an den Anbieter, sondern im Rahmen des Bestellerkredits an die Geschäftsbank des Anbieters gezahlt werden müssen.

Im Falle eines **Bank-zu-Bank-Kredits** wickelt die Importbank des Kunden dessen Verpflichtung eigenständig, d. h. ohne Weiterleitung der Mittel an den Kunden, ab. Auch kann der Umweg über das Bestimmungsland der Anlage gänzlich vermieden werden und die Auszahlung des Bestellerkredits an den Exporteur direkt erfolgen. Abbildung 4.5 zeigt letztgenannte Form des Bestellerkredits mit Auszahlung an den Exporteur.

Es wird deutlich, dass auch die Gewährung eines Bestellerkredits die Übertragung von Sicherheiten voraussetzt, um die Exportbank vor Zahlungsausfall zu schützen. In der Regel verlangt die darlehensgebende Geschäftsbank die Absicherung der Rückzahlung durch den Kreditnehmer (Besteller bzw. Importeur) in Form einer Zahlungsgarantie der ausländischen Importbank oder des jeweiligen Staates (vgl. Häberle 2002a, S. 711). Darüber hinaus findet eine Finanzkreditdeckung durch Hermes oder eine andere ECA regelmäßig Anwendung (vgl. AKA Bank 2011). Nur in Ausnahmefällen (bspw. hervorragende Kreditwürdigkeit des Bestellers, Garantie einer besonders kreditwürdigen Importbank, geringe politische Risiken etc.) kann eine Finanzierung ohne oder mit nur teilweiser Hermes-Deckung erwogen werden (vgl. Häberle 2002a, S. 711).

Seitens des Exporteurs sind zudem weitere Pflichten zu erfüllen. Häufig verlangt die Geschäftsbank des Anbieters die Stellung einer sogenannten **Exporteurgarantie**, welche bestimmte Informations- und Einzelfallpflichten und gegebenenfalls die Verpflichtung zur Zahlung der Entgelte für die Hermes-Deckung enthält (vgl. AKA 2011; Häberle 2002a, S. 712). Geregelt wird hier ebenfalls die Übernahme der Zinsdifferenz durch den Exporteur,

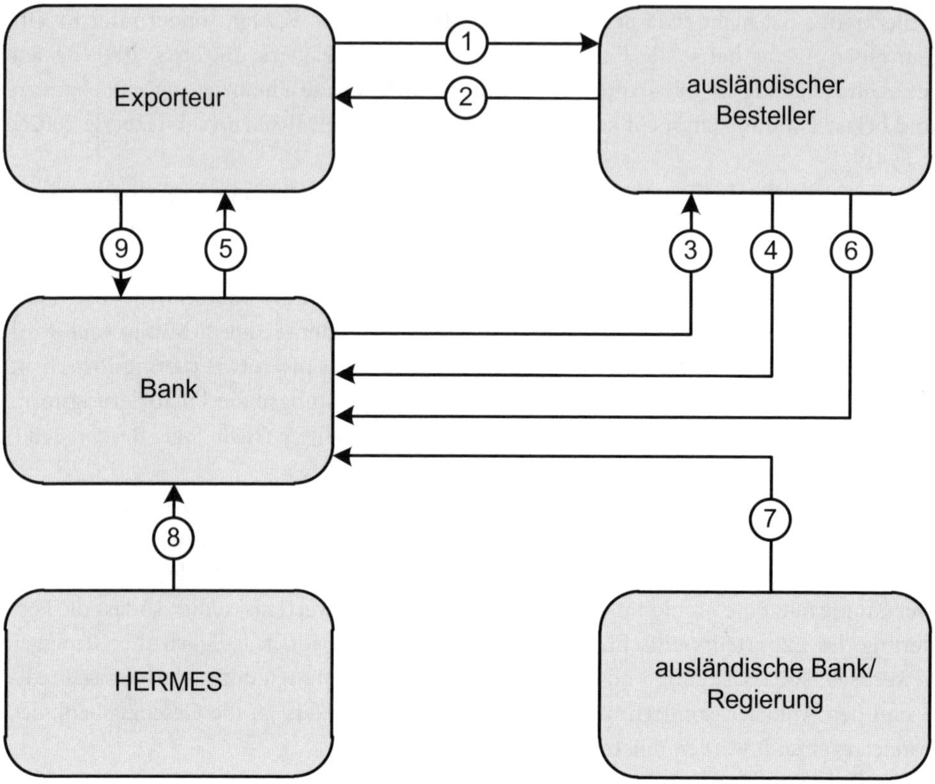

1) Exporteur erwirbt aufgrund der Lieferung eine Lieferforderung, deren Bezahlung er dem Besteller im Rahmen eines Liefervertragskredits zunächst stundet.
2) Besteller stellt dem Exporteur Sicherheiten.
3) Bank sagt dem Besteller einen Bestellerkredit zu.
4) Besteller stellt der Bank Sicherheiten.
5) Bank zahlt Kreditvaluta für Rechnung des Bestellers an dem Exporteur aus, dessen Lieferforderung 1 damit erlischt.
6) Besteller (= Kreditschuldner) tilgt und verzinst den Bestellerkredit während der Kreditlaufzeit.
7) Garantie der Regierung oder einer Bank des Bestellerlandes zugunsten der Bank.
8) HERMES-Finanzkreditdeckung zugunsten der Bank.
9) Exporteurgarantie für den Fall, dass die HERMES-Versicherung aus Nicht-Erfüllung der Voraussetzungen nicht entschädigt. Bei nicht HERMES gedeckten Krediten: in Ausnahmefällen Exporteurgarantie für individuell festzulegenden Anteil

Abb. 4.5 Grundstruktur eines Bestellerkredits mit Hermes-Deckung (Voigt und Müller 1996, S. 191)

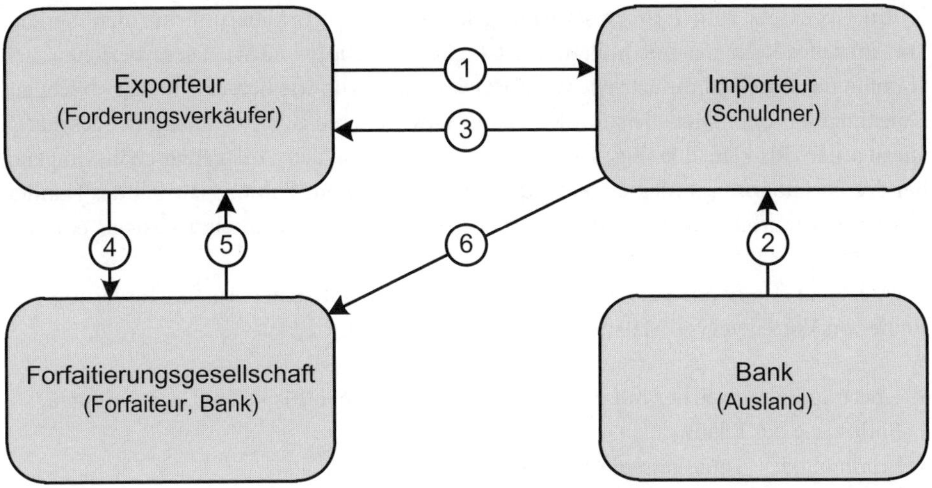

1) Lieferant (= Exporteur) erwirbt eine Lieferfordeung, deren Bezahlung er dem Besteller aufgrund des im Liefervertrag zugesagten Lieferkredits stundet.
2) Ausländische Bank stellt dem Importeur eine Bankgarantie.
3) Importeur händigt dem Exporteur eine Garantieerklärung aus.
4) Exporteur tritt die Forderung an die Forfaitierungsgesellschaft ab.
5) Forfaitierungsgesellschaft zahlt den Forfaitierungserlös.
6) Besteller tilgt und verzinst die Lieferverbindlichkeit während der Kreditlaufzeit.

Abb. 4.6 Grundstruktur der Forfaitierung (Häberle 2002a, S. 774)

die entsteht, falls der im Liefervertragskredit festgesetzte Angebotszins niedriger ist als der vom Kreditinstitut im Rahmen des Bestellerkredits konzedierte Zins (vgl. Backhaus und Voeth 2010, S. 380).

4.4.1.3 Forfaitierung

Unter Forfaitierung versteht man den **regresslosen Verkauf der Exportforderung** des Anbieters (Forfaitist) an einen Forderungsankäufer, den sogenannten Forfaiteur (vgl. Matschke und Olbrich 2000, S. 100). Als Ankäufer treten zumeist Banken oder spezialisierte Forfaitierungsgesellschaften auf (vgl. Bannier 2005, S. 1). Ähnlich dem Fall des Bestellerkredits ist die Grundlage des Forderungsverkaufs durch den Exporteur die Einräumung eines Zahlungsziels an den Importeur, d. h. das Bestehen eines Liefervertragskredits. Der Begriff der Forfaitierung leitet sich ab aus dem französischen „à forfait" (zu Deutsch „in Bausch und Bogen"), was bedeutet, dass die Forderung mitsamt **allen ihr anhaftenden Chancen und Risiken** veräußert wird (vgl. Büter 2007, S. 323). Mit Abtritt der Forderung wird also ausdrücklich auf einen Rückgriff auf den Forderungsverkäufer verzichtet. Der Exporteur haftet lediglich für den Rechtsbestand der Forderung. Abbildung 4.6 zeigt die beteiligten Akteure und ihre Funktionen im Rahmen eines Forfaitierungsgeschäfts.

Im Gegensatz zum **Exportfactoring** geht es bei der Forfaitierung um den Verkauf von Einzelforderungen mit hohem Wert (vgl. Büter 2007, S. 324). Diese beziehen sich somit in der Regel auf industrielle Großprojekte und nicht, wie beim Factoring üblich, auf Konsumgüter- oder Dienstleistungsgeschäfte. Des Weiteren ist die Deckung der geschäftsspezifischen Risiken, den Eigenschaften des internationalen Anlagengeschäfts folgend, bei der Forfaitierung umfassender und schließt neben dem Zahlungsausfall des Kunden aus betriebswirtschaftlichen Gründen auch politische und Wechselkursrisiken ein (vgl. Büter 2007, S. 324).

Aus Sicht des Exporteurs ergibt sich aus dem Verkauf seiner Ausfuhrforderung eine Reihe von Vorteilen (vgl. Matschke und Olbrich, S. 103 f.):

- Übertragung sämtlicher mit der Forderung verbundenen Risiken auf den Forfaiteur
- Entlastung der Bilanz
- Erhöhung des Liquiditätsspielraumes
- Entbindung der mit Aufwand verbundenen Pflichten der Forderungsverwaltung und -eintreibung
- ECA-Deckung nicht notwendig
- Verringerung der Zinsbelastung durch eventuelle Rückführung bestehender Kreditlinien
- Einfache Abwicklung des Forderungsverkaufs

Aller Vorteile zum Trotz kommt es in der Praxis häufig dazu, dass der Forderungsverkauf nicht oder nur unter Inkaufnahme gewisser Einschränkungen durchführbar ist. Einerseits ist die Forfaitierung aufgrund der umfassenden Abtretung aller Haftungsrisiken mit erheblichen **Kosten** für den Anbieter verbunden. Diese hängen von einer Vielzahl an Einflussfaktoren ab und umfassen insbesondere einen Zinsabschlag (Diskontierung der künftigen Rückzahlungen durch den Importeur), eine Risikoprämie, Kosten der Forderungsabwicklung sowie eventuell eine Bereitstellungsprovision (vgl. Voigt und Müller 1996, S. 194 ff.). Andererseits müssen gewisse Voraussetzungen erfüllt sein, um die Forfaitierung als Finanzierungs- und Absicherungsinstrument nutzen zu können:

- Forfaitierung bezieht sich auf den Ankauf mittel- oder langfristiger Forderungen. Typische akzeptierte Restlaufzeiten bewegen sich zwischen sechs Monaten und fünf Jahren (vgl. Putnoki 2000, S. 143) und sind abhängig von der Bewertung der Kunden- und Länderrisiken. Bei geringer Bonität ist eine Forfaitierung ausgeschlossen.
- Die Exportforderung muss in der Regel durch die Bank des Importeurs, bspw. durch Abgabe einer Zahlungsgarantie, abgesichert werden (vgl. Häberle 2002b, S. 311).
- Aufgrund des hohen Forderungswertes und der damit verbundenen Risiken ist es oftmals nicht möglich, die Forderung als Ganzes an einen Forfaiteur abzutreten. Vielmehr muss die Möglichkeit von Teilabtretungen gegeben sein.
- Da der Forfaiteur nicht auf alle geltenden Währungen Sicherungsinstrumente zeichnen und fristenkongruente Refinanzierungsoptionen ausschöpfen kann, muss die Forderung

auf eine liquide handelbare Währung (in der Regel Währungen der bedeutenden Industrieländer) lauten (vgl. Häberle 2002b, S. 304 f.).

Aufgrund dieser z. T. unüberwindbaren Hindernisse bleibt vielen Exporteuren häufig nichts anderes übrig, als auf die bewährten Instrumente des Lieferanten- bzw. Bestellerkredits zurückzugreifen. Darüber hinaus haben sich im Rahmen des Financial Engineering im Laufe der Zeit weitere Finanzierungsformen mit neuen Möglichkeiten der Risikoverteilung entwickelt, auf welche im Exportgeschäft zurückgegriffen werden kann.

4.4.2 Weitergehende Finanzierungsalternativen

4.4.2.1 Misch- und Verbundfinanzierung

Eine weitere Finanzierungsalternative bietet die Misch- bzw. Verbundfinanzierung. Beide Finanzierungsmodelle sind eine im Rahmen der finanziellen Zusammenarbeit (FZ) vom **Bundesministerium für wirtschaftliche Zusammenarbeit und Entwicklung** (BMZ) und der KFW-Entwicklungsbank zur Verfügung gestellte Kombination von Entwicklungshilfemitteln und kommerziellen Entwicklungskrediten (vgl. Backhaus und Voeth 2010, S. 393). Im Rahmen der öffentlichen Entwicklungshilfe sind diese Finanzierungsformen Teil der bilateralen Entwicklungshilfe, die einem Entwicklungsland direkt zu Teil wird, im Gegensatz zu multilateralen Entwicklungshilfen, die internationalen Entwicklungshilfeorganisationen zur Verfügung gestellt werden (vgl. Backhaus und Siepert, 1987, S. 261 f.). Der FZ liegt die entwicklungspolitische Idee zugrunde, Maßnahmen zu unterstützen, die von nachhaltiger Wichtigkeit für die Entwicklung von Partnerländern ist (vgl. hier und im Folgenden BMZ 2012). Im aktuellen Fokus stehen dabei insbesondere Investitionsvorhaben in Bildungs- und Gesundheitssysteme, Wasserver- und -entsorgung, Energiewirtschaft, Klimaschutz und Landwirtschaft. In Deutschland werden die Mittel in einem einheitlichen Kreditvertrag zugesagt und durch die KFW-Entwicklungsbank vergeben, so dass der private Geschäftsbankensektor keinerlei Zugang zu den Mitteln der öffentlichen Entwicklungshilfe hat (vgl. Klöpper 1990, S. 103). Bedingungen für die Vergabe von Mitteln werden vom BMZ in Kooperation mit dem Bundesministerium der Finanzen, dem Auswertigen Amt und dem Bundesministerium für Wirtschaft und Technologie für jedes Investitionsvorhaben gesondert geprüft und festgelegt.

Eine wichtige Rolle bei der Mischfinanzierung spielt eine **Ausfuhrgewährleistung** durch die Hermes-Kreditversicherungs-AG als Voraussetzung für die Vergabe des Exportkreditteils durch die KFW-Entwicklungsbank. Aufgrund der Beschränkung der Gewährleistung auf deutsche Lieferungen und Leistungen sollen das Hermes-Versicherungssystem und damit auch die Mischfinanzierung als Exportförderung für deutsche Unternehmen gelten (vgl. hier und im Folgenden Backhaus und Voeth 2010, S. 393). Die Vergaberichtlinien der BMZs unterstützen die formale Bindung der Hermes-Deckung durch zahlreiche Anhaltspunkte, die den Exportfördergedanken aufgreifen und manifestieren. Die praktische Umsetzung dieses Gedankens erfolgt in der ausschließlich auf den nationalen Markt gerichteten Ausschreibung von Leistungen. Deutsche Unternehmen sind hierbei stark in den Prozess der Auswahl von Entwicklungsprojekten eingebunden. Die Prüfung solcher Projekte erfolgt erst, nachdem der Zuschlag an ein deutsches Unternehmen geschehen ist.

Die Mischfinanzierung ist kein ausschließlich deutsches Phänomen, sondern wird von einer Vielzahl von Nationen eingesetzt. Das birgt die Gefahr eines Subventionswettlaufs verschiedener Industrieländer, deren Besterben die Sicherung von Aufträgen für die eigenen Exporteure ist. Um dem entgegen zu wirken, gibt es im Rahmen des **OECD-Konsensus** seit 1987 ein sogenanntes „**Gentelmen's Agreement**", das eine ordnungsgemäße Vergabe von offizielle unterstützten Exportkrediten regeln soll (vgl. OECD 2011, S. 5). Liefergebunde Exportkredite sollen demnach nur noch Ländern, Sektoren oder Projekten zur Verfügung gestellt werden, die keinen anderweitigen Zugang zum Finanzmarkt vorweisen können.

Die Entwicklung in den letzten Jahren zeigt, dass die Konsensregelung angenommen wird. Die Mischfinanzierung verliert damit zunehmend an Bedeutung und wird durch die Verbundfinanzierung ersetzt (vgl. hier und im Folgenden BMZ 2012). Bei der Verbundfinanzierung erfolgt die Absicherung der zur Verfügung gestellten Mittel durch eine Bürgschaft, die im Bundeshaushalt in einem gesonderten Bürgschaftsrahmen ausgewiesen werden. Dies hat zur Folge, dass Unternehmen nicht an die Lieferung und Leistungen deutscher Unternehmen gebunden sind. Die zunehmende Bedeutung dieses Finanzierungsinstruments wird an der Höhe der zur Verfügung gestellten Mittel durch die KfW-Entwicklungsbank deutlich. Während sich im Jahre 2006 die Gesamtfördersumme auf knapp 2,4 Mrd. € belief, konnten vier Jahre später – trotz der Finanzkrise – Zusagen in einem Rahmen von 4,5 Mrd. € getätigt werden (vgl. KfW 2011, S. 53).

4.4.2.2 Exportleasing

Exportleasing zählt allgemein zu den Finanzierungsinstrumenten mit mittel- und langfristigem Refinanzierungshorizont. In der Literatur sind häufig synonyme Begriffe zu finden wie Cross-Border-Leasing, grenzüberschreitendes Leasing oder internationales Leasing. Allen Begriffen liegt der Gedanke zugrunde, dass ein Leasinggeber einen Vertrag mit einem nicht im selben Land ansässigen Besteller oder Leasingnehmer über die Überlassung von langlebigen Gebrauchs- und Investitionsgütern gegen Zahlung von Leasingraten über einen bestimmten Zeitraum abschließt (vgl. Häberle 2002a, S. 739 f.). Eine **Klassifikation von Exportleasingvarianten** kann anhand der Art des Leasingobjekts, der Art der Beziehung zwischen Leasinggeber und Leasingnehmer, dem Sitz des Leasinggebers oder auch nach dem Verpflichtungscharakter des Leasingvertrages charakterisiert werden. Abbildung 4.7 gibt einen Überblick über die Klassifizierung von Exportleasingverträgen, während Abb. 4.8 die grundlegende Struktur von Exportleasingfinanzierungen darstellt.

Ist der Fokus auf die Art des Leasingobjektes gerichtet, so lassen sich Mobilien- und Immobilien- sowie Spezialgut- und Allgemeingutleasing unterscheiden (vgl. hier und im Folgenden Matschke und Olbricht 2000, S. 112). Mobilienleasing bezeichnet dabei das Leasing von beweglichen Gebrauchsgütern, die langfristigen Nutzungscharakter aufweisen. Im Gegensatz dazu wird von Immobilienleasing gesprochen, „wenn die der Ausfuhrtransak-

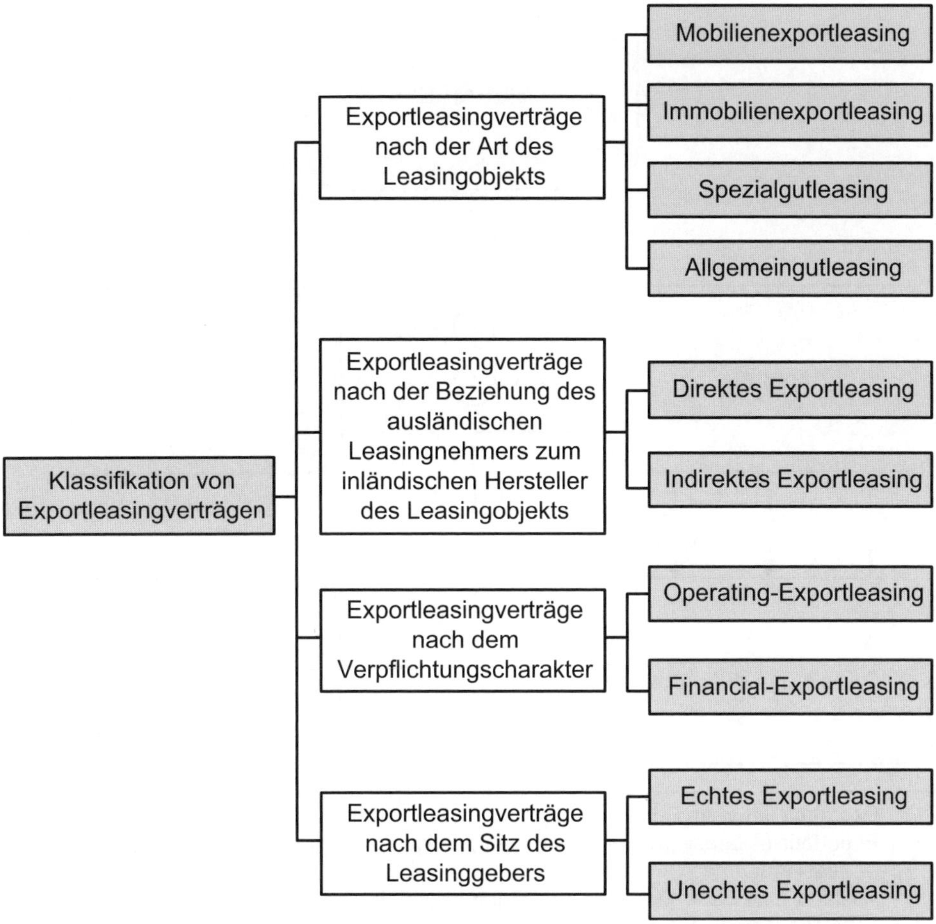

Abb. 4.7 Klassifizierung von Exportleasingverträgen (Matschke und Olbrich 2000, S. 112)

tion zugrundeliegenden Leasingobjekte unbewegliche Gebrauchsgüter darstellen". Häufig sind dies sogenannte Turn-Key-Projekte, die von ausländischen Lieferanten schlüsselfertig an den Leasingnehmer übergeben werden. Im Jahr 2011 hatte Mobilienleasing einen Anteil von 21,4 % an den gesamten Ausrüstungsinvestitionen in Deutschland, während Immobilienleasing mit einem Anteil von 2,4 % an den gesamtbauwirtschaftlichen Investitionen einen geringen Anteil aufzuweisen hatte (vgl. ifo Institut 2011, S. 6). Die Unterscheidung zwischen Allgemeingutleasing und Spezialgutleasing ist auf die Spezifizierung eines Produktes für den Leasingnehmer zurückzuführen. Während standardisierte Produkte in die Kategorie Allgemeingutleasing einzuordnen sind, wird das Leasing von Produkten, die auf die besonderen Bedürfnisse des Leasingnehmers zugeschnitten sind, als Spezialgutleasing bezeichnet.

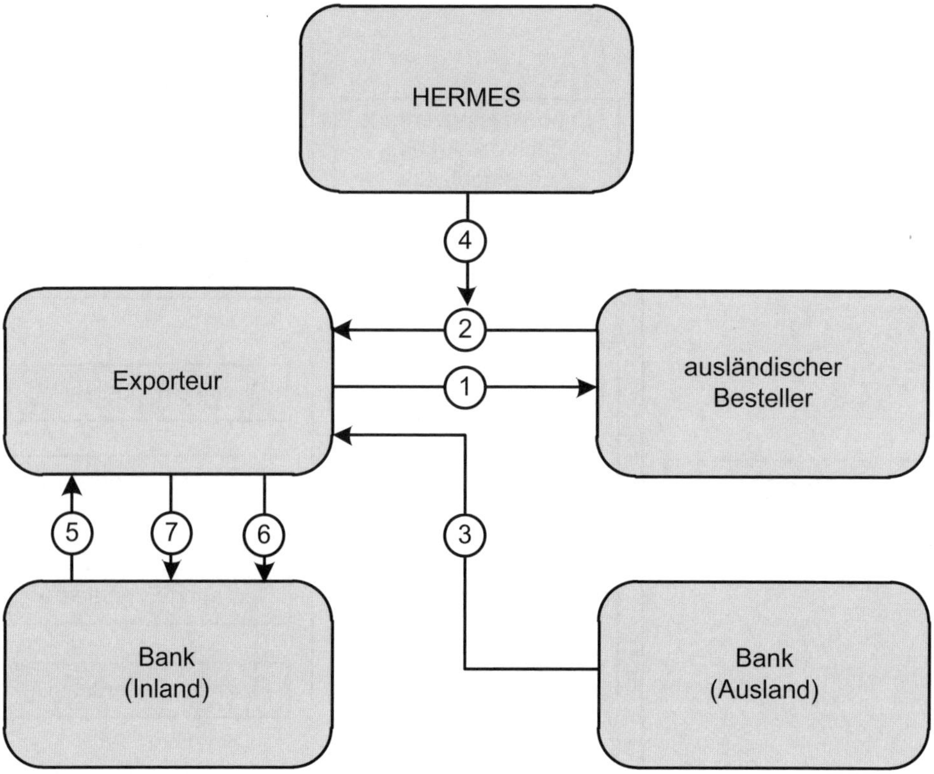

1) Exporteur liefert an Besteller aufgrund Leasingvertrag.
2) Exporteur (= Leasinggeber) erwirbt langfristige Leasingforderungen gegen Besteller (= Leasingnehmer).
3) Ausländische Bank garantiert Leasingforderungen.
4) HERMES deckt Leasingforderungen.
5) Bank *refinanziert* Exporteur oder kauft seine Leasingforderung im Wege der Forfaitierung an.
6) Exporteur tritt HERMES-Deckung und Leasingforderungen an Bank ab.
7) Exporteur tilgt Kredit der Bank aus den gemäß Ziffer 2 eingehenden Leasingraten.

Abb. 4.8 Struktur von Exportleasingfinanzierungen (Voigt und Müller 1996, S. 191)

Unterscheidet man hingegen nicht nach der Art des Leasingobjekts, sondern nach der Beziehung des ausländischen Leasingnehmers zum inländischen Hersteller des Leasingobjekts, kann zwischen direktem und indirektem Exportleasing unterschieden werden. Ist der Exporteur des Produktes auch Leasinggeber spricht man im Allgemeinen von direktem Exportleasing (vgl. Voigt und Müller 1996, S. 188). Wenn eine Leasinggesellschaft zwischen Leasinggeber und Leasingnehmer die vertragliche Abwicklung übernimmt und eine Refinanzierung der Leasinggesellschaft bei einer Bank erfolgt, wird dies als indirektes Leasing bezeichnet.

Operating Exportleasing und Financial Exportleasing unterscheidet man aufgrund des Verpflichtungscharakters, der aus den Exportleasingverträgen erwächst (vgl. hier und im Folgenden Matschke und Olbrich 2000, S. 114). Dem Operating Exportleasing liegt eine Art Mietvertrag zugrunde von dem sofort oder unter Einhaltung kurzer Kündigungszeiten einer der beiden Parteien zurücktreten kann. Dies birgt für den Leasinggeber einige Gefahren:

- Fehlinvestitionen, die zum Abbruch der vertraglichen Beziehung führen, müssen verwertet werden, um Verluste weitestgehend zu vermeiden.
- Das Risiko eines zufälligen Untergangs des Leasingobjektes liegt beim Leasinggeber.
- Die Unterhaltskosten des Leasingobjektes (bspw. für Wartung und Reparatur) müssen vom Leasinggeber getragen werden.

Diese Art des Exportleasings eignet sich daher nur für **Standardgüter**, die keine oder nur ein geringes Maß an Individualität aufweisen. Die Standardisierung führt zudem zu Minimierung von Unterhaltskosten.

Der Verpflichtungscharakter der Exportleasingverträge kann aber auch auf die Sachleistung des Leasingobjektes gerichtet sein. Bei dieser Art des Leasings **(Financial Exportleasing)** wird eine Grundmietzeit vereinbart, die an die voraussichtliche Nutzungszeit des Leasingobjektes angelehnt ist. Eine vorzeitige Kündigung ist hier ausgeschlossen, was dazu führt, dass der Leasingnehmer die oben genannten Risiken trägt. Insbesondere bei **nicht-standardisierten Gütern** wird diese Form des Exportleasings verwendet, um den Leasinggeber zu schützen.

Echtes Exportleasing ist nur dann gegeben, wenn Leasingnehmer und Leasinggeber ihren rechtlichen Sitz nicht im selben Land haben. Andernfalls spricht man von unechtem Exportleasing (vgl. Abb. 4.9). Die Formen des unechten Exportleasings lassen sich auf die bereits oben erwähnten Grundvarianten der Exportfinanzierung zurückführen: Lieferantenkredit, Bestellerkredit und Forfaitierung. Eine Übersicht über echtes und unechtes Leasing in Abhängigkeit von der Konstellation der Parteien schafft Klarheit über die Exportfinanzierungsmechanismen.

Im Rahmen der Entscheidung für den Einsatz einer Exportleasinglösung und deren konkrete Ausgestaltung sind diverse Aspekte relevant (vgl. Voigt und Müller 1996, S. 189 f.):

- steuerliche Behandlung von Leasingnehmer und Leasinggeber im Vergleich zu einem Kauf des Investitionsgutes,
- steuerliche Bevorzugung von Leasingoperationen mit Leasinggebern im Bestellerland gegenüber Leasingoperationen bei Leasinggeber außerhalb des Bestellerlandes,
- Zinsgefälle zwischen den Ländern, die unter Umständen zu günstigeren Refinanzierungsbedingungen bei einer ausländischen Bank im Vergleich zu einer inländischen Bank führen können,

		1 Exporteur	2 Besteller	3 Leasingfirma Inland[3)]	4 Leasingfirma Ausland[2)]	5 Bank Inland[3)]	6 Bank Ausland[2)]
1	Exporteur		verleast an ⇧	verkauft an ⇧	verkauft an ⇧	verkauft an ⇧	(verkauft an) ⇧
2	Besteller	least von ⇧		least von ⇧	least von ⇧	(least von) ⇧	(least von) ⇧
3	Leasingfirma Inland[3)]	kauft von ⇧	verleast an ⇧		verleast an ⇧	wird finanziert von ⇧	wird finanziert von ⇧
4	Leasingfirma Ausland[2)]	kauft von ⇧	verleast an ⇧	least von ⇧		(least)/wird finanziert von ⇧	wird finanziert von ⇧
5	Bank Inland[3)]	kauft von/ finanziert ⇧	(verleast an) ⇧	finanziert[1)] ⇧	finanziert/ (verleast an) ⇧		finanziert[1)] ⇧
6	Bank Ausland[2)]	(kauft von) ⇧	(verleast an) ⇧	finanziert[1)] ⇧	finanziert[1)] ⇧	finanziert[1)] ⇧	

1) Finanzierungen: einzelgeschäftsbezogene Kredite oder Forfaitierungen
2) Ausland = Bestellerland
3) Inland = Land des Exporteurs

Nennungen in Klammern: untypische Beziehungen
Markierte Felder: Bestandteil eines unechten Exportleasings

Abb. 4.9 Echte und unechte Exportleasingfinanzierungen (Voigt und Müller 1996, S. 190)

- unterschiedliche Zinsbesteuerung zwischen Bestellerland, Exporteurland und dritten Staaten,
- Existenz und Ausgestaltung bilateraler Doppelbesteuerungsabkommen,
- politische Risiken in den unterschiedlichen Ländern,
- technisches Know-how der Leasingparteien.

Die Vielzahl der zu berücksichtigenden Faktoren zeigt die Komplexität der Entscheidungssituation auf. Besonders häufigen Einsatz findet dieses Finanzierungsinstrument zumindest in Deutschland bis heute nicht. Lediglich bei Leasingobjekten, wie z. B. Großanlagen, sind spezialisierte Finanzdienstleister mit adäquaten Leasinglösungen am Markt zu finden (vgl. Voigt und Müller 1996, S. 193).

4.4.2.3 Kompensation

Wenn normale Exportfinanzierungsinstrumente und Risikoabsicherungen aufgrund **unklarer politischer Zukunftsentwicklungen** nicht in Betracht gezogen werden können oder erschwert werden, kommen häufig Kompensationen statt finanzieller Kredite zur Exportabwicklung in Betracht (vgl. Sauer 1997, S. 436 f.). **Kompensationsgeschäfte** im Sinne des Industriegütermarketing sind zu verstehen als Geschäfte, bei denen „bestimmte Wirtschaftssubjekte bewusst wechselseitig Realgüter (also z. B. Sachgüter und/oder Dienstleistungen) aneinander abgeben bzw. von einander abnehmen, unabhängig davon, ob zusätzlich Zahlungen erfolgen oder nicht." (Schuster 1979, S. 15). Cowdell et al. (2000) führen im Wesentlichen zwei Gründe an, die zur Entwicklung von Kompensationsgeschäften geführt hat:

- **Mangelnde Finanzkraft** in Form von Devisen ermöglicht einigen Ländern nicht, die nötigen finanziellen Gegenleistungen für Importe aufzubringen. Kompensationsgeschäfte bleiben somit die einzige Möglichkeit am Geschehen des Welthandels teilzunehmen.
- Entwicklungsländer nutzen die Möglichkeit der Kompensationsgeschäfte, um im Zuge der Kopplung von Exporten an die Importgeschäfte die eigene **Exportwirtschaft** zu **fördern.**

Bei Kompensationsgeschäften ist zwischen Voll- und Teilkompensationsgeschäften sowie Eigen- und Fremdkompensation zu unterscheiden. (vgl. hier und im Folgenden Kutschker und Schmid 2008, S. 35 f.). **Vollkompensation** liegt immer dann vor, wenn ausschließlich Realgüter ausgetauscht werden. Wird ein Teil der Leistung mit Geld aufgewogen, so wird von **Teilkompensation** gesprochen. Je nachdem, ob der Exporteur der Leistung die Waren aus dem Kompensationsgeschäfts ausschließlich für eigene Zwecke verwendet oder die Kompensationsware an Dritte (z. B. Vermittler oder Endverbraucher) erbracht wird, kann zwischen **Eigen- bzw. Fremdkompensation** unterscheiden werden.

In der Praxis haben sich verschiedene Varianten von Kompensationsgeschäften entwickelt. Hierbei sind zwei Kategorien von Kompensationen zu unterscheiden. Auf der einen Seite stehen die sogenannte **Barter-Geschäfte**, zu denen der klassische Barter, der Closed-End Barter und der Clearing Account Barter zählen. Diesen Geschäften werden innerhalb eines einzigen Vertrages abgehandelt und sind ausschließlich Vollkompensationsgeschäfte. Auf der anderen Seite sind in der Praxis häufig **Parallelgeschäft** anzutreffen. Diese umfassen unter anderem Counterpurchase- und Offsetgeschäfte sowie Buyback und Cooperation Agreements (vgl. Huszagh und Barksdale 1989, S. 21; Cowdell et al. 2000, S. 232 f.; Büter 2007, S. 87 ff.; Kutschker und Schmid 2008, S. 36 f.). Bei Parallelgeschäften werden zwischen Importeur und Exporteur zwei getrennte Verträge über Leistung und Gegenleistung geschlossen.

Der **klassische Barter** (häufig auch „pure barter" genannt) bezeichnet einen ausschließlichen Tauschhandel von Realgütern oder Dienstleistungen zwischen Exporteur und Importeur (vgl. hier und im Folgenden Büter 2008, S. 87). Aus diesem Grund sind klassische Bartergeschäfte immer Vollkompensationsgeschäfte. Der reine Austausch von Realgütern oder Dienstleistungen birgt keine Wechselkursrisiken, was bei langen Vertragslaufzeiten und unsicheren Wechselkursentwicklungen von Vorteil ist. Jedoch ist mit dem Austausch von Realgütern und Dienstleistung das Risiko einer einwandfreien Beurteilung von Wert und Gegenwert verbunden. Dies resultiert aus dem grundlegenden Problem, dass die Gegenleistungen nicht sachlich zueinander in Beziehung gesetzt werden können.

Dieses Problem versucht die Form des **Close-End Barters** aufzugreifen. Bei dieser Art von Güter- und/oder Dienstleistungsaustausch erhält der Exporteur zuerst die Gegenleistung, die dann geprüft und verwendet bzw. auf einem Absatzmarkt weiterverkauft wird. Dadurch ist eine objektive Bewertung zu Marktpreisen möglich, die das Risiko einer unsicheren Bewertung der Gegenleistung für den Exporteur minimiert.

Clearing Account Barter sind eine besondere Form von Tauschgeschäften, bei denen ein bilaterales Handelsabkommen zwischen den Parteien geschlossen wird. Dieser Vertrag wird in sogenannten clearing account units bewertet, die als Kreditrahmen bei den Zentralbanken der Länder der Vertragspartner dienen und in einem Verrechnungskonto geführt werden (vgl. Huszagh und Barksdale 1986, S. 23). Der Austausch der Güter und Dienstleistungen wird über dieses Verrechnungskonto ausgeglichen (vgl. hierzu ausführlich Hennert 1990, S. 244).

Hier genannte Bartergeschäfte sind als **Grundtypen von Kompensationsgeschäften** ohne finanzielle Gegenleistung zu verstehen. In der Praxis existieren häufig Abwandlungen dieser Typen. Sind bspw. mehr als zwei Parteien in das Kompensationsgeschäft involviert, werden diese Bartergeschäfte auch als Switchinggeschäfte bezeichnet (vgl. Kutschker und Schmid 2008, S. 37).

Neben den reinen Tauschgeschäften sind vielfach auch Parallelgeschäfte vorzufinden. Dieses zeichnen sich insbesondere dadurch aus, dass Leistung und Gegenleistung in zwei separaten Verträgen vereinbart werden. Zudem handelt es sich um Teilkompensationsgeschäfte.

Countertrade Geschäfte sind per se Kopplungsgeschäfte, die in zwei getrennten Verträgen vereinbart werden. Die Verträge sind jedoch durch ein Protokoll (zuweilen auch Rahmenvertrag genannt) miteinander verbunden. Leistung und Gegenleistung werden separat fakturiert und abgewickelt (vgl. Büter 2007, S. 87). Je nach zeitlicher Abfolge der Geschäfte wird zwischen „parallel trade" und „junctim trade" differenziert. Während beim „parallel trade" in der Regel zuerst die Kernleistung erbracht wird bevor die Austauschware geliefert wird, ist beim „junctim trade" vom umgekehrten Fall auszugehen. Im klassischen Fall des Countertrade Geschäfts stehen die Produkte oder Dienstleistungen, die als Gegenleistung erbracht werden, nicht in Zusammenhang mit den Produkten/Dienstleistungen des Lieferanten und werde daher veräußert. Das **Offset Geschäft** stellt in diesem Zusammenhang einen **Sonderfall** des Countertrade Geschäfts dar, da die Gegenleistung meist in den Erstellungsprozessen des Lieferant einfließen kann (vgl. Huszagh und Barksdale 1986, S. 23).

Buyback Geschäfte sind häufig im Anlagengeschäft vorzufinden. Im Rahmen dieser sogenannten Rückkaufkompensation erhält der Exporteur einen zuvor bestimmten Prozentsatz der auf der gelieferten Produktionsanlage erstellten Waren als Gegenwert (vgl.

Büter 2007, S. 88). Entspricht der Gegenwert der Waren dem ursprünglichen Wert der Anlage, kann in diesem Falle von einem Vollkompensationsgeschäft gesprochen werden (vgl. Kutscher und Schmid 2008, S. 37).

Das **Cooperation Agreement** stellt eine Sonderform dar, bei dem drei separate Austausche von Waren oder Dienstleistungen zwischen Lieferant, Abnehmer der Kernleistung und Abnehmer der Kompensationsleistung vorgenommen werden (vgl. Huszagh und Barksdale 1986, S. 23). Die Ausgestaltung dieser Dreiecksbeziehung kann in Form von Barter-Geschäften oder Parallelgeschäften geschehen.

In der Literatur gibt es eine Vielzahl von Einschätzungen über die globale Bedeutung von Kompensationsgeschäften. Schätzungen reichen dabei von 5 % bis hin zu 20 % des Welthandels (vgl. Büter 2007, S. 86). Belastbare Aussagen können jedoch nicht getroffen werden.

4.4.2.4 Projektfinanzierung (Project Finance)

Eine mit der Finanz- und Wirtschaftskrise etwas ins Zwielicht geratene Möglichkeit zur Finanzierung industrieller Großprojekte stellt die Projektfinanzierung (Project Finance) dar. Hierbei handelt es sich um eine **spezifische strukturierte Finanzierungsalternative** und nicht etwa um einen Oberbegriff, der sich auf die Finanzierung von Projekten im Allgemeinen bezieht. In ihrer modernen Form ursprünglich in den Vereinigten Staaten zur Finanzierung der Erdölförderung ins Leben gerufen, hat sich die Technik der Projektfinanzierung schnell auf weitere Bereiche ausgedehnt (vgl. Matschke und Olbricht 2000, S. 105; Tytko 1999, S. 4). Aufgrund ihrer flexiblen Ausgestaltungsmöglichkeiten kann sie den spezifischen Anforderungen einer Vielzahl unterschiedlicher Projekte gerecht werden. Dementsprechend weit sind auch die ihre Anwendungsfelder. Sie reichen von staatlichen Infrastrukturprojekten über die Sicherstellung der Energie- und Wasserversorgung bis hin zur privatwirtschaftlichen Fertigung industrieller Güter (vgl. Yescombe 2002, S. 6).

Grundgedanke der Projektfinanzierung ist die Bedienung des Schuldendienstes aus den durch das Projekt generierten **cash flows** (vgl. Backhaus und Uekermann 1990; Böttcher und Blattner 2006). Dementsprechend bezieht sich die Bonitätsprüfung potenzieller Kapitalgeber nicht, wie bei den klassischen Instrumenten der Auftragsfinanzierung üblich, auf den Auftraggeber des Projekts, sondern auf die Wirtschaftlichkeit des Projekts selbst. Die hierdurch geschaffene Möglichkeit der **Risikoverteilung** auf mehrere Eigen- und Fremdkapitalgeber ermöglicht es, Großvorhaben trotz geringer Finanzkraft oder Risikobereitschaft des Kunden durchzuführen („Gute Projekte mit schlechten Schuldnern").

Obwohl die Ausgestaltung verschiedener Projektfinanzierungsstrukturen erheblich voneinander abweichen kann, sind den meisten Vorhaben einige grundlegende Charakteristika gemein. Im Zentrum der Projektfinanzierung steht die Projektgesellschaft, die als „**Special Purpose Entity**" (SPE) eigens zum Zweck der Abwicklung des Projekts von den Projektbeteiligten gegründet wird. Als rechtlich selbstständige Gesellschaft ist sie losgelöst von ihren Eigenkapitalgebern, den sogenannten „**Sponsoren**", und wird in der Regel so konstruiert, dass eine Ausweisung im Jahresabschluss bzw. Konsolidierung im Konzernabschluss umgangen wird (vgl. Wolf et al. 2011, S. 88). Vor diesem Hintergrund spricht

Abb. 4.10 Eigen- und Fremdkapitalvergabe beim Unternehmenskredit und in der Projektfinanzierung (Uekermann 1993, S. 4)

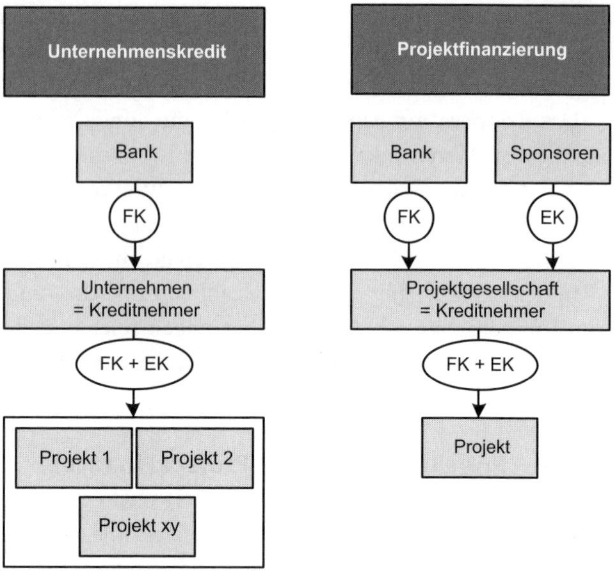

man auch von einer „**Off-Balance-Sheet-Finanzierung**“. Die Projektgesellschaft fungiert demnach als Instrument, mit dem die Sponsoren ihre Projektidee umsetzen (vgl. Böttcher und Blattner 2006, S. 28). Das hierdurch mitigierte Risiko der Eigenkapitalgeber wird vollständig oder teilweise an die Beteiligten der Projektfinanzierung weitergegeben. Hierzu gehören in erster Linie die **Fremdkapitalgeber**, allen voran Geschäftsbanken, die in der Regel zwischen 70 % und 90 % des gesamten Finanzierungsvolumens zur Verfügung stellen (Esty 2004, S. 55). Im Falle einer in der Praxis selten anzutreffenden Finanzierung ohne Rückgriff (**„non-recourse financing“**) sind die Sponsoren (zumindest ab einem bestimmten Fortschritt im Projektbetrieb) von jeglicher Haftung über ihre Eigenkapitaleinlage hinaus ausgenommen. Eine Möglichkeit der teilweisen Risikobegrenzung bei ausbleibendem oder zu geringem cash flow des Projekts bietet aus Sicht der Fremdkapitalgeber hingegen die Ausgestaltung der Finanzierungsstruktur mit eingeschränktem Rückgriff (**„limited-recourse financing“**). In beiden Fällen ist ein gründlicher Prozess zur Aufdeckung und Evaluation projektinhärenter Risiken jedoch unumgänglich (vgl. Decker 2008, S. 33 f.). Abbildung 4.10 stellt die Kapitalausstattung des klassischen Unternehmenskredits und der Projektfinanzierung vereinfacht gegenüber.

Trotz der Möglichkeit, Eigenkapitalgeber (teilweise) in Haftung zu nehmen, ist die Bedienung des Schuldendienstes maßgeblich vom Erfolg der Projektgesellschaft abhängig. Durch den geringen Eigenkapitalanteil und enorme Finanzierungsvolumina bleibt das finanzielle Risiko bei oben dargestellter Struktur vergleichsweise hoch (vgl. Backhaus und Köhl 2001, S. 1717 f.). Daher besteht die Notwendigkeit, etwaige Risiken des Projekts auf weitere Akteure zu verteilen (vgl. Tytko 2003, S. 17). Dies geschieht durch eine Vielzahl von Einzelverträgen mit Projektbeteiligten, welche bestimmte Ansprüche fixieren und somit als Kreditsicherheiten eingesetzt werden können (vgl. Wertschulte 2005, S. 39 ff.). Durch die Fülle an beteiligten Unternehmen und die Notwendigkeit, die Übernahme etwaiger Risiken dezidiert zu regeln, kann das entstehende Vertragswerk äußerst umfassend sein. Vereinfacht dargestellt ergeben sich folgende zentrale Vertragsbeziehungen:

- Die Risikoübernahme in der Anbahnungs- und Erstellungsphase wird durch den „**Construction Contract**" geregelt. Der Vertrag wird zwischen der Projektgesellschaft und den am Bau der Anlage beteiligten Unternehmen (den sogenannten „Contractors") geschlossen. Gegenstand sind neben so elementaren Dingen wie anfallenden Kosten und dem Fertigstellungstermin sämtliche technischen und finanziellen Einzelheiten, die mit der Konstruktion der Anlage in Verbindung stehen.
- Im Rahmen des **Abnahmevertrags** verpflichtet sich die Projektgesellschaft zur Lieferung der produzierten Leistung (bspw. im Kraftwerk erzeugte Energie) an einen privatwirtschaftlichen Abnehmer (bspw. Fabrikbetreiber) oder die öffentliche Hand. Im erstgenannten Fall bezeichnet man den entsprechenden Liefervertrag als „Off-take Contract" (vgl. hier und im Folgenden Yescombe 2002, S. 69 f.). Die Projektgesellschaft stellt sicher, dass der Abnehmer (Offtaker) nach Fertigstellung der Anlage mit deren Erzeugnissen versorgt wird. Aus Sicht der SPE werden somit unsichere zukünftige cash flows (bis zu einem bestimmten Grad) festgeschrieben. Wird ein Service für die öffentliche Hand in Auftrag gegeben, so garantiert die Projektgesellschaft dessen ordnungsmäßige Erbringung in der Regel durch ein „concession agreement". Hierbei handelt es sich um einen Vertrag, welcher der Projektgesellschaft das Recht einräumt, im öffentlichen Auftrag bestimmte Dienstleistungen zu erbringen. Ein typisches Beispiel für ein solches Projekt ist die Abwicklung des LKW-Mautsystems auf deutschen Autobahnen.
- Der **Betriebsführung- und Instandhaltungsvertrag** schreibt die Rechte und Pflichten für den Betreiber der Anlage nieder. Dieser muss nicht gleichzeitig Sponsor des Projekts sein. Erfordert die Leistungserbringung besondere technische Fachkompetenzen, welche durch die Sponsoren nicht abgedeckt werden können, so ist es sinnvoll, eine Betreibergesellschaft einzusetzen (vgl. Wolf et al. 2011, S. 92).
- Um die Verfügbarkeit der nötigen Vorprodukte und Rohstoffe sicherzustellen sowie der Abhängigkeit von schwankenden Weltmarktpreisen entgegenzuwirken sind langfristige **Lieferverträge** üblich.

Je nach Ausgestaltung der Projektfinanzierung können zusätzliche Akteure über Verträge eingebunden werden. In der Praxis üblich sind die Nutzung von **Versicherungen** zur Abdeckung weiterer Risiken, das Heranziehen **externer Berater und Gutachter** in der Planungs- und Durchführungsphase, sowie der Rückgriff auf **Treuhänder** zur Verwaltung der finanziellen Mittel (vgl. Wolf et al. 2011, S. 95). Auch **staatliche Institutionen** spielen insbesondere bei internationalen Projekten eine nicht zu vernachlässigende Rolle. Wie bereits geschildert können sie in ihrer direkten Rolle als Projektträger Konzessionen vergeben. Darüber hinaus sind für die Umsetzung von Großvorhaben nahezu ausnahmslos staatliche Genehmigungen einzuholen. Diese erstrecken sich von bautechni-

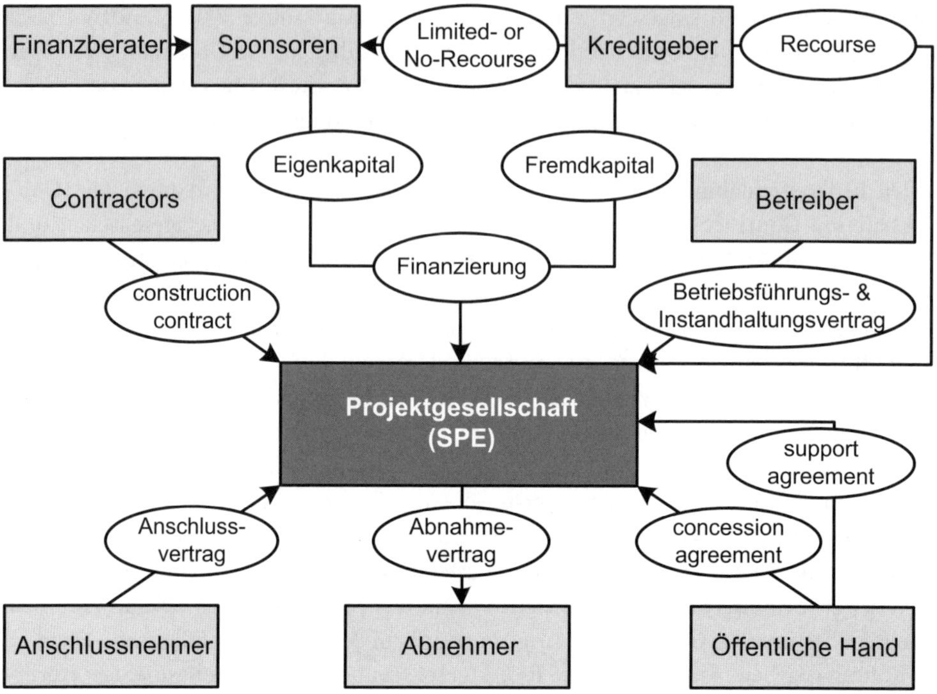

Abb. 4.11 Grundstruktur der Projektfinanzierung (Yescombe 2002, S. 8)

schen Vorschriften über Umweltauflagen bis hin zu Genehmigungen über Finanzierungs- und Devisentransaktionen (vgl. Wolf et al. 2011, S. 93). Nicht zuletzt müssen die politischen und wirtschaftlichen Rahmenbedingungen geschaffen werden, um Investitionen erst zu ermöglichen.

Wie in obigem Beispiel zu erkennen, sind die verschiedenen Aufgaben der Projektbeteiligten selten eindeutig abgrenzbar. Vielmehr sind einige Akteure üblicherweise in unterschiedlichen Rollen in die Finanzierungsstruktur eingebunden. So kann z. B. der Projektsponsor gleichzeitig als Generalunternehmer auftreten und somit hauptverantwortlich für die Erstellung der Anlage sein. Gleichermaßen ist es denkbar, dass Abnehmer der zu produzierenden Leistung Fremdkapital zur Finanzierung bereitstellen. Theoretisch ist eine Vielzahl an Kombinationen möglich. Abbildung 4.11 fasst die unterschiedlichen Rollen der Projektbeteiligten und ihre Vertragsbeziehungen stark vereinfachend zusammen.

Es wird deutlich, dass sich die Projektfinanzierung durch eine komplexe Struktur auszeichnet, die durch umfassende Verträge zusammen gehalten wird. Die Errichtung einer solchen Struktur ist ein langwieriger, häufig von zähen Verhandlungen begleiteter Prozess. Darüber hinaus sind die Risiken vielfältig und können vor dem Hintergrund des weit in die Zukunft reichenden Rückzahlungshorizonts nur schwer im Vorhinein eingeschätzt werden. Dennoch verzeichnete die Branche zwischen 1994 und dem Krisenjahr 2009 eine durchschnittliche jährliche Wachstumsraten von knapp 17 % hinsichtlich der investierten Kapitalvolumina (vgl. Moody's 2010, S. 4). In vielen Fällen stellt die Projektfinanzierung die einzige Möglichkeit dar, ein Vorhaben in die Tat umzusetzen. Hierfür verantwortlich ist eine Reihe günstiger Eigenschaften, welche ihre **besondere Eignung zur Abwicklung industrieller Großprojekte** begründen. Aus Sicht der Eigenkapitalgeber ergeben sich unter anderem die folgenden Vorteile (vgl. Böttcher und Blattner 2006, S. 28 ff.; Yescombe 2002, S. 14 ff.):

- Die **Haftung** der Projektsponsoren ist zumeist begrenzt. Im Falle einer Limited-Recourse-Finanzierung endet der Rückgriff in der Regel mit Fertigstellung der Anlage. Ab diesem Zeitpunkt haftet das Projekt mit seinen cash flows.
- Der **geringe Anteil an Eigenkapital** (üblicherweise geringer als 30 % der Projektkosten) ermöglicht eine hohe Kapitalrendite. Investoren profitieren vom **leverage effect**.
- Die Einbindung einer Vielzahl an Projektbeteiligten bricht die komplexe Risikostruktur eines Großprojektes in **Einzelrisiken** auf, die durch bilaterale Vertragsbeziehungen separat geregelt werden können.
- Die Möglichkeit des **off-balance-sheet financing** hält Aktivitäten eines Unternehmens in Projektfinanzierungsstrukturen von dessen Bilanz fern. Von der SPE aufgenommenes Fremdkapital erscheint demnach nicht in den Büchern der Projektträger, was vorteilhaft für die Aufnahme weiterer Mittel an den Kapitalmärkten sein kann. Zudem trägt die Konstruktion einer rechtlich eigenständigen Projektgesellschaft dazu bei, größere Mengen an **Fremdkapital** aufnehmen und weitere **Eigenkapitalgeber** einbinden zu können. Somit ist es auch finanzschwächeren Unternehmen möglich, Projektideen zu realisieren, die andernfalls an den hohen Investitionen scheitern würden.

Darüber hinaus profitieren auch weitere Stakeholder von den besonderen Strukturen der Projektfinanzierung. Da es sich bei den geplanten Vorhaben häufig um Infrastrukturprojekte handelt, die der Öffentlichkeit zu Gute kommen, hat der Staat ein originäres Interesse an ihrem Erfolg. Die Möglichkeit der Aufnahme hoher Kapitalmengen und der Zusammenarbeit mit weiteren Sponsoren aus dem privatwirtschaftlichen Sektor (Public Private Partnerships) führen dazu, dass Infrastrukturinvestitionen getätigt werden, die andernfalls aufgrund von Budgetrestriktionen nicht getätigt werden könnten. In diesem Fall kann die öffentliche Hand außerdem auf Expertise der Mitarbeiter zurückgreifen, was unerlässlich für die Planung und Durchführung langfristiger Großprojekte ist. Nicht zuletzt kann die Risikoallokation zwischen den Projektbeteiligten dazu beitragen, die Belastung des Haushalts durch im Nachhinein steigende Projektkosten zu verringern. Auf Abnehmerseite schlagen die durch den hohen Fremdkapitaleinsatz verringerten Projektkosten indirekt zu Buche. Bei Strukturen mit hoher Fremdkapitalintensität sind geringere Überschüsse notwendig um eine gleichbleibende Erwartung der Eigenkapitalverzinsung seitens der Sponsoren zu befriedigen (vgl. Yescombe 2002, S. 17). Ceteris Paribus sinken daher die Stückkosten der erstellten Produkte und Dienstleistungen.

Wie anfangs dargelegt, findet ein Großteil des industriellen Anlagenbaus in Schwellen- und Entwicklungsländern statt. Vor dem Hintergrund der Vorteile von Projektfinanzierungsstrukturen ist ihr Erfolg insbesondere in diesen Ländern durchaus nachvollziehbar. So konnte Indien mit einem Gesamtvolumen von 50,3 Milliarden US $ im ersten Halbjahr 2011 fast ein Drittel der weltweiten Investitionen im Rahmen dieser Finanzierungsform auf sich vereinen (vgl. Dealogic 2011). Obwohl der Markt seit der globalen Finanz- und Wirtschaftskrise weitgehend stagniert, blieb eine deutliche Rezession vor allem dank der aufstrebenden Ökonomien Asiens aus.

Doch neue Großprojekte mit hohen Investitionssummen stehen auch hierzulande an. Zur Sicherung des stetig ansteigenden Energiebedarfs der europäischen Volkswirtschaften setzen Projekte wie Desertec und Transgreen auf saubere Energie aus den afrikanischen Wüstengebieten. Großflächig angelegte Solarmodule sollen umwelteffizient Strom erzeugen, der sodann in die energiedurstigen Industrieländer Europas transportiert wird. Anlagen- und Netzaufbau machen Kapitalinvestitionen in dreistelliger Milliardenhöhe notwendig, die durch einzelne Projektträger nicht aufgetan werden können (vgl. Wolf et al. 2011, S. 83). Variationen der Projektfinanzierung, die geeignet sind, die Ausstattung der Vorhaben mit dem nötigen Eigen- und Fremdkapital sicherzustellen, werden daher auch in Zukunft eine bedeutende Rolle spielen.

4.5 Übungsaufgaben:

1. Erläutern Sie, inwiefern die Ausgestaltung eines Finanzierungskonzepts von Großprojekten als Marketinginstrument gesehen werden kann.
2. Welche Ursachen von Fabrikations- und Zahlungsausfallrisiken werden i. d. R. durch Exportversicherungen abgedeckt?
3. Erläutern Sie, was ein Lieferantenkredit ist. Welche Rolle spielt hierbei die Hermes-Deckung?
4. Erläutern Sie, was ein Bestellerkredit ist. Welcher Vertragspartner trägt hierbei welche Risiken?
5. Was wird unter Operating Exportleasing verstanden? Welche Chancen und Risiken ergeben sich dabei für den Leasinggeber?
6. Welche Aspekte sollten im Rahmen der Entscheidung über ein Exportleasing berücksichtigt werden?
7. Welche Vorteile ergeben sich für den Exporteur durch die Forfaitierung seiner Forderungen?
8. Was wird unter Kompensationsgeschäften verstanden?
9. Welche Formen des Kompensationsgeschäfts gibt es und welche Gründe sprechen für eine solche Finanzierungslösung?

Literatur

AKA Bank (2011). Grundzüge des ECA-gedeckten Bestellerkredites. https://www.akabank.de/deutsch/produkte/besteller/grundzuege.html. Zugegriffen: 20. Juni 2012

Atevis (2011). Kreditversicherung – Branchenkennzahlen 2010 Deutschland und weltweit. www.atevis.com/service/news/artikelanzeige/article/c0fe58f0c3.html?tx_ttnews[backPid]=290&cHash=bf64009b06. Zugegriffen: 20. Juni 2012

Backhaus, K. (1979). Preisgleitklauseln als risikopolitisches Instrument bei langfristigen Fertigungs- und Absatzprozessen. *Zeitschrift für betriebswirtschaftliche Forschung – Kontaktstudium, 31*(1), 3–11.

Backhaus, K., & Köhl, T. (2001). Projektfinanzierung. In W. Gerke, & M. Steiner (Hrsg.), *Handwörterbuch des Bank- und Finanzwesens* (S. 1715–1735). Stuttgart: Schäffer-Poeschel.

Backhaus, K., & Molter, W. (1989). Auftragsfinanzierung, internationale. In K. Macharzina, & M. K. Welge (Hrsg.), *Handwörterbuch Export und Internationale Unternehmung* (S. 49–67). Stuttgart: Schäffer-Poeschel.

Backhaus, K., & Siepert, H.-M. (1987). *Auftragsfinanzierung im industriellen Anlagengeschäft*. Stuttgart: Schäffer-Poeschel.

Backhaus, K., & Uekermann, H. (1990). Projektfinanzierung – Eine Methode zur Finanzierung von Großprojekten. *Wirtschaftswissenschaftliches Studium, 19*(3), 106–112.

Backhaus, K., & Voeth, M. (2010). *Industriegütermarketing* (9. Aufl.). München: Vahlen.

Bannier, C. (2005). *Die schuldrechtlichen und wechselrechtlichen Haftungsprobleme bei der Forfaitierung von Exportforderungen*. Berlin: Tenea Verlag.

Becker, P. S. (2000). *Absatzfinanzierung im Anlagengeschäft – eine Analyse aus netzwerktheoretischer Perspektive*. Berlin: Verlag für Wissenschaft und Forschung.

von Bernstorff, C. G. (2007). *Die Exportfinanzierung*. Köln: Bundesanzeiger.

Blomeyer, K., & Kuttner, K. (1992). *Exportfinanzierung: Nachschlagewerk für die Praxis* (3. Aufl.). Wiesbaden: Gabler Verlag.

Bödeker, V. (1992). *Staatliche Exportkreditversicherungssysteme: ihre Rechtsgrundlagen, Vertragsbedingungen und Funktionsweisen in Deutschland, Frankreich, Großbritannien, den USA und Japan*. Berlin: de Gruyter.

Bötcher, J., & Blattner, P. (2006). *Projektfinanzierung*. München: Oldenbourg Wissenschaftsverlag.

Büter, C. (2007). *Außenhandel – Grundlagen globaler und innergemeinschaftlicher Handelsbeziehungen*. Heidelberg: Springer.

Bundesministerium für wirtschaftliche Zusammenarbeit und Entwicklung (BMZ) (2012). Finanzielle Zusammenarbeit. http://www.bmz.de/de/was_wir_machen/wege/bilaterale_ez/zwischenstaatliche_ez/finanz_zuzusammenarbe/index.html. Zugegrifen: 20. Juni 2012

Bundesministerium für Wirtschaft und Technologie (2011). Exportkreditgarantien der Bundesrepublik Deutschland. www.agaportal.de/pages/aga/index.html. Zugegriffen: 20. Juni 2012

Cowdell, P., Hyde, D., & Watson, A. (2000). *Finance of International Trade* (7. Aufl.) Canterbury: Financial World Publishing.

Dealogic (2011). Dealogic Half-year 2011 League Tables. Project Finance Magazine, 3. August 2011. http://www.projectfinancemagazine.com/Article/2877824/Type-League-Tables/Dealogic-half-year-2011-League-Tables-Analysis.html. Zugegriffen: 20. Juni 2012

Decker, C. (2008). *Internationale Projektfinanzierung, Konzeption und Prüfung*. Dissertation. Universität Bremen.

Esty, B. C. (2004). *Modern Project Finance: A Casebook*. New Jersey: John Wiley & Sons.

Euler Hermes (2011a). Finanzkreditdeckung. www.agaportal.de/pdf/produktinfo/pi_finanzkredit.pdf. Zugegriffen: 20. Juni 2012

Euler Hermes (2011b). Hermesdeckungen Spezial. Entgeltberechnung. http://www.agaportal.de/pdf/hds/hds_entgelt.pdf. Zugegriffen: 20. Juni 2012

Ex-Im (2011). Competitiveness Report 2010. http://www.exim.gov/about/reports/compet/documents/2010_Competitiveness_Report.pdf. Zugegriffen: 20. Juni 2012

Feuerbaum, E. (1979). Risk Management in der Investitionsgüter-Industrie. In W. Goetzke, & G. Sieben (Hrsg.), *Risk Management – Strategien zur Risikobeherrschung*. Gebra-Schriften, Bd. 5 Köln: GEBERA.

Fieten, R. (1985). Financial Engineering. Komponente des industriellen Großanlagengeschäfts. In K. Macharzina (Hrsg.), *Finanz- und bankwirtschaftliche Probleme bei internationaler Unternehmenstätigkeit* (S. 163–194). Stuttgart: Poeschel.

Funk, J. (1986). *Langfristiges Anlagengeschäft – Risiko-Management und Controlling*. Düsseldorf: Verlagsgruppe Handelsblatt.

Häberle, S. G. (2002a). *Handbuch der Außenhandelsfinanzierung* (3. Aufl.) München: Oldenbourg.

Häberle, S. G. (2002b). *Einführung in die Exportfinanzierung* (2. Aufl.). München: Oldenbourg Wissenschaftsverlag.

Hennert, J.-F. (1990). Some Empirical Dimensions of Countertrade. *Journal of international Business Studies, 21*(2), 243–270.

Huszagh, S. M., & Barksdale, H. C. (1986). International Barter and Countertrade: An Exploratory Study. *Journal of the Academy of Marketing Science, 14*(1), 21–24.

Hombach, H., Kockelkorn, G., & Molter, W. (1987). Einführung in die Auftragsfinanzierung. In K. Backhaus, & H. M. Siepert (Hrsg.), *Auftragsfinanzierung im industriellen Anlagengeschäft* (S. 3–21). Stuttgart: Schäffer-Poeschel Verlag.

Ifo Institut (2011). Leasing zurück auf der Überholspur 12 % Wachstum bei Mobilien 2011 – gedämpfte Erwartungen für 2012. http://downloads.leasingverband.de/fileadmin/internet/downloads/2012-01-03_ifo_sonderdruck.pdf. Zugegriffen: 20. Juni 2012

KfW (2011). Jahresbericht über die Zusammenarbeit mit Entwicklungsländern 2010. http://www.kfw-entwicklungsbank.de/ebank/DE_Home/I/Download_Center/PDF-Dokumente_Jahresberichte_-_KfW_Entwicklungsbank/2010_Jahresbericht_D.pdf. Zugegriffen: 20. Juni 2012

KfW-IPEX (2011). *Volle Kraft voraus. Daten, Fakten, Hintergründe. Themendienst für die Pressestelle.* KfW Bankengruppe (S. 8–9).

Klöpper, M. (1990). *Mischfinanzierung und Kofinanzierung als Instrumente der Auftragsfinanzierung im industriellen Anlagegeschäft: eine Analyse aus der Sicht des deutschen Anlagenexporteurs*. München: Florenz.

König, N. (1982). Ausgeprägte Multinationalität im Anlagenbau. *Die Bank, 4*, 165–171.

Kutschker, M., & Schmid, S. (2008). *Internationales Management* (6. Aufl.). München: Oldenbourg Wissenschaftsverlag.

Matschke, M. J., & Olbrich, M. (2000). *Internationale und Außenhandelsfinanzierung*. München: Oldenbourg.

Metschies, U. (1995). Rausholen was geht. *Wirtschaftswoche, 49*(51), 110–112.

Moody's (2010). *Default and Recovery Rates for Project Finance Bank Loans.*, S. 1983–2008 New York: Moody's.

OECD (2011). Arrangement on officially supported export credits. www.oecd.org/officialdocuments/displaydocumentpdf/?cote=tad/pg%282011%2913&doclanguage=en. Zugegriffen: 20. Juni 2012

Perridon, L., Steiner, M., & Rathgeber, A. (2009). *Finanzwirtschaft der Unternehmung* (15. Aufl.) München: Vahlen.

Petersen, J. (2004). *Local-Content-Auflagen – betriebswirtschaftliche Relevanz und Handhabung am Beispiel des internationalen Großanlagenbaus.* Wiesbaden: Deutscher Universitätsverlag.

Putnoki, H. (2000). *Grundlagen der Außenhandelsfinanzierung.* München: Oldenbourg.

Sauer, D.-H. (1997). Formen der Finanzierung von Exportgeschäften. In K. Macharzina, & M.-J. Oesterle (Hrsg.), *Handbuch internationales Management* (S. 421–437). Wiesbaden: Gabler Verlag.

Schuster, F. (1979). *Gegen- und Kompensationsgeschäfte als Marketing-Instrument im Investitionsgüterbereich.* Berlin: Duncker & Humblot.

Siepert (1987). Multinationale Anbietergemeinschaften in der Exportfinanzierung. In K. Backhaus, & H. M. Siepert (Hrsg.), *Auftragsfinanzierung im industriellen Anlagengeschäft* (S. 145–162). Stuttgart: Schäffer-Poeschel.

Stephens, M. (1999). *The Changing Role of Export Credit Agencies.* Washington: International Monetary Fund.

Tytko, D. (1999). *Grundlagen der Projektfinanzierung.* Stuttgart: Schäffer-Poeschel.

Tytko, D. (2003). Grundlagen der Projektfinanzierung. In K. Backhaus, & H. Wertschulte (Hrsg.), *Projektfinanzierung – Wirtschaftliche und rechtliche Aspekte einer Finanzierungsmethode für Großprojekte.* Wiesbaden: Schäffer-Poeschel.

Uekermann, H. (1993). *Risikopolitik bei Projektfinanzierungen: Maßnahmen und ihre Ausgestaltung.* Wiesbaden: Deutscher Universitätsverlag.

VDMA (2010). Kennzahlen des Großanlagenbaus 2009. www.vdma.org/wps/wcm/connect/874fb5004dd2159dbde8fdd1f693e3d9/Kennzahlen+Gro%C3%9Fanlagenbau+2009.pdf?MOD=AJPERES&CACHEID=874fb5004dd2159dbde8fdd1f693e3d9. Zugegriffen: 20. Juni 2012

VDMA (2011a). Kennzahlen des Großanlagenbaus 2010. http://www.google.de/url?sa=t&rct=j&q=vdma%20kennzahlen%20des%20gro%C3%9Fanlagenbaus&source=web&cd=4&ved=0CFEQFjAD&url=http%3A%2F%2Fwww.chemietechnik.de%2Fmedia%2Ffile%2F9705&ei=ZdjZT93kO83jtQaKsuHICA&usg=AFQjCNGM-dN5gHMKm8waa98lR6w6BDxQug&cad=rja. Zugegriffen: 20. Juni 2012

VDMA (2011b). Auslandsgeschäft: BRIC-Staaten mit wachsender Bedeutung. www.vdma.org/wps/portal/Home/de/Branchen/G/AGAB/Wirtschaft_und_Politik/Konjunktur/AGAB_A_20110315_Dt_Auslandsgeschaeft_Lagebericht_2011_de?WCM_GLOBAL_CONTEXT=/wps/wcm/connect/vdma/Home/de/Branchen/G/AGAB/Wirtschaft_und_Politik/Konjunktur/AGAB_A_20110315_Dt_Auslandsgeschaeft_Lagebericht_2011_de. Zugegriffen: 20. Juni 2012

VDMA (2011c). Großanlagenbau im Fokus: der jährliche Lagebericht. www.vdma.org/wps/portal/Home/de/Branchen/G/AGAB/Wirtschaft_und_Politik/Konjunktur/AGAB_A_20111125_Dt_Lagebericht_2011_Grossanlagenbau_im_Fokus_de?WCM_GLOBAL_CONTEXT=/wps/wcm/connect/vdma/Home/de/Branchen/G/AGAB/Wirtschaft_und_Politik/Konjunktur/AGAB_A_20111125_Dt_Lagebericht_2011_Grossanlagenbau_im_Fokus_de. Zugegriffen: 20. Juni 2012

Voigt, H., & Müller, D. (1996). *Handbuch der Exportfinanzierung* (4. Aufl.). Frankfurt am Main: Knapp Fritz GmbH.

Wertschulte, H. (2005). *Kreditrisikomessung bei Projektfinanzierung durch Risikosimulation*. Wiesbaden: Deutscher Universitätsverlag.

Wolf, B., Hill, M., & Pfaue, M. (2011). *Strukturierte Finanzierungen* (2. Aufl.). Stuttgart: Schäffer-Poeschel.

Worldbank (2012). Cofinancing. http://web.worldbank.org/WBSITE/EXTERNAL/EXTABOUTUS/ORGANIZATION/CFPEXT/0,,contentMDK:21422395~menuPK:64060209~pagePK:64060249~piPK:64060294~theSitePK:299948,00.html. Zugegriffen: 20. Juni 2012

Yescombe, E. R. (2002). *Principles of Project Finance*. San Diego/London: Academic Press.

Vertragsmanagement

5

Georg Berkel

Inhaltsverzeichnis

RA Dr. Georg Berkel ✉
Vimystr. 1 D, 85354 Freising, Deutschland
e-mail: hans-georg.berkel@alumni-sg.ch

M. Kleinaltenkamp et al. (Hrsg.), *Auftrags- und Projektmanagement*,
DOI 10.1007/978-3-658-01352-3_5,

Zusammenfassung

Effizientes Vertragsmanagement ist entscheidend für den Erfolg des Auftrags- und Projektmanagements. In diesem Artikel werden Ziele, Inhalte und Methoden des Vertragsmanagements aus Lieferantensicht dargestellt. Der Artikel folgt dabei dem chronologischen Ablauf des Projekts und identifiziert die vier Phasen des Vertragsmanagements: Angebotserstellung, Verhandlung, Ausführung und Analyse. In jeder Phase muss sich das Vertragsmanagement spezifischen Herausforderungen stellen. Bei der Angebotserstellung kommt es vor allem darauf an, das Geschäftsmodell in eine vertraglich sinnvolle Form zu überführen. In der Verhandlung müssen die Praktikabilität und Wirtschaftlichkeit des Geschäftsmodells gewahrt werden. In der Ausführungsphase kommt es vor allem auf Ergebnissicherung und Ergebnissteigerung an. Die Analyse ermöglicht schließlich die Erarbeitung von „*Lessons Learned*“ für die künftige Geschäftstätigkeit. Das Kapitel bietet Strategien an, wie diese Herausforderungen gemeistert werden können. Auf diese Weise soll gezeigt werden, was in vertraglicher Hinsicht geschehen muss, damit der Projektvertrag ein Erfolg wird.

5.1 Einleitung

Richtiges Vertragsmanagement ist eine wesentliche Voraussetzung für den Erfolg des Anlagen- und Projektgeschäfts. In diesem Kapitel werden seine Grundlagen vermittelt. Es werden **Inhalt, Ziele und Methoden des Vertragsmanagements** dargestellt.

Der Artikel überschneidet sich thematisch mit den Kapiteln „Verhandlungsmanagement“ und „Projektmanagement“. Im Mittelpunkt des vorliegenden Kapitels steht ein Objekt, nämlich der Vertrag. Im „*Verhandlungsmanagement*“ geht es schwerpunktmäßig um den Prozess des Verhandelns. Gerade für das Vertragsmanagement spielt dieser Prozess eine wichtige Rolle, denn der Vertrag ist ja das Ergebnis einer Verhandlung. Der Beitrag „*Projektmanagement*“ wiederum setzt einen abgeschlossenen Vertrag voraus. Oft genug geht es im Projektmanagement um die Frage, wie ein Vertrag auszuführen sei. Während der Vertragsausführung spielt auch die Durchsetzung und Abwehr von Nachforderungen (sog. *Claims*) eine wichtige Rolle. Dies wiederum ist auch Gegenstand des Vertragsmanagements. Da sich dieser Band denselben Themen aus drei verschiedenen Blickwinkeln nähert, können Wiederholungen nicht völlig ausgeschlossen werden. Gleichzeitig darf der Leser so eine besonders umfassende und gründliche Betrachtung des Anlagen- und Projektgeschäfts erwarten.

5.1.1 Zur Illustration

Es ist der größte industrielle Auftrag, der jemals in Deutschland vergeben wurde. Bis zu 300 Hochgeschwindigkeitszüge hat die Deutsche Bahn 2011 bei Siemens bestellt. (…) Für 220 Züge zahlt die Bahn rund sechs Milliarden Euro. Die Mega-Order kann sich auf zehn

Milliarden Euro erhöhen (...). Bahnchef Rüdiger Grube, ein Industrieveteran, der 2009 aus dem Vorstand von Daimler auf den Chefsessel des Staatskonzerns wechselte, hat sich bei dem Geschäft erheblich besser abgesichert, als es bei früheren Großbestellungen der Bahn üblich war. Die Verträge mit der Bahn umfassen 8000 Seiten, wobei die Siemens-Manager manche Kröte schlucken (Jungbluth 2012).

Dieser kurze Auszug aus einem Zeitungsartikel verdeutlicht die wichtige Rolle, die der **Kundenvertrag im Auftrags- und Projektmanagement,** namentlich im Investitionsgütergeschäft, spielt. Charakteristisch für diese Rolle sind die folgenden Punkte, die wir dem Artikel entnehmen können:

- Das Geschäftsmodell des Lieferanten zielt auf die Auftragserteilung. Diese erfolgt durch Unterschrift unter einen **hochkomplexen Vertrag**.
- Bei der Unterschrift des Vertrages musste der Lieferant „manche Kröte" schlucken. Zum Zeitpunkt der **Angebotsabgabe** hatte der Lieferant noch auf bessere Konditionen gehofft.
- Im Lauf der **Verhandlungen** entschied er sich aber, Zugeständnisse zu machen, um den Auftrag zu erhalten. Die Bedingungen des ursprünglichen Angebots wurden so nach und nach verändert. Auf diese Weise erarbeiteten Lieferant und Kunde zusammen den Vertrag, der dann unterzeichnet wurde.

An dieser Stelle können wir auch schon festhalten, dass es im Vertrag hauptsächlich um zwei Dinge zu gehen scheint. Zum einen ringen die Parteien um eine angemessene Verteilung des Risikos. Jede Seite ist bemüht, sich auf Kosten der anderen Seite abzusichern. Zum anderen geht es darum, das Auftragsvolumen festzulegen und den gemeinsamen Nutzen zu maximieren. Möglicherweise kann sogar eine Option zur späteren Erweiterung des Vertrages vereinbart werden.

- Die Entscheidung über die Eckdaten des Vertrages ist **Managementaufgabe**. Auch wenn der Artikel nur den Vorstandsvorsitzenden des Kunden ausdrücklich erwähnt, kann man davon ausgehen, dass auch auf Lieferantenseite die höchste Führungsebene involviert war.
- Als der Artikel erschien, war der Vertrag gerade erst unterschrieben. Ob die Projektausführung ein Erfolg werden wird, kann zu diesem Zeitpunkt keiner der Beteiligten wissen.
- Auch wenn der Artikel dies nicht anspricht, kann man vermuten, dass spätestens am Ende der Projektausführung beide Unternehmen eine detaillierte **Analyse** durchführen werden, ob der Auftrag ein Erfolg war oder nicht.

Im Zeitpunkt des Vertragsschlusses befinden sich Lieferant und Kunde in derselben Situation wie der Leser des Zeitungsartikels. Man weiß, dass der Auftrag erteilt worden ist – ob der Auftrag aber auch ein Erfolg werden wird, wird sich erst in der Zukunft heraus stellen. Gutes Vertragsmanagements soll eine vernünftige Prognose des Projekterfolgs ermöglichen. Vor allem aber stellt es einige Mittel zur Verfügung, die für den Erfolg ausschlaggebend sind. Was bedeutet das im Einzelnen? Dies wollen wir uns nachfolgend genauer ansehen.

5.1.2 Die 4 Phasen des Vertragsmanagements

Die Bezeichnung **„Vertragsmanagement"** (ebenso wie „*Contract Management*" oder „*Claim Management*") hat im deutschen Sprachraum keine einheitliche Bedeutung. Vielmehr können sich hinter dem Begriff in verschiedenen Unternehmen ganz unterschiedliche Tätigkeiten und Organisationsformen verbergen. Diesem Artikel liegt das denkbar weiteste Begriffsverständnis zu Grunde.

Wir wollen uns dem Begriff nähern, indem wir uns die Aufgaben des Vertragsmanagements auf der **Zeitachse** vor Augen führen. Dazu können wir uns an den für den Projektverlauf wesentlichen Ereignissen orientieren. Wir können vier Phasen unterscheiden, die durch diese Ereignisse voneinander getrennt werden. In jeder dieser vier Phasen bestehen spezifische Anforderungen an die Arbeit am Vertrag. Diese phasentypischen Anforderungen ermöglichen uns eine Umschreibung dessen, was „Vertragsmanagement" eigentlich ist. Das eingangs aufgeführte Beispiel der Lieferung von Zügen von Siemens an die Bahn kann uns auch hier als Illustration dienen.

I. Zu Beginn des Projekts steht die Entscheidung des Lieferanten, überhaupt ein Angebot abgeben zu wollen (sog. ***Bid Decision*)**. Im Beispielfall dürfte Siemens diese Entscheidung im Hinblick auf die Wichtigkeit des Kunden Deutsche Bahn leicht gefallen sein. Die Entscheidung zur Angebotsabgabe läutet die erste Phase ein, in der das Angebot dann auch erstellt wird. Wie wir dem Artikel entnehmen können, war dies für Siemens wohl eine außerordentlich komplexe Aufgabe: Der Großteil der 8000 Seiten bestand wahrscheinlich aus Produktspezifikationen, die schon während der Angebotserstellung formuliert werden mussten.
II. Nach Fertigstellung des Angebots wird dieses an den Kunden abgegeben (**Angebotsabgabe**). Weckt das Angebot das Interesse des Kunden, beginnt die Verhandlungsphase. In dieser Phase werden die Erwartungen beider Seiten geklärt und der Versuch unternommen, diese miteinander in Einklang zu bringen. Angesichts des gewaltigen Auftragsvolumens dürfte die Verhandlung zwischen der Bahn und Siemens komplex und langwierig gewesen sein. Verläuft die Verhandlung erfolgreich, mündet sie in den Vertragsschluss. Im Beispielfall mussten, wie wir wissen, durch den Lieferanten einige Zugeständnisse gemacht werden. Am Ende aber wurde das 8000-seitige Machwerk unterschrieben.

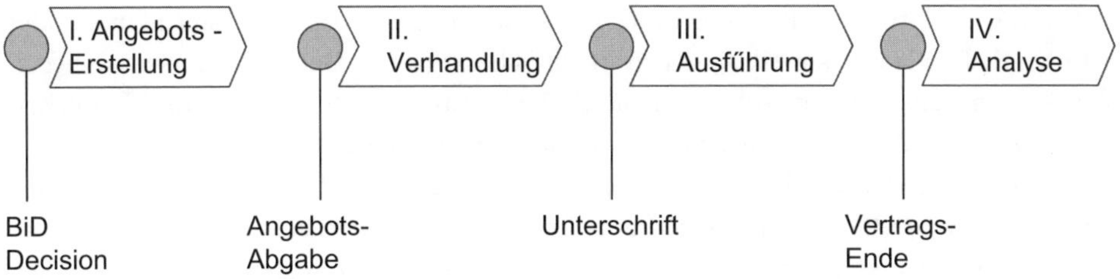

Abb. 5.1 Die vier Phasen des Vertragsmanagements

Über die letzten beiden Phasen weiß der Artikel, der anlässlich des Vertragsschlusses geschrieben worden war, naturgemäß noch nichts zu berichten:

III. Mit **Vertragsschluss** beginnt die Durchführung des Vertrages. Die Parteien müssen einander nun das Versprochene liefern und auftretende Unstimmigkeiten beilegen.
IV. Nach Beendigung des Projekts (**Vertragsende**) sollte jede Partei eine Analyse durchführen, aus der sich Lehren für künftige Projekte ziehen lassen.
V. Mit der Erstellung der ***Lessons Learned*** ist das Vertragsmanagement für das Projekt beendet und zugleich die Grundlage für das nächste Projekt gelegt.

Dem wohl überwiegenden Begriffsverständnis im deutschen Sprachraum folgend können wir je zwei dieser Phasen zusammenfassen: Das in den ersten beiden Phasen statt findende Vertragsmanagement können wir als „**Contract Management**“ bezeichnen. Demgegenüber wird unter „**Claim Management**“ das Vertragsmanagement nach Vertragsschluss verstanden.

Aus dem Gesagten können wir die folgende Definition ableiten:

▸ **Vertragsmanagement** kann definiert werden als die Erfüllung der vertragsbezogenen Aufgaben, die sich in den vier Phasen der Projektdurchführung stellen. Es tritt in den ersten beiden Phasen als „Contract Management“ und in den letzten beiden Phasen als „Claim Management“ in Erscheinung.

Grafisch wird dies in Abb. 5.1 verdeutlicht.

5.1.3 Fokus des Kapitels

In diesem Kapitel konzentrieren wir uns auf das Vertragsmanagement im Rahmen des Auftrags- und Projektmanagements, namentlich im Anlagengeschäft und bei großen Dienstleistungsprojekten. Daher geht es hierin vor allem um den diesen Geschäften zu Grunde liegenden **Kundenvertrag**. Wir beschränken uns dabei auf privatwirtschaftliche Verträge. Diese Verträge unterliegen, wie der Name schon sagt, den Regeln des Privatrechts. Das sind die Verträge eines Unternehmens mit einem anderen Unternehmen oder der öffentlichen Hand, soweit diese privatrechtlich tätig wird. Demgegenüber unterliegen Verträge, in denen die öffentliche Hand als Hoheitsträger tätig wird, dem öffentlichen Recht. Das öffentliche Recht bietet einige Besonderheiten (etwa dem Ausschreibungs- und Haushaltsrecht), und entzieht den Parteien viele Aspekte der freien Vertragsgestaltung. Auf diese Besonderheiten kann hier aber nicht eingegangen werden.

Der Schwerpunktsetzung dieses Bandes entsprechend betrachten wir das Vertragsmanagement vorwiegend aus der **Sicht des Lieferanten**. Gleichwohl findet das Gesagte auch auf den Kunden entsprechende Anwendung, wenn auch unter umgekehrten Vorzeichen.

Bei Kundenverträgen, sei es nun im Anlagengeschäft oder bei Dienstleistungsprojekten, handelt es sich um sogenannte „**Austauschverträge**", die so genannt werden, weil darin jede Partei eine Leistung im Austausch für die Gegenleistung der anderen Partei erbringt. Als typisches Beispiel kann der Kaufvertrag mit den Leistungen „Ware" gegen „Geld" angesehen werden. Austauschverträge sind zu unterscheiden von einseitigen Verträgen (Bsp.: Schenkung) und Gesellschaftsverträgen (Bsp.: Gesellschaftsvertrag einer GmbH).

5.1.4 Aufbau des Kapitels

Unserer Definition von „Vertragsmanagement" folgend wollen wir uns in diesem Kapitel die vier Phasen des Vertragsmanagements im Detail ansehen. Dabei werden wir das „**was**", „**wann**" und „**wie**" betrachten: Wir werden uns jeweils zunächst das Ereignis ansehen, das die entsprechende Phase einläutet. Dann werden die Aufgaben des Vertragsmanagements in dieser Phase aufgezeigt. Schließlich wird erläutert, welche Prozesse zur Lösung dieser Aufgaben wünschenswert sind.

Zuvor allerdings noch eine Klarstellung. In Abschn. 5.1.2 hatten wir fünf Ereignisse identifiziert, die den Projektverlauf prägen: Bid Decision, Angebotsabgabe, Vertragsschluss, Vertragsbeendigung, und Lessons Learned. Diese Ereignisse bedingen einander und treten daher immer in der dargestellten Reihenfolge auf. Dies ist bei den vier Phasen des Vertragsmanagements nicht unbedingt der Fall. Genau genommen kann es durchaus sein, dass sich die Phasen überlappen. So mag es schon während der Angebotserstellung vorkommen, dass der Lieferant mit dem Kunden dessen wesentliche Erwartungen zu klären versucht. Diese Gespräche können durchaus schon den Charakter einer Verhandlung annehmen. Ebenso werden oft nicht erst nach vollständigem Abschluss des Projekts Lehren für weitere Projekte gezogen, sondern schon während der Vertragsdurchführung. Die 4 Phasen des Vertragsmanagements treten also in der Realität nicht ganz so trennscharf auf, wie dies in unserem Modell suggeriert wird. Die „**Portionierung**" des Vertragsmanagements in vier Phasen vereinfacht und erleichtert aber seine Darstellung. In diesem Kapitel soll ein eingängiges und leicht zu erfassendes Konzept angeboten werden. Dem Leser soll der Zugang zu diesem komplexen Thema so einfach wie möglich gemacht werden. Soweit das Phasenmodell zu einer übermäßigen Vereinfachung führt, wird dies an der betreffenden Stelle klargestellt. Auf diese Weise soll sich am Ende des Artikels der „Kreis schließen“. Der geneigte Leser sei insoweit um Geduld gebeten.

5.2 Phase I: Angebotserstellung

Wie wir gesehen haben, beginnt die Angebotserstellung mit der Entscheidung, dem Kunden den Abschluss eines Vertrags anzubieten („**Bid Decision**“). Was aber ist ein „Angebot“ zum Abschluss eines Vertrages? Ein rechtlich wirksames Angebot ist aber nichts anderes als ein vollständiger Vertrag, den die andere Seite nur zu unterschreiben braucht, damit er wirksam wird.

▸ **Angebot** Ein bindendes Angebot ist der Vorschlag des Lieferanten an den Kunden, einen bestimmten Vertrag abzuschließen. Dieses muss der Kunde mit einem einfachen „Ja“ und seiner Unterschrift annehmen können, ohne dass dabei zu regelnde Punkte offen bleiben würden. Das Angebot besteht daher aus einem vollständigen Vertrag.

Wir werden uns daher in diesem Abschnitt ansehen, aus welchen Bestandteilen sich ein Kundenvertrag im Investitionsgüter- und Anlagengeschäft normalerweise zusammensetzt. Dabei wird deutlich werden, dass die Erstellung des Angebots in einem so komplexen Geschäftsfeld nur im Rahmen eines strukturierten und interdisziplinären Prozesses geleistet werden kann. Wir werden unser Augenmerk daher auch auf den **Angebotserstellungsprozess** legen.

5.2.1 Die „Bid Decision“

Nicht jedes potentielle Projekt, von dem der Lieferant erfährt, wird auch weiterverfolgt. Die Angebotserstellung ist kosten- und personalintensiv, die Ressourcen des Unternehmens aber begrenzt. Das Management muss daher oft im Vorfeld entscheiden, wie diese Ressourcen am sinnvollsten eingesetzt werden können. Es gilt **Aufwand und Erfolgsaussichten** gegeneinander abzuwägen. Entscheidende Faktoren sind dabei die Projektverwirklichungswahrscheinlichkeit und die Zuschlagswahrscheinlichkeit.

Die **Projektverwirklichungswahrscheinlichkeit** gibt darüber Auskunft, wie wahrscheinlich die Verwirklichung des Projekts durch den jeweiligen Kunden ist. Oftmals muss sich der potentielle Kunde erst gegen Wettbewerber durchsetzen, um das Projekt realisieren zu können. Dies kann zum Beispiel der Fall bei einer Investorengruppe sein, die sich bei der Exekutive eines Landes um eine Lizenz zur Errichtung und zum Betrieb eines Kraftwerks bewirbt. Nur wenn diese Gruppe selbst den Zuschlag in der Ausschreibung erhält, hat sie überhaupt Aufträge zu vergeben. Es geht also bei der Projektverwirklichungswahrscheinlichkeit um die Chancen des potentiellen *Kunden*, sich gegen seine Wettbewerber durchzusetzen.

Die **Zuschlagswahrscheinlichkeit** wiederum schätzt die Aussichten des potentiellen *Lieferanten* ab, sich gegen seine Wettbewerber durchzusetzen.

Beide Wahrscheinlichkeiten werden von einer Vielzahl von kommerziellen und technischen Faktoren beeinflusst, beispielsweise der Effizienz der eingesetzten Technik und der voraussichtlichen Dauer der Projektdurchführung. Nicht selten sind beide Wahrscheinlichkeiten miteinander verknüpft. So ist es im Kraftwerksbau üblich, dass verschiedene Bietergruppen um dieselbe staatliche Lizenz konkurrieren. Jede Bietergruppe besteht dabei aus Investoren und potentiellen Subunternehmen. Der Staat wird dann die Angebote in ihrer jeweiligen Gesamtheit bewerten, und einer Gruppe den Zuschlag erteilen.

Grundsätzlich kommen bei der „Bid/No Bid Entscheidung" also markt- und wettbewerbsanalytische Überlegungen zum Tragen. Unter Umständen kann es auch sein, dass schon jetzt Überlegungen zum Kundenvertrag in die Entscheidungsfindung mit einfließen. Zu denken ist hier vor allem an **riskante Vertragskonstellationen**. Eine solche kann beispielsweise dann vorliegen, wenn der Kunde über so große Marktmacht verfügt, dass er grundsätzlich alle Projektrisiken auf seine Lieferanten abwälzen kann. Dies ist etwa bei staatlichen Kunden in Schwellenländern nicht selten der Fall. Wie wir noch sehen werden, liegt jedem Angebot aber ein spezifisches Risikoprofil zu Grunde. Wenn der Kunde die Übernahme von deutlich mehr Risiken erwartet, aber nicht bereit ist, den Vertragspreis entsprechend zu erhöhen, sollte von dem Geschäft Abstand genommen werden.

Andere vertragliche Überlegungen, die zu einer „No Bid Decision" führen können, sind etwa zweifelhafte Rechtssicherheit im Land des Projektes oder die Notwendigkeit zur Bildung eines **offenen Konsortiums**. Bei einem offenen Konsortium schließen sich mehrere Lieferanten zusammen, um gemeinsam ein Angebot abzugeben. Sie versprechen sich davon den Abschluss eines Vertrages, den keiner von Ihnen alleine durchzuführen in der Lage wäre. Im Anlagenbau etwa kommt es häufig vor, dass verschiedene Lieferanten gemeinsam die Errichtung des Bauwerks versprechen. Dabei übernimmt jeder Konsorte einen genau festgelegten Teil der Arbeiten. Wenn der Anlagenbau die Möglichkeiten eines einzelnen Lieferanten überschreitet, kann dieser alternativ auch als **Generalunternehmer** auftreten. Als solcher hat dann nur er einen direkten Vertrag mit dem Kunden, dem gegenüber er sich zur Errichtung der gesamten Anlage verpflichtet. Gleichzeitig lässt sich der Generalunternehmer von Subunternehmen die Durchführung derjenigen Arbeiten versprechen, die er selbst nicht zu leisten vermag. Diese Konstellation kann ein sogenanntes „stilles" Konsortium darstellen, da das Zusammenwirken mehrerer Unternehmen hier für den Kunden, anders als beim offenen Konsortium, nicht ersichtlich ist.

Das offene Konsortium hat einen wesentlichen Vorteil gegenüber dem Angebot eines Generalunternehmers. Der Generalunternehmer kauft die Leistung der anderen Lieferanten ein und muss sie beim Weiterverkauf an den Kunden mit den für ihn üblichen buchhalterischen Aufschlägen versehen, um in dem Projekt die erforderliche Profitabilität zu erreichen. Das kann aber dazu führen, dass der Gesamtpreis für den Kunden unattraktiv wird. Beim offenen Konsortium haben die Lieferanten dieses Problem nicht – jeder führt einen Teil des Projekts durch und wird dafür entgolten; der Gesamtpreis für den Kunden ist nichts weiter als die Summe der einzelnen Teilpreise.

Dieser Vorteil des offenen Konsortiums wird aber teuer erkauft. Denn die Konsorten versprechen dem Kunden, für die Vertragserfüllung gesamtschuldnerisch gerade zu stehen. **Gesamtschuldnerische Haftung** bedeutet, dass der Kunde von *jedem* einzelnen Konsorten die Erfüllung des *gesamten* Vertrages verlangen kann. Dies wird dann zum Problem, wenn einer der Konsorten seinen Teil des Vertrages (z. B. wegen Insolvenz) nicht erfüllt. Dann müssen die anderen Konsorten dies auf eigene Kosten und Risiko übernehmen. Ein offenes Konsortium führt also dazu, dass der Lieferant auch für etwas verantwortlich ist, was er selbst nicht (oder nur bedingt) beeinflussen kann. Dieses Risiko ist schon bei der „Bid/No Bid Decision" zu bedenken. Wenn der Lieferant das Projekt nicht wettbewerbsfähig als Generalunternehmer durchführen kann, aber geringes Vertrauen in die Fähigkeiten der potentiellen Konsorten hat, mag es sinnvoll sein, erst gar kein Angebot für das Projekt zu erstellen.

In vielen Unternehmen wird ein **zweistufiger Angebotsprozess** praktiziert. Häufig wird dem Kunden zunächst ein unverbindliches „Standard" Angebot mit dem ungefähren Preis unterbreitet. Ist er mit den wesentlichen Eckdaten (insbesondere natürlich dem Preis) einverstanden, wird ein detailliertes und bindendes Angebot erstellt. Aufgrund des oft erheblichen Aufwandes, der für die Erstellung eines bindenden Angebots erforderlich ist, werden zunächst nur vorgefertigte Dokumente für das Angebot benutzt. Dieses Vorgehen ist ökonomisch sinnvoll. Wie wir im Abschnitt zum Angebotserstellungsprozess (vgl. Abschn. 5.2.4) noch sehen werden, birgt die Verwendung von Standardunterlagen allerdings ein juristisches Risiko, dessen man sich bewusst sein sollte.

5.2.2 Der Aufbau des Vertrages im Überblick

Wie wir gesehen haben, ist ein rechtlich verbindliches Angebot nichts anderes als ein vollständiger Vertrag, der von der anderen Seite nur unterschrieben werden müsste. Woraus also setzt sich ein vollständiger Vertrag zusammen?

Ein Austauschvertrag ist im Wesentlichen wie folgt aufgebaut. Er besteht in der Regel aus Hauptteil und Anhängen. Der Hauptteil beginnt naturgemäß mit dem Titel, woran sich die Nennung der vertragsschließenden Parteien anschließt. Dann folgt häufig eine Präambel, die gewissermaßen als Einleitung zum Vertrag fungiert. Daran schließt sich das eigentliche Herzstück des Vertrages an, also die Regelungen über **Rechte und Pflichten der Vertragsparteien**. Zunächst werden hier die Verpflichtungen beschrieben, um derentwegen die Parteien den Vertrag gerade abschließen wollen (Bsp.: Bau einer Produktionsanlage im Austausch gegen Zahlung des Vertragspreises). Dieser Teil soll hierin einfach *„das Geplante"* genannt werden. Dann folgen die Regelungen für den Fall, dass etwas **Unvorhergesehenes** geschieht (hierin *„das Ungeplante"* genannt). Abgerundet wird der Hauptteil des Vertrages von juristischen Schlussbestimmungen. Gerade bei den komplexen Austauschverträgen des Investitionsgütergeschäfts folgen auf den Hauptteil umfangreiche technische Anhänge. In diesen werden die im Hauptteil niedergelegten Rechte und Pflichten spezifi-

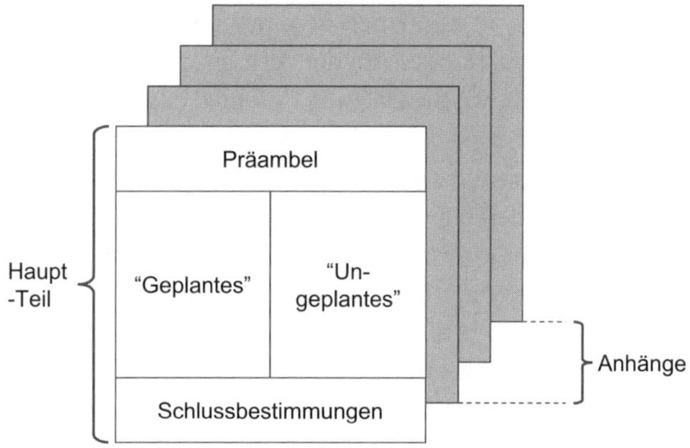

Abb. 5.2 Der Aufbau des Vertrages

ziert und mit Leben gefüllt. Abbildung 5.2 zeigt schematisch den Aufbau des (Austausch-) Vertrages.

Mitunter gibt es, insbesondere im internationalen Geschäft, Verträge, die viel komplizierter aufgebaut sind als in unserem Schema (sog. **Schachtelverträge**). Dies ist besonders dann der Fall, wenn sich die Rechte und Pflichten nicht aus einem einzigen Dokument ergeben (dem Hauptvertrag), sondern auf verschiedene Anhänge verteilt sind. Zu denken wäre hier besonders an „allgemeine" oder „spezielle" Geschäftsbedingungen, die mit dem Hauptdokument verlinkt sind. Meist wird ein solcher Aufbau vom Kunden vorgeschlagen, verbunden mit der Aufforderung, seine Einkaufsbedingungen zur Grundlage des Angebots zu machen. Soweit irgend möglich sollte der Lieferant sich darauf nicht einlassen. Es ist außerordentlich schwierig, einen Schachtelvertrag in seiner Gesamtheit zu erfassen. Wenn dies gelingt, stellt sich oft heraus, dass der verwirrende Aufbau in der Absicht gewählt wurde, eine unangemessene Risikoverteilung zu verschleiern.

Zum **Umfang** der Vertragsbestandteile kann folgendes gesagt werden: Die Anhänge sind in aller Regel deutlich umfangreicher als der Hauptteil. Selbst bei hochkomplexen Kraftwerksverträgen erschöpft sich der Hauptteil meist in ein- bis zweihundert Seiten. Zwar besteht hier ein Unterschied zwischen Verträgen, die den kontinentaleuropäischen „*Civil Law*" Rechtsordnungen unterliegen (z. B. in Deutschland, der Schweiz und Österreich), und solchen, die dem angelsächsischen „*Common Law*" unterliegen (z. B. in den USA oder Großbritannien). Civil Law Verträge streben eher Regelungen mit hohem Abstraktionsgrad an, ihr Ziel ist es, aus einem niedergelegten Prinzip auf die Anwendung im Einzelfall schließen zu können, ohne den Einzelfall ausdrücklich regeln zu müssen. Anders verhält es sich bei Verträgen gemäß Common Law. Bei diesen ist daher ein höherer Detailierungsgrad notwendig. In jeder Rechtsordnung aber wird der weit überwiegende Teil des Vertrages aus den diversen Anhängen bestehen. Dies liegt einfach daran, dass in den Anhängen die gesamte technische Beschreibung des Projekts Platz finden muss.

Was beinhalten die Vertragsbestandteile im Einzelnen? Dies wollen wir uns als nächstes ansehen.

5.2.3 Die Vertragsbestandteile im Einzelnen

Wir können zwischen Titel, Benennung der Vertragsparteien, Präambel, Geplantem, Ungeplantem, Schlussbestimmungen und Anhängen unterscheiden.

5.2.3.1 Titel und Benennung der Vertragsparteien

Der **Titel** soll den Vertragstyp eigentlich eindeutig und zutreffend wiedergeben. Wie wir im Abschn. 5.2.3.3 (Das Geplante) noch sehen werden, ist es aber häufig sogar für Juristen schwierig, den dogmatisch richtigen Vertragstyp eines spezifischen Projektvertrages zu ermitteln. Selbst wenn dies gelingt, ist damit aber auch nicht allzu viel gewonnen. Denn wie ein Vertrag im Streitfall ausgelegt wird, ergibt sich in erster Linie aus seinem Regelungsgehalt – und nicht aus seiner Bezeichnung. Ein pragmatischer Vertragsmanager wird daher einen beschreibenden und anschaulichen Titel wählen. Statt also langwierige juristische Überlegungen anzustellen, wie man den Vertrag wissenschaftlich richtig zu bezeichnen habe, kann man ihn einfach mit „Vertrag über … (*Projektname*)" betiteln.

Im Anschluss an den Titel werden die **Vertragsparteien** aufgeführt. Im hier interessierenden B2B-Vertrieb sind dies ausschließlich Unternehmen. Von den vertragsschließenden Unternehmen zu trennen sind die Personen, die im Namen dieser Unternehmen handeln. Den Vertrag verhandeln und unterzeichnen natürlich Personen, die von den Vertragsparteien dazu bevollmächtigt worden sind. Die Frage, ob die handelnden Individuen dazu überhaupt befugt sind, wird nicht im Vertrag selbst angesprochen. Stattdessen ergibt sich dies aus den entsprechenden Vollmachten der handelnden Personen (in Deutschland etwa Handlungsvollmacht oder Prokura). Dennoch kann es, insbesondere in romanischen Ländern, vorkommen, dass im Anschluss an die Benennung der Parteien auch die sie vertretenden Personen namentlich aufgeführt werden (*Bsp.*: „Vertrag zwischen der XY AG, vertreten durch Herrn Dipl.-Ing. Müller und der ABC GmbH, vertreten durch Frau Dr. Meier").

Die Nennung der Vertragsparteien scheint auf den ersten Blick eine reine Formsache zu sein. In der Praxis kommt es jedoch nicht selten vor, dass Unklarheit darüber herrscht, welches Unternehmen genau eigentlich am Ende der Verhandlungen den Vertrag unterschreiben wird. Dies kann insbesondere dann der Fall sein, wenn an dem Projekt verschiedene konzernverbundene Unternehmen beteiligt sind. Gerade im internationalen Geschäft ist es üblich, dass das Angebot von **mehreren Konzernunternehmen** erstellt wird. Dann arbeiten oft Muttergesellschaft und lokale Tochtergesellschaft für die Angebotserstellung zusammen. Welche Gesellschaft dann das endgültige Angebot unterbreitet (und später den Vertrag unterzeichnet), hängt nicht selten von steuerlichen Erwägungen ab, die sich auch im Verlauf der Verhandlung noch ändern können.

Auf der Kundenseite wiederum kommt es häufig vor, dass für das Projekt eigens eine **Projektgesellschaft** gegründet wird, deren Name und Eigentümerstruktur oft erst gegen Ende der Verhandlungen endgültig festgelegt wird. Auch wenn es natürlich nicht notwendig ist, bei Angebotserstellung schon den Namen dieser Projektgesellschaft zu kennen, ist es doch erforderlich, sich über die Identität der Parteien im Klaren zu sein. Wird der

Vertrag „nur" von einer eigens gegründeten Projektgesellschaft abgeschlossen, sind deren finanzielle Ressourcen in der Regel beschränkt. Dies mag die Einschätzung der Kreditwürdigkeit des Kunden beeinflussen und eine Anpassung des Zahlungsplanes erforderlich machen. Entsprechendes gilt natürlich auf der Lieferantenseite. Wird das Angebot von einer Konzerntochter erstellt, wird der Kunde oft Konzernbürgschaften oder andere Zahlungssicherheiten erwarten. Schon bei der Angebotserstellung spielt die vermeintliche „Formalie" Nennung der Vertragsparteien also eine wichtige Rolle.

5.2.3.2 Präambel

Die Präambel gibt den Parteien die Gelegenheit, **Entstehungsgeschichte und Zielsetzung** des Vertrags zu schildern. Der Inhalt der Präambel ist daher meist nicht sehr kontrovers. Es kann aber vorkommen, dass die Diskussion des Textes unterschiedliche Erwartungen zu Tage fördert, beispielsweise was die Rollenverteilung der Projektbeteiligten anbelangt. Die Präambel kann also genutzt werden, um sicher zu stellen, dass alle Parteien von denselben Grundvoraussetzungen ausgehen. Ist der Vertrag einmal abgeschlossen, dient die Präambel vor allem dazu, späteren Lesern (zum Beispiel dem Projektmanager oder einem Schiedsrichter) den Einstieg in das Dokument zu ermöglichen. Bei der Erstellung des Angebots hat der Lieferant also mit der Präambel die Möglichkeit, die grobe Marschrichtung für den Vertrag und seine spätere Auslegung vorzuschlagen.

5.2.3.3 Das Geplante

In einem Vertrag regeln die Geschäftspartner vor allem, welche Leistungen sie einander versprechen. Weil die Erfüllung dieser Versprechen das eigentliche Ziel des Vertrages ist, werden die darauf gerichteten Pflichten auch „**Primärpflichten**" genannt. So verpflichtet man sich in einem Kaufvertrag dazu, Waren zu liefern und in einem Mietvertrag dazu, der anderen Seite den Gebrauch einer Sache zu ermöglichen. In der Regel besteht in diesen Fällen die Gegenleistung in einer Geldzahlung durch den Empfänger der Sache. Die genannten Beispiele sind häufig auftretende, prototypische Vertragsformen. In Deutschland sind sie im Bürgerlichen Gesetzbuch (BGB) geregelt, das schon im Jahre 1900 erlassen wurde.

Heute sind im Wirtschaftsleben häufig **Mischverträge** anzutreffen, also Verträge, die verschiedene Leistungsarten miteinander verbinden. Um einen Mischvertrag handelt es sich etwa bei dem im Investitionsgütervertrieb weit verbreiteten **EPC** (**Engineering, Procurement and Construction**)-Vertrag. Typische Gegenstände des EPC-Vertrages sind beispielsweise die Errichtung einer Produktionsanlage oder eines Kraftwerks. Der Lieferant erstellt hier nicht nur die Konstruktionspläne, sondern beschafft auch die notwendigen Materialien und führt die Bauarbeiten durch. Oft verpflichtet sich der Lieferant im EPC-Vertrag sogar dazu, „alles Notwendige" zu tun, damit das Gewerk zum versprochenen Zeitpunkt „**schlüsselfertig**" (**turn key**) übergeben werden kann. Ein solcher Vertrag entzieht sich wegen seiner Komplexität und Vielschichtigkeit einer eindeutigen Zuordnung nach dem BGB (Huck 2006, S. 41). Fest steht aber, dass ein „Turn Key" Geschäft für den Lieferanten das Risiko birgt, dass er Arbeiten durchführen muss, die gar nicht explizit im Vertrag genannt werden. Genau das ist ja in der Regel der Grund, warum der Kunde einen solchen Vertrag wünscht. Ihm ist daran gelegen, dass er die gewünschte Anlage zum vorher vereinbarten Preis erhält. Er will meist nicht das Risiko dafür übernehmen, dass die vom Lieferanten veranschlagten Arbeiten dazu auch wirklich ausreichen. Wir werden uns das Thema „Risikoverteilung" später noch genauer ansehen. An dieser Stelle soll es genügen festzuhalten, dass die Parteien im ersten Vertragsteil möglichst genau beschreiben sollten, was sie der anderen Seite primär versprechen: Wer macht wie und wann was?

▸ **Das Geplante** = das Versprechen der Parteien, was sie wann wie für die andere Partei tun werden (Primärpflichten).

Anders als der Kunde ist der Lieferant daran interessiert, seine Primärpflichten möglichst abschließend zu regeln. In jedem Fall sollten die Parteien die Primärpflichten so genau wie möglich beschreiben und in den Anlagen zum Vertrag spezifizieren. Häufig wird zwar gesagt, der beste Vertrag sei der, den die Parteien nie mehr lesen. Eine solche Erwartung ist aber gerade bei komplexen Dienstleistungen und Industriegütern realitätsfern. Hier benötigen die Parteien **größtmögliche Klarheit,** um eine realistische Projektkalkulation erstellen zu können. Diese Klarheit kann zwar erst in der Verhandlungsphase durch Informationsaustausch mit der anderen Seite gewonnen werden. Der Informationsaustausch ist aber nur möglich auf Basis des Angebots.

Dazu kommt noch ein weiteres: In der Regel werden Verträge nicht von denselben Personen durchgeführt, die sie verhandelt haben. Stattdessen ist in vielen Unternehmen eine organisatorische Trennung von Vertrieb und Projektabwicklung anzutreffen. Dies bedeutet, dass die vertragsausführenden Personen im Zweifel nur das tun und fordern, was sie aus dem Vertragsdokument kennen. Im Übrigen ist auch nur eine in den Vertrag aufgenommene Verpflichtung überhaupt rechtlich wirksam und durchsetzbar.[1]

Primäres Ziel der Angebotserstellung ist es daher, eine detaillierte, eindeutige und möglichst abschließende Beschreibung des Geplanten vorzunehmen.

5.2.3.4 Das Ungeplante

Bei der Erstellung des Angebots (und später in der Verhandlung) hat der Lieferant natürlich hauptsächlich die Primärpflichten im Auge. Dennoch muss er sich auch darüber Gedanken machen, was passieren soll, wenn die Dinge nicht so laufen wie geplant. Werden nämlich die eingegangenen Primärpflichten nicht wie versprochen erfüllt, ergeben sich daraus natürlich Folgeansprüche. Bei verspäteter Lieferung zum Beispiel kann sich der Lieferant schadensersatzpflichtig machen. Umgekehrt verpflichtet sich der Kunde bei verspäteter Kaufpreiszahlung in der Regel zur Entrichtung von Verzugszins. Solche Pflichten heißen „**Sekundärpflichten**", weil sie erst aus der Störung einer Primärpflicht entstehen.

[1] Wie oben am Beispiel des EPC-Vertrages gezeigt, betrifft dies sowohl explizite als auch nur implizite Pflichten. Diese Aussage gilt aber natürlich nicht für Pflichten, die sich für die Parteien schon aus dem Gesetz ergeben. So ist der Lieferant eines Kraftwerkes natürlich schon kraft Gesetzes dazu verpflichtet, sich an die örtlich geltenden Umwelt- und Arbeitsschutzmaßnahmen zu halten.

Erfüllen beide Seiten den Vertrag wie vereinbart, dann erwachsen ihnen auch keine Sekundärpflichten. Gerade die hier interessierenden komplexen Geschäfte werden in der Regel aber nicht genau so durchgeführt wie ursprünglich geplant.

Während sich die Sekundärpflichten mit Störungen des Vertrages aufgrund des Tuns oder Unterlassens einer Partei beschäftigen, kann „Ungeplantes" natürlich auch ohne Zutun der Parteien eintreten. Zu denken ist hier vor allem an **unvorhergesehene Ereignisse**, wie zum Beispiel höhere Gewalt, unerwartete Rohstoffverknappungen, ungünstige Witterungsbedingungen, Unfälle, oder veränderte wirtschaftliche Rahmenbedingungen. Dies sind nur einige der Schwierigkeiten mit denen ein Projektmanager häufig zu kämpfen hat. Allem „Ungeplanten" ist gemein, dass es bei den Vertragsparteien zu Zeitverzögerungen, Zusatzkosten und finanzielle Einbußen führen kann.

▸ **Das Ungeplante** = die Vereinbarung der Parteien, was sie im Falle von gestörten Primärpflichten und anderen unvorhergesehenen Ereignissen unternehmen wollen.

In diesem Vertragsteil geht es also hauptsächlich um den **Umgang mit Risiken**. Manche Risiken können minimiert oder mitigiert werden, etwa durch Bildung von Rückstellungen oder den Abschluss von Versicherungen. Völlig ausräumen lassen sie sich aber in der Regel nicht. Die Parteien kommen also nicht umhin, sich darauf zu einigen, wer das entsprechende Risiko tragen soll. Wie das geschieht, entscheidet sich erst in der Verhandlungsphase. Wir werden uns dies daher in Abschn. 5.3 (Phase II: Verhandlung) noch genauer ansehen. Schon hier wollen wir aber darstellen, welche Themen unter dem Stichpunkt „Ungeplantes" im Austauschvertrag immer angesprochen werden sollten.

Dazu noch eine Vorbemerkung: Bei der Erstellung des Angebots sollte der Lieferant nicht außer Acht lassen, dass der Kunde meist den vorgelegten Vertrag nicht einfach unterschreibt, sondern aushandeln will. Und diese Verhandlung wird kaum dazu führen, dass sich die Position des Lieferanten verbessert. Das ist in zweifacher Hinsicht bedeutsam. Zum einen stellt das erste Angebot des Lieferanten in aller Regel seinen „**Best Case**" dar. Verhandlungen nehmen zwar oft ungeahnte Wendungen, aber kein Kunde wird in der Verhandlung die Übernahme von mehr Risiken verlangen, als ihm der Lieferant im Angebot zuschlagen hat. Was auch immer der Lieferant also im Zuge der Verhandlungsphase zu erreichen hofft, muss er schon in das Angebot eingebaut haben.

Gleichzeitig muss er sich aber auch einen gewissen **Verhandlungsspielraum** offen halten. Denn eine Verhandlung ist in aller Regel nur dann erfolgreich, wenn man der anderen Seite Zugeständnisse machen kann. Auch dies muss schon bei der Angebotsformulierung bedacht werden. Gleichzeitig darf das dem Kunden angebotene Risikoprofil natürlich nicht so extrem sein, dass dieser sich gar nicht erst auf eine Verhandlung einlassen will. Die Festlegung des „Ungeplanten" im Angebot erfordert daher eine Gratwanderung zwischen den Erwartungen des Lieferanten und denen des Kunden.

Welche Rechte und Pflichten hinsichtlich des Ungeplanten genau festgelegt werden können und müssen, richtet sich natürlich danach, welchem Recht der Vertrag unterliegen soll. Grundsätzlich können die Parteien das **anwendbare Recht** frei bestimmen. So können sich ein deutscher Anlagenbauer und sein chinesischer Kunde beispielsweis auf deutsches, chinesisches, oder auch schweizerisches Recht einigen. Wir werden uns das Thema im nächsten Abschnitt zu den Schlussbestimmungen (vgl. Abschn. 5.2.3.5) noch genauer ansehen.

Hier also ein kurzer Abriss von vier wichtigen Themen, die in der Kategorie „Ungeplantes" auf jeden Fall angesprochen werden sollten:

- Sachmängel
  Im Angebot muss der Lieferant darlegen, was er tun will, wenn die gelieferte Ware zwar zunächst funktioniert, später aber ein Mangel auftritt. Schweigt der Vertrag dazu, greifen die Bestimmungen des für den Vertrag geltenden Rechts. Die gesetzlichen Sachmängelbestimmungen sind international durchaus unterschiedlich. Vertragsparteien aus verschiedenen Ländern haben daher oft nicht dasselbe Verständnis dieses Themenkomplexes. Für den Lieferanten empfiehlt es sich daher, eine **Definition** vorzuschlagen, was seiner Meinung nach überhaupt unter dem Begriff „Sachmangel" zu verstehen sei. Er kann zum Beispiel dieselbe Herangehensweise wählen, wie sie das deutsche Recht vorsieht: Als Sachmangel wird die Abweichung der gelieferten Sache von der vertraglich vereinbarten Spezifikation definiert (vgl. § 434 BGB). Die Spezifikation der Ware sprengt dann meist den Rahmen des Hauptvertrages selbst und wird in den detaillierten technischen Anhängen festgeschrieben.
  Im Angebot sollte ebenfalls geregelt werden, innerhalb welcher Zeitspanne für die Mangelfreiheit der Ware eingestanden wird. Der Lieferant sollte auch bestimmen, was genau er zu tun gedenkt, wenn ein Mangel auftritt. Zu denken ist hier etwa an Reparaturmaßnahmen oder Nachlieferungen. In beiden Fällen schließt sich dann die Frage an, wie lange die Mangelfreiheit der nunmehr reparierten oder nachgelieferten Sache gewährleistet wird. Wichtig ist ebenfalls festzulegen, ob der Lieferant oder der Kunde zwischen verschiedenen Maßnahmen zur Mangelbehebung wählen darf.
- Lieferverzug
  Der Lieferant sollte sich auch hinsichtlich des eigenen Lieferverzuges positionieren. In der Regel wird er versuchen, seine Haftung für Schäden des Kunden auf eine bestimmte Summe zu begrenzen. Es bietet sich an, eine bestimmte Summe pro Periode der Verzögerung festzulegen (*Bsp.: 100 Euro pro Tag*). Auf Deutsch wird dies **„Pauschalierter Schadensersatz"** genannt, auf Englisch „**Liquidated Damages**". Verzögerungen im Projekt können für den Kunden enorme wirtschaftliche Schäden nach sich ziehen. Bietet der Lieferant pauschalierten Schadensersatz an, muss er sich auf eine kontroverse Diskussion in der Verhandlungsphase einstellen. Einerseits darf die angebotene Zahl also so unattraktiv sein, dass der Kunde daran von vorne herein kein Interesse hat. Andererseits ist es für den Lieferanten wirtschaftlich oft unmöglich, dieses Risiko vollständig zu übernehmen. Bei der Gestaltung des Angebots ist also Augenmaß gefordert. Dazu können Höhe, Frequenz und Obergrenze des pauschalierten Schadensersatzes variiert werden. Auch die Frage, für welche Verzögerungen der Lieferant überhaupt einstehen soll, muss hier angesprochen werden. Außerdem sollte das Angebot einen Vorschlag enthalten, wie

mit dem „*worst case*“ umzugehen sei – also mit dem Fall, dass der Kunden wegen übermäßiger Verzögerung das wirtschaftliche Interesse an dem Projekt verliert.

- Zahlungsverzug
  Beim Zahlungsverzug geht es um die Frage, was geschieht, wenn der Kunde seiner Primärpflicht auf Zahlung des Vertragspreises nicht rechtzeitig nachkommt. Maßstab für die Bestimmung des Verzugszinses sind die **Finanzierungskosten** des Lieferanten und der **marktübliche Zinssatz**. In der Praxis üblich ist eine Regelung wonach ein Verzugszins in Höhe von X Prozent über einem gängigen Referenzzinssatz (*z. B. EURIBOR + 3 Prozent*) anfällt.
- Schadensersatz
  Eine der wichtigsten Fragen, die der Lieferant bei Angebotserstellung beantworten muss, ist die Frage, wie er mit Schäden umgehen will, die er selbst verursacht hat. Einerseits ist es ein offensichtliches Gebot der **Fairness**, dass man für selbst verschuldete Schäden gerade steht. Andererseits würde die strikte Einhaltung dieses Gebots wegen des hohen Risikos oft dazu führen, dass das Geschäft für den Lieferanten **wirtschaftlich nicht attraktiv** ist. Dies betrifft sowohl Schäden am Eigentum des Kunden als auch finanzielle Folgeschäden (z. B. wegen entgangenen Gewinns oder der Schädigung von Kundenmitarbeitern). Die Haftung des Lieferanten kann sich sowohl aus seiner Vertragsverletzung als auch aus gesetzlichen Bestimmungen (z. B. Produkthaftungsgesetzen) ergeben (Cummins, David, Kawamoto 2011, S. 80). Der monetäre Einsatz kann hier enorm sein, da im Extremfall der Kunde in seiner wirtschaftlichen Existenz bedroht ist. Höchst problematisch ist es daher, dass der Lieferant hier eine Begrenzung der Haftung für Schäden fordert, die er selbst verursacht hat. Aus Sicht des Kunden kommt dies dem Versuch gleich, sich im Voraus aus der Verantwortung zu stehlen. Der Lieferant fordert hier nichts weniger als einen „**Freifahrtschein**“. Andererseits muss er im Einklang mit den Grundsätzen der ordnungsgemäßen Buchführung alle nach dem Vertrag zu erwartenden Risiken quantifizieren. Hier geht es aber um den Ersatz von Schäden, deren Umfang im Voraus gar nicht bezifferbar ist. Daher ist anders als beim pauschalierten Schadensersatz eine a priori Begrenzung der Schadenssumme schwierig. Beispielsweise kann eine Beschädigung der Produktionsstätte des Kunden dazu führen, dass dieser seinen eigenen Kunden gegenüber schadensersatzpflichtig wird. Im Zeitpunkt der Angebotserstellung ist es dem Lieferanten aber meist nicht bekannt, mit wem der Kunde Abnahmeverträge abgeschlossen hat. Noch viel weniger wird ihm der Kunde Auskunft über den genauen Inhalt dieser Verträge geben. Der Lieferant kann also gar nicht wissen, wie hoch der potentielle Schaden des Kunden ausfallen würde. Er muss also auch hier die Prognose wagen, welche Regelung für ihn selbst wirtschaftlich vertretbar und für den Kunden akzeptabel sein könnte.

5.2.3.5 Schlussbestimmungen

Auf die Regelungen zu „Geplantem“ und „Ungeplantem“ folgen die Schlussbestimmungen des Vertrages. Hier geht es vor allem um Formalien, die projektunabhängig die Wirksamkeit und rechtliche Funktionsfähigkeit des Vertrages gewährleisten. Dazu gehört etwa die sogenannte „Schriftformerfordernis", die bestimmt, dass Änderungen des Vertrages nur wirksam werden, wenn sie schriftlich festgehalten werden. Häufig anzutreffen sind etwa auch Klauseln, wonach der Vertrag als solcher wirksam bleibt, auch wenn einzelne Vertragsbestimmungen unwirksam sein sollten; solche Bestimmungen werden als „salvatorische Klauseln" (von lat. „salvare" = retten) bezeichnet, weil sie den Gesamtvertrag „retten", auch wenn ein Gericht die Unwirksamkeit einzelner Teile des Vertrages feststellen sollte. Unter den Schlussbestimmungen findet man schließlich auch Klauseln, die sich mit der Abtretung von einzelnen Rechten und Pflichten durch die Vertragsparteien befassen; oft ist derartiges nur mit vorheriger Zustimmung der anderen Partei erlaubt. Unter den Schlussbestimmungen finden sich aber auch zwei Themenkreise von überragender Bedeutung für den Erfolg des Projekts: Die Bestimmungen zu Rechtswahl und zur Streitbeilegung.

- Rechtswahl
  Unter „Rechtswahl" wird die Entscheidung der Parteien verstanden, welches Recht auf den Vertrag angewendet werden soll. Wie wir festgestellt haben, steht es den Parteien grundsätzlich frei, sich auf das **anwendbare Recht** zu einigen. Schließen zwei deutsche Unternehmen einen Vertrag über zum Bau einer Anlage im Inland werden sie den Vertrag normalerweise dem deutschen Recht unterstellen. Da dieses ohnehin auf sie anwendbar ist, muss dazu keine explizite Regelung getroffen werden. Anders sieht es aber im internationalen Wirtschaftsleben aus. Ist der Vertragspartner ein ausländisches Unternehmen, so stellt sich die Frage, nach welchem Recht der Vertrag und seine Ausführung zu beurteilen ist.
  Sofern der Vertrag dazu schweigt, wird diese Frage nach dem jeweiligen **„internationalen Privatrecht" (IPR)** der betroffenen Länder entschieden. Anders als oft angenommen, stellt das IPR keine eigene Rechtsordnung dar, sondern entscheidet (nur) darüber, welches nationale Recht auf den Vertrag anzuwenden sei. Demgegenüber stellt das UN-Kaufrecht (UNK; engl.: United Nations Convention on Contracts for the International Sale of Goods, CISG) vom 11. April 1980 als völkerrechtlicher Vertrag eine eigene Rechtsquelle dar, die an Stelle eines nationalen Kaufrechts treten kann. Für Verträge im Auftrags- und Projektmanagement ist das UNK aber in der Regel nicht geeignet, da es ausschließlich den Verkauf beweglicher Sachen regelt. In den Mitgliedsländern der europäischen Union bestimmt sich dies seit 2009 in allen Ländern nach derselben Bestimmung (EU-Verordnung über das auf vertragliche Schuldverhältnisse anzuwendende Recht Nr. 593/2008, sog. „Rom-I-VO"). Im Rahmen eines professionellen Vertragsmanagements ist es aber unbedingt erforderlich, diesen Punkt explizit und im Voraus zu klären. Bekanntermaßen unterscheiden sich die Rechtsordnungen verschiedener Länder erheblich. Die Entscheidung, welchem Recht der Vertrag unterstehen soll, gibt den Rahmen vor, in dem die Regelungen zu Geplantem und Ungeplantem getroffen werden können. Nur wenn der Vertragsjurist weiß, in welcher Rechtsordnung er sich bewegt, kann er den Vertrag überhaupt erst aufsetzen. Das anwendbare Recht muss also unbedingt bei Angebotserstellung klar gestellt werden.

Zu beachten ist hier auch die zu erwartende **Reaktion des Kunden**. Handelt es sich um einen ausländischen Kunden, der wenig Erfahrung mit dem deutschen Recht hat, kann es sich für den deutschen Lieferanten empfehlen, von vorne herein das Recht eines dritten Landes (z. B. der Schweiz) anzubieten. Auf diese Weise hat keine der beiden Seiten einen „Heimvorteil", da sich beide Seiten bei der Vertragsverhandlung auf fremdem Territorium bewegen. Elementar wichtig ist es dann, dass der Lieferant den Vertrag unter Mitwirkung von Juristen erstellt, die mit dem in Frage stehenden Recht vertraut sind. Zu beachten ist schließlich, dass ein internationaler Projektvertrag zumindest teilweise immer auch das Recht des Kundenlandes berücksichtigen muss. Denn selbst wenn sich die Parteien auf ein ausländisches Recht einigen, werden damit die zwingenden gesetzlichen Vorschriften, die im Kundenland gelten, nicht außer Kraft gesetzt. Verpflichtet sich etwa ein deutscher Kraftwerksbauer zur Errichtung einer Anlage in Asien, so muss er selbstverständlich die lokalen Umwelt- oder Arbeitsschutzbestimmungen einhalten. Es ist daher unumgänglich, auch einen Juristen aus dem Kundenland zur Angebotserstellung hinzuzuziehen.

- Streitbeilegungsmechanismus
  Eng mit dem anwendbaren Recht ist die Frage verbunden, wie bei einem **Streit über die Rechte und Pflichten der Parteien** verfahren werden soll. Die Parteien sind auch hier grundsätzlich frei, den für sie passenden Streitbeilegungsmechanismus zu wählen. Dabei handelt es sich keineswegs nur um eine „Formalie". Auch bei sorgfältiger Angebotserstellung und detaillierter Vertragsverhandlung muss man davon ausgehen, dass im Laufe der Vertragsausführung Meinungsverschiedenheiten oder Konflikte zwischen den Parteien entstehen werden. Was ein Konflikt ist und nach welchen Grundsätzen er gelöst werden kann, werden wir uns im übernächsten Abschnitt zur Ausführungsphase des Vertragsmanagements noch genauer ansehen (siehe Abschn. 5.4.5). Unter dem Gesichtspunkt der Angebotserstellung soll uns hier ein kurzer Überblick genügen, wie ein Streitbeilegungsmechanismus im Vertrag aussehen sollte.

Es empfiehlt sich ein **dreistufiger Streitbeilegungsmechanismus** (Greger und v. Münchhausen 2010, S. 239 f.):

I. Verhandlung zwischen den Parteien (zunächst auf Arbeitsebene, bei Erfolglosigkeit auf höherer Management-Ebene)
II. Einschaltung eines neutralen Dritten (Mediation, Schlichtung, Evaluation)
III. Entscheidung durch Gericht oder Schiedsgericht

Hinsichtlich der Einschaltung eines neutralen Dritten gilt folgendes: Zum Zeitpunkt der Angebotserstellung oder des Vertragsschlusses ist es schwierig, die Art der potenziellen Konflikte genau vorher zu sagen und sich schon a priori für ein bestimmtes Verfahren (z. B. Mediation oder Schlichtung) zu entscheiden (Greger und v. Münchhausen 2010, S. 240). Die Streitbeilegungsklausel sollte daher einen **flexiblen Mechanismus** vorsehen, der den Parteien die im konkreten Einzelfall beste Wahlmöglichkeit offen lässt. Siehe beispielhaft hierfür die Alternative Dispute Resolution Regeln der Internationalen Handelskammer ICC von 2001, Art. 5, nach denen zunächst der neutrale Dritte ausgewählt wird, der sich dann mit den Parteien auf das beste Verfahren verständigt.

5.2.3.6 Annexe

Der eingangs dargestellte Vertrag zwischen der Deutschen Bahn AG und der Siemens AG zum Kauf von ICE-Zügen hat mit 8000 Seiten einen enormen Umfang. Der bei weitem **größte Teil des Vertrages** dürft aus Anhängen bestehen. Dies kann als charakteristisch für Verträge des Investitionsgüterbereichs angesehen werden. Dabei macht es keinen Unterschied, wie die Anhänge bezeichnet werden. Gleichermaßen gebräuchlich sind die Termini „Annex", „Anlage", „Attachment" und „Exhibit". Wichtig ist allein, dass die gewählten Begrifflichkeiten konsequent und einheitlich im gesamten Vertrag verwendet werden.

Die Annexe beinhalten keine eigenen Regelungen. Vielmehr werden sie benötigt, um die im Hauptvertrag getroffenen Regelungen von Rechten und Pflichten zu spezifizieren. Ihr Zweck ist daher vor allem die **„Aussonderung" von Daten**, die den Vertragstext belasten oder sogar unlesbar machen würden (Langenfeld 2010, S. 27). Beispielsweise mag sich der Erbauer eines Kraftwerks im Hauptvertrag dazu verpflichten, dass die Anlage eine bestimmte Mindestleistung zu erbringen in der Lage ist. Im Hauptvertrag selbst würde sich dann die Primärpflicht des Lieferanten finden, ein Kraftwerk mit dem Wirkungsgrad X zu errichten. Aus welchen Faktoren der Wirkungsgrad errechnet wird, und wie diese zu messen sind, wird in der Regel erst in den Annexen festgelegt. Wichtig ist bei der Angebotserstellung also zweierlei: Zum einen muss der Lieferant sicher stellen, dass er in den Annexen alle Informationen bereit hält, die zum Verständnis der Rechte und Pflichten aus dem Hauptvertrag notwendig sind. Zum anderen muss er darauf achten, dass diese Informationen auch vollständig und richtig mit dem Hauptvertrag verknüpft sind. Nur so ist gewährleistet, dass der Kunde die angestrebten Regelungen in ihrer Gesamtheit zutreffend erfassen kann.

5.2.3.7 Zusammenfassung

Wie wir gesehen haben, geht es im Angebot vor allem um Bestimmungen zu Geplantem und Ungeplantem. Gleichzeitig muss das Angebot aber auch eine Einleitung und Schlussbestimmungen beinhalten, so dass es im Ergebnis nichts anderes ist als ein vollständiger Vertrag. Das Angebot stellt mithin die Zusammenfassung aller relevanten technischen, kommerziellen, und rechtlichen Aspekte der Projektstrategie dar. Abbildung 5.3 soll diesen Umstand veranschaulichen.

5.2.4 Der Angebotserstellungsprozess

Wie muss der Angebotserstellungsprozess gestaltet werden, damit das Interesse des Kunden geweckt wird, und sich der Lieferant gleichzeitig Spielraum für die Verhandlung lässt? Diese Frage ist nur unter Berücksichtigung aller Aspekte der Produktstrategie zu beant-

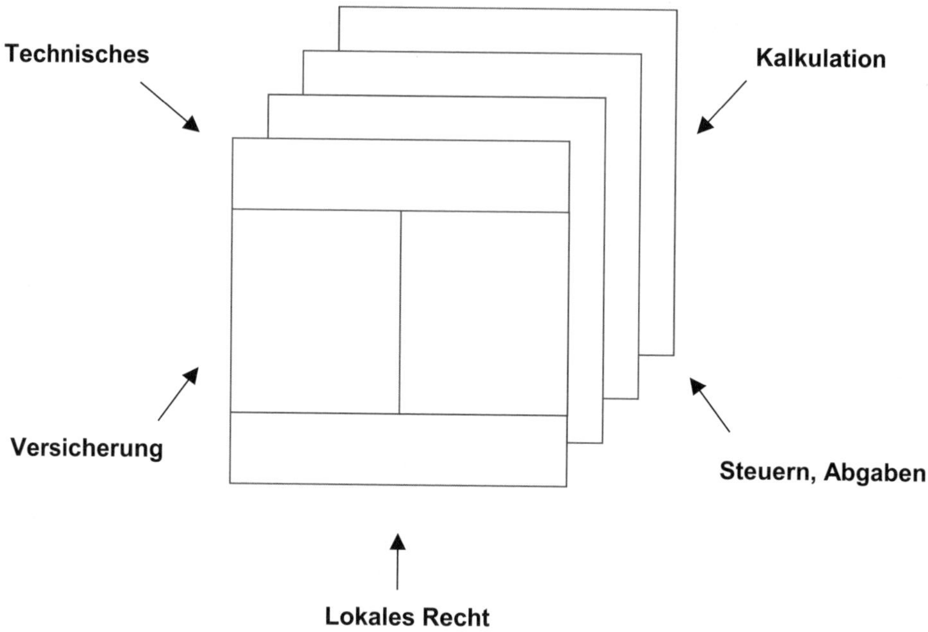

Abb. 5.3 Das Angebot als Umsetzung der Projektstrategie

worten. Dies erfordert die **interdisziplinäre Zusammenarbeit** aller Beteiligten in der Organisation des Lieferanten.

Andernfalls besteht das Risiko, dass die Ersteller von Hauptvertrag und Anlagen sich für den jeweils anderen Teil nicht verantwortlich fühlen. Das könnte dazu führen, dass beide Teile unabhängig voneinander entwickelt und verhandelt werden. Dann kann es passieren, dass zwischen beiden Vertragsbestandteilen **Diskrepanzen** entstehen. Dies muss natürlich vermieden werden. Insbesondere darf der Hauptvertrag nicht etwa auf die falsche Anlage verweisen. Erst recht soll der Hauptvertrag nicht auf gar nicht existierende Anlagen verweisen. Ebenso wenig darf es Anlagen geben, auf die der Hauptvertrag überhaupt nicht verweist. Diese Gefahr besteht vor allem, wenn dem Angebot Broschüren oder Produktinformationen beigelegt werden, ohne dass diese vorher mit dem Vertrag verknüpft worden sind. Im besten Fall führen solche Diskrepanzen „nur" zu Zweifeln an der Professionalität des Lieferanten; im schlechtesten Fall können sie rechtliche Pflichten begründen, die der Lieferant nie intendiert hatte. Derartige Fehler können nur vermieden werden, wenn alle Beteiligten sämtliche Vertragsbestandteile kennen und sich eng miteinander abstimmen.

Wie jede Form von **Teamwork** erfordert auch die Angebotserstellung eine klare Verantwortungszuweisung und Aufgabentrennung. Unumgänglich ist auch die Bestimmung eines Gesamtverantwortlichen, der die Arbeit im Team koordiniert. In vielen Unternehmen liegt diese Gesamtverantwortung bei dem für den Kunden zuständigen Vertriebsmitarbeiter. Als Spezialist für das angebotene Produkt hat dieser meist einen technischen Hintergrund. Die folgenden Ausführungen sollen Anhaltspunkte geben, worauf bei Zusammenarbeit im Rahmen der Angebotserstellung geachtet werden muss:

Den Hauptvertrag sollte selbstverständlich ein Jurist aufsetzen. Im besten Fall verfügt der Lieferant über eigene **Vertragsjuristen** (sog. **Contract Manager**), die nicht nur als Spezialisten für die rechtlichen Fragen von Angebotserstellung und -verhandlung fungieren, sondern vor allem auch das Geschäftsmodel des Lieferanten verstehen. Dies hat gegenüber dem Einsatz von externen Juristen, etwa Rechtsanwälten, einen wesentlichen Vorteil. Aus dem bisher Gesagten ergibt sich ja, dass die Erstellung und Verhandlung des Angebots der Umsetzung des Geschäftsmodells des Lieferanten gleich kommt. Die mit diesem Prozess betrauten Personen müssen also ein detailliertes Verständnis der Stärken und Schwächen des Lieferanten entwickeln, damit das Geschäft zu einem wirtschaftlichen Erfolg werden kann. Dies erfordert tiefe Einblicke in die internen Daten, Entscheidungsprozesse, und Kalkulationen des Lieferanten. Viele Lieferanten ziehen es vor, diesen Einblick nur den eigenen Mitarbeitern zu gewähren. Etwas Ähnliches gilt, wenn auch in vermindertem Maße, für die bei Auslandsgeschäften notwendige Hinzuziehung lokaler Juristen. Wie angesprochen wird häufig das Recht des Kundenlandes zum anwendbaren Recht des Vertrages erklärt; auch wenn dies nicht der Fall ist, müssen zumindest die zwingenden gesetzlichen Vorschriften des Kundenlandes eingehalten werden. Ideal ist es daher, wenn der Lieferant über eine Tochterfirma im Kundenland verfügt, auf deren Unterstützung er zählen kann. Sollte dies nicht der Fall sein, ist die Hinzuziehung eines externen Juristen als lokalem Experten in der Regel unproblematisch möglich. Denn der mit dem Geschäftsmodell vertraute Hausjurist kann die Mitwirkung des Externen gezielt auf die relevanten Einzelthemen lenken (z. B. lokale Formerfordernisse und Umweltschutzgesetzgebung), ohne dass alle Interna offen gelegt werden müssten.

Schon bei der Beschreibung der Primärleistungen muss der Contract Manager eng mit seinem technischen Kollegen, oft einem **Ingenieur**, zusammen arbeiten. Nur wenn das technisch Machbare und Angestrebte verstanden wird, kann es juristisch einwandfrei formuliert werden. Die Notwendigkeit zur Zusammenarbeit setzt sich fort bei der Behandlung des Ungeplanten: Unabdingbar ist ein gemeinsames Verständnis dessen, was technisch „schief" gehen kann und dessen, was technisch getan werden kann, um auftretende Probleme zu lösen.

Es versteht sich von selbst, dass die mit all diesen Fragen verbundenen Kosten, Risiken, und Ertragserwartungen kommerziell erfasst und gebilligt werden müssen. In der Preisfindung bündeln sich alle in die Angebotserstellung einfließenden Faktoren. Daher muss dem Team natürlich auch ein **Kaufmann** angehören, der den gesamten Angebotsprozess durchdringt.

Diese drei „Fakultäten" (Techniker, Kaufmann, Jurist), müssen also besonders eng zusammen arbeiten. So muss beispielsweise der Jurist seinen Kollegen den Hauptteil des Vertrages erklären. Dabei muss er auf die Verknüpfungen mit den Anhängen hinweisen und erklären, inwieweit der Inhalt der Anhänge für den Vertrag signifikant ist. Der mit der Erstellung der Produktspezifikation betraute Ingenieur muss sich etwa darüber im Klaren sein, was für rechtliche Folgen die Nichterreichung der Spezifikation hätte (etwa Rückweisung des Produkts, Sachmängelhaftung). Der Kaufmann wiederum muss (er)klären, welche wirtschaftlichen Folgen die Nichterreichung der Spezifikation haben würde (z. B. Rückzahlung des Kaufpreises oder Kosten der Nachbesserung).

Natürlich muss auch der Jurist seinerseits verstehen, an welcher Stelle er einen Anhang benötigt, um die erforderlichen Daten in den Vertrag einzuspeisen. Dann kann er auch schon existierende technische und kommerzielle Unterlagen mit dem Hauptvertrag verknüpfen.

Quer durch den ganzen Vertrag zieht sich die Notwendigkeit zur Unterstützung durch weitere Fachleute, insbesondere **Steuer-, Export- oder Versicherungsexperten**. Diese können meist punktuell zur Klärung spezifischer Fragen hinzugezogen werden. Für eine sachkundige Beratung muss aber auch ihnen das Gesamtbild des Angebots vermittelt werden.

Das interdisziplinäre Angebotsteam wird umso effektiver zusammen arbeiten, umso mehr jeder Mitarbeiter in der Lage und bereit ist, über den eigenen Tellerrand zu blicken. Die optimale Zusammenfassung aller relevanten technischen, kommerziellen, und rechtlichen Aspekte des Geschäfts im Angebot ist nur dann möglich, wenn alle Beteiligten ein Verständnis für die jeweils anderen Aspekte entwickeln, und so das „**Große und Ganze**" im Auge behalten.

Abschließend noch ein Hinweis zur Verwendung von **Muster- oder Standard-Verträgen**. Der komplexe Prozess der Angebotserstellung kann wesentlich vereinfacht werden, wenn der Lieferant dazu Muster-Vertragstexte verwendet. Ist der geschilderte Kraftakt der interdisziplinären Zusammenarbeit einmal erfolgreich vollbracht worden, so bietet es sich natürlich an, den so gefunden Vertrag auch als Basis für weitere Angebotsabgaben zu nutzen. Zu diesem Zweck werden in vielen Unternehmen Musterverträge bereitgehalten, die dann nur an die Eigenheiten des jeweiligen Projekts angepasst werden müssen. Bei der Verwendung solcher Muster-Verträge ist jedoch Vorsicht geboten. In vielen Jurisdiktionen werden an Verträge, die von einer Partei standardmäßig vorformuliert werden, besonders hohe Anforderungen gestellt. Häufig geht der betreffende Gesetzgeber nämlich davon aus, dass Musterverträge auf eine unverhältnismäßig große Machtposition der verwendenden Partei hinweisen. Denn meistens sind Musterverträge ja recht einseitig zum Nutzen dieser Partei formuliert. Kommen solche Verträge dann zum Einsatz, vermutet der Gesetzgeber in vielen Ländern, dass die andere, vermeintlich schwächere, Seite besonders schutzwürdig ist. Denn sie könnte gegen ihren eigentlichen Willen zum Einverständnis mit den vorgefertigten Standardbedingungen genötigt worden sein. In diesem Fall unterliegen dann die Klauseln, die den Verfasser des Standardvertrages begünstigen, einer besonderen Wirksamkeitskontrolle. In Deutschland etwa müssen sich solche Verträge oft am **Recht der „Allgemeinen Geschäftsbedingungen"** messen lassen. Dies kann dazu führen, dass für den Verwender besonders günstige Klauseln bei der Überprüfung durch ein Gericht für unwirksam erklärt werden. Stattdessen würde dann das für den Verwender ungünstigere Gesetzesrecht gelten, was natürlich Auswirkungen auf die Wirtschaftlichkeit des Projekts hätte.

Es ist daher unbedingt darauf zu achten, dass etwaige Mustertexte im Zuge der Angebotserstellung hinreichend individualisiert werden. Ebenso sollte der Eindruck vermieden werden, man lege dem Kunden seine „Standard-Bedingungen“ vor. Letzter Punkt ist aber schon aus Vertriebs-Sicht geboten, denn gerade Kunden im Projekt- und Anlagengeschäft erwarten natürlich keine „Standard-Angebote“, sondern ein auf ihre Bedürfnisse zugeschnittenes „Spezial-Angebot“.

5.2.5 Zusammenfassung

Wir haben gesehen, dass in der Angebotserstellungsphase ein Vertrag aufgesetzt werden muss. Wir haben uns weiterhin mit den Bestandteilen des Vertrages und den zu seiner Erstellung notwendigen Prozessen befasst. Als nächstes wollen wir uns ansehen, was geschieht, wenn der Kunde an dem Angebot interessiert ist.

5.3 Phase II: Verhandlung

Was müssen wir aus Sicht des Vertragsmanagements über die Verhandlungsphase wissen? Für eine umfassende und detaillierte Darstellung des Verhandlungsmanagement im Anlagen- und Projektgeschäft kann auf den Artikel von Geiger in diesem Band verwiesen werden (siehe Kap. 6 „**Verhandlungsmanagement**“). Wir können uns daher auf die folgenden Kernpunkte beschränken:

Zunächst wollen wir uns ansehen, wann die Verhandlungsphase eigentlich beginnt. Sie beginnt meist, aber nicht immer, mit der Abgabe des Angebots (Abschn. 5.3.1).

Mit Abgabe des Angebots beginnen im Grunde genommen sogar zwei parallel verlaufende Verhandlungen. Zum einen findet natürlich die Verhandlung über den Kundenvertrag zwischen Lieferant und Kunde statt (**externe Verhandlung**). Zum anderen gibt es auch eine Verhandlung zwischen dem Verhandlungsteam und seinem Management (**interne Verhandlung**). Sowohl auf Lieferanten- wie auf Kundeseite kann das externe Verhandlungsteam nur im Rahmen des vorgegebenen Verhandlungsmandats handeln. Der Fortgang der externen Verhandlung macht es daher notwendig, dass sich die Teams fortwährend mit ihrer eigenen Organisation darüber abstimmen, wie mit Forderungen der anderen Seite umgegangen werden soll. Im Einklang mit der Schwerpunktsetzung dieses Kapitels werden wir uns den beiden Verhandlungen aus Lieferantensicht nähern. Für die Kundeseite gilt aber das Gesagte entsprechend.

In der externen Verhandlung (vgl. Abschn. 5.3.2) werden die beiden Hauptbestandteile des Vertrags unterschiedlich behandelt: Die Einigung auf das Geplante erfordert tendenziell eher eine „Win-Win“ Verhandlung (vgl. Abschn. 5.3.2.1), während das Ungeplante in einer „Win-Lose“ Verhandlung erarbeitet wird (vgl. Abschn. 5.3.2.2). Dass dieser Grundsatz jedoch differenziert betrachtet werden muss, wird in Abschn. 5.3.2.3 erläutert.

Die interne Verhandlung (vgl. Abschn. 5.3.3) besteht im Wesentlichen aus zwei Prozessen. Um darüber zu entscheiden, wie mit den Forderungen des Kunden in der externen Verhandlung umgegangen werden soll, müssen diese fortwährend evaluiert und quantifiziert werden. In Abschn. 5.3.3.1 wird daher der Prozess der Risikoquantifizierung kurz dargestellt. Dieser bildet die Grundlage für den zweiten internen Prozess, den des Genehmigungsverfahrens, in dem vom Management über den Inhalt des Verhandlungsmandats für das Team vor Ort entschieden wird. Diesen Prozess werden wir uns in Abschn. 5.3.3.2 näher ansehen.

5.3.1 Die Abgabe des Angebots

Die Verhandlungsphase beginnt, bei Interesse des Kunden, mit Abgabe des Angebots durch den Lieferanten. Dieses besteht, wie gesehen, aus einem vollständigen Vertrag und wird begleitet von einem **Anschreiben**. In dem Anschreiben wird das Angebot als bindend gekennzeichnet und seine zeitliche Bindungswirkung dargestellt. Daneben bietet das Anschreiben natürlich Gelegenheit, auf die besonderen Vorzüge des Angebots hinzuweisen und den Boden für die beginnende Verhandlung zu bereiten.

Zwei Instrumente kommen häufig im Zusammenhang mit der Angebotsabgabe zum Einsatz – das „**Memorandum of Understanding**" und der „**Letter of Intent**". Bei beiden handelt es sich gewissermaßen um „Hilfsverträge", die die schrittweise Verwirklichung des eigentlichen Kundenvertrages ermöglichen sollen. Eine solche schrittweise Verwirklichung ist besonders bei Großprojekten üblich. Wenn zwei Unternehmen miteinander ins Gespräch treten, um die Möglichkeiten einer Zusammenarbeit auszuloten, ist der Ausgang naturgemäß offen. Man spricht ja miteinander, gerade um herauszufinden, ob ein Vertragsschluss überhaupt im wechselseitigen Interesse liegen könnte. Die entscheidungsrelevanten Faktoren unterliegen aber meist nur zum Teil der Kontrolle der beiden Unternehmen selbst. Dies ist etwa der Fall hinsichtlich der Frage, ob der Lieferant über die notwendige technische Expertise verfügt, oder hinsichtlich der Frage, ob der Kunde das Projekt überhaupt durchführen will.

Viele andere Entscheidungsfaktoren entziehen sich aber der **Kontrolle der Parteien** und können erst im Zuge der Verhandlung geklärt werden. Beispielsweise verhandelt der Kunde über die Finanzierung des Projekts in der Regel parallel zum Austauschvertrag. Beide Verhandlungen beeinflussen sich gegenseitig: Die Wahl einer bestimmten Technologie oder eines bestimmten Lieferanten etwa haben oft Einfluss auf die Möglichkeiten der Drittmittelgewinnung. Gleichzeitig fordern Investoren oder Kreditgeber regelmäßig bestimmte Schutzmechanismen im Austauschvertrag. Um ihren „Return on Investment" oder die Rückzahlung des Kredits abzusichern, wird häufig eine bestimmte Mindestleitung der Anlage festgeschrieben. Ein anderes Beispiel sind Durchgriffsrechte des Kreditgebers im Falle der Insolvenz des Kunden.

Zur Klärung solcher Fragen müssen die beteiligten Unternehmen natürlich Ressourcen aufwenden und Informationen austauschen. Im Laufe des Klärungsprozesses schälen sich dann immer mehr **Eckdaten der möglichen Zusammenarbeit** heraus. In einer solchen Situation unterzeichnen die Parteien häufig Absichtserklärungen. Im internationalen Wirtschaftsverkehr werden diese meist als „Memorandum of Understanding" (MoU) oder „Letter of Intent" (LoI) bezeichnet. Ersteres ist eine von beiden Seiten unterzeichnete Absichtserklärung, während Zweiterer eigentlich für die einseitige Absichtserklärung nur einer Partei steht. Diese Unterscheidung ist aber in der Regel nur (rechts-)theoretischer Natur, in der Praxis werden beide Begriffe meist unterschiedslos verwendet.

In beiden Fällen besteht der Zweck der Absichtserklärung darin, die sich herauskristallisierenden Eckdaten festzuhalten, den weiteren Klärungsprozess zu beschreiben, und sich auf die Aufteilung der anfallenden Kosten zu einigen. Oft wird die Absichtserklärung auch dazu genutzt, um Geheimhaltungsvereinbarungen zu treffen. Dies bietet sich zum Beispiel an, wenn der potentielle Kunde an technischen Detailinformationen oder Komponententests interessiert ist. Der Lieferant ist möglicherweise nur bereit, die entsprechenden Daten zu übermitteln, wenn der Empfänger sie vertraulich behandelt. In einem MoU oder LoI können derlei Fragen rechtsverbindlich geklärt werden, ohne dass man sich schon zum Abschluss des Austauschvertrages selbst verpflichten muss.

Aufgabe des Vertragsmanagements bei den geschilderten Formen des schrittweisen Vertragsschlusses ist es, das von den Parteien Gewollte herauszuarbeiten und eine klare Trennung von rechtlich Verpflichtendem und nur unverbindlich Beabsichtigtem zu gewährleisten.

5.3.2 Die externe Verhandlung

Die externe Verhandlung mit dem Kunden fokussiert sich im Wesentlichen auf die beiden Hauptbestandteile des Vertrages. Dabei gestaltet sich die Verhandlung des Geplanten anders als die Verhandlung des Ungeplanten. Wie bereits angedeutet, lässt sich Erstere als „Win/Win"-Verhandlung charakterisieren, während Zweitere eher eine „Win/Lose" Verhandlung darstellt. Warum dies so ist, wollen wir in diesen Kapitel klären. Wir können uns dabei an Abb. 5.4 orientieren.

Was genau verbirgt sich eigentlich hinter den Begriffen „Win/Win" und „Win/Lose"? Hilfreich für das Verständnis der beiden Termini mag die Übersetzung von Bühring-Uhle/Eidenmüller/Nelle sein: „Wertschöpfung" für „Win/Win" und „Wertbeanspruchung" für „Win/Lose" (Bühring-Uhle et al. 2009, S. 54). Eine wertbeanspruchende **Verhandlung (Win/Lose)** ist eine solche, in der eine begrenzte Ressource oder ein Risiko zwischen zwei Parteien so aufgeteilt wird, dass der Gewinn der einen Seite der Verlust der anderen Seite ist und umgekehrt. Bildlich gesprochen geht es in einem solchen „Nullsummenspiel" um die „Aufteilung" eines begrenzten Kuchens auf Kosten des jeweils anderen (sog. *„Slicing the Pie"*).

Demgegenüber zielt die **wertschöpfende Verhandlung (Win/Win)** auf die „Vergrößerung des Kuchens" (*„Enlarging the Pie"*). Es geht hier um Verhandlungsergebnisse, die beide Seiten besser stellen. Wie dies gelingen kann, wollen wir uns zunächst ansehen.

Abb. 5.4 Der Vertrag in der Kundenverhandlung

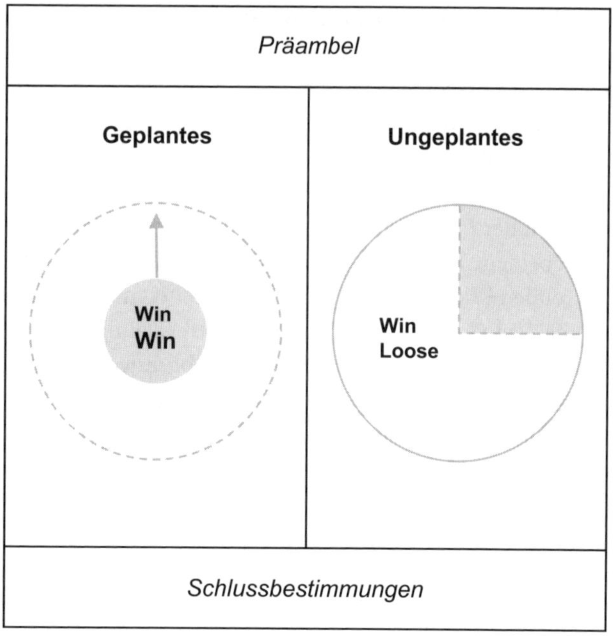

5.3.2.1 Geplantes und „Win/Win"

Wir hatten unter der Überschrift das „Geplante" die Aspekte zusammengefasst, um die es den Parteien bei dem Projekt eigentlich geht. Aus Sicht des Kunden geht es hier vor allem um eine genaue Beschreibung des Lieferumfangs. Aus Sicht des Lieferanten ist der dafür zu entrichtende Preis wesentlich. Sobald die Parteien damit beginnen, sich über diese beiden Aspekte zu verständigen, beginnen sie gemeinsam, nach der **optimalen Kombination von Leistung und Gegenleistung** zu suchen. Die optimale Kombination ist dann gefunden, wenn man das Paket nicht mehr weiter modifizieren kann, ohne dass sich das Resultat für eine von beiden Seiten verschlechtert. In der Praxis ist die Verwirklichung dieser idealen (und beinahe pareto-optimalen) Kombination natürlich sehr schwierig. Aber schon eine Annäherung daran wird zu Recht als „Win/Win-Lösung" verstanden, und die auf sie zielende Verhandlung kann als „wertschöpfend" charakterisiert werden. Diese Annäherung ist auf drei Arten möglich, die wir nachfolgend kurz beleuchten wollen.

Dreh- und Angelpunkt der wertschöpfenden Verhandlung sind dabei die **Interessen** der Parteien. Darunter versteht man die den Forderungen einer Seite zu Grunde liegenden Bedürfnisse, Motive, und Wünsche. Die Interessen einer Partei unterscheiden sich von den **Positionen**, die eine Partei einnimmt: Eine Position ist eine spezifische Forderung. Positionen stehen sich oft unvereinbar gegenüber oder lassen nur einen Kompromiss zu. Die Natur des Kompromisses ist es, dass keine von beiden Seiten ihre Position vollständig durchsetzen kann. Demgegenüber blickt die wertschöpfende Verhandlung hinter die Position und versucht so, den Interessen beider Seiten gerecht zu werden.

Anders als häufig vermutet, bildet den Kern einer wertschöpfenden Verhandlung aber nicht etwa die Suche nach Gemeinsamkeiten zwischen den Parteien. Im Gegenteil: Um ein ideales Paket von Leistung und Gegenleistung zu schnüren, müssen die Parteien sich vor allem Ihrer ***Unterschiede*** bewusst werden. Denn gerade wenn sich die Präferenzen und/oder Erwartungen der Parteien voneinander unterscheiden, kann man diese zum beiderseitigen Nutzen miteinander kombinieren.

Sehen wir uns zunächst ein Beispiel für **unterschiedliche Präferenzen** an: Beim Lieferant einer Anlage handelt es sich um ein internationales Industrieunternehmen, das aufgrund seiner Größe günstige Finanzierungskosten genießt. Der Kunde ist ein von Investoren eigens für das Projekt gegründetes Unternehmen (eine sog. *„Special Purpose Company“*). Die Mittel einer solchen Special Purpose Company sind naturgemäß begrenzt. In den Gesprächen kristallisieren sich zwei wichtige Verhandlungsgegenstände heraus: Zahlungszeitpunkt und Zahlungssicherheit. In unserem Beispiel mag es nun so sein, dass der Lieferant sich besonders um die Zahlungsfähigkeit des Kunden sorgt und deswegen auf einer Zahlungssicherheit (etwa in Form einer Bankbürgschaft) besteht. Aufgrund seiner niedrigen Finanzierungskosten mag dagegen ein Aufschub im Zahlungsplan für den Lieferanten nicht so sehr ins Gewicht fallen. Dem Lieferanten wäre es daher wichtiger, eine Zahlungssicherheit zu erhalten als einen optimalen Zahlungsplan durchzusetzen.

Aus Sicht des Kunden mag die Situation genau umgekehrt sein: Ihm ist es besonders wichtig, Zahlungen erst so spät wie möglich zu leisten, da seine hohen Finanzierungkosten den avisierten Gewinn deutlich schmälern. Die für die Beschaffung einer Bankgarantie für ihn anfallenden Kosten mögen demgegenüber deutlich geringer ausfallen. Ihm wäre es daher relativ gesehen wichtiger, einen gestreckten Zahlungsplan zu vereinbaren als die Kosten für die Bankgarantie zu sparen.

In dieser Konstellation ist ein **Tauschhandel** möglich: Die Parteien einigen sich auf einen zu Gunsten des Kunden deutlich gestreckten Zahlungsplan bei vorheriger Erteilung einer Bankgarantie zu Gunsten des Lieferanten. Die so gefundene Lösung ist für keine von beiden Seiten ideal, aber für beide Seiten besser als die Ausgangslange. Sie ist insbesondere besser als ein Kompromiss zwischen den ursprünglichen Positionen (begrenzte Zahlungsgarantie und mittelmäßig gestreckter Zahlungsplan).

Die Basis dieser Lösung bilden die unterschiedlichen Präferenzen der Parteien. Wenn diese identifiziert werden, können sie in einem Tauschhandel „wertschöpfend“ miteinander kombiniert werden.

Eine „Win/Win“-Lösung kann auch dann gefunden werden, wenn die Parteien **unterschiedliche Zukunftserwartungen** haben. Beispielsweise mögen Kunde und Lieferant eines Solarkraftwerkes unterschiedlicher Meinung hinsichtlich der zu erwartenden Einspeisevergütung sein: Der Lieferant erwartet für die Zukunft eine Anhebung der öffentlichen Subventionen zu Gunsten des Kunden. Der Kunde teilt diese Einschätzung nicht. In dieser Konstellation ist kein Tauschhandel möglich. Der Kunde kann ja vernünftigerweise die Preisdiskussion nur auf Basis der von ihm prognostizierten Einnahmen führen. Gleichwohl besteht hier das Potential zu einer wertschöpfenden Vereinbarung. Der Lieferant kann versuchen, den Kunden zu einer *bedingten* Vertragsklausel zu bewegen (sog. *„Contingent*

Contract"): Beide einigen sich (auf Basis der Kundenerwartung) über den Kaufpreis. Unter der Bedingung, dass sich Einnahmen des Kunden (wider seiner Erwartung) nachträglich erhöhen, würde sich auch der Kaufpreis anteilig erhöhen. Das wertschöpfende Potential liegt hier also darin, dass eine Seite der anderen Seite etwas verspricht, was für sie selbst wertlos ist, für die andere Seite gleichwohl einen Wert besitzt.

Die dritte Möglichkeit zur Wertschöpfung besteht in der Suche nach **komplementären Interessen**. Zum Beispiel mögen sowohl Kunde als auch Lieferant einer Produktionsanlage diese als wichtiges Referenzmodell für künftige Geschäfte ansehen. Es mag daher im Interesse beider Seiten sein, eine für beide Seiten kostenpflichtige Zertifizierung der Anlage gemeinsam vornehmen zu lassen.

Fassen wir zusammen: Eine wertschöpfende „Win/Win"-Lösung kann auf drei Arten gefunden werden:

- Die Parteien haben unterschiedliche Präferenzen
- Die Parteien habe unterschiedliche Erwartungen
- Die Parteien haben komplementäre Interessen

Wie aus den Beispielen zur Illustration dieser drei Punkte deutlich wurde, hängt das Finden von „Win/Win"-Lösungen von der Bereitschaft der Parteien ab, offen miteinander zu kommunizieren. Nur wenn beide Seiten Informationen über ihre Interessen, Präferenzen, und Erwartungen austauschen, können sie gemeinsam wertschöpfende Lösungen finden.

Das Vertragsmanagement muss dabei ein der Wertschöpfung innewohnendes **Spannungsfeld** meistern. Diese Phase der Verhandlung lebt vom freien Informationsaustausch und der kreativen Suche nach gemeinsamen Lösungen. Bevor ein Konsens in greifbare Nähe gerückt ist und der Prozess abgeschlossen werden kann, wollen sich die Verhandler typischerweise nicht auf Details festlegen (Lewicki, Saunders, Barry 2003, S. 92). Die Bindung an genau definierte Begriffe oder gar schriftliche Vereinbarungen werden oft als störend für den Prozess empfunden und vermieden. Dies steht natürlich im Widerspruch zur juristischen Forderung, eine vertragliche Vereinbarung klar und eindeutig zu formulieren und nichts offen zu lassen (Langenfeld 2010, S. 26 f.). Die Gestaltung der wertschöpfenden Verhandlung ist daher immer eine **Gratwanderung**. Diese wird den Beteiligten mit zunehmender Erfahrung immer besser gelingen. Grundsätzlich empfiehlt es sich aber, die wertschöpfende Verhandlung so früh wie möglich auf spezifische, schriftlich fixierte Regelungen zu lenken. Der Grund hierfür ist einfach: Oft besteht bei einer eher oberflächlichen Besprechung von Prinzipien und Forderungen nur vermeintlich Einigkeit. Erst bei dem Versuch, das gemeinsame Verständnis auch in Worte zu fassen, stellen die Parteien dann fest, dass sie in Wahrheit gar nicht dasselbe meinten. Hier führt erst das gemeinsame Ringen um die richtige Formulierung zur tatsächlichen Einigung. Statt einer zeitlichen und räumlichen Trennung beider Schritte (zunächst vermeintliche Einigung durch die Verhandlungsführer, anschließend deren Ausformulierung durch die jeweiligen Vertragsjuristen) empfiehlt sich daher auch hier die Arbeit im Team: Die Verhandlungsführer beider Seiten sollten sich direkt vor Ort von ihren Vertragsjuristen unterstützen lassen.

5.3.2.2 Ungeplantes und „Win/Lose"

Wie wir gesehen haben, befasst sich der Vertrag unter dem Stichwort „Ungeplantes" hauptsächlich mit der Verteilung von Risiken. Keine Partei wird sich normalerweise bereit erklären, alle denkbaren vertraglichen Risiken auf sich zu nehmen. Die Parteien müssen also darüber verhandeln, wer welches Risiko trägt. Die Risikoverteilung ist eine klassische **wertverteilende Verhandlung**: Der Nachteil einer Seite ist der Vorteil der anderen Seite und umgekehrt. Daher kann sich jede Seite nur auf Kosten der anderen Seite durchsetzen. Bei der Verhandlung des Ungeplanten will der Lieferant also prinzipiell das Gegenteil dessen, was der Kunde will: Etwa eine kurze (statt einer langen) Sachmängelfrist, keine (statt voller) Haftung für Vermögensschäden, und hohen (statt niedrigen) Verzugszins.

In wessen **Verantwortungsbereich** das betreffende Risiko fällt, kann ein Indikator für seine Verteilung sein. Ausschlaggebend sind aber in der Regel die wirtschaftlichen Zwänge der Parteien. So ist der Lieferant oft nicht in der Lage, zu einem für den Kunden akzeptablen Preis für alle von ihm verursachten Schäden einzustehen. Bei Übernahme dieser Verantwortung müsste er bei der Preisfindung beträchtliche Rückstellungen einkalkulieren. Der so ermittelte Preis würde häufig den finanziellen Rahmen des Kunden sprengen. Gerade im Projekt- und Anlagengeschäft werden sich die Parteien daher auf diverse Haftungsausschlüsse und -begrenzungen einigen. Der Kunde als Eigentümer oder Betreiber der Anlage kann die verbleibenden Risiken dann häufig versichern. Etwas Ähnliches gilt für die häufige Forderung des Kunden, der Lieferant solle bei gleichbleibendem Preis für alle unerwarteten Änderungen des Projekts gerade stehen. Oftmals verfügt der Kunde aber nur über eine begrenzte Investitionssumme und hat keine Möglichkeit, nennenswerte Beträge nachzuschießen.

In der Verhandlung des „Ungeplanten" verletzen die Forderungen der einen Seite daher häufig das **subjektive Fairness-Verständnis** der anderen Seite. Darüber hinaus wird dieser Teil der Verhandlung vor allem von den Juristen geprägt, die deswegen von den anderen Fakultäten mitunter als „professionelle Schwarzseher" oder „Auftragsverhinderer" angesehen werden. Hier kommt daher dem geschlossenen Auftreten des ganzen Verhandlungsteams besondere Bedeutung zu. Die vom Juristen des Lieferanten eingenommenen Positionen haben nur Aussicht auf Erfolg, wenn sie von technischer und kommerzieller Seite untermauert werden. Auch in diesem Teil der Verhandlung ist daher ein funktionierendes **Teamwork** wesentlich für den Erfolg des Lieferanten.

5.3.2.3 Das „Dilemma des Verhandlers" und der Verhandlungsspielraum der Parteien

Im Hinblick auf das Ungeplante wird vom Verhandlungsteam also etwas ganz anderes gefordert als im Hinblick auf das Geplante. Ging es bei der Verhandlung des Geplanten vor allem um **wertschöpfende Kooperation**, so steht bei der Verhandlung des Ungeplanten die **Durchsetzung der eigenen Position** im Vordergrund. Beide Aspekte der Verhandlung verfolgen also sich widersprechende Ziele und erfordern gegensätzliche Verhandlungstaktiken. Darin besteht das sogenannte **Dilemma des Verhandlers** („***The Negotiator's Dilemma***"). Die besten Ergebnisse werden von Verhandlungsteams erzielt, die mit diesem

Dilemma gut umgehen können. Zu Einzelheiten zu Verhandlungstaktik und Umgang mit dem Dilemma des Verhandlers siehe Kap. 6 (Verhandlungsmanagement).

Der gerade dargestellte Grundsatz muss aber differenziert betrachtet werden, um den Realitäten des Austauschvertrages Rechnung zu tragen. Die **Verhandlung des Geplanten erfordert auch eine Wertverteilung**. Gleichzeitig **birgt auch die Verhandlung des Ungeplanten ein Potential zur Wertschöpfung**:

Auch bei der Verhandlung des Geplanten spielt die Wertverteilung eine wichtige Rolle. Bildlich gesprochen müssen die Parteien ja auch einen vergrößerter Kuchen untereinander aufteilen. Haben die Parteien eine der drei Möglichkeiten für eine „Win/Win"-Lösung gefunden, so müssen sie über deren Ausgestaltung dennoch distributiv verhandeln. Dies zeigt auch ein Blick auf die oben aufgeführten Beispiele:

Wertschöpfend können sich Lieferant und Kunde auf eine Verzögerung im Zahlungsplan im Austausch gegen eine Bankbürgschaft einigen. Dies besagt aber noch nicht, wie groß die Verzögerung konkret sein soll, oder wie umfangreich die Bankbürgschaft. Die Beantwortung dieser Fragen ist nun wieder mit Kosten und Risiken für beide Seiten verbunden. Diese können nur wertverteilend, also auf Kosten der anderen Seite, beantwortet werden.

Dasselbe gilt natürlich auch für unser Beispiel zu den divergierenden Erwartungen. Selbst wenn der Kunde nicht mit Subventionserhöhungen rechnet, besagt dies natürlich nicht, dass er bereit wäre, diese zu 100 % an den Lieferanten weiter zu geben. Die Festlegung der genauen Quote folgt unweigerlich wieder der Logik des „Win/Lose".

Ebenso verhält es sich schließlich auch beim Vorliegen von komplementären Interessen. Auch wenn sich die Parteien im Prinzip auf die gemeinsame Durchführung von Zertifizierungsmaßnahmen einigen, ist damit noch nicht die Frage beantwortet, wie die entstehenden Kosten verteilt werden sollen. Auch hier kommen die Parteien nicht an der Wertverteilung vorbei.

Umgekehrt **bietet auch die Verhandlung des Ungeplanten Möglichkeiten zur Wertschöpfung.** Regelmäßig schätzen die Parteien Risikowahrscheinlichkeiten unterschiedlich ein. Ebenso wahrscheinlich ist es, dass sie unterschiedliche Präferenzen hinsichtlich der Übernahme der unterschiedlichen Risiken haben. Dies bestätigt auch ein Blick auf unsere obigen Beispiele: So könnte dem Lieferanten die Höhe des Verzugszinses wichtiger sein als die Dauer der Sachmängelhaftungsfrist. Der Kunde wiederum hat möglicherweise eine genau umgekehrte Präferenz. Es bestehen also, mitten in der wertverteilenden Verhandlung, meist auch Gelegenheiten zum wertschöpfenden Tauschhandel.

Zusammenfassend können wir also festhalten, dass die Parteien in der Kundenverhandlung den Vertrag zu ihrem jeweiligen Nutzen gestalten wollen. Ihr Dilemma besteht dabei darin, dass Wertschöpfung und Wertverteilung einander widersprechen aber untrennbar miteinander verbunden sind. Der **Verhandlungsspielraum** wird dabei durch den potentiell zu erzielenden Nutzen vorgegeben. Typischerweise wird der Lieferant zunächst ein Angebot unterbreiten, das vor allem zu seinem Nutzen ausgestaltet ist. Dies wir der Kunde mit Gegenforderungen beantworten, die sich am anderen Endes des Spektrums befinden. In der Verhandlung müssen nun beide Seiten zu ihrem Nutzen das Negotiator's Dilem-

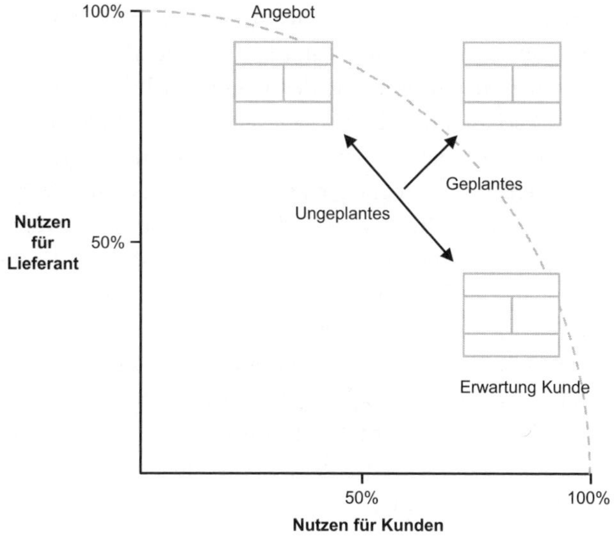

Abb. 5.5 Der Verhandlungsspielraum

ma austarieren. Die Verhandlung des Geplanten führt dabei tendenziell zu gemeinsamer Wertschöpfung, während die Verhandlung des Ungeplanten eher wertverteilend zu Gunsten nur einer Seite wirkt. Der aus der Verhandlung resultierende Kundenvertrag ist daher das Ergebnis eines komplexen Prozesses. Abbildung 5.5 veranschaulicht dies graphisch.

Das Gesagte beinhaltet auch **Rückschlüsse für die Angebotserstellung**: Bei dieser sollte der Lieferant seine Risikoübernahme so vornehmen, dass sie im Einklang mit den kalkulatorischen Rückstellungen ist. Je nach Marktmacht und erwartetem Verhandlungsverlauf sollte er dabei noch Raum für Konzessionen lassen. Beispielsweise mag der Lieferant für eine einjährige Sachmängelhaftung durchschnittliche Kosten in Höhe von 1 % des Kaufpreises annehmen. Geht er davon aus, dass der Kunde mit der angebotenen Dauer nicht einverstanden sein wird und mindestens zwei Jahre Sachmängelhaftung fordern wird, so muss er sich schon bei Angebotserstellung darauf vorbereiten. Entweder er baut die 2 %-ige Rückstellung, die er bei konstanter Mängelwahrscheinlichkeit über 2 Jahre bräuchte, gleich in den Preis ein. Oder aber er geht sicher davon aus, dass er in der Verhandlung den Preis entsprechend anheben kann. Hält er beide Möglichkeiten für nicht aussichtsreich, muss er schon bei Angebotserstellung davon ausgehen, dass das Projekt nicht die erwartete Profitabilität aufweisen wird.

Abschließend noch einige Bemerkungen zur **Team-Zusammensetzung** und zur sachgerechten Gestaltung des Verhandlungsprozesses: Bei komplexen Investitionsgüterverträgen sind auf der Lieferanten- wie auf der Kundenseite Teams mit der Verhandlung des Vertrages betraut. Auf jeder Seite setzt sich das Team im Wesentlichen aus zwei Gruppen zusammen:

- Im direkten Gespräch mit der anderen Seite befindet sich das eigentliche **Verhandlungsteam**. Hierzu zählt auf jeden Fall der Projektverantwortliche, der in deutschen Industrieunternehmen oft einen technischen Hintergrund hat. Ihm zur Seite sollte ein Vertragsjurist stehen. Dieser muss die Verhandlungsergebnisse in Worte fassen, also den Vertragsentwurf während der Meetings schreiben und aktualisieren.

- Das Verhandlungsteam ist auf die Unterstützung von **Spezialisten** angewiesen, die zu technischen, betriebswirtschaftlichen oder juristischen Fragen zu Rate gezogen werden können. Die Auswirkungen von Änderungs- oder Zusatzwünschen durch den Kunden können in der Regel vom Verhandlungsteam nicht vor Ort abgeschätzt werden und erfordern eine Rücksprache mit den Spezialisten „zu Hause". Beispielsweise ist die Detailplanung vieler Investitionsgüter eine hochkomplexe Aufgabe, mit der ganze Abteilungen im Hause des Lieferanten beschäftigt sind. Das Verhandlungsteam vor Ort wird sich für die Klärung spezifischer Kundenfragen an die spezialisierten Kollegen wenden müssen. Dasselbe gilt möglicherweise für die Buchhalter, die eine detaillierte Kosten- und Preisberechnung vornehmen. Auch bei den Themen Ein- und Ausfuhrbestimmungen, Steuern und Abgaben, lokales Recht und Gerichtsstand ist die Hinzuziehung von Experten oft unerlässlich.

Hinsichtlich der Gestaltung des Verhandlungsprozesses soll noch auf zwei Gesichtspunkte eingegangen werden: Die Verknüpfung von Hauptvertrag und Anhängen und die Aufteilung des Verhandlungsteams in Untergruppen. Wie wir gesehen haben (vgl. Abschn. 5.2.4), besteht eine wesentliche Herausforderung der Angebotserstellungsphase darin, Hauptvertrag und Anhänge richtig zu verknüpfen. Diese **Verknüpfung von Hauptvertrag und Anhängen** muss natürlich auch während der Verhandlung aufrechterhalten werden. Dies kann mühsam und zeitaufwändig sein, da sich die Teams von Lieferanten und Kunden bei komplexen Transaktionen oft in Untergruppen aufteilen. Diese verhandeln dann parallel zueinander über technische, kommerzielle oder juristische Details. Eine große Herausforderung für den Projektverantwortlichen und sein Team besteht daher darin, den Überblick über die einzelnen Teilverhandlungen zu behalten.

Außerdem entsteht bei **Aufteilung der Verhandlungsteams in Untergruppen** nicht selten ein Loyalitätsproblem: Es kann vorkommen, dass sich in den einzelnen Fachverhandlungen die Loyalitäten von der Organisationszugehörigkeit zur Fachzugehörigkeit verschieben. Die wertschöpfende Verhandlung des Geplanten befasst sich ja überwiegend mit dem technisch Machbaren und dem kommerziell Wünschenswerten. Demgegenüber geht es bei der wertbeanspruchenden Verhandlung des Ungeplanten um die Antizipation und Verteilung von Risiken. Die wertschöpfende Verhandlung wird daher meist von den Ingenieuren und Kaufleuten geprägt, die wertverteilende dagegen von den Juristen. Es kann dabei vorkommen, dass sich unter ersteren die Auffassung herausbildet, man würde sich schon einigen, wenn nicht die Juristen die Dinge unnötig verkomplizieren würden. Dann besteht natürlich die Gefahr, dass sich eine unternehmensübergreifenden Allianz bildet, die die Verhandlung zum Nachteil des Lieferanten beeinflusst. Nicht selten versuchen erfahrene Kundenteams, genau solche Loyalitätskonflikte heraufzubeschwören, um sie dann zum eigenen Vorteil zu nutzen. Der für das Angebotsteam Verantwortliche muss dieser Gefahr vorbeugen. Dazu hat sich vor allen Dingen das Einplanen von regelmäßigen Abstimmungsrunden bewährt.

5.3.3 Der interne Prozess

Parallel zur externen Verhandlung läuft auf beiden Seiten ein interner Prozess ab. In der Regel ist das Verhandlungsteam vor Ort nicht befugt, alleine über alle Aspekte der Transaktion zu entscheiden. Vielmehr handelt es ihm Rahmen eines vom eigenen Management vorgegebenen Mandats. In dem Maße, in dem die Forderungen der Gegenseite dieses Mandat überschreiten, muss das Team um eine entsprechende Erweiterung ersuchen. Dies kann im Rahmen eines **strukturierten internen Genehmigungsprozesses** stattfinden, wie er in Abschn. 5.3.3.2 umrissen wird. Basis dieses Prozesses wird in der Regel eine **Quantifizierung** der in Frage stehenden Risiken sein. Wie diese vorgenommen werden kann, wollen wir uns daher zunächst ansehen.

5.3.3.1 Die Risikoquantifizierung

Wie wir gesehen haben, geht es in der Verhandlung des Austauschvertrages um das Wechselspiel von zu erwartendem Nutzen und zu erwartenden Kosten. Der erwartete Nutzen einer Vereinbarung für den Lieferanten besteht in der Regel in einer Anpassung des Vertragspreises. Als monetärer Nutzen ist er bereits quantifiziert und kann daher unmittelbar in den internen Genehmigungsprozess eingespeist werden. Dasselbe gilt für Vereinbarungen, deren Umsetzung direkte Kosten nach sich ziehen würden.

Schwieriger gestaltet sich der Umgang mit **Risiken**. Bei der Angebotserstellung hat der Lieferant Kaufpreisfindung und Gewinnerwartung an ein bestimmtes vertragliches Risikoprofil geknüpft. In der Verhandlung sieht er sich nun mit Forderungen des Kunden konfrontiert, die meist zusätzliche Risiken für ihn bedeuten würden. Der Natur des Austauschvertrages entsprechend beziehen sich die Forderungen des Kunden zur erhöhten Risikoübernahme meist auf Themen aus dem Bereich des Ungeplanten. Abbildung 5.6 verdeutlicht diesen Zusammenhang.

Damit über die Übernahme solcher Risiken sachgerecht entscheiden werden kann, müssen sie quantifiziert werden. Hinsichtlich der oben bei der Beschreibung des Ungeplanten aufgeführten Beispiele etwa müsste der Lieferant folgende Fragen beantworten: Wie würde sich die Forderung des Kunden nach einer längeren Sachmängelhaftungsfrist auf die Profitabilität des Vertrages auswirken? Welche monetären Folgen hätte eine Umstrukturierung des Zahlungsplans oder die Herabsetzung des Verzugszinses?

Die Risikoquantifizierung ist aber nicht nur für die wertverteilende Verhandlung entscheidend. Auch auf einen wertschöpfenden Tauschhandel kann man sich nur einlassen, wenn man die verschiedenen Alternativen quantifiziert und damit vergleichbar macht.

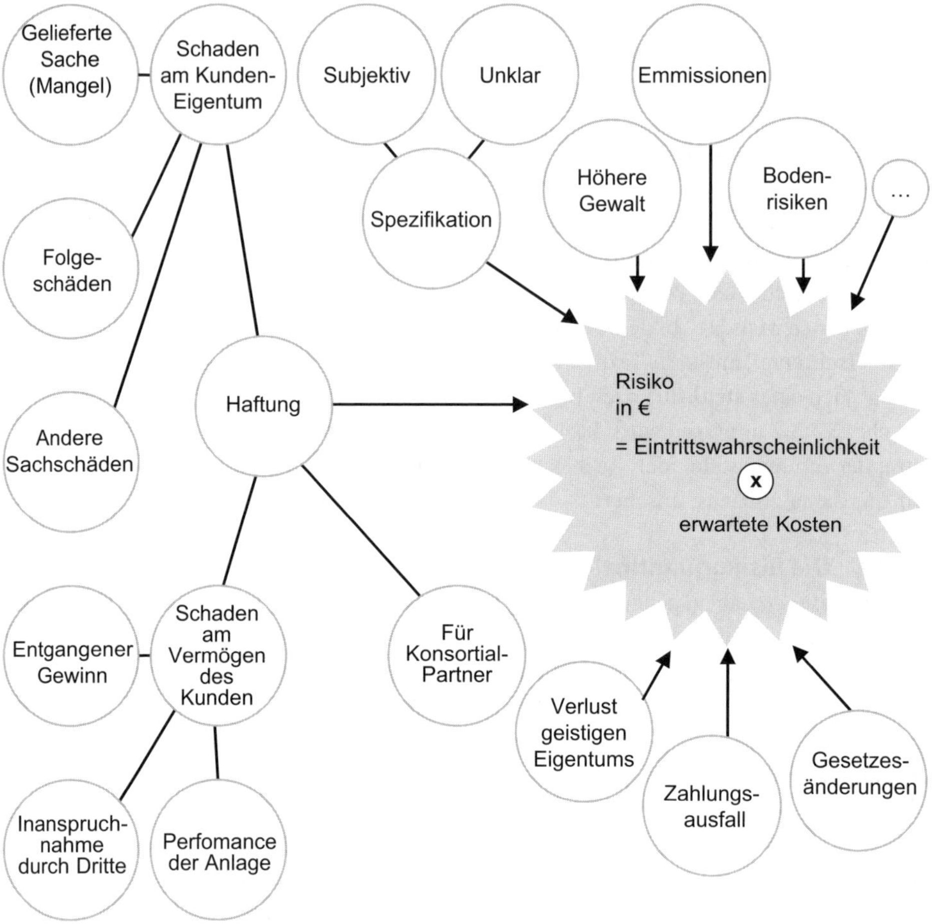

Abb. 5.6 Risiken im Austauschvertrag

Der **Prozess der Risikoquantifizierung** besteht aus den folgenden Schritten:

I. Identifizierung des Risikos
II. Wie hoch ist die Eintrittswahrscheinlichkeit des Risikos (in Prozent)?
III. Wie hoch sind die erwarteten Kosten bei Eintritt des Risikos (in Euro)?
IV. Führt das Produkt von (II) und (III) zu einem signifikanten Risiko, das nach den Regeln ordnungsgemäßer Buchführung erfasst werden muss?

Wenn ja:

V. Kann man das Risiko in der Verhandlung minimieren oder gar ausschließen?

Sind Kosten und Nutzen der in Frage stehenden Kundenforderungen quantifiziert, kann das Verhandlungsteam diese dem eigenen Management zur Entscheidung vorlegen.

5.3.3.2 Die interne Genehmigung

Der interne Genehmigungsprozess zum Umgang mit Kundenforderungen ist für die Strategieumsetzung des Lieferanten wesentlich. Denn erst in der Verhandlung zeigt sich, inwieweit diese Strategie in der Praxis trägt. Lässt sich das in die Idealform des Angebots gefasste Geschäftsmodell im Markt durchsetzen? Der Dynamik des Angebotsprozesses folgend muss sich das Verhandlungsteam nach Angebotsabgabe auf eine Verschlechterung des Risikoprofils einstellen. Die Entscheidung über den Umgang mit wesentlichen Kundenforderungen ist eine **Entscheidung über die erwartete Profitabilität** des gewählten Geschäftsmodels. Diese Entscheidung ist daher in vielen Unternehmen eine wesentliche Managementaufgabe. Wie ein solcher Prozess gestaltet werden kann, soll hier kurz umrissen werden.

Die Führungsebenen, die die Geschäftsverantwortung für das Projekt haben, müssen über dessen Eckdaten entscheiden. Sofern es sich um mehrere Führungsebenen handelt (Bsp.: Führungskräfte auf lokaler, regionaler, und globaler Ebene), sollte der Prozess gestaffelt werden. Nach dem **Grundsatz der Subsidiarität** kann jede Ebene über die Risiken entscheiden, die ihrer Geschäftsverantwortung entsprechen. Über Risiken, die nur geringe Auswirkungen auf die Profitabilität haben, sollte das lokal verantwortliche Management entscheiden. Dies könnte beispielsweise für die Verantwortung für den Erwerb lokaler Baugenehmigungen gelten. Ob die lokale Organisation über die hierfür erforderlichen Mittel und Mitarbeiter verfügt, ist auf dieser Ebene zu entscheiden. Demgegenüber sind Risiken mit potentiell unternehmensweiten Auswirkungen (z. B. Übernahme unbegrenzter Haftung oder Angebotserstellung im offenen Konsortium) sachgerecht von der global verantwortlichen Ebene zu entscheiden. Zur Vorbereitung dieser Entscheidungen stellt das Verhandlungsteam alle relevanten Informationen und Unterlagen zusammen. Beginnend bei der ersten Führungsebene wird in sukzessiven Meetings über die jeweils relevanten Risiken entschieden und die übergeordneten Risiken an die nächste Ebene eskaliert. So erhalten alle involvierten Ebenen den Überblick über das Projekt, den sie gemäß ihrer Geschäftsverantwortung benötigen.

Wie der Lieferant mit Forderungen nach der Übernahme zusätzlicher Risiken umgehen kann, wird in Abb. 5.7 dargestellt.

Der interne Genehmigungsprozess kann sich in der externen Verhandlung sowohl als Nachteil als auch als Vorteil erweisen. Verhandlungstaktisch mag es möglich sein, die Gegenseite unter Hinweis auf die eigenen („bürokratischen und langwierigen“) Genehmigungsanforderungen zu Zugeständnissen zu bewegen. Andererseits kann sich die Gegenseite dazu herausgefordert fühlen, das Verhandlungsteam vor Ort zu umgehen und direkt mit deren übergeordnetem Management Kontakt aufzunehmen.

Im Ergebnis ist also die Verhandlung des Austauschvertrages ein **iterativer Prozess** zwischen Kunden und eigenem Management. Abbildung 5.8 stellt den Prozess graphisch dar.

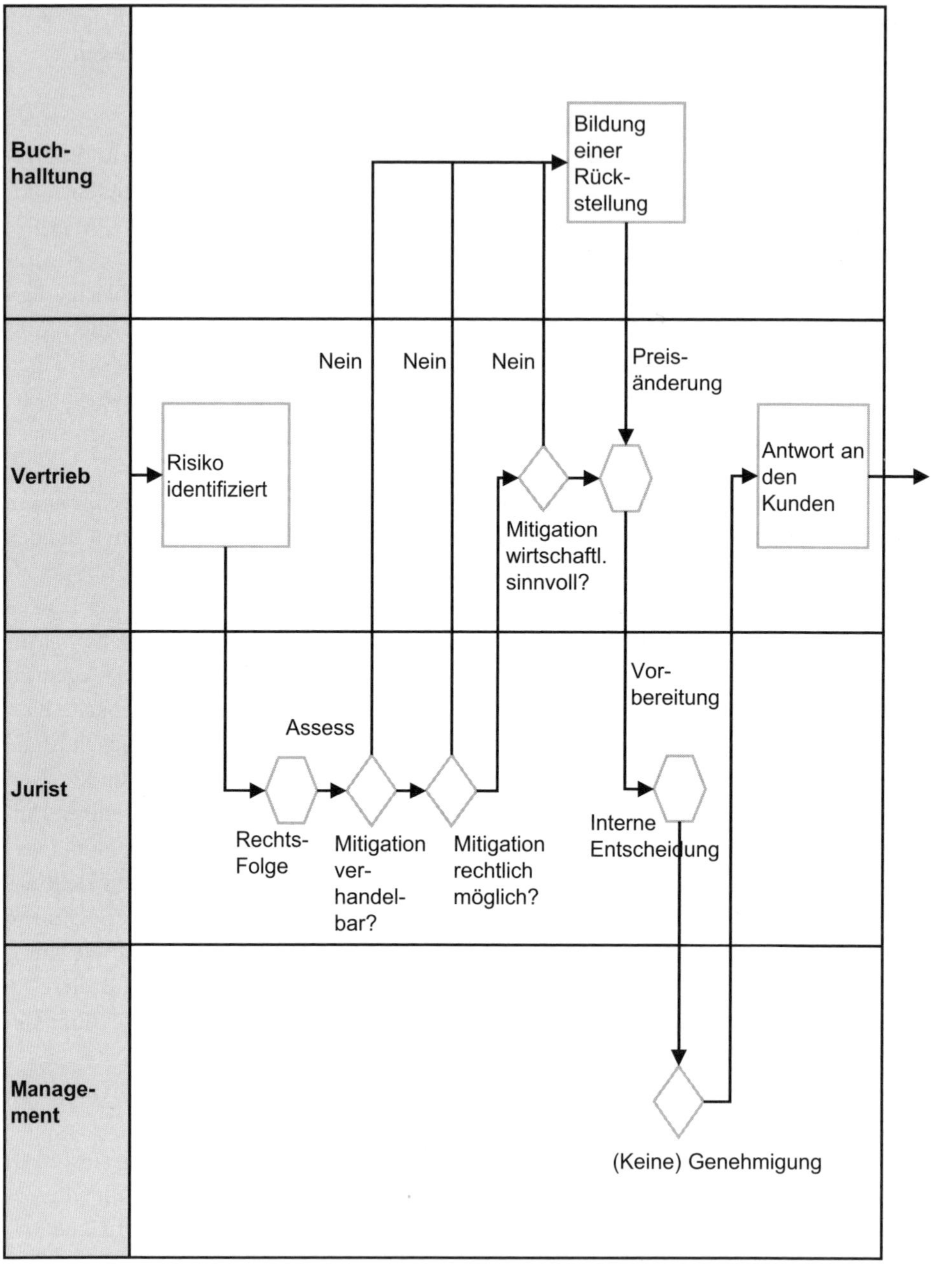

Abb. 5.7 Der Umgang mit Risiken in der Kundenverhandlung

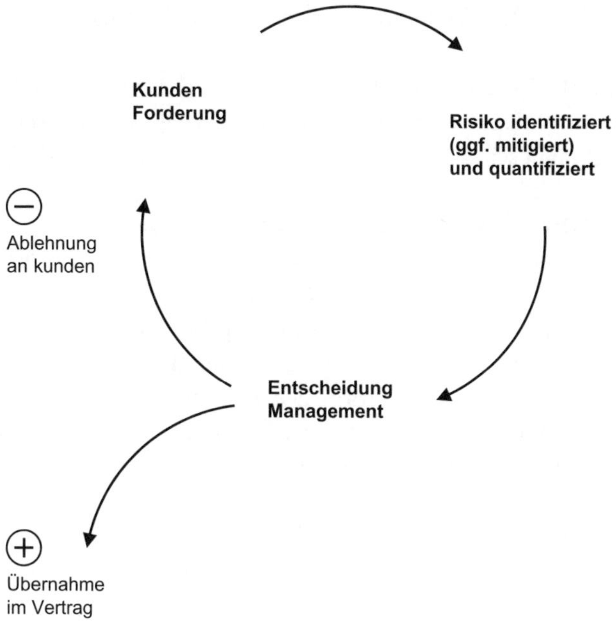

Abb. 5.8 Die Verhandlung als iterativer Prozess zwischen Kunden und eigenem Management

5.3.4 Zusammenfassung

Wir haben gesehen, dass die Verhandlung des Austauschvertrages im Anlagen- und Projektgeschäft einen internen und einen externen Prozess erforderlich macht. Besonders bei der externen Kundenverhandlung kommt es dabei darauf an, das „Dilemma des Verhandlers" zwischen Wertschöpfung und Wertverteilung auszubalancieren. Dabei kommt dem richtigen Umgang mit Risiken eine besondere Bedeutung zu. Als nächstes wollen wir uns die Aufgaben des Vertragsmanagement ansehen, die aus dem erfolgreichen Abschluss des Vertrages resultieren.

5.4 Phase III: Ausführung

Die Ausführungsphase beginnt mit dem wirksamen Abschluss des Vertrages. Sie unterteilt sich in zwei Unterphasen- die eigentliche Vertragsausführung und die sich daran anschließende Sachmängelhaftungsfrist.

In dieser Phase kommt es vor allem darauf an, dass die übernommenen Verpflichtungen auch erfüllt werden. Dabei muss die Profitabilität des Projekts erhalten oder, wenn möglich, sogar gesteigert werden. Dies geschieht durch die Geltendmachung von eigenen Nachforderungen und der Abwehr von solchen, die der Kunde geltend macht. Das Vertragsmanagement befasst sich in dieser Phase daher vor allem mit Fragen der Geltendmachung und Durchsetzung solcher Nachforderungen. Wir werden uns dies unter den Schlagworten „Claim Management" und „Konfliktlösung" genauer ansehen.

5.4.1 Das Wirksamwerden des Vertrages

In Abschn. 5.4.1.1 wird dargestellt, dass das Wirksamwerden des Vertrages grundsätzlich vom **Willen der Parteien** abhängt. Dass das Wirksamwerden aber auch an **Bedingungen** geknüpft sein kann, die vom Parteiwillen unabhängig sind, stellt Abschn. 5.4.1.2 klar.

5.4.1.1 Zustandekommen des Vertrages

Wir wollen uns zunächst ansehen, wie ein Austauschvertrag wirksam zu Stande kommt und uns dann kurz mit dem Problem der „kollidierenden Geschäftsbedingungen" beschäftigen.

Ein Vertrag kommt durch ein **Angebot einer Partei und dessen Annahme durch die andere Partei** zu Stande. Dieser Grundsatz gilt sowohl im deutschen Recht (wo er zwar nicht explizit genannt wird, sich aber aus der Systematik der §§ 145 ff. BGB ergibt), als auch im Common Law. Davon zu unterscheiden ist die bloße Einladung („invitatio ad offerendum") an die andere Seite, ein Angebot abzugeben. Schaufensterauslagen oder Waren in einem Supermarkt stellen eine solche Einladung dar. Das eigentliche Angebot zum Vertragsschluss wird, sowohl nach deutschem Recht als auch nach Common Law, erst vom Kunden an der Kasse abgegeben- und durch den Verkäufer mit Nennung der Rechnungssumme angenommen. Dieses grundlegende Prinzip hat auch im internationalen Rechtsverkehr und auch in Zeiten des Internets Bestand, obgleich im Laufe der Jahre Gerichte natürlich eine Vielzahl von unterschiedlichen Fallkonstellationen daraufhin untersucht haben, wie sie in diese Systematik einzuordnen sind.

In jedem Fall muss die Annahme inhaltlich dem Angebot entsprechen. Wird demgegenüber mit veränderten Bedingungen auf das Angebot reagiert, stellt dies in der Regel keine Annahme dar. Reagieren Sie beispielsweise auf das Angebot eines Autohändlers, das Auto für 5000 Euro zu kaufen mit der Aussage, dass Sie es für 4500 erwerben würden, so stellt Ihre Erklärung keine Annahme dar. Ein Vertrag ist daher noch nicht zu Stande gekommen. Stattdessen wird Ihre Aussage sowohl im Common Law als auch im deutschen Recht als Ablehnung des Angebots unter gleichzeitiger **Abgabe eines Gegenangebots** verstanden.

Inwieweit sind diese Überlegungen für das Vertragsmanagement im Auftrags- und Projektmanagement von Bedeutung? Wie wir schon gesehen haben, ist ein wirksames Angebot ein solches, das mit einem einfachen „Ja" angenommen werden kann. Dementsprechend ist eine wirksame Annahme eine solche, die voll und ganz das Angebot annimmt, ohne seine Bedingungen irgendwie zu verändern. Eine echte Annahme wird daher in aller Regel erst ganz am Schluss der Verhandlungsphase abgegeben. Bis dahin wurde das Angebot im Gespräch der Parteien schon mehrmals zu Gunsten des Kunden revidiert, so dass dieser schließlich in der Lage ist, dem Angebot ohne weitere Vorbehalte zuzustimmen.

An dieser Stelle wollen wir auch kurz auf den **Vertragsschluss ganz ohne Verhandlung** eingehen. Es kommt durchaus vor, dass die Parteien sich nur über die kommerziellen Eckdaten des Vertrages (Preis, Menge, Lieferzeit, Zahlungsbedingungen) einigen, ohne die übrigen Vertragsbedingungen (also insbesondere die Regelungen zum „Ungeplanten") zu besprechen. In diesem Fall stellt sich die Frage, ob überhaupt ein wirksamer Vertrag abgeschlossen worden ist, denn schließlich haben sich die Parteien über wesentliche Eckdaten der Zusammenarbeit gerade (noch) nicht verständigt. Entscheidend für die Wirksamkeit des Vertrages ist es daher, ob die Parteien mit der Vertragsausführung beginnen (also zum Beispiel mit der Zahlung des Vertragspreises oder der Lieferung der versprochenen Waren), ohne dass sie die offenen Punkte noch einmal ansprechen. Ist dies der Fall, so gehen die Gerichte von einem wirksamen Vertrag aus. Denn wenn die noch offenen Punkte für die Parteien offensichtlich nicht so wichtig waren, dass sie mit der Ausführung gewartet hätten, kann es ihnen – so die Rechtsprechung – auf die Klärung dieser Punkte ja auch nicht angekommen sein. Mit anderen Worten, die Parteien wollten den Vertrag, ohne die Notwendigkeit zu sehen, sich über alle Details explizit verständigen zu müssen. Ein solcher Vertrag ist dann wirksam zu Stande gekommen. Eine solche Konstellation tritt zum Beispiel immer dann auf, wenn die Parteien jeweils auf ihre **allgemeinen Geschäftsbedingungen** verweisen, ohne die zwischen beiden bestehenden Widersprüche zu thematisieren und auszuhandeln (Cummins et al. 2011, S. 197). Nicht selten ist es etwa, dass ein Lieferant ein Angebot auf Grundlage seiner „Allgemeinen Verkaufsbedingungen" abgibt, und der Kunde dieses auf Basis seiner „Allgemeinen Einkaufsbedingungen" annimmt. Gehen die Parteien nun zur Vertragsausführung über, so liegt höchstwahrscheinlich ein wirksamer Vertrag vor. Auch wenn über das „Geplante" möglicherweise Einverständnis herrscht, ist aber nun das große Problem, dass die übrigen Regelungen unklar sind. Denn was für Vertragsbedingungen gelten denn nun? Die allgemeinen Verkaufsbedingungen des Verkäufers? Oder die allgemeinen Einkaufsbedingungen des Käufers? Aller Erfahrung nach dürfte jedes Dokument das schiere Gegenteil des anderen Dokuments vorsehen. Die Frage, wie mit einer solchen Situation von **„kollidierenden Geschäftsbedingungen"** (***„Battle of Forms"***) umgegangenen werden soll, wird in unterschiedlichen Rechtssystemen unterschiedlich beantwortet. Teilweise wird der „Theorie des letzten Wortes" gefolgt, wonach die Bedingungen gelten sollen, die als letzte von einer der beiden Seiten genannt worden sind. Diese Argumentation wird aber häufig als willkürlich und zufällig abgelehnt. In Deutschland etwa verfolgt man einen anderen Ansatz. Hier wird untersucht, inwieweit sich die beiden Geschäftsbedingungen überhaupt widersprechen. Wo dies der Fall ist, gelten weder die Regeln des Käufers noch die des Verkäufers, sondern das allgemeine Gesetzesrecht.

Dies ist in der Regel besonders für den Lieferanten problematisch. Dies wird deutlich, wenn wir uns noch einmal die zum „Ungeplanten" gemachten Ausführungen vor Augen führen: Der Lieferant ist auf Grund wirtschaftlicher Notwendigkeit in der Regel nicht in der Lage, unbeschränkte Risiken zu übernehmen. Er muss daher insbesondere seine Haftung beschränken und die Haftung für bestimmte Schäden ganz ausschließen (siehe Abschn. 5.2.3.4). Auch wenn eine solche Beschränkung der eigenen Verantwortung gesetzlich möglich ist, ist sie dem Gesetz doch fremd. Die Gesetzeslage in allen Rechtsordnungen geht selbstverständlich davon aus, dass man für die Schäden, die man verursacht, auch gerade zu stehen hat. Für den Lieferanten bedeutet dies, dass er die von ihm angestrebte Haftungsbegrenzung nicht erreichen kann, indem er über das Thema schweigt und stattdessen auf seine Allgemeinen Geschäftsbedingungen setzt. Für den Kunden stellt sich die Lage umgekehrt dar. Für ihn kann es sich auszahlen, das Thema nicht zu thematisieren. In beiden

Fällen würden die Parteien ja über den Umweg der kollidierenden Geschäftsbedingungen bei der Gesetzeslage landen – und diese ist für den Kunden hier in der Regel günstiger als für den Lieferanten.

Wir finden hier also erneut eine Bestätigung dessen, was schon im Zusammenhang mit der Angebotserstellung betont wurde: Zum Zwecke größtmöglicher Klarheit empfiehlt es sich dringend, alle vertraglichen Themen „auf den Tisch zu legen" und einzeln auszuhandeln.

5.4.1.2 Conditions Precedent

Auch wenn sich die Parteien untereinander auf den Vertrag geeinigt haben, kann es sein, dass noch nicht alle Voraussetzungen für das Projekt erfüllt sind. Bei Großprojekten etwa ist in der Regel die Finanzierung bei Vertragsunterschrift noch nicht vollständig geklärt. Oder es steht noch nicht fest, dass der Kunde selbst von seinem Kunden den Zuschlag für das Projekt erhalten wird. In solchen Fällen können die Parteien die Erfüllung der noch fehlenden Voraussetzungen zu **Wirksamkeitsbedingungen des Vertrages** („***Conditions Precedent***") erklären. Erst wenn diese Bedingungen erfüllt sind, wird der Vertrag mit all seinen Rechten und Pflichten rechtlich wirksam. Das Vertragsmanagement muss bei der Formulierung der Wirksamkeitsbedingungen darauf achten, dass sich diese tatsächlich auf Faktoren beschränken, die nicht vollständig dem Einfluss der Parteien unterliegen. Es kann sonst vorkommen, dass sich eine Partei durch die Etablierung von vermeintlichen „Conditions Precedent" in Wahrheit eine Hintertür offen halten will, um ohne negative Folgen aus dem Projekt wieder aussteigen zu können. Dies ist für die andere Seite meist nicht akzeptabel. Im Gegenzug für das eigenen Commitment erwartet man auch ein entsprechendes Commitment der anderen Seite. Sollte sich die andere Partei später von dem Projekt lossagen wollen, so wird man zumindest eine Entschädigung für den eigenen Aufwand erwarten. Fehlt es einer der Parteien noch am Einigungswillen, so sollte dies klar angesprochen werden und der Vertrag eben noch nicht unterzeichnet werden. Alternativ kann man das Problem auch durch ein entsprechendes Kündigungsrecht mit Aufwandsentschädigung regeln.

Ist der Vertrag dann unterzeichnet und sind etwaige Wirksamkeitsbedingungen eingetreten, beginnt die eigentlichen Vertragsausführung.

5.4.2 Vertragserfüllung und Sachmängelhaftung

Sobald der Vertrag wirksam wird, sind die Parteien verpflichtet, das im Vertrag Versprochene zu erfüllen. Wie gezeigt, bedeutet dies vor allem, dass nun **das Geplante** auszuführen ist. Hier ruht naturgemäß die Hauptlast auf dem Lieferanten. Der Kunde leistet meist eine Anzahlung (oft Zug um Zug gegen Aushändigung einer Bürgschaft) und gewährt dem Lieferanten Zugang zum Platz der Projektausführung. Im Übrigen aber ist nun vor allen Dingen der Lieferant „am Zug". Schritt für Schritt im Einklang mit seiner Vertragserfüllung wird er dabei den vereinbarten Vertragspreis erhalten.

Während der Vertragsdurchführung lassen sich **zwei Phasen** unterscheiden. Zunächst und vor allem die Zeitdauer von Wirksamwerden des Vertrages bis zur eigentlichen Erfüllung des Vertrages. Der Vertrag ist in der Regel erfüllt, wenn das Projekt vom Kunden abgenommen wird. Die **Abnahme** durch den Kunden findet statt, wenn der Lieferant die Anlage vollständig so geliefert hat wie vereinbart. Dann geht die Anlage in das Eigentum des Kunden über, die letzte Vertragspreisrate wird fällig, und die Sachmängelhaftungsfrist beginnt zu laufen. Der Kunde übernimmt nun das Projekt, aus dem sich der Lieferant gleichzeitig zurückzieht. Wie genau dieser Übergang ausgestaltet ist, lässt sich projektunabhängig schwer verallgemeinern. Möglicherweise hat der Lieferant noch kleinere Nachbesserungsarbeiten abzuarbeiten, oder den Kunden im Gebrauch des Projekts zu unterweisen. Der Kunde wiederum beginnt nun, den wirtschaftlichen Nutzen aus dem Projekt zu ziehen. Dabei ist es natürlich durchaus möglich, dass er mit dem Lieferantenunternehmen weiterhin auf Grundlage anderer Verträge zusammen arbeitet. Ist beispielsweise der Eigentümer eines Kraftwerks ein Finanzinvestor, der nicht selbst über das Know-how zum Betrieb des Kraftwerks verfügt, so ist es üblich, dass er mit demselben Unternehmen zwei Verträge abschließt: einen Vertrag über die Errichtung des Kraftwerks und einen Vertrag über den sich anschließenden Betrieb des Kraftwerks. Auch wenn dasselbe Unternehmen das Kraftwerk baut und es anschließend im Auftrag des Kunden betreibt, so tut es dies doch im Rahmen von zwei unterschiedlichen Verträgen. Das hier Gesagte gilt dann gleichermaßen, aber unabhängig voneinander, für beide Verträge. In der Regel ist die Abnahme also der Zeitpunkt, zu dem die Parteien ihre letzten Primärpflichten erfüllt haben; mitunter wird die letzte Zahlung des Kunden erst mit Ende der Sachmängelhaftungsfrist fällig. Auch wenn rechtsdogmatische Einordnung der zum Zeitpunkt der Abnahme bestehenden Pflichten kompliziert sein kann, muss uns dies hier nicht interessieren. Wichtiger ist vor allem die pragmatische Beurteilung der Frage, wann der Lieferant die geschuldete Leistung im Wesentlichen erbracht hat.

Zu diesem Zeitpunkt beginnt die letzte Phase des Projekts. Sie dauert so lange an, bis der Vertrag endgültig beendet ist. Dies ist mit dem Ende der **Sachmängelhaftungsfrist** der Fall. Während dieser Zeit haben die Parteien im Wesentlichen nichts Geplantes mehr zu erledigen. Der Lieferant muss aber tätig werden, wenn ein Mangel auftritt.

5.4.3 Ziele des Claim Management

Organisatorisch wird bei Wirksamwerden des Vertrages auf der Lieferantenseite das Projekt häufig vom Vertriebsteam an das Projektmanagement abgegeben. Ebenso setzt nun die zweite Form des Vertragsmanagements ein, das **Claim Management** (vgl. auch Kap. 7). Eine allgemein anerkannte Definition für diesen Begriff hat sich bisher noch nicht herausgebildet. Sachgerecht sind die Definitionen von Huck (2006, S. 41) wonach „Claims" in einem vertragsrelevanten Sachverhalt wurzelnde Forderungen, Gestaltungsrechte oder Einwendungen sind, die in zeitlicher, finanzieller oder sachlicher Hinsicht vertragsrelevant sind oder es werden können. Unter „Claim Management" kann man demnach die Summe aller Maßnahmen verstehen, mit denen man vertragliche Ansprüche gegenüber dem Vertragspartner durchsetzt oder abwehrt.

Das Claim Management hat im Wesentlichen **drei Ziele**. Es geht jetzt darum, den erwarteten Ertrag zu sichern und möglichst noch zu steigern. Die Ertragssicherung geschieht zum einen durch die Durchführung des Geplanten, zum anderen durch die Abwehr von Nachforderungen des Kunden. Die Ertragssteigerung kann dadurch erfolgen, dass der Lieferant seinerseits zusätzliche Forderungen an den Kunden stellt.

Die drei Ziele des Claim Management:

I. Ertragssicherung durch Einhaltung des vertraglich Vereinbarten
II. Ertragssicherung durch Abwehr von ungeplanten Kundenforderungen
III. Ertragssteigerung durch Geltendmachung von Nachforderungen

Diese drei Ziele wollen wir uns im Einzelnen etwas genauer ansehen:

I. **Ertragssicherung durch „Einhaltung des vertraglich Vereinbarten“** klingt vielleicht trivial, ist es aber keineswegs. Es kann in der Praxis geradezu erschreckend sein, wie wenig sich der Projektmanager um den Vertrag kümmert. So kommt es nicht selten vor, dass der Vertrag nur auszugsweise gelesen wird. Dann können natürlich die mit dem Kunden in mühsamer Kleinarbeit verhandelten Formerfordernisse oder Prozessschritte mangels Kenntnis gar nicht eingehalten werden. Im Extremfall arbeitet der Projektmanager täglich mit den Annexen des Vertrages, ohne sich an den juristischen Hauptteil „heranzutrauen“. Auch wenn, wie oben schon angesprochen, der Vertrag klar, eindeutig und selbsterklärend geschrieben sein sollte, ist ein gewisses Grundverständnis für die juristische Vertragssprache und -systematik natürlich unumgänglich. Daneben ist es leider oft so, dass die endgültige Version des Vertrages für einen außenstehenden Dritten nicht die erforderliche Klarheit aufweist. Als Kompromisslösung, die in der Regel unter Zeitdruck und vielleicht sogar über Kultur- und Sprachgrenzen hinweg gefunden wurde, beinhaltet der endgültige Vertrag in aller Regel Unstimmigkeiten oder sogar Widersprüchlichkeiten, die sich nur aus der Verhandlungshistorie erklären lassen.
   Für das Claim Management bedeutet all dies, dass der sauberen Übergabe des Projekts an das Projektmanagement besondere Bedeutung zukommt. Auch anschließend muss das Claim Management dem Projektmanager beratend zur Seite stehen, um die im Laufe der Projektausführung auftretenden Verständnis- und Auslegungsfragen zu klären. Gemeinsam kann man dann Argumentationsstrategien für den Umgang mit etwaigen Lücken und Ungereimtheiten finden und formulieren.
II. Dies berührt auch schon den zweiten Punkt **Ertragssicherung durch Abwehr von nicht geplanten Kundenforderungen**. Oft lässt sich schon durch eine saubere Analyse des vertraglich Vereinbarten ein vermeintlicher Anspruch des Kunden abwehren. Im Umgang mit Unklarheiten im Vertrag kann auch die schon angesprochene gute

Argumentation helfen. In vielen Fällen geht es auch um Streitigkeiten, ob bestimmte Leistungen wie versprochen zeitgerecht erfüllt worden sind. Eine der Hauptaufgaben des Claims Managements ist daher die Dokumentation der eigenen Schritte bei der Vertragserfüllung.

III. Auch bei der **Ertragssteigerung durch Geltendmachung von Nachforderungen** spielt die Dokumentation des Geschehenen eine entscheidende Rolle. Ein Anspruch ist nur dann etwas wert, wenn er gegen den Willen der anderen Seite durchgesetzt werden könnte. Denn wenn ein geltend gemachter Anspruch vor Gericht oder Schiedsgericht kein Gehör finden würde, warum sollte der Geschäftspartner darauf eingehen? Damit ein Anspruch aber rechtlich durchgesetzt werden kann, muss er bewiesen werden können. Für den Lieferanten bedeutet dies vor allem, dass er Zusatzkosten dokumentieren muss, auf die er seine Nachforderungen stützen kann.

Noch mehr als für den Umgang mit Nachforderungen des Kunden ist das Geltendmachen von eigenen Nachforderungen gegenüber dem Kunden **nicht primär ein juristisches Thema**. Das Vertragsmanagement kann auf Grundlage des Vertrages zwar das rechtlich Mögliche aufzeigen. Ob und inwieweit dies aber betriebswirtschaftlich sinnvoll ist, muss mit Blick auf Kundenbindung und Marktauftritt entschieden werden. Diese Abwägung zwischen Ertragssicherung bzw. -steigerung und nachhaltiger Geschäftsentwicklung muss vom Management vorgenommen werden. Dementsprechend wenden viele Organisationen ein „Limits of Authority" Verfahren während des Projektmanagements an, um sicherzustellen, dass die Gesamtinteressen des Unternehmens auch während der Vertragsausführung gewahrt sind. Dies ist nicht zuletzt auch eine Frage der Unternehmenskultur. Unternehmen aus dem englischen Sprachraum verfügen oft über ein hocheffizientes Claim Management, dessen Beitrag zum Unternehmensergebnis von vorne herein eingeplant wird. Anderen Unternehmen ist ein zufriedener Kunde und eine möglichst reibungslose Projektabwicklung mehr wert als der mögliche Zusatzverdienst. Ebenso wie das Contract Management während der ersten beiden Phasen des Vertragsmanagements erfordert also auch das Claim Management eine ganzheitliche Strategie.

Wie aber lässt sich mit Claims umgehen, die zwischen den Vertragsparteien umstritten sind? Macht eine Vertragspartei einen Claim geltend, der von der anderen Partei abgelehnt wird, haben wir es geradezu mit einem Paradefall eines Konflikts zu tun. Claim Management ist daher nicht nur eine der zwei Arten des Vertragsmanagements, es ist auch eine Form des Konfliktmanagements.

5.4.4 Claim Management als Konfliktmanagement

Mit Berkel (2011, S. 54) können wir vier verschiedene Arten von Konflikten unterscheiden: Wertkonflikte, Sachkonflikte, Beziehungskonflikte, und innere Konflikte. Dies gilt nicht nur für Konflikte innerhalb einer Organisation, sondern auch bei Konflikten zwischen Organisationen. Bildlich werden die **verschiedenen Konfliktarten** in Abb. 5.9 dargestellt.

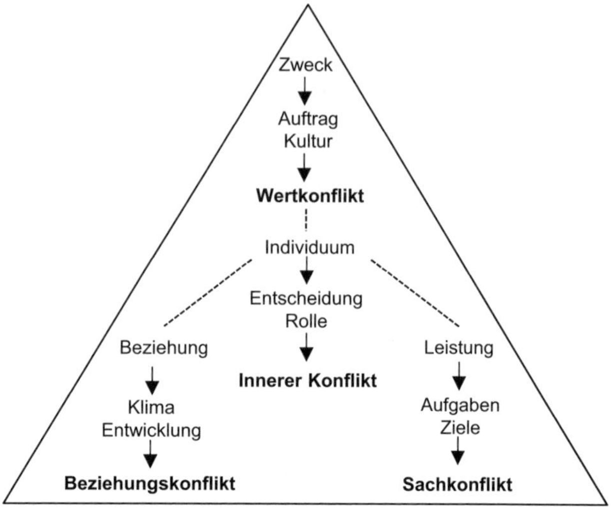

Abb. 5.9 Konfliktarten (Berkel 2011 S. 54)

Da der Streit über Claims sich immer um das Bestehen von Rechtsansprüchen dreht, handelt es sich dabei um einen klassischen Fall des „**Sachkonflikts**". Die Parteien streiten sich darüber, ob eine bestimmte Leistung zu erbringen sei oder nicht. Die Konfliktforschung hält zur Frage, wie mit dem Sachkonflikt (Umstrittener Claim) umgegangen werden kann, einige Antworten bereit. Diese wollen wir uns im nächsten Abschnitt ansehen.

5.4.5 Konfliktlösung

Bereits im Abschn. 5.2.3.5 haben wir unter dem Stichpunkt der Streitbeilegungsmechanismen kurz die verschiedenen Möglichkeiten der vertraglichen Konfliktlösung aufgeworfen (Verhandlung, Einschaltung eines Dritten, Entscheidung durch einen Dritten). Ury et al. (1993) haben die inzwischen klassische Unterscheidung getroffen, welche **Möglichkeiten der Konfliktlösung** bestehen: Ein Konflikt kann auf Basis von Macht, Recht oder Interessen geklärt werden. „Macht" meint die Fähigkeit, die eigene Vorstellung auch gegen den Willen der anderen Seite durchzusetzen. „Recht" bedeutet die Fähigkeit, in einem gerichtlichen Verfahren zu obsiegen. Der Begriff „Interessen" wird ebenso verstanden wie oben im Kapitel zur Wertschöpfung dargestellt (Abschn. 5.3.2.1). Interessen sind die den Forderungen einer Partei zu Grunde liegenden Anliegen. Diese drei Möglichkeiten lassen sich wie in Abb. 5.10 darstellen.

Die plastische Darstellung der drei Begriffe sollte uns allerdings nicht dazu verleiten, diese als streng binär oder gar gegensätzlich zu begreifen. **Teilweise überlappen sich die Konfliktlösungsarten:** So ist das Recht einer Partei oft genug der passgenaue Ausdruck ihrer Interessen. Es ist ja gerade Aufgabe von Gesetzgeber und Gerichten, das Recht im Interesse der am Rechtsverkehr Beteiligten zu formen und zu entwickeln. In derselben Weise

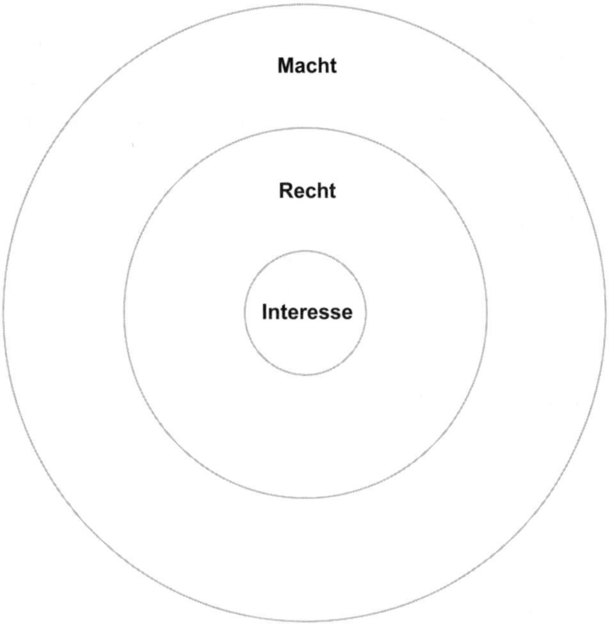

Abb. 5.10 Die drei Möglichkeiten der Konfliktlösung (Ury et al. 1993, S. 9)

ist es Aufgabe und Ziel des Vertragsmanagements, wie hierin dargestellt, die Rechte der Parteien aus ihren Interessen zu entwickeln.

Ury et al. wählten gleichwohl eine Darstellung in konzentrischen Kreisen, um die Wechselwirkung der drei Konfliktlösungsarten zu verdeutlichen. Auf der einen Seite verhandeln die Parteien **„im Schatten des Rechts"** (Mnookin und Kornhauser 1979): Wer durch den Vertragsbruch der anderen Seite beeinträchtigt wurde, wird sich in der Verhandlung nur auf eine Lösung einlassen, die ihn mindestens so gut stellt wie er voraussichtlich bei Führung eines Prozesses stehen würde (Eidenmüller 2001, S. 2). Auf der anderen Seite kann auch das Recht die Macht nicht ganz außer Acht lassen. Das schönste Gerichtsurteil würde dem Lieferanten nichts nutzen, wenn er es gegen seinen Hauptkunden nur um den Preis der anschließenden Geschäftsaufgabe durchsetzen könnte.

Im Wesentlichen stehen den Parteien daher die folgenden **Konfliktlösungsmechanismen** zur Verfügung:

- Verhandlung
  In der Verhandlung versuchen die Parteien, selbst zu einer gütlichen Einigung des Konflikts zu kommen. Bewährt hat sich hierbei ein gestaffeltes Verfahren, wobei höhere Managementebenen der Parteien eingeschaltet werden, wenn man sich auf der Arbeitsebene nicht einigen kann. Scheitert die Verhandlung, wird in der Regel eine Dritter zur Vermittlung oder Entscheidung hinzugezogen. Beide Seiten müssen daher ein mögliches Verhandlungsergebnis daran messen, was sie in diesem anderen Verfahren erwarten dürften.

- Mediation
  Bei der Meditation unterstützt ein neutraler Dritter die Parteien bei deren Verhandlung. Er tut dies, indem er den Prozess leitet und ggf. eigene Lösungsvorschläge einbringt, jedoch ohne eine eigene Entscheidungsbefugnis zu haben. Auch in der Mediation kann der Konflikt daher nur durch eine einvernehmliche Vereinbarung der Parteien beigelegt werden.
- Adjudikation
  Die Adjudikation ist ein Verfahren zur außergerichtlichen Konfliktlösung von Baustreitigkeiten, das den großen Vorteil der raschen Durchführung hat. Ein unparteiischer Dritter – der Adjudicator – leitet das Verfahren und schließt dieses, sofern keine gütliche Einigung zustande kommt, mit einer die Parteien vorläufig bindenden Entscheidung ab. Endgültig bindend wird die Entscheidung, wenn sich die Parteien entsprechend vereinbaren oder wenn sie nicht innerhalb einer bestimmten Frist Einspruch einlegen; andernfalls können die Parteien die Entscheidung vor einem ordentlichen Gericht überprüfen lassen. (vgl. Greger und v. Münchhausen 2010, S. 179 ff.).
- Schiedsgericht
  Beim Schiedsverfahren unterwerfen sich die Parteien der Entscheidung des Schiedsrichters in gleicher Weise wie es in einem Gerichtsverfahren der Fall wäre. Dieses Verfahren bietet sich insbesondere an, wenn im Projektland nicht auf jeden Fall ein rechtsstaatliches und neutrales Gerichtsverfahren erwartet werden kann. Da die Auswahl der Schiedsrichter im Ermessen der Parteien liegt, ist es außerdem möglich, mit der Materie besonders vertraute Dritte auszuwählen. Schließlich hat das Schiedsgerichtliche Verfahren auch den Vorteil, dass es „privat" ist, also unter Ausschluss der Öffentlichkeit stattfinden kann.
- Gerichtsverfahren
  Selbstverständlich steht es den Parteien auch frei, ihren Streit von einem öffentlichen Gericht entscheiden zu lassen.

Zugespitzt könnte man sagen, dass sich der Fokus der Konfliktlösung in diesen fünf Verfahren vom „**Interesse**" der Parteien hin zu ihrem „**Recht**" verschiebt. Während in der Verhandlung überwiegend ersteres ausschlaggebend ist, findet in die Entscheidung vor dem (Schieds-)Gericht auf Basis des letzteren statt. Vereinfacht können wir die zur Verfügung stehenden Konfliktlösungsprozesse in Abb. 5.11 darstellen.

Ein wichtiger Aspekt zur Auswahl des geeigneten Verfahrens ist die Abwägung von Kosten, Nutzen und Zeitdauer. Mit einer (Prozess-)Risikoanalyse kann festgestellt werden, ob es sich lohnt, vor ein (Schieds-)Gericht zu ziehen. Es wird dabei erwogen, mit welcher Wahrscheinlichkeit ein vermeintlicher Anspruch auch bewiesen und gerichtlich durchgesetzt werden kann (vgl. etwa Hagel 2011). Dieser Schritt ähnelt also der oben beschriebenen Quantifizierung vertraglicher Risiken.

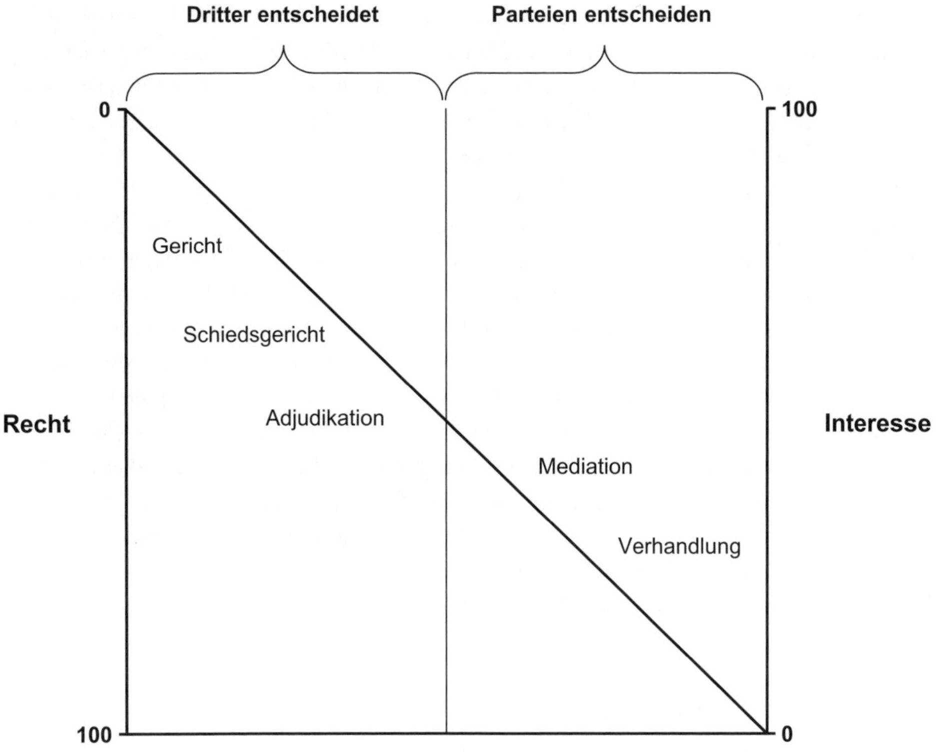

Abb. 5.11 Konfliktlösungsverfahren als Funktion von Recht und Interesse

5.4.6 Zusammenfassung

Wir haben gesehen, dass in der dritten Phase des Vertragsmanagements der Umgang mit Claims im Vordergrund steht. Das Vertragsmanagement in der Gestalt des Claim Managements zielt auf Ergebnissicherung und Ergebnisverbesserung. Dabei stehen ihm die Instrumentarien des Konfliktmanagements zur Verfügung. Die Wahl zwischen diesen Instrumenten sollte auf Basis einer Abwägung von Kosten und Nutzen stattfinden. Zuletzt wollen wir betrachten, welche Aufgabe dem Vertragsmanagement nach Abschluss des Projekts zukommt.

5.5 Phase IV: Analyse

Wie wir gesehen haben, ist das Vertragsverhältnis erst dann endgültig beendet, wenn die Sachmängelhaftung ausgelaufen ist. Zu diesem Zeitpunkt endet in der Regel auch die vertragliche Haftung der Parteien. Dann haben die Parteien nicht nur das Geplante durchgeführt, es ist auch nicht mehr mit ungeplanten Pflichten zu rechnen.

Zu Beginn unseres Kapitels haben wir uns einen Zeitungsartikel über die Lieferung von Hochgeschwindigkeitszügen angesehen. Da dieser anlässlich der Vertragsunterzeichnung geschrieben worden war, konnte er über den tatsächlichen Erfolg (oder Misserfolg) des Projekts noch nichts berichten. Mittlerweile sind wir am Ende unserer Betrachtungen zur Projektdurchführung angekommen. Möglicherweise wird in einigen Jahren, nach erfolgter Lieferung und Inbetriebnahme der Züge, ein weiterer Artikel erscheinen, in dem **rückblickend Bilanz** gezogen wird. Nach Beendigung des Projekts werden sowohl Siemens als auch die Bahn einige Lehren gezogen haben, was sie bei künftigen Geschäften gleich und was anders machen würden. Eine solche ex-post Analyse empfiehlt sich für alle Parteien des Projektgeschäfts. Der Grund dafür ist offensichtlich. Auf dem Weg von der „Bid Decision" bis zur Vertragsbeendigung haben die Parteien eine ganze Reihe von Abwägungen und Entscheidungen getroffen. Ob diese richtig waren oder nicht, zeigt sich erst im Nachhinein. Daraus können die Parteien wichtige Lehren für künftige Projekte ziehen. Dazu bietet es sich an, die **Phasen des Vertragsmanagements nunmehr in umgekehrter Reihenfolge noch einmal** zu durchdenken. Beginnend mit der Analyse des Ist-Zustandes am Projektende können Rückschlüsse auf den Erfolg von Angebots- und Durchführungsphase gezogen werden. Am Ende der Analyse stehen dann Empfehlungen für die Erstellung künftiger Angebote. Die folgende Checkliste mag als Hilfestellung dienen:

Checkliste

I. Vertragsausführung:
   a. Wurde das angestrebte Projekt-Ergebnis erreicht?
   b. War das Claim Management bei der Ergebnissicherung und Ergebnisverbesserung erfolgreich?
   c. War die bei Auswahl der Konfliktlösungsmechanismen getroffene Kosten/Nutzen-Abwägung zutreffend?
   d. Waren die aufgestellten Wirksamkeitsvoraussetzungen (*Conditions Precedent*) sinnvoll und ausreichend?
   e. Wie können zukünftige Vertragsausführungen (noch) erfolgreicher gestaltet werden?

II. Vertragsverhandlung:
   a. Wurde das angestrebte Verhandlungsziel erreicht?
   b. Wurden die verhandelnden Risiken zutreffend quantifiziert?
   c. Wurden alle relevanten Risiken im internen Genehmigungsprozess zutreffend dargestellt?
   d. Wurden bei Risikoquantifizierung und interner Genehmigung die richtigen Entscheidungen getroffen?
   e. War die Verhandlung des Geplanten erfolgreich? Wurde das beiderseitige Win-Win Potenzial des Geschäfts ausgeschöpft?
   f. War die Verhandlung des Ungeplanten erfolgreich? Wurde die Win-Lose Verhandlung effektiv zum eigenen Nutzen geführt?
   g. Wie können künftige Verhandlungen (noch) erfolgreicher geführt werden?

III. Angebotserstellung:
   a. Wurde die Bid/No Bid Decision richtig getroffen?
   b. Wurden alle wesentlichen Vertragsbestandteile zutreffend in das Angebot aufgenommen?
   c. Wurde die richtige Balance gefunden zwischen eigener Positionierung und Vorwegnahme der Kundenwünsche?
   d. Wie können künftige Angebote (noch) erfolgreicher erstellt werden?

Diese Checkliste liefert selbstverständlich nur einen Anhaltspunkt. Sie sollte nach den Eigenheiten des jeweiligen Projektgeschäfts individualisiert werden.

5.6 Fazit

In diesem Kapitel wurde gezeigt, dass effizientes Vertragsmanagement für den Erfolg des Auftrags- und Projektmanagements entscheidend ist. Es gab dazu den chronologischen Ablauf des Projekts wieder und identifizierte die vier Phasen des Vertragsmanagements: Angebotserstellung, Verhandlung, Ausführung und Analyse. Die in jeder Phase bestehenden Herausforderungen an das Vertragsmanagement wurden geschildert und Strategien zu deren Meisterung angeboten. Nur wenn die vertraglichen, technischen, und kommerziellen Aspekte des Projektgeschäfts interdisziplinär und ganzheitlich bearbeitet werden, kann das Geschäftsmodell des Lieferanten erfolgreich in die Tat umgesetzt werden.

5.7 Übungsaufgaben

1. Welche Argumente sprechen für, welche gegen die Hinzuziehung von externen Juristen beim Angebotserstellungsprozess?
2. Begründen Sie, warum in der Verhandlungsphase eine offene Kommunikation notwendig ist, um „Win/Win"-Lösungen herbeizuführen.
3. Erläutern Sie, wie auch in vermeintlichen „Win/Lose"-Situationen Möglichkeiten zur Wertschöpfung bestehen.
4. Beschreiben Sie, wie die Verhandlung des Geplanten für beide Seiten eher zu Wertschöpfung führt, die Verhandlung des Ungeplanten aber tendenziell wertverteilend wirkt.
5. Was wird unter dem Dilemma des Verhandlers verstanden?
6. Beschreiben Sie die Gefahr des Loyalitätsproblems, das durch die Aufteilung des Verhandlungsteams in Untergruppen entstehen kann. Wie kann diese Gefahr vermieden werden?
7. Erläutern Sie, was beim Zustandekommen eines Vertrages unter „Battle of Forms" verstanden wird.

8. Was wird im „Conditions Precedent“ festgelegt? Worauf ist hierin besonders zu achten?
9. Unter welchen Voraussetzungen macht es Sinn, im Rahmen des Claim Managements auf ein erfolgsversprechendes Gerichtsverfahren zu verzichten?
10. Welche Verfahren zur Konfliktlösung stehen den Vertragsparteien grundsätzlich zur Verfügung? Nach welchen Kriterien sollten diese ausgewählt werden?
11. Bennen Sie die wesentlichen Aufgaben und Ziele des Claim Managements.

Literatur

Berkel, K. (2011). *Konflikttraining. Konflikte verstehen, analysieren, bewältigen*. Hamburg: Windmühlen-Verlag.

Budde, R. (2005). *Basiswissen Vertragsmanagement im internationalen Maschinen- und Anlagenbau*. Contract & Claim-Management Band. Berlin: Pro Business.

Bühring-Uhle, C., Eidenmüller, H., & Nelle, A. (2009). *Verhandlungsmanagement. Analyse, Werkzeuge, Strategie*. München: C.H. Beck.

Cummins, T., David, M., & Kawamoto, K. (2011). *Contract & Commercial Management. The Operational Guide*. Zaltbommel: Van Haren Publishing.

Eidenmüller, H. (2001). *Vertrags- und Verfahrensrecht in der Wirtschaftsmediation*. Köln: Otto Schmidt.

Greger, R., & von Münchhausen, C. (2010). *Verhandlungs- und Konfliktmanagement für Anwälte*. München: C.H. Beck.

Hagel, U. (2011). Der Unternehmensjurist als Risikomanager. *SchiedsVZ, 2011*, 65–74.

Huck, W. (2006). Prozess- und Ergebnisorientierung durch Claim-Management. Eine Condition sine qua non im Anlagengeschäft? *Projektmanagement Aktuell, 2006*(1), 40–46.

Jungbluth, R. (2012). Sonne, Wind und Verluste. *Die Zeit*, 29. März 2012.

Langenfeld, G. (2010). *Grundlagen der Vertragsgestaltung*. München: C.H. Beck.

Lewicki, R. J., Saunders, D. M., & Barry, B. (2003). *Negotiation*. New York: McGraw-Hill.

Mnookin, R. H., & Kornhauser, L. (1979). Bargaining in the Shadow of the Law. The Case of Divorce. *The Yale Law Journal, 88*(5), 950–997.

Ury, W. L., Brett, J. M., & Goldberg, S. B. (1993). *Getting Disputes Resolved. Designing Systems to Cut the Costs of Conflict*. Cambridge, MA: Jossey-Bass.

Verhandlungsmanagement

6

Ingmar Geiger

Inhaltsverzeichnis

Prof. Dr. Ingmar Geiger ✉
Executive Master of Business Marketing, Freie Universität Berlin, Otto-von-Simson-Str. 13, 14195 Berlin, Deutschland
e-mail: ingmar.geiger@fu-berlin.de

M. Kleinaltenkamp et al. (Hrsg.), *Auftrags- und Projektmanagement*,
DOI 10.1007/978-3-658-01352-3_6,

Zusammenfassung

Transaktionen im Anlagen- und Projektgeschäft werden in der Regel durch Verhandlungen zwischen Bestellerorganisation und Anbieterunternehmen beschlossen. Die Ergebnisse dieser Verhandlungen determinieren daher in einem großen Maße die Profitabilität des Auftrags für den Anbieter und den Nutzen bzw. die Qualität der Problemlösung für den Besteller. Das vorliegende Kapitel gibt einen Überblick über die Charakteristika der Verhandlungssituation im Anlagen- und Projektgeschäft hinsichtlich zeitlicher, organisationaler und inhaltlicher Gesichtspunkte. Daran anschließend wird die gängige Modellbildung zur Betrachtung von Verhandlungssituationen vorgestellt, indem distributive und integrative Verhandlungen unterschieden werden. Weiterhin werden die üblichen Maße zur Beurteilung des Erfolgs von Verhandlungen diskutiert: Verhandlungsgewinn, -effizienz, und -zufriedenheit. Den Schwerpunkt des Kapitels bildet die Betrachtung von Einflussfaktoren auf Verhandlungen, die in statische Kontext- und personelle Faktoren sowie dynamische Determinanten, d. h. psychologische und Interaktionsprozesse, gegliedert werden können. Diese werden sowohl in ihren Charakteristika und Effekten dargestellt als auch anhand der gängigen theoretischen Blickwinkel erklärt. Den Abschluss des Kapitels bildet ein Abschnitt, der sich den konkreten Vorbereitungen widmet, die eine Verhandlungspartei vornehmen kann, um Verhandlungen im Projekt- und Anlagengeschäft möglichst zu ihren Gunsten zu beeinflussen.

Jedes Mal, wenn die Spitze der deutschen Bundesregierung einen ausgedehnteren Besuch in einem wirtschaftlich wichtigen Partnerland der Bundesrepublik Deutschland absolviert, berichten die Medien von Geschäftsabschlüssen in großen Volumina, die die begleitende Delegation aus der heimischen Wirtschaft mit Unternehmen oder anderen Organisationen im Gastland getätigt haben. Häufig dient den beteiligten Unternehmen eine solch öffentlichkeitswirksame Reise vor allem dazu, publik zu machen, was viele Manager der Anbieterunternehmen und Kundenorganisationen in vielen Verhandlungsrunden vorbereitet und abgestimmt haben.

Was jedoch genau geschieht, bis es zu einem solchen öffentlichkeitswirksamen Abschluss kommen kann, bleibt selbst dem aufmerksamen Beobachter der Diskussion verschlossen. Dass dazu die interne Beurteilung möglicher Projekte durch den Anbieter ebenso gehört wie die Gestaltung einer Erlösstruktur sowie umfangreiche Vorarbeiten im finanziellen und rechtlichen Bereich, ist Gegenstand anderer Kapitel dieses Buches.

Im vorliegenden Kapitel soll die Frage behandelt werden, welche Einflussfaktoren es auf die Gestaltung und den Ausgang der konkreten Verhandlungen um ein solches Projekt gibt und wie ein im Projektgeschäft tätiger Anbieter die Erkenntnisse darüber für sein Marketing nutzen kann.

Dafür ist es notwendig, in einem ersten Schritt zu konkretisieren, wodurch sich eine Verhandlung im Anlagen- und Projektgeschäft überhaupt auszeichnet, welche Bereiche der Interaktion zwischen Anbieter und potenziellem Kunden auf zeitlicher, persönlicher, organisationaler und inhaltlicher Ebene wir als der Verhandlung zugehörig betrachten wollen und können. Dies geschieht im Abschn. 6.1. Auf den damit konkretisierten Untersuchungsgegenstand kann nun ein bestimmter wissenschaftlicher Blickwinkel eingenommen werden, der mit einer geeigneten Modellbildung verknüpft ist (Abschn. 6.2). Anhand der eingeführten Terminologie lassen sich im Anschluss die zahlreichen Einflussfaktoren der Verhandlung und der Verhandlungsergebnisse darstellen und die jeweilige Wirkungsweise diskutieren. Abschn. 6.3 bildet diesen Kernteil des vorliegenden Kapitels. Konkrete Hinweise, wie eine zukünftige Verhandlungssituation für einen Anbieter erfolgreicher gestaltet werden kann, liefert der Abschn. 6.4, in dem es um die Verhandlungsvorbereitung geht. Eine Schlussbetrachtung (Abschn. 6.5) rundet das Kapitel ab.

6.1 Verhandlungen im Anlagen- und Projektgeschäft als Betrachtungsgegenstand

6.1.1 Kennzeichen und Definition der Verhandlungssituation

Menschen verhandeln ständig: Ehepartner verhandeln über die Aufteilung der Aufgaben in der Familie, Jugendliche verhandeln mit ihren Eltern über die Zeit des abendlichen Nachhausekommens, Freunde verhandeln über das Restaurant zum Abendessen, Gewerkschaften und Arbeitgeberverbände verhandeln die Tarifkonditionen für die Beschäftigten einer bestimmten Branche und Region, Politiker verhandeln über Gesetzesvorhaben, Länder verhandeln über Handelsbarrieren oder sogar über Krieg und Frieden, und Unternehmen verhandeln über Geschäftsabschlüsse, Unternehmenskäufe oder Gehälter des Führungspersonals. Trotz der teils völlig unterschiedlichen Hintergründe haben die jeweils stattfindenden Verhandlungen einen gemeinsamen Kern. Dieser zeichnet sich durch folgende **Merkmale** aus:

- Damit es zu einer Verhandlung kommt, braucht es **mindestens zwei Parteien**. Es handelt sich also bei Verhandlungen immer um interpersonelle oder Inter-Gruppen-Prozesse (Lewicki et al. 2010, S. 6; Rubin und Brown 1975, S. 6).
- Bei einer Verhandlung sind die Parteien in ihrer Entscheidungsfindung voneinander abhängig oder **interdependent**. Keine Partei kann in einer Verhandlung ohne die Zustimmung der anderen Partei eine für beide bindende Entscheidung treffen, die vergleichbare Kosten oder Erträge zu einem echten Verhandlungsergebnis aufweist (Lax und Sebenius 1986, S. 7; Rubin und Brown 1975, S. 7).
- Es gibt drei grundsätzliche Situationen, in denen Parteien miteinander verhandeln: a) um eine beschränkte Ressource wie Land, ein Erbe oder Zeit aufzuteilen, b) um etwas Neues zu erschaffen, zu dem die Verhandlungsparteien alleine nicht in der Lage wären, und c) um ein Problem zu lösen oder einen Konflikt zwischen ihnen beizulegen (Lewicki et al. 2010, S. 2). Allen dieser generischen Situationen ist gemein, dass die Parteien versuchen, sich gegenüber dem Status Quo **besser** zu **stellen**, indem sie miteinander verhandeln (Kutschker 1972, S. 237).

- Verhandlungen sind dann notwendig, wenn die Parteien bezüglich des Verhandlungsobjektes unterschiedliche Interessen verfolgen, also ein **Interessenkonflikt** vorliegt (Lewicki et al. 2010, S. 6; Pruitt und Carnevale 1993, S. 2). Wollten beide Parteien exakt dasselbe, müssten nur die gleichen Interessen koordiniert werden. Eine Verhandlungssituation liegt dann nicht vor.
- Die interdependente Entscheidungsfindung in Verhandlungen findet u. a. dadurch statt, dass die Parteien **Forderungen** und **Angebote** machen und von der Gegenpartei mit eben solchen konfrontiert werden. Selbst wenn die beteiligten Parteien anfangs für ihre Eingangspositionen kämpfen und sich nicht bewegen, verlassen sie diese schließlich und machen durch gegenseitige **Konzessionen**, also einen Prozess des Gebens und Nehmens, eine Einigung möglich (Lewicki et al. 2010, S. 7 f.).
- Verhandlungen werden geführt, um die eigene Partei durch das Verhandlungsergebnis besser zu stellen, als sie ohne das Abkommen dastünde. Daher ist in Verhandlungen mit **gegenseitigen Beeinflussungsversuchen** und **strategischem Handeln** zu rechnen. Unter strategischem Handeln kann verstanden werden, dass beide Parteien das wahrscheinliche Handeln der anderen Partei in ihr eigenes Kalkül einbeziehen. Die Parteien versuchen dadurch, die jeweils andere Partei dazu zu bewegen, mehr zu geben, als sie freiwillig bereit wäre (Geiger 2007, S. 17).

Zusammenfassend kann eine Verhandlung somit wie folgt definiert werden (Geiger 2007, S. 17):

> Eine Verhandlung ist eine Interaktion zwischen mindestens zwei Parteien, die im Rahmen einer gemeinsamen Entscheidungsfindung durch den Austausch von Angeboten und Informationen versuchen, zu einem gegenseitigen Abkommen über den Ausgleich gegensätzlicher Interessen zu gelangen, von dem sie erwarten, dass es gegenüber ihren jeweiligen Alternativen einen größeren Nutzen bringt.

6.1.2 Zeitliche Einbettung von Verhandlungen im Vermarktungsprozess

Um das Untersuchungsobjekt „Verhandlung" für das Anlagen- und Projektgeschäft ausreichend zu bestimmen, reicht die formale Definition nicht aus. Speziell bei Verhandlungen, die eingebettet sind in einen mehr oder weniger kontinuierlichen Fluss der Interaktion zwischen zwei Parteien, also in unserem Falle zumindest zwischen Anbieterunternehmen und Kundenorganisation, ist es nicht trivial, zu welchem Zeitpunkt eine Verhandlung beginnt und wann sie abgeschlossen ist. Die Literatur hat dazu verschiedene Phasenmodelle aufgestellt, um diesem Problem Herr zu werden. Eine Übersicht zeigt Abb. 6.1.

Während Backhaus und Günter (1976, S. 257 ff.) und Koch (1987, S. 56 ff.) vor der Kundenverhandlungsphase eine Voranfrage- und Angebotserstellungsphase unterscheiden, nennt Utikal (2001, S. 42 f.) diese gemeinsam nur Anbahnungsphase. Aus einer verhandlungstheoretischen Sicht ist eine solche Einordnung jedoch nicht zweckmäßig. Gemäß der hier verwendeten Definition der Verhandlung und insbesondere aufgrund der später

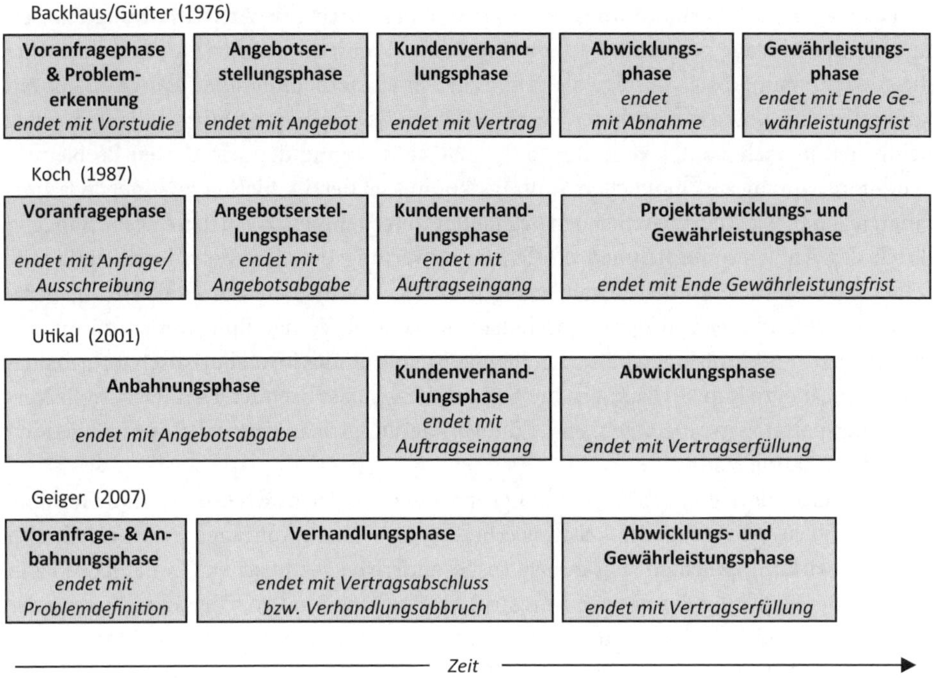

Abb. 6.1 Phasenmodelle zur zeitlichen Einordnung der Verhandlungsphase (Geiger 2007, S. 18)

identifizierten Einflussfaktoren auf eine Verhandlung (siehe hierzu u. a. Abschn. 6.3.4.2) bildet die Angebotserstellung des Anbieters bereits einen Teil der Verhandlung und sollte somit als Teil der Verhandlungsphase berücksichtigt werden, wie es Geiger (2007, S. 18 f.) tut.

Nach dieser Phaseneinteilung beginnt eine Transaktion mit der **Voranfrage- und Anbahnungsphase**. Anbieterseitige Aktivitäten in dieser Phase beinhalten die Kontaktaufnahme, die Kundenberatung und die Definition des Kundenproblems bzw. der Kundenanforderungen. Auch die Anfragenbewertung (siehe Kap. 2) beim potenziellen Anbieter beginnt i. d. R. in dieser Phase. Beim Nachfrager steht in dieser Phase die Bedarfsermittlung, bestehend aus Problemerkennung und der Prüfung grundsätzlicher Realisierungsmöglichkeiten, im Fokus der Bemühungen. Oftmals wird die Voranfrage- und Anbahnungsseite auf Kundenseite mit einer formalen offenen oder geschlossenen Ausschreibung beendet. Die Interaktionen während der Voranfrage- und Anbahnungsphase beschränken sich hauptsächlich auf den Informationsaustausch. Es ist auch zu beobachten, dass sowohl das Anbieterunternehmen als auch die Kundenorganisation in dieser Phase mit mehreren potenziellen Geschäftspartnern in dem Wissen interagieren, dass sie nur mit einem oder wenigen Partnern tatsächlich zu einem Verhandlungsabschluss und Geschäft kommen werden.

Der Beginn der **Verhandlungsphase** wird häufig durch eine **Ausschreibung** bzw. eine offizielle **Anfrage** des Auftraggebers eingeläutet. Wenn der potenzielle Auftragnehmer die Ausschreibung bzw. Anfrage als grundsätzlich attraktiv empfindet, entwickelt er ein konkretes Angebot, das sowohl technische als auch ökonomische und rechtliche Aspekte beinhaltet. Je nach Komplexität und Individualisierungsgrad der geforderten Problemlösung und Umfang des möglichen Auftrags kommt es bereits hierbei zu einer teils umfangreichen Interaktion zwischen den beteiligten Unternehmen. Nach der Angebotsabgabe durch das Anbieterunternehmen erfolgt die Bewertung des Angebots durch die Nachfragerorganisation. Fällt diese Evaluierung positiv aus, schließen sich konkrete, intensive Vertragsverhandlungen an, deren Abschluss bei positivem Verhandlungsverlauf zumindest im Anlagen- und Projektgeschäft auch möglichst vollständig formaljuristisch festgehalten wird (siehe hierzu Kap. 5). Damit ist die Verhandlungsphase beendet. Können sich die Verhandlungsparteien nicht einigen, endet die Verhandlungsphase ebenfalls, es findet jedoch keine Transaktion statt.

Bei einer Einigung in der Verhandlungsphase wird in der **Abwicklungs**- und **Gewährleistungsphase** die vereinbarte Leistung erbracht, wobei dem Auftraggeber dabei teilweise große Mitwirkungspflichten zukommen. Insbesondere bei technischen Großanlagen kann dazu die Bereitstellung der nötigen Infrastruktur (Bau von Straßen, Gleisanschlüssen oder einem Hafen) oder die Erledigung von Genehmigungsverfahren gehören. Hierzu ist die permanente Abstimmung der Parteien notwendig, die sich häufig nach dem geschlossenen Vertrag richtet. Echte Nachverhandlungen können hingegen notwendig werden, wenn unvorhergesehene Ereignisse auftreten. Auf solche Nachverhandlungen sind die im Folgenden getätigten Überlegungen ebenfalls anwendbar, wenngleich sie nicht explizit im Fokus der Ausführungen stehen. Eine Übersicht über die Anbieter- und Nachfrageraktivitäten in den verschiedenen Phasen zeigt Tab. 6.1.

6.1.3 Organisationale Charakteristika

Eine weitere Spezifizierung des Untersuchungsobjetktes „Verhandlung" im Kontext des Anlagen- und Projektgeschäftes liegt in der Beschreibung der beteiligten Akteure (Geiger 2007, S. 22 ff.). In seiner frühen Forschungsarbeit zum Thema Verhandlungen im Investitionsgüterbereich macht Koch (1987) deutlich, dass speziell bei der Vermarktung von Anlagen ein regelrechtes Verhandlungsnetzwerk besteht. Dies bedeutet, dass an den zentralen Kundenverhandlungen zwischen Anbieterunternehmen und Kundenorganisation auf beiden Seiten zumindest indirekt sowohl unterschiedliche Personen, als auch Abteilungen und **Drittparteien** beteiligt sind. Eine solche Verhandlungshierarchie ist in Abb. 6.2 dargestellt.

Insbesondere bei industriellen Großprojekten können sowohl auf Anbieter- als auch auf Kundenseite Beratungsgesellschaften (beispielsweise für Ingenieursleistungen), Finanzdienstleister (Banken, Kreditversicherungen, Projektfinanzierungsgesellschaften) sowie staatliche Stellen an den Verhandlungen beteiligt sein (Backhaus und Voeth 2010, S. 351 ff.;

Tab. 6.1 Aktivitäten in den Phasen des Transaktionsprozesses (Geiger 2007, S. 20)

Anbieteraktivitäten	Unternehmensübergreifende Interaktionen	Nachfrageraktivitäten
Voranfrage- und Anbahnungsphase		
Kundenakquisition Kontaktaufnahme Beratung/Vorstudie Erfassung des Kundenproblems	**Informationsaustausch zur Definition des Kundenproblems**	**Bedarfsermittlung** Problemerkennung Prüfung grundsätzlicher Realisierungsmöglichkeiten
Verhandlungsphase		
Anfragenselektion **Angebotserstellung** Konzeption eines zur Problemlösung geeigneten Gesamtpakets (technische Konzeption, Produkt begleitende Dienstleistungen) Kaufmännische und rechtliche Angebotserstellung Lieferzeitplanung	**Formulierung der Anfrage** **Klärung von Rückfragen bei Angebotserstellung** **Vertragsaushandlung** **Einigung oder Nichteinigung über** Technische Leistungsmerkmale und Umfang des Gesamtpakets Auftragsmodalitäten (ökonomische und rechtliche Konditionen)	**Erstellung von Anfragen** **Anbietervorauswahl** Angebotsbeurteilung Angebotsvergleich
Abwicklungs- und Gewährleistungsphase		
Auftragsbearbeitung **Technische und kaufmännische Konkretisierung und Umsetzung der Problemlösung** **Auslieferung, Installation, Montage** **After-Sales-Betreuung**	**Informationsaustausch zur Abstimmung der Anbieter- und Nachfrageraktivitäten im Rahmen der** Leistungserstellung Lieferung/Montage Qualifizierung/Abnahme Abwicklung von Gewährleistungsansprüchen Mögliche Nachverhandlungen	**Unterstützung der Leistungserstellung des Anbieters** **Nutzung der Anlage**

Engelhardt und Günter 1981, S. 109 ff.). Auch ist häufig zu beobachten, dass Großprojekte nicht von einem Anbieterunternehmen alleine angeboten werden, sondern vielmehr von einem **Anbieterkonsortium**, so dass auch zwischen den einzelnen Konsortialunternehmen ein großer Verhandlungsbedarf entsteht (siehe hierzu Kap. 8). Weiterhin finden innerhalb der einzelnen Organisationen auf Anbieter- und Kundenseite Verhandlungen statt, die auf unterschiedlichen Interessen einzelner Abteilungen und Manager beruhen. Diese Art der Interaktion ist – zumindest beschreibend – in Studien zum **Buying** und **Selling Center** bereits vielfach untersucht worden (bspw. Hutt et al. 1985; Johnston und Bonoma 1981; Venkatesh et al. 1995).

Obwohl sowohl unternehmensinterne Verhandlungen als auch solche zwischen einzelnen beteiligten Parteien auf Kunden- oder Anbieterseite eine Bedeutung haben können,

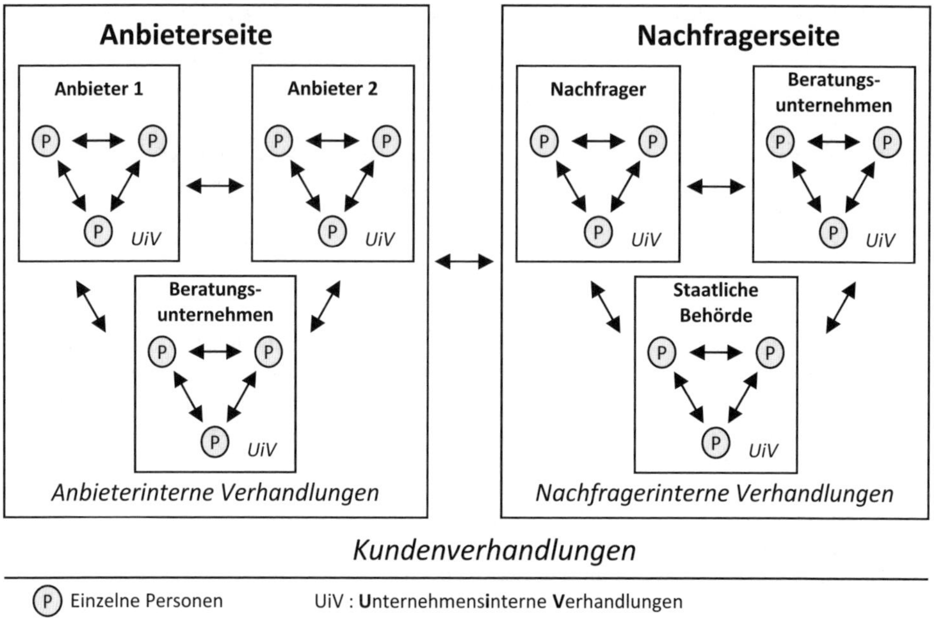

Abb. 6.2 Verhandlungshierarchie bei Verhandlungen im Anlagengeschäft (Geiger 2007, S. 23)

sollen diese im Folgenden nicht weiter betrachtet werden. Wie bei Nachverhandlungen in der Abwicklungs- und Gewährleistungsphase lassen sich zwar auch für diese Art von Verhandlungen die in den folgenden Abschnitten beschriebenen Konzepte anwenden. Ihre Aufnahme in den Fokus der Betrachtungen würde jedoch die Analyse des Untersuchungsobjektes Verhandlung im Anlagen- und Projektgeschäft unnötig verkomplizieren. Wenn daher im Folgenden vom Anbieter (oder dem Anbieterunternehmen) und vom Nachfrager (oder der Kundenorganisation) die Rede ist, dann sind damit jeweils die Personengruppen zweier Entitäten gemeint, die mit ihrem Wissen und ihren Befugnissen in der Lage sind, eine Transaktion abzuschließen. Ob dabei im Einzelfall eine dyadisch-personale Verhandlung gemeint ist oder eine dyadisch-multiorganisationale, ist für die grundlegenden Konzepte und Modelle zuerst einmal egal. Bei der Betrachtung einzelner Einflussfaktoren auf Verhandlungen wird von dieser Annahme im Einzelfall abgewichen und explizit bestimmte Konstellationen betrachtet.

6.1.4 Inhaltliche Charakteristika

Verhandlungen im Anlagen- und Projektgeschäft zeichnen sich neben ihrer zeitlichen und organisationalen durch eine mittlere bis hohe inhaltliche Komplexität aus. Gegenüber anderen Bereichen des Business-to-Business-Marketings, wie etwa dem Produktgeschäft, in dem vor allem über Preise und Lieferkonditionen verhandelt wird, sind die technologischen, kaufmännischen und juristischen Freiheitsgrade bei der Verhandlung über die Erstellung einer Großanlage oder über die Durchführung eines lange laufenden Dienstleistungsprojektes deutlich größer.

Neben dem Preis als Leistungsentgelt, der häufig eine dominante und besonders konfliktäre Rolle spielt (Kutschker und Kirsch 1978, S. 53), werden folgende Punkte häufig verhandelt (Geiger 2007, S. 24):

- Technologische Gestaltung der Hauptleistung
- Umfang und Art der Nebenleistungen
- Mitwirkungspflichten des Bestellers
- Liefermenge, -termine, -verpackungen und -logistik
- Haftungsumfang, Nachbesserungen und Garantien
- Finanzierungs- und Zahlungsbedingungen

Eine inhaltliche Einteilung von Verhandlungen im Business-to-Business-Marketing mit Fokus auf dem technologischen Freiheitsgrad der Hauptleistung nimmt Koch (1987, S. 86) vor. Er unterscheidet drei Situationen:

- In **„solution given"-Verhandlungen** steht die technologische Hauptleistung fest. Als Verhandlungsmasse eignen sich daher nur der Kaufpreis sowie Liefer-, Service- und Finanzierungskonditionen.
- Demgegenüber sind **„solution ready-made"-Verhandlungen** solche, in denen die technologische Gestaltung der Hauptleistung zur Lösung des Kundenproblems zu einem großen Teil Gegenstand der Verhandlung ist.
- Zwischen beiden Extrempolen stehen **„solution modified"-Verhandlungen**, die in der Realität am häufigsten anzutreffen sind. In den zugrundeliegenden Transaktionen wird die Hauptleistung durch verschiedene vorhandene Komponenten und Technologien den Kundenanforderungen angepasst. Bei solchen Verhandlungen stehen also sowohl der Preis als auch die Ausgestaltung der Hauptleistung im Fokus, angereichert durch begleitende Vertragspunkte.

Während diese Einteilung wichtige Hinweise in Bezug auf die Intensität der Verhandlungsvorbereitung (bspw. Art und Anzahl der beteiligten Personen, Informationsbeschaffung über Alternativen) liefern kann, wird die folgende Betrachtung von Verhandlungen davon abstrahieren. Die strukturellen Mechanismen einer Verhandlung liegen nämlich tiefer als konkrete Verhandlungsinhalte, wie wir in den folgenden Abschnitten sehen werden.

6.2 Verhandlungen als Untersuchungsobjekt in der Wissenschaft

6.2.1 Wissenschaftliche Blickwinkel und Beiträge

Während die Kunstfertigkeit der Verhandlungsführung seit Jahrtausenden von Generation zu Generation weiter gegeben wird, ist die wissenschaftliche Beschäftigung mit der Thematik vergleichsweise jung. Trotz der mittlerweile vorliegenden Vielzahl an Erkenntnissen taucht auch in den Titeln mancher Standardwerke noch eine Anspielung auf die lange Tradition der Verhandlungskunst auf (Howard Raiffa: „*The art and science of negotiation*"; Leigh Thompson: „*The mind and heart of the negotiator*").

Eine erste systematische Erforschung von Verhandlungssituationen fand in den 1940er und 50er Jahren durch die **Spieltheorie** statt (Luce und Raiffa 1957; Nash 1950, 1953; Schelling 1960; von Neumann und Morgenstern 1944). Auf Basis sogenannter Spiele, also stark vereinfachter interdependeter Entscheidungssituationen, versuchten diese Forscher, Voraussagen über das Verhalten von Individuen zu treffen, die auf der Annahme vollständiger Rationalität und eindimensionaler Nutzenmaximierung beruhten. Die Ableitung mathematisch-spieltheoretisch optimaler Lösungen solcher Spiele wurde später an „echten Menschen" überprüft – und fiel zu einem großen Teil durch. Denn viele Teilnehmer solcher spieltheoretischen Experimente hielten sich nicht an die reine Nutzenmaximierung, sondern waren sowohl gewissen kognitiven Grenzen als auch anderen Maximen echten menschlichen Handelns, z. B. Fairnessüberlegungen, unterworfen. Aus der Untauglichkeit der reinen spieltheoretischen Lehre für die Erklärung von echtem Verhandlungsverhalten ist u. a. der **verhandlungsanalytische Ansatz** von Raiffa hervorgegangen, der versucht, spiel- und entscheidungstheoretische sowie verhaltenswissenschaftliche Erkenntnisse für die Analyse von und für Verhandlungssituationen nutzbar zu machen (Raiffa 1982; Raiffa et al. 2002).

Aufbauend auf den ersten spieltheoretischen Ansätzen entwickelten Forscher anderer Disziplinen Interesse am Untersuchungsobjekt Verhandlungen. In der **Soziologie** entstand mit dem Buch „*A Behavioral Theory of Labor Negotiations*" (Walton und Mckersie 1965) ein vielzitiertes Grundlagenwerk, das sich auf spieltheoretisch-ökonomische, psychologische und soziologische Arbeiten stützt und bereits ausführliche Überlegungen zu distributiven wie integrativen Verhandlungssituationen anstellt. Spätere soziologische Studien haben sich u. a. mit dem Thema der Verhandlungsmacht befasst (Bacharach und Lawler 1976; Bacharach und Lawler 1981a).

Am stärksten haben seit den 1960er Jahren jedoch **Sozialpsychologen** das Feld bestimmt, indem sie die einfachen Spiele der Spieltheoretiker weiterentwickelten und einen anderen Forschungsfokus wählten (Fouraker und Siegel 1963; Kelley 1966; Pruitt und Drews 1969). Anstelle wie die Spieltheorie menschliches Verhalten unter bestimmten Annahmen und strukturellen Rahmenparametern (z. B. Zeitbeschränkungen, Informationsasymmetrien; Rubinstein 1985) anhand normativer Überlegungen vorauszusagen, ist ihr Ansatz eher deskriptiv-explikativ: Er versucht, menschliches Verhalten in Verhandlungssituationen zu beschreiben und anhand u. a. kognitiver und emotionaler Prozesse auf Individualebene sowie aufgrund von Interaktionsprozessen zu erklären. Etwas später trugen auch **Kommunikationswissenschaftler** zu diesem im weitesten Sinne **verhaltenswissenschaftlichen Forschungsansatz** bei (Donohue 1981). Mit dem Aufkommen neuer Kommunikationsmedien beschäftigen sich seit Mitte der 1990er Jahre auch viele **Wirtschaftsinformatiker** mit dem Themenfeld Verhandlungen und verwenden dabei sowohl verhaltenswissenschaftliche als auch technologieorientierte Ansätze (Kersten 2001; Vetschera et al. 2006).

Neben den zitierten Forschungsansätzen, die zu einem großen Teil als angewandte Grundlagenforschung gelten dürfen, ist seit Beginn der 1980er Jahre eine große Anzahl an praxisnaher, heuristischer **Management-Literatur** entstanden, die sich mit dem Phänomen der Verhandlung aus einer Ratgeberperspektive auseinandersetzt. Das bekannteste Beispiel hierfür dürfte das Buch *„Getting to yes"* (deutscher Titel: „Das Harvard-Konzept") sein, dessen Grundsätze sich aus den vielfältigen Praxiserfahrungen der Autoren speisen (Fisher et al. 1992).

Die **Marketingforschung** hat sich bisher – trotz der Bedeutung von Verhandlungen vor allem im Business-to-Business-Bereich – eher stiefmütterlich mit dem Thema auseinander gesetzt. Die meisten der entstandenen Arbeiten folgen dabei einem verhaltenswissenschaftlichen Paradigma (Geiger 2007; Graham 1986; Wilken et al. 2010), das in der Lage ist, auch strukturelle Überlegungen aufzunehmen. Entgegen den teils geschlossenen Konzeptionen mancher wirtschaftswissenschaftlicher Theorie muss man sich die verhaltenswissenschaftlichen Beiträge zur Verhandlungsforschung eher als Sammlung von Bausteinen vorstellen, deren Wert und Erklärungskraft von der jeweils betrachteten Situation abhängt.

6.2.2 Die Problemstruktur in Verhandlungen

Den unterschiedlichen wissenschaftlichen Herangehensweisen zum Trotz besteht zumindest über eine grundlegende Unterscheidung von Verhandlungssituationen Einigkeit, auf die jede in der Praxis auftretende Verhandlung zurückgeführt werden kann: distributive und integrative Verhandlungssituationen.

6.2.2.1 Distributive Verhandlungssituationen

In einer **distributiven Verhandlung** verhandeln Anbieter und Nachfrager nur über einen Gegenstand, häufig den Preis, bezüglich dessen ihre Präferenzen genau entgegen gesetzt sind. Der Anbieter möchte in diesem Falle einen hohen Preis erzielen, während der Nachfrager einen möglichst geringen Preis präferiert. Distributive Verhandlungen können im Verhandlungszonenmodell von Raiffa (1982) modelliert werden, das in Abb. 6.3 dargestellt ist.

Nach dem Verhandlungszonenmodell hängt die Vorteilhaftigkeit eines möglichen Abschlusses einer Partei davon ab, inwieweit dieser Abschluss der Partei einen höheren (monetären) Nutzen bringt als ihre beste Alternative. Die beste Alternative einer Partei wird in der Verhandlungsforschung als **BATNA** (Best Alternative To a Negotiated Agreement)

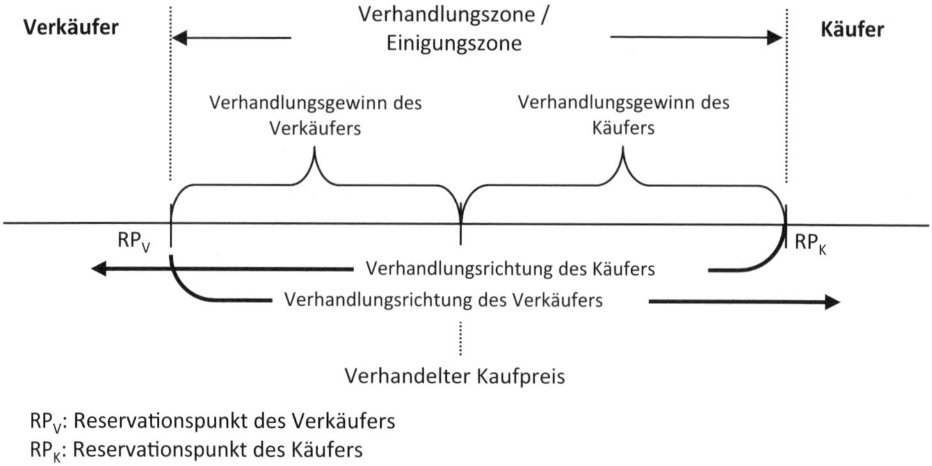

Abb. 6.3 Das Verhandlungszonenmodell von Raiffa (1982) (Geiger 2007, S. 32)

bezeichnet, ihr rechnerischer Wert bestimmt den **Reservationspunkt** (Raiffa 1982, S. 45). Liegt in einer Verkaufsverhandlung der Reservationspunkt des Käufers bei einem höheren Preis als der des Verkäufers, so existiert eine positive **Einigungszone**: Indem sich die Verhandlungsparteien auf einen Preis zwischen beiden Reservationspunkten einigen, stellen sie sich gegenüber ihren jeweiligen besten Alternativen besser, erzielen also einen sogenannten **Verhandlungsgewinn**. Existiert hingegen keine positive Einigungszone, d. h. die Reservationspunkte beider Parteien überlappen sich nicht, so wäre es für beide Verhandlungsparteien besser, zu keinem Abschluss zu kommen – ihre jeweiligen besten Alternativen sind dann für beide Seiten die bessere Lösung. Aus diesen Überlegungen wird bereits deutlich, dass der Bestimmung der besten Alternative und ihrem rechnerischen Wert eine erhebliche Bedeutung zukommt, wenn sich die Verhandlungsparteien bezüglich eines möglichen Verhandlungsabschlusses rational verhalten wollen. Es ist zu beachten, dass die entscheidungsrelevante BATNA unsicher sein kann und daher bei der Bestimmung des Reservationspunktes nicht ausschließlich monetäre Größen herangezogen werden sollten.

Ist die Einigungszone in einer solchen Verhandlung positiv, so dass es grundsätzlich für beide Parteien sinnvoll ist, sich zu einigen, so besteht die Aufgabe der Parteien ausschließlich darin, diese sogenannte Verhandlungsmasse aufzuteilen. Daher leitet sich auch der Begriff der distributiven Verhandlung ab. Es wird ersichtlich, dass es sich dabei um ein Nullsummenspiel handelt: Was eine Partei im Laufe der Verhandlung hinzugewinnt, verliert die andere notwendigerweise.

6.2.2.2 Integrative Verhandlungssituationen

Verhandlungen im Anlagen- und Projektgeschäft sind in der überwältigenden Mehrheit keine distributiven Verhandlungen. Vielmehr werden regelmäßig mehr Themen verhandelt als bspw. nur der Preis. Bei mehreren Verhandlungsthemen haben die Verhandlungspartner in der Regel nicht exakt symmetrisch entgegengesetzte Prioritäten und Präferenzen. Vielmehr werden die Parteien den verschiedenen Themen unterschiedliche Wichtigkeiten einräumen. Ist dies der Fall, so gibt es – eine grundsätzlich positive Einigungszone vorausgesetzt – manche Abschlüsse, die beide Parteien gegenüber alternativen Abschlüssen besser stellen. Die **Verhandlungsmasse** ist also variabel und kann vergrößert werden. Da hierzu die Interessen der Verhandlungsparteien (zu einem Teil) integriert werden, spricht man dann von **integrativen Verhandlungen**.

Wie können Verhandlungsparteien nun herausfinden, ob sich ihre Interessen zu einem insgesamt größeren „Verhandlungskuchen" kombinieren lassen? Grundsätzlich sind dazu **Unterschiede der Parteien** hinsichtlich folgender Punkte geeignet:

- Relative Wichtigkeit der einzelnen Verhandlungsgegenstände,
  z. B. bzgl. Kaufpreis und Wartungskosten
- Zukunftserwartungen bzgl. des Eintritts bestimmter Ereignisse,
  z. B. über die Preisentwicklung von Zulieferteilen, die erst in der späteren Phase eines Projektes benötigt werden
- Risikoneigungen,
  z. B. über die Absicherung gegen Streiks oder Force Majeure-Ereignisse
- Ressourcen und Fähigkeiten bzgl. der zu erbringenden Leistung,
  z. B. Aufgaben im Rahmen der Projektdurchführung, die für den Besteller deutlich günstiger als für den Auftragnehmer durchzuführen sind
- Zeitliche Präferenzen,
  z. B. über den Zeitpunkt der Rechnungsstellung

Darüber hinaus kann der Verhandlungskuchen vergrößert werden, wenn die Parteien Themen identifizieren, bezüglich derer sie dieselben Interessen haben (Thompson und Hrebec 1996, S. 403 f.). Weiterhin kann es manchmal möglich sein, durch die Aufnahme von Drittparteien für beide Parteien einen größeren Nutzen zu schaffen (Lax und Sebenius 1986, S. 114 f.).

Wie bei Vorliegen von Unterschieden zwischen den Parteien integrativere Verträge geschlossen werden können, lässt sich an Abb. 6.4 illustrieren. Es handelt sich dabei um das Nutzenpunkteschema und den zugehörigen Vertragsraum der Verhandlungssimulation von Pruitt und Lewis (1975), die in der verhaltenswissenschaftlichen Forschung am häufigsten eingesetzt wurde. Im Vertragsraum stellt jeder Punkt eine mögliche Ressourcenverteilung zwischen den Parteien dar, und es wird deutlich, dass es Verträge gibt, die beide Parteien gegenüber anderen Verträgen besser stellen.

Geht man beispielsweise von einer Lösung aus, in der sich die Parteien bei allen Verhandlungsgegenständen genau in der Mitte treffen (Niveau E), so würden beide einen Nutzen von 4000 Punkten erzielen. Ein solcher Abschluss berücksichtigt jedoch nicht, dass die Lieferzeit dem Käufer (K) deutlich wichtiger ist als dem Verkäufer (V), das Gegenteil jedoch auf die Finanzierung zutrifft. Schaffen es die Parteien hingegen, diese unterschiedlichen Prioritäten zu erkennen, so können sie sich mit einem Abschluss, der für die Lieferzeit das

Abb. 6.4 Additives Nutzenpunkteschema einer integrativen Verhandlung (Geiger 2007, S. 36)

Thema	Lieferzeit		Rabatte		Finanzierung	
Niveau	Gewinn V	Gewinn K	Gewinn V	Gewinn K	Gewinn V	Gewinn K
A	0	4000	0	2400	0	1600
B	200	3500	300	2100	500	1400
C	400	3000	600	1800	1000	1200
D	600	2500	900	1500	1500	1000
E	800	2000	1200	1200	2000	800
F	1000	1500	1500	900	2500	600
G	1200	1000	1800	600	3000	400
H	1400	500	2100	300	3500	200
I	1600	0	2400	0	4000	0

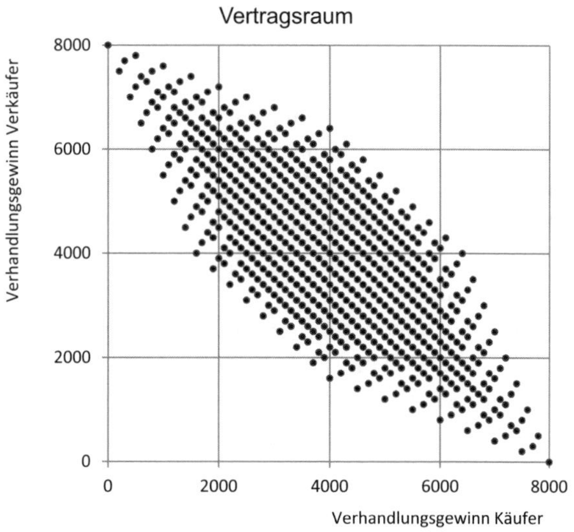

Niveau A und für die Finanzierung das Niveau I vorsieht, beide besser stellen und jeweils einen Nutzen von 5200 Punkten erzielen. Gibt es hingegen keinen anderen möglichen Vertrag, der mindestens eine Partei besser stellen kann, ohne die andere schlechter zu stellen, so ist die verhandelte Lösung **pareto-effizient**. Im Vertragsraum der Abb. 6.4 befinden sich alle solche Lösungen auf dem Rand oben rechts, dem sogenannten effizienten Rand.

Das in Abb. 6.4 aufgeführte einfache Beispiel enthält nur die Möglichkeit, die Verhandlungsmasse zu vergrößern, indem Unterschiede bezüglich der Wichtigkeit verschiedener Themenbereiche zwischen den Parteien ausgenutzt werden. Im Verhandlungsverlauf kann dies durch sogenanntes **Logrolling** geschehen: V könnte K eine Konzession bezüglich der Lieferzeit anbieten und dafür ein Entgegenkommen des K im Punkt Finanzierung fordern. So geben beide zwar jeweils etwas von ihrer Maximalforderung preis, bekommen dafür aber ein jeweils subjektiv größeres Stück vom Kuchen. Logrolling im weitesten Sinne bietet sich für alle Punkte an, bezüglich derer Unterschiede zwischen den Parteien bestehen.

Daher kann eine weitere Möglichkeit, **integratives Potenzial** zu erzeugen bzw. zu heben, darin bestehen, die Unterschiede zwischen den Parteien zu vergrößern. Das kann bspw. geschehen, indem ein einzelner, umfassender Verhandlungsgegenstand in mehrere kleine aufgeteilt wird (Thompson 2005, S. 80 f.). Weiterhin kann es sinnvoll sein, weitere Gegenstände in die Verhandlung aufzunehmen, die mit dem eigentlichen Geschäft nichts zu tun haben, aber den Verhandlungsspielraum vergrößern, sogenannte ***side deals*** (Thompson 2005, S. 71 f.).

Bei unterschiedlichen Zukunftserwartungen bieten sich darüber hinaus **Kontingenzklauseln** an, die festschreiben, was die Verhandlungsparteien bei der Erfüllung ihres Vertrags tun müssen, wenn bestimmte Ereignisse eintreten. Um als sinnvolles Instrument verwendet werden zu können, sollten Kontingenzklauseln jedoch gewisse Merkmale (Vermeidung von Interessenkonflikten, Durchsetzbarkeit, Klarheit und Messbarkeit der Kontingenzkriterien) erfüllen (Thompson 2005, S. 85 f.).

Bei der Betrachtung von integrativen Verhandlungssituationen darf nicht übersehen werden, dass mit jeder möglichen Vergrößerung der Verhandlungsmasse auch eine spezifische Aufteilung derselben verbunden ist. Die Vergrößerung der Verhandlungsmasse bedarf i. d. R. eines vertieften Informationsaustausches, der bei Einseitigkeit dazu führen kann, dass auch die Aufteilung der Verhandlungsmasse einseitig zu Ungunsten der Partei ausfällt, die mehr Informationen preisgegeben hat. In einer integrativen Verhandlung sind also konfliktäre und problemlösungsbezogene Elemente miteinander vermischt, so dass die Verhandlungsforschung von einer *Mixed-Motive*-Situation spricht, die für die einzelne Partei zum *Negotiator's Dilemma* wird (Lax und Sebenius 1986, S. 29 ff.). Wie mit dieser Situation umgegangen werden kann, ist u. a. Gegenstand des Abschn. 6.3.4.1.

6.2.3 Außerökonomische Aspekte der Verhandlungssituation

So wichtig die ökonomische Modellbildung für ein klares Verständnis einer Verhandlungssituation ist, darf nicht übersehen werden, dass eine Verhandlung grundsätzlich eine Tätigkeit von einzelnen Personen darstellt. Während sich die Forschung in den vergangenen fünfzig Jahren in Bezug auf Verhandlungsergebnisse vor allem ökonomischen Größen gewidmet hat, zeigen neuere Studien (Curhan et al. 2006), dass die außerökonomischen Ergebnisse, etwa die **Verhandlungszufriedenheit** der Beteiligten, die **wahrgenommene Beziehungsqualität** zum Verhandlungspartner oder die **Fairness** eines Abkommens, für die Umsetzung eines ausgehandelten Abkommens sowie für zukünftige Verhandlungsrunden eine hohe Relevanz besitzen. Im Kontext von Gehaltsverhandlungen bei einem Jobeinstieg konnten Curhan et al. (2009) sogar zeigen, dass die subjektive Bewertung der Gehaltsverhandlung die spätere Arbeitszufriedenheit und die Verweildauer bei diesem Arbeitnehmer wesentlich besser voraussagen konnte als die ökonomischen Vertragsbestandteile wie Gehalt, Bonus, etc.

Obwohl bei Verhandlungen im Anlagen- und Projektgeschäft i. d. R. deutlich weniger Personen an den Verhandlungen als an der Umsetzung des Vertrages beteiligt sind, sollte die subjektive Komponente der Verhandlungsbewertung nicht außer Acht gelassen werden. Denn ob auftretende Schwierigkeiten bei der Umsetzung des Projektes später auf den guten Willen der Verantwortlichen auf beiden Seiten treffen, hängt auch davon ab, wie diese persönlich die ursprünglichen Verhandlungen wahrgenommen haben.

Tab. 6.2 Subjektiver Wert einer Verhandlung (Curhan et al. 2006, S. 501)

Subjektiver Wert in Bezug auf …	Aspekte
… das instrumentelle Ergebnis	Zufriedenheit mit dem eigenen Ergebnis, d. h. wie stark dieses zur eigenen Zielerreichung beiträgt Zufriedenheit mit der Balance zwischen eigenem Nutzen und Nutzen für die Gegenpartei Gefühl, verloren/gewonnen zu haben Wahrnehmung, inwieweit das erzielte Ergebnis mit gewissen Prinzipien übereinstimmt (Fairness, rechtliche Prinzipien, Industriestandards, …)
… das Selbst	Gefühl, das Gesicht/den eigenen Stolz gewahrt oder verloren zu haben Wahrgenommene eigene Kompetenz als Verhandler Gefühl, nach den eigenen Regeln und Prinzipien gehandelt und verhandelt zu haben Einfluss der Verhandlung auf das Selbstbild als Verhandler
… den Verhandlungsprozess	Gefühl, wie stark die Gegenseite auf eigene Bedenken eingegangen ist Fairness des Prozesses Wahrnehmung, wie leicht oder schwer es war, zu einer Einigung zu kommen Maß, zu dem die Gegenpartei die eigenen Wünsche und Bedürfnisse berücksichtigt hat
… die Beziehung zur Gegenpartei	Gesamteindruck der Gegenpartei Zufriedenheit mit der Beziehung zur Gegenpartei Vertrauenswürdigkeit der Gegenpartei Wahrnehmung, ob die Verhandlung eine gute Basis für die zukünftige Beziehung zur Gegenpartei bildet

Was genau ist nun unter den außerökonomischen Aspekten oder der subjektiven Bewertung einer Verhandlung zu verstehen? Dieser Frage gingen Curhan et al. (2006) nach, die in vier aufeinander aufbauenden Studien zeigen, dass über die unterschiedlichsten Verhandlungssituationen hinweg die in Tab. 6.2 dargestellten Aspekte den subjektiven Wert einer Verhandlung ausmachen.

Die Betrachtung der subjektiven Bewertung einer Verhandlung ist außer ihrer zukunftsgerichteten Bedeutung auch noch aus einem zweiten Grund relevant: Häufig fehlen einer Partei die Anhaltspunkte, anhand derer ein bestimmtes ökonomisches Verhandlungsergebnis als „gut“ oder „schlecht“ bewertet werden kann. Z.B. ist häufig nicht eindeutig feststellbar, ob die Gegenseite evtl. einen deutlich höheren Preis oder deutlich größere Zugeständnisse an anderer Stelle akzeptiert hätte, was wiederum den eigenen ökonomischen Verhandlungsgewinn erhöht hätte. Stattdessen wird die Bewertung eines Abschlusses oftmals an der Zufriedenheit mit demselben festgemacht. Bei näherer Betrachtung ist dies jedoch als äußerst problematisch zu betrachten, wenn nicht gleichzeitig genau beurteilt

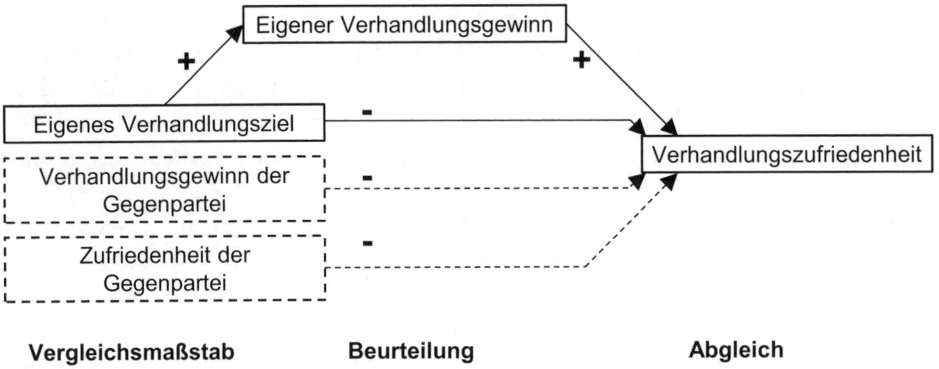

Abb. 6.5 Bildung von Verhandlungszufriedenheit

wird, woraus sich die Zufriedenheit eigentlich speist. Dies sei im Folgenden etwas näher erläutert.

Nach dem *Expectancy-Disconfirmation*-Modell (Oliver et al. 1994), das sich zur Erklärung von Zufriedenheitsbildung in den verschiedensten Kontexten bewährt hat, entsteht Zufriedenheit mit etwas (z. B. der Verhandlung, einem Produkt, einer Organisation) immer durch einen Abgleich der eigenen Erwartungen mit der Beurteilung des Bezugsobjektes. Erfüllt oder übertrifft die Beurteilung des Bezugsobjektes (in Verhandlungen: der eigene Verhandlungsgewinn) die eigenen Erwartungen (das eigene Verhandlungsziel), so stellt sich Zufriedenheit ein, während die Unterschreitung der Erwartungen zu Unzufriedenheit führt. Diese grundsätzlichen Zusammenhänge gelten auch in einem Verhandlungskontext. Allerdings kommen hier noch weitere Größen und Beziehungen hinzu, die das Verständnis der Zufriedenheitsbildung verkomplizieren, wie in Abb. 6.5 illustriert.

Einmal gehört dazu die Bedeutung des **Verhandlungsziels**, das bei der Zufriedenheitsbildung die eigenen Erwartungen darstellt. Verhandler, die sich höhere Ziele setzen, verhandeln unnachgiebiger, versuchen, mehr Optionen für effiziente Verträge ausfindig zu machen und erreichen durchschnittlich höhere Verhandlungsgewinne als solche mit geringen Zielen. Dennoch hat sich in mehreren empirischen Studien gezeigt (Geiger 2007, S. 212 ff.; Geiger (in press)), dass in vergleichbaren Situationen Verhandler mit einem deutlich höheren Verhandlungsgewinn wesentlich unzufriedener waren als solche mit einem geringeren Gewinn, Wahrnehmung und Realität sich bei Ihnen also umgekehrt haben. Dies liegt an der Wirkung des Verhandlungsziels für den Verhandlungsgewinn und die Zufriedenheitsbildung: Einerseits hat es als Vergleichsmaßstab einen direkten negativen Effekt auf die Zufriedenheit, andererseits über den individuellen Verhandlungsgewinn einen indirekten positiven Einfluss. Ist der direkte negative Einfluss auf die Zufriedenheit stärker als der indirekte positive, so fallen Verhandlungsgewinn und Zufriedenheit systematisch auseinander.

Ein zweiter Mechanismus bei der Bildung von Verhandlungszufriedenheit liegt darin, dass Verhandler neben ihren eigenen Zielen teilweise (unbewusst) zusätzliche Vergleichsmaßstäbe heranziehen, an denen die Beurteilung des eigenen Verhandlungsergebnisses gemessen wird. Dies können die Zufriedenheit oder der Verhandlungsgewinn der Gegenpartei sein (Geiger (in press)), sofern diese Größen zugänglich werden. Die Zufriedenheitsbildung unterliegt dann zusätzlich einem sozialen Vergleich (Thompson et al. 1995, S. 469). Ist die wahrgenommene Zufriedenheit oder der vermutete Verhandlungsgewinn der Gegenpartei hoch, so setzt dies einen Prozess des kontrafaktischen Denkens in Gang (Galinsky et al. 2002, S. 272): Aus der hohen Zufriedenheit (oder dem hohen Gewinn) der Gegenpartei schlussfolgert der Verhandler, dass für seine Partei in der Verhandlung „mehr zu holen" gewesen wäre und verändert seine eigene Zufriedenheitswahrnehmung negativ, allerdings auch hier völlig unabhängig von seinem tatsächlichen Verhandlungsgewinn.

Wie diese Ausführungen zeigen, ist die Verhandlungszufriedenheit mit dem Ergebnis nur dann eine halbwegs verlässliche Größe zur Beurteilung eines Abkommens, wenn die hier skizzierten, teils konträren Einflüsse auf das Zustandekommen der Zufriedenheit in ihrer Wirkung berücksichtigt werden.

6.3 Einflussfaktoren in Verhandlungen

Nachdem vorgestellt wurde, wie sich die verschiedenen Wissenschaftsdisziplinen mit dem Untersuchungsobjekt Verhandlung auseinandersetzen und welche grundsätzlich Struktur Verhandlungen zugrunde liegt, stellt sich natürlich die Frage, welche Faktoren Einfluss auf den Verhandlungsverlauf und die Verhandlungsergebnisse ausüben.

Als Vorbemerkung sei gesagt, dass deterministische Wenn-Dann-Aussagen über den Verlauf und Ausgang von Verhandlungen anhand der vorliegenden Rahmenparameter schwer möglich sind. Dies liegt einerseits daran, dass in jeder Verhandlung verschiedene Rahmenparameter mit teils sich verstärkenden, teils sich aufhebenden Wirkungen gemeinsam auftreten. Andererseits sind Verhandlungen aufgrund ihres interaktiven Charakters auch stark von den unvorhersehbaren Ereignissen am Verhandlungstisch selbst geprägt, so dass die Verhandlungsdynamik einen wesentlichen eigenen Beitrag zu einem bestimmten Verhandlungsergebnis liefert. Trotz dieser Einschränkungen ist es zweckmäßig, die wichtigsten Einflussfaktoren in einem in sich kohärenten Modell zusammenzufassen. Für den Fall der Zweiparteien-Verhandlung haben dies Neale und Northcraft (1991) getan. Ihr Modell ist in Abb. 6.6 dargestellt und soll im Folgenden kurz vorgestellt werden.

Neale und Northcraft unterscheiden in ihrem Modell statische Kontextfaktoren sowie dynamische Einflüsse, die zwar angelegt sein mögen, sich aber erst während der Verhandlung entfalten. Zu einem besseren Verständnis und einer besseren Analyse für und von einer Verhandlung müssen sowohl Kontextfaktoren als auch die dynamischen Einflüsse berücksichtigt werden. Da ein Verhandlungsergebnis letztlich immer aus der konkreten Interaktion hervorgeht, ist es jedoch fast unmöglich, allgemeingültige Regeln aufzustellen, die ein bestimmtes Ergebnis vorhersagen würden – Verhandlungen können zwar bis zu einem gewissen Grad aus unterschiedlicher Perspektive wissenschaftlich durchdrungen werden, bleiben aber auch ein Stück weit der Kunstfertigkeit der Verhandler und dem konkreten

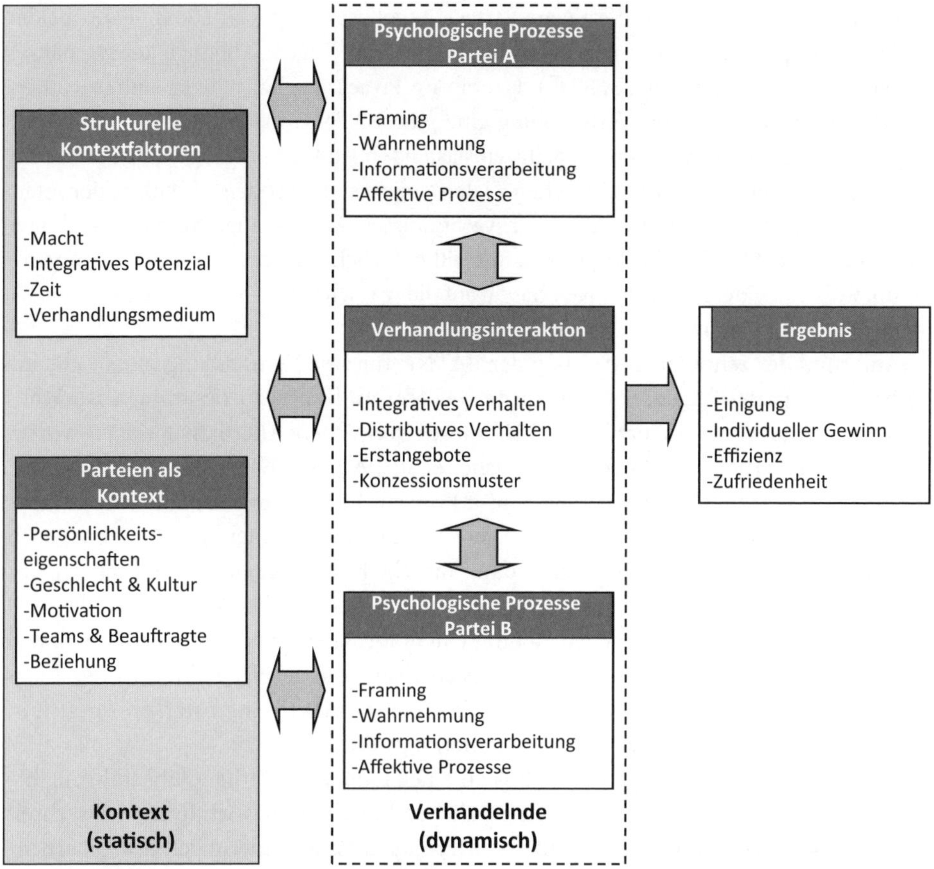

Abb. 6.6 Modell der Zweiparteienverhandlung (in Anlehnung an Neale und Northcraft 1991, S. 177)

Zusammenspiel der jeweiligen Umstände unterworfen. Dies muss bei der Darstellung der folgenden Einflussfaktoren und ihren (durchschnittlichen) Wirkungen auf Verhandlungsverlauf und -ergebnisse berücksichtigt werden.

6.3.1 Struktureller Kontext

6.3.1.1 BATNA und die Macht-Abhängigkeits-Relation

Wie bereits unter Abschn. 6.2.2.1 angedeutet, liegt der möglicherweise größte singuläre Einfluss auf eine Verhandlung außerhalb derselben; es handelt sich nämlich um die BATNA, die beste Alternative. Wenn sich Verhandler rational verhalten wollen, legt die BATNA die ultima ratio fest, also den Punkt, an dem festgemacht werden sollte, ob ein Abschluss zu bestimmten Konditionen für die eigene Partei sinnvoll ist oder nicht. Die BATNAs beider Verhandlungsparteien bestimmen daher das gegenseitige Macht-Abhängigkeitsverhältnis (Emerson 1962; Geiger 2007, S. 80 ff.). Hat ein im Projektgeschäft tätiges Anbieterunternehmen in einer konkreten Verhandlung eine gute BATNA, bspw. in Form voller Auftragsbücher oder eines anderen kapazitätsauslastenden Auftragseingangs, so ist es zur Erreichung seiner eigenen wirtschaftlichen Ziele weniger stark auf den Abschluss der interessierenden Verhandlung und den damit verbundenen Auftrag angewiesen als bei einer schlechten BATNA. Dieselbe Argumentation gilt natürlich auch für die Nachfragerorganisation, wobei sich deren Alternativen häufig auf die wirtschaftlich-technische Leistungsfähigkeit der Konkurrenzanbieter beziehen.

Aufgrund der zentralen Bedeutung der BATNA für eine Verhandlung muss sich eine Verhandlungspartei fragen, wie die eigene BATNA am besten zu bestimmen ist. Während die „Erfinder" der Abkürzung BATNA dieselbe als sichere Alternativoption bei einem Scheitern der Verhandlung betrachten (Fisher et al. 1992, S. 109), schlagen Raiffa (1982, S. 37 ff.) sowie Lax und Sebenius (1986, S. 50 ff.) vor, zur Bestimmung der BATNA alle möglichen Alternativlösungen zur eigenen Zielerreichung zu betrachten. Diese können auch unsichere Optionen beinhalten, welche dann mit einer bestimmten Eintrittswahrscheinlichkeit berücksichtigt werden sollten. Der Reservationspunkt, also der rechnerische Wert der BATNA, kann in einem solchen Fall mit einem formalen entscheidungstheoretischen Modell errechnet werden. In jedem Fall ist es aber sinnvoll, die eigene BATNA durch das Ausloten und ggf. Verbessern der eigenen Handlungsalternativen zu stärken, speziell in Verhandlungen, die über einen längeren Zeitraum geführt werden.

Es sei an dieser Stelle angemerkt, dass zu einer rationalen Verhandlungsführung die eigene BATNA keineswegs mit anderen möglichen Entscheidungsrichtlinien verwechselt werden sollte, etwa mit den grundsätzlichen Profitabilitätsanforderungen des Unternehmens oder Geschäftsbereichs. Ist bspw. die eigene BATNA verhältnismäßig schlecht, dann könnte auch ein Verhandlungsabschluss unterhalb der Rentabilitätsanforderungen für das Unternehmen positiver sein, als das Geschäft platzen zu lassen. Umgekehrt kann es bei sehr guter Auftragslage und entsprechend guter BATNA sinnvoll sein, eine Verhandlung abzubrechen und zu keinem Geschäftsabschluss zu kommen, obwohl die Rentabilitätsanforderungen erreicht würden – in diesem Falle wären die Opportunitätskosten zu hoch.

Die BATNA ist nicht nur wegen ihrer Eigenschaft als Rückfalloption von so zentraler Bedeutung, sondern auch als Bestimmungsfaktor des Kräfteverhältnisses in der Verhandlung und der damit verbundenen Möglichkeit, Zugeständnisse der Gegenpartei durchzusetzen. Dazu sind die BATNAs beider Parteien zu betrachten. Bei guten BATNAs beider Parteien sind letztere nur bedingt aufeinander und einen Abschluss angewiesen, so dass übermäßige Zugeständnisse von keiner Partei zu erwarten sind. Vielmehr müssten beide daran interessiert sein, den Verhandlungskuchen möglichst groß zu machen (siehe Abschn. 6.2.2.2), um überhaupt zu einem Verhandlungsergebnis zu kommen, das beide gegenüber ihrer BATNA besser stellt. Hat nur eine Partei eine gute BATNA, während die andere keine guten Alternativen besitzt, so verhandeln beide in einem asymmetrischen Macht-Abhängigkeitsverhältnis, und die mächtigere, d. h. unabhängigere, weil mit besserer

BATNA ausgestattete, Partei könnte mit großer Wahrscheinlichkeit substanzielle Zugeständnisse fordern und bekommen. Voraussetzung hierfür ist allerdings, dass sie über die BATNA-Situation der Gegenpartei informiert ist. Haben beide Parteien schlechte BATNAs, so sind sie in hohem Maße aufeinander und einen Verhandlungsabschluss angewiesen. In dieser Situation spielt die Verfügbarkeit von Informationen über die Lage der Gegenpartei die größte Rolle: Eine ausgeglichene Situation für die konkrete Verhandlung wie im Fall beidseitig guter BATNAs ergibt sich nämlich nur dann, wenn die gegenseitige Wahrnehmung der jeweils anderen BATNA korrekt ist. Schafft es hingegen eine Partei, trotz schlechter eigener BATNA bei der Gegenpartei einen Eindruck der eigenen Unabhängigkeit und Stärke zu vermitteln und zeitgleich zu verstehen zu geben, dass man über die missliche Lage der anderen Partei informiert ist, wirkt diese Informationsasymmetrie ganz ähnlich wie eine tatsächliche Macht-Abhängigkeitsasymmetrie (Perdue 1992, S. 46). Neben der Bestimmung der eigenen BATNA ist also auch die Informationsbeschaffung über die BATNA der Gegenpartei von herausragender Bedeutung (Morton et al. 2011), speziell wenn die eigenen Alternativen besser sein könnten.

In der empirischen Verhandlungsforschung wurde die positive Wirkung einer einseitig guten BATNA auf den individuellen Verhandlungsgewinn der mächtigeren Partei zweifelsfrei nachgewiesen (Geiger 2007, S. 192; Kim 1997, S. 276; Mannix und Neale 1993, S. 124; McAlister et al. 1986, S. 234). Diese Wirkung wird durch das Wissen der mächtigeren Partei über die asymmetrische Macht-Abhängigkeitsrelation (Pinkley 1995, S. 408) sowie eine individualistische Haltung derselben noch verstärkt (Giebels et al. 1998, S. 15). Die positiven Wirkungen eines Machtvorteils auf den individuellen Verhandlungserfolg schlagen sich weiterhin in einer höheren Verhandlungszufriedenheit nieder (Dwyer und Walker 1981, S. 121 f.; Lawler und Yoon 1993, S. 476). Die Befunde zur Wirkung einer Macht-Abhängigkeitsasymmetrie auf die Verhandlungseffizienz sind hingegen uneindeutig (Geiger 2007, S. 98 f.). In Bezug auf den Verhandlungsverlauf setzen sich Verhandler mit einer guten BATNA höhere Ziele, legen höhere Erstangebote vor, geben weniger nach und neigen häufiger zu kompetitivem Verhandlungsverhalten (Geiger 2007, S. 100 f.). Der Einfluss einer Macht-Abhängigkeitsasymmetrie auf das problemlösende Verhalten ist hingegen empirisch nicht abschließend geklärt.

6.3.1.2 Verhandlungsgegenstände und integratives Potenzial

Verhandlungen im Anlagen- und Projektgeschäft zeichnen sich durch ihren vergleichsweise hohen Freiheitsgrad in Bezug auf die Problemlösung für die Nachfragerorganisation und deren Erstellung aus. Wir haben in diesem Zusammenhang von „solution ready made“-Verhandlungen gesprochen (Abschn. 6.1.4), die Chance und Herausforderung zugleich bedeuten. Die Chance besteht darin, durch ein gutes Verständnis der gegenseitigen Interessen die verschiedenen Verhandlungspunkte so zu regeln, dass ein möglichst großer Verhandlungskuchen entsteht. Als Herausforderung muss die mit der Art und Anzahl der zu verhandelnden Punkte steigende Komplexität gelten, die dazu führen kann, dass grundsätzlich vorhandenes integratives Potenzial ungenutzt bleibt. Mit der Komplexität steigt häufig auch die Unzufriedenheit bei den Geschäftspartnern (Naquin 2003, S. 105).

Folgende Arten von Verhandlungsgegenständen können unterschieden werden, wobei für die Einordnung der Verhandlungspunkte immer die subjektive Bewertung durch jede Verhandlungspartei maßgeblich ist:

- **Rein distributive Verhandlungsgegenstände** sind solche, die beiden Parteien im Vergleich zu allen anderen Gegenständen relativ gleich wichtig sind **und** bezüglich derer beide Parteien gegensätzliche Präferenzen besitzen. Im Beispiel der Abb. 6.4 wäre der Gegenstand „Rabatte" ein solcher.
- **Kompatible Verhandlungsgegenstände** sind solche, hinsichtlich derer beide Parteien die gleichen Präferenzen besitzen, also beide Parteien dieselbe Regelung bevorzugen. Bei Verhandlung eines Anlagenvertrags könnte dies bspw. die Wartungsregelung sein, bei der beide Parteien eine Wartung durch den Auftragnehmer wünschen, wenngleich womöglich aus verschiedenen Gründen.
- **Differenziert bewertete Verhandlungsgegenstände** sind all diejenigen, bei denen die Parteien zwar unterschiedliche Präferenzen besitzen, bei denen es aber weitere Unterschiede gibt, etwa hinsichtlich ihrer relativen Wichtigkeit im Gesamtvertrag, den mit ihnen verbundenen Risikoneigungen oder Zukunftseinschätzungen sowie der diesbezüglichen Fähigkeiten und Ressourcenausstattung der Parteien.

Zu einer Vergrößerung der Verhandlungsmasse eignen sich die letzten beiden Arten von Verhandlungsgegenständen, wobei der Schlüssel zu einem effizienten Ergebnis, also einer echten Win-Win-Situation, in erster Linie in der guten Kenntnis der eigenen Prioritäten und Präferenzen sowie in einer möglichst akkuraten Einschätzung der Präferenzstruktur der Gegenpartei liegt. Eine Meta-Studie zeigt, dass selbst eigentlich kompatible Verhandlungsgegenstände häufig nicht entdeckt werden (Thompson und Hrebec 1996, S. 400) und sich die Parteien stattdessen auf eine Teillösung einigen, von der beide denken, dass sie einen Kompromiss darstellt, obwohl beide Seiten eine andere Lösung bevorzugt hätten. In Bezug auf die differenziert bewerteten Verhandlungsgegenstände zeigen Moran und Ritov (2007), dass nicht nur die Kenntnis über die grundsätzliche Prioritätsstruktur der Gegenpartei, sondern vielmehr auch über kleinere Präferenzunterschiede die Effizienz eines Abkommens steigert. Van Boven und Thompson (2003) zeigen, dass Win-Win-Potenziale dann am besten ausgeschöpft werden, wenn beide Parteien ein ähnliches (korrektes) mentales Modell über die Prioritäts- und Präferenzstruktur beider Parteien in der Verhandlung besitzen. Häufig liegt allerdings vor der eigentlichen Verhandlung eine konkrete Vorstellung über die Präferenzstruktur der jeweiligen Gegenpartei nicht vor, so dass die entsprechenden Informationen erst während der Verhandlung besorgt werden müssen. Schafft eine Partei dies bezüglich eines bestimmten Gegenstands, so erzielt sie im Ergebnis einen positiven Effekt bezüglich desjenigen Gegenstands (Young et al. 2012). Allerdings werden nur sehr unerfahrene Gegenparteien einseitig Informationen preisgeben, da dies nachgewiesenermaßen zu einem Ergebnisnachteil der mitteilsameren Partei führt (Murnighan et al. 1999). Der Informationsaustausch über Prioritäten, als eine Art der integrativen Verhandlungsführung wird daher später im Abschn. 6.3.4.1 noch weiter thematisiert.

Zusätzliche Relevanz besitzt die Art der Verhandlungsgegenstände als Rahmenparameter der Verhandlung, falls eine Partei beschließt, ein formales Modell der Verhandlung zu entwickeln. Diese auf Raiffas (1982) Verhandlungsanalyse zurückgehende Idee hat in den vergangenen Jahren in den *Negotiation Support Systems* (NSS) der Wirtschaftsinformatiker Eingang gefunden (Vetschera 2006). Solche NSS können einer Partei durch die Modellierung der Problemstruktur der Verhandlung (siehe Abschn. 6.2.2) helfen, möglichst keine Effizienzpotenziale ungenutzt zu lassen und dabei den eigenen Anteil am Verhandlungskuchen möglichst groß zu gestalten.

6.3.1.3 Zeit: Finale Fristen und Verzögerungskosten

Verhandlungen kosten Zeit. Da wichtige Abkommen in der Regel von vielbeschäftigten und hochbezahlten Managern verhandelt und abgeschlossen werden, wurde dem Faktor Zeit in der Verhandlungsforschung schon früh eine gewisse Bedeutung zugesprochen und entsprechende Untersuchungen durchgeführt. Konzeptionell müssen zumindest zwei Arten des Zeiteinflusses auf eine Verhandlung unterschieden werden: Finale Fristen und Verzögerungskosten.

Um **finale Fristen** handelt es sich, wenn die Verhandlungen bis zu einem bestimmten Zeitpunkt beendet oder sie andernfalls als gescheitert betrachtet werden müssen. Finalen Fristen sind Situationen sehr ähnlich, in denen eine oder beide Parteien davon ausgehen, dass die Verhandlung innerhalb eines bestimmten, dafür vorgesehenen Zeitfensters beendet sein muss, weil dann bspw. die entsprechenden Delegationen wieder vom Verhandlungsort abreisen. Aus einer verhandlungsanalytischen Perspektive gelten finale Fristen für beide Parteien, obwohl dies manchmal in der tatsächlichen Verhandlung in Vergessenheit gerät.

Die empirische Forschung hat gezeigt, dass finale Fristen bei den Verhandlungsparteien die wahrgenommene Wichtigkeit eines Abschlusses steigern, den Lösungsraum für einen Abschluss verkleinern und den Verhandlern einen Grund liefern, Zugeständnisse zu machen (Pruitt und Drews 1969, S. 57). Außerdem verringern sie die Ziele der Verhandler, senken das Niveau der Forderungen wie auch die Neigung zu bluffen. Zugeständnisse werden häufiger gemacht und fallen größer aus (Smith et al. 1982, S. 882). Inwieweit finale Fristen dazu beitragen, einen Abschluss wahrscheinlicher zu machen, wie es die Meta-Analyse von (Stuhlmacher et al. 1998) nahelegt, hängt von gewissen Rahmenparametern ab. Bei individualistisch motivierten Verhandlern und solchen, die einem Auftraggeber Rechenschaft schuldig sind, wurde ein negativer Effekt nachgewiesen, der einhergeht mit aggressiverem Verhandlungsverhalten, weniger Informationsaustausch und einer geringeren Verhandlungseffizienz (Carnevale und Lawler 1986, S. 655; Mosterd und Rutte 2000, S. 239), wohingegen der Effekt bei Nichtvorliegen dieser Randbedingungen positiv scheint, finale Fristen also die Einigungswahrscheinlichkeit erhöhen. Neben einem veränderten, d. h. größeren und schnelleren Konzessionsverhalten scheint dazu auch eine veränderte Informationsverarbeitung der Verhandler beizutragen: Negative Informationen werden stärker gewichtet, die Risikoaversion steigt, Informationen werden insgesamt schneller verarbeitet und anders kombiniert als ohne Zeitdruck (Stuhlmacher und Champagne 2000,

S. 471 f.). Perdue (1992) berichtet außerdem, dass die Erzeugung von Zeitdruck durch finale Fristen in ihrer Stichprobe das zweitmeist genutzte Druckmittel von Einkaufsmanagern war, um von Verkäufern zusätzliche Konzessionen zu erhalten (S. 48). Moore (2004) weist allerdings zu Recht darauf hin, dass eine solche Strategie nur von Erfolg gekrönt sein kann, wenn die jeweilige Gegenpartei einem egozentrischen Bias unterliegt und nicht erkennt, dass die finale Frist nicht nur für sie und ihr Konzessionsverhalten, sondern in gleichem Maße für die Gegenpartei gilt (S. 121 f.).

Anders verhält es sich mit **Verzögerungskosten**, also den Kosten, die entstehen, wenn ein Verhandlungsabschluss hinausgezögert wird. Verzögerungskosten betreffen die Verhandlungsparteien häufig in unterschiedlicher Weise. Bei Tarifverhandlungen können dies für die Arbeitgeberseite Kosten sein, die durch zusätzliche Streiktage entstehen; bei Verhandlungen im Anlagen- und Projektgeschäft für den Auftraggeber etwa verzögerte zukünftige Cash Flows aus der Anlage, wenn sich durch Verzögerungen in den Verhandlungen weitere Verzögerungen etwa bei Genehmigungen, in der Erstellung oder Inbetriebnahme ergeben. Verhandlungsanalytisch betrachtet stellen erhöhte Verzögerungskosten einer Partei tatsächlich einen Nachteil für sie dar, da sie immer abwägen muss, inwieweit schnelle Zugeständnisse günstiger sind als erhöhte Verzögerungskosten.

6.3.1.4 Verhandlungsmedium

Ein Aspekt, der vor allem in den vergangenen fünfzehn Jahren verstärkte Aufmerksamkeit erfahren hat, ist die Frage nach dem **Verhandlungsmedium**. Verhandlungen können grundsätzlich von Angesicht zu Angesicht (*face-to-face*) stattfinden, per Videokonferenz, per Telefonschaltung, per E-Mail oder über andere Formen der elektronischen textbasierten Kommunikation, wie etwa bestimmte Internet-Chats. Häufig kommen über einen Verhandlungsprozess hinweg mehrere Medien zum Einsatz, wie Studien von Ambrose et al. (2008) und Cano et al. (2005) zeigen. Da sich die verschiedenen Medien in unterschiedlicher Form auf den Verhandlungsprozess und die Verhandlungsergebnisse auswirken können, ist eine nähere Beschäftigung damit geboten, zumal insbesondere das Aufkommen der neueren Kommunikationstechnologien (Mobilfunk, E-Mail, SMS, Skype etc.) das menschliche Mediennutzungsverhalten deutlich verändert hat.

Um den Einfluss des Mediums auf Verhandlungsablauf und -ergebnisse vorherzusagen, wurde zu Beginn dieses Forschungsstranges vor allem die *Media Richness*-Theorie (Daft und Lengel 1984; Daft und Lengel 1986) in Verbindung mit der *Task/Media-Fit*-Hypothese (McGrath und Hollingshead 1993) bemüht, um Vorhersagen über den Medieneinfluss in Verhandlungen zu machen. Die *media richness* eines Mediums richtet sich danach, wie viele Kanäle dieses Medium zur Informationsübertragung zur Verfügung stellt, wie gut Feedback möglich und wie stark eine Personalisierung stattfindet. Demnach besitzt *face-to-face* die höchste *media richness*, während z. B. E-Mail nur eine geringe *media richness* aufweist. Nach der *Task/Media-Fit*-Hypothese sind besonders reichhaltige Medien am besten geeignet, kommunikativ komplizierte Aufgaben wie Verhandlungen durchzuführen. Diese Hypothese konnte in manchen empirischen Untersuchungen gestützt werden (Naquin und Paulson 2003; Purdy et al. 2000), in denen reichhaltigere Medien durchschnittlich zu

Tab. 6.3 Medieneigenschaften nach *Grounding in Communication* (Clark und Brennan 1991, S. 141)

Medieneigenschaften	Face-to-Face	Video-Konferenz	Telefon	E-Mail
Co-Präsenz: A und B befinden sich in derselben physischen Umgebung.	ja	nein	nein	nein
Sichtbarkeit: A und B können sich sehen.	ja	ja	nein	nein
Hörbarkeit: A und B können miteinander sprechen.	ja	ja	ja	nein
Co-Temporalität: B empfängt etwa zur selben Zeit, zu der A sendet.	ja	ja	ja	nein
Simultanität: A und B können zur selben Zeit senden und empfangen.	ja	ja	ja	nein
Sequenzialität: Die Kommunikation von A und B kann nicht von Dritten unterbrochen werden.	ja	ja	ja	nein
Nachprüfbarkeit: B kann die Nachrichten von A nachprüfen.	nein	nein	nein	ja
Überarbeitbarkeit: A kann seine Nachrichten an B überarbeiten.	nein	nein	nein	ja

höherer Verhandlungseffizienz, höheren individuellen Verhandlungsgewinnen und einer erhöhten Zufriedenheit führten. Andere Studien kamen hingegen zu einem gegenteiligen Ergebnis (Citera et al. 2005; Croson 1999; Geiger (in press)) oder fanden keine Unterschiede im Hinblick auf das Verhandlungsergebnis (Galin et al. 2007, S. 794), so dass fraglich ist, inwieweit von einem allgemeinen Medieneinfluss in Verhandlungen überhaupt ausgegangen werden darf.

Die insgesamt nur teilweise überzeugenden Vorhersagen von *Media Richness*-Theorie und *Task/Media-Fit*-Hypothese liegen u. a. darin begründet, dass sie nicht genau spezifizieren, was genau unter einer guten Aufgabenerfüllung (*task performance*) zu verstehen ist (Dennis et al. 2008, S. 577). Dennis et al. (2008) schlagen daher vor, Kommunikationsmedien danach zu beurteilen, wie gut sie die beiden Aufgaben der **Faktenübermittlung (*conveyance*)** und der **Herstellung eines gemeinsamen, einheitlichen Verständnisses** des diskutierten Problems und seiner Lösung (***convergence***) ermöglichen. Um zu beschreiben, wie gut verschiedene Medien für diese beiden Kommunikationsaufgaben geeignet sind, gehen sie auf verschiedene Medieneigenschaften ein, die dann die *media synchronicity* bestimmen. Sie greifen dabei implizit auf Überlegungen von Clark und Brennan (1991) zurück, die in einer ganz ähnlichen Vorgehensweise zeigen, wie verschiedene Medieneigenschaften betrachtet werden müssen, um *grounding* herzustellen, also dasselbe Verständnis über einen Kommunikationsinhalt zwischen verschiedenen Parteien. Tabellen 6.3 und 6.4 geben einen Überblick über die diskutierten relevanten Medieneigenschaften und inwieweit einzelne für Verhandlungen gebräuchliche Medien diese aufweisen.

Tab. 6.4 Medieneigenschaften nach der *Media Synchronicity*-Theorie (Dennis et al. 2008, S. 581 ff.)

Medieneigenschaften	Face-to-Face	Video-Konferenz	Telefon	E-Mail
Zeichenvorräte: Anzahl der Arten, in der das Medium die Enkodierung von Kommunikation ermöglicht, d. h. die Kanalanzahl und Sprachvielfalt.	Groß	Mittel	Gering	Mittel, durch Anhänge
Übertragungsgeschwindigkeit, mit der die Nachricht an alle gewünschten Empfänger gesendet werden kann.	Hoch	Hoch	Hoch	Hoch
Verarbeitbarkeit: Ausmaß, zu dem das Medium es erlaubt, eine Nachricht noch einmal zu prüfen oder zu verarbeiten.	Nicht gegeben	Gegeben bei Aufzeichnung	Gegeben bei Aufzeichnung	Gegeben
Übbarkeit: Ausmaß, zu dem das Medium dem Sender erlaubt, eine Nachricht vor dem Senden zu üben oder zu perfektionieren.	Nicht gegeben	Nicht gegeben	Nicht gegeben	Gegeben
Parallel-Fähigkeit: Anzahl der möglichen parallelen Übertragungen einer Nachricht.	Auf Anwesende beschränkt	technisch stark beschränkt	Mittel	Sehr groß
Insgesamt: ***Media Synchronicity***	Sehr hoch	Hoch	Mittel–hoch	Gering–mittel

Dennis et al. (2008) argumentieren weiterhin, dass für die Faktenübertragung (*conveyance*) in einer Kommunikationssituation Medien mit einer geringen *media synchronicity* wie E-Mail besser geeignet sind als solche mit einem hohen Ausmaß, da der Empfänger dann die Zeit hat, die für ihn neuen Informationen zu verarbeiten und mit seinem Wissensstand abzugleichen. Im Projekt- und Anlagengeschäft sind bspw. detaillierte Pläne oder Problemlösungsskizzen für den Verhandlungsprozess wichtige Informationen, die solchermaßen übermittelt werden sollten. Hingegen sind Medien mit hoher *media synchronicity* besser dafür geeignet, ein gemeinsames Verständnis über das Problem und seine (Verhandlungs-)lösung zu entwickeln (*convergence*), da sie schnelle Detailklarifikationen (Nachfragen und Feedback) zu grundsätzlich bekannten Informationen zulassen.

In Bezug auf *face-to-face*-Verhandlungen kann dem **Verhandlungsort** eine zusätzliche Bedeutung zukommen. Sicherlich sind die in diesem Zusammenhang stehenden Legenden über unbequemere Stühle, unangenehme Raumtemperaturen und Lichtverhältnisse für die besuchende Partei teilweise der Realität entnommen und mögen in vielen Verhandlungen zu einem „Auswärtsnachteil" geführt haben. Allerdings zeigt daneben auch eine Reihe aktueller empirischer Studien, dass es in distributiven Verhandlungen einen „Heimvorteil" gibt, der sich in höheren individuellen Verhandlungsgewinnen niederschlägt und sich u. a. durch das höhere Selbstvertrauen der gastgebenden Partei erklären lässt (Brown und Baer 2011, S. 197 f.).

6.3.2 Personeller Kontext

Dass Verhandlungen zwischen Organisationen und ihre Ergebnisse zu einem großen Teil von bestimmten Personen und Persönlichkeiten geprägt werden, ist auf den ersten Blick einleuchtend. Wesentlich weniger eindeutig ist jedoch die Frage beantwortet worden, welche Persönlichkeitsvariablen einen stabilen Einfluss auf Verhandlungen haben oder wie sehr ihr möglicher Einfluss von situationalen Faktoren überlagert wird (Lewicki et al. 2010, S. 420). Im Folgenden sollen dazu bisher untersuchte allgemeine Persönlichkeitseigenschaften, sowie speziell das Geschlecht, die Kultur sowie die (zeitlich instabilere) Motivation betrachtet werden. Insbesondere in Verhandlungen in einem interorganisationalen Kontext kommt außerdem der Zusammensetzung von Verhandlungsteams und dem Einsatz von Verhandlungsbeauftragten eine wichtige Rolle zu. Zuletzt ist die Frage der Vorgeschichte und Beziehung zwischen den Verhandlungsparteien dem personellen Kontext zuzuordnen.

6.3.2.1 Persönlichkeitseigenschaften

Persönlichkeitseigenschaften sind messbare, stabile Tendenzen einer Person, in einer bestimmten Art und Weise zu denken, zu fühlen und zu handeln. Sie eignen sich daher in einem bestimmten Maße, menschliches Verhalten vorauszusagen, wenngleich es in der Psychologie umstritten ist, welchen Anteil am Verhalten Persönlichkeitseigenschaften und Situationspezifika besitzen (Funder 2001, S. 199). Gängige Herangehensweisen, um den Einfluss von Persönlichkeitseigenschaften auf Verhalten zu untersuchen, sind dabei die globale Betrachtung der Persönlichkeit anhand der „Big Five"-Persönlichkeitseigenschaften sowie die Betrachtung einzelner Persönlichkeitseigenschaften wie soziale Werteorientierung oder Machiavellismus.

Zu den ***Big Five*** gehören die folgenden Persönlichkeitseigenschaften (Barrick und Mount 1991, S. 3 ff.), jeweils mit einigen zugehörigen Attributen:

- Extraversion (vs. Intraversion) – gesellig, zuversichtlich, mitteilsam, aktiv
- Neurotizismus (vs. emotionale Stabilität) – ängstlich, unsicher, besorgt, verlegen
- Verträglichkeit – flexibel, kooperativ, freundlich, heiter, zuvorkommend, tolerant
- Gewissenhaftigkeit – verantwortungsvoll, organisiert, vorausschauend, zielorientiert
- Offenheit für neue Erfahrungen – neugierig, originell, einfallsreich, offen

Die empirischen Befunde zum Einfluss der Big Five auf das Verhandlungsverhalten und die Verhandlungsergebnisse sind gegenüber anderen Kontexten (z. B. bzgl. der Leistung am Arbeitsplatz) wesentlich schwächer. In einer ersten größer angelegten Untersuchung konnten Barry und Friedman (1998) zeigen, dass Extraversion und Verträglichkeit einen negativen Einfluss auf den eigenen Gewinn in distributiven Verhandlungen haben, was sie teilweise auf die Anfälligkeit der entsprechenden Personen für kognitives Ankern durch extreme Angebote der Gegenpartei (siehe hierzu auch Abschn. 6.3.4.2) zurückführen. Auch scheinen verträgliche Menschen größere Zugeständnisse zu machen (DeRue et al. 2009,

S. 1040). In integrativen Verhandlungen konnte der Ankereffekt jedoch nicht gezeigt werden. Ein erwarteter Einfluss von Gewissenhaftigkeit, Extraversion und Verträglichkeit auf die Verhandlungseffizienz konnte ebenfalls nicht nachgewiesen werden, wohingegen die kognitiven Fähigkeiten der Verhandler (die jedoch nicht zu den Persönlichkeitseigenschaften zählen) einen positiven Einfluss auf die Verhandlungseffizienz zeigten. Eine neuere Untersuchung von Dimotakis et al. (2012) konnte die Befunde zur negativen Wirkung von Verträglichkeit auf den Verhandlungsgewinn in distributiven Situationen replizieren und erweitern. Zusätzlich fanden diese Autoren jedoch in integrativen Verhandlungen einen positiven Zusammenhang zwischen Verträglichkeit und Verhandlungseffizienz und erklären ihre Ergebnisse jeweils mit einem höheren Erregungszustand, wenn das Ausmaß der Verträglichkeit (gering, hoch) zur Verhandlungssituation (distributiv, integrativ) passt.

In Bezug auf integrative Verhandlungen wurde die **soziale Werteorientierung** (*social value orientation*) in ihren Auswirkungen auf die Verhandlung als ein relativ stabiler Wesenszug identifiziert. Verhandler mit einer pro-sozialen Werteorientierung bevorzugen ein Ergebnis, das allen Parteien gerecht wird, während Verhandlern mit einer selbstbezogenen Werteeinstellung die anderen egal sind und sie nur auf das eigene Ergebnis schauen (Van Kleef und De Dreu 2002, S. 60). In verschiedenen empirischen Studien konnte gezeigt werden, dass pro-soziale Verhandler ihrem Gegenüber mehr vertrauen, integrativeres Verhandlungsverhalten zeigen, mehr Zugeständnisse machen und zufriedener mit ihren Ergebnissen sind als selbstbezogene Verhandler (De Dreu und Boles 1998; De Dreu und Van Lange 1995; Olekalns et al. 1996).

Ein weiteres in der Verhandlungsforschung wiederholt untersuchtes Persönlichkeitsmerkmal ist der **Machiavellismus** einer Person. Menschen mit einem hohen Maß an Machiavellismus sind ausschließlich an ihren eigenen Zielen interessiert und schrecken nicht davor zurück, diese auch durch den Einsatz und die Manipulation anderer zu erreichen (Brooks und Rose 2004, S. 126). Sie gehen dabei strategisch, opportunistisch und teilweise unethisch vor und sind eher geneigt, ein solches Verhalten auch bei anderen zu tolerieren (Lewicki et al. 2010, S. 428). Machiavellismus führt in Verhandlungen zu einem distributiveren Verhalten, aber nicht unbedingt zu einem höheren eigenen Verhandlungsgewinn, wie die Studie von Dion und Banting (1988, S. 45) zeigt.

6.3.2.2 Geschlecht

Der Einfluss des **Geschlechts** auf Verhandlungen ist seit langem Gegenstand der Forschungsdebatte, deren Ende jedoch keineswegs abzusehen ist. Einig sind sich die meisten Forscher darin, dass Männer und Frauen Verhandlungen anders erleben (Stuhlmacher et al. 2007, S. 329). In der Mehrzahl der Studien erreichen Männer einen durchschnittlich höheren Verhandlungsgewinn als Frauen (Curhan et al. 2008; Neu et al. 1988; Stuhlmacher und Walters 1999). Außerdem wurde wiederholt gezeigt, dass sich das Verhandlungsverhalten von Männern und Frauen unterscheidet, Frauen mithin kooperativer und Männer distributiver verhandeln (Kimmel et al. 1980; Walters et al. 1998). In Verhandlungen, in denen Männer mit Frauen verhandeln, kann der Nachteil der Frauen jedoch auch darin begründet liegen, dass das männliche Gegenüber aufgrund des Geschlechts seiner Verhandlungspartnerin höhere Forderungen stellt, als dies bei einem männlichen Gegenüber der Fall wäre (Kray und Thompson 2005; Stuhlmacher et al. 2007, S. 330).

Einen wichtigen Hintergrund dieser Befunde liefert die **soziale Rollentheorie** (vgl. zu diesem Abschnitt Stuhlmacher et al. 2007, S. 331 ff.). Danach entwickeln Menschen eine Erwartung über ihr eigenes Verhalten und das Verhalten anderer Menschen in einer bestimmten Rolle. Diese Vorstellungen können sowohl deskriptiver als auch normativer Natur sein, also das jeweilige Verhalten sowohl be- als auch vorschreiben. Zusätzlich kann ein Individuum in einer gewissen Situation immer mehrere soziale Rollen erfüllen, etwa als Experte, Vorgesetzter, Verhandler und Mann. Die sozialen Rollen sind dabei mit bestimmten rollentypischen Attributen verbunden, die beschreiben, wie Individuen sich in der jeweiligen Rolle verhalten bzw. verhalten sollten. In den meisten Gesellschaften haben Männer und Frauen verschiedene soziale Rollen und es wird von ihnen erwartet, dass sie die jeweilige soziale Rolle erfüllen. In Bezug auf Kommunikation ist die soziale Rolle der Frau bspw. durch die Attribute „freundlich", „warm", „unterstützend" und „selbstlos" geprägt, wohingegen der Männerrolle eher Eigenschaften wie Durchsetzungsfähigkeit, Selbstvertrauen und Dominanz innewohnen.

Wie stark eine Geschlechterrolle zum Tragen kommt, hängt von der jeweiligen Situation ab. Einige Autorinnen argumentieren, dass Verhandlungen grundsätzlich eine männlich konnotierte Situation darstellen (Kray und Thompson 2005), in der v. a. männliche Attribute und Verhaltensweisen zum Erfolg führen, obwohl dazu selbstverständlich auch weibliche und neutrale Verhaltensweisen nötig sind (Stuhlmacher et al. 2007, S. 332). Diese theoretische Erklärung stützt viele empirische Befunde, wobei sowohl das Geschlecht als auch der mit einem Geschlecht verbundene Stereotyp Voraussagekraft für eine Verhandlung entwickeln. So konnten Kray und Co-Autoren zeigen, dass die Aktivierung relevanter männlicher Stereotypen die Verhandlungsleistung von Männern verbesserte, wohingegen die Aktivierung relevanter weiblicher Stereotypen (Ausdrucksstärke, gute Fähigkeit des Zuhörens) dasselbe für Frauen tat (Kray et al. 2002; Kray et al. 2001). Wurde hingegen Frauen der männliche Stereotyp bewusst gemacht, stellte sich Reaktanz ein und ihre Verhandlungsleistung stieg deutlich an (Kray et al. 2001, S. 955). Dass Geschlechterstereotypen in Verhandlungen noch deutlich differenziertere Auswirkungen haben können, macht beispielhaft eine Untersuchung von Curhan und Overbeck (2008) deutlich, in der gezeigt wird, dass sich mächtigere Verhandler genau entgegen des geschlechtsspezifischen Stereotyps verhalten, wenn sie die Gegenseite damit beeindrucken wollen.

6.3.2.3 Kultur

Der Aspekt von Verhandlungen, der vielleicht die größte Anzahl an empirischen Untersuchungen auf sich vereint, ist die **Kultur** der Verhandler. Nach dem GLOBE-Projekt (*Global Leadership and Organizational Behavior Effectiveness*) kann Kultur definiert werden als „gemeinsame Motive, Werte, Identitäten und Interpretationen oder Bedeutungen wichtiger Ereignisse, die aus gemeinsamen Erfahrungen der Mitglieder einer Gruppe resultieren und über Generationen hinweg übertragen werden." (House und Javidan 2004, S. 15) Bereits diese Definition lässt die Komplexität des Konzeptes „Kultur" deutlich werden, auf die

die Vielzahl der Konzeptualisierungs- und Messansätze des Kulturkonzepts zurückgeführt werden kann.

In der Verhandlungsforschung haben besonders drei Ansätze Niederschlag gefunden, Kultur durch Operationalisierung und Messung greifbarer zu machen und daraus Hypothesen über die Wirkung bestimmter kulturell bedingter Persönlichkeitszüge auf Verhandlungen abzuleiten. Vielleicht am häufigsten zitiert sind die Arbeiten von Geert Hofstede, der in seinem Buch „*Culture's Consequences*" auf Basis von Befragungsdaten von Angestellten des IBM-Konzerns in 66 Länderorganisationen (erhoben zwischen 1967 und 1973), vier unabhängige, bipolare Dimensionen herausfiltert, die eine Nationalkultur in ihren wichtigsten Zügen zu charakterisieren in der Lage sein sollen (Hofstede 1984):

- Macht-Distanz: Erwartung der Mitglieder einer Gruppe, dass Macht in dieser Gruppe ungleich verteilt ist.
- Unsicherheitsvermeidung: Intoleranz gegenüber Unsicherheit und Zweideutigkeit.
- Individualismus vs. Kollektivismus: Ausmaß, zu dem Individuen in Gruppen integriert sind.
- Maskulinität vs. Femininität: Überzeugungskraft und Konkurrenzdenken gegenüber Bescheidenheit und Zuwendung.

Zu einem späteren Zeitpunkt ergänzte er diese Dimensionen um die Langzeitorientierung (Neun 2011, S. 28). Neben der erstmaligen Möglichkeit, das Kulturkonzept in fünf Dimensionen fassbar zu machen, mag ein weiterer Grund für die große Verbreitung dieses Ansatzes darin liegen, dass Hofstede für insgesamt 40 Länder Werte für die einzelnen Kulturdimensionen veröffentlichte (McSweeney 2002, S. 91), so dass nachfolgende Forscher sich auf diese Werte beziehen konnten, indem sie diese für Menschen verwendeten, die aus dem entsprechenden Land stammten. Als Prädikator für Verhandlungsverhalten und -ergebnisse wurden häufig die Dimensionen „Individualismus vs. Kollektivismus", „Macht-Distanz" und „Langzeitorientierung" herangezogen, wobei die empirischen Ergebnisse dieser Verhandlungsstudien nur zu einem bestimmten Grad konsistent sind.

Andererseits ist der Hofstede'sche Ansatz sowohl aus theoretischen als auch aus methodischen Gründen stark kritisiert worden (McSweeney 2002), u. a. wegen des mittlerweile hohen Alters seiner Vergleichswerte und dem ausschließlichen Bezug auf Mitglieder einer einzigen global agierenden Organisation (IBM), die wiederum ebenfalls Träger (unternehmens-)kultureller Werte ist.

Eine inhaltliche und methodisch wesentlich sauberere Weiterentwicklung stellt das GLOBE-Projekt dar (House und Javidan 2004), das in einem ersten Schritt in 62 Gesellschaften versuchte, ein Messinstrument für Kultur zu entwickeln, und in einem zweiten Schritt anhand der Anwendung dieses Messinstruments unter Managern diese Kulturen näher untersuchte. Tabelle 6.5 zeigt die einzelnen kulturellen Dimensionen, die im Rahmen des GLOBE-Projektes identifiziert wurden, sowie deren Ausprägungen für Deutschland und China. Die Ähnlichkeit der GLOBE-Dimensionen zu Hofstede ist deutlich ersichtlich, wenngleich sie ein differenzierteres Bild des Konzepts Kultur ermöglichen.

Tab. 6.5 Kulturelle Dimensionen der GLOBE-Studie und exemplarische Werte für Deutschland und China (Neun et al. 2012, S. 26)

Kultureller Wert	Beschreibung	Deutschland	China
Bestimmtheit (*Assertiveness*)	Grad, zu dem Individuen bestimmt, konfrontativ und aggressiv in der Beziehung zu anderen sind	3,23	5,52
Unsicherheitsvermeidung	Ausmaß, zu dem eine Gesellschaft, Organisation oder Gruppe auf soziale Normen, Regeln und Prozeduren vertraut, um die Unvorhersagbarkeit zukünftiger Ereignisse zu lindern	3,70	5,34
Geschlechtergleichheit	Ausmaß, zu dem ein Kollektiv die Ungleichheit der Geschlechter minimiert	5,02	3,73
Leistungsorientierung	Grad, zu dem ein Kollektiv einzelne Gruppenmitglieder zu Leistungssteigerungen ermutigt und Exzellenz belohnt	6,26	5,72
Zukunftsorientierung	Ausmaß, zu dem Individuen zukunftsorientierte Verhaltensweisen zeigen, wie etwa verzögerte Belohnungen, Planung, Investitionen in die Zukunft	5,21	4,70
Kollektivismus I – institutionell	Grad, zu dem organisationale und gesellschaftliche Praktiken die gemeinsame Verteilung von Ressourcen und gemeinsames Handeln ermutigen und belohnen	4,97	4,52
Kollektivismus II – In-group	Grad, zu dem Individuen Stolz, Loyalität und Zusammenhalt in ihren Organisationen und Familien zeigen	5,42	5,12
Macht-Distanz	Grad, zu dem Mitglieder eines Kollektivs erwarten, dass Macht gleich verteilt ist. (R)	2,70	3,01
Humane Orientierung	Grad, zu dem ein Kollektiv die Individuen ermutigt und dafür belohnt, fair, altruistisch, großzügig, fürsorglich und freundlich zu anderen zu sein	5,60	5,34

Anmerkungen: Die Ausprägungen der verschiedenen kulturellen Dimensionen liegen zwischen 1 und 7 und stellen Ist-Werte (keine Soll-Werte) dar. Ein hoher Wert bei Macht-Distanz bedeutet eine hohe Macht-Distanz, trotz der gegenläufigen Definition der Dimension.

Ein weiterer Ansatz zur Erfassung des Einflusses von Kultur auf Verhandlungen geht auf Hall (1976) zurück, der auf Kultur als den Kontext von Kommunikation abstellt (vgl. Abb. 6.7). In vielen westlichen Kulturen sehen Kommunikationsnormen eine direkte Kommunikation vor, in der die jeweils zu übermittelnde Botschaft klar in den verwendeten Worten und an der Oberfläche der Nachricht enthalten ist (Adair und Brett 2005, S. 37). Sie wird daher als eine kontextarme (*low context*) Kommunikation verstanden. Hingegen ist Kommunikation in vielen ostasiatischen Ländern indirekt und auf den Kontext angewiesen, weshalb sie als kontextreiche (*high context*) Kommunikation bezeichnet wird. Die in einer Nachricht übermittelte, subtile Botschaft liegt oftmals unter den verwendeten Worten und erschließt sich den Kommunizierenden nur durch die Kenntnis des Kontexts,

Abb. 6.7 Einordnung von Kulturen nach *High* und *Low Context* (in Anlehnung an Campbell et al. 1988, S. 54)

so dass für das richtige Verständnis von Kommunikation eine Art Übersetzungsfähigkeit nötig ist. Menschen, die aus einer *low-context*-Kultur kommen, besitzen diese Fähigkeit weniger (Adair et al. 2007, S. 1064) und haben daher in Verhandlungen mit Verhandlern aus *high-context*-Kulturen häufig einen Nachteil, da letztere tendenziell auch kontextarme Kommunikation beherrschen (Adair und Brett 2005, S. 38).

Neben diesen drei theoriegeleiteten Ansätzen zur Erfassung von Kultur und zur Voraussage ihrer Auswirkung auf Verhandlungen greifen viele empirische Untersuchungen zusätzlich auf Charakterisierungen von landestypischen Verhaltensweisen in Ratgeberbüchern zurück (Campbell et al. 1988; Salacuse 1999).

In Bezug auf das Erkenntnisinteresse im Spannungsfeld von Kultur und Verhandlungen können zwei Typen von Studien unterschieden werden: komparativ-intrakulturelle und interkulturelle Untersuchungen. Einige Studien kombinieren auch beide Typen (Adair et al. 2001; Kamins et al. 1998; Neun 2011).

Wichtige Erkenntnisse aus den komparativ-intrakulturellen Untersuchungen beziehen sich auf kulturell bedingte Unterschiede im Verhandlungsprozess und die damit verbundenen Ergebnisse. Beispielsweise konnten Adair et al. (2007) zeigen, dass frühe Angebote in US-amerikanischen Verhandlungen (*low-context*-Kultur mit direkter Kommunikation) zu einem Ankereffekt (siehe Abschn. 6.3.4.1) führten, der die Verhandlungseffizienz behinderte, während sie japanischen Verhandlern (*high-context*-Kultur mit indirekter Kommunikation) zum impliziten Informationsaustausch dienten und damit die Verhandlungseffizienz steigerten. Adler et al. (1992) fanden in ihrer Untersuchung, dass sich US-amerikanische und chinesische Verhandler in der Häufigkeit von Unterbrechungen und Fragen unterschieden, beide jedoch mit einem problemlösenden Verhandlungsansatz zu effizienteren Ergebnissen gelangten. Arunachalam et al. (1998) führen eine in ihrer Untersuchung gefundene größere Verhandlungseffizienz in Verhandlungen unter Hongkong-Chinesen gegenüber US-amerikanischen Verhandlern darauf zurück, dass erstere aus einer kollektivistischen Kultur kommen, während letztere aus einer individualistischen Kultur stammen. In der Studie von Graham et al. (1988) wurde gezeigt, dass US-amerikanische Verhandler eine höhere Verhandlungseffizienz erreichen, wenn sie problemlösungsorientiert handeln, während chinesischen Verhandlern dies eher mit kompetitiven Taktiken gelang. Die Liste der einzelnen empirischen Befunde könnte noch weit fortgesetzt werden, worauf an dieser Stelle allerdings verzichtet werden soll. Vielmehr bleibt festzuhalten, dass sich Verhandlungen in verschiedenen Kulturen im Durchschnitt unterscheiden, wobei nicht vergessen werden sollte, dass die Kultur eines Landes nur einen von vielen Einflüssen darstellt und sich im Übrigen die einzelnen Mitglieder einer Kultur ebenfalls teils stark unterscheiden können (Neun 2011, S. 29).

In Bezug auf interkulturelle Verhandlungen gehen viele Autoren davon aus, dass diese grundsätzlich zu weniger effizienten Verhandlungsergebnissen führen als intrakulturelle Verhandlungen (Adair 2003; Adair et al. 2001; Brett und Okumura 1998) und führen dies auf mögliche Anpassungsprobleme zurück, die in interkulturellen Verhandlungen nötig sind. Nur wenn diese Anpassungsprobleme überwunden werden, führen demnach auch interkulturelle Verhandlungen zu ähnlich effizienten Ergebnissen wie intrakulturelle. Neun et al. (2012) können zeigen, dass in deutsch-chinesischen Verhandlungen mit einem deutschen Verkäufer eine solche Anpassung von den Deutschen stattfindet, wobei dies sowohl mit der Bedeutung der Verkäuferrolle für Chinesen sowie mit den Gründen für Akkulturation, d. h. kulturelle Anpassung, begründet wird. Imai und Gelfand (2010) machen für eine erfolgreiche Anpassung und effiziente Verhandlungsergebnisse die kulturelle Intelligenz eines Verhandlers verantwortlich, die sie als die Fähigkeit einer Person, sich an neue kulturelle Umstände anzupassen, definieren (S. 84). Weiterhin scheint ein hohes Maß an Kollektivismus des Verhandlers und speziell des Verkäufers zu effizienteren Verhandlungsergebnissen in interkulturellen Verhandlungen zu führen, was durch verstärkten Informationsaustausch, häufigere Paketangebote und weniger distributives Verhalten des Verkäufers erklärt wird (Cai et al. 2000, S. 608).

6.3.2.4 Motivation

Während Persönlichkeitseigenschaften, Geschlecht und Kultur dauerhafte Züge einer Person darstellen, so stellt die **Motivation** einen kurzfristigeren, aber häufig sehr bedeutsamen personellen Einflussfaktor dar. Unter Motivation ist die zielgerichtete und mittelfristig stabile Triebkraft zu verstehen, die menschliche Wahrnehmung und Verhalten antreibt (De Dreu 2004, S. 114). Sie speist sich aus der wahrgenommenen Differenz zwischen einem Status Quo und einem zu erreichenden Ziel.

In einer Übersicht über die Bedeutung von Motivation in Verhandlungen unterscheidet De Dreu (2004) die folgenden relevanten Arten von Motivation (S. 114):

- Soziale Motivation: Bedürfnis, bestimmte Ressourcenaufteilungen zwischen der eigenen und der anderen Partei zu erzielen.
- Epistemische Motivation: Bedürfnis, ein facettenreiches und zutreffendes Verständnis der Welt zu erlangen.
- Impressionsmotivation: Bedürfnis, ein bestimmtes Bild von sich selbst und der anderen Partei zu erzeugen und aufrecht zu erhalten.

Am häufigsten untersucht worden sind soziale Motive in Verhandlungen, wobei grob eine pro-soziale, kooperative von einer selbstbezogenen, egoistischen Motivation unterschieden werden kann (Beersma und De Dreu 1999; Giebels et al. 2000). Einem Verhandler mit einer pro-sozialen Motivation ist sowohl sein eigenes Ergebnis wichtig, als auch das seines Verhandlungspartners, wohingegen einem egoistisch motivierten Verhandler nur das eigene Ergebnis etwas bedeutet. Dass die entsprechende Motivation sich im Verhandlungsverlauf und -ergebnis niederschlägt, konnte in verschiedenen Untersuchungen gezeigt werden. So zeichnen sich egoistische Verhandler durch ein geringeres Niveau an Vertrauen in den Verhandlungspartner sowie durch vermehrtes distributives Verhalten und schließlich eine geringere Verhandlungseffizienz aus als kooperativ motivierte (Beersma und De Dreu 1999; De Dreu und Van Lange 1995; Olekalns und Smith 2003). Auch sind sie überwiegend weniger zufrieden als kooperativ motivierte Verhandler (Gillespie et al. 2000) und gelangen eher in eine Verhandlungssackgasse in Bezug auf Teilaspekte der Verhandlung (Trötschel et al. 2011). Darüber hinaus passen kooperativ motivierte Verhandler ihre Verhaltensweisen eher an das Verhalten ihres Gegenübers an, als dies egoistisch motivierte Verhandler tun (Weingart et al. 2007).

Während die epistemische Motivation in Bezug auf Verhandlungsverhalten und -ergebnisse kaum untersucht wurde, spielt die Impressionsmotivation dann eine Rolle, wenn Verhandler die Wahrnehmung des Gegenübers in Bezug auf sich selbst bewusst beeinflussen wollen. Dies kann der Fall sein, wenn ein Verhandler versucht, sich das Image eines „harten Hunds" zu geben oder wenn in einem Verhandlungsteam eine bestimmte Strategie wie „Good Cop/Bad Cop" implementiert werden soll (Brodt und Marla 2000). Die permanente Überprüfung des eigenen Verhaltens (*self-monitoring*) führte bspw. in der Untersuchung von Ohbuchi und Fukushima (1997) zu stärkerem integrativem Verhalten.

6.3.2.5 Rollen als Verhandler: Verhandlungsbeauftragte und Verhandlungsteams

Neben Einflussfaktoren des persönlichen Kontextes, die in der Person des Verhandlers als solcher begründet liegen, haben auch Determinanten des persönlichen Kontextes eine gewisse Aufmerksamkeit erfahren, die in der Rolle des Verhandlers begründet liegen. Exemplarisch widmen wir uns an dieser Stelle (a) Verhandlungsbeauftragten, die im Namen und auf Rechnung einer anderen Partei verhandeln, und (b) Verhandlungsteams, in denen die Persönlichkeiten und Rollen der einzelnen Verhandler eines Teams zusammenwirken.

Von einem **Verhandlungsbeauftragten** spricht man, wenn ein Verhandler nicht auf eigene Rechnung verhandelt, sondern dies für eine andere Partei tut. Streng genommen sind damit die meisten Verhandler im Anlagen- und Projektgeschäft Verhandlungsbeauftragte, die im Namen und auf Rechnung des Unternehmens verhandeln, bei dem sie angestellt sind, es sei denn, der Unternehmensinhaber verhandelt selbst. Nach der Prinzipal-Agenten-Theorie ist der Verhandlungsbeauftragte der Agent, der dem Prinzipal Rechenschaft schuldig ist. Ist die Wahrnehmung, Rechenschaft ablegen zu müssen, besonders stark, dann können auch Verhandler im Projekt- und Anlagengeschäft als klassische Verhandlungsbeauftragte im Sinne von Agenten betrachtet werden. Die Rechenschaftspflicht führt dann dazu, dass Agenten besonders starken Wert auf eine positive Evaluation durch ihren Prinzipal legen (Neale und Northcraft 1991, S. 158), die in der Regel dann gegeben ist, wenn ein hoher Verhandlungsgewinn erzielt wird. In Verhandlungen zieht dies häufig ein kompetitives Verhandeln des Verhandlungsbeauftragten nach sich, was die Einigungswahrscheinlichkeit schmälert, aber bei einem Abschluss den eigenen

Verhandlungsgewinn erhöhen kann (Bazerman et al. 1992, S. 62 f.). Durch das höhere Commitment zu eigenen Positionen, das durch die hohe Rechenschaftspflicht erzeugt wird, unterliegen Agenten außerdem der Gefahr, alternative Lösungsmöglichkeiten zu übersehen (Neale und Northcraft 1991, S. 158). Diese Argumentation gilt besonders dann, wenn sich die Rechenschaft auf das Verhandlungsergebnis bezieht. Fassina (2004) argumentiert hingegen, dass diese Probleme nicht auftreten, wenn ein Prinzipal, also bspw. der für den Geschäftsbereich des Verhandlungsteams verantwortliche Manager, Rechenschaft nicht für das schlussendliche Verhandlungsergebnis, sondern über die Vorgehensweise und das Verhalten seiner Verhandlungsbeauftragten einfordert (S. 438 f.). Ebenso konnte O'Connor (1997) zeigen, dass die einschränkenden Effekte der Rechenschaftspflicht auf Verhandlungsbeauftragte nicht auftreten, wenn Teams als Agenten auftreten, da sich die Rechenschaftspflicht dann auf mehrere Schultern verteilt und keiner der Teamverhandler einen zu großen persönlichen Druck verspürt.

Die meisten Verhandlungen im Anlagen- und Projektgeschäft finden in *Verhandlungsteams* statt, d. h. dass sowohl für den Auftraggeber als auch den Auftragnehmer mehrere Personen am Verhandlungstisch sitzen und an der Verhandlung teilnehmen. Die verschiedenen Personen eines Teams bringen dabei unterschiedliche Fähigkeiten und Expertise ein (z. B. technische, wirtschaftliche, rechtliche), und können trotz eines gemeinsamen allgemeinen Interesses an einem guten Geschäftsabschluss teilweise unterschiedliche Präferenzen und Prioritäten besitzen. Auch können verschiedene Personen im Team unterschiedliche verhandlungstaktische Rollen einnehmen, wie bspw. die des Verhandlungsführers, des Zuhörers, des Teufelsadvokaten, des Experten, des Strategen, etc. (Thompson 2005, S. 231). Daneben bringen alle Mitglieder eines Teams ihre spezifischen Persönlichkeitszüge ein (siehe Abschn. 6.3.2), so dass sich die Verhandlungssituation zwischen Teams exponentiell komplexer darstellt als zwischen zwei Solo-Verhandlern (Brodt und Thompson 2001, S. 209).

Dennoch konnten einige empirische Erkenntnisse gewonnen werden, die als relativ stabil gelten dürfen. So berichten Thompson et al. (1996, S. 72 ff.), dass der Einsatz eines Teams die Verhandlungseffizienz gegenüber Verhandlungen zwischen Solo-Verhandlern steigern konnte, was mit erhöhtem Informationsaustausch und einer zutreffenderen Wahrnehmung bezüglich der Interessenlage der Gegenpartei erklärt wird. Wenn ein Team mit einem einzelnen Verhandler interagierte, gelang es dem Team auch, einen höheren individuellen Gewinn zu erzielen (Polzer 1996, S. 690). Um die positiven Effekte eines Verhandlungsteams auf die Verhandlungseffizienz und den eigenen Verhandlungsgewinn ausnutzen zu können, scheint es jedoch wichtig zu sein, dass die Teammitglieder unterschiedliches Wissen mitbringen (Peterson und Thompson 1997, S. 374 ff.) und die Kooperation im Team gut ist (Keenan und Carnevale 1989). Auch ein hoher Gruppenzusammenhalt (Kohäsion) ist hierfür bedeutsam (Backhaus et al. 2008, S. 384). Liegen diese Voraussetzungen vor, so verhandeln Teams eher kooperativ. Weiterhin ist die spiegelbildliche Besetzung von Verhandlungsteams (*Matching*) in Bezug auf verschiedene Merkmale (beruflicher Hintergrund, Nationalität, Geschlecht) einem positiven Verhandlungsverlauf und -ergebnis zuträglich, wie aus der Buying Center-Literatur bekannt ist (Geiger und Kleinaltenkamp 2011, S. 290 ff.).

Eine Verstärkung der In-Group – Out-Group-Differenzen zwischen den Verhandlungsparteien mit vermehrtem kompetitiven Verhandlungsverhalten und negativen Effekten auf die Verhandlungseffizienz findet hingegen statt, wenn bereits die Zusammenarbeit innerhalb des Teams konfliktbeladen ist (Halevy 2008, S. 1694; Keenan und Carnevale 1989, S. 990). Einen interessanten Beitrag zur Wahrnehmung der Gegenpartei liefern Naquin und Kurtzberg (2009), die zeigen können, dass sich die Vertrauenswürdigkeit des gegnerischen Teams immer nach dem am wenigsten vertrauenswürdigen Teammitglied richtet, nicht etwa nach der durchschnittlichen Vertrauenswürdigkeit der einzelnen Teammitglieder.

6.3.2.6 Vorgeschichte und Beziehung zwischen den Verhandlungsparteien

Ein letzter, dem personellen Kontext zuzurechnender Einflussfaktor in Verhandlungen ist die **Vorgeschichte** und **Beziehung** zwischen den Parteien. Es ist leicht einzusehen, dass Verhandlungen zwischen Parteien, die bisher noch nicht miteinander interagiert haben, anders verlaufen als dann, wenn sie sich schon bekannt sind. Im Anlagen- und Projektgeschäft dürften beide Fälle auftreten, wohingegen viele andere Interaktionen auf Industriegütermärkten, etwa im Zuliefergeschäft, fast ausschließlich den Fall der Vorgeschichte oder einer irgendwie gearteten Beziehung beinhalten.

In Bezug auf Verhandlungen zwischen Organisationen argumentiert Geiger (2007), dass sich eine Vorgeschichte oder Beziehung zwischen den Parteien vor allem in einem höheren Niveau gegenseitigen Wissens, Vertrauens und Commitments niederschlägt (S. 64 ff.), wobei insbesondere das Commitment auch eine zukunftsbezogene Perspektive integriert, nämlich die Erwartung, auch nach der aktuellen Verhandlung mit der Gegenpartei wieder Geschäfte zu machen (Patton und Balakrishnan 2010). Nach Greenhalgh und Chapman (1998) gehören zu einer starken Beziehung zwischen zwei Verhandlungsparteien weiterhin solche Dinge wie Offenheit, gemeinsame Interessen, Empathie, Respekt und einige weitere Attribute, die jedoch in erster Linie für persönliche Beziehungen zutreffend sind (S. 483).

Trotz der Dominanz von Verhandlungen mit einer Vorgeschichte in der Praxis, also einer irgendwie gearteten Beziehung zwischen den Parteien, hat sich die empirische Forschung mit dem Einfluss von Vorgeschichte und Beziehung bisher erstaunlich wenig auseinandergesetzt (Gelfand et al. 2006, S. 428), was teilweise der Forschungsökonomie und dem Zugang zu Zeitreihendaten zuzuschreiben ist. Die vorhandenen Untersuchungen zeichnen dabei ein grundsätzlich positives Bild der Auswirkung einer (positiv konnotierten) Vorgeschichte oder Beziehung auf Verhandlungsverlauf und -ergebnisse. O'Connor et al. (2005) zeigen in ihrer Studie, dass das Vorhandensein einer positiven Vorgeschichte (d. h. eines Abschlusses gegenüber einem Scheitern der Verhandlung in Verhandlung eins) zu einer höheren Einigungswahrscheinlichkeit und höherer Verhandlungseffizienz in einer nachfolgenden Verhandlung führte (S. 357 f.). In der Simulation einer industriellen Geschäftsbeziehung konnte Geiger (2007, S. 213) nachweisen, dass diese das kompetitive Verhalten der Verhandlungspartner verringert, das integrative Verhalten steigert und schließlich zu höheren Einigungsraten und zu höherer Verhandlungseffizienz führt. Dass eine positive Vorgeschichte und Beziehung jedoch nicht automatisch zu besseren ökonomischen Verhandlungsergebnissen führt, zeigen die Studien von Fry et al. (1983) und O'Connor und Arnold (2011): Wenn nämlich das Bestreben, die Beziehung zu erhalten oder auszubauen, zu groß ist, kann dies die Parteien davon abhalten, auch konfliktäre Phasen in der Verhandlung zu durchlaufen, die aber nötig wären, um effizientere Ergebnisse zu erzielen.

6.3.3 Psychologische Prozesse der Verhandlungsparteien

In den vorangegangenen Abschnitten haben wir bereits erste Einflussfaktoren von Verhandlungen kennengelernt, die in der Person eines Verhandlers begründet liegen. Es handelte sich dabei aber ausnahmslos um Faktoren, die zu Beginn einer Verhandlung feststehen, teilweise sogar völlig determiniert sind, wie etwa das Geschlecht oder der kulturelle Hintergrund eines Verhandlers. Im Folgenden wollen wir uns hingegen dynamischen Faktoren auf Seiten der Verhandler zuwenden, also solchen psychologischen Prozessen, die sich während der Verhandlung in den Köpfen und Körpern der Verhandler abspielen. Dazu gehören bewusste und unbewusste Wahrnehmungs- und Informationsverarbeitungsprozesse, die das Erleben und Handeln in der Verhandlungsinteraktion bestimmen. Im Kern geht es darum, dass Verhandler ihrem Erleben und Handeln Sinn zuschreiben zu versuchen und dabei mit verschiedenen Herausforderungen konfrontiert sind. Wie wir sehen werden, „funktionieren" Verhandler dabei keineswegs wie „rationale Maschinen", sondern werden immer wieder von den eigenen Sinnen betrogen, wie wir schon kurz bei der Diskussion der Entstehung von Verhandlungszufriedenheit gesehen haben.

6.3.3.1 Framing – die verschiedenen Brillen des Verhandlers

Verhandlungen sind sozial eingebettete, kommunikative Situationen mit erheblichem Interpretationsspielraum, die jeder Verhandler vor seinem eigenen persönlichen Erwartungs- und Erfahrungshintergrund erlebt und deutet. Den Mechanismus der Sinnzuschreibung in einer solchen Situation beschreiben Bateson (1972) und Goffman (1974) als ***Framing***. Ein Deutungsrahmen (*Frame*) hilft dem Verhandler, auf bestimmte Dinge in der Verhandlung besonders Acht zu geben, Informationen in einer bestimmten Weise zu interpretieren, der Verhandlung eine gewisse Form zu geben und sie zu verändern. Deutungsrahmen helfen uns, eine Person, ein Ereignis oder einen Prozess in einem bestimmten Licht zu betrachten, zu verstehen und von der komplexen, ungeordneten Welt darum herum zu trennen. Sie bestimmen damit auch, wie wir allgemein Informationen und speziell Elemente des Kommunikationsprozesses (Muster von Nachrichten, linguistische und sozial konstruierte Bedeutungen) aufnehmen, verarbeiten und deuten und wie wir uns selbst verhalten (Putnam und Holmer 1992, S. 129). Das Konzept der Deutungsrahmen kann so bspw. verstehen helfen, warum zwei Personen, die sich in derselben sozialen Situation befinden, diese unterschiedlich wahrnehmen und interpretieren (Lewicki et al. 2010, S. 142). Deutungsrahmen sind in Verhandlungen besonders wichtig, weil die konfligierenden Interessen der Parteien oftmals nicht deutlich zutage treten, sondern teilweise im Verborgenen liegen, und somit ein großer Interpretationsspielraum besteht, den jeder Verhandler vor seinem eigenen Erfahrungshorizont ausfüllt. Wie Verhandler bestimmte Verhandlungsgegenstände definieren und deuten, liefert eine klare Indikation, welche Punkte von zentraler Bedeutung für sie sind, welche Ziele sie verfolgen, welche Informationen sie suchen und welche sie ignorieren und wie sie für die eigene Sache argumentieren (Lewicki et al. 2010, S. 142). Wichtig zu beachten ist, dass Verhandler immer Deutungsrahmen verwenden, anders gesagt immer eine bestimmte Brille aufhaben, durch die sie die Verhandlung betrachten und selbst daran teilnehmen.

Da diese Deutungsrahmen die in den nachfolgenden Abschnitten beschriebenen Wahrnehmungs- und Informationsverarbeitungsprozesse stark beeinflussen (Pinkley und Northcraft 1994, S. 194), ist eine Bewusstmachung der möglichen Deutungsrahmen ein erster Schritt, den Prozess des *Framings* zu verstehen und zu einem gewissen Grad kontrollieren zu können. Verschiedene Autoren schlagen dabei verschiedene Kategorien von Deutungsrahmen vor, die im Folgenden kurz vorgestellt werden sollen.

Eine Kategorisierung, die im Wesentlichen auf unveröffentlichte Arbeiten von Gray und Ko-Autoren zurückgeht (Lewicki et al. 2010, S. 143 f.; Putnam und Holmer 1992, S. 135 ff.), unterscheidet auf Basis der linguistischen Analyse von Verhandlungstranskripten die folgenden Deutungsrahmen:

- Die **substanzielle Brille** (*substantive frame*) stellt das scharf, worum es in dem Konflikt bzw. der Verhandlung hauptsächlich geht.
- Die **Ergebnis-Brille** (*outcome frame*) fokussiert ein einziges oder wenige bestimmte erstrebenswerte Resultate, die eine Partei in der Verhandlung anstrebt. Verhandler mit einer ausgeprägten Ergebnis-Brille laufen Gefahr, durch die starke Ergebnis-Fokussierung unflexibel zu werden, sich wenig Gedanken um die Gegenpartei zu machen und besonders distributiv zu verhandeln.
- Die **Interessen-Brille** (*aspiration frame*) versucht, die Verhandlung als eine ergebnisoffene Interaktion zu betrachten, die dazu dient, breit angelegte eigene Interessen und Bedürfnisse zu befriedigen. Eine solche Brille bezieht oftmals die Lage und Interessen der Gegenpartei ein und ist eine gute Voraussetzung, um zu effizienten, integrativen Abkommen zu gelangen.
- Die **Prozess-Brille** (*process frame*) ist darum bemüht sicherzustellen, dass die Parteien sich an einen bestimmten, als adäquat erachteten Ablauf der Verhandlung halten. Welchen Weg die Verhandlung inhaltlich nimmt, ist für Verhandler mit einer starken Prozess-Brille zweitrangig.
- Die **Identitätsbrille** (*identy frame*) zielt darauf, die eigene Identität, also wie sich ein Verhandler selbst sieht und gesehen werden möchte, zu wahren und durch die Verhandlung ggf. zu stärken. Die hohe Bedeutung der Gesichtswahrung für fernöstliche Verhandler (Neun 2011, S. 34 f.) ist so bspw. mit der Identitätsbrille zu erklären.
- Die **Charakterisierungsbrille** (*characterization frame*) entscheidet darüber, wie die Gegenseite wahrgenommen und behandelt wird. Sie wird häufig beeinflusst durch den Status der Gegenpartei, ihre Reputation oder ihr Verhalten zu Beginn einer Verhandlung.

- Die **Gewinn-und-Verlust-Brille** (*loss-gain frame*) bestimmt, ob ein Verhandler den möglichen Ausgang einer Verhandlung eher als Verlust oder eher als Gewinn betrachtet. Sie spielt besonders für die Wirkung von kognitiven Referenzpunkten eine wichtige Rolle.

Bei dieser Kategorisierung ist es wichtig darauf hinzuweisen, dass Verhandler während einer Verhandlung mehrere Brillen aufhaben können, sich ggf. jedoch die Bedeutung der einzelnen Brille im Verlauf der Verhandlung ändert. So kann bspw. eine starke Prozess-Brille am Anfang dazu führen, dass beide Parteien ein Vertrauensverhältnis entwickeln und dann mit einer stärkeren Interessen-Brille möglichst effiziente Abkommen ausloten. Durch die verschiedenen Schwerpunkte der einzelnen Brillen ist es klar, dass diese zu unterschiedlichen Verhandlungsverläufen führen. Zu besonderen Konfliktkonstellationen kann es kommen, wenn die beiden Parteien unterschiedliche Brillen aufhaben, bspw. eine starke Ergebnis-Brille der einen Partei auf eine Verlust-Brille der anderen Partei trifft und sich so trotz integrativen Potenzials eine Spirale kompetitiven Verhaltens entspinnt und die Verhandlung schließlich scheitert.

Eine andere, empirisch hergeleitete Kategorisierung von Deutungsrahmen bei Konflikten und den darauf bezogenen Verhandlungen findet sich bei Pinkley (1990). Auf der Basis der Beschreibung verschiedenster Konflikte und der Beurteilung ihrer Ähnlichkeit wurden drei Dimensionen von Konflikten identifiziert, die in Abb. 6.8 dargestellt sind. In einer Folgestudie wurde der Einfluss dieser Deutungsrahmen auf eine konkrete Verhandlung in einem Geschäftsbeziehungskontext untersucht (Pinkley und Northcraft 1994). Dabei stellte sich heraus, dass sich die Deutungsrahmen der Verhandler in einer Dyade während der Verhandlung annähern. Weiterhin konnten die Autoren zeigen, dass Verhandler mit einem intellektuellen Deutungsrahmen unabhängig vom Verhandlungsergebnis zufriedener mit der Verhandlung waren als solche mit einem emotionalen Deutungsrahmen. In Bezug auf den individuellen Verhandlungsgewinn und die Verhandlungseffizienz zeigten sich sowohl der Aufgaben-Deutungsrahmen der Beziehungsbrille überlegen, wie auch die Ausgleichs- gegenüber der Siegbrille (S. 200).

Ein letzter Ansatz in Bezug auf Deutungsrahmen, der hier vorgestellt werden soll, stammt von Ury et al. (1988), die drei Kategorien unterscheiden, wie Verhandler an eine Verhandlung herangehen können:

- **Interessengeleitet**: Diese Sichtweise entspricht der Interessen-Brille von weiter oben. Interessengeleitete Verhandler versuchen, durch die Verhandlung ihre eigenen Bedürfnisse und Interessen zu befriedigen und diese von den eigenen Positionen zu trennen. Positionen sind für sie Vorschläge zur Interessenbefriedigung, die jedoch bei besseren Vorschlägen leicht geräumt werden können.
- **Rechts- und Gerechtigkeitsgeleitet**: Manche Verhandler betrachten die Verhandlung aus der Brille, was Recht und gerecht ist. Für sie ist es extrem wichtig, dass faire Lösungen gefunden werden, dass Abkommen einem bestimmten Gerechtigkeitsverständnis oder bestimmten anerkannten (gesetzlichen) Regeln und (sozialen) Normen entsprechen.

Aufgabe: Im Fokus des Verhandlers steht die Lösung einer materiellen Aufgabe.	↔	**Beziehung:** Das wichtigste Anliegen des Verhandlers ist die Aufrecht-erhaltung/Wiederherstellung der guten Beziehung zur Gegenpartei.
Intellektuell: Die Verhandlung wird als eine intellektuelle Aufgabe betrachtet, für die bestimmte Handlungen zielführend sind.	↔	**Emotional:** Die Verhandlung wird als Aufgabe betrachtet, in der dem emotionalen Ausgleich eine wichtige Rolle zukommt.
Ausgleich: Die Verhandlung wird als eine Situation betrachtet, in der beide Parteien durch Zugeständ-nisse zu einem Ausgleich kommen.	↔	**Sieg:** Die Verhandlung wird als eine Situation von Sieg und Niederlage betrachtet, in der nur eine Partei gewinnen kann.

Abb. 6.8 Drei Dimension der Deutungsrahmen von Konflikten (in Anlehnung an Pinkley 1990)

- **Machtgeleitet**: Für machtgeleitete Verhandler stellt sich die Verhandlung als Kräftemessen dar. Sie fragen sich, wer den anderen dazu zwingen kann nachzugeben, wer gewinnen und wer verlieren wird. Für solche Verhandler ist der Aufbau entsprechender Machtpositionen (Geiger 2007, S. 85 ff.) ein wesentliches Element der Verhandlungsvorbereitung.

Es ist leicht einzusehen, dass der Verlauf einer Verhandlung extrem davon abhängig ist, welche dieser Herangehensweisen ein Verhandler wählt und wie sich seine Herangehensweise während der Verhandlung entwickelt. Dies gilt unabhängig davon, welcher Kategorisierung von Deutungsrahmen der Leser zuneigt. Dass Deutungsrahmen als Brillen des Verhandlers seine Wahrnehmung und Informationsverarbeitung deutlich beeinflusst, dürfte in diesem Abschnitt in jedem Falle klar geworden sein.

6.3.3.2 Wahrnehmung – das Fenster zur subjektiven Realität

Der erste grundlegende psychologische Prozess, mit dem ein Verhandler die Verbindung zu seiner sozialen Umwelt und damit zur Verhandlungssituation herstellt, ist seine **Wahrnehmung**. Ein wichtiges Ziel der Wahrnehmung in Verhandlungen ist die richtige Aufnahme und Interpretation dessen, was die andere Partei sagt und zu übermitteln versucht. Inwieweit dies gelingt, hängt von vielen Faktoren ab, u. a. den Deutungsrahmen, die ein Verhandler (bewusst oder unbewusst) verwendet, seinem Vorwissen und Erfahrungshorizont, Variablen seiner Persönlichkeit (Intelligenz, Empathie), seiner Rolle (in Teamverhandlungen kann bspw. eine Person dafür abgestellt sein nur zuzuhören und hat daher eine umfassendere und schärfere Wahrnehmung als der Verhandlungsführer im selben Team), seiner geistigen und körperlichen Verfassung oder den räumlichen Umständen der Verhandlung (Temperatur, Geräusch, örtliche Umgebung, etc.).

Die Wahrnehmung selbst ist ein komplexer physiologischer und psychologischer Prozess, der das Aufspüren, die Auswahl und die Interpretation von sensorischen Stimuli bein-

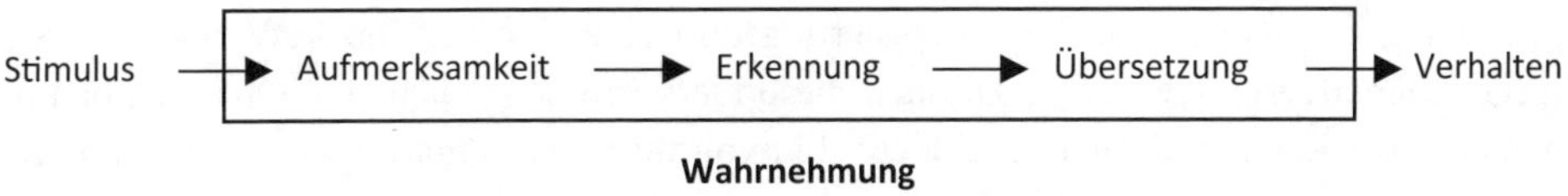

Abb. 6.9 Der Wahrnehmungsprozess (in Anlehnung an Lewicki et al. 2010, S. 139)

haltet, so dass für den Einzelnen dadurch Sinn entsteht (Lewicki et al. 2010, S. 139). Die Interpretation und Sinnzuschreibung in Bezug auf die aufgenommenen Reize ist dabei fast ausschließlich relativ, d. h. sie bezieht sich auf eine bestimmte Vergleichsgröße (Eine Ausnahme: Menschen mit einem absoluten Gehör sind in der Lage, ohne Vergleichsmaßstab die Höhe eines Tones anzugeben). Ob ein Verhandler als eher aggressiv oder eher konziliant wahrgenommen wird, hängt somit z. B. von seiner Reputation oder der Vorgeschichte ab (Hilty und Carnevale 1993).

Da die Umwelt eines Verhandlers in der Regel sehr komplex ist und eine unüberschaubare Vielzahl von Reizen vorhält, bedeutet Wahrnehmung aus der Sicht des Einzelnen immer eine Reduktion der Anzahl der aufnehmbaren Stimuli. Wahrnehmung ist daher immer eine selektive Wahrnehmung, eine Art subjektives Fenster zur Realität des Verhandlers. Wie Abb. 6.9 zeigt, beinhaltet der Wahrnehmungsprozess die Schritte Aufmerksamkeit, Erkennung und Übersetzung.

Die Wahrnehmung als besonderen psychologischen Prozess im Zusammenhang mit Verhandlungen besonders zu thematisieren, ist vor allem deshalb nötig, weil in Verhandlungen regelmäßig und systematisch Wahrnehmungsstörungen auftreten, der Blick durch das subjektive Fenster zur Realität also mitnichten immer die Realität zeigt. Die Wahrnehmungsstörungen sind dabei nicht immer trennscharf von kognitiven Verzerrungen zu unterscheiden, die wir im nächsten Abschnitt genauer ansehen und die sich mehr mit der Informationsverarbeitung beschäftigen.

Eine wichtige, in Verhandlungen auftretende Wahrnehmungsstörung betrifft die Urteilsbildung (häufig über die Gegenpartei) auf Basis weniger Informationen. Lewicki et al. (2010, S. 140 f.) unterscheiden hierbei die Stereotypisierung und sogenannte Halo-Effekte (von Halo, engl. für Heiligenschein). Bei der **Stereotypisierung** bildet sich der Verhandler ein Urteil über sein Gegenüber aufgrund einer einzigen Information, die dessen Zugehörigkeit zu einer bestimmten sozialen Gruppe signalisiert (z. B. jung und weiblich). Die Wahrnehmungsstörung tritt dann auf, wenn neben der offensichtlichen Information weitere stereotypische Attribute der sozialen Gruppe (z. B. junge Frauen sind in der Regel keine Ingenieure) auf das Gegenüber übertragen werden. Bei den ***Halo*-Effekten** werden einem Gegenüber auf Basis einer ersten Information weitere, nicht überprüfte Eigenschaften zugeschrieben. Bspw. wird eine lächelnde Person auch als ehrlicher wahrgenommen als eine Person, die grimmig schaut, obwohl es keinen Zusammenhang zwischen Ehrlichkeit und Lächeln gibt (Lewicki et al. 2010, S. 140). Halo-Effekte können positiv und negativ sein, so dass einzelne, besonders hervortretende positive Attribute die gesamte Person in einem besseren Licht dastehen lassen, während einzelne negative Attribute den gegenteiligen Effekt haben. Stereotypisierung und Halo-Effekte sind in Verhandlungen (gegenüber anderen sozialen Situationen) besonders wahrscheinlich, da Verhandler häufig darauf angewiesen sind, sich schnell ein Bild von ihrem Gegenüber zu machen und daher nur eine begrenzte Anzahl von Stimuli dazu heranziehen. Bei der Verallgemeinerung der verfügbaren Informationen treten dann die beschriebenen Wahrnehmungsstörungen auf, die durch sich an die ersten Eindrücke anschließende selektive Wahrnehmung zur Bestätigung des anfänglichen Bildes (Bazerman 2002, S. 34) noch verstärkt werden können.

Eine andere Art der Ergänzung fehlender Information zur Vervollständigung einer Wahrnehmung stellt die sogenannte **Projektion** dar. Projektion entsteht dann, wenn Verhandler von ihrer eigenen Wahrnehmung einer Situation auf dieselbe Wahrnehmung durch die Gegenpartei schließen. Problematisch ist Projektion in einer Verhandlungssituation dann, wenn sie sich auf die Struktur der Verhandlungsgegenstände bezieht: Die Annahme, dass für die eigene Seite besonders wichtige Gegenstände auch für die Gegenseite sehr wichtig sein müssen, führt zu einer **Nullsummenwahrnehmung**, die die Möglichkeit von Präferenz- und Prioritätsunterschieden ausschließt (Thompson und Hastie 1990, S. 102 f.). Unterliegen Verhandlungsparteien einer solchen Fehlwahrnehmung, ist die Wahrscheinlichkeit, zu effizienten Verträgen zu gelangen, stark eingeschränkt. Eine abgeschwächte Form der Nullsummenwahrnehmung ist die **Illusion von Transparenz** (Van Boven et al. 2003): In diesem Fall ist einem Verhandler klar, dass es unterschiedliche Prioritäten zwischen den Parteien gibt, allerdings überschätzt er das Wissen der Gegenpartei über die eigene Präferenzstruktur deutlich, auch dann wenn er Informationen über seine Präferenzstruktur während der Verhandlung übermittelt hat.

6.3.3.3 Informationsverarbeitung und kognitive Verzerrungen

Verhandlungen sind zumeist dadurch geprägt, dass die für die Lösung des verhandelten Problems verfügbaren Informationen asymmetrisch zwischen und oftmals auch innerhalb der Parteien verteilt sind. Während der Verhandlung werden Informationen (Angebote, Argumente, Hintergrundfakten, etc.) ausgetauscht und die Informationsasymmetrie dadurch teilweise abgebaut. Das bedeutet für den einzelnen Verhandler, dass er sich während der Verhandlung in einem ständigen Prozess der Informationsaufnahme (Wahrnehmung) und der **Informationsverarbeitung** befindet. Die Informationsverarbeitung unterscheidet sich von der -aufnahme in erster Linie dadurch, dass an ihrem Ende eine Entscheidung und Handlung steht (Lewicki et al. 2010, S. 150).

Da das menschliche Gehirn nicht nur mit unzähligen Stimuli in der Umwelt konfrontiert wird und daher schon eine selektive Wahrnehmung vornimmt, sondern auch eine sehr große Anzahl von Informationen zur weiteren Verarbeitung annimmt, behilft es sich bei vielen Informationsverarbeitungsvorgängen gedanklicher Abkürzungen, sogenannter Heuristiken. Diese brauchen oft nur sehr wenige Informationen, um eine Entscheidung zu treffen, die in den allermeisten Fällen eine gute Entscheidung ist (Cialdini 1993, S. 3 ff.). Allerdings führen diese Heuristiken nicht immer zu akkuraten Urteilen und Entscheidungen, sondern in nicht wenigen in Verhandlungen relevanten Fällen zu kognitiven Verzerrungen (*cognitive biases*). Ein psychologisch bewanderter Verhandler kann sich die Kenntnis über kognitive Verzerrungen und die zugrunde legenden Mechanismen daher leicht zum Werkzeug machen, um die Verhandlung zu seinen Gunsten zu beeinflussen oder auch sein Gegenüber massiv psychologisch zu manipulieren (Lewicki et al. 2010, S. 240 ff.; Thompson 2005, S. 163 ff.). Wie letzteres im Einzelnen geschehen kann und wie man sich dagegen wehrt, beschreibt Cialdini (1993) eindrucksvoll in seinem Buch *„Influence – The Psychology of Persuasion"*.

Den wichtigsten dieser Informationsverarbeitungsprozesse, den möglichen kognitiven Verzerrungen sowie deren Einfluss auf den Verhandlungsverlauf und das Verhandlungsergebnis wollen wir uns im Folgenden widmen.

Kognitive Referenzpunkte In Verhandlungen als Situation unter Unsicherheit und unvollständiger Information benutzen Verhandler verschiedene **kognitive Referenzpunkte**, an denen sie den Verhandlungsverlauf und bestimmte Angebote bzw. Lösungsmöglichkeiten des verhandelten Konflikts messen. Sie können so beurteilen, inwieweit sie weiterverhandeln, einem Abkommen zustimmen oder die Verhandlung abbrechen wollen. Am einfachsten wird die Wirkung von kognitiven Referenzpunkten in einer rein distributiven Preisverhandlung deutlich, wie sie aus Sicht eines Verkäufers in Abb. 6.10 dargestellt ist. Als kognitive Referenzpunkte, an denen der Verkäufer seine Zustimmung zu einem Verkauf festmachen kann, kommen unterschiedliche Informationen in Frage: sein Reservationspunkt (siehe Abschn. 6.2.2.1), möglicherweise verfügbare Informationen über einen (fairen) Marktpreis, sowie sein Zielpunkt (Blount et al. 1996, S. 2). Da sich der Wert dieser Referenzpunkte zum Teil erheblich unterscheidet, ist es für den Verhandlungserfolg des Verkäufers nicht unerheblich, welcher Referenzpunkt für die Beurteilung der Argumente und Angebote seines Gegenübers besonders hervorstechend ist. Dies ist deswegen entscheidend, weil die Beurteilung eines Angebots der Gegenpartei nie im luftleeren Raum, sondern immer relativ zu einem Referenzpunkt stattfindet. Allerdings bewertet das menschliche Gehirn positive und negative Abweichungen von einem Referenzpunkt unterschiedlich – negative Abweichungen werden als Verlust verbucht, positive Abweichungen als Gewinn gegenüber dem Referenzpunkt. Weiterhin springen Verluste stärker ins Auge als Gewinne; sie besitzen in der Sprache der Psychologen eine größere Salienz. Dies führt dazu, dass Menschen eine größere Anstrengung unternehmen, um drohende Verluste zu minimieren, als mögliche Gewinne zu maximieren (Kahneman und Tversky 1979). Psychologen sprechen in Bezug darauf von *loss framing* und *gain framing*. In Verhandlungen führt dies dazu, dass Verhandler, die einen (gefühlten) Verlust zu minimieren versuchen, aggressivere Angebote machen oder Forderungen stellen, geringere Zugeständnisse machen und öfter ein Scheitern in Kauf nehmen als Verhandler, die einen wahrgenommenen Gewinn zu maximieren glauben (De Dreu et al. 1994, S. 91).

Ob ein Verhandler eher einen scheinbaren Verlust minimiert oder einen wahrgenommenen Gewinn maximiert, hängt deutlich (a) von der Art des Referenzpunktes und (b) von der Lage des jeweiligen Referenzpunktes ab. Grundsätzlich gilt, dass die Orientierung am eigenen Reservationspunkt (RP_V) als Untergrenze am ehesten zu einer Gewinnwahr-

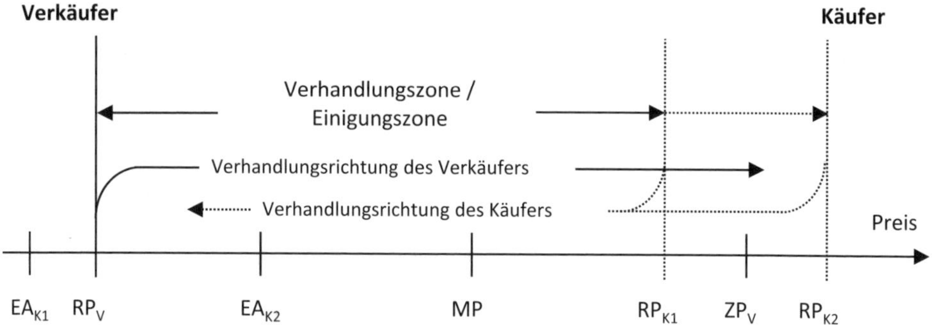

RP_V: Reservationspunkt des Verkäufers
MP: (Fiktiver) Marktpreis
ZP_V: Zielpunkt des Verkäufers
EA_{K1}: Ambitioniertes Erstangebot des Käufers
EA_{K2}: Wenig ambitioniertes Erstangebot des Käufers
RP_{K1}: Geringer, möglicher Reservationspunkt des Käufers (aus Verkäuferperspektive geschätzt)
RP_{K2}: Hoher, möglicher Reservationspunkt des Käufers (aus Verkäuferperspektive geschätzt)

Abb. 6.10 Kognitive Referenzpunkte im Verhandlungszonenmodell einer rein distributiven Preisverhandlung

nehmung führt und damit zwar die Einigungswahrscheinlichkeit maximiert, allerdings auch dazu neigt, einen höheren erzielbaren eigenen Verhandlungsgewinn zu verschenken. Orientiert sich der Verkäufer jedoch vorrangig an seinem Zielpunkt (ZP_V), so steigt die Wahrscheinlichkeit eines höheren Verhandlungsgewinns.

In Vertriebsverhandlungen kann es darüber hinaus vorkommen, dass die einzelnen Referenzpunkte mit einer gewissen Unsicherheit behaftet sind. Ein unsicherer Referenzpunkt führt dabei mit einer größeren Wahrscheinlichkeit zu einer Verlustwahrnehmung als ein sicherer Referenzpunkt. Die entsprechenden Folgen in Bezug auf den Reservationspunkt konnten (Wilken et al. 2010) zeigen: So erzielten Verkäufer mit **Teilkosteninformationen**, die den logischen, sicheren Reservationspunkt in einer einzelnen Vertriebsverhandlung darstellen, geringere Verhandlungsgewinne als solche mit **Vollkosteninformationen**, die eine unsicherere Schätzung des Reservationspunktes und einen insgesamt höheren Referenzpunkt abbilden (S. 80).

Diese Studie zeigt exemplarisch weiterhin, dass neben der Art des Referenzpunktes auch seine Höhe eine wichtige Rolle spielt: Je höher der Referenzpunkt, desto eher verhandelt eine Partei unter einer Verlustwahrnehmung und strengt sich entsprechend mehr an, den drohenden Verlust zu vermeiden. Dies gilt insbesondere für Zielpunkte, die eine Verhandlungspartei am einfachsten selbst beeinflussen kann. Solange die Zielpunkte insgesamt realistisch bleiben, also nicht weit außerhalb der Verhandlungszone liegen, ist es für eine Verhandlungspartei also sinnvoll, hohe (spezifische) Ziele anzustreben. Dies führt nicht nur in distributiven Verhandlungen zu einem tendenziell höheren Verhandlungsgewinn (Huber und Neale 1986, S. 358), sondern hilft in integrativen Verhandlungen auch, den Verhandlungskuchen insgesamt größer zu machen (Pruitt und Lewis 1975, S. 626). Ebenso stellte sich dort heraus, dass es für einen Verhandler im Bezug auf den eigenen Verhandlungsgewinn besser ist, überhaupt ein spezifisches Ziel anzustreben, als ohne spezifisches Ziel „sein Bestes zu geben".

Neben den bisher diskutierten kognitiven Referenzpunkten, die sich alle auf vor der Verhandlung verfügbare Informationen einer Partei und ihr eigenes Verhalten aufgrund dieser Informationen bezogen, spielen weiterhin Referenzpunkte eine Rolle für den Verhandlungsverlauf, die erst während der Verhandlung auftreten. Der vielleicht wichtigste kognitive Referenzpunkt während einer Verhandlung ist das **Erstangebot** der Gegenpartei. Häufig ist dies die erste Information, aus der abgeleitet wird, wo der Reservationspunkt der Gegenpartei liegt und wie groß demnach die Verhandlungszone und damit das eigene Gewinnpotenzial sind. Diese Urteilsbildung über die Größe der Verhandlungszone aus der Information des ersten Gegenangebots ist jedoch problematisch, da das menschliche Gehirn dabei eine Abkürzung nimmt. Anstatt alle möglichen Informationen über den Reservationspunkt der Gegenpartei zu kombinieren, bedient es sich des Erstangebots der Gegenpartei als sogenannten kognitiven Ankers (Galinsky und Mussweiler 2001). Von diesem Anker findet nun eine Anpassung statt, um den gesuchten Wert zu schätzen. Während die menschliche Kognition zwar die Richtung der Anpassung (nach oben oder unten vom kognitiven Anker) oftmals richtig macht, ist das Ausmaß der Anpassung i. d. R. nicht ausreichend, auch nicht bei Experten auf ihrem Wissensgebiet (Mussweiler et al. 2000). Somit hängt die Schätzung des Reservationspunkts der Gegenpartei maßgeblich von der Höhe des kognitiven Ankers, also des ersten Angebots der Gegenpartei ab. In Abb. 6.10 ist dies durch die beiden möglichen Erstangebote des Käufers EA_{K1} und EA_{K2} illustriert, die beim Verkäufer durch den **Ankereffekt** den Eindruck eines niedrigeren bzw. höheren Reservationspunkts des Käufers (RP_{K1}, RP_{K2}) hervorrufen. Ein solcher Ankereffekt kann hingegen umgangen werden, wenn sich ein Verhandler andere zur Verfügung stehende Informationen vor Augen führt, etwa über die Alternativen des Gegenübers oder sein eigenes Verhandlungsziel, um die Salienz des Ankers abzuschwächen (Galinsky und Mussweiler 2001, S. 666).

Neben dem bereits angesprochenen *loss/gain framing* durch kognitive Referenzpunkte und dem Ankereffekt durch Erstangebote treten in Verhandlungen häufig weitere kognitive Verzerrungen (Tversky und Kahneman 1974) auf, von denen im Folgenden einige kurz vorgestellt werden sollen.

Verfügbarkeit von Information Den Begriff und die Bedeutung der Salienz von Informationen haben wir im vorgegangenen Abschnitt schon kennen gelernt. Grundsätzlich zieht das menschliche Gehirn eher Informationen in seine Urteilsbildung ein, die besonders salient, also hervorstechend sind (Bazerman 2002, S. 14 ff.). In Verhandlungen kann dies zu kognitiven Verzerrungen und falschen Entscheidungen führen, wenn eine unwichtige Information einfach verfügbar und besonders salient ist, bspw. durch eine besonders lebhafte oder multisensorische Darstellung durch die Gegenpartei, und gleichzeitig für eine Entscheidung wichtige Informationen weniger gut zugänglich oder weniger salient sind. Durch die stärkere Gewichtung der salienten, gut zugänglichen, aber unwichtigen Information kann es dann zu Fehlentscheidungen kommen.

Winner's Curse Als ***Winner's Curse*** (dt. Fluch des Gewinners) bezeichnet man die Evaluierung einer Verhandlung durch einen Verhandler, nachdem diese viel schneller zu Ende gegangen ist, als von ihm erwartet. Häufig besteht die Verhandlung nur darin, dass der entsprechende Verhandler ein erstes Angebot gemacht und die Gegenseite sofort eingewilligt hat. Weil der Verhandler nicht mit einem sofortigen Einwilligen der Gegenseite gerechnet hat, fragt er sich nun, ob er nicht bei einem eigenen anderen Angebot noch deutlich mehr für sich herausholen hätte können oder aber ob mit dem Verhandlungsobjekt, speziell in einer Verkaufssituation, etwas nicht in Ordnung ist. Grundsätzlich hat sich der scheinbare Gewinn (Annahme seines ersten Angebots durch die Gegenseite) in einen Fluch verwandelt, da offenbar mehr zu holen gewesen wäre. Diese subjektive Bewertung der Verhandlung als *winner's curse* beruht zumindest teilweise auf kontrafaktischem Denken des Verhandlers. Anstatt sich einzugestehen, dass er offenbar nicht ausreichend über die Lage der Gegenpartei oder den Wert des Verhandlungsgegenstands informiert war und daher mit seinem Erstangebot einen Fehler begangen hat, interpretiert er die Verhandlung vor dem Hintergrund eines „Was wäre gewesen, wenn ich ein höheres Angebot gemacht hätte?" und reagiert entsprechend unzufrieden (Galinsky et al. 2002).

Übermäßiges Vertrauen Ein weiteres Phänomen kognitiver Verzerrungen ist das **übermäßige Vertrauen** in die eigene Urteilskraft und die eigenen Fähigkeiten (engl. *overconfidence bias*). Nach Lewicki et al. (2010) kann übermäßiges Vertrauen in die eigenen Fähigkeiten in Verhandlungen sowohl dazu führen, eigene Positionen und Vorschläge mit mehr Überzeugungskraft zu vertreten und somit einen Vorteil zu erlangen. Andererseits führt es regelmäßig auch dazu, dass Vorschläge und Einschätzungen der Gegenseite als weniger akkurat und weniger wertvoll abgetan werden und damit der Verhandlungsspielraum eingeengt wird.

Besitztumseffekt Problematisch kann auch der **Besitztumseffekt** (engl. *endowment effect*) werden, der darin besteht, ein Gut, das man selbst besitzt, als wertvoller zu bewerten, als dasselbe Gut, wenn man es nicht besitzt (Kahneman et al. 1990, S. 1326). Für ein Verkäuferteam kann der Besitztumseffekt dann problematisch werden, wenn die zu verkaufenden Güter als viel wertvoller eingeschätzt werden, als der potenzielle Kunde dies sieht. Weiterhin bezieht sich der Besitztumseffekt in Verhandlungen auch auf Angebote in der Verhandlung: Unabhängig vom Inhalt des Angebots ziehen Verhandler ihre eigenen Angebote denen der Gegenseite vor (Curhan et al. 2004, S. 149).

Wie diese Beispiele gezeigt haben, sind selbst Verhandler, die sich gerne rational verhalten möchten, gewissen kognitiven Beschränkungen unterworfen. Diese werden sich kaum gänzlich ausschalten lassen, doch bereits das Wissen darum, schafft die Möglichkeit, die kognitiven Verzerrungen in das eigene Verhalten einfließen zu lassen und bspw. die verfügbaren Information in einer Verhandlung kontinuierlich auf ihre Relevanz und mögliche unerwünschte Effekte hin zu überprüfen.

6.3.3.4 Affektive Prozesse in Verhandlungen

Während Wahrnehmungs- und Informationsverarbeitungseffekte in Verhandlungen bereits seit drei Jahrzehnten ausgiebig untersucht worden sind, stellen **affektive Prozesse** als letzte hier betrachtete psychologische Prozesse einen Untersuchungsgegenstand dar, der erst in den letzten Jahren eine verstärkte Aufmerksamkeit erfahren hat. Unter affektiven Prozessen in Verhandlungen werden Handlungen verstanden, die durch **Emotionen** oder **Stimmungen** eines Verhandlers ausgelöst werden (Barry und Oliver 1996, S. 128). Emotionen sind kurzfristige, durch ein bestimmtes Ereignis oder Bezugsobjekt verursachte gefühlsmäßige Reaktionen eines Menschen, die relativ heftig ausfallen können, aber verhältnismäßig schnell wieder abklingen (Barry 2008, S. 98). Stimmungen hingegen sind weniger intensiv, dauern länger an und können selten auf einen einzelnen Grund zurückgeführt werden. Wir wollen Affekt hier als Sammelbegriff für Emotionen und Stimmungen gebrauchen. Er kann hinsichtlich seiner Intensität und seiner Valenz (positiv/negativ) differenziert werden. Zu den positiven affektiven Prozessen gehören bspw. Freude, Neugier, Mitgefühl oder Staunen, während Wut, Zorn, Enttäuschung, Traurigkeit oder Furcht zu den negativen Affekten zählen (Druckman und Olekalns 2008, S. 4).

Die erste und lange Zeit einzige empirische Studie zur Wirkung von positivem Affekt auf eine integrative Verhandlung zeigte, dass dieser kompetitives Verhalten verringert und sich positiv auf die Effizienz der Verhandlung auswirkt (Carnevale und Isen 1986, S. 7). Der letztgenannte Effekt konnte in einigen nachfolgenden Studien repliziert werden (Allred et al. 1997, S. 183; Anderson und Thompson 2004, S. 130; Carnevale 2008, S. 58): Positiv gestimmte Verhandler erreichen demnach einfacher integrative Ergebnisse als negativ gestimmte, wobei sich die relative Aufteilung des größeren Verhandlungskuchens nicht zugunsten des positiv gestimmten Verhandlers verschiebt. Positiver Affekt oder Freude haben außerdem einen positiven Einfluss auf die Neigung, in Zukunft wieder miteinander zu verhandeln bzw. die Beziehung auszubauen (Allred et al. 1997, S. 183; Pietroni et al. 2009, S. 86), selbst dann wenn die positive Emotion strategisch eingesetzt, also in erster Linie der Eindruck positiver Emotion erweckt wurde (Kopelman et al. 2006, S. 88). Außerdem wird positiv gestimmten Verhandlern mehr Vertrauen geschenkt (Anderson und Thompson 2004, S. 130) und sie können unter bestimmten Umständen höhere Zugeständnisse von ihren Verhandlungspartnern erwarten als neutral oder negativ gestimmte Verhandler (Kopelman und Rosette 2008, S. 95; Steinel et al. 2008, S. 366).

Neben positivem Affekt (*positive affect, happiness*) wurde vor allem die Wirkung von Zorn und Wut (*anger*) in den letzten Jahren verstärkt untersucht. So konnten Van Kleef und Kollegen zeigen, dass Zorn und Wut eines Verhandlers seinen Verhandlungspartner dazu bringen, mehr nachzugeben (Sinaceur et al. 2011, S. 1023; Van Kleef et al. 2004, S. 62) und in eventuellen zukünftigen Verhandlungen von Beginn an geringere Forderungen zu stellen (Van Kleef und De Dreu 2010, S. 755). Dass Verhandler einem zornigen Gegenüber mehr nachgeben, liegt demnach daran, dass der Zorn des Gegenübers Furcht hervorruft und als Drohung aufgefasst wird, wohingegen die längerfristigen Auswirkungen auf einer Wahrnehmung des zornigen Verhandlers als eines besonders harten Verhandlers beruhen. Interessanterweise erzielt eine andere negative, aber weniger aggressiv wahrgenommene Emotion beim Gegenüber einen ganz ähnlichen Effekt: So zeigen die Studien von Van Kleef und Van Lange (2008) und Van Kleef/et al. (2006), dass das Gegenüber stärker nachgibt, wenn ein Verhandler Enttäuschung anstelle von keinen Emotionen zeigt.

Neben den dargestellten Einflüssen von Affekt auf Verhandlungen müssen jedoch auch ein paar Randbedingungen beachtet werden. Sind die Verhandler in einer Dyade in verschiedenen Stimmungen, so hat bspw. bei einem Machtgefälle zwischen den Verhandlungsparteien nur die Stimmung des mächtigeren Verhandlers eine Wirkung auf die Verhandlung (Anderson und Thompson 2004, S. 130; Overbeck et al. 2010, S. 134). Auch der kulturelle Hintergrund von Verhandlern bestimmt mit, inwieweit Emotionen sich auf den Verhandlungsverlauf (z. B. die Neigung der Gegenseite, Zugeständnisse zu machen oder Informationen auszutauschen) auswirken. Bei ostasiatischen Verhandlern war dies stärker der Fall als bei Verhandlern der westlichen Hemisphäre (Kopelman und Rosette 2008, S. 73; Liu 2009, S. 162).

6.3.4 Kommunikation und Verhandlungsinteraktion

Unabhängig vom Kontext und den Parteien, ihren Dispositionen und psychologischen Prozessen stellt eine Verhandlung immer eine Form der zwischenmenschlichen **Interaktion** dar: Eine Verhandlung ist im Kern **Kommunikation** (Putnam und Roloff 1992, S. 3). Das bedeutet auch, dass die vorgenannten Faktoren einen Einfluss auf das Ergebnis einer Verhandlung nehmen können, dies aber notwendigerweise über die Kommunikation in der Verhandlung geschieht (Geiger 2007, S. 106). Um die Eigenschaften und Wirkungen der Verhandlungskommunikation besser analysieren zu können, soll an dieser Stelle ein einfaches Modell von Kommunikation vorgestellt werden.

Wie Abb. 6.11 zeigt, ist Kommunikation ein zirkulärer Prozess, in dem Verhandler 1 in einem ersten Schritt die zu übermittelnden Kommunikationsinhalte (Nachricht) in Sprache und andere Zeichen, z. B. Gesten oder Mimik, enkodiert (verschlüsselt) und sendet. Wie wir bereits gesehen haben, ist der Umfang des zur Verfügung stehenden Zeichensystems durch das Verhandlungsmedium bestimmt – nicht jedes Medium stellt alle grundsätzlich möglichen Zeichensysteme (Schrift, Ton, Bild, Geruch, etc.) zur Verfügung. Die Nachrichtenübermittlung erfolgt dann im jeweiligen Verhandlungsmedium, wobei hier schon Veränderungen der Nachricht eintreten können; etwa können Zeichen durch Hintergrundgeräusche oder andere Übermittlungsfehler verloren gehen. Im nächsten Schritt kommt die Nachricht bei Verhandler 2 an, der sie empfängt und die übermittelten Zeichen dekodiert (entschlüsselt) und interpretiert, also in seinen subjektiven Sinnzusammenhang stellt. Dekodierung und Interpretation haben wir unter den Namen der Wahrnehmung und Informationsverarbeitung im vorangegangenen Abschnitt über die psychologischen Prozesse der Verhandler bereits kennengelernt. Da beide Verhandler i. d. R. unterschiedliche

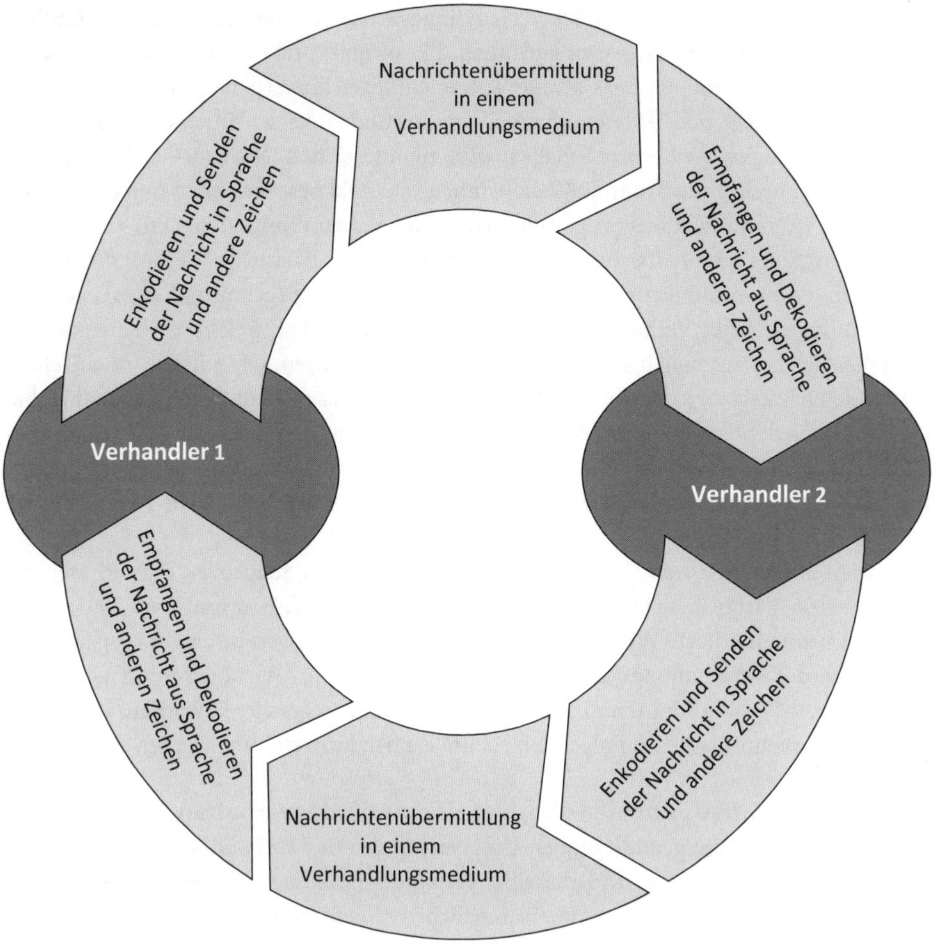

Abb. 6.11 Kommunikation in Verhandlungen (in Anlehnung an Lewicki et al. 2010, S. 174)

Erfahrungshintergründe und Informationsstände haben, stimmt der gesendete Kommunikationsinhalt in der subjektiven Wahrnehmung von Verhandler 1 nie exakt mit dem empfangenen und dekodierten Kommunikationsinhalt in der subjektiven Wahrnehmung von Verhandler 2 überein. Wenn letzterer in der Fortführung der Kommunikation selbst als Sender auftritt, tut er dies vor dem Hintergrund seines Verständnisses der empfangenen Nachricht. Er setzt damit den Kommunikationskreislauf fort.

Durch den zirkulären und dynamischen Prozess der Kommunikation sowie der Subjektivität der Kommunikationsträger ist eine Analyse der Verhandlungskommunikation nach einem deterministischen Verständnis („Wenn A, dann B") kaum möglich. Vielmehr wird versucht, über das Auftreten bestimmter **Kommunikationselemente**, u. a. bestimmte Inhaltsarten von Nachrichten, bzw. bestimmter Sequenzen und Phasen dieser Elemente Erkenntnisse über die Entwicklung des Verhandlungsprozesses und schließlich den Einfluss auf die Verhandlungsergebnisse zu gewinnen. Ein oftmals praktiziertes Vorgehen hierzu besteht darin, die Verhandlungskommunikation aufzuzeichnen (per Video, Tonband oder als Text, wenn bspw. per E-Mail verhandelt wurde) und zu verschriftlichen, und das nun vorliegende Datenmaterial einer Inhaltsanalyse zu unterziehen (Weingart et al. 2004). Dadurch werden bestimmte Kommunikationsinhalte abstrakt beschriebenen und theoretisch definierten Kommunikationskategorien (Arten von Verhandlungsverhalten) zugeordnet, die im Anschluss quantitativ untersucht werden können. Durch die Verbindung der so identifizierten Kommunikationselemente mit verschiedenen Ergebnismaßen, in erster Linie der Effizienz einer Verhandlung, konnte analysiert werden, welche Verhaltensweisen der Effizienz eher zuträglich sind und welche ihr eher schaden. Obwohl die im einzelnen verwendeten Kategorien der Kommunikationselemente teils recht unterschiedlich sind, hat die Forschung der letzten dreißig Jahre gezeigt, dass die meisten Elemente in eine von zwei Oberkategorien fallen: Integratives oder kooperatives Verhandlungsverhalten und distributives oder kompetitives Verhandlungsverhalten (Geiger 2007, S. 120 f.; Weingart et al. 2007, S. 1000).

Inwieweit die einzelnen Verhaltensweisen in bestimmten Sequenzen oder Phasen zusammenwirken, ist bislang nur vereinzelt untersucht worden (Adair und Brett 2005; Koeszegi et al.); eine fundierte Wissensbasis fehlt hier noch. Hingegen ist einem ausgewählten Teilbereich der Verhandlungskommunikation, nämlich den Angeboten und Gegenangeboten in einer Verhandlung deutlich mehr Aufmerksamkeit geschenkt worden, so dass wir uns diesen Erkenntnissen im Folgenden ebenfalls noch kurz widmen werden.

6.3.4.1 Integratives und distributives Verhandlungsverhalten

Ausgangspunkt für die grundlegenden Untersuchungen des Verhandlungsverhaltens war die Beobachtung, dass ein und dieselbe Verhandlungsaufgabe in verschiedenen Verhandlungsdurchgängen zu ganz unterschiedlichen Ergebnissen führte, insbesondere im Hinblick auf die Verhandlungseffizienz. Daher wurde das Verhandlungsergebnis als Ausgangspunkt für die Untersuchung des Verhandlungsprozesses genommen, indem versucht wurde, Unterschiede zwischen Verhandlungen mit einem effizienten Ergebnis, einem ineffizienten Abkommen oder gar einem Verhandlungsabbruch zu finden und zu verstehen (Olekalns und Smith 2000; Weingart et al. 1990). Obwohl sich einzelne Verhaltensweisen, ihre Definition und Wirkung je nach Studie leicht unterscheiden mögen, herrscht über die Oberkategorien des Verhandlungsverhaltens weitestgehend Einigkeit. Während integratives oder kooperatives Verhalten dazu geeignet ist, den Verhandlungskuchen zu vergrößern, zielt distributives oder kompetitives Verhalten einer Partei zwar darauf, den eigenen Anteil am Verhandlungskuchen zu vergrößern, führt aber regelmäßig dazu, dass insgesamt ineffiziente Abkommen geschlossen werden.

Integratives Verhandlungsverhalten Um das integrative Potenzial einer Verhandlung heben zu können, kommen grundsätzlich zwei Möglichkeiten in Betracht, die sich teilweise auch überlappen: Entweder müssen beide Verhandlungsparteien in der Verhandlung ein in etwa übereinstimmendes, explizites Verständnis über die gegenseitigen Interessen, Prioritäten, Fähigkeiten und Ressourcen entwickeln, um Abkommen entwerfen zu können, die beide Parteien gegenüber anderen möglichen Abkommen bevorzugen würden (Pruitt und Lewis 1975, S. 632). Dies erfordert jedoch ein großes Maß an gegenseitigem Vertrauen als Grundlage für einen diesbezüglichen, expliziten Informationsaustausch, bei dem keine Partei glaubt, durch die andere übervorteilt zu werden. Die zweite Möglichkeit besteht in einem sogenannten Trial-und-Error-Prozess, in dem sich die Parteien sukzessive gegenseitig Angebote vorlegen und diese solange verändern, bis beide der Überzeugung sind, dass sie sich nun nicht mehr besser stellen können (Kelley 1966, S. 70). Dieses Verhalten kann auch als impliziter Informationsaustausch betrachtet werden (Adair et al. 2007, S. 1056 f.).

Empirisch haben sich sowohl der verstärkte Informationsaustausch über Prioritäten, Fähigkeiten und Ressourcen als auch die Verwendung von Paketangeboten (Angebote, die sich auf mehr als einen Verhandlungsgegenstand beziehen), auf denen u. a. die Trial-und-Error-Prozesse beruhen, als vorteilhaft für die Effizienz eines Abkommens herausgestellt (Olekalns und Smith 2000, S. 541; Pruitt und Lewis 1975, S. 630; Weingart et al. 1990, S. 25). In Bezug auf den **Informationsaustausch über Prioritäten** schreibt Geiger (2007, S. 133 f.): „Wenn es sich bei einer Verhandlung um eine Mehrthemenverhandlung handelt, dann ergibt sich deren integratives Potenzial aus Unterschieden hinsichtlich (a) der Präferenzen und Prioritäten bezüglich einzelner Themenkomplexe und deren zeitlicher Wirkung, (b) der verfügbaren Ressourcen, (c) der Risikoneigungen und (d) der Zukunftserwartungen der Parteien. Um dieses integrative Potenzial aufzudecken, müssen die Parteien ein Verständnis für die Prioritäten der anderen Partei entwickeln. Am einfachsten kann dies durch den direkten Austausch von Informationen über Prioritäten und Bedürfnisse (*priority information exchange*) geschehen. Nur anhand des Verständnisses der Präferenz- und Prioritätenlage der jeweils anderen Partei können Verhandlungspartner integrative Verträge schließen, die nicht zufällig zustande gekommen sind. Die Bedeutung des aktiven Informationsaustausches über Prioritäten zur Erzielung von effizienten Abkommen ist daher als sehr groß zu betrachten, da Menschen dazu tendieren, den Informationsstand ihres Gegenübers zu überschätzen. Allerdings kann die einseitige Preisgabe dieser Art von Information auch dazu führen, dass die mitteilsamere Partei von der anderen ausgebeutet wird."

Die positive Wirkung von **Paketangeboten** auf die Verhandlungseffizienz beruht neben ihrer Verwendung in Trial-und-Error-Prozessen darauf, dass die Verhandlungsparteien nur mit Paketangeboten in einem Zug ein eigenes Zugeständnis in einem für sie unwichtigeren Verhandlungspunkt anbieten und ein Zugeständnis der Gegenpartei in einem für sie wichtigeren Punkt fordern können. Liegt ein Prioritätenunterschied zwischen den Parteien vor, können durch diese gegenseitig nutzbringenden Trade-Offs Effizienzgewinne realisiert werden. Beispielsweise könnte ein Anbieter sein Leistungsangebot in Bezug auf eine zu erstellende Anlage um die Schulung des Bedienpersonals erweitern (was ihn vermutlich recht wenig kostet, dem Kunden aber einen großen Nutzen stiftet) und zeitgleich dafür eine größere Anzahlung verlangen, falls er selbst, der Kunde aber nicht, mit Liquiditätsproblemen zu kämpfen hat. Ein solcher Trade-Off, Training gegen frühere Anzahlung, wäre in diesem Falle für beide Parteien gegenüber dem Status Quo in der Verhandlung ein Vorteil.

Weiterhin ist das **Prozessmanagement** aufgrund empirischer Befunde dem integrativen Verhandlungsverhalten zuzurechnen (Olekalns und Smith 2003, S. 110; Pruitt und Lewis 1975, S. 626). Darunter ist eine Art Meta-Kommunikation zu verstehen, in der sich die Verhandlungsparteien über gewisse Regeln einigen, die sie in der Verhandlung befolgen wollen. Sie können sich bspw. darauf verständigen, Paketangebote anstelle von Einzelangeboten zu machen, keine Teilkomplexe der Verhandlung abzuschließen, bevor nicht das Gesamtpaket verabschiedet wird, oder verzögerte Reziprozität anbieten, d. h. ein konkretes Zugeständnis zum Zeitpunkt t_0 gegen ein noch zu bestimmendes Zugeständnis der Gegenpartei zum Zeitpunkt t_1 machen. Prozessmanagement kann helfen, aus einem Teufelskreis kompetitiven Verhaltens auszubrechen, eine gemeinsame Grundlage zu schaffen, wenn über den Gegenstand der eigentlichen Verhandlung große Uneinigkeit herrscht oder eine Verhandlung aus einer scheinbar ausweglosen Situation zu führen (Geiger 2007, S. 137 f.).

Distributives Verhandlungsverhalten Verhandlungen im Allgemeinen und im Anlagen- und Projektgeschäft im Speziellen dienen den Verhandlungsparteien zur Befriedigung oder Durchsetzung ihrer Interessen. Neben konkreten Problemlösungen interessiert sie daher besonders, welchen Nutzen sie aus einem bestimmten Abkommen ziehen. Der größte Teil einer Verhandlung wird daher oftmals mit der Aufteilung des Verhandlungskuchens verbracht, wie Feldstudien von Ramsay (2004) und Zachariassen (2008) zeigen. Diese Verhaltensweisen können unter dem Begriff des **distributiven Verhandlungsverhaltens** subsumiert werden. Interessanterweise konnte ihre positive Wirkung auf den individuellen Verhandlungserfolg des Verwenders jedoch nur in speziellen Fällen nachgewiesen werden (Geiger 2007, S. 122). Hingegen ist ihr grundsätzlich negativer Einfluss auf die Verhandlungseffizienz empirisch relativ unumstritten. Ein Hauptgrund für diesen Einfluss liegt an der bezüglich distributiven Verhaltens häufig festzustellenden Reziprozität: Einer distributiven Nachricht der einen Partei (z. B. einer Drohung) folgt überproportional häufig eine distributive Nachricht der Gegenpartei (z. B. eine Zurückweisung). Solche Spiralen distributiven Verhaltens beanspruchen aber eine große Wahrnehmungs- und Informationsverarbeitungskapazität beider Verhandlungsparteien und lassen so weniger Raum für kreative, interessenbasierte Lösungen.

Die vielleicht am weitesten verbreitete distributive Verhaltensweise ist der **Informationsaustausch über Positionen**. Diese Kategorie enthält jegliche Art der Argumentation, die die Positionen einer Verhandlungspartei unterstützt und ihr einen Grund liefert, auf einem eigenen Angebot zu beharren, anstatt Zugeständnisse zu machen. Dazu zählen eigennützig eingesetzte Fakten des Kontextes und Fairness-Normen ebenso wie Schuldzuschreibungen (Geiger 2007, S. 121). Grundsätzlich appellieren solche Informationen an den Verstand der Gegenpartei, bezüglich der eigenen Forderungen nachzugeben. Sie werden daher als rationale Argumente wahrgenommen und bergen die geringste Gefahr, dass die Verhandlung durch Machtproben, gekränkten Stolz, persönliche Angriffe oder ähnliches aus dem Ruder läuft. Man kann den Informationsaustausch über Positionen daher auch als freundliche Überzeugungsversuche charakterisieren.

Deutlich unfreundlicher kommen da schon Drohungen, Warnungen, Bluffs und Commitments daher, die Verhandler einzusetzen versuchen, um die Gegenpartei zu Zugeständnissen zu bewegen. Eine **Drohung** besteht aus den beiden Elementen der Aufforderung, eine bestimmte Handlung vorzunehmen, und der Ankündigung, bei Nichterfüllung der Aufforderung selbst eine Handlung vorzunehmen, die der Gegenpartei Schaden zufügt (Schelling 1960, S. 123). Die Konsequenz einer umgesetzten Drohung, wenn die bedrohte Partei der Aufforderung nicht nachgekommen ist, ist für beide Parteien in Summe grundsätzlich schwerwiegender, als wenn die Drohung nicht ausgesprochen worden wäre, oder die bedrohte Partei der Forderung der drohenden Partei nachgegeben hätte. Die Drohung engt damit den Handlungsspielraum beider Parteien deutlich ein und determiniert die jeweils nächsten Schritte: Kommt die bedrohte Partei der Aufforderung der drohenden Partei nach, konnte die drohende Partei ein Einlenken erzwingen. Weigert sich die bedrohte Partei jedoch, der Aufforderung nachzukommen, so muss die drohende Partei ihre Bestrafungsankündigung wahrmachen. Tut sie dies nicht, stellt sich die Drohung im Nachhinein nur als **Bluff** dar, als Drohung ohne Substanz. Eine **Warnung** unterscheidet sich von einer Drohung dadurch, dass die Konsequenz der Nichterfüllung der Aufforderung durch die Gegenpartei nur vage angedeutet wird. Die Wirksamkeit dieser unfreundlichen Druckmittel hängt davon ab, wie die Gegenpartei die Fähigkeit zur Bestrafung und die Wahrscheinlichkeit ihrer Umsetzung durch die drohende Partei einschätzt (Bacharach und Lawler 1981b, S. 116). Die Glaubwürdigkeit solcher Druckmittel hängt dabei stark von einem **Commitment** im Schelling'schen Sinne ab. Ein solches ist eine Handlung, die die drohende Partei eingegangen ist und die den eigenen Entscheidungsspielraum in dem Sinne eingeschränkt hat, dass die Durchführung der Bestrafung für sie besser ist, als die Drohung zurückzuziehen, wenn die bedrohte Partei der ursprünglichen Aufforderung nicht nachgekommen ist (Geiger 2007, S. 127). Interessanterweise hat die empirische Forschung gezeigt, dass solche unfreundlichen kompetitiven Taktiken nur unter bestimmten Bedingungen für den Anwender erfolgreich sind (Shapiro und Bies 1994; Sinaceur und Neale 2005; Sinaceur et al. 2011), insgesamt jedoch regelmäßig zu einer Verkleinerung der Verhandlungsmasse führen.

Ebenso unfreundlich wirken können affektive **negative Reaktionen** wie Beleidigungen, Beschuldigungen, Spott oder andere Angriffe auf die Person des Gegenübers am Verhandlungstisch. Häufig handelt es sich dabei um Verteidigungsmaßnahmen, die jedoch schnell zu einer Spirale aggressiven und kompetitiven Verhaltens führen können. In ähnlicher Weise wirken Zurückweisungen oder Ignoranz der Argumente der Gegenpartei. Auch hier besteht die Gefahr der Eskalation, um einen kleinen Vorteil in einem Positionenstreit zu erlangen, der für beide Seiten *in summa* unvorteilhaft ist.

Neben den negativen Konsequenzen übermäßigen distributiven Verhaltens auf die Verhandlungseffizienz führt dasselbe auch zu einer geringeren Verhandlungszufriedenheit bei den beteiligten Parteien (Geiger 2007, S. 213; Hüffmeier et al. 2011).

6.3.4.2 Erstangebote und Konzessionsmuster

Besondere Elemente des Kommunikationsprozesses stellen Angebote und Gegenangebote dar, da sie anders als z. B. Argumente für eine bestimmte Position immer eine konkrete Lösungsmöglichkeit des verhandelten Interessenkonfliktes darstellen. Sie sind instrumentell für die erfolgreiche Beendigung einer Verhandlung. Da die Parteien außer in speziellen Fällen (z. B. dem *Winner's Curse*, siehe Abschn. 6.3.3.3) immer mehrere Angebote machen und mit diesen aufeinander zugehen, haben sowohl das Erstangebot als auch das Konzessionsmuster verstärkte Aufmerksamkeit in der Forschung erfahren. So wird eine Verhandlung und speziell die Art und Weise, wie sich die Parteien in ihren Angeboten annähern, auch häufig mit einem Tanz verglichen (Adair und Brett 2005; Raiffa 1982, S. 47), in dem ausgelotet wird, welches Ergebnis für die jeweilige Gegenpartei akzeptabel wäre. Erstangeboten und dem daraufhin folgenden Konzessionsverhalten wollen wir uns nachfolgend widmen.

Erstangebote Die große Bedeutung des **Erstangebots** ergibt sich aus der bereits besprochenen kognitiven Verzerrung, die auf dem Ankereffekt beruht: Ein hohes erstes Angebot der einen Partei kann bei der anderen Partei dazu führen, dass sie ihre Einschätzung der Verhandlungszone ändert und das eigene Gegenangebot an diese neue Einschätzung anpasst. Dies führt in der sich daran anschließenden Folge gegenseitiger Zugeständnisse zu einem erhöhten Verhandlungsgewinn für die Partei, die das hohe Erstangebot vorgelegt hat (Galinsky und Mussweiler 2001, S. 661). Dies gilt allerdings nur, solange sich die Gegenpartei des Ankereffekts nicht bewusst ist und sich nicht auf andere Referenzpunkte fokussiert. Auch scheint der Ankereffekt des Erstangebots in wiederholten Verhandlungen zwischen denselben Parteien zu verfliegen und sich sogar umzudrehen (Cotter und Henley 2008, S. 37). In weiteren Studien wurde einschränkend herausgefunden, dass der Ankereffekt eines hohen Erstangebots u. a. eingeschränkt ist

- bei Verhandlern, die das Ergebnis von bestimmten sie betreffenden Ereignissen eher in ihrem eigenen Verhalten als in externen Faktoren sehen (Shalvi et al. 2010, S. 239),
- wenn das Erstangebot zu extrem ist und es dadurch zu keiner Einigung kommt (Schweinsberg et al. 2012, S. 228), oder
- wenn das hohe Erstangebot mit Argumenten gestützt wurde und sich gleichzeitig gute Gegenargumente finden lassen: Letztere sorgen dafür, dass das erste Gegenangebot extremer ausfällt, als wenn das Erstangebot nicht mit Argumenten unterfüttert wurde (Maaravi et al. 2011, S. 249).

Konzessionsverhalten Unter dem **Konzessionsverhalten** versteht man die Abfolge verschiedener Angebote beider Verhandlungsparteien. Obwohl es für die Reihenfolge der Angebote i. d. R. keine formalen Regeln gibt, haben sich in der Verhandlungspraxis gewisse Normen durchgesetzt, die in praktisch jeder Verhandlung zu finden sind. **Reziprozität** ist die erste Norm: Normalerweise macht keine Partei hintereinander zwei Angebote oder Zugeständnisse, sondern wartet, bis sie ein Gegenangebot bekommen hat, bevor sie selbst ein

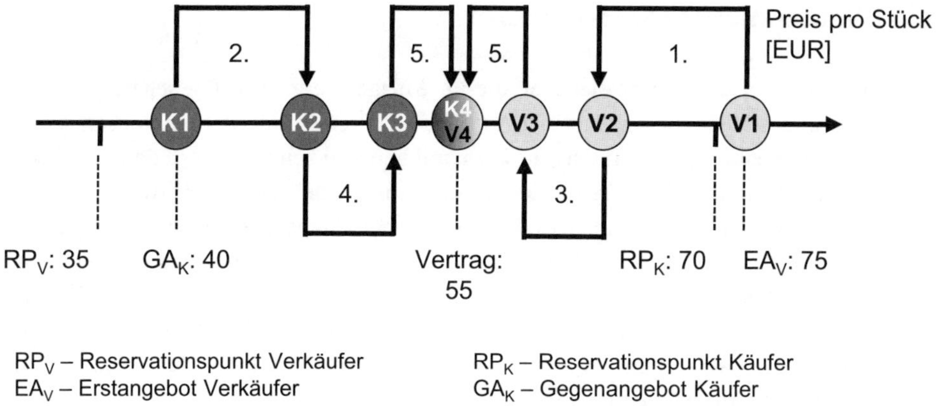

Abb. 6.12 Konzessionsmuster bei einer rein distributiven Kaufverhandlung

neues Angebot vorlegt (Lewicki et al. 2010, S. 52 f., Thompson 2005, S. 51). Interessanterweise ist diese Norm der Reziprozität kulturunabhängig (Cialdini 1993, S. 19). Bei einer Verletzung kann davon ausgegangen werden, dass hierfür wichtige Gründe vorliegen, bspw. dass eine Verhandlungspartei keine weiteren Zugeständnisse machen kann, sondern eher die Verhandlung scheitern lassen würde. Ein mögliches Konzessionsmuster einer Verkaufsverhandlung zeigt Abb. 6.12, in der die Kreise die jeweiligen Angebote von Käufer (K) und Verkäufer (V) darstellen.

Eine zweite Norm bezüglich des Konzessionsverhaltens besagt, dass einmal angebotene Zugeständnisse normalerweise nicht wieder zurück genommen werden – Verhandler sollten sich also gut überlegen, wie viele Zugeständnisse sie in einem neuen Angebot machen und welche möglichen zukünftigen Zugeständnisse sie noch zurückhalten. Weiterhin hängt die Höhe der Konzession einer Verhandlungspartei u. a. von der wahrgenommenen Unnachgiebigkeit des Gegenübers, dem der Gegenseite entgegengebrachten Respekt und seinem äußeren Auftreten ab (Pietroni et al. 2008, S. 44 ff.).

Die Wirkung von eigenen Konzessionen auf die Gegenseite wurde von Kwon und Weingart (2004) und Hilty und Carnevale (1993) untersucht. Dabei zeigte sich, dass graduelle gegenüber sofortigen und stark verzögerten Zugeständnissen zu einer höheren Partnerzufriedenheit und einer höheren empfundenen prozeduralen Fairness führten (Kwon und Weingart 2004, S. 269). Die Studie von Hilty und Carnevale (1993) wies in Bezug auf die Höhe von zwei aufeinander folgenden Konzessionen einer Partei eine kognitive Verzerrung nach, die auf dem Kontrasteffekt beruht: So wurde ein Verhandler, der zuerst eine kleine Konzession und dann eine große machte, als wesentlich kooperativer wahrgenommen als einer, der zuerst eine große Konzession und dann eine kleine machte, obwohl beide Zugeständnisse zusammengenommen in beiden Fällen genau gleich waren. Auch lag die Einigungswahrscheinlichkeit im ersten Fall deutlich höher (S. 454 ff.).

6.4 Verhandlungsvorbereitung

Für Unternehmen und deren Manager, die im Anlagen- und Projektgeschäft tätig sind, ist es aufgrund der Bedeutung einzelner Aufträge für den Gesamtunternehmenserfolg von großer Wichtigkeit, Einflüsse auf und in Verhandlungen zu kennen, die zu den gewünschten Aufträgen führen. Allerdings ist diese Kenntnis nur dann wirklich hilfreich, wenn sie für die eigenen Handlungen im Vorfeld eines Verhandlungsprozesses nutzbar gemacht werden kann. Gegenüber der bisher eingenommenen beschreibenden und erklärenden neutralen Perspektive in diesem Kapitel, wechseln wir daher jetzt den Blickwinkel und versetzen uns in eine Partei hinein, die vor einer wichtigen Verhandlung steht. Welche Maßnahmen kann sie treffen, um die anstehende Verhandlung möglichst effektiv in die gewünschte Richtung zu beeinflussen?

Nach Meinung von Thompson (2005, S. 13) sollte eine angemessene **Vorbereitung** auf eine wichtige Verhandlung 80 % an Zeit und Aufwand beanspruchen, während die Aktivitäten während der Verhandlungsphase sich auf ca. 20 % belaufen. Auch Raiffa (1982, S. 120 f.) sieht die Fähigkeit zur Vorbereitung und Planung als wichtigstes unter 34 Kriterien eines erfolgreichen Verhandlers; noch vor Kenntnissen über die verhandelte Sache, klarem Denkvermögen auch unter Druck oder rhetorischen Fähigkeiten. Wie sieht also eine angemessene Verhandlungsvorbereitung aus? Eine sinnvolle Einteilung unterscheidet Vorbereitungspunkte in Bezug auf die eigene Seite, die Gegenpartei und die Verhandlungssituation. Wir gehen dabei in den folgenden Abschnitten unter Bezugnahme auf die Überlegungen von Raiffa (1982), Thompson (2005, Kap. 2,) und Lewicki et al. (2010, Kap. 4) anhand diagnostischer Fragen stichpunktartig vor, um für die wichtigsten Punkte der Verhandlungsvorbereitung zu sensibilisieren. Es soll auch darauf hingewiesen werden, dass die Verhandlungsvorbereitung kein linearer Prozess ist, sondern die Verantwortlichen der Verhandlungsvorbereitung und -planung immer wieder zwischen verschiedenen Punkten der Vorbereitung hin und her springen müssen, da diese oftmals zusammenhängen.

6.4.1 Die eigene Seite

In Bezug auf die eigene Seite spielen die folgenden Vorbereitungspunkte eine gewichtige Rolle:

Eigene Präferenzstruktur Vor einer Verhandlung hat ein Unternehmen i. d. R. eine mehr oder weniger vage Vorstellung darüber, was in der Verhandlung geklärt werden soll. Zu einer gelungenen Vorbereitung gehört es, diese vage Vorstellung zu spezifizieren, indem auf die folgenden Fragen möglichst präzise Antworten gefunden werden. Nur anhand einer vorab geklärten Prioritäten- und Präferenzstruktur können Verhandler während der Verhandlung rationale Entscheidungen treffen.

- *Welche Themen sollen verhandelt werden?* Hinter dieser Frage verbergen sich die einzelnen Gegenstände, die wir in die Verhandlung aufnehmen möchten. Dazu können bspw. der Leistungsumfang, die Art der Mitwirkung des Bestellers, der Kaufpreis, die Gewährleistungen, die Risikoverteilung, Vorsorge bei zukünftigen Eventualitäten, etc. gehören. Außerdem sollte geklärt werden, welche Themenpunkte wir lieber nicht verhandeln wollen. Auch die Frage, wie bestimmte Verhandlungsthemen zusammenhängen, sollte geklärt werden. Weiterhin wäre zu klären, ob bei manchen Themen aus unserer Perspektive gewisse Mindeststandards erfüllt werden müssen.
- *Welche Lösungsmöglichkeiten (Optionen) bestehen für die einzelnen Verhandlungsthemen und welchen Wert haben sie für uns?* Wenn wir die möglichen Verhandlungsthemen geklärt haben, bleibt die Frage, welche konkreten Lösungsmöglichkeiten bestehen, so dass bspw. die folgenden Fragen beantwortet werden sollten: In welchem Korridor wird sich der Kaufpreis realistischerweise bewegen? Warum? Welche verschiedenen Leistungsumfänge könnten angeboten werden? In welchen unterschiedlichen Formen kann der Besteller mitwirken? Welche Optionen stehen uns bzgl. Gewährleistung offen? Je detaillierter die einzelnen Optionen pro Gegenstand beschrieben und von uns bewertet werden, desto eher können diese in der Verhandlung gezielt angeboten und als Verhandlungsmasse eingebracht werden.
- *Welches Gewicht haben die einzelnen Themen für uns und welche Trade-Offs sind möglich?* Nicht alle Verhandlungsthemen haben für uns dasselbe Gewicht und nicht alle Punkte werden in der Verhandlung zu 100 % in unserem Sinne gelöst werden. Daher ist es wichtig, sich Gedanken darüber zu machen, welche Punkte besonders wichtig sind, um einem möglichen Vertrag zustimmen zu können und wo wir selbst Zugeständnisse machen können.
- *Welches Risiko sind wir bereit zu tragen und wie schätzen wir die Wahrscheinlichkeit bestimmter zukünftiger Ereignisse ein?* Manche Verhandlungsgegenstände bergen ein mehr oder minder großes Risiko, bspw. bezüglich der Implementierung durch einen Vertragspartner oder aber durch unvorhersehbare Umwelteinflüsse (Preisänderungen von Komponenten, politische und rechtliche Änderungen, etc.). Liegen Unterschiede in den Risikoneigungen und Zukunftserwartungen zwischen den Parteien vor, so können diese später gut für Trade-Offs genutzt werden.

Am Ende der Beantwortung der hier aufgeworfenen Fragen könnte ein formales Verhandlungsmodell stehen, das bei einer informationstechnischen Implementierung eine schnelle Vergleichbarkeit verschiedener später diskutierter Vertragsmöglichkeiten ermöglicht (Kersten und Lai 2007). In der Verhandlung lässt dies schnelle Vergleiche verschiedener Vertragsentwürfe zu und hilft dem Verhandlungsteam, in den eigenen Entscheidungen rational zu handeln.

Neben den substanziellen Verhandlungsthemen sollten wir uns auch darüber klar werden, welche Vorstellungen wir in Bezug auf den **Verhandlungsprozess** haben und welche Art von **Beziehung** wir mit der Gegenseite entwickeln wollen (Lewicki et al. 2010, S. 124). Relevante Fragen könnten z. B. sein: Inwieweit wollen wir die Interessen der Gegenseite berücksichtigen? Wollen wir bei Gelegenheit opportunistisch handeln oder uns immer an bestimmte ethische Standards halten? Suchen wir eine Partnerschaft mit der Gegenseite oder sehen wir die andere Partei als einmaligen Geschäftspartner? Bei der Beantwortung dieser Fragen sollte auch bedacht werden, dass die eigene Einstellung zum Prozess und zur Gegenpartei Rückwirkungen auf den Verhandlungsverlauf und damit auch auf die substanziellen Ergebnisse hat. So sind bspw. eine opportunistische Einstellung zum Prozess und kein ausgeprägtes Interesse an weiteren Geschäften mit der Gegenpartei keine guten Voraussetzungen, um in einer komplexen Mehrthemenverhandlung zu effizienten Ergebnissen zu gelangen.

Alternativen und Ziele Ein zweiter wichtiger Schritt nach der Diskussion, Erfassung und ggf. Verschriftlichung der eigenen Präferenzstruktur ist die Verdeutlichung der eigenen **Alternativen** und **Ziele**, um ein Gespür für die Verhandlungszone zu entwickeln. Nur wenn wir wissen, welche Alternativen uns bei einem Scheitern der Verhandlungen offen stehen, können wir im negativen Extremfall eine rationale Entscheidung über Annahme oder Ablehnung eines finalen Angebots der Gegenseite treffen. Andererseits können unsere eigenen Argumente und Verhandlungsstrategien im für uns positiven Fall nur dann ihre beste Wirkung entfalten, wenn wir klare Vorstellungen über unsere Ziele, also ein im (unwahrscheinlichen, aber möglichen) Optimalfall erreichbares Ergebnis, entwickeln. Daher gilt es, die folgenden Fragen zu beantworten:

- *Welches sind unsere Alternativen (BATNA)? Welches ist unser Reservationspunkt?* Wie wir bereits in Abschn. 6.3.1.1 gesehen haben, sind unsere Alternativen zu einem Vertragsabschluss, unsere BATNA, der wichtigste Referenzpunkt der Verhandlung: Liegt ein finales Angebot der Gegenseite vor, sollten wir unsere Entscheidung über Annahme oder Scheitern der Verhandlung nur davon abhängig machen, wie gut unsere alternativen Handlungsmöglichkeiten zu einem solchen Angebot sind. Es ist daher eminent wichtig, alle möglichen alternativen Handlungsoptionen vor der Verhandlung zu sammeln und zu bewerten. Dies kann vom Verzicht auf einen Auftrag und den Nichtanfall variabler Kosten im für uns ungünstigen Fall bis zu einem unterschriftsreifen Vertrag mit einem anderen Partner reichen, der die eigenen Kapazitäten ebenfalls auslasten würde. Sind die eigenen Alternativen mit Unsicherheiten behaftet, können zur Bestimmung eines Reservationspunkts auch formale, entscheidungsanalytische Instrumente verwendet werden (Lax und Sebenius 1986, S. 50 ff.), in denen erwartete Ergebnis- und Kostengrößen anhand von Eintrittswahrscheinlichkeiten bewertet werden. Bei Verwendung eines formalen Verhandlungsmodells zur Präferenzbestimmung ist es sinnvoll, einen numerischen Reservationspunkt zu schätzen und in das Modell einfließen zu lassen.
- *Welche Ziele möchten wir erreichen?* Aufgrund der Bedeutung kognitiver Referenzpunkte für unsere Wahrnehmung und Informationsverarbeitung und den damit einhergehenden Handlungen ist es unbedingt anzuraten, klare und ambitionierte Ziele zu formulieren. Fallen Verhandlungsvorbereitung und -führung personell auseinander, kann es sinnvoll sein, dem späteren Verhandlungsführer diese Ziele zu kommunizieren und ihn

ggf. nach der Verhandlung daran zu messen. Bei der Entwicklung der Ziele sollte außerdem unbedingt die Situation der Gegenpartei einbezogen werden – bei einer stark auf uns angewiesenen Gegenpartei können wir unsere Ziele deutlich ambitionierter formulieren, als wenn es einen harten Wettbewerb um den Auftrag gibt.

- *Welche kognitiven Referenzpunkte könnten uns beeinflussen?* Neben dem Reservationspunkt und unseren Verhandlungszielen können auch weitere kognitive Referenzpunkte in der Verhandlung auftauchen, wie etwa vergangene Verhandlungsergebnisse, Referenzprojekte, bestimmte Marktpreise oder -indices. Aufgrund deren Wirkung auf unser Wahrnehmungs- und Informationsverarbeitungsvermögen sollten wir deren möglichen Einfluss auf die Verhandlung durchspielen und ggf. Argumentationslinien zusammentragen, um einem eventuellen, für uns negativen Einfluss vorzubeugen.

Antizipation und Vorbereitung des Verhandlungsprozesses Mit der Verdeutlichung unserer Präferenzstruktur sowie der Bestimmung von oberen und unteren Grenzen für den besten und den schlimmsten Fall sind die wichtigsten Schritte der defensiven Planung getan: Wir sind in Bezug auf uns selbst auf die Verhandlung vorbereitet. Allerdings müssen wir die nun formulierten Interessen und Positionen auch in der Verhandlung umsetzen können, so dass der letzte Schritt der Vorbereitung in Bezug auf die eigene Seite die Planung des Verhandlungsprozesses betrifft, soweit dies möglich ist. Mit folgenden Fragen sollten wir uns daher beschäftigen:

- *Welches Erstangebot wollen wir vorlegen?* Um bei einer unzureichend vorbereiteten Gegenpartei die Chance nutzen zu können, einen kognitiven Anker zu unseren Gunsten zu setzen, sollten wir auf jeden Fall ein ambitioniertes, aber ernst gemeintes Erstangebot vorbereiten. Dieses sollte bei numerischen Verhandlungspunkten keine Spannen, sondern klare Punktwerte beinhalten (bspw. beim Preis oder der Fertigstellung), da Spannen immer zu Interpretationsspielräumen führen. Weiterhin sollte ein Erstangebot keine gedanklich vorweggenommenen Konzessionen beinhalten – diese können noch immer während der Verhandlung gemacht werden.
- *Welche Angebote haben für uns einen in etwa gleichen Wert?* Natürlich wird die Gegenseite unser erstes Angebot nicht annehmen (zumindest wenn wir uns gut vorbereitet haben), sondern beide Parteien werden sich im Laufe der Verhandlung annähern. Da wir vor der Verhandlung evtl. nur teilweise über die Interessen und Prioritäten der Gegenpartei informiert sind, ist es ratsam, weitere aber unterschiedliche Angebote mit jeweils demselben Wert für uns vorbereitet zu haben, um den integrativen Spielraum der Verhandlung ausnutzen zu können, ohne selbst Wert in der Verhandlung zu verschenken. Dies kann geschehen, indem diese für uns ungefähr gleichwertigen Angebote entweder gemeinsam oder zeitlich nah beieinander gemacht und die Reaktionen der Gegenseite beurteilt werden. Das für sie attraktivste Angebot ist dann am effizientesten, so dass es als weitere Ausgangsbasis verwendet werden kann.
- *Welche Argumente helfen unseren Interessen und Positionen?* Verhandlungen über einen großen Auftrag werden in der Regel relativ rational geführt. Zu einem bestimmten Maß

dürfen wir also davon ausgehen, dass unsere eigenen Argumente von der Gegenseite geglaubt und respektiert werden. Im gegenseitigen Aufeinanderzugehen können daher gut vorbereitete Argumentationslinien dafür sorgen, dass die Gegenseite schneller Zugeständnisse macht bzw. wir selbst länger auf einem aktuell verhandelten Angebot verharren können, ohne dass die Verhandlung in eine Spirale kompetitiven Verhaltens abdriftet. Da in jeder Verhandlung ein Wettstreit über die Aufteilung des Kuchens herrscht, sind gut vorbereitete und eingesetzte Argumente hilfreicher als Drohungen oder Zurückweisungen aufgrund mangelnder Vorbereitung.

- *Welche Parameter der Verhandlungssituation helfen uns? Wer sollte auf unserer Seite mit am Tisch sitzen? Welche sonstigen Vorkehrungen sollten wir treffen?* Neben den vorgenannten, auf den Inhalt der Verhandlung abzielenden Überlegungen ist es weiterhin sinnvoll, die Rahmenparameter zu unseren Gunsten zu beeinflussen, soweit dies möglich ist. Eine wichtige Frage zielt hierbei auf die Zusammenstellung des Verhandlungsteams ab. Bspw. sollte geklärt werden, welche Experten benötigt werden, inwiefern sprachliche, interkulturelle oder spezifische interpersonelle Kompetenzen gefragt sind. Weiterhin sollte überlegt werden, ob man das eigene Verhandlungsteam von der Zusammenstellung und Größe in etwa auf die Delegation der Gegenseite abstimmen kann. Auch eine klare Rollen- und Aufgabenverteilung im Team ist hilfreich.

6.4.2 Die Gegenseite

> Kenn dich selbst und kenne den Feind, in hundert Schlachten keine Gefahr (Sun Tzu).

Dieses Zitat des alten, chinesischen Kriegsstrategen macht deutlich, dass die Verhandlungsvorbereitung ohne die Informationssammlung und Auswertung über die Gegenpartei und die Antizipation ihrer Interessen, Positionen und der beteiligten Personen unvollständig ist. Noch vor der Einschätzung darüber, wie die Interessen- und Präferenzstruktur sowie die Alternativen der Gegenpartei aussehen, bleibt allerdings zu klären, um wen es sich bei der Gegenpartei eigentlich handelt.

Die Identität der Gegenpartei Eine Verhandlung im Anlagen- und Projektgeschäft findet nicht im luftleeren Raum statt. Vielmehr sitzen unterschiedliche Akteure mit am Verhandlungstisch, es gibt interessierte Parteien am Rand und eventuell sogar ein öffentliches Interesse. Eine gängige Illustration vergleicht eine solche Verhandlungssituation mit einem Fußballspiel. Bestimmte Parameter sind gesetzt: die Qualität des Spielfelds, die Zuschauer, die Mannschaftsaufstellung, die Anstoßzeit, etc. Das Ergebnis der Verhandlung hängt aber in erster Linie davon ab, was die Mannschaften, also die Verhandlungsdelegationen, in neunzig Minuten zustande bringen und wie sich das Spiel entwickelt.

Aus dieser Illustration ergibt sich eine Reihe von Fragen, die wir im Folgenden behandeln.

- *Wer ist die andere Partei?* Diese Frage betrifft einerseits die Mannschaftsaufstellung der Gegenseite, dargestellt durch den Buchstaben B in Abb. 6.13. Wir sollten also idealerweise wissen, wer für die Gegenseite verhandeln wird, da wir nur mit diesem Wissen die eigene Mannschaft optimal aufstellen können. Wichtige Informationen über die Aufstellung der Gegenpartei betreffen u. a. die Anzahl der Teammitglieder, deren hierarchische Position, ihren fachlichen und kulturellen Hintergrund, ihre Expertise, ihr Geschlecht, ihr Alter und ihre Erfahrung, ihre Reputation und ihre Rolle im Team. Wie wir bei der Diskussion von Persönlichkeitsmerkmalen gesehen haben, kann es sehr sinnvoll sein, die Mannschaft der Gegenseite in der eigenen Aufstellung zu matchen, also bewusst Ähnlichkeiten bspw. hinsichtlich des fachlichen und kulturellen Hintergrunds, des Alters, der hierarchischen Position zwischen Teammitgliedern beider Teams zu erzeugen, um das gegenseitige Verständnis zu erhöhen.
- *Gibt es Einflussnehmer, die nicht am Verhandlungstisch sitzen?* Obwohl ein Fußballspiel grundsätzlich zwischen den beiden auf dem Platz stehenden Mannschaften ausgetragen wird, gibt es Akteure, die gezielt von außen Einfluss zu nehmen versuchen (C), in erster Linie der Trainerstab, dem neben taktischen und strategischen Anweisungen auch Einwechselspieler zur Verfügung stehen. Es ist daher wichtig zu antizipieren, wer bei der Gegenpartei zwar nicht am Tisch sitzt, aber während und zwischen den Verhandlungsrunden versucht Einfluss zu nehmen. Dies können mittelbar involvierte Vorstände oder Aufsichtsräte sein, bei öffentlichen Auftraggebern auch indirekt Betroffene, wie übergeordnete Behörden oder Regierungspolitiker. Auch ist zu klären, wie weit die Beschlussbefugnisse der gegnerischen Verhandlungsdelegation reichen, ob ggf. eine Ratifikation eines Vertrags durch nachgelagerte Gremien nötig ist. In einem solchen Falle könnte es sich anbieten, neben den direkten Verhandlungen auch Hintergrundgespräche mit solchen indirekten Einflussnehmern zu führen. Daneben können die indirekten Einflussnehmer auch weiter entfernt sein, so wie das Publikum beim Fußballspiel (D). Hierzu können Beteiligte im weiteren Umfeld zählen, die ein Interesse am Ausgang der Verhandlung haben und auf indirektem Wege versuchen können Einfluss zu nehmen: Anwohner und Bürger, Gewerkschaften, politische Parteien, Aktionärsvereinigungen, etc. Wie beim Fußball ist deren Einfluss zwar nicht direkt, kann aber durchaus mittelbar Wirkung erzielen.
- *Ist die andere Partei monolithisch? Welche Interessendivergenzen liegen innerhalb der Gegenpartei vor und wie können diese genutzt werden?* Diese Fragen zielen darauf herauszufinden, inwieweit die Interessen der einzelnen Mannschaftsmitglieder der Gegenseite divergieren und dieser Umstand zu den eigenen Gunsten genutzt werden kann. Im Fußball hat bspw. der Innenverteidiger, der im Halbfinale eines Turniers mit einer gelben Karte vorbelastet ist und bei einer weiteren gelben Karte das mögliche Finale verpassen würde, eine leicht andere Ausgangsposition als sein unvorbelasteter Kollege, die der gegnerische Trainer bei seiner Mannschaft ansprechen und ggf. ausnutzen kann. In Verhandlungen kann es darüber hinaus vorkommen, dass manche Teammitglieder der Gegenseite sich in einigen Punkten eher einem unserer Vorschläge anschließen würden, bspw. im Hinblick auf bestimmte technische Lösungen. So sollte unbedingt ausgelo-

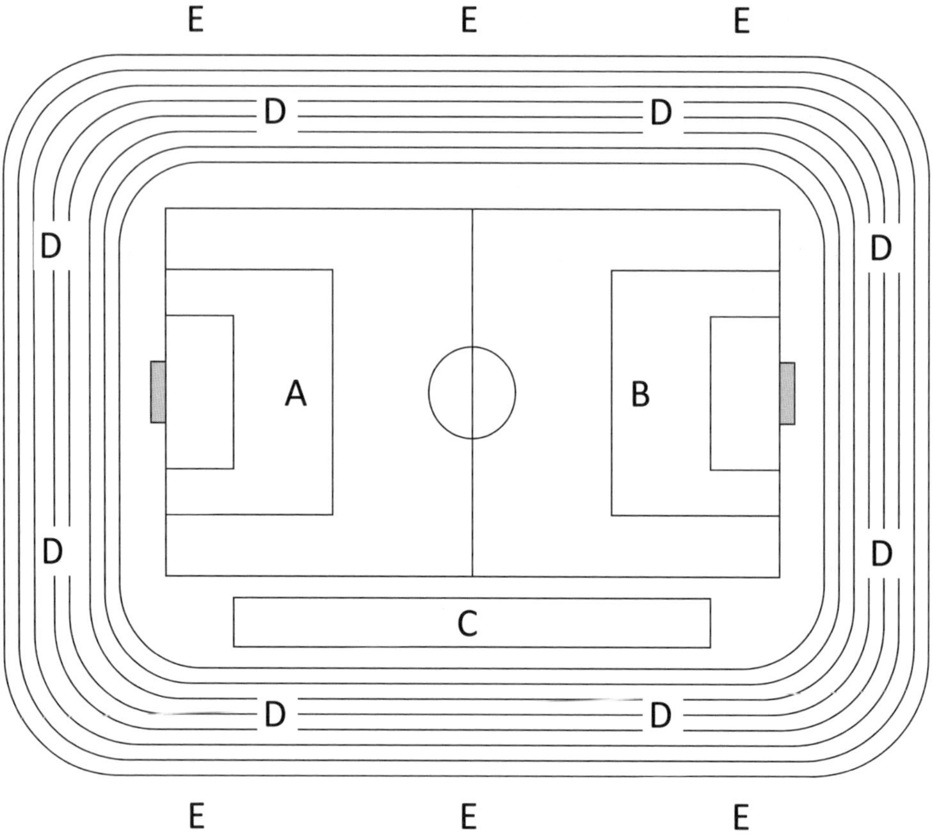

Abb. 6.13 Die Verhandlung als Fußballspiel: Beteiligte der Verhandlung (in Anlehnung an Lewicki et al. 2010, S. 128)

tet werden, wer in bestimmten Fragen als Verbündeter im gegnerischen Lager in Frage kommt, so dass Interessendivergenzen der Gegenseite in unserem Sinne genutzt werden können.

Der Blick der Gegenseite auf die substanziellen Fragen der Verhandlung Die verschiedenen Akteure der Gegenseite zu kennen ist jedoch nur in dem Maße hilfreich, in dem wir gedanklich auch in die Rolle der Gegenseite im Hinblick auf die substanziellen Fragen der Verhandlung geschlüpft sind. Drei Fragekomplexe sind dabei zu unterscheiden:

- *Welche grundsätzlichen Interessen verfolgt die Gegenpartei? Welche Themen sind für die Gegenpartei besonders wichtig?* Ein erster Schritt, um die Gegenpartei zu verstehen, besteht darin, ihre Interessen zu ergründen, die sie mit der Durchführung des Projektes zu befriedigen sucht. Es geht hierbei um die Antizipation der verschiedenen Motive und Beweggründe für die Verhandlung und die Durchführung des Projektes. So kann es für die Verhandlung einen gewaltigen Unterschied machen, ob die Gegenseite das Projekt als „normale" Investition sieht, vor allem großen Wert auf einen Technologietransfer legt oder das Projekt in erster Linie eine Gelegenheit darstellt, öffentliche Fördermittel abzugreifen. Auch bestimmte Ressourcenengpässe wie Verzögerungskosten oder gesetzliche Bestimmungen, die die Interessen der Gegenseite mitprägen, können eine wichtige Rolle spielen. Ist die grundsätzliche Interessenlage der Gegenseite erfasst, bietet es sich an, diese in eine antizipierte Prioritäten- und Präferenzstruktur in Bezug auf die Verhandlungsgegenstände zu überführen. Besonders wichtig ist es im Sinne einer Maximierung der Verhandlungsmasse, Punkte zu identifizieren, die der anderen Seite besonders wichtig, uns selbst hingegen nicht ganz so wichtig sind: Hier können später gegenseitig nutzbringende Trade-Offs gemacht werden. Auch ist es wichtig, eventuelle Gegenstände zu identifizieren, bei denen beide Parteien dasselbe Interesse haben und diese entsprechend zu klären. Es ist nämlich keineswegs selbstverständlich, dass Verhandlungsparteien diese interessenkompatiblen Verhandlungsthemen als solche identifizieren (Thompson und Hrebec 1996).
- *Welches ist die Alternative der Gegenpartei?* Eine Antizipation der möglichen Alternativen der Gegenpartei ist essenziell wichtig für die Formulierung der eigenen Ziele und die Vorbereitung der eigenen Verhandlungsführung. Besitzt die Gegenpartei eine gute Alternative zu einem Vertragsabschluss mit uns, so könnte der Verhandlungsspielraum gering sein, wohingegen schlechte Alternativen auf einen größeren Verhandlungsspielraum zu unseren Gunsten hindeuten. Auch als kognitiver Referenzpunkt während der Verhandlung kann eine schlechte Alternative der Gegenseite hilfreich sein.
- *Welche Positionen wird die andere Partei beziehen?* Die letzte hier diskutierte Frage betrifft die Positionen, die die Gegenpartei vermutlich beziehen wird und ihre Argumentationslinie. Die Wirksamkeit von Argumenten haben wir im vorangegangenen Abschnitt schon thematisiert. Können wir also in etwa absehen, auf welche Argumente und Positionen die Gegenpartei ihre Verhandlungsstrategie stützen wird, können wir selbst unsere Strategie darauf einstellen und die Argumente der Gegenseite neutralisieren.

6.4.3 Die Verhandlungssituation

Wie die Illustration der Verhandlungsbeteiligten in Abb. 6.13 deutlich gemacht hat, können auch Umweltparameter der Verhandlung wichtige Einflüsse auf den Verhandlungsverlauf haben. Also sollten wir auch darauf entsprechend vorbereitet sein. Dazu gehören folgende Fragen, die sich auf die Vorbereitung in Bezug auf die eigene Seite oder die Gegenseite auswirken können:

- *Handelt es sich um eine einmalige, wiederholte oder regelmäßige Verhandlung?* Auch wenn Projekte durch einen klaren Beginn und ein klares Ende (Abnahme) gekennzeichnet sind, sollte die Frage gestellt werden, inwieweit die Verhandlungen auch Wiederholungselemente besitzen. Eventuell sitzen sich die Verhandler in einem anderen Projekt oder in anderer Funktion in der Zukunft wieder gegenüber. Daher sollte die zeitliche Bedeutung einer aktuellen Verhandlungssituation insbesondere im Hinblick auf das Vertrauen zwischen zwei Parteien, ihre Beziehung und die eigene Reputation betrachtet werden.
- *Spielt die Vorgeschichte eine Rolle?* Eine ganz ähnliche Frage, nur rückwärtsgewandt, zielt auf die Vorgeschichte zwischen den Parteien und den Akteuren am Verhandlungstisch. Die Verhandlung wird bestimmt ganz anders verlaufen, wenn es noch offene Rechnungen zwischen bestimmten Verhandlern gibt oder wenn ein besonderes Vertrauensverhältnis besteht.
- *Gibt es Verbundeffekte mit anderen Verhandlungen/Geschäften?* Bei der Eruierung der eigenen Interessen und der darauf aufbauenden Präferenzstruktur ist es wichtig, Verbundeffekte einer Verhandlung/eines Geschäftes auf Verhandlungen mit anderen Parteien zu antizipieren. Beispielsweise könnte durch die positive Referenzwirkung einer Anlage, deren Rentabilität für den Ersteller gerade so sichergestellt wird, längerfristig positive Ausstrahlung haben. Andererseits können Zugeständnisse, die man einer Gegenpartei in einer Verhandlung macht, auch von weiteren zukünftigen Geschäftspartnern gefordert werden, bspw. in Bezug auf Gewährleistungsfristen. Somit sollten nicht nur die direkten Effekte bestimmter Verhandlungsoptionen, sondern möglichst auch indirekte, Ausstrahlungseffekte in die eigene Vorbereitung einbezogen werden.
- *Bedarf es einer Ratifikation der Verhandlungsergebnisse?* Diese Frage zielt – in der Sprache der Abb. 6.13 – auf das Verhältnis der Akteure am Verhandlungstisch (Mannschaften A, B) und den indirekt Beteiligten (C, also Einwechsel- und Trainerbank). Bei großen Projekten werden manchmal Verträge geschlossen, die erst durch die Ratifizierung bestimmter Unternehmensgremien rechtsgültig werden. Ist dies der Fall und bestehen Präferenzunterschiede zwischen den Verhandlern und den Entscheidungsbefugten einer Partei, ist dies in die Verhandlungsvorbereitung und -führung einzubeziehen.
- *Gibt es Zeitbegrenzungen oder Verzögerungskosten*? Diese Frage zielt ebenfalls auf Rahmenparameter, die einen Einfluss auf die Präferenzstruktur beider Parteien ausüben. Hat eine Partei bspw. Verzögerungskosten zu befürchten, so verschlechtern sich deren Alternativen im Laufe der Verhandlung immer mehr. Die Macht-Abhängigkeitsrelation kann sich demnach über den Verlauf der Verhandlung hinweg verschieben, so dass es für die eigene Seite entweder sinnvoll sein kann, möglichst keine Zeit zu verlieren oder die Verhandlungen evtl. etwas länger als nötig zu ziehen, um einen Vorteil zu erlangen.
- *Wird ein formeller Vertrag geschlossen oder bleibt das Abkommen informell?* In Bezug auf den Abschluss einer Verhandlung ist es wichtig, sich Klarheit darüber zu verschaffen, welche Vertragsteile schriftlich fixiert werden sollen und ob es ggf. Vertragsteile gibt, die ausschließlich auf mündlichen Absprachen beruhen. Hierüber ggf. durch Meta-Kommunikation (Prozessmanagement) Klarheit zu erzielen, kann das Erreichen eines

Abkommens deutlich beschleunigen. Mündliche Absprachen können bspw. aufgrund bestimmter kultureller Gepflogenheiten notwendig werden.

- *Wo finden die Verhandlungen statt?* In vielen Ratgeberbüchern wird darüber spekuliert, inwieweit der Ort der Verhandlung eine Rolle spielt. Grundsätzlich geht man von einem Heimvorteil aus, so dass in manchen Verhandlungssituationen ganz bewusst ein neutraler Ort für die Verhandlungen vereinbart wird.
- *Stehen die Verhandlungen im Licht der Öffentlichkeit?* Eine große Bedeutung kann die Frage erlangen, ob die Verhandlungen im Licht der Öffentlichkeit stehen. In der Regel schränkt dies die Flexibilität der Verhandlungsparteien ein, da die Öffentlichkeit als Druckmittel genutzt werden kann und öffentlich gemachte Positionen wie ein Commitment wirken: Ohne das eigene Gesicht zu verlieren, kann eine Partei, die öffentlich Positionen bezogen hat, schlecht von diesen Positionen zurück. Es kann daher u. U. sinnvoll sein, von der Öffentlichkeit unbemerkte Kommunikationskanäle aufrecht zu erhalten, um sich eine gewisse Flexibilität zu bewahren.
- *Ist eine Verhandlung legal?* Insbesondere in Projekten mit einem öffentlichen Auftraggeber sind dem Verhandlungsspielraum starke Grenzen gesetzt, etwa im Hinblick auf die Auswahl eines Anbieters und Möglichkeiten der Nachverhandlung. Diese Grenzen gilt es bei der Vorbereitung des stark formalisierten Verhandlungsprozesses zu berücksichtigen. In einem solchen Fall muss häufig ein formalisiertes Angebot in einem Bieterprozess, der nur teilweise die Züge einer Verhandlung trägt, entsprechend angepasst werden. In einem solchen Fall ein ambitioniertes Erstangebot vorzulegen, wäre der sichere Verlust des Auftrags – hier würde sich eher die Formulierung eines Angebots mithilfe von *Competitive Bidding*-Modellen anbieten (Kuß 1977, siehe auch Kap. 3).
- *Gibt es die Möglichkeit, Drittparteien einzubeziehen?* Diese Frage kann im Anlagen- und Projektgeschäft auf verschiedene Möglichkeiten zielen. Einerseits könnte es möglich sein, durch das Hinzuziehen weiterer Partner den Verhandlungsspielraum zu vergrößern. Das ist bspw. zu beobachten, wenn die Verhandlungen auf Anbieterseite durch ein Konsortium geführt werden und es sich während der Verhandlung herausstellt, dass die Auftragsvergabe erst durch das Hinzuziehen eines weiteren Konsortialpartners möglich wird. Andererseits kann die Frage der Drittpartei bei lang laufenden oder sehr großen Projekten dahingehend relevant werden, inwieweit Vorsorge für zukünftige Streitfälle bei der Implementierung oder für ggf. notwendig gewordene Zusatz- oder Nachverhandlungen getroffen werden soll. Hier bietet es sich an, die pflichtmäßige Hinzuziehung eines Mediators oder eines Schiedsgerichts festzuschreiben.

6.5 Schlussbetrachtung

Verhandlungen sind im Anlagen- und Projektgeschäft in vielerlei Hinsicht von herausragender Bedeutung. Einerseits bilden sie die Grundlage für das Zustandekommen einer Transaktion, entscheiden also darüber, ob ein Anbieter für die Erstellung eines Projekts zum Zuge kommt oder nicht und welcher ökonomische Nutzen daraus für ihn entsteht.

Für den Besteller bestimmt sich darin auch, inwieweit und wie kreativ mithilfe des Projektes seine Probleme gelöst und seine Interessen befriedigt werden können. Andererseits bilden die in den Verhandlungen getroffenen Abmachungen die Basis für eine oftmals jahrelange Zusammenarbeit zwischen den Parteien, die nötig ist, um das Projekt abzuwickeln.

In diesem Kapitel haben wir versucht zu zeigen, wie eine Verhandlungssituation grundsätzlich strukturiert ist und welche Einflussfaktoren in welcher Weise darauf wirken, ob die Verhandlungen zu einem Erfolg führen oder nicht. Wir haben dazu sowohl statisch-strukturelle, als auch dynamische Kategorien von Einflussfaktoren betrachtet. Damit sind ex post sicherlich manche Beobachtungen im Hinblick auf das erzielte Ergebnis und auch bestimmte Verhandlungsverläufe erklärbar. Es dürfte aber auch deutlich geworden sein, dass Verhandlungen aufgrund ihres dynamischen Charakters sehr schwer zu prognostizieren sind und neben einer systematischen Analyse und Vorbereitung (die Wissenschaft des Verhandelns & der Kopf des Verhandlers), eben auch die persönliche, subjektive Seite (die Kunst des Verhandelns & das Herz des Verhandlers) eine große Rolle spielt.

Dennoch sollte die Kenntnis der hier dargestellten Einflussfaktoren und -effekte zusammen mit den Hinweisen und Ratschlägen für die Vorbereitung einer Verhandlung den Mitgliedern eines Verhandlungsteams wertvolle Hinweise liefern, wie sie ihre nächste Verhandlung erfolgreicher vorbereiten und führen können.

6.6 Übungsaufgaben

1. Wodurch zeichnet sich eine Verhandlungssituation aus?
2. Welche organisationalen Konstellationen bei Verhandlungen im Anlagen- und Projektgeschäft kennen Sie? Wodurch zeichnen sich diese aus?
3. Wodurch zeichnen sich Verhandlungen im Anlagen- und Projektgeschäft inhaltlich aus?
4. Erklären Sie das Verhandlungszonenmodell von Raiffa (1982)!
5. Welche Quellen von integrativem Potenzial in Verhandlungen kennen Sie?
6. Wodurch zeichnet sich der subjektive Wert einer Verhandlung nach Curhan et al. (2006) aus?
7. Erklären Sie, wie die Bildung von Verhandlungszufriedenheit abläuft!
8. Was versteht man unter der BATNA und welche Wirkung entfaltet sie in einer Verhandlung?
9. Welche Bedeutung kommt dem Faktor Zeit in Verhandlungen zu?
10. Welche Einflüsse übt der personelle Kontext der Verhandler auf eine Verhandlung aus?
11. Beschreiben Sie den Prozess des *Framings* in Verhandlungen und diskutieren Sie, welche Deutungsrahmen zur Anwendung kommen können!
12. Erläutern Sie, warum ein hohes Erstangebot Wirkung als kognitiver Anker entfalten kann und sich dadurch das Verhandlungsergebnis zugunsten der Partei verschiebt, die das erste Angebot macht!
13. Wodurch zeichnen sich integratives und distributives Verhandlungsverhalten aus?
14. Welche Punkte sollte eine gewissenhafte Verhandlungsvorbereitung enthalten?

Literatur

Adair, W. L. (2003). Integrative Sequences and Negotiation Outcome in Same- and Mixed-Culture Negotiations. *International Journal of Conflict Management, 14*(3/4), 273–296.

Adair, W. L., & Brett, J. M. (2005). The Negotiation Dance: Time, Culture, and Behavioral Sequences in Negotiation. *Organization Science, 16*(1), 33–51.

Adair, W. L., Okumura, T., & Brett, J. M. (2001). Negotiation Behavior When Cultures Collide: The United States and Japan. *Journal of Applied Psychology, 86*(3), 371–385.

Adair, W. L., Weingart, L., & Brett, J. (2007). The Timing and Function of Offers in U.S. and Japanese Negotiations. *Journal of Applied Psychology, 92*(4), 1056–1068.

Adler, N. J., Brahm, R., & Graham, J. L. (1992). Strategy Implementation: A Comparison of Face-to-Face Negotiations in the People's Republic of China and the United States. *Strategic Management Journal, 13*(6), 449–466.

Allred, K. G., Mallozi, J. S., Matsui, F., & Raia, C. P. (1997). The Influence of Anger and Compassion on Negotiation Performance. *Organizational Behavior and Human Decision Processes, 70*(3), 175–187.

Ambrose, E., Marshall, D., Fynes, B., & Lynch, D. (2008). Communication Media Selection in Buyer-Supplier Relationships. *International Journal of Operations & Production Management, 28*(4), 360–379.

Anderson, C., & Thompson, L. L. (2004). Affect from Top Down: How Powerful Individuals' Positive Affect Shapes Negotiations. *Organizational Behavior and Human Decision Processes, 95*(2), 125–139.

Arunachalam, V., Wall, J. A., & Chan, C. (1998). Hong Kong Versus U.S. Negotiations: Effects of Culture, Alternatives, Outcome Scales, and Mediation. *Journal of Applied Social Psychology, 28*(14), 1219–1244.

Bacharach, S. B., & Lawler, E. J. (1976). The Perception of Power. *Social Forces, 55*, 123–134.

Bacharach, S. B., & Lawler, E. J. (1981). *Bargaining: Power, Tactics, and Outcomes*. San Francisco: Jossey-Bass.

Bacharach, S. B., & Lawler, E. J. (1981). Power and Tactics in Bargaining. *Industrial and Labor Relations Review, 34*(2), 219–233.

Backhaus, K., & Günter, B. (1976). A Phase-Differentiated Interaction Approach to Industrial Marketing Decisions. *Industrial Marketing Management, 5*, 255–270.

Backhaus, K., van Doorn, J., & Wilken, R. (2008). The Impact of Team Characteristics on the Course and Outcome of Intergroup Price Negotiations. *Journal of Business-to-Business Marketing, 15*(4), 365–396.

Backhaus, K., & Voeth, M. (2010). *Industriegütermarketing* (9. Aufl.). München: Vahlen.

Barrick, M. R., & Mount, M. K. (1991). The Big Five Personality Dimensions and Job Performance: a Meta-Analysis. *Personnel Psychology, 44*(1), 1–26.

Barry, B. (2008). Negotiator Affect: the State of the Art (and the Science). *Group Decision and Negotiation, 17*(1), 97–105.

Barry, B., & Friedman, R. A. (1998). Bargainer Characteristics in Distributive and Integrative Negotiation. *Journal of Personality and Social Psychology, 74*(2), 345–359.

Barry, B., & Oliver, R. L. (1996). Affect in Dyadic Negotiation: A Model and Propositions. *Organizational Behavior and Human Decision Processes, 67*(2), 127–143.

Bateson, G. (1972). *Steps to an Ecology of Mind.* New York: Ballantine Books.

Bazerman, M. H. (2002). *Judgment in Managerial Decision Making* (5. Aufl.). New York: John Wiley & Sons.

Bazerman, M. H., Neale, M. A., Valley, K. L., Zajac, E. J., & Kim, Y. M. (1992). The Effect of Agents and Mediators on Negotiation Outcomes. *Organizational Behavior and Human Decision Processes, 53*(1), 55–73.

Beersma, B., & De Dreu, C. .K. W. (1999). Negotiation Processes and Outcomes in Prosocially and Egoistically Motivated Groups. *International Journal of Conflict Management, 10*(4), 385–402.

Blount, S., Thomas-Hunt, M. C., & Neale, M. A. (1996). The Price Is Right – Or Is It? A Reference Point Model of Two-Party Price Negotiations. *Organizational Behavior and Human Decision Processes, 68*(1), 1–12.

Brett, J. M., & Okumura, T. (1998). Inter- and Intracultural Negotiation: U.S. and Japanese Negotiators. *Academy of Management Journal, 41*(5), 495–510.

Brodt, S., & Thompson, L. (2001). Negotiating Teams: A Levels of Analysis Approach. *Group Dynamics: Theory, Research, and Practice, 5*(3), 208–219.

Brodt, S. E., & Marla, T. (2000). Working Together but in Opposition: An Examination of the „GoodCop/BadCop" Negotiation Team Tactic. *Organizational Behavior and Human Decision Processes, 81*(2), 155–177.

Brooks, B. W., & Rose, R. L. (2004). A Contextual Model of Negotiation Orientation. *Industrial Marketing Management, 33*(2), 125.

Brown, G., & Baer, M. (2011). Location in Negotiation: Is there a Home Field Advantage? *Organizational Behavior and Human Decision Processes, 114*(2), 190–200.

Cai, A., Wilson, R., & Drake, E. (2000). Culture in the Context of Intercultural Negotiation. *Human Communication Research, 26*(4), 591–617.

Campbell, N. .C. G., Graham, J. L., Jolibert, A., & Meissner, H. G. (1988). Marketing Negotiations in France, Germany, the United Kingdom, and the United States. *Journal of Marketing, 52*(2), 49–62.

Cano, C. R., Boles, J. S., & Bean, C. J. (2005). Communication Media Preferences in Business-to-Business Transactions: An Examination of the Purchase Process. *Journal of Personal Selling & Sales Management, 25*(3), 283–294.

Carnevale, P. (2008). Positive Affect and Decision Frame in Negotiation. *Group Decision and Negotiation, 17*(1), 51–63.

Carnevale, P. .J. D., & Isen, A. M. (1986). The Influence of Positive Affect and Visual Access on the Discovery of Integrative Solutions in Bilateral Negotiation. *Organizational Behavior and Human Decision Processes, 37*(1), 1–13.

Carnevale, P. .J. D., & Lawler, E. J. (1986). Time Pressure and the Development of Integrative Agreements in Bilateral Negotiations. *Journal of Conflict Resolution, 30*(4), 636–659.

Cialdini, R. (1993). *Influence – The Psychology of Persuasion* (2. Aufl.). New York: Quill William Morrow.

Citera, M., Beauregard, R., & Mitsuya, T. (2005). An Experimental Study of Credibility in E-Negotiations. *Psychology & Marketing, 22*(2), 163–179.

Clark, H. H., & Brennan, S. E. (1991). Grounding in Communication. In L. B. Resnick, J. M. Levin, & S. D. Teasley (Hrsg.), *Perspectives on Socially Shared Cognition* (S. 127–149). Washington D.C.: American Psychological Association.

Cotter, M. J., & Henley, J. A. (2008). First-Offer Disadvantage in Zero-Sum Game Negotiation Outcomes. *Journal of Business-to-Business Marketing, 15*(1), 25–44.

Croson, R. .T. A. (1999). Look at Me When You Say That: An Electronic Negotiation Simulation. *Simulation & Gaming, 30*(1), 23–37.

Curhan, J. R., Elfenbein, H. A., & Kilduff, G. J. (2009). Getting off on the Right Foot: Subjective Value versus Economic Value in Predicting Longitudinal Job Outcomes from Job Offer Negotiations. *Journal of Applied Psychology, 94*(2), 524–534.

Curhan, J. R., Neale, M. A., & Ross, L. (2004). Dynamic Valuation: Preference Changes in the Context of Face-to-Face Negotiation. *Journal of Experimental Social Psychology, 40*(2), 142–151.

Curhan, J. R., Neale, M. A., Ross, L., & Rosencranz-Engelmann, J. (2008). Relational Accommodation in Negotiation: Effects of Egalitarianism and Gender on Economic Efficiency and Relational Capital. *Organizational Behavior and Human Decision Processes, 107*(2), 192–205.

Curhan, J. R., & Overbeck, J. R. (2008). Making a Positive Impression in a Negotiation: Gender Differences in Response to Impression Motivation. *Negotiation and Conflict Management Research, 1*(2), 179–193.

Curhan, J. R., Xu, H., & Elfenbein, H. A. (2006). What Do People Value When They Negotiate? Mapping the Domain of Subjective Value in Negotiation. *Journal of Personality & Social Psychology, 91*(3), 493–512.

Daft, R. L., & Lengel, R. H. (1984). Information Richness: A New Approach to Managerial Behavior and Organization Design. *Research in Organizational Behavior, 6*, 191–233.

Daft, R. L., & Lengel, R. H. (1986). Organization Information Requirements, Media Richness, and Structural Design. *Management Science, 32*(5), 554–571.

De Dreu, C. .K. W. (2004). Motivation in Negotiation: A Social Psychological Analysis. In M. J. Gelfand, & J. M. Brett (Hrsg.), *The Handbook of Negotiation and Culture* (S. 114–138). Stanford, California: Stanford University Press.

De Dreu, C. .K. W., & Boles, T. L. (1998). Share and Share Alike or Winner Take All?: The Influence of Social Value Orientation upon Choice and Recall of Negotiation Heuristics. *Organizational Behavior and Human Decision Processes, 76*(3), 253–276.

De Dreu, C. .K. W., Carnevale, P. .J. D., Emans, B. .J. M., & Van de Vliert, E. (1994). Effects of Gain-Loss Frames in Negotiation: Loss Aversion, Mismatching, and Frame Adoption. *Organizational Behavior and Human Decision Processes, 60*(1), 90–107.

De Dreu, C. W., & Van Lange, P. .A. M. (1995). Impact of Social Value Orientation on Negotiator Cognition and Behavior. *Personality and Social Psychology Bulletin, 21*(11), 1178–1188.

Dennis, A. R., Fuller, R. M., & Valacich, J. S. (2008). Media, Tasks, and Communication Processes: a Theory of Media Synchronicity. *MIS Quarterly, 32*(3), 575–600.

DeRue, D. S., Conlon, D. E., Moon, H., & Willaby, H. W. (2009). When Is Straightforwardness a Liability in Negotiations? The Role of Integrative Potential and Structural Power. *Journal of Applied Psychology, 94*(4), 1032–1047.

Dimotakis, N., Conlon, D. E., & Ilies, R. (2012). The Mind and Heart (Literally) of the Negotiator: Personality and Contextual Determinants of Experiential Reactions and Economic Outcomes in Negotiation. *Journal of Applied Psychology, 97*(1), 183–193.

Dion, P. A., & Banting, P. M. (1988). Industrial Supplier-Buyer Negotiations. *Industrial Marketing Management, 17*(1), 43–47.

Donohue, W. A. (1981). Analyzing Negotiation Tactics: Development of a Negotiation Interact System. *Human Communication Research, 7*(3), 273–287.

Druckman, D., & Olekalns, M. (2008). Emotions in Negotiation. *Group Decision and Negotiation, 17*(1), 1–11.

Dwyer, F. R., & Walker, O. C. (1981). Bargaining in an Asymmetric Power Structure. *Journal of Marketing, 45*(1), 104–115.

Emerson, R. M. (1962). Power-Dependence Relations. *American Sociological Review, 27*(1), 31–40.

Engelhardt, W. H., & Günter, B. (1981). *Investitionsgütermarketing*. Stuttgart: Kohlhammer.

Fassina, N. E. (2004). Constraining a Principal's Choice: Outcome versus Behavior Contingent Agency Contracts in Representative Negotiations. *Negotiation Journal, 20*(3), 435–459.

Fisher, R., Ury, W., & Patton, B. (1992). *Getting to Yes – Negotiating Agreement Without Giving In* (2. Aufl.). London: Random House.

Fouraker, L. E., & Siegel, S. (1963). *Bargaining Behavior*. New York: McGraw-Hill.

Fry, W. R., Firestone, I. J., & Williams, D. L. (1983). Negotiation Process and Outcome of Stranger Dyads and Dating Couples: Do Lovers Lose? *Applied Psychology, 4*(1), 1–16.

Funder, D. C. (2001). Personality. *Annual Review of Psychology, 52*(1), 197–221.

Galin, A., Gross, M., & Gosalker, G. (2007). E-Negotiation Versus Face-to-Face Negotiation: What Has Changed – if Anything? *Computers in Human Behavior, 23*(1), 787–797.

Galinsky, A. D., & Mussweiler, T. (2001). First Offers as Anchors: The Role of Perspective-Taking and Negotiator Focus. *Journal of Personality and Social Psychology, 81*(4), 657–669.

Galinsky, A. D., Seiden, V. L., Kim, P. H., & Medvec, V. H. (2002). The Dissatisfaction of Having Your First Offer Accepted: The Role of Counterfactual Thinking in Negotiations. *Personality and Social Psychology Bulletin, 28*(2), 271–283.

Geiger, I. (2007). *Industrielle Verhandlungen – Empirische Untersuchung von Verhandlungsmacht und -interaktion in Einzeltransaktion und Geschäftsbeziehung*. Wiesbaden: DUV.

Geiger, I. (in press). Media Effects on the Formation of Negotiator Satisfaction: The Example of Face-to-Face and Text Based Electronically Mediated Negotiations. *Group Decision & Negotiation.*

Geiger, I., & Kleinaltenkamp, M. (2011). Interne Umsetzung des Geschäftsbeziehungsmanagements. In M. Kleinaltenkamp, W. Plinke, I. Geiger, F. Jacob, & A. Söllner (Hrsg.), *Geschäftsbeziehungsmanagement* (S. 255–208). Wiesbaden: Gabler.

Gelfand, M. J., Major, V. S., Raver, J. L., Nishii, L. H., & O'Brien, K. (2006). Negotiating Relationally: The Dynamics of the Relational Self in Negotiations. *Academy of Management Review, 31*(2), 427–451.

Giebels, E., De Dreu, C. W., & Van de Vliert, E. (1998). The Alternative Negotiator as the Invisible Third at the Table: The Impact of Potency Information. *International Journal of Conflict Management, 9*(1), 5–21.

Giebels, E., De Dreu, C. W., & Van de Vliert, E. (2000). Interdependence in Negotiation: Effects of Exit Options and Social Motive on Distributive and Integrative Negotiation. *European Journal of Social Psychology, 30*(2), 255–272.

Gillespie, J. J., Brett, J. M., & Weingart, L. R. (2000). Interdependence, Social Motives, and Outcome Satisfaction in Multiparty Negotiation. *European Journal of Social Psychology, 30*(6), 779–797.

Goffman, E. (1974). *Frame Analysis*. New York: Harper & Row.

Graham, J. L. (1986). The Problem-Solving Approach to Negotiations in Industrial Marketing. *Journal of Business Research, 14*(6), 549–566.

Graham, J. L., Kim, D. K., Lin, C-., & Robinson, M. (1988). Buyer-Seller Negotiations Around the Pacific Rim: Differences in Fundamental Exchange Processes. *Journal of Consumer Research, 15*(1), 48–54.

Greenhalgh, L., & Chapman, D. I. (1998). Negotiator Relationships: Construct Measurement, and Demonstration of Their Impact on the Process and Outcomes of Negotiation. *Group Decision and Negotiation, 7*(6), 465–489.

Halevy, N. (2008). Team negotiation: Social, epistemic, economic, and psychological consequences of subgroup conflict. *Personality and Social Psychology Bulletin, 34*(12), 1687–1702.

Hall, E. T. (1976). *Beyond Culture*. New York: Random House.

Hilty, J. A., & Carnevale, P. .J. D. (1993). Black-Hat/White-Hat Strategy in Bilateral Negotiation. *Organizational Behavior and Human Decision Processes, 55*(3), 444–469.

Hofstede, G. (1984). *Culture's Consequences* (2. Aufl.). Newbury Park: Sage.

House, R., & Javidan, M. (2004). Overview of GLOBE. In R. House, P. Hanges, M. Javidan, P. Dorfman, & V. Gupta (Hrsg.), *Culture, Leadership, and Organizations – The GLOBE study of 62 societies* (S. 9–28). Thousand Oaks: Sage.

Huber, V. L., & Neale, M. A. (1986). Effects of Cognitive Heuristics and Goals on Negotiator Performance and Subsequent Goal Setting. *Organizational Behavior and Human Decision Processes, 38*(3), 342–365.

Hüffmeier, J., Freund, A., Zerres, A., Backhaus, K., & Hertel, G. (2011). Being Tough or Being Nice? A Meta-Analysis on the Impact of Hard- and Softline Strategies in Distributive Negotiations. *Journal of Management*, in print.

Hutt, M. D., Johnston, W. J., & Ronchetto, J. (1985). Selling Centers and Buying Centers: Formulating Strategic Exchange Patterns. *Journal of Personal Selling & Sales Management, 5*(1), 33–40.

Imai, L., & Gelfand, M. J. (2010). The Culturally Intelligent Negotiator: The Impact of Cultural Intelligence (CQ) on Negotiation Sequences and Outcomes. *Organizational Behavior and Human Decision Processes, 112*(2), 83–98.

Johnston, W. J., & Bonoma, T. V. (1981). The Buying Center: Structure and Interaction Patterns. *Journal of Marketing, 45*, 143–156.

Kahneman, D., Knetsch, J. L., & Thaler, R. H. (1990). Experimental Tests of the Endowment Effect and the Coase Theorem. *Journal of Political Economy, 98*(6), 1352.

Kahneman, D., & Tversky, A. (1979). Prospect Theory: An Analysis of Decision Under Risk. *Econometrica, 47*(2), 263–291.

Kamins, M. A., Johnston, W. J., & Graham, J. L. (1998). A Multi-Method Examination of Buyer-Seller Interactions among Japanese and American Businesspeople. *Journal of International Marketing, 6*(1), 8–32.

Keenan, P. A., & Carnevale, P. .J. D. (1989). Positive Effects of Within-Group Cooperation on Between-Group Negotiation. *Journal of Applied Social Psychology, 19*(12), 977–992.

Kelley, H. H. (1966). A Classroom Study of Dilemmas in Interpersonal Negotiation. In K. Archibald (Hrsg.), *Strategic Interaction and Conflict*. Berkeley, CA: Institute of international Studies, University of California.

Kersten, G. E. (2001). Modeling Distributive and Integrative Negotiations. Review and Revised Characterization. *Group Decision and Negotiation, 10*(2), 493–514.

Kersten, G. E., & Lai, H. (2007). Negotiation Support and E-negotiation Systems: An Overview. *Group Decision and Negotiation, 16*(6), 553–586.

Kim, P. H. (1997). Strategic Timing in Group Negotiations: The Implication of Forced Entry and Forced Exit for Negotiators with Unequal Power. *Organizational Behavior and Human Decision Processes, 71*(3), 263–286.

Kimmel, M. J., Pruitt, D. G., Magenau, J. M., Konar-Goldband, E., & Carnevale, P. J. (1980). Effects of Trust, Aspiration and Gender on Negotiation Tactics. *Journal of Personality and Social Psychology, 38*(1), 9–22.

Koch, F.-K. (1987). *Verhandlungen bei der Vermarktung von Investitionsgütern*. Darmstadt: Dissertation.

Koeszegi, S., Pesendorfer, E-., & Vetschera, R. (2011). Data-Driven Phase Analysis of E-negotiations: An Exemplary Study of Synchronous and Asynchronous Negotiations. *Group Decision and Negotiation, 20*(4), 385–410.

Kopelman, S., & Rosette, A. S. (2008). Cultural Variation in Response to Strategic Emotions in Negotiations. *Group Decision and Negotiation, 17*(1), 65–77.

Kopelman, S., Rosette, A. S., & Thompson, L. (2006). The Three Faces of Eve: Strategic Displays of Positive, Negative, and Neutral Emotions in Negotiations. *Organizational Behavior and Human Decision Processes, 99*(1), 81–101.

Kray, L. J., Galinsky, A. D., & Thompson, L. (2002). Reversing the Gender Gap in Negotiations: An Exploration of Stereotype Regeneration. *Organizational Behavior and Human Decision Processes, 87*(2), 386–410.

Kray, L. J., & Thompson, L. (2005). Gender Stereotypes and Negotiation Performance: An Examination of Theory and Research. *Research in Organizational Behavior, 26*, 103–182.

Kray, L. J., Thompson, L., & Galinsky, A. D. (2001). Battle of Sexes: Gender Stereotype Confirmation and Reactance in Negotiations. *Journal of Personality and Social Psychology, 80*(6), 942–958.

Kuß, A. (1977). Competitive-Bidding-Modelle. *Zeitschrift für betriebswirtschaftliche Forschung, 29*, 63–70.

Kutschker, M. (1972). *Verhandlungen als Elemente eines verhaltenswissenschaftlichen Bezugsrahmens des Investitionsgütermarketing*. Mannheim: Dissertation.

Kutschker, M., & Kirsch, W. (1978). *Verhandlungen in Multiorganisationalen Entscheidungsprozessen*. München: Universität.

Kwon, S., & Weingart, L. R. (2004). Unilateral Concessions From the Other Party: Concession Behavior, Attributions, and Negotiation Judgments. *Journal of Applied Psychology, 89*(2), 263–278.

Lawler, E. J., & Yoon, J. (1993). Power and the Emergence of Commitment Behavior in Negotiated Exchange. *American Sociological Review, 58*(4), 465–481.

Lax, D. A., & Sebenius, J. K. (1986). *The Manager As Negotiator*. New York: Free Press.

Lewicki, R. J., Barry, B., & Saunders, D. M. (2010). *Negotiation* (6. Aufl.). New York: McGraw-Hill.

Liu, M. (2009). The Intrapersonal and Interpersonal Effects of Anger on Negotiation Strategies: A Cross-Cultural Investigation. *Human Communication Research, 35*, 148–169.

Luce, R. D., & Raiffa, H. (1957). *Games and Decisions*. New York: John Wiley & Sons.

Maaravi, Y., Ganzach, Y., & Pazy, A. (2011). Negotiation as a Form of Persuasion: Arguments in First Offers. *Journal of Personality and Social Psychology, 101*(2), 245–255.

Mannix, E. A., & Neale, M. A. (1993). Power Imbalance and the Pattern of Exchange in Dyadic Negotiation. *Group Decision and Negotiation, 2*(2), 119–133.

McAlister, L., Bazerman, M. H., & Fader, P. (1986). Power and Goal Setting in Channel Negotiations. *Journal of Marketing Research, 23*(3), 228–236.

McGrath, J. E., & Hollingshead, A. B. (1993). Putting the "Group" Back in Group Support Systems: Some Theoretical Issues About Dynamics in Groups with Technological Enhancements. In L. M. Jessup, & J. S. Valacich (Hrsg.), *Group Support Systems: New Perspectives* (S. 78–96). New York: MacMillan.

McSweeney, B. (2002). Hofstede's Model of National Cultural Differences and their Consequences: A Triumph of Faith – a Failure of Analysis. *Human Relations, 55*(1), 89–118.

Moore, D. A. (2004). The Unexpected Benefits of Final Deadlines in Negotiation. *Journal of Experimental Social Psychology, 40*, 121–127.

Moran, S., & Ritov, I. (2007). Experience in Integrative Negotiations: What Needs to Be Learned? *Journal of Experimental Social Psychology, 43*(1), 77–90.

Morton, F. S., Silva-Risso, J., & Zettelmeyer, F. (2011). What Matters in a Price Negotiation: Evidence from the U.S. Auto Retailing Industry. *Quantitative Marketing and Economics, 9*, 365–402.

Mosterd, I., & Rutte, C. G. (2000). Effects of Time Pressure and Accountability to Constituents on Negotiation. *International Journal of Conflict Management, 11*(3), 227–247.

Murnighan, J. K., Babcock, L., Thompson, L., & Pillutla, M. (1999). The Information Dilemma in Negotiations: Effects of Experience, Incentives, and Integrative Potential. *International Journal of Conflict Management, 10*(4), 313–339.

Mussweiler, T., Strack, F., & Pfeiffer, T. (2000). Overcoming the Inevitable Anchoring Effect: Considering the Opposite Compensates for Selective Accessibility. *Personality and Social Psychology Bulletin, 26*(9), 1142–1150.

Naquin, C. E. (2003). The Agony of Opportunity in Negotiation: Number of Negotiable Issues, Counterfactual Thinking, and Feelings of Satisfaction. *Organizational Behavior and Human Decision Processes, 91*(1), 97–107.

Naquin, C. E., & Kurtzberg, T. R. (2009). Team Negotiation and Perceptions of Trustworthiness: The Whole Versus the Sum of the Parts. *Group Dynamics: Theory, Research, and Practice, 13*(2), 133–150.

Naquin, C. E., & Paulson, G. D. (2003). Online Bargaining and Interpersonal Trust. *Journal of Applied Psychology, 88*(1), 113–120.

Nash, J. F. (1950). The Bargaining Problem. *Econometrica, 18*, 155–162.

Nash, J. F. (1953). Two-Person Cooperative Games. *Econometrica, 21*, 128–140.

Neale, M. A., & Northcraft, G. B. (1991). Behavioral Negotiation Theory: A Framework for Conceptualizing Dyadic Bargaining. *Research in Organizational Behavior, 13*, 147–190.

Neu, J., Graham, J. L., & Gilly, M. C. (1988). The Influence of Gender on Behaviors and Outcomes in a Retail Buyer-Seller Negotiation Simulation. *Journal of Retailing, 64*(4), 427–452.

Neun, H. (2011). *Verhandlungen im internationalen Vertrieb*. Hamburg: Verlag Dr. Kovač.

Neun, H., Geiger, I., Lügger, K., & Backhaus, K. (2012). Group and Individual Level Cultural Influences in Intra- and Intercultural Negotiation Between German and Chinese Negotiators. *Proceedings of the 25th IACM Annual Conference*.

O'Connor, K. M. (1997). Groups and Solos in Context: The Effects of Accountability on Team Negotiation. *Organizational Behavior and Human Decision Processes, 72*(3), 384–407.

O'Connor, K. M., & Arnold, J. A. (2011). Sabotaging the Deal: The Way Relational Concerns Undermine Negotiators. *Journal of Experimental Social Psychology, 47*(6), 1167–1172.

O'Connor, K. M., Arnold, J. A., & Burris, E. R. (2005). Negotiators' Bargaining Histories and Their Effects on Future Negotiation Performance. *Journal of Applied Psychology, 90*(2), 350–362.

Ohbuchi , K-., & Fukushima, O. (1997). Personality and Interpersonal Conflict: Aggressiveness, Self-Monitoring, and Situational Variables. *International Journal of Conflict Management*, *8*(2), 99–113.

Olekalns, M., & Smith, P. L. (2000). Understanding Optimal Outcomes. *Human Communication Research*, *24*(4), 528–556.

Olekalns, M., & Smith, P. L. (2003). Testing the Relationship Among Negotiators' Motivational Orientations, Strategy Choices, and Outcomes. *Journal of Experimental Social Psychology*, *39*(2), 101–117.

Olekalns, M., Smith, P. L., & Kibby, R. (1996). Social Value Orientation and Negotiator Outcomes. *European Journal of Social Psychology*, *26*, 299–313.

Oliver, R. L., Balakrishnan, P. .V. S., & Barry, B. (1994). Outcome Satisfaction in Negotiation: A Test of Expectancy Disconfirmation. *Organizational Behavior and Human Decision Processes*, *60*(2), 252–275.

Overbeck, J. R., Neale, M. A., & Govan, C. L. (2010). I Feel, Therefore You Act: Intrapersonal and Interpersonal Effects of Emotion on Negotiation as a Function of Social Power. *Organizational Behavior and Human Decision Processes*, *112*(2), 126–139.

Patton, C., & Balakrishnan, P. V. (2010). The Impact of Expectation of Future Negotiation Interaction on Bargaining Processes and Outcomes. *Journal of Business Research*, *63*(8), 809–816.

Perdue, B. (1992). Ten Aggressive Bargaining Tactics of Industrial Buyers. *Journal of Business & Industrial Marketing*, *7*(2), 45–52.

Peterson, E., & Thompson, L. (1997). Negotiation Teamwork: The Impact of Information Distribution and Accountability on Performance Depends on the Relationship among Team Members. *Organizational Behavior and Human Decision Processes*, *72*(3), 364–383.

Pietroni, D., Van Kleef, G., Rubaltelli, E., & Rumiati, R. (2009). When Happiness Pays in Negotiation. *Mind*, *8*(1), 77–92.

Pietroni, D., Van Kleef, G. A., & De Dreu, C. .K. W. (2008). Response Modes in Negotiation. *Group Decision and Negotiation*, *17*(1), 31–49.

Pinkley, R. L. (1990). Dimensions of Conflict Frame: Disputant Interpretations of Conflict. *Journal of Applied Psychology*, *75*(2), 117–126.

Pinkley, R. L. (1995). Impact of Knowledge Regarding Alternatives to Settlement in Dyadic Negotiation: Whose Knowledge Counts? *Journal of Applied Psychology*, *80*(3), 403–417.

Pinkley, R. L., & Northcraft, G. B. (1994). Conflict Frames of Reference: Implications for Dispute Processes and Outcomes. *Academy of Management Journal*, *37*(1), 193–205.

Polzer, J. T. (1996). Intergroup Negotiations: The Effects of Negotiating Teams. *Journal of Conflict Resolution*, *40*(4), 678–698.

Pruitt, D. G., & Carnevale, P. J. D. (1993). *Negotiation in Social Conflict*. Buckingham: Open University Press.

Pruitt, D. G., & Drews, J. L. (1969). The Effect of Time Pressure, Time Elapsed, and the Opponent's Concession Rate on Behavior in Negotiation. *Journal of Experimental Social Psychology*, *5*(1), 43–60.

Pruitt, D. G., & Lewis, S. A. (1975). Development of Integrative Solutions in Bilateral Negotiations. *Journal of Personality and Social Psychology*, *31*(4), 621–633.

Purdy, J. M., Nye, P., & Balakrishnan, P. V. (2000). The Impact of Communication Media on Negotiation Outcomes. *International Journal of Conflict Management*, *11*(2), 162–187.

Putnam, L. L., & Holmer, M. (1992). Framing, Reframing and Issue Development. In L. L. Putnam, & M. E. Roloff (Hrsg.), *Communication and Negotiation* (S. 128–155). Newbury Park: Sage.

Putnam, L. L., & Roloff, M. E. (1992). Communication Perspectives on Negotiation. In L. L. Putnam, & M. E. Roloff (Hrsg.), *Communication and Negotiation* (S. 1–17). Newbury Park: Sage.

Raiffa, H. (1982). *The Art and Science of Negotiation*. Cambridge: Harvard University Press.

Raiffa, H., Richardson, J., & Metcalfe, D. (2002). *Negotiation Analysis – The Science and Art of Collaborative Decision Making*. Cambridge: Harvard University Press.

Ramsay, J. (2004). Serendipity and the Realpolitik of Negotiations in Supply Chains. *Supply Chain Management*, *9*(3), 219–229.

Rubin, J. Z., & Brown, B. R. (1975). *The Social Psychology of Bargaining and Negotiation*. New York: Academic Press.

Rubinstein, A. (1985). A Bargaining Model with Incomplete Information about Time Preferences. *Econometrica*, *53*, 1150–1172.

Salacuse, J. W. (1999). Intercultural Negotiation in International Business. *Group Decision and Negotiation*, *8*, 217–236.

Schelling, T. C. (1960). *The Strategy Of Conflict*. New York: Oxford University Press.

Schweinsberg, M., Ku, G., Wang, C. S., & Pillutla, M. M. (2012). Starting High and Ending with Nothing: The Role of Anchors and Power in Negotiations. *Journal of Experimental Social Psychology*, *48*(1), 226–231.

Shalvi, S., Moran, S., & Ritov, I. (2010). Overcoming Initial Anchors: The Effect of Negotiators' Dispositional Control Beliefs. *Negotiation and Conflict Management Research*, *3*(3), 232–248.

Shapiro, D. L., & Bies, R. L. (1994). Threats, Bluffs and Disclaimers in Negotiations. *Organizational Behavior and Human Decision Processes*, *60*(1), 14–35.

Sinaceur, M., & Neale, M. A. (2005). Not All Threats are Created Equal: How Implicitness and Timing Affect the Effectiveness of Threats in Negotiations. *Group Decision and Negotiation*, *14*(1), 63–85.

Sinaceur, M., Van Kleef, G. A., Neale, M. A., Adam, H., & Haag, C. (2011). Hot or Cold: Is Communicating Anger or Threats more Effective in Negotiation? *Journal of Applied Psychology*, *96*(5), 1018–1032.

Smith, D. L., Pruitt, D. G., & Carnevale, P. J. (1982). Matching and Mismatching: The Effect of Own Limit, Other's Toughness, and Time Pressure on Concession Rate in Negotiation. *Journal of Personality and Social Psychology*, *42*, 876–883.

Steinel, W., Van Kleef , G. A., & Harinck, F. (2008). Are You Talking to Me?! Separating the People from the Problem When Expressing Emotions in Negotiation. *Journal of Experimental Social Psychology*, *44*, 362–369.

Stuhlmacher, A., Citera, M., & Willis, T. (2007). Gender Differences in Virtual Negotiation: Theory and Research. *Sex Roles*, *57*(5), 329–339.

Stuhlmacher, A. F., & Champagne, M. V. (2000). The Impact of Time Pressure and Information on Negotiation Process and Decisions. *Group Decision and Negotiation*, *9*(6), 471–491.

Stuhlmacher, A. F., Gillespie, T. L., & Champagne, M. V. (1998). The Impact Of Time Pressure in Negotiation: A Meta Analysis. *International Journal Of Conflict Management*, *9*(1), 97–116.

Stuhlmacher, A. F., & Walters, A. E. (1999). Gender differences in negotiation outcomes: a meta-analysis. *Personnel Psychology*, *52*(3), 653–677.

Thompson, L. (2005). *The Mind and Heart of the Negotiator* (3. Aufl.). Upper Saddle River: Pearson.

Thompson, L., & Hastie, R. (1990). Social Perception in Negotiation. *Organizational Behavior and Human Decision Processes, 47*(1), 98–123.

Thompson, L., & Hrebec, D. (1996). Lose-Lose Agreements in Interdependent Decision Making. *Psychological Bulletin, 120*(3), 396–409.

Thompson, L., Peterson, E., & Brodt, S. E. (1996). Team Negotiation: An Examination of Integrative and Distributive Bargaining. *Journal of Personality and Social Psychology, 70*(1), 66–78.

Thompson, L., Valley, K. L., & Kramer, R. M. (1995). The Bittersweet Feeling of Success: An Examination of Social Perception in Negotiation. *Journal of Experimental Social Psychology, 31*(6), 467–492.

Trötschel, R., Hüffmeier, J., Loschelder, D. D., Schwartz, K., & Gollwitzer, P. M. (2011). Perspective Taking as a Means to Overcome Motivational Barriers in Negotiations: When Putting Oneself into the Opponent's Shoes Helps to Walk Toward Agreements. *Journal of Personality and Social Psychology, 101*(4), 771–790.

Tversky, A., & Kahneman, D. (1974). Judgment under Uncertainty: Heuristics and Biases. *Science, 185*(4157), 1124–1131.

Ury, W. L., Brett, J. M., & Goldberg, S. B. (1988). *Getting Disputes Resolved*. San Francisco: Jossey-Bass.

Utikal, H. (2001). *Die Organisation industrieller Geschäftsbeziehungen*. Wiesbaden: Gabler.

Van Boven, L., Gilovich, T., & Medvec, V. H. (2003). The Illusion of Transparency in Negotiations. *Negotiation Journal, 19*(2), 117–131.

Van Boven, L., & Thompson, L. (2003). A Look into the Mind of the Negotiator: Mental Models in Negotiation. *Group Processes & Intergroup Relations, 6*(4), 387–404.

Van Kleef, G. A., & De Dreu, C. .K. W. (2002). Social Value Orientation and Impression Formation: A Test of Two Competing Hypotheses About Information Search in Negotiation. *International Journal of Conflict Management, 13*(1), 59–77.

Van Kleef, G. A., De Dreu, C. .K. W., & Manstead, A. .S. R. (2004). The Interpersonal Effects of Anger and Happiness in Negotiations. *Journal of Personality and Social Psychology, 86*(1), 57–76.

Van Kleef, G. A., De Dreu, C. .K. W., & Manstead, A. .S. R. (2006). Supplication and Appeasement in Conflict and Negotiation: The Interpersonal Effects of Disappointment, Worry, Guilt, and Regret. *Journal of Personality and Social Psychology, 91*(1), 124–142.

Van Kleef, G. A., & De Dreu, C. .K. W. (2010). Longer-Term Consequences of Anger Expression in Negotiation: Retaliation or Spillover? *Journal of Experimental Social Psychology, 46*(5), 753–760.

Van Kleef, G. A., & Van Lange, P. .A. M. (2008). What Other's Disappointment May Do to Selfish People: Emotion and Social Value Orientation in a Negotiation Context. *Personality and Social Psychology Bulletin, 34*(8), 1084–1095.

Venkatesh, R., Kohli, A. K., & Zaltman, G. (1995). Influence Strategies in Buying Centers. *Journal of Marketing, 59*, 71–82.

Vetschera, R. (2006). Preference Structures of Negotiators and Negotiation Outcomes. *Group Decision and Negotiation, 15*(2), 111–125.

Vetschera, R., Kersten, G., & Koeszegi, S. (2006). User Assessment of Internet-Based Negotiation Support Systems: An Exploratory Study. *Journal of Organizational Computing and Electronic Commerce, 16*(2), 123–148.

von Neumann, J., & Morgenstern, O. (1944). *Theory of Games and Economic Behavior*. Princeton: Princeton University Press.

Walters, A. E., Stuhlmacher, A. F., & Meyer, L. L. (1998). Gender and Negotiator Competitiveness: A Meta-analysis. *Organizational Behavior and Human Decision Processes, 76*(1), 1–29.

Walton, R. E., & McKersie, R. B. (1965). *A Behavioral Theory of Labor Negotiations.* New York: McGraw-Hill.

Weingart, L. R., Brett, J. M., Olekalns, M., & Smith, P. L. (2007). Conflicting Social Motives in Negotiating Groups. *Journal of Personality and Social Psychology, 93*(6), 994–1010.

Weingart, L. R., Olekalns, M., & Smith, P. L. (2004). Quantitative Coding of Negotiation Processes. *International Negotiation, 9,* 441–455. Special Issue on Research Methods in Negotiation and Social Conflict

Weingart, L. R., Thompson, L. L., Bazerman, M. H., & Carroll, J. S. (1990). Tactical Behavior and Negotiation Outcomes. *International Journal of Conflict Management, 1*(1), 7–31.

Wilken, R., Cornelißen, M., Backhaus, K., & Schmitz, C. (2010). Steering Sales Reps Through Cost Information: An Investigation into the Black Box of Cognitive References and Negotiation Behavior. *International Journal of Research in Marketing, 27*(1), 69–82.

Young, M. J., Bauman, C. W., Chen, N., & Bastardi, A. (2012). The pursuit of missing information in negotiation. *Organizational Behavior and Human Decision Processes, 117*(1), 88–95.

Zachariassen, F. (2008). Negotiation strategies in supply chain management. *International Journal of Physical Distribution & Logistics Management, 38*(10), 764–781.

Projektmanagement

7

Wolfgang Rabl

Inhaltsverzeichnis

M. Kleinaltenkamp et al. (Hrsg.), *Auftrags- und Projektmanagement*,
DOI 10.1007/978-3-658-01352-3_7,

Zusammenfassung

Projektmanagement ist in der Auftragsabwicklung eine erfolgskritische Kompetenz. Entscheidend für eine erfolgreiche Projektabwicklung ist zum einen, durch eine temporäre Projektorganisation Informations- und Entscheidungswege zu flexibilisieren, und zum anderen ein situativer Einsatz von Projektmanagement-Methoden entlang des Projektmanagement-Prozesses.

In dem Kapitel Projektmanagement erfolgt im ersten Teil eine Auseinandersetzung mit aktuellen Zugängen im Projektmanagement. Dabei werden insbesondere die Erfolgsfaktoren für ein professionelles Projektmanagement in Kundenprojekten diskutiert. Im zweiten Teil wird der Projektmanagement-Prozess von der Initiierung/Anfrage über den Start und die Steuerung von Projekten bis zum Projektabschluss im Detail beschrieben. Der Projektmanagement-Prozess ist ein zentrales Kernelement für die Harmonisierung und stringente Ausrichtung des Projektmanagements in einem projektorientierten Unternehmen. Im letzten Teil werden in einem Überblick die Methoden im Projektmanagement und die Rollen in Projekten dargestellt. Dabei wird auf eine Darstellung zurückgegriffen, die sich auch für Projektmanagement-Richtlinien in Unternehmen eignet.

Mag. Wolfgang Rabl ✉
Next Level Consulting, Ermekeilstr. 46, 53113 Bonn, Deutschland
e-mail: rabl@nextlevel.at

Im gesamten Kapitel wird kontinuierlich auf die Spezifika in der Abwicklung von Kundenprojekten eingegangen. Dabei liegt es im Interesse des Autors, einem möglichst pragmatischen Zugang zum Thema zu folgen, um konkrete Umsetzungen im eigenen Projektumfeld zu ermöglichen. Dazu wird auch das Projektmanagement-Tool next project dargestellt und anhand von beispielhaften Kundenprojekten die Umsetzung der Theorie in die praktische Anwendung vorgestellt.

7.1 Intro: Ohne Projektmanagement geht's nicht

Projektmanagement ist heute eine grundsätzliche Managementkompetenz. In de facto jedem Unternehmen, unabhängig von der Branche, in NPO's, in der öffentlichen Verwaltung, selbst im privaten Umfeld wird in Projekten gearbeitet. Die Rolle Projektmanager/in wird als eigenes Berufsbild wahrgenommen. Entsprechende Laufbahnmodelle und Karrierepfade zum Projektmanagement sind in vielen Unternehmen etabliert. Neben einer Vielzahl von Gründen basieren diese Entwicklungen vor allem auf einem zunehmend komplexen, vor allem aber dynamischen Umfeld in Organisationen, auf radikal kürzeren Produktlebenszyklen sowie der Tendenz, vermehrt neben Standardlösungen auch kundenindividuelle Lösungen anzubieten. Das Arbeiten in Projekten in Bezug auf Angebotserstellungen und **Auftragsabwicklungen** ist ein erfolgskritischer Faktor, der auch heute noch viele Unternehmen organisatorisch und personell vor besondere Herausforderungen stellt.

Diesen Herausforderungen folgend sehen immer mehr Unternehmen die Notwendigkeit, professionelle Rahmenbedingungen zur Abwicklung von Projekten zu schaffen, um damit ihre Wettbewerbsfähigkeit, im besten Fall sogar einen Wettbewerbsvorteil, sicherzustellen und ihre, insbesondere organisatorische, Flexibilität zu erhöhen.

Dieses Kapitel gibt einen Überblick über Definitionen, Prozesse, organisatorische Strukturen und Methoden und Techniken zum Projektmanagement mit Fokus auf **Kundenprojekten** und professionellem Auftragsmanagement.

Die hohe Relevanz von Projektmanagement wird auch durch die weltweit etablierten Projektmanagementstandards dokumentiert:

- PMI® – Project Management Institute: amerikanischer Standard mit weltweit rund 378.749 Mitgliedern
- IPMA® – International Project Management Association: europäischer Standard mit weltweit rund 53.462 Mitgliedern
- PRINCE2® – Projects in Controlled Environments: britischer Standard mit weltweit rund 200.000PRINCE2 Practitioner.

Natürlich gibt es auch eine DIN Norm zum Projektmanagement. In Tab. 7.1 ist eine Definition des Begriffs Projektmanagement nach diesen Standards im Überblick dargestellt.

Tab. 7.1 Definitionen des Begriffs Projektmanagement

DIN 69901-1	… die Gesamtheit von Führungsaufgaben, -organisation, -techniken und -mitteln für die Initialisierung, Definition, Planung, Steuerung und den Abschluss von Projekten (Deutsches Institut für Normung e. V. 2009)
PMI	… die Anwendung von Wissen, Fertigkeiten, Werkzeugen und Methoden auf Projektvorgänge, um die Projektanforderungen zu erfüllen (Project Management Institute 2010)
IPMA	Die Planung, Organisation, Überwachung und Kontrolle aller Aspekte eines Projekts sowie das Management und die Führung aller Beteiligten, um die Projektziele sicher und im vorgegebenen Zeit-, Kosten-, Leistungs- und Qualitätsrahmen zu erreichen (IPMA 2006, S. 120)
PRINCE2	Is the planning, delegating, monitoring and control of all aspects, and the motivation of those involved, to achieve the project objectives within the expected performance targets for time, cost, quality, scope, benefits and risks (OGC 2009, S. 4)

7.2 Nicht jeder Auftrag ist ein Projekt

Wenn man denkt, dass der Begriff „Projekt" für jeden das gleiche bedeutet, wird man rasch eines Besseren belehrt. Beobachtbar ist, dass der Begriff Projekt in Unternehmen inflationär verwendet wird. Es zeigt sich in vielen Fällen, dass mehr oder weniger jede Aufgabenstellung als Projekt bezeichnet wird. Dafür gibt es dann einen Verantwortlichen, den „Projektleiter" und das war es auch schon. Es scheint fast so, als würde die Benennung eines „Projektleiters" eine Art Motivation sein, die jeweilige Aufgabenstellung jemanden „umzuhängen" und darüber hinaus zu signalisieren: „Wir haben einen professionellen Zugang in der Abwicklung unserer Aufgaben". Auf die Frage: Wie viele Projekte haben Sie zurzeit im Unternehmen laufen? kommt die Antwort: „Jede Menge, eine genaue Anzahl ist nicht bekannt."

Ganz speziell trifft das auf Firmen zu, die externe Projekte, also **Kundenprojekte** abwickeln. Im ersten – typischen – Fall wird man damit konfrontiert, dass Kundenaufträge, völlig unabhängig von Größe und Komplexität, generell als „Projekte" bezeichnet werden. Das führt so weit, dass sogar kleinste Aufgaben, die nur wenige Stunden Aufwand benötigen und in 1–2 Tagen erledigt sind, für die Mitarbeiter „Projekte" sind.

Ein sehr eindrucksvolles Beispiel aus der Praxis ist das „Projekt" einer Firma, den Schriftkopf des Firmenbriefpapiers für die Druckerei zu ändern (neue Telefonnummer)!

Die Schwierigkeiten beginnen nun dort, wo man versucht, Projektmanagement-Methoden anzuwenden. Das ist zwar sogar bei kleinsten Aufgaben theoretisch möglich, aber selten sinnvoll. Mit der Mächtigkeit der Projektmanagement-Methoden konfrontiert, macht sich bei den betroffenen Mitarbeitern Skepsis und Unverständnis für das Thema Projektmanagement breit.

Projektmanagement sollte aber nicht bedingungslos für jeden Kundenauftrag angewendet werden. Denn bei zu geringer Komplexität oder Größe der Aufgabe wird nur ein Mehr an Bürokratie erzeugt, das für die Qualität der Abwicklung keinerlei Nutzen bringt.

Tab. 7.2 Definitionen des Begriffs Projekt

DIN 69901	Ein Vorhaben, das im Wesentlichen durch die Einmaligkeit der Bedingungen in ihrer Gesamtheit gekennzeichnet ist, wie z. B. Zielvorgabe, zeitliche, finanzielle, personelle und andere Begrenzungen, projektspezifische Organisation (Deutsches Institut für Normung e. V. 2009)
PMI	Ein Projekt ist ein zeitlich begrenztes Vorhaben, zur Schaffung eines einmaligen Produktes, einer Dienstleistung oder eines Ergebnisses (Project Management Institute 2010)
IPMA	Eine Aufgabe mit einem beschränkten Zeit- und Kostenrahmen zur Erbringung einer Reihe klar definierter Ergebnisse (Lieferobjekte), die dazu dienen, die Projektziele unter Einhaltung bestimmter Qualitätsstandards und -anforderungen zu erreichen (IPMA 2006, S. 13)
PRINCE2	Is a temporary organization that is created for the purpose of delivering one more business products according to an agreed Business Case (OGC 2009, S. 3)

Der zweite – ebenfalls typische – Fall ist nicht minder interessant. In verschiedenen Branchen, wie beispielsweise in manchen Unternehmen des Industrieanlagenbaus, hat sich eingebürgert, ein Vorhaben, das sich noch in der Vertriebsphase befindet, als „Projekt" zu bezeichnen. „Projekt" in diesem Fall offensichtlich als Synonym für etwas, was noch bevorsteht.

Sobald aber der Vertrag mit dem Kunden abgeschlossen ist, verschwindet der Begriff „Projekt" und wird durch „Auftrag" ersetzt. Das ist insofern bemerkenswert, weil in der Vertriebsphase in der Regel ein bei weitem geringerer Einsatz von Projektmanagement notwendig ist als später im Abwicklungsprojekt. Und obwohl das von keinem Vertriebs- oder Abwicklungsprojektleiter angezweifelt wird, hält sich diese Begriffswelt hartnäckig.

Ein Lösungsansatz für beide Fälle liegt in der Implementierung klarer und messbarer Projektwürdigkeitskriterien. In der Regel lässt sich so eine Projektwürdigkeitsanalyse auch rasch im Unternehmen einführen und sorgt – zumindest in der Theorie – für mehr Klarheit und eine zielgerichteten Anwendung von Projektmanagement.

Die bei weitem größere Herausforderung ist die kulturelle Ebene. Oft hält sich – trotz Projektwürdigkeitskriterien – die alte Begriffswelt bemerkenswert lange. Das kann über Monate, manchmal sogar Jahre gehen, was wieder einmal beweist, dass es weder möglich noch wünschenswert ist, Projektmanagement auf eine methodische, strukturelle Ebene zu reduzieren. Die Einführung eines professionellen Projektmanagement ist daher ein „cultural change", der nur dann erfolgreich sein wird, wenn mit Hilfe eines durchdachten Veränderungsprozesses neben der Struktur auch an der Unternehmenskultur gearbeitet wird.

Ein Projekt ist ein Unterschied, der einen Unterschied macht (Gareis 1991, S. 20). In Tab. 7.2 ist eine Reihe von **Projektdefinitionen** nach zitierten internationalen Standards dargestellt:

Basierend auf den allgemeinen theoretischen **Projektdefinitionen**, haben sich folgende Konkretisierungen in der Definition von Projekten, auch in der Abwicklung von Kundenaufträgen, in der Praxis bewährt.

Projekte sind **temporäre Aufgaben** mit **besonderen Merkmalen** (z. B.: riskant, einmalig, sozial und technisch komplex, dynamisch, …). Sie unterscheiden sich aufgrund ihrer hohen Komplexität von Linientätigkeiten, die in den definierten Kerngeschäftsprozessen und Linienorganisationstrukturen abgewickelt werden. Die Konsequenz dieser Betrachtungsweise ist die Notwendigkeit, eine Unterscheidung vorzunehmen, welcher Auftrag als Projekt definiert wird und welcher nicht. Ein Instrument dazu ist eine Projektwürdigkeitsanalyse (Abschn. 7.7.2). Die Konsequenz ist der Einsatz von spezifischen **Projektmanagement-Methoden** und die Implementierung adäquater Organisationsstrukturen.

Projekte können als **soziale Systeme** gesehen werden. Diese Sichtweise hat zur Konsequenz, Projekte an drei grundsätzlichen Kriterien der Systemtheorie festzumachen. Erstens: Jedes soziale System definiert sich über eine Abgrenzung „drinnen/draußen", also was gehört zu/was gehört nicht zu dem sozialen System. Zweitens: Jedes soziale System verfügt über interne Strukturen, welche als wesentliches Merkmal Selbstorganisationsprozesse ermöglichen. Damit ist das Hauptmerkmal des aktuellen Projektmanagement-Ansatzes identifiziert. Projekte, als soziale Systeme wahrgenommen, sind selbstreferentiell. Der Aufbauorganisation und den Prozessen in Projekten, sowie den Projektrollen und den Kommunikationsstrukturen in Projekten, kommt daher eine absolut erfolgskritische Bedeutung zu. Dieser organisationstheoretische Zugang im Projektmanagement wird an mehreren Stellen in diesem Kapitel noch im Detail diskutiert. Drittens: Soziale Systeme sind existenziell von den Beziehungen zu anderen sozialen Systemen abhängig. Diese Beziehungen, auch sozialer Kontext genannt, gilt es zu identifizieren und zu managen. Das Management von **Projektkontext** in einer sozialen, sachlichen und zeitlichen Dimension entscheidet über Erfolg oder Misserfolg in Projekten.

Projekte sind **temporäre Organisationen**. Diesem organisationstheoretischen Ansatz folgend, geht es im Wesentlichen um den Aufbau von temporären Informations- und insbesondere von temporären Entscheidungsstrukturen. Projekte werden damit zu einer Option der organisatorischen Gestaltung eines Unternehmens (Gareis 1991). Vor allem in der **Auftragsabwicklung** ergeben sich aus diesem Zugang eine Reihe von zentralen Fragen der organisatorischen Struktur von Projekten. Insbesondere das Zusammenspiel zwischen der permanenten Linienorganisation und der **temporären Projektorganisation** benötigt einen entsprechenden Maturity-Level.

Im Folgenden ist ein anonymisiertes Praxisbeispiel für eine **Projektdefinition** in einem Unternehmen mit **Kundenprojekten** in der IT- und Telekommunikationsbranche beschrieben:

Beispiel Projektdefinition (vgl. Tab. 7.3)

Strategische Maßnahmen, Projekte und Programme werden als Vorhaben bezeichnet und sind Aufgaben mit Einmaligkeitscharakter – Einmaligkeit der Abwicklungsbedingungen:

Tab. 7.3 Beispiel Projektdefinition

Kriterium	Vorhaben/Maßnahme	Projekt	Programm
Mitwirkende Organisationseinheiten	Mind. 2	Mind. 3	Mind. 5
Dauer	Mind. 1 Monat	Mind. 3 Monate	Mind. 16 Monate
Interner Aufwand (Personentage)	> 20 PT	> 50 PT	> 500 PT
Externer Aufwand	> 5000 EUR	> 20.000 EUR	> 100.000 EUR

- Eine für die Aufgabenerledigung unmittelbar anwendbare Prozessbeschreibung liegt nicht vor.
- Die Ziele der Aufgabe (Art, Qualität der Ergebnisse, Endtermine, Aufwandslimits) sind definierbar.
- Die Aufgabe ist von anderen Vorhaben und Regelaufgaben eindeutig abgrenzbar.

7.3 Projektmanagementansatz einmal anders

Without an integrated approach no excellence in project management (Gregory Balestrero, CEO PMI® 2006).

Um ein professionelles Projektmanagement in Unternehmen nachhaltig sicher zu stellen, ist eine integrierte Betrachtung des Projektportfolio-Managements und von spezifischen Strukturelementen in der Linie unerlässlich. In **projektorientierten Unternehmen** sind daher die drei Ebenen Projektmanagement, Projektportfolio-Management und Projektrahmenorganisation/PM Governance Gegenstand der Implementierung, Optimierung und kontinuierlichen Verbesserung (vgl. Abb. 7.1).

Diesem Ansatz folgend kann die Architektur eines ***projektorientierten Unternehmens*** anhand der aufbauorganisatorischen Elemente und der Ablauforganisation/Prozesse wie folgt beschrieben werden (vgl. Abb. 7.2).

Auf der Betrachtungsebene Projekt sprechen wir im Zusammenhang von Projektmanagement von folgender Ablauforganisation, sprich Prozessen: Projektstartprozess, Projektcontrollingprozess und Projektabschlussprozess. Die Darstellung dieser Prozesse in Auftragsabwicklungsprojekten wird im Detail noch beschrieben.

Auf der Betrachtungsebene Projektportfolio sind folgende Abläufe/Prozesse zu definieren: Projektbeauftragungsprozess, Projektcontrollingprozess/Projektepriorisierungsprozess und der Projektevaluierungsprozess. Im Rahmen des Projektbeauftragungsprozesses ist zu definieren, wie Projekte vom Antrag zum Auftrag gelangen. Zentrale Entscheidungskriterien sind dabei die Strategierelevanz und die Engpassressourcensteuerung. In diesem Prozess erfolgt auch die Festlegung des Projektauftraggebers und ggfs. des Projektleiters. Der Projektcontrollingprozess steuert im Wesentlichen unter der Annahme von finanziellen und personellen Engpassressourcen die Gesamtoptimierung des Projektportfolios.

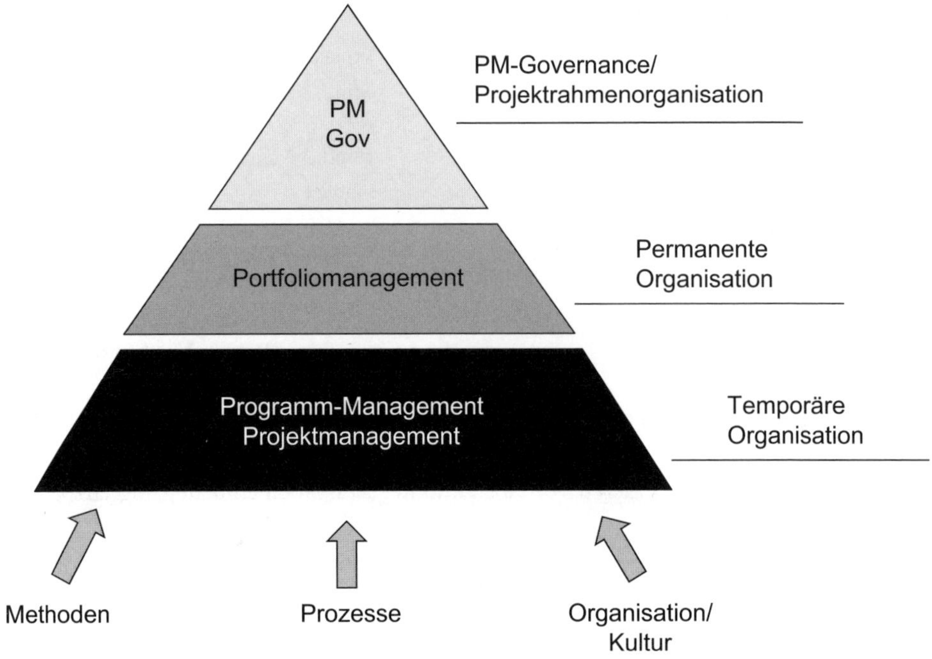

Abb. 7.1 Die drei Ebenen des projektorientierten Unternehmens

Abb. 7.2 Die projektorientierte Organisation

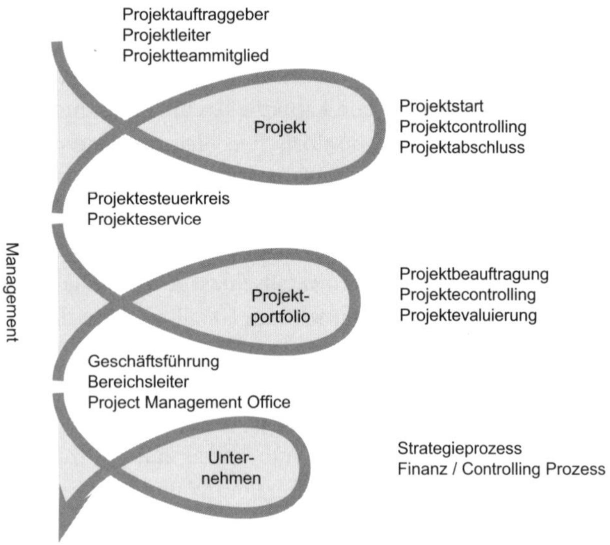

Dabei werden in regelmäßigen Intervallen Projekte hoch oder runter priorisiert, auf hold gesetzt oder aber abgebrochen. Im Projektevaluierungsprozess wird 6–12 Monate nach Projektabschluss die Zielerreichung, der Business Case bzw. der erreichte Nutzen des Projektes evaluiert.

Relevante Prozesse auf der Betrachtungsebene Linie sind der Strategieprozess und die Finanz/Controlling (FI/CO)-Prozesse. Dabei ist insbesondere die Verlinkung dieser Prozesse mit den Projektportfolio-Prozessen relevant. Aus dem Strategieprozess leiten sich die Rahmenbedingungen für das Projektportfolio im Hinblick auf Strategierelevanz und Strategiekonformität ab. Aus dem FI/CO-Prozess insbesondere der Budgetierungsprozess, welcher die Budgetvorgaben und das Budgetcontrolling des Projektportfolios bestimmt, und die Gesamtpersonalressourcensteuerung, welche für das Engpassressourcenmanagement im Projektportfolio Grundstein ist.

Neben der Ablauforganisation ist die Aufbauorganisation in drei Ebenen zu definieren. Dies erfolgt über entsprechende Rollen. Auf der Ebene Projekt sind die Rollen: Projektauftraggeber, Projektleiter und Projektteammitglied zu implementieren. Erfolgskritisch für die Rolle Projektleiter sind:

- das „Highlander“ Prinzip: „Es kann nur einen geben.“
- die Positionierung der Rolle Projektleiter als temporärer Geschäftsführer/CEO
- die Definition der Weisungs- und Entscheidungsbefugnis

Der Projektauftraggeber ist am effektivsten, wenn ebenso wie beim Projektleiter eine entsprechende Empowerment stattfindet. Man bezeichnet die Rolle im Englischen als Project Owner, also als Eigentümer des Projektes. In funktionierenden Projekten ist der Projektauftraggeber „Letztentscheider“ im projektbezogenen Entscheidungsraum. Es bedarf daher in der Regel auch keiner Projektlenkungsausschüsse oder ähnlichem in Projekten.

Die Herausforderung bei der Rolle Projektteammitglied ist in der Regel die Doppelunterstellung in der Linie und im Projekt. Eine entsprechende Rollendefinition, welche eine Kompetenzverteilung zwischen Projektleiter und Linienvorgesetzten festlegt, sichert dabei die Handlungsfähigkeit. Beispiel für eine Matrixorganisation: Was, Wann, Um wie viel entscheidet der Projektleiter. Wer, Wie, Wie gut entscheidet der Linienvorgesetzte.

Auf der Ebene des Projektportfolios sind folgende Rollen zu etablieren: Projektesteuerkreis und Projekteservice. Der Projektesteuerkreis, im Englischen auch Project Portfolio Board setzt sich aus Mitgliedern der 1. und 2. Führungsebene von Unternehmen zusammen. Diese permanente Rolle verantwortet die Prozesse des Projektportfolio-Managements und tagt in regelmäßigen Intervallen alle 4–6 Wochen. Eine der wesentlichsten Spielregeln dabei ist, dass dieses Steuerungsgremium nicht auf Einzelprojektebene interveniert. Der Projekteservice, manchmal auch Projektecontroller oder Projektportfolio-Controller genannt, ist für die kontinuierliche Aufbereitung des Projektportfolios und die entsprechende Aufbereitung von Entscheidungsvorlagen für den Projektesteuerkreis zuständig. Der Projekteservice deckt dabei auch die Qualitätssicherung und die Plausibilitätschecks in der Aufbereitung von Einzelprojekten ab.

Auf Ebene der Linie ist schlussendlich das Project Management Office (PMO) abzubilden. Das PMO verantwortet die PM Governance im Unternehmen und ist in erster Linie für die aufbau- und ablauforganisatorischen Strukturen der Ebenen Projekt und Projektportfolio verantwortlich. Darüber hinaus wird im PMO in der Regel eine Reihe von weiteren service- und supportorientierten Aufgaben wahrgenommen. Beispiele dafür sind das Aufsetzen von Qualifizierungsmaßnahmen für Projektmanagementpersonal, die Betreuung der PM Community, die Administration von PM Tools, das Coaching von Projektleitern und das Knowledge Management zum Projektmanagement.

KEY MESSAGE: Erfolgskriterien für die Projektorientierte Organisation

- Multirollenträger Prinzip
- Commitment durch Top Management
- Projekte als temporäre Organisationsstrukturen flexibilisieren die Unternehmensorganisation.
- Das Arbeiten in temporären Informations- und temporären Entscheidungsstrukturen wird als Wettbewerbsvorteil gesehen.

7.4 Erfolgsfaktor Prozesse im Projektmanagement

Der prozessorientierte Ansatz im Projektmanagement eröffnet auf der Metaebene die Planung, Steuerung und Kontrolle der einzelnen Prozesse im Projektmanagement. Prozesse definieren sich über ein Start- und Endereignis, einen Ablauf in einzelnen Arbeitsschritten und über standardisierte Inputs und Outputs/Deliverables. Darüber hinaus können Kommunikationsprozesse festgelegt und Hilfsmittel, Instrumente und Standardvorlagen bereitgestellt werden.

Im projektorientierten Ansatz ist bei den Prozessen des Projektmanagements vor allem auch auf die Interaktion zwischen Projekt (EPM) und Projektportfolio (MPM) zu achten. Der grundsätzliche Aufbau eines Prozesses im Einzelprojektmanagement und Multiprojektmanagement ist in Abb. 7.3 skizziert:

Von einem **projektorientierten Unternehmen** kann gesprochen werden, wenn die Aufbau- und Ablauforganisation standardisiert in einem Organisationshandbuch abgebildet ist, kritische Erfolgsfaktoren definiert sind und eine Verantwortung für die Projektmanagementstandards in Form eines Project Management Office etabliert ist (vgl. Reifegradmodell P3M3 nach: OGC 2010a, PRINCE2® nach OGC 2010b). Neben den einzelnen Rollen zum Projektmanagement und Projektportfolio-Management sind insbesondere die Prozesse im Detail beschrieben und eine über entsprechende Verlinkung der drei Ebenen Projekt, Projektportfolio, Linie verankert.

Das nachfolgende anonymisierte Beispiel aus dem IT- und Telekommunikationsbereich veranschaulicht ein entsprechend standardisiertes Projektmanagement-Modell (vgl. Abb. 7.4).

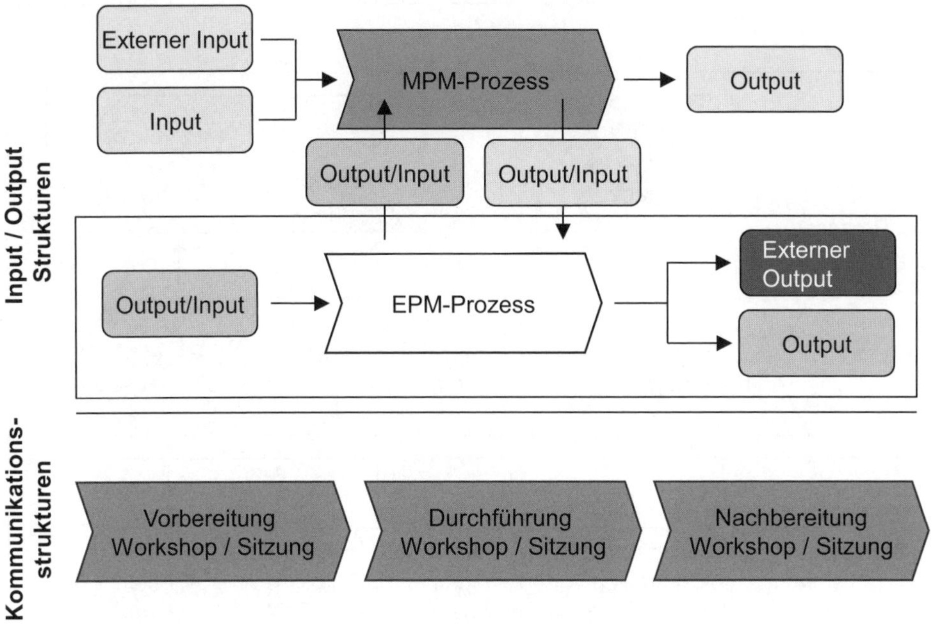

Abb. 7.3 Integrierte Projektmanagement-Prozessdarstellung

7.5 Kundenprojekte starten und planen

Wer kann wie ein Projekt starten? Wie erfolgt die Entscheidung bezüglich der Umsetzung „ja/nein" und wie die Entscheidung bezüglich der Arbeits-/Organisationsform? Wie erfolgt die Auswahl des Projektauftraggebers und des Projektleiters? Diese und eine Reihe von weiteren Fragen stellen sich vor dem Beginn eines Projektes.

Um der Bedeutung des Aufsetzens von Projekten entsprechend Rechnung zu tragen, kann man die erste Phase in Projekten in eine Initiierungsphase und in eine Startphase unterteilen. Abbildung 7.5 zeigt im Überblick eine mögliche grobe Abgrenzung dieser ersten Prozessschritte im Rahmen des Einzelprojektmanagement-Prozesses.

7.5.1 Projektinitiierungsprozess

Im Initiierungsprozess (vgl. Abb. 7.6) werden die Rahmenbedingungen eines Projektes geklärt. Ziel ist eine Projektfreigabe, die auf einer adäquaten Grobplanung basiert. Um eine Grobplanung entsprechend durchführen zu können, ist eine Abgrenzung des Projektes erforderlich.

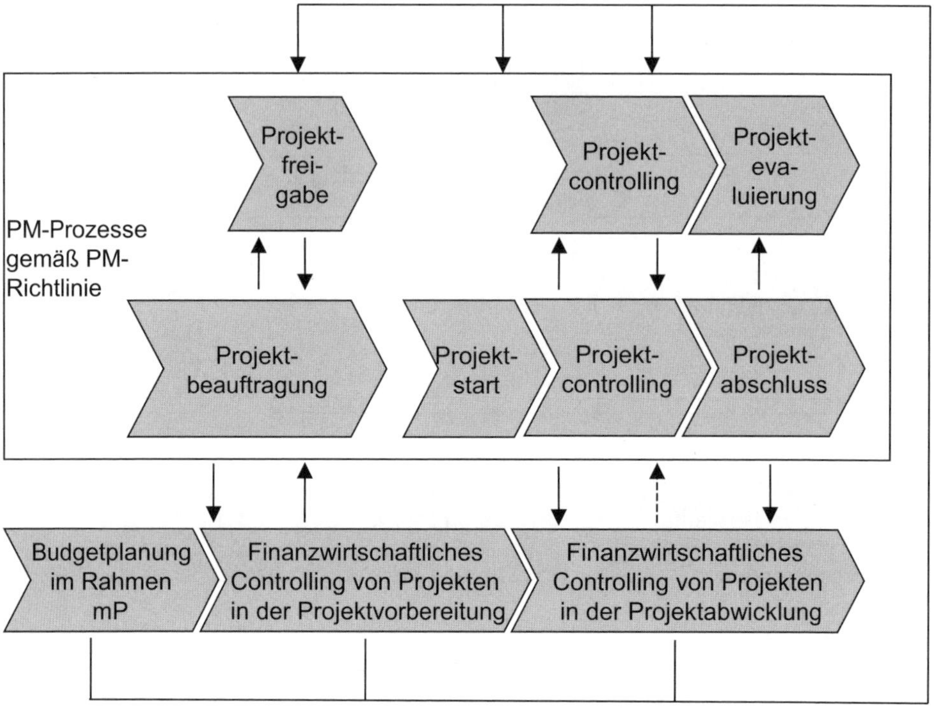

Abb. 7.4 Der integrierte Projektmanagement-Prozess (Kundenbeispiel)

Die Abgrenzung erfolgt über die Definition „Was ist Ziel?/Was ist Nicht-Ziel des Projektes?" (Abschn. 7.7.5). Dadurch wird die Planung erleichtert, denn: Nur das was abgrenzbar ist, ist auch planbar.

Neben der Abgrenzung von Projekten ist an dieser Stelle auch die Kontextanalyse von Projekten (Abschn. 7.7.6 und 7.7.7) nach dem Motto „das Projekt steht nicht auf der grünen Wiese" durchzuführen.

Die ersten beiden Prozessschritte stellen zwei Entscheidungsknoten dar. Der Prozessschritt Idee/Aufgabe bewerten, bzw. in diesem Kontext Angebot/Auftrag bewerten führt zur Entscheidung, ob die Idee/Aufgabe, bzw. das Angebot bearbeitet/der Auftrag durchgeführt wird oder nicht.

Hier ergibt sich definitiv ein Unterschied zwischen internen Projekten und externen, sogenannten **Kundenprojekten**, da die Entscheidung einen Auftrag durchzuführen/nicht durchzuführen rein hypothetisch ist. Trotzdem empfiehlt es sich, diesen Bewertungsschritt auch im Falle eines Kundenauftrages durchzuführen, um eben die Rahmenbedingungen für die Projektfreigabe entsprechend aufzubereiten.

Dieser strategischen, fachlichen, betriebswirtschaftlichen Entscheidung folgt im zweiten Prozessschritt die Frage der Projektwürdigkeit. In diesem Schritt wird entschieden, ob

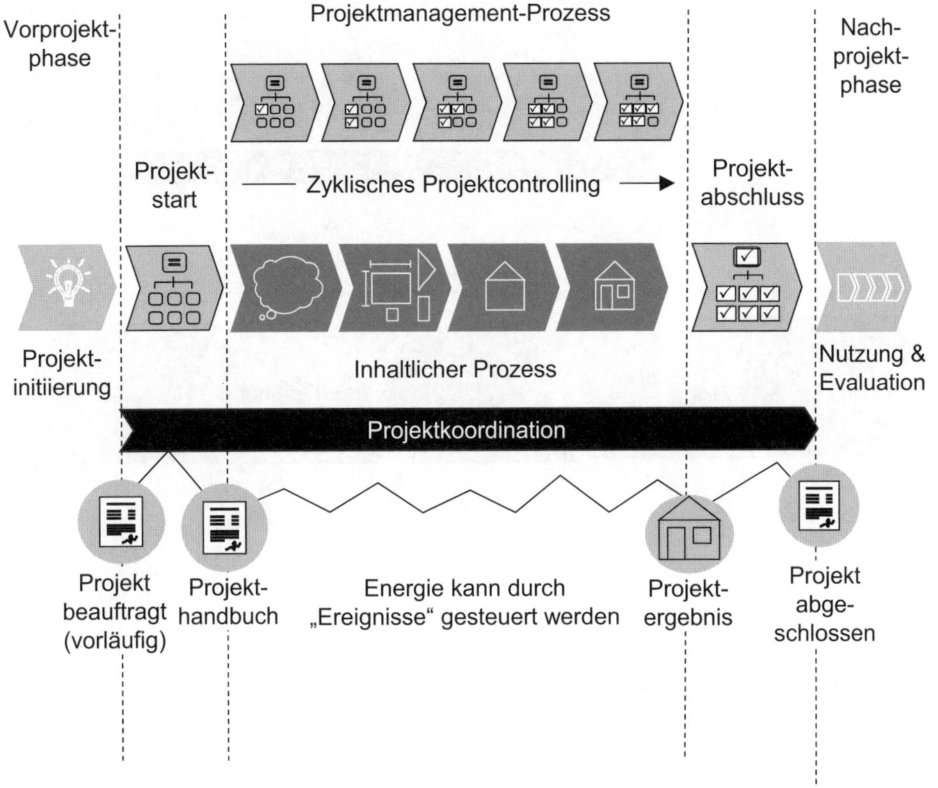

Abb. 7.5 Projektmanagement-Prozess

das Angebot/der Auftrag in einer **temporären Projektorganisation** oder in der permanenten Linienorganisation durchgeführt wird.

Im Folgenden werden basierend auf dem Gesamtüberblick des Initiierungsprozesses die einzelnen Schritte im Detail erläutert.

KEY MESSAGE

- Jeder einzelne Schritt ist obligatorisch für eine Projektfreigabe.
- Die Ausprägung der einzelnen Schritte unterscheidet sich je nach Projektart.
- Es kann neben dem Ausstieg aus dem ersten Teilprozess der Bewertung der Idee/Aufgabe, weitere definierte Ausstiege im Initiierungsprozess geben.

In der Ideenbewertung wird die Umsetzung eines Vorhabens entschieden.

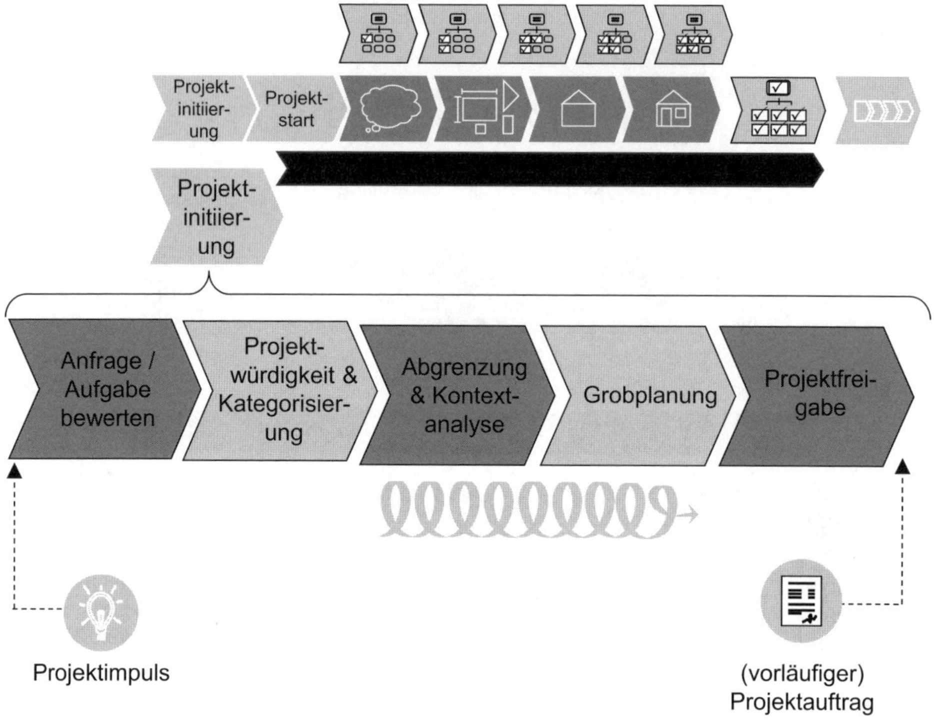

Abb. 7.6 Projektinitiierungsprozess

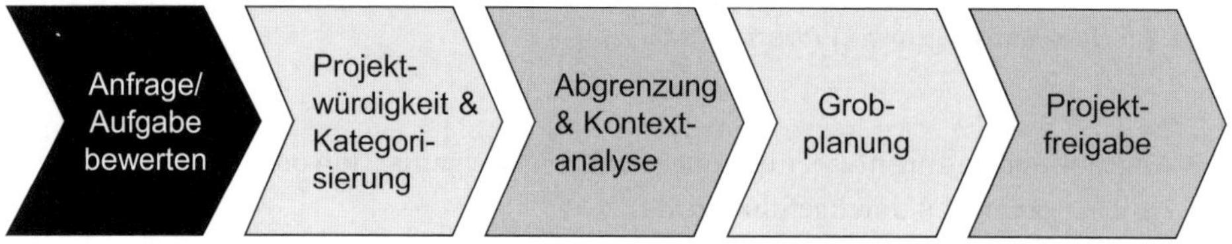

Abb. 7.7 Teilprozess Anfrage/Auftrag bewerten

In dem Schritt Angebot/Auftrag bewerten sind drei Kriterien relevant (vgl. Abb. 7.7).

- Strategiekonformität
- Technische Machbarkeit
- Wirtschaftlichkeit

Die Frage der Strategiekonformität richtet sich im Wesentlichen zum einen an die Frage, in welchem Ausmaß sich das Angebot/der Auftrag der Unternehmensstrategie entspricht, und zum anderen an die Frage der Optimierung des Gesamt-Auftragsportfolios. Insbe-

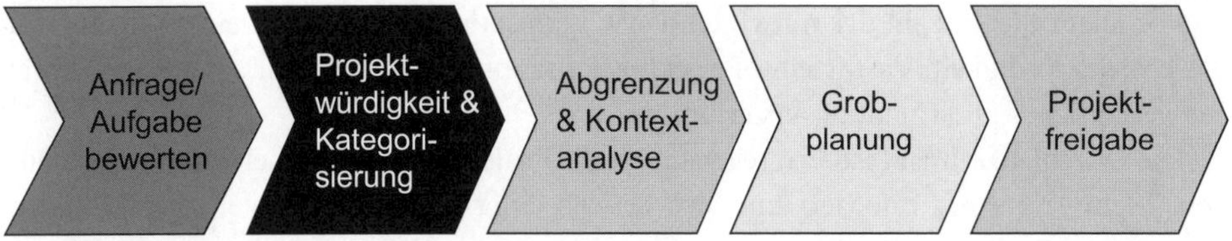

Abb. 7.8 Prozessschritt Analyse der Projektwürdigkeit und die Kategorisierung

sondere die zweite Fragestellung beinhaltet die Betrachtung von Engpassressourcen. Das können sowohl Finanzmittel, Budget als auch Personalressourcen sein.

Die technische Machbarkeit richtet sich nach der Erreichbarkeit der Ziele, Ergebnisse, Lösungen des Angebots/Auftrags. Dazu werden in der Regel Machbarkeitsstudien durchgeführt. In der Praxis zeigt sich, dass eine Analyse der technischen Machbarkeit in externen Angebots-/**Kundenprojekten** ein zentraler Input für das Risikomanagement ist, der in weiterer Folge zum Erfolgsfaktor in der Projektabwicklung werden kann.

Das Kriterium Wirtschaftlichkeit ist im Kontext von Angeboten und Aufträgen ein erfolgskritischer Faktor. Neben der Gegenüberstellung von Kosten/Nutzen über den gesamten Lebenszyklus (Business Case) sind zudem die Analyse von Unsicherheiten sowie die Ausarbeitung und der Vergleich von Alternativen wesentlicher Arbeitsschritte notwendig zur Darstellung der Wirtschaftlichkeit.

Um zu einer finalen Bewertung des Angebots/des Auftrags zu kommen, ist eine integrative Betrachtung der drei Zielgrößen (Leistungen, Termine, Ressourcen) erforderlich, da diese sich in wechselseitigen Abhängigkeiten darstellen. Es ist von den relevanten Entscheidungsträgern auch festzulegen, welche der drei Zielgrößen im Projekt zu priorisieren sind.

Ergebnis dieses Teilschritts ist die formale Entscheidung, die Angebotslegung/den Auftrag durchzuführen. Die Ergebnisse im Detail dienen natürlich auch den weiteren Arbeitsschritten des Initiierungsprozesses und insbesondere der Grobplanung.

Die Analyse der Projektwürdigkeit und die Kategorisierung von Projekten sind ein Input für die **Projektdefinition** und die Entscheidung der optionalen Organisationsform in der Projektdurchführung.

Die Projektwürdigkeitsanalyse und Projektkategorisierung ist als Instrument in den meisten Unternehmen etabliert. Zentrale Kriterien dieser Analyse sind (vgl. Abb. 7.8):

- Mitwirkende Organisationseinheiten
- Dauer (Durchlaufzeit)
- Interner Aufwand (Personentagen)
- Externer Aufwand (CAPEX, OPEX)

Vor allem die Anzahl der mitwirkenden Organisationseinheiten ist ein Indikator für die Projektwürdigkeit, da für eine Projektorganisation die organisatorische Komplexität ein wesentliches Entscheidungskriterium ist.

Die Durchlaufzeit ist insofern relevant, da ein Projektmanagement einen entsprechenden (Mehr-)Aufwand erfordert und sich erst ab einer Durchlaufzeit von drei Monaten rechnet.

Folgende Organisationsformen können im Rahmen einer Projektkategorisierung aufgesetzt werden:

- Vorhaben/Maßnahme
- Projekt
- Programm

Diese unterschiedlichen Organisationsformen ermöglichen zum einen die Unterscheidung Linienorganisation vs. **temporärer Organisation** und zum anderen bestimmen sie den Grad der organisatorischen Komplexität im Aufbau von temporären Informations- und Entscheidungsstrukturen.

Das nachfolgende Beispiel aus dem IT/Telekommunikationsbereich zeigt die Anwendung der Projektwürdigkeitsanalyse und der Projektkategorisierung in der Praxis (vgl. Abb. 7.9).

Auf Basis der Projektwürdigkeitsanalyse und Projektkategorisierung werden in der Regel Projektauftraggeber und Projektleiter benannt, gegebenenfalls auch erste (Kern-)Teammitglieder nominiert.

Typische Herausforderungen für den Projektleiter ab diesem Prozessschritt in der Initiierungsphase sind eine Reihe von Fragestellungen, unter anderem: Das Thema ist bis dato nur vage beschrieben. Die Erwartungshaltungen von relevanten Stakeholdern an den Projektleiter? Wer ist bei der Klärung der Projektziele zu beteiligen? etc.

Ergebnis dieses Teilschritts ist die Entscheidung, ein Angebot/einen Auftrag über eine **temporäre Organisation** als Projekt oder als Programm abzuwickeln. Darüber hinaus kann auch die Art und der Umfang von organisatorischen Strukturen in Projekten festgelegt werden, sowie der Einsatz von Projektmanagement-Methoden und Instrumenten vereinbart werden.

▸ **KEY MESSAGE** Die Projektwürdigkeitsanalyse und Projektkategorisierung ist in jedem Unternehmen spezifisch festzulegen.
In der Praxis ist es erforderlich, unter Berücksichtigung des organisatorischen Reifegrads zum Projektmanagement im Unternehmen und der Art und Komplexität von Projekten entsprechende Kriterien und Standards für die Analyse der Projektwürdigkeit und der Projektkategorisierung festzulegen.
Mit dem Prozessschritt Abgrenzung und Kontextanalyse erfolgt ein erster wesentlicher Schritt in Richtung Erstellung des Projektauftrages (vgl. Abb. 7.10).

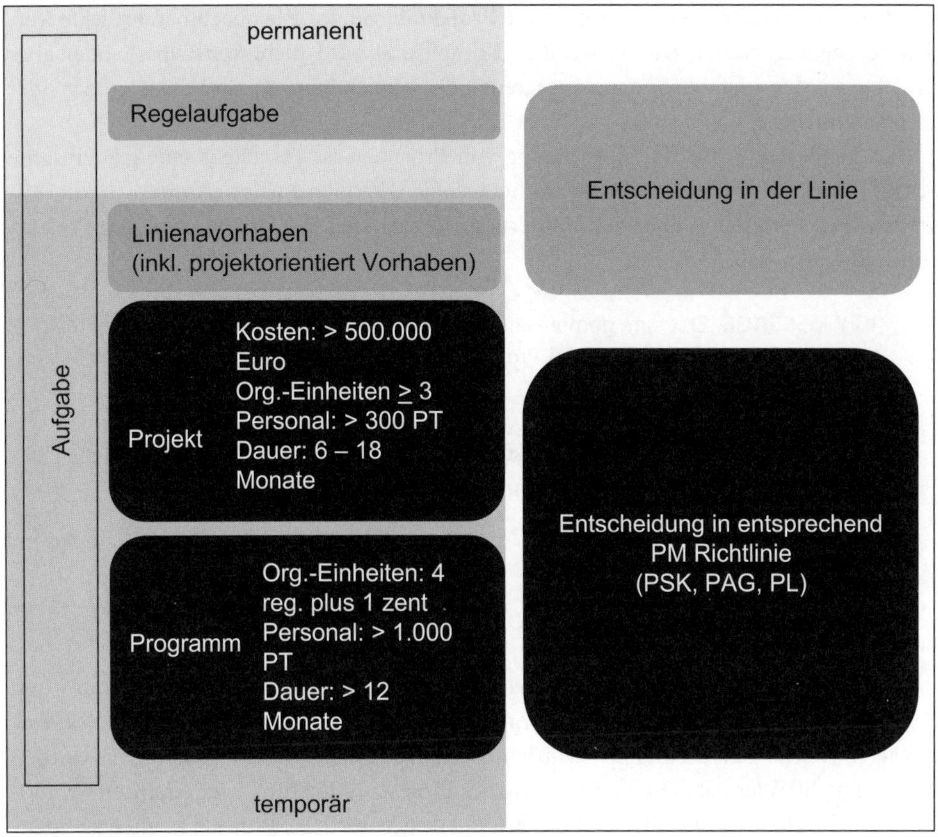

Abb. 7.9 Projektwürdigkeitsanalyse (Kundenbeispiel)

Abb. 7.10 Prozessschritt Abgrenzung & Kontextanalyse

Die Abgrenzung und Kontextanalyse ist einer der wichtigsten **Projektmanagement-Methoden** (Abschn. 7.7.5).

In der **Projektabgrenzung** wird festgelegt, was Ziel und Inhalt des Projektes ist und was Nicht-Ziel und Nicht-Inhalt von Projekten ist. Diese Definition „drinnen/draußen" basiert auf dem systemischen Ansatz und dem Zugang, Projekte als soziale Systeme wahrzunehmen.

In der Praxis ist oft eine unzureichende **Projektabgrenzung** beobachtbar. Projekte werden zu eng abgegrenzt. Die notwendige Komplexität wird nicht konstruiert, oder aber Projekte werden nicht eng genug abgegrenzt. Die Projektgrenzen sind dann unklar oder „schwammig".

Ein Erfolgsfaktor bei der Abgrenzung von Projekten ist es, erstens eine gemeinsame Sicht („Konstruktion") im Projektteam herzustellen. Zweitens ist es erforderlich, die Abgrenzung in Iterationen über den Initiierungsprozess, den Startprozess und den Projektcontrollingprozess zu führen.

▸ **KEY MESSAGE** Erst eine gemeinsame Sicht des Projektteams und des Projektauftraggebers ermöglicht einen Projekterfolg. Das „Big Project Picture" ist ein Erfolgskriterium.

Die Kontextanalyse umfasst die Darstellung von Rahmenbedingungen, in denen das Projekt abzuwickeln ist. Wesentliche Rahmenbedingungen sind

- Die Vorprojektphase
- Andere parallel laufende Projekte
- Relevante soziale Systeme

Die „Geschichte", wie es zu dem Projekt gekommen ist, hat Relevanz für die Planung und Organisation des Projektes. Typische Fragestellungen sind: Was ist vor dem Projektstart passiert? Welche Entscheidungen wurden bereits getroffen? Welche Dokumente wurden bereits erstellt? Wer hat die Durchführung des Projekts unterstützt, wer gehemmt?

Parallel laufende Projekte haben Einfluss auf das Projekt. Die Projekte können zueinander sowohl synergetische Beziehungen haben als auch konfliktär sein, wenn zum Beispiel von mehreren Projekten auf Engpassressourcen zugegriffen wird.

Relevante Systeme sind interne und externe Umwelten, welche Einfluss auf das Projekt haben. Beispiele für interne Umwelten sind Organisationseinheiten, die Geschäftsführung, der Betriebsrat. Beispiele für externe Umwelten können Kunden, Lieferanten, Behörden sein. Das aktive Management des relevanten Kontextes ist ein Erfolgsfaktor für die Projektabwicklung.

▸ **KEY MESSAGE** Die Abgrenzung von Projekten reduziert Komplexität, die Betrachtung und das Management von Kontext baut Komplexität in Projekten auf.

Ergebnis dieses Teilschritts ist ein Erstansatz des **Projektauftrags**, sowie der Basisinput für die Projektplanung und -organisation.

Die Grobplanung ist der finale Schritt des Projektinitiierungsprozesses und vervollständigt den Erstansatz des **Projektauftrags** (vgl. Abb. 7.11).

Die Betrachtungsobjekte der Grobplanung sind die Leistungen, Termine, Ressourcen und Kosten. Dieses „magische" Dreieck ist der rote Faden für die Planung eines Projekts (vgl. Abb. 7.12).

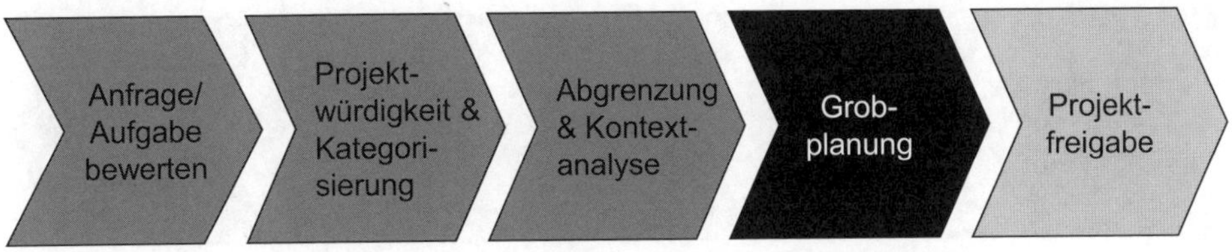

Abb. 7.11 Prozessschritt Grobplanung

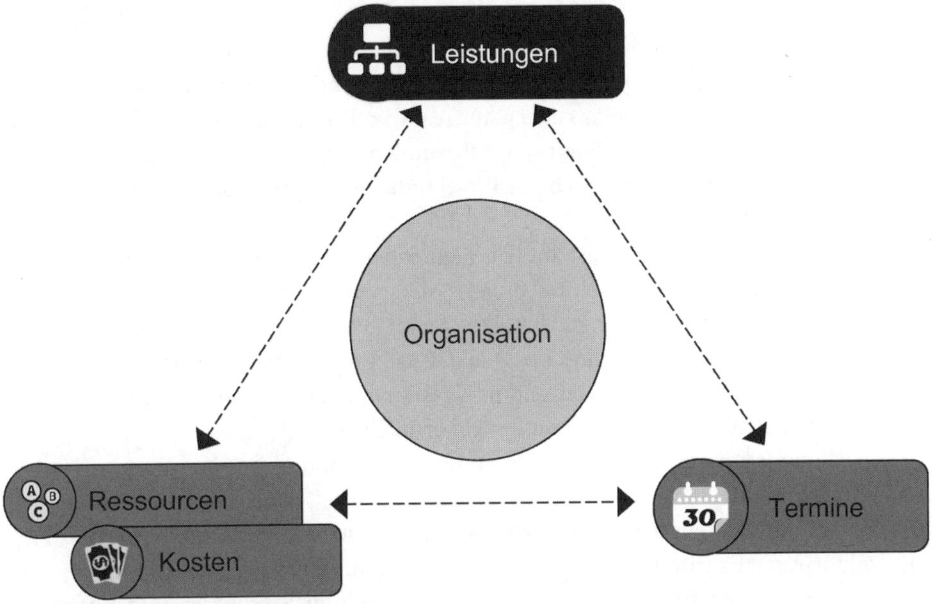

Abb. 7.12 Das „magische" PM Dreieck

Zur Leistungs-, Termin- und Ressource-/Kostenplanung können verschiedene **Projektmanagement-Methoden** eingesetzt werden. Die Auswahl von Methoden hängt von der Art und Komplexität des Projektes ab. (Abschn. 7.7.2). Voraussetzung für die Grobplanung in Projekten ist, dass keine der drei Betrachtungsobjekte unberücksichtigt bleibt und dass mindestens die folgenden Methoden der Grobplanung vorliegen:

- Leistungsplanung: Projektstrukturplan
- Terminplanung: Meilensteinplan
- Ressourcen-/Kostenplan: Phasenplan für Ressourcen und Kosten.

▸ **KEY MESSAGE** Die Methoden der Grobplanung sind essenziell für die Qualität des **Projektauftrags.**

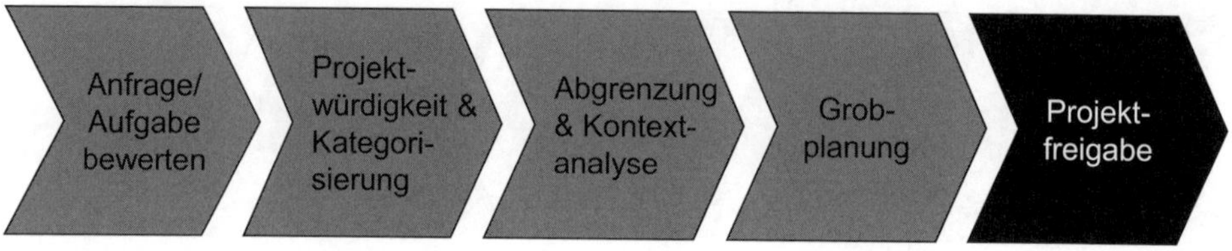

Abb. 7.13 Prozessschritt Projektfreigabe

Der Projektstrukturplan hat zum primären Inhalt, die vollständige Darstellung der zu erbringenden Leistungen in einer phasen- oder objektorientierten Struktur abzubilden. Die Erstellung des Projektstrukturplans erfolgt im Team, im Projektteam, wenn schon etabliert, sonst in einem Expertenteam. Damit soll insbesondere ein gemeinsames Verständnis, vor allem aber eine Akzeptanz bezüglich der Projektinhalte und des groben Ablaufs des Projektes sichergestellt werden.

Die Meilensteinplanung basiert auf den Elementen des Projektstrukturplans und gibt einen groben Terminrahmen für das Projekt wieder. Auch dieser Planungsschritt wird im Projekt-/Expertenteam durchgeführt. Durch den gemeinsamen Schritt der Definition von Meilensteinen wird zum einen die Qualität des Projektstrukturplans überprüft, beziehungsweise das gemeinsame Verständnis gefestigt, und zum anderen eine gemeinsame Sicht auf terminkritische Ereignisse im Projekt ermöglicht.

Der Minimumansatz der Ressourcen und Kostenplanung ist eine phasenorientierte Grobplanung auf Basis des Projektstrukturplans. Dabei erfolgt eine Zuordnung von Ressourcen- und Kostenarten auf der ersten Gliederungsebene (Phasen/Objekte) des Projektstrukturplans. Es wird bewusst ein grober Detaillierungsgrad in Kauf genommen, um mit einem adäquaten Aufwand erste Größenordnungen zu Ressourcen und Kosten im Projekt festlegen zu können. Ziel dabei ist es, im Rahmen von +/−15 % der genehmigten Ressourcen- und Kostenziele diese Grobplanung aufzusetzen.

Ergebnis der Grobplanung ist die Erstellung eines (vorläufigen) **Projektauftrags**, der zur Projektfreigabe vorgelegt werden kann.

Die Projektfreigabe ist ein Gate, in dem der Auftrag zum Projektstartprozess erfolgt (vgl. Abb. 7.13).

Ziele dieses Prozessschrittes sind die Reflexion des aktuellen Planungsstands sowie die Entscheidung über mögliche Varianten der Projektabwicklung. Darüber hinaus erfolgt eine Verifikation der Wirtschaftlichkeitsrechnung. Damit ist die Projektfreigabe auch ein zentraler Schritt der Qualitätssicherung im Aufsetzen von Projekten.

Die Entscheidungsgremien der Projektfreigabe sind zum einen auf der Einzelprojektmanagementebene der Projektauftraggeber und auf der Projektportfolio Managementebene der Projektesteuerkreis.

In einer konstituierenden Projektauftraggeber-Sitzung wird die **Projektabgrenzung** und die Grobplanung des Projektes anhand des **Projektauftrags** zwischen Projektauftraggeber und Projektleiter diskutiert und eine gemeinsame Sichtweise hergestellt. Der

Projektauftraggeber nimmt den **Projektauftrag** formal ab und bereitet den **Projektauftrag** zur Projektfreigabe für den Projektesteuerkreis vor.

Der Projektesteuerkreis prüft in der Projektfreigabe auf Basis des aktuellen Projektportfolios die Ausrichtung und den Impact auf die Unternehmensstrategien. Des Weiteren erfolgt eine Prüfung der erforderlichen Ressourcen, insbesondere die Verfügbarkeit von erforderlichen Engpassressourcen. Engpassressourcen können dabei sowohl Finanzmittel, Budget als auch Personalkapazitäten sein.

▸ **KEY MESSAGE** Die Qualität des Projektinitiierungsprozesses bestimmt die Qualität der Detailplanung und Strukturierung im Projektstartprozess.

Ergebnis der Prüfung ist der formale Auftrag zum Projektstartprozess. Zusammenfassend ist in Abb. 7.14 der exemplarische Initiierungsprozess dargestellt.

7.5.2 Projektstartprozess

Der formale Start eines Projektes erfolgt mit der Freigabe des Projektesteuerkreises, das Projekt durchzuführen.

Folgende zentrale Herausforderungen sind in diesem Prozessschritt gegeben: Wie stellt der Projektleiter schnellstmöglich arbeitsfähige Strukturen in der Projektorganisation mit klaren Rollenzuordnungen her? Wie transferiert der Projektleiter das Knowhow der Vorprojektphase in das Projektteam und stellt eine gemeinsame Sicht bezüglich des weiteren Vorgehens her?

Darüber hinaus ist zu bestimmen, welche Planungselemente in welcher Detaillierungsebene zu erarbeiten sind. Als Klammer zu dem operativen Aufsetzen der Projektorganisationsstrukturen und der Erarbeitung von detaillierten Leistungs-, Termin-, Ressourcen- und Kostenplänen sind die Kommunikationsstrukturen mit dem Projektteam und dem Projektauftraggeber festzulegen und entsprechende Workshops/Meetings, insbesondere der Projektstart-Workshop und die erste reguläre Projektauftraggeber-Sitzung, durchzuführen.

Die Detailschritte im Projektstartprozess können wie in Abb. 7.15 dargestellt werden.

Um eine Projektorganisation zu etablieren, sind eine Reihe von Organisationselementen aufzusetzen und zu implementieren:

- Aufbau eines Projektorganigramms
- Definition von Projektrollen
- Erstellung eines Kommunikationsplans
- Vereinbarung von Spielregeln
- Klärung der organisatorischen Eingliederung des Projektes in die Linienorganisation

Dabei ist zu berücksichtigen, dass eine Projektorganisation nicht per Auftrag entsteht, sondern aktiv zu gestalten ist. Erforderlich ist jedenfalls die Integration aller relevanten

	Idee prüfen& bewerten	Projektwürdigkeit & Kategorisierung	Abgrenzung & Kontextanalyse	Grobplanung	Projektfreigabe
Aktivitäten:	» Idee grob beschreiben » Techn. Machbarkeit prüfen » Strategiekonformität prüfen » Business Case erstellen	» Projektwürdigkeit prüfen » Projektkomplexität kategorisieren » PAG & PL benennen	» 6 Schritte erarbeiten (ggf. Varianten) » Umweltanalyse vornehmen » Erste Risikoeinschätzung	» 6 Schritte & Umweltanalyse verifizieren » Erstansatz Leistungs-, Termin-, Ressourcen- und Kostenplanung	» Entwurf des Projektauftrags und PHB mit PAG abstimmen » Verifikation des Business Case
Beteiligte Rollen:	» Accounter, Sales » Fachbereich » Controlling	» PAG » PMO » PSK	» PAG & PL » Evtl. designierte PTM	» PL » Designierte PTM » Experten	» PAG » PL
Kommunikationsform:	» Individualplanung » Einzelgespräche	» Individualplanung » Einzelgespräche	» Einzelgespräche » **Initiale PAG-Sitzung**	» **Planungs-WS**	» **PAG-Sitzung**
Ergebnisse	» Umsetzungsentscheidung	» Projektkategorie » Erste Projektrollen	» Erstansatz Projektauftrag » **Vorschlag bzgl. Planungsprozess**	» Ergänzter Projektauftrag » Erstansatz PHB	» (Vorläufig) freigegebener Projektauftrag

Abb. 7.14 Beispiel Initiierungsprozess

Knowhow-Träger in Form einer Beteiligungsorganisation. Es ist dabei die Berücksichtigung von internen und externen Organisationseinheiten, die in einer direkten Beziehung mit dem Projekt stehen, vorzunehmen.

Unter Projektorganigramm versteht man die Aufbauorganisation, welche die temporären Informations- und Entscheidungsstrukturen in Projekten definiert (Abschn. 7.7.18).

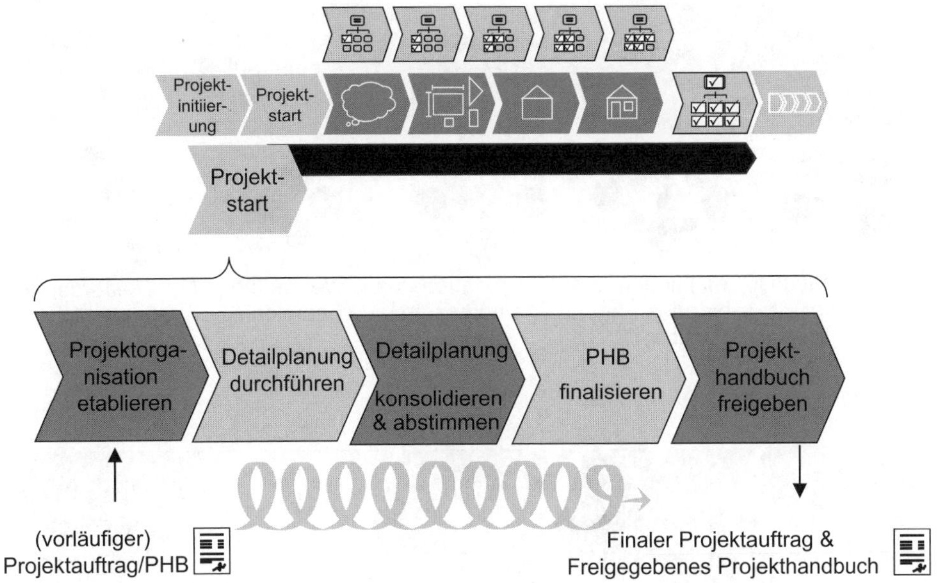

Abb. 7.15 Projektstartprozess

Die zentrale Herausforderung dabei ist, Akzeptanz für die interdisziplinären, oft auch interhierarchischen Strukturen sicherzustellen.

Die Definition von Projektrollen legt insbesondere Aufgaben, Kompetenzen und Verantwortung der Projektorganisationsmitglieder fest (Abschn. 7.8). Da Projektrollen temporär sind, kann davon ausgegangen werden, dass die jeweiligen Rolleninhaber auch eine permanente Rolle, ggfs. auch andere temporäre Rollen parallel innehaben. Man spricht in diesem Fall von einem Multirollenträgerprinzip, welches von Managern und Experten ein fundiertes Verständnis von Projektmanagement erfordert.

Über einen adäquaten Projektkommunikationsplan wird operative Arbeitsfähigkeit sichergestellt. Voraussetzung für adäquate Projektkommunikationsstrukturen ist die Unterscheidung zwischen prozesssteuernder Kommunikations- und inhaltlicher Kommunikationsstruktur (z. B. Projektcontrolling-Sitzung vs. Projekt Jour Fixe).

Projektspielregeln ermöglichen eine gemeinsame Sichtweise auf erwartetes individuelles Verhalten, wechselseitigen Umgang intern und extern sowie vereinbarte Sanktionsmechanismen bei Nicht-Einhaltung der Spielregeln.

Die organisatorische Eingliederung regelt die Abgrenzung von Verantwortungs- und Weisungsbefugnissen zwischen Linien- und Projektorganisation. Entscheidend an dieser Stelle ist nicht die organisatorische Stärke der Projektorganisation sondern die Transparenz und gemeinsame Akzeptanz der formalen Strukturabgrenzungen.

Im Rahmen des Aufbaus einer Projektorganisation ist die sich dabei entwickelnde Projektkultur ein absolut erfolgskritischer Faktor. Über die Projektkultur erfolgt der Aufbau

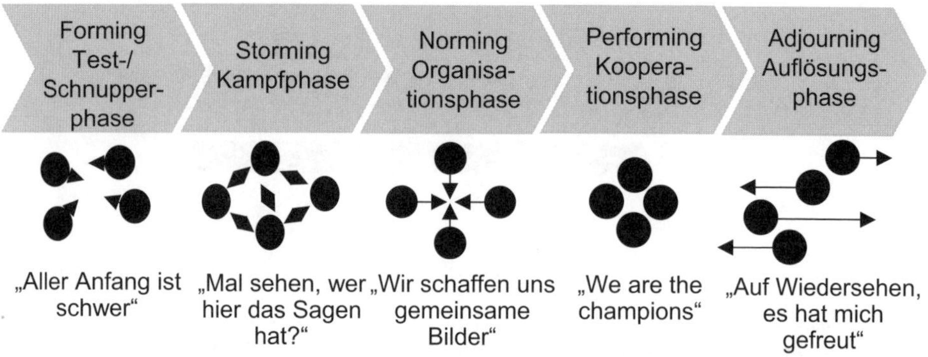

Abb. 7.16 Teamentwicklungsprozess

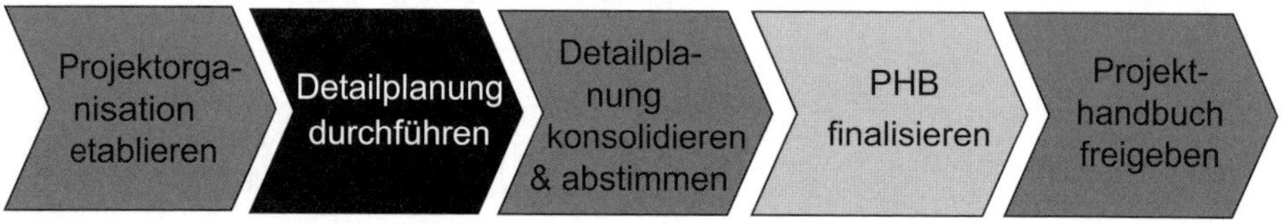

Abb. 7.17 Prozessschritt „Detailplanung durchführen"

einer Projektidentität. Dieser Prozess kann über aktive Interventionen im Rahmen des Projektstarts unterstützt werden. Beispiele dafür sind die Kreierung eines Projektnamens, von Logos oder Slogans in Projekten. Auch die Etablierung von „Ritualen" im Projektablauf zum Beispiel Durchführung eines „Blitzlichts" zu Beginn jeder Sitzung/jedes Meetings oder das Schaffen von Zeit und Raum für informellen Austausch (Social Events, Projekt Café, …) gehören zu Elementen einer aktiven Gestaltung der Projektkultur.

Alle Organisationsmaßnahmen zielen letztendlich auf die Sicherung der Arbeitsfähigkeit im Team ab. Die besondere Herausforderung in Projekten ist dabei, diesen Prozess der Teamentwicklung möglichst effizient und effektiv aufzusetzen und durchzuführen.

Eine Orientierung für gezielte Teamaktivitäten in dieser Phase im Projekt gibt der bekannte und etablierte Teamentwicklungsprozess (vgl. Abb. 7.16) wieder.

In dem Prozessschritt Detailplanung durchführen werden weitere Methoden und Techniken der Projektplanung eingesetzt (vgl. Abb. 7.17).

Wesentliche Elemente der Detailplanung sind die inhaltliche Aufgabenverteilung und die Arbeitspaketspezifikation.

Als Methode zur inhaltlichen Aufgabenverteilung kann ein Funktionendiagramm eingesetzt werden (Abschn. 7.7.10). Dabei werden die Zuständigkeiten für Arbeitspakete differenziert nach Durchführungsverantwortung und Mitarbeit festgelegt. Das Funktionendiagramm ist in weiterer Folge auch Basis für die Detailressourcenplanung.

Die Arbeitsspezifikation ist ein Detailplanungsschritt zum Projektstrukturplan. Es werden dabei je Arbeitspaket die Ziele, Arbeitsschritte und Ergebnisse des Arbeitspakets fest-

Abb. 7.18 Prozessschritt „Detailplanung konsolidieren & abstimmen"

gelegt (Abschn. 7.7.9). Die Arbeitspaketspezifikation ist vor allem auch Grundlage für die Projektfortschrittskontrolle.

Zur Detailplanung zählen auch alle Methoden der vertiefenden Termin-, Ressourcen- und Kostenplanung. Beispiele für Detailterminpläne sind der vernetzte Balkenplan oder die Meilenstein-Trend-Analyse (Abschn. 7.7.12). In der Ressourcen- und Kostenplanung kann eine Detaillierung über zeitbezogene Pläne und graphische Darstellungsoptionen (z. B. Histogramme) erfolgen.

▸ **KEY MESSAGE** Der Detaillierungsgrad der Projektplanung muss dem Detaillierungsgrad des Projektcontrollings entsprechen.

In der Praxis ist immer wieder beobachtbar, dass der Detaillierungsgrad der Planung mit den vorhandenen Daten im Projektcontrolling nicht übereinstimmt. Ist der Detaillierungsgrad im Projektcontrolling nur auf einer entsprechend groben Detaillierung strukturell und inhaltlich möglich, macht eine stark detaillierte Projektplanung keinen Sinn. Es ist daher schon in der Projektplanung auf den möglichen Detaillierungsgrad von verfügbaren Daten im Projektcontrolling zu achten.

Im nächsten Prozessschritt geht es darum, die Detailplanung zu konsolidieren und abzustimmen (vgl. Abb. 7.18).

Ziel dieses Prozessschrittes ist es sicherzustellen, dass eine gemeinsame Sicht zur Projektplanung im Team vorliegt. Sinnvollerweise erfolgen Vorarbeiten in individuellen oder bilateralen Planungsschleifen. Eine finale Abstimmung der Projektplanung wird in einem Follow-Up Workshop zum Projektstart-Workshop durchgeführt.

Je nach Komplexität des Projekts können unter Umständen weitere Planungsschleifen und Planungs-Workshops erforderlich sein. In externen **Kundenprojekten** ergibt sich in der Regel darüber hinaus der Bedarf einer Trennung von internen und externen Abstimmungszyklen, da in **Kundenprojekten** der Kunde einerseits Teil der Projektorganisation sein soll, andererseits aber nicht alle Detailpläne mit dem Kunden abgestimmt werden (z. B. Projektkosten, Projektkalkulationen).

Der nächste Schritt ist die Finalisierung des Projekthandbuchs (PHB) (vgl. Abb. 7.19). Zentrales Dokument des Projekthandbuchs ist der **Projektauftrag**, welcher ein formales Dokument im Projekt darstellt. Das Projekthandbuch beinhaltet alle Projektpläne, die Projektorganisation und Kommunikationsstrukturen, sowie ggfs. weitere Projektmanagement-Instrumente wie z. B. die Projektrisikoanalyse. Mit dem Projekthandbuch stehen alle

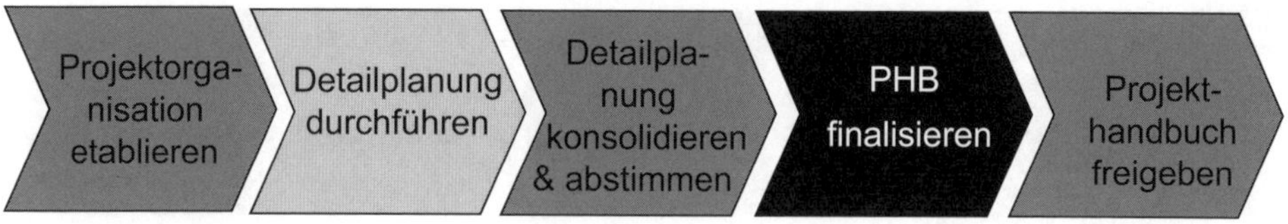

Abb. 7.19 Prozessschritt „PHB finalisieren"

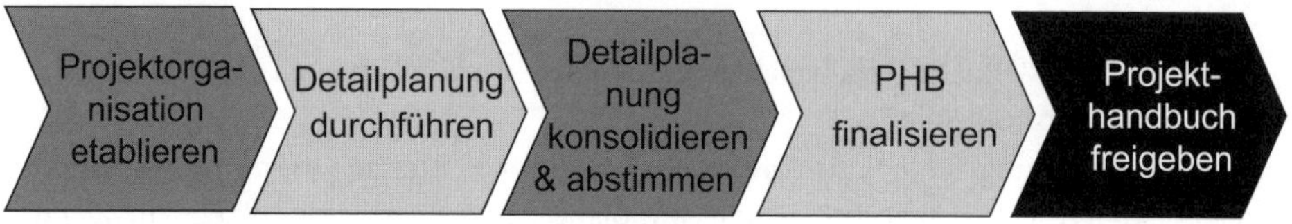

Abb. 7.20 Prozessschritt „Projekthandbuch freigeben"

Informationen den Projektbeteiligten unmittelbar zur Verfügung. Es ist dabei die Integration aller eingesetzten Projektmanagement-Instrumente sichergestellt. Die Projekthistorie ist bei Personalwechsel nachvollziehbar verfügbar. Nicht zuletzt wird durch das Projekthandbuch organisatorisches Lernen im Projekt und im **projektorientierten Unternehmen** unterstützt (Abschn. 7.9 Beispiel Projekthandbuch next project).

Der letzte Schritt im Projektstartprozess ist die Freigabe des Projekthandbuchs durch den Projektauftraggeber (vgl. Abb. 7.20).

Voraussetzung dafür ist, dass der Projektleiter und der Projektauftraggeber über eine gemeinsame Sicht zum geplanten Projektablauf verfügen. In diesem Schritt wird der **Projektauftrag** formal von Projektleiter und Projektauftraggeber im Rahmen einer Projektauftraggeber-Sitzung unterschrieben.

Mit diesem formalen Akt wird die Projektplanung als Basisplan des Projekts gespeichert. Das Projekt verfügt damit über einen Referenzpunkt für das Projektcontrolling in weiterer Folge.

Zusammenfassend ist der Projektstartprozess exemplarisch in Abb. 7.21 dargestellt.

7.5.3 Vertragsmanagement als relevanter Prozess im Projektinitiierungs- und Projektstartprozess

Projektverträge sind nicht explizit gesetzlich geregelt und bedürfen einer besonders gründlichen Vertragsgestaltung, insbesondere bei Kundenprojekten. Der vertraglich zu erbringende Sollzustand kann bei Vertragsabschluss in Projekten oft nicht abschließend definiert werden.

Die notwendige Zielfestlegung erfolgt zum Teil schrittweise, typischerweise in Konkretisierungs-/Iterationsstufen während des Projektablaufs. Dies bedingt eine enge Interakti-

	Projekt-organisation etablieren	Detailplanung durchführen	Detailplanung konsolidieren & abstimmen	PHB finalisieren	Projekthandbuch freigeben
Aktivitäten:	» Bisherige Ergebnisse vorstellen und validieren » Rollen, Kommunikation und Spielregeln klären	» AP-Spezifikation erstellen » Detailtermine, Ressourcen und Kosten abschätzen	» Balkenplan, Personaleinsatz- und Kostenplan, Risikoanalyse usw. vervollständigen » Projektmarketing aufsetzen	» Alle Pläne im PHB zusammenführen und an alle PTM versenden » Letzte interne Abstimmungsrunde durchführen	» Planung dem PAG / PLA final vorstellen und freigeben lassen » Rollen und Kommunikationsstrukturen vereinbaren
Beteiligte Rollen:	» PL » PTM, PMA » Ggf. PAG	» PL » PTM	» PL » PTM	» PL » Projektassistenz » PTM	» PAG / PLA » PL
Kommunikationsform:	» **Kick-Off** » **Start-WS**	» Individualplanung » Einzelgespräche » Start-WS	» Individualplanung » Einzelgespräche » **Follow-up-WS**	» Email » Einzelgespräche	» **PAG-Sitzung** » **PLA-Meeting**
Ergebnisse	» Arbeitsfähige Projektorganisation » Gem. Big Picture	» Detaillierte AP	» Validierte und ergänzte Pläne	» Validierte und ergänzte Pläne	» Freigegebenes PHB Version 1.0

Abb. 7.21 Überblick Projektstartprozess

on zwischen den Vertragspartnern, die durch Vertragsregeln und organisatorische Strukturen zu steuern ist.

- **KEY MESSAGE** Ein professionelles Projektmanagement ist Basis für eine erfolgreiche Vertragsabwicklung, aber ohne soliden Vertrag sichert auch das beste Projektmanagement eine erfolgreiche Projektabwicklung nicht.

Es ist eine integrierte Betrachtung der Vertragserstellung und der Vertragsabwicklung mit dem Aufsetzen und Steuern von Projekten erforderlich. Vertragsmanagement und **Projektmanagement-Prozess** sind daher sinnvoll zu synchronisieren.

Kundenprojekte basieren auf einem externen/juristischen Vertrag, der nicht ohne weiteres verändert werden kann. Die Angebotsphase ist häufig organisatorisch getrennt von der Projektabwicklung, d. h. es agieren unterschiedliche Personen. Es besteht dabei das Risiko einer Kommunikationslücke zum Zeitpunkt des Vertragsabschlusses („Stille-Post-Effekt"). Zum Teil haben die beteiligten Organisationseinheiten (Vertrieb und Abwicklung) sogar konträre Interessen.

Um ein valides Angebot vorlegen zu können, bedarf es einer planerischen Mindestdurchdringung des Projekts. Die Elemente des Vertragsmanagements und des Projektmanagements arbeiten zum Teil mit redundanten Informationen (z. B. Lastenheft oder Leistungsbeschreibung).

Eine simple Maßnahme, um mit diesem Kontext entsprechend umzugehen, ist, die Beteiligung des Fachbereichs schon in der Angebotserstellung sicherzustellen. Handelt es sich um ein komplexes **Kundenprojekt** mit der Beteiligung von Sublieferanten, ist optional auch der Schlüssellieferant in die Angebotserstellung und gegebenenfalls in die Vertragserstellung mit einzubinden. Es empfiehlt sich dann in der Regel, die Angebotslegung als Projekt aufzusetzen.

Ein exemplarischer Vertragsmanagement-Prozess, der eine Integration mit dem Projektstartprozess sicherstellt, kann wie in Abb. 7.22 aufgesetzt sein.

Um die Aufgabe oder das Projekt nicht von vornherein zu gefährden, sind realitätskonforme Vertragsbedingungen wichtig. In der Praxis haben sich dazu folgende Grundregeln bewährt:

- Beschreibung der Anforderungen so detailliert wie möglich.
- Eine gute Leistung hat ihren Preis.
- Bedenken des Lieferanten sollten ernst genommen werden.
- Beachtung der eigenen Mitwirkungspflichten.
- Kritisches Hinterfragen, ob Festpreise und feste Liefertermine realitätskonform sind (wie z. B. bei Standardleistungen) – häufig wird von Auftraggeberseite ein Vertrag mit festen Preisen und Terminen durchgesetzt, bevor die dafür nötige Planungsgenauigkeit verfügbar ist.
- Da Schadensnachweise i. d. R. schwer zu erbringen sind, soll eine Definition von spürbaren Sanktionen bei Schlechtleistung oder Nichterfüllung erfolgen.
- Vereinbarung von Zwischenschritten bzw. Teilleistungen und Verknüpfung dieser mit den Zahlungsterminen ermöglichen ein besseres Monitoring und Ressourcensteuerung beim Lieferanten.

Neben dem Vertragsmanagement ist auch das Claim Management (vgl. auch Abschn. 5.4.3) ein erfolgskritischer Prozess in **Kundenprojekten**.

	Akquisition	Angebots-erstellung	Vertrags-verhandlung	Projekt-übergabe	Vertrags-analyse & Detail-planung
Aktivitäten:	» Kundenerwartung evaluieren » Techn. & kommerz. Realisierbarkeit prüfen » Angebotsprozess planen	» Ggf. Detailplanung des Angebotsprojekts » Vertragl., kommerz., inhaltl. Angebotsteil erstellen » Risikobewertung » Freigabe einholen	» Angebot Kunden übergeben » Rückmeldungen einarbeiten » Verhandlungsteam benennen » Vertrag verhandeln » Vertrag schließen	» Projektleiter und -team benennen » Projektorganisation briefen » Angebotsteam entlasten	» Analyse des Vertrags hinsichtl. Pflichten der Parteien » Identifikation von Risiken/ offenen Punkten » Planung des Projekts
Beteiligte Rollen:	» Sales	» Sales » Fachbereich	» Sales » Fachbereich	» Sales » Fachbereich » PL	» PL » PTM
Ergebnisse	» Grober BC » Erste Risikoabschätzung » Kundenanforderungen » Angebotsplanung	» Angebotsdokumentation » BC & Projektpläne » Verhandlungsstrategie	» Adaptiertes Angebot » Vertragsdoku	» Projektorganisation ist etabliert » Projektauftrag » Angebotsteam ist aufgelöst	» Umsetzungsplanung » Risikoanalyse » Claim-/CR-Strategie

Abb. 7.22 Überblick Vertragsmanagement-Prozess

7.5.4 Der „next level Planungs-Navigator"

So wie ein Projekt lässt sich auch der Planungsprozess abgrenzen, planen, aufsetzen und steuern. Der Projektleiter ist ab seiner Benennung für die Prozesssteuerung verantwortlich. Er hat insbesondere die Aufgabe, Transparenz über den projektspezifischen Planungsprozess herzustellen. Dabei ist zu entscheiden, welche Schritte der Planung in der Initiierung und welche im Projektstart erfolgen sollen. Darüber hinaus können unterschiedliche Kommunikationsstrukturen zum Einsatz kommen. Jedenfalls sind die entsprechenden Prozessschritte und der Projektmanagement-Methodeneinsatz immer situativ zu definieren.

Wie der Initiierungsprozess und der Projektstartprozess im Detail aussehen, hängt im Wesentlichen davon ab, ob es im Unternehmen einen offiziellen Beauftragungsprozess für Projekte gibt. Um eine Gestaltung dieser Prozesse durch den Projektleiter strukturiert zu unterstützen, kann der „next level Planungs-Navigator" eingesetzt werden (vgl. Abb. 7.23).

Der „next level Planungs-Navigator" unterstützt den Abgleich der Prozessebenen im Planungsprozess und ermöglicht es, ein **Kundenprojekt** aus verschiedenen Perspektiven zu betrachten. Eine Kernherausforderung ist, diese verschiedenen Sichtweisen zu integrieren, da sich Ebenen gegeneinander verschieben können (vgl. Abb. 7.24).

Die inhaltliche Abgrenzung von Kundenaufträgen determiniert die weiteren Prozesse. Projekte segmentieren also Prozesse, d. h. Projekte sind eine mögliche Arbeits-/Organisationsform, um einzelne, mehrere oder alle Prozessschritte umzusetzen. Dabei variiert die Komplexität des Projektes in Abhängigkeit der inhaltlichen Abgrenzung. Art und Umfang der Komplexität von Projekten beeinflussen wiederum den Planungsprozess.

Der „next level Planungs-Navigator" gliedert sich in folgende Ebenen:

- Generischer Projektmanagement-Prozess
- Definition und Zuordnung des Planungs- und Kommunikationsprozesses
- Festlegung der inhaltlichen Projektphasen
- Definition und Zuordnung der Deliverables und Projektmanagement-Methoden

In Abb. 7.25 ist dazu ein hoch komplexes **Kundenprojekt** dargestellt:

In den Ebenen 2 und 3 können die „Regler" vom Projektleiter in Abstimmung mit dem Projektauftraggeber entsprechend der Anforderungen an den **Projektmanagement-Prozess** eingestellt werden. Die Aufteilung der relevanten Deliverables und Methoden auf Ebene 4 erfolgt dann korrespondierend dazu.

Dieses Prozess-Steuerungsinstrument ermöglicht eine einheitliche und transparente Vorgehensweise, den gesamten Planungsprozess situativ zu gestalten.

7.6 Kundenprojekte steuern und abschließen

Die Steuerung von Projekten beinhaltet die Prozesse Projektkoordination und Projektcontrolling.

7.6.1 Projektkoordinationsprozess

Im Prozess Projektkoordination erfolgen die laufende Qualitätssicherung der (Zwischen-) Ergebnisse von Arbeitspaketen sowie die laufende Kommunikation innerhalb der Projektorganisation. Darüber hinaus wird in der Projektkoordination eine permanente Gestaltung der Beziehungen zu relevanten Umwelten durchgeführt. Eine zentrale Aufgabenstellung in der Projektkoordination betrifft die Disposition von Projektressourcen.

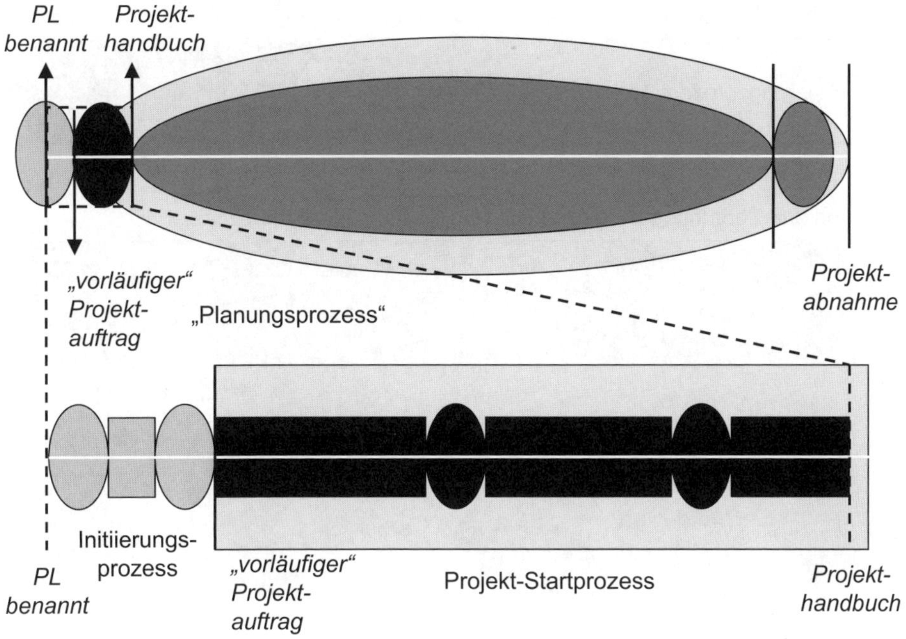

Abb. 7.23 „next level Planungs-Navigator“

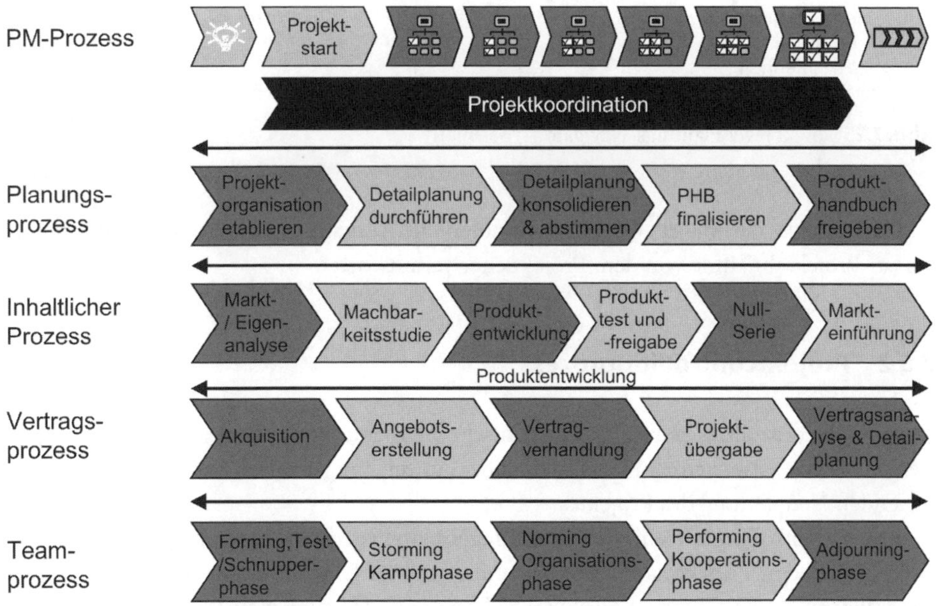

Abb. 7.24 Prozessebenen in Auftragsabwicklungsprojekten

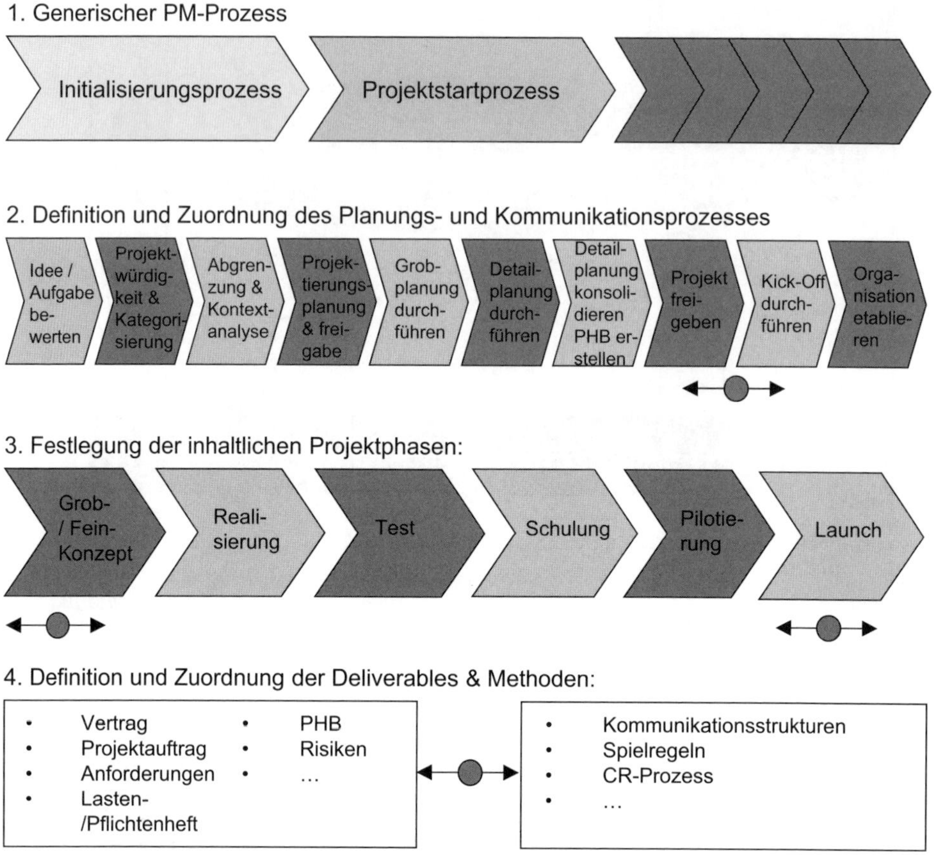

Abb. 7.25 „next level Planungs-Navigator“ (Beispiel)

Die Projektkoordination wird als kontinuierliche Aufgabe von der Projektbeauftragung bis zur Projektabnahme von dem Projektleiter verantwortet.

7.6.2 Projektcontrollingprozess

Das Projektcontrolling beinhaltet die zyklische Betrachtung des Projektes auf Basis eines Vergleichs von Istwerten zu Planwerten, einer Abweichungsanalyse und einer darauf aufbauenden Neuplanung des Projektes.

Projektcontrolling ist ein **Projektmanagement-Prozess**, der strukturiert und standardisiert in den Projektmanagement-Standards eines Unternehmens dargestellt ist. Ein wesentlicher Erfolgsfaktor ist die Bereitstellung von erforderlichen Ressourcen im Rahmen des Prozessschritts Neuplanung in den einzelnen Projektcontrolling-Zyklen (vgl. Abb. 7.26).

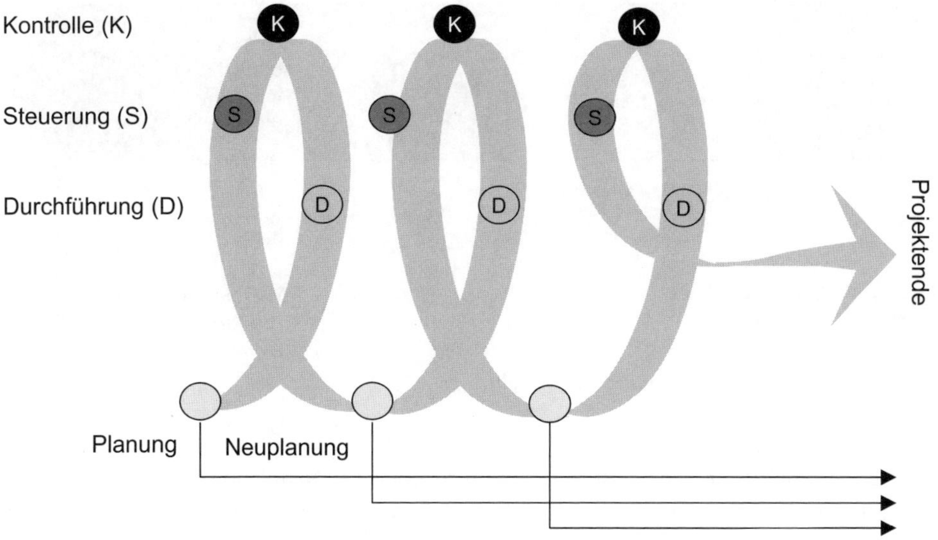

Abb. 7.26 Projektcontrollingprozess

Der Projektcontrollingprozess kann als eine soziale Konstruktion wahrgenommen werden. Controlling erfolgt im Projektteam und liegt damit nicht nur in der Verantwortung des Projektleiters. Im Projektcontrolling sind sowohl harte als auch weiche Faktoren relevant. Bei der Betrachtung von weichen Faktoren wird in diesem Zusammenhang auch von einem sogenannten „sozialen Projektcontrolling" gesprochen.

Harte Faktoren sind:

- Leistungen
- Termine
- Ressourcen, Kosten
- Risiken

Weiche Faktoren sind:

- Projektorganisation und Kommunikation
- Kontext von sozialen Umwelten
- Beziehungen innerhalb des Projektteams
- Projektkultur

Der grundsätzliche Ablauf im Projektcontrolling beinhaltet in einem ersten Schritt die Erhebung des Status der laufenden Arbeitspakete durch die Arbeitspaketverantwortlichen. Diese Ist-Werte werden im Rahmen des Arbeitsschritts Projekt „controllen", mit den Soll-Werten verglichen und eine sich daraus ergebende Abweichungsanalyse erstellt.

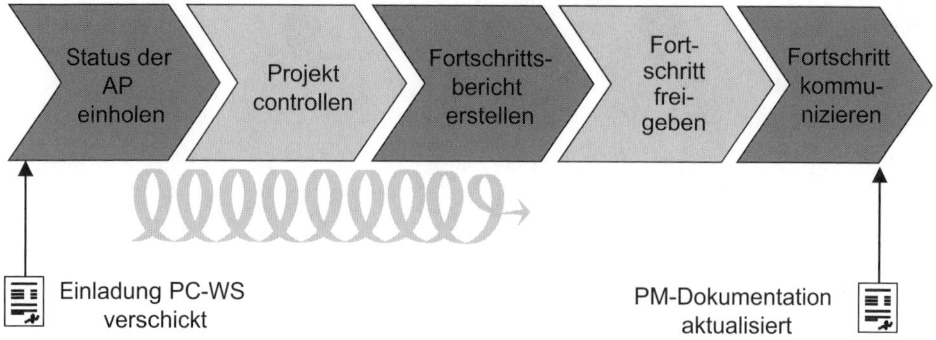

Abb. 7.27 Schlüsselprozess im Projektcontrolling

Der entscheidende Schritt ist die Durchführung einer Neuplanung auf Basis der Abweichungen von Leistungen, Terminen, Ressourcen und Kosten. Die Neuplanung in Form eines aktualisierten Plans wird in einem Fortschrittsbericht zusammengefasst.

Der Fortschrittsbericht wird von dem Projektauftraggeber im Rahmen der Projektauftraggeber-Sitzung in jedem Projektcontrolling-Zyklus freigegeben.

Der letzte Arbeitsschritt besteht in der Kommunikation des Projektfortschritts und der Entscheidungen des Projektauftraggebers an das Projektteam und gegebenenfalls an relevante Stakeholder des Projektes.

Jeder Projektcontrolling-Zyklus wird darüber hinaus archiviert, um eine entsprechende Projekthistorie verfügbar zu haben. In Abb. 7.27 ist dieser Schlüsselprozess im Projektcontrolling graphisch dargestellt.

Die Projektplanungs-Methoden sind die Basis für das Projektcontrolling.

Grundsätzlich sind sämtliche in der Planung angewandte Methoden im Controlling einzusetzen. Im Folgenden ist eine Zusammenstellung der mindestens erforderlichen Methoden aufgelistet.

- Ziele: Zieleplan
- Kontext: Projektumweltanalyse, Beziehung zu anderen Projekten
- Leistungen: Projektstrukturplan, Arbeitspaketspezifikation
- Termine: Meilensteinplan, Balkenplan
- Ressourcen & Kosten: Ressourcen- & Kostenplan
- Organisation & Kommunikation: Projektorganigramm, Kommunikationsstrukturen, Rollenbeschreibungen, Spielregeln

Die Erfahrung in der Praxis zeigt, dass die stringente und professionelle Anwendung dieser Basismethoden des Projektmanagements in der Regel absolut ausreichend ist, um Projekte erfolgreich zu steuern.

Soziales Projektcontrolling Die Arbeit in interdisziplinären und interhierarchischen Teams erfordert eine adäquate Führungskompetenz des Projektleiters. Unterschiedliche Sichtweisen, divergierende Zielsetzungen, auch Konflikte und Widerstände sind in Projektteams aufgrund der temporären Organisationsform ein Faktum.

Dazu kommt die Komplexität der Einflussnahme von unterschiedlichsten Stakeholdern, die jedenfalls erfolgskritisch, in vielen Fällen auch existenziell, für das Projekt sind. Dieser Kontext rechtfertigt eine explizite Auseinandersetzung mit einem strukturierten sozialen Projektcontrolling.

▸ **KEY MESSAGE** Projekte scheitern in der Regel nicht an technischen, inhaltlichen Frage- oder Problemstellungen, sondern an den sozialen Beziehungen der internen und externen relevanten Umwelten.

Soziale Konflikte gehen vor! Auf Basis dieser These sind zyklische Strukturen für Reflexion und Feedback im Team erforderlich. Instrumente dafür sind beispielhaft das „Blitzlicht“ und das „Stimmungsbarometer“.

Im „Blitzlicht“ reflektieren die Projektteammitglieder und der Projektleiter folgende drei Fragen: Wie geht's? Wie war's? Was ist offen?

Die Frage: Wie geht's? ist hier keine Höflichkeitsfrage, sondern die Möglichkeit für jeden Projektbeteiligten, Ereignisse, positiver oder negativer Art, persönlich einzubringen und damit öffentlich zu machen. Es wird damit gewährleistet, dass in der gemeinsamen Arbeit, insbesondere in den Controllingzyklen, nicht verdeckte Konflikte über inhaltliche Themen ausgetragen werden, die damit nichts zu tun haben. Es wird damit Arbeitsfähigkeit hergestellt.

Die Frage: Wie war's? bezieht sich auf die letzte Controllingperiode, die Arbeitsergebnisse, den Arbeitsprozess. Ergänzend können die Fragen: Was ist gut gelaufen? Was ist nicht gut gelaufen? gestellt werden. Diese Fragestellung ist insbesondere auch eine strukturierte Feedbackmöglichkeit für den Projektleiter, der über die entsprechenden Rückmeldungen seiner Projektteammitglieder die Steuerung des Projekts reflektieren kann. Er hat damit die Chance, seine „blinden Flecken“ (vgl. Luft und Ingham 1955) zu reduzieren und vor allem über Interventionen im Projekt oder über eine Adaptierung der Prozesssteuerung in das Projektgeschehen einzugreifen.

Die Frage: Was ist offen? ist für die Teammitglieder die Möglichkeit, Erwartungen und Befürchtungen zum weiteren Projektverlauf zu artikulieren. Die Konsequenzen daraus können weitere Arbeitspakete, Vereinbarungen oder auch Spielregeln für die Zusammenarbeit sein.

Das „Stimmungsbarometer“ ermöglicht eine simple Momentaufnahme der persönlichen, meist emotionalen Einstellung des Teammitglieds zum Projektstatus.

Dabei empfiehlt es sich, das Stimmungsbarometer auf den Projektcontrollingzyklen auszurichten und damit auch einen entsprechenden Verlauf der Stimmungslage des Projektteams zu visualisieren.

Abb. 7.28 Beispiel Stimmungsbild

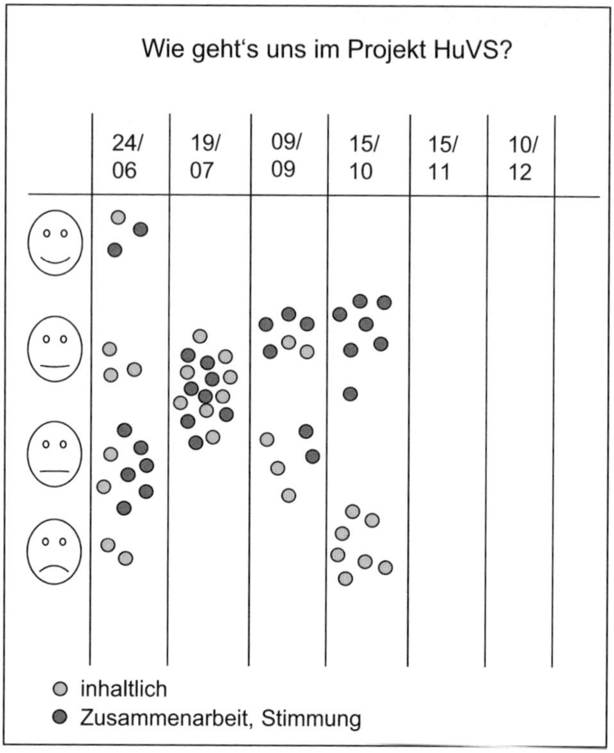

Entscheidend dabei ist die gemeinsame Reflexion des Projektteams mit dem Projektleiter auf Basis des Stimmungsbildes zu Fragen der Arbeitsfähigkeit im Team, Feedback zum Projektverlauf, Unklarheiten anzusprechen, etc.

Das im Projektverlauf visualisierte Stimmungsbild (vgl. Abb. 7.28) ist auch eine Möglichkeit, Tendenzen zu erkennen, und kann als Frühwarnsystem betreffend der Teamperformance eingesetzt werden.

Neben diesen beiden Instrumenten des sozialen Projektcontrollings gibt es eine Unzahl von weiteren Methoden und Instrumenten dazu.

Entscheidend ist nicht die Arbeitsform, sondern die Tatsache, dass für das soziale Projektcontrolling in den zyklischen Projektcontrolling-Sitzungen entsprechend Zeit und Raum geschaffen wird.

Die Ergebnisse der Analyse, der Reflexion und des Feedback-Prozesses insgesamt sind in Vereinbarungen und Maßnahmen gemeinsam festzuhalten. Ein Kardinalfehler ist es, dies nicht zu machen, da das Fehlen von Konsequenzen aus Feedback und Reflexion meist zur Demotivation bei den Beteiligten führt und damit die Bereitschaft, sich konstruktiv auf Prozesse des „sozialen Projektcontrollings" einzulassen, massiv nachlässt.

Konsequenzen können die Anpassung von Rollendefinitionen oder von Kommunikationsstrukturen sein. Es können zyklisch die Projektspielregeln erweitert werden. Es sind aber auch massivere Interventionen aus dem sozialen Projektcontrolling möglich, wie z. B. das Auswechseln von Teammitgliedern oder aber die Neuzusammensetzung von Teams.

Grundsätzliche Ergebnisse dieser Controllingmaßnahmen fließen in den Projektfortschrittsbericht ebenfalls mit ein.

7.6.3 Relevante Controllingprozesse in Kundenprojekten

In der Abwicklung von **Kundenprojekten** kommt es de facto immer zu Veränderungen von Zielen, Leistungen, Terminen, Ressourcen und Kosten, die von Kundenseite initiiert werden. Man spricht in diesem Zusammenhang von sogenannten Change Requests, welche naturgemäß in den Projektcontrolling-Zyklen entsprechend zu bearbeiten sind.

Change Requests sind in der Regel Zusatzaufträge basierend auf einer Abänderung des Vertrags und gehen daher in den meisten Fällen vom Auftraggeber (Kundenseite) aus. Diese Zusatzaufträge stellen, wenn sie entsprechend professionell und strukturiert bearbeitet werden, ein Zusatzgeschäft für den Auftragnehmer dar und verbessern als solche, manchmal auch signifikant, den Deckungsbeitrag in **Kundenprojekten**.

Primäres Ziel für den Projektleiter ist es, dazu eine einvernehmliche Einigung über Zusatz-/Adaptierungswünsche und den dazu korrespondierenden Zusatzaufwand im Projekt, mit der Kundenseite, dem externen Auftraggeber herbeizuführen.

Sicherzustellen ist, dass Change Requests in Vertragsnachträgen (Contract Amendments) ergänzt werden und zwar vor Leistungserbringung durch den Projektleiter und sein Projektkernteam im Projekt.

Ergebnis des Change Request Prozesses ist eine Change Order oder auch Variation Order. Damit werden Sofortmaßnahmen und die weitere Vorgehensweise gemeinsam diskutiert und auch im Projektkernteam vereinbart und mit dem Projektauftraggeber verabschiedet.

In Abb. 7.29 ist ein Standardprozess zum Change Request dargestellt.

Ein strukturierter und professioneller Umgang mit Change Requests sichert nachhaltig den Projekterfolg.

7.6.4 Der Projektabschlussprozess

Der Projektabschluss ist als ein Prozess zu verstehen, der den formalen Abschluss des Projektes zum Ziel hat. Inhalt des Abschlussprozesses ist in erster Linie der strukturierte Übergang der Projektorganisation in die Linienorganisation.

Diese Phase ist erfolgskritisch für den Projektabschluss, da in der Auflösung der **temporären Projektorganisation**, in der Praxis, die Verantwortlichkeiten in der Linienorganisation nicht oder nicht ausreichend definiert und vereinbart werden. Das hat zur Folge, dass Projekte zur „never ending story“ werden, weil Verantwortliche in der vormals gültigen Projektorganisation auch nach Projektabschluss als Verantwortliche gesehen und angesteu-

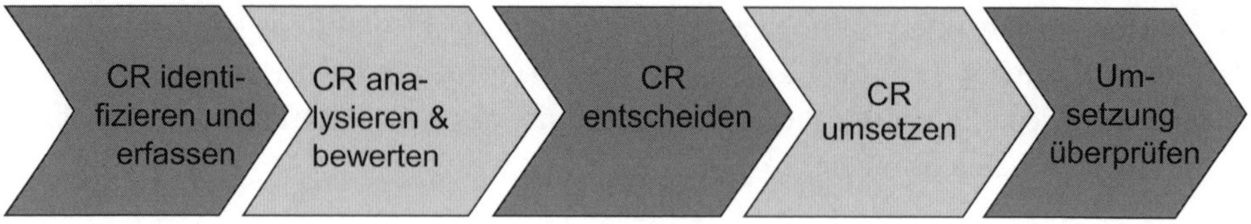

Aktivitäten:				
• Änderung identifizieren • CR-Antrag stellen • Evtl. 1. Bewertung durch Antragsteller • Antrag adressieren	• CR klassifizieren • CR in Change Control List erfassen • Analyse der Auswirkungen auf Pj. • CR bewerten	• CR entscheiden: zulassen, ändern, ablehnen, zurückstellen • Antragsteller & PL informieren	• Projektplan aktualisieren • Änderungen kommunizieren • Änderungen umsetzen	• Controlling des Leistungsfortschritts • CR abschließen und abrechnen
Beteiligte Rollen:				
• Antragsteller	• PL • AP-Verantw.	• PAG / PLA • Change Control Board	• PL • AP-Verantw.	• PL • AP-Verantw.
Kommunikationsform:				
• CR-Formular • Einzelgespräche	• Individualplanung • Einzelgespräche • Controlling-WS	• PAG-/PLA-Meeting	• Einzelgespräche • Schriftl. Information	• Controlling-WS
Ergebnisse				
• Änderungsantrag	• Bewerteter CR • Akt. Change Control List	• Change Order • Akt. Change Control List	• Aktualisiertes PHB	• Akt. Change Control List

Abb. 7.29 Standardprozess zum Change Request

ert werden. Darüber hinaus ist der Knowhow-Transfer in die Stammorganisation und in andere Projekte ein relevanter Inhalt um organisatorischen Lernen in **projektorientierten Unternehmen** sicher zu stellen.

Für die Projektorganisation, insbesondere das Projektkernteam, erfolgt in dem Projektabschlussprozess ein strukturiertes Freisetzen von Ressourcen und Energien. Dieser Schritt ist wesentlich, da zum Abschluss von Projekten oft Auflösungstendenzen beobachtbar sind, jedenfalls aber ohne definierten Prozess Unklarheiten und damit keine gemeinsame Sichtweise zu Aufgaben, Verantwortung und Kompetenzen der einzelnen Projektbeteiligten vorhanden sind.

Ein weiterer zentraler Inhalt ist die interne und externe Kommunikation des Projektabschlusses und der Projektergebnisse. Intern geht es neben der Transparenz von Aktivitäten im Rahmen des Projektabschlussprozesses vor allem um eine Evaluierung der Projektergebnisse. In der externen Kommunikation ist die aktive Auflösung von Beziehungen zwischen dem Projekt und den relevanten Stakeholdern (sozialen Umwelten) des Projekts

Fokus der diesbezüglichen Aktivitäten. Die Beziehungen zu unterschiedlichen Umwelten können zu unterschiedlichen Zeitpunkten aufgelöst werden

Schlussendlich werden gemeinsam im Projektteam mit dem Projektleiter und dem Projektauftraggeber Aktivitäten, Maßnahmen und Vereinbarungen für die Nachprojektphase festgelegt. Dieser Prozessschritt hat naturgemäß einen engen Konnex zum Transfer der Projektorganisation in die Linienorganisation.

▸ **KEY MESSAGE** Die Qualität des Projektabschlusses kann am Ablauf des Projektabschlussprozesses und an dessen Ergebnissen gemessen werden.

Die effiziente und effektive Gestaltung des Projektabschlussprozesses ist ein abschließendes Erfolgskriterium für das Projekt. Aus der Erfahrung in der Praxis bedarf es allerdings bei diesem **Projektmanagement-Prozess** einer besonders hohen Energie aller Beteiligten.

Der Projektabschlussprozess ist explizit zu planen. Das Timing dafür bedarf einer entsprechenden Projektmanagement-Expertise:

- Vereinbarung des Zeitpunkts: Der Projektabschlussprozess startet in der Regel, bevor alle inhaltlichen Aufgaben erledigt sind.
- Sensibilität für sinkende Energie: Zum Beispiel die Vermeidung von Stellvertreter in den Projekt-Meetings
- Entscheidung Projektabnahme: Es ist die Sinnhaftigkeit der **temporären Organisation** nicht aus den Augen verlieren versus den rechtzeitigen Transfer der Projektorganisation in die Linienorganisation sicher zu stellen.
- Abnahme vor hundertprozentiger Zielerreichung: In Kauf nehmen von Claims, die in der Nachprojektphase in der Linienorganisation bearbeitet werden können.

Zum Projektabschluss gibt es verglichen mit anderen **Projektmanagement-Prozessen** wenig Literatur und damit Theorie. Dennoch kristallisiert sich vor allem in den internationalen Standards IPMA, PMI®, PRINCE 2® mehr und mehr der Bedarf einer Professionalisierung und damit letztendlich auch Standardisierung heraus.

In Abb. 7.30 sind die wesentlichen Schritte des Projektabschlussprozesses noch einmal zusammen gefasst.

Im Rahmen der Ausarbeitung des Projektabschlussberichts ist ein erster Schritt die finale Definition der **Projektabgrenzung** durchzuführen. Damit wird auch die Basis für eine Evaluierung der Projektzielerreichung geschaffen.

Ein weiterer Schritt ist die Dokumentation des Ist-Verlaufs: Wie ist das Projekt tatsächlich gelaufen? Auf Basis der Zielevaluierung und des tatsächlichen Projektverlaufs kann eine Beurteilung des Projekterfolges gemeinsam im Projektteam und mit dem Projektauftraggeber erfolgen.

Der Abgleich von unterschiedlichen Sichtweisen ist dabei von Bedeutung, da es in der Praxis aufgrund der interdisziplinären Beteiligung immer wieder, teilweise auch stark, differenzierende Sichtweisen dazu gibt.

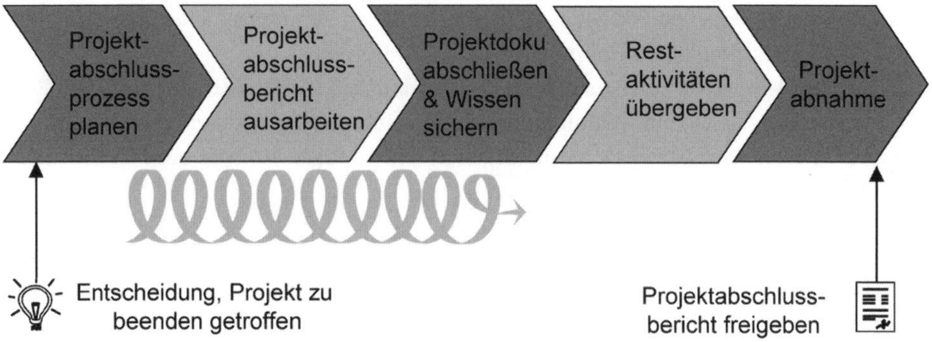

Abb. 7.30 Projektabschlussprozess

Ein wesentlicher Aspekt ist das interne und externe Marketing der Projektergebnisse. Nach dem Prinzip „Tue Gutes und rede darüber“ kann der Projektabschlussbericht sowohl für die interne als auch für die externe Kommunikation als Basis herangezogen werden.

Der Schritt Projektdokumentation abschließen und Wissen sichern beinhaltet die Fertigstellung des Projekthandbuchs und dabei insbesondere die „As is“ Darstellung von Leistungen, Terminen, Ressourcen, Kosten. Diese finale Dokumentation dient unter anderem auch für die Wissenssicherung des Projektes.

Darauf aufbauend kann der Knowhow-Transfer in der Organisation erfolgen. Dieser besteht zum einen aus den Lessons Learned innerhalb des Projektteams und zum andern aus Handlungsempfehlungen für das Unternehmen, bzw. für andere laufende und auch zukünftige Projekte.

Unter dem Schritt Restaktivitäten übergeben wird sowohl die Planung von Aufgaben der Nachprojektphase als auch die Auflösung der **temporären Projektorganisation** verstanden. Dabei sind folgende Aktivitäten durchzuführen:

- Beurteilung von Projektleiter und Projektteam
- Übergabe von Aufgaben, Verantwortung und Kompetenzen in die Linienorganisation
- Disposition von Ressourcen und
- Kommunikation der Auflösung der Projektorganisation an relevante Projektumwelten

Die Projektabnahme erfolgt in einer abschließenden Projektauftraggeber-Sitzung durch den Projektauftraggeber in Abstimmung mit dem Projektleiter. Der freigegebene Projektabschluss-Bericht wird dem Projektesteuerkreis (Projektportfolio-Management) und den entsprechenden Linienführungskräften übergeben.

Der Projektleiter beendet danach im Rahmen eines Projektabschluss-Workshops offiziell das Projekt. Dabei bietet sich jedenfalls auch noch ein letzter sozialer Event gemeinsam mit Projektteam und Projektauftraggeber an.

7.6.5 Organisatorisches Lernen in Projekten

In der Praxis zeigt sich, dass Projekte die am schlechtesten lernende Organisationsform sind. In permanenten Organisationsstrukturen, wie zum Beispiel in Abteilungen oder in Bereichen, ist organisatorisches Lernen wesentlich einfacher organisierbar, weil auch standardisierbar.

Projekte laufen einmalig, und dabei ist in der Praxis zu beobachten, dass einzelne Knowhow-Träger im Projekt „sich in alle Winde zerstreuen", so schnell wie möglich in die Linienorganisation zurückgehen, oder aber schon mit dem nächsten Projekt beschäftigt sind.

▸ **KEY MESSAGE** Mit einem strukturierten organisatorischen Lernen in Projekten kann eine signifikante Effizienz- und Effektivitätsverbesserung der Projektarbeit in **projektorientierten Unternehmen** erfolgen.

Man lernt nicht nur aus Erfolgen, sondern vor allem aus den vielen Unebenheiten, Konflikten und Barrieren, gescheiterten Maßnahmen, etc. Dafür ist jedenfalls eine strukturierte Auseinandersetzung mit *Lessons Learned* in Projekten erforderlich. Instrumente des organisatorischen Lernens sind zum einen die schon erwähnten Dokumente, wie der Projektabschluss-Bericht oder die Projektabschluss-Präsentation.

Es bieten sich aber auch analoge Methoden wie zum Beispiel die Durchführung einer Projektvernissage an. Dabei werden die Ergebnisse für eine allgemeine Zielgruppe im Unternehmen (Management, Experten, andere Projektleiter und Projektteams) inhaltlich und symbolisch in Form von Artefakten zur Projektarbeit aufbereitet.

Die Anwendung dieser Methode eignet sich vor allem dann, wenn mehrere Projekte, die abgeschlossen worden sind, beziehungsweise im Abschluss unterwegs sind, gemeinsam in einer „Vernissage" präsentiert werden können. Es erfolgt dabei keine Präsentation im klassischen Sinn, sondern „Künstler" stellen ihre „Kunstobjekte" aus, die von den Gästen „bestaunt", interpretiert, diskutiert werden. Die Erfahrung in der Praxis zeigt, dass über dieses Setting ein nachhaltiger Lerneffekt erzielt werden kann, weil die Veranstaltung jedenfalls in Erinnerung bleibt.

In entwickelten **projektorientierten Unternehmen** kommen auch Wissensdatenbanken zum Einsatz. Dabei bewährt es sich, ein grundsätzliches Clustering der Projektwissensdatenbank nach den **Projektmanagement-Prozessen** Start, Controlling, Abschluss aufzusetzen. Zu diesen einzelnen Prozessen werden vom Projektleiter die einzelnen Lernpunkte strukturiert jeweils mit Ansprechpartnern, Erkenntnissen, Ergebnissen und gegebenenfalls referenzierenden Projektplänen dokumentiert.

Grundsätzlich empfiehlt es sich, zumindest die abgeschlossenen Projekte in einem Projektarchiv abzulegen.

Abschließend sind noch einige Arbeitsformen und Fragestellungen zum Projektabschluss dargestellt, die insbesondere für das organisatorische Lernen hilfreich sind (vgl. Abb. 7.31)

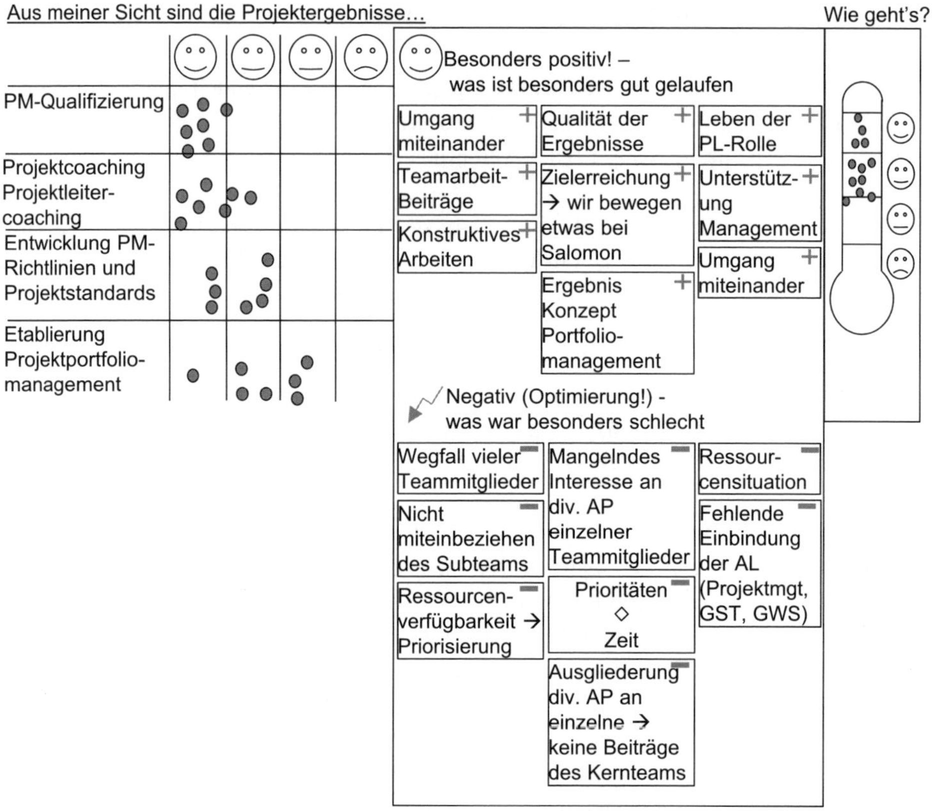

Abb. 7.31 Beispiele Arbeitsformen und Fragestellungen zum Projektabschluss

- Aus meiner Sicht sind die Projektergebnisse in Bezug auf einzelne Projektziele …?
- besonders positiv ist gelaufen …?
- besonders schlecht ist gelaufen …?
- Wie geht es mir insgesamt zum Projektabschluss?

7.7 Projektmanagement-Methodeneinsatz

Im folgenden Kapitel sind die wesentlichsten Methoden und Instrumente im Einzelnen beschrieben und mit Praxisbeispielen hinterlegt.

Die Methoden und Instrumente sind das grundsätzliche Knowhow, das Handwerkszeug für den Projektleiter. Erfolgskritisch für einen effektiven und effizienten Einsatz der **Projektmanagement-Methoden** ist, dass der Projektauftraggeber und das Projektkernteam ebenfalls über ein grundsätzliches Verständnis der **Projektmanagement-Methoden** verfügen.

In der Praxis sind die Methoden und Techniken des Projektmanagements zentraler Bestandteil von zielgruppenspezifischen Qualifizierungsmaßnahmen.

Folgende Methodensteckbriefe sind beschrieben:

- Strategiekonformitätsprüfung
- Projektwürdigkeitsprüfung
- Projektname
- Projektlogo
- Projektauftrag
- Projektumweltanalyse
- Analyse von Beziehungen zu anderen Projekten
- Projektstrukturplan
- Arbeitspaketspezifikationen
- Projektfunktionendiagramm (Verantwortungsmatrix)
- Meilensteinplan
- Meilenstein-Trend-Analyse
- Projektbalkenplan (Gantt-Diagramm)
- Projektpersonaleinsatzplan (Projektressourcenplan)
- Projektkostenplan
- Business Case
- Claim Management
- Projektorganigramm
- Kompetenzverteilung Projekt – Linie
- Relationale Projektrollenbeschreibungen
- Projektkommunikationsstrukturen
- Projektspezifische Spielregeln
- Risikoanalyse des Projektablaufs
- Earned-Value-Analyse (EVA)

7.7.1 Strategiekonformitätsprüfung

Im Multiprojektmanagement-Prozessschritt „Projektbeauftragung" sind die Projektziele innerhalb eines Projektantrags auf ihre Konformität bezüglich der Strategie des Multiprojektmanagement-Bezugsbereichs zu überprüfen. Das Ergebnis der Strategiekonformitätsprüfung ist eine Strategiekonformitätsaussage, die Teil der Entscheidungsgrundlage bei der Projektgenehmigung ist.

Für die Anwendung einer Strategiekonformitätsprüfung sind vorbereitend bereichsspezifische Festlegungen zu treffen. Dazu muss die Strategie der Unternehmenseinheit beschrieben werden, die bspw. aus der Unternehmensstrategie abgeleitet sein oder sich aus dem Produktportfolio der Unternehmenseinheit ergeben kann.

Weiterhin muss eine bereichsspezifische Skalierung festgelegt werden. Je nach Anwendungsbereich können unterschiedliche Feinheitsgrade in der Skalierung sinnvoll sein (z. B. Projektziele entsprechen der Unternehmensstrategie: 100 %; Projektziele entsprechen nicht der Unternehmensstrategie: 0 %; bzw. Festlegung von Zwischenstufen mit Definition).

Letztlich ist ein bereichsspezifisches Bewertungsverfahrens zu erstellen, um die Projektziele der Unternehmensstrategie zuzuordnen.

7.7.2 Projektwürdigkeitsprüfung

Ein Projekt ist ein Vorhaben, dessen inhaltliche und organisatorische Komplexität die Mitarbeit mehrerer Organisationseinheiten verlangt (interdisziplinäre Zusammensetzung des Projektteams). Die Minimierung der Zielerreichungsrisiken (Ergebnisrisiko, Terminrisiko, Kostenrisiko, Qualitätsrisiko) erfordert den Einsatz spezieller Instrumente und rechtfertigt den zusätzlichen Aufwand für die Planung, die Budgetierung, das Monitoring, die Steuerung der Aufgabenerledigung sowie die Bildung einer temporären Projektorganisationseinheit.

Die Beurteilung der Projektwürdigkeit erfolgt im Projektbeauftragungsprozess durch den Projekteservice. Anhand von definierten Merkmalen wird zwischen Regelaufgabe, Vorhaben, Projekten und Programmen unterschieden.

7.7.3 Projektname

In abteilungs- oder unternehmensübergreifenden Projekten sind Mitarbeiter unterschiedlicher Unternehmens- bzw. Abteilungskulturen involviert. Wird im Projektteam keine spezifische Projektkultur definiert, prallen diese unterschiedlichen Kulturen aufeinander und es kann zu Konflikten kommen. Die Festlegung eines Projektnamens kann identitätsstiftend sein und zur Bildung einer Projektkultur beitragen. Ein einprägsamer und individueller Projektname trägt zur Identifikation des Projekts und zur verbesserten Kommunikation nach außen bei (z. B. „prof pm reloaded" analog zum Film „Matrix reloaded").

7.7.4 Projektlogo

Informationen und Kommunikationen in Projekten sind ein erfolgskritischer Faktor. Gleichzeitig werden in **projektorientierten Unternehmen** parallel mehrere Projekte gleichzeitig durchgeführt. Ein individuelles, unterscheidbares Projektlogo trägt, wie der Projektname, zur Identifikation des Projekts, zur Wiedererkennung von projektbezogenen Informationen sowie zur verbesserten Kommunikation nach außen bei. Darüber hinaus unterstützt ein projektspezifisches Logo die Etablierung eines „Wir-Gefühls" im Projektteam und fördert Teamentwicklungsprozesse sowie eine Projektkultur.

7.7.5 Projektauftrag

Beim **Projektauftrag** handelt es sich um eine schriftliche Vereinbarung des Projektauftraggebers und des Projektleiters über wesentliche Rahmenbedingungen des Projekts. Der **Projektauftrag** (vgl. Abb. 7.32) dient als formale Beauftragung zum Start eines Projekts und ist somit der Auslöser für den Projektstartprozess. Der Projektleiter übernimmt damit die Verantwortung, die vereinbarten Ziele mit den vereinbarten Leistungen zu den vereinbarten Terminen mit dem festgesetzten Budget zu erreichen. Der Projektauftraggeber sichert dem Projektleiter im Gegenzug die vereinbarten Ressourcen und das vereinbarte Budget zu. Die Unterschrift unterstreicht die gegenseitige Vereinbarung.

Im Zuge der Detailplanung kann es allerdings zu Anpassungen und Ergänzungen kommen, so dass zwischen vorläufigem und endgültigem **Projektauftrag** unterschieden werden kann. Sollten sich im Laufe des Projektes die Rahmenbedingungen soweit ändern, dass sich wesentliche Faktoren (zeitlicher, sachlicher oder sozialer Art) verändern, bedingt das die Aktualisierung des Projektauftrags und die damit verbundene Neuvereinbarung zwischen Projektauftraggeber und Projektleiter.

Der **Projektauftrag** wird aufbauend auf **Projektabgrenzung** und Projektkontextanalyse erstellt und muss mindestens die folgenden Inhalte haben:

- Projektname
- Startereignis/-termin; Endereignis/-termin
- Projektziele, Nicht-Ziele
- Projektinhalte (Projektphasen)
- Projektressourcen und -kosten
- Projektauftraggeber, Projektleiter, Projektkernteam

7.7.6 Projektumweltanalyse

Die Projektumweltanalyse basiert auf der sozialen Projektkontextanalyse. Sie ist ein Instrument zum Management der sozialen Beziehungen eines Projekts und betrachtet die Beziehungen des Projekts zu relevanten Umwelten. Unter relevanten Umwelten sind alle jene Personen oder Institutionen zu verstehen, die einen (positiven und/oder negativen) Einfluss auf das Projekt nehmen können (vgl. Abb. 7.33).

Bei der Projektumweltanalyse werden zunächst alle relevanten Umwelten im Projektteam gesammelt, gelistet und gruppiert. Anschließend erfolgt die Darstellung in einer Projektumwelt-Graphik. Sind alle relevanten Umwelten in einer strukturierten Darstellung erfasst, können die Projektumwelten hinsichtlich ihrer Beziehungen zum Projekt analysiert werden (wechselseitige Erwartungen, Potentiale, Konflikte).

Darauf aufbauend ist eine Entwicklung von Strategien und Maßnahmen zur Gestaltung von Beziehungen in einer Projektumwelttabelle möglich. Zudem kann ein ständiges „soziales Controlling" während der Projektlaufzeit unterstützt werden.

Aktualisieren

Projekt-Auftrag

next level SOLUTIONS

EDVSys

Startereignis:	Starttermin*:
Kick-off Meeting angesetzt	02.07.2012
Endereignis:	**Endtermin*:**
EDV-System abgenommen	28.03.2013

Ziele:

1 Das EDV-System erfüllt die technischen und gesetzlichen Erfordernisse bis zum Jahre 2011
2 Anwender sind in der Lage das EDV-System zu nutzen (inhaltlich und technisch)
3 Kostenreduktion des unterstützten Ablaufs von € 100.000,- bis Ende 2011

Nicht-Ziele:

1 Kompletter Austausch des bestehenden EDV-Systems
2 Realisierung von Schnittstellen zum EDV-System über die Unternehmensgrenzen (zu Lieferanten und Kunden)

Hauptaufgaben*:

PROJEKTMANAGEMENT, IST-ANALYSE U. ENTSCH. VARIANTE, DETAILPLANUNG, IMPLEMENTIERUNG, TEST UND SCHULUNG, INBETRIEBNAHME

Ressourcen / Kosten*:

Kostenarten	Aufwand (PT)	Kosten (€)
Eigenleistungen	522,0	261.000,0
Ext. Personalkosten	12,0	12.000,0
Fremdleistungskosten		12.000,0
Sonstige Kosten		22.700,0
SUMME	534,0	307.700
* *Kostensatz (EXT)*	1.000	*€ pro PT*

Projektauftraggeber:

Gruber — Headquarter

Projektleiter:

Maier — Technik

Projektteam*:

- Gates — IT-Abteilung
- Dell — IT-Abteilung
- Bene — Technik
- Sprenger — Human Resources
- Doku — Technik

Projektmitarbeiter*:

- Balmer — Technik
- Huber — IT-Abteilung
- Peschke — IT-Abteilung
- Rostoff — Externe (nach Aufwand)

Unterschrift	Unterschrift
Gruber, (Projektauftraggeber)	Maier, (Projektleiter)

Abb. 7.32 next project Beispiel Projektauftrag

Aktualisieren

Projekt-Umweltanalyse

EDVSys

next level SOLUTIONS

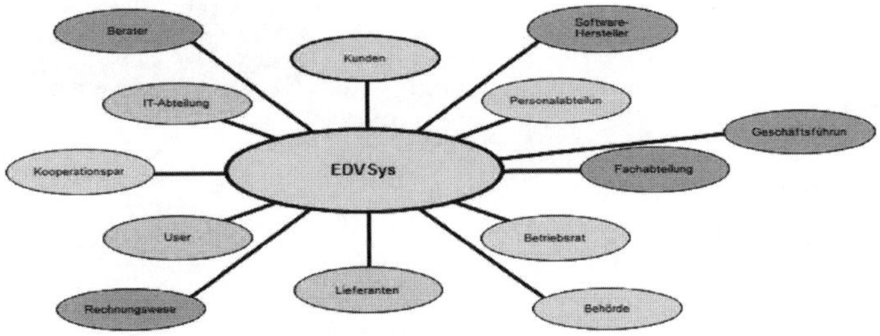

Projektumwelt	Bewertung	Beziehung	Maßnahmen	Verantwortlichkeit	Datum
Kunden	neutral	Grundsätzlich positiv, wenn es nicht mehr zu falschen Produktionen kommt, eventuell jedoch auch Umstellung von Bestellt- und Auftragsformularen	Möglichst gleiche Terminologie beibehalten, bei Umstellungen Kunden möglichst frühzeitig vorinformieren	Maier	laufend
Lieferanten	kritisch	Voraussichtlich Umstellungen erforderlich, bei einigen Lieferanten gibt es veralterte elektronische Schnittstellen	Ein Ansprechpartner des Hauptlieferanten wird als Projektmitarbeiter laufend eingebunden	Maier	laufend
Kooperationspartner	neutral	Vorhandene Kooperationspartner sind von Umstellung voraussichtlich nicht betroffen	Laufend überprüfen, ob sich Umstellungen auf vorhandene Prozesse und Kontakte auswirken	Maier	01.01.13
Fachabteilung	unterstützend	Sind die Hauptinteressenten der Umstellung, sowohl Management als auch Mitarbeiter sind an Veränderung interessiert	Motivation nutzen (keine konkreten Maßnahmen vorerst geplant)	-	-
IT-Abteilung	kritisch	Noch sehr viel Unsicherheit hinsichtlich Lösung (Qualifikationsbedarf daher unsicher), IT-Abteilung ist meist überlastet	Klare Trennung von Konzeption und Realisierung, bei Bedarf Einbindung eines Beraters, genaue Ressourcenplanung mittels des nlc phb xl	Maier	15.07.12
Personalabteilung	neutral	Im Projekt involviert, trägt das Projekt, keine Personalengpässe zu erwarten	keine geplant	-	-
User	kritisch	Grundsätzlich sind User dem System gegenüber positiv eingestellt, es gibt jedoch einzelne Mitarbeiter die Umstellungen gegenüber negativ eingestellt sind, wird das System von den Usern nicht akzeptiert ist es zum Scheitern verurteilt	Möglichst frühe Einbindung durch Interviews in der Ist-Analyse, Einladung eines User-Vertreters bei der Konzeptabstimmung, Schulung des User bereits mit der Betaversion um Usability-Feedback zu erhalten	Sprenger	laufend
Betriebsrat	neutral	Grundsätzlich gegen Veränderungen im Unternehmen, wird sich Querstellen wenn es um heikle Daten oder Zusatzaufwände geht	Betriebsrat soll ins Boot geholt werden durch laufende Information, positiven Kontakt aufrecht erhalten	Sprenger	laufend
Software-Hersteller	unterstützend	Da noch keine Entscheidung nur allgemein analysierbar: SW-Hersteller sicher positiv eingestellt, gibt jedoch Risiko das versprochene Qualität nicht erreicht wird	Interesse nutzen, nicht unbedingt den Billigstbieter nehmen (es muss Vertrauensbasis vorhanden sein)	Gates	im Rahmen Analyse SW
Berater	unterstützend	Berater soll sein KnowHow in Bezug auf Implementierung und Customizing des EDV-Systems einbringen	Einbindung in die heiklen Phasen der Konzeption und Implementierung, da der IT-Abteilung tweilweise Erfahrung fehlt	Gates	bei Bedarf
Rechnungswesen	unterstützend	An Umstellung ebenfalls interessiert, hat immer wieder Probleme in Bezug auf fehlerhafte Informationen aus der Fachabteilung	In Ist-Analyse einbeziehen, möglichst viele Promotoren des Projekts sichern	Sprenger	im Rahmen Analyse SW
Behörde	neutral	EDV-Umstellungen sollten keine behördliche Relevanz haben	Im Zweifel mit Rechtsabteilung klären (keine konkreten Maßnahmen geplant)	-	-
Geschäftsführung	unterstützend	Ist ebenfalls an einer Lösung für die aktuelle Situation interessiert	Bei Engpässen eventuell bis zur GF eskalieren um positive Einstellung zu nutzen	Maier	bei Bedarf

Abb. 7.33 next project Projekt-Umweltanalyse

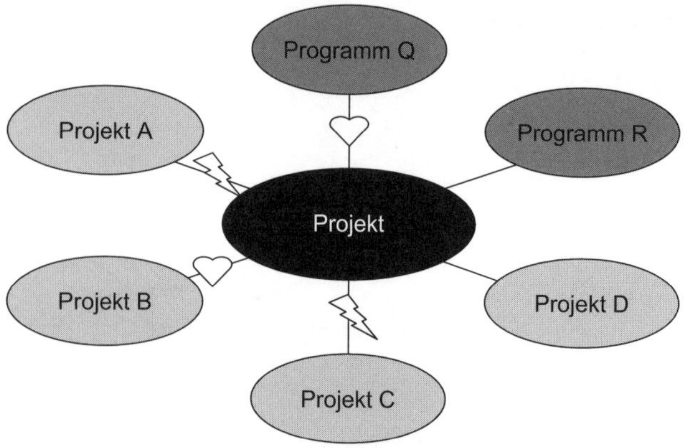

Abb. 7.34 Sachliche Kontextanalyse

Projekt / Programm	Beziehung (Potentiale / Konflikte)	Maßnahmen	Zuständigkeit	Termin
Projekt X	• Marktanalyse event. nutzbar • Greift auf gleiche Ressourcen zu	• Einholen der Ergebnisse • Abstimmung zu Verfügbarkeit		

Abb. 7.35 Tabelle sachliche Kontextanalyse

7.7.7 Analyse von Beziehungen zu anderen Projekten

Ein Projekt hängt häufig mit anderen in Durchführung befindlichen oder geplanten Projekten zusammen. Bei der so genannten sachlichen Kontextanalyse sind die Zusammenhänge mit anderen Projekten und der Unternehmensstrategie aus der Sicht des Projekts zu analysieren und in Form von Maßnahmen zu gestalten.

Solche Beziehungen können synergetisch oder konfliktträchtig sein. Die Analyse dient dabei der Organisation des Informationstransfers und der Organisation von Abstimmungen. Als konkretes Instrument dient, ähnlich wie bei der Projektumweltanalyse, entweder eine Graphik (vgl. Abb. 7.34) oder eine Projektetabelle (vgl. Abb. 7.35).

7.7.8 Projektstrukturplan

Der Projektstrukturplan (PSP) ist eine strukturierte Darstellung der zu erbringenden Leistungen in einem Projekt. Die Leistungen können dabei in Phasen (2. Ebene prozessorientiert) und Arbeitspakete (3. und folgende Ebenen, prozess- und objektorientiert) gegliedert werden.

Die Arbeitspakete sollen plan- und kontrollierbar sein, d. h. die Durchlaufzeit eines Arbeitspakets nicht größer als die Sequenz der Projektcontrolling-Zyklen sein. Zudem bedürfen sie einer eindeutigen Zuordnung eines Arbeitspaketverantwortlichen.

Der PSP ist das zentrale Planungs- und Controlling-Instrument sowie das zentrale Kommunikationsinstrument für Projektauftraggeber, Projektleiter, Projektteam und relevante Projektumwelten und stellt die integrierende Basis für alle folgenden Planungsinstrumente (Terminplan, Personalressourcenplan, Kostenplan, Funktionendiagramm, Arbeitspaketspezifikation) dar. Der PSP wird im Projektkernteam (interdisziplinärer Zugang) mit Hilfe von Kreativitätstechniken (Post-its) erarbeitet und soll IT-gestützt abgebildet werden.

Ausgangsbasis für die Erstellung des PSP ist die zeitliche und sachliche Abgrenzung des Projekts. Bei entsprechender Komplexität des Projekts ist die Darstellung einer Ergebnisplanung für die Erstellung eines PSPs erforderlich, die das Gesamtobjekt in entsprechende Betrachtungsobjekte (Teilergebnisse/Deliverables) gliedert.

In einem ersten Schritt werden die 6–8 Phasen des Projekts definiert. Dabei stellt eine prozessorientierte Darstellung der Phasen einen erfolgskritischen Faktor für kontinuierlich plan- und kontrollierbare Strukturen dar. Ausgehend von den Phasen werden top down entsprechende Arbeitspakete definiert, welche sich aus Zeitwort (Tätigkeit) und Hauptwort (Objekt) zusammensetzen. Jedes Arbeitspaket und jede Phase ist mit einem PSP-Code zu versehen, um jedes Arbeitspaket eindeutig zuordnen zu können.

Auf Basis des PSP können anschließend detaillierte Arbeitspaketspezifikationen, Ablauf- und Terminpläne erstellt, der Personalaufwand geschätzt, die Projektkosten geplant sowie eine Risikoplanung und Qualitätssicherung durchgeführt und das Projekt dokumentiert werden. Abbildung 7.36 zeigt beispielhaft den next project Projektstrukturplan.

7.7.9 Arbeitspaketspezifikationen

Die Arbeitspaketspezifikation basiert auf dem Projektstrukturplan (PSP) und dient der detaillierteren Beschreibung von Arbeitspaketen (Ziele, Aufgaben, Input/Output). Diese Methode schafft insbesondere für umfangreiche und komplizierte Arbeitspakete ein höheres Maß an Orientierung.

Durch die Arbeitspaketspezifikation werden Inhalt und Ergebnisse eines Arbeitspakets (AP) detailliert in quantitativer und qualitativer Sicht beschrieben und abgegrenzt, um sicherzustellen, dass alle Beteiligten im Projekt (vor allem Projektleiter und Arbeitspaket-Verantwortliche) dasselbe unter einem bestimmten Arbeitspaket verstehen. Optional können Arbeitspaketspezifikationen auch weitere Informationen wie Ressourcenaufwand, Dauer oder Kriterien der Leistungsfortschrittsmessung beinhalten, wie Abb. 7.37 zeigt. Eine Spezifizierung ist nicht für alle Arbeitspakete erforderlich, sondern nur für jene, deren Art und Umfang unklar ist.

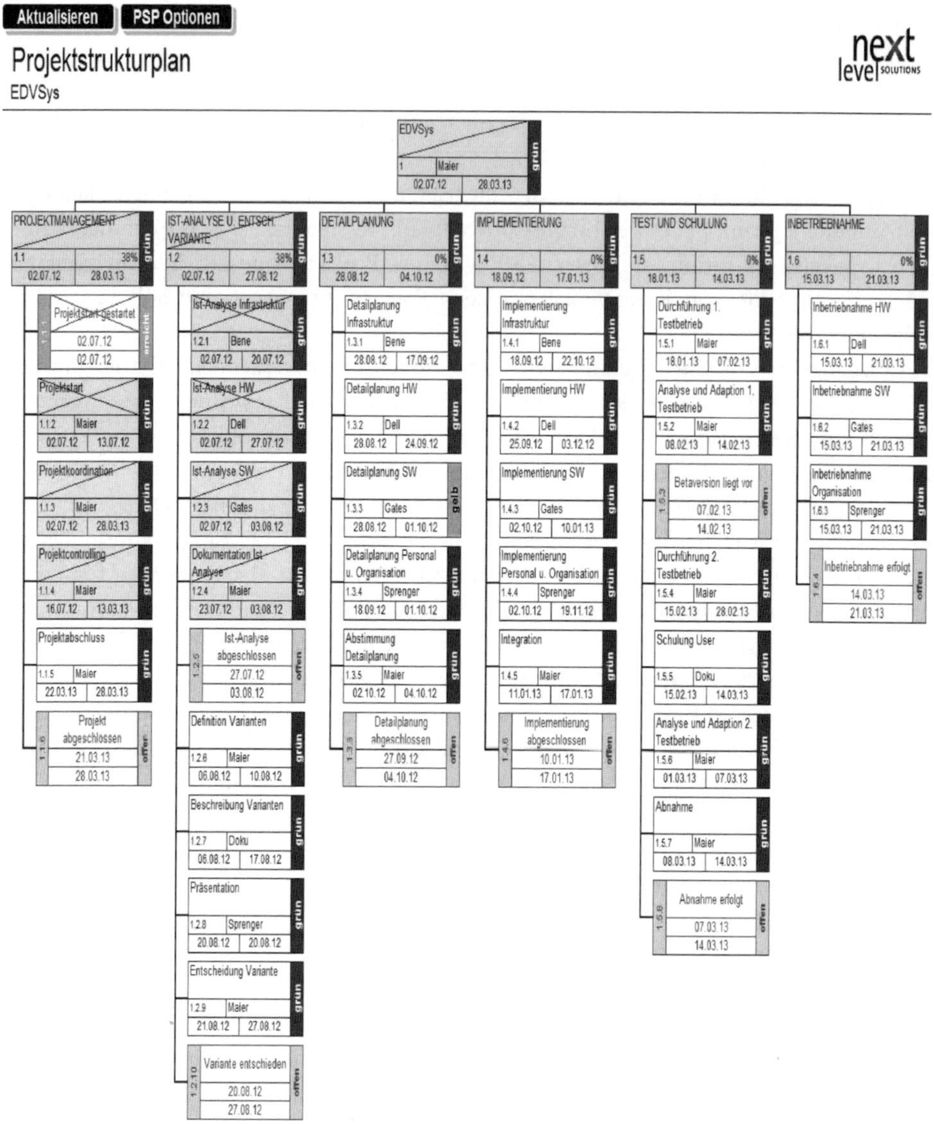

Abb. 7.36 next project Projektstrukturplan

Arbeitspaketspezifikationen werden durch den Arbeitspaketverantwortlichen erstellt und im Projektteam abgestimmt. Neben der erhöhten Planungsgenauigkeit stellen Arbeitspaketspezifikationen auch ein wertvolles ergänzendes Instrument des Leistungscontrollings dar.

Arbeitspaket-Spezifikationen

EDVSys

next level SOLUTIONS

PSP-Code	1.1.2	Arbeitspaket	Projektstart

Fortschr.	100%	Verantwortlichkeit	Maier			
Status	grün	Start	02.07.12	Ende	13.07.12	
Meilenstein		Ressourcen	15,0	Kosten	9.250,00	

AP Inhalte

» Vorbereitung Projektstart-Prozess
» Planung und Durchführung Projektstart-Workshop
» Erarbeitung Abgrenzung und Kontextanalyse, Planung der Gestaltung von Projekt-Kontext-Beziehungen
» Erarbeitung Detailprojektpläne (Leistungen, Termine, Ressourcen, Kosten, Risikomanagement)
» Etablierung Projektorganisation, Teambuilding, Verteilung von Verantwortlichkeiten
» Abstimmung Abgrenzung und Detailpläne mit dem Projektauftraggeber
» Dokumentation der Projektplanung im Projekthandbuch

AP Ergebnisse

» Projektziele, Projektpläne, Projektorganisation, Maßnahmen Risikomanagement
» PM-Dokumentation „Projektstart"

AP Fortschrittsmessung

Abb. 7.37 next project Arbeitspaket-Spezifikationen

7.7.10 Projektfunktionendiagramm (Verantwortungsmatrix)

Projekte bedingen auf Grund ihrer Komplexität die Mitarbeit mehrerer Personen, oft sogar die Mitarbeit mehrerer Organisationseinheiten. Das Funktionendiagramm (vgl. Abb. 7.38) dient zur detaillierten Planung der Aufgabenverteilung, als Basis für Zielvereinbarungen und Konfliktmanagement. Ausgangsbasis für das Funktionendiagramm sind der Projektstrukturplan (PSP), die Projektorganisation und die Projektumweltanalyse.

Der Aufbau eines Funktionendiagramms entspricht einer 2-dimensionalen Matrix. In den Zeilen werden die Arbeitspakete und in den Spalten die Projektrollen (Projektauftraggeber, Projektleiter, Projektteammitglied, Projektmitarbeiter) aufgelistet. In den Kreuzungsfeldern der Matrix werden die wahrzunehmenden Funktionen (V = Verantwortung, also Arbeitspaketverantwortlicher; M = Mitarbeit; I = bekommt oder liefert Information und E = Entscheidung) dargestellt.

Funktionendiagramm
EDVSys

Nr.	PSP-Code	Bezeichnung	Verantw.	Projektrolle: Gruber	Maier	Gates	Dell	Bene	Sprenger	Doku	Balmer	Huber	Peschke	Rostoff
1	1	EDVSys	Maier											
2	**1.1**	**PROJEKTMANAGEMENT**												
3	*1.1.1*	*Projektstart gestartet*												
4	1.1.2	Projektstart	Maier	E	V	M	M	M	M	M				
5	1.1.3	Projektkoordination	Maier		V									
6	1.1.4	Projektcontrolling	Maier	E	V	M	M	M	M	M				
7	1.1.5	Projektabschluss	Maier	E	V	M	M	M	M	M				
8	*1.1.6*	*Projekt abgeschlossen*												
9	**1.2**	**IST-ANALYSE U. ENTSCH. VARIANTE**												
10	1.2.1	Ist-Analyse Infrastruktur	Bene					V	M		M			
11	1.2.2	Ist-Analyse HW	Dell				V					M		
12	1.2.3	Ist-Analyse SW	Gates			V							M	
13	1.2.4	Dokumentation Ist-Analyse	Maier		V	M	M	M	M	M				
14	*1.2.5*	*Ist-Analyse abgeschlossen*												
15	1.2.6	Definition Varianten	Maier		V	M	M	M	M					
16	1.2.7	Beschreibung Varianten	Doku							V				
17	1.2.8	Präsentation	Sprenger		M	M	M	M	V	M				
18	1.2.9	Entscheidung Variante	Maier	E	V									
19	*1.2.10*	*Variante entschieden*												
20	**1.3**	**DETAILPLANUNG**												

Abb. 7.38 next project Funktionendiagramm

7.7.11 Meilensteinplan

Ein Meilenstein stellt ein zentrales Ereignis im Projektablauf dar, z. B. der Projektstart, das Fertigstellen eines Arbeitspakets, die Erteilung einer Genehmigung oder das Projektende.

Der Meilensteinplan liefert eine grobe Terminplanung für das gesamte Projekt, indem er die Termine zentraler, kritischer Projektereignisse auflistet. Zudem gibt der Meilensteinplan während des Controllings einen Überblick über den aktuellen Projektstand und eignet sich daher als Kommunikationsinstrument gegenüber dem Projektauftraggeber.

Basis der Meilensteinplanung (vgl. Abb. 7.39) ist der Projektstrukturplan (PSP). Zunächst werden zeitkritische Ereignisse im Projekt definiert und aufgelistet. Anschließend erfolgt die Zuordnung von Terminen zu den Meilensteinen (Basis/Aktuell/Ist), die ereignisbezogen formuliert werden und sich aus Zeitwort und Hauptwort zusammensetzen.

Je Projekt sollten 7–9 Meilensteine definiert werden, wobei Projektbeginn und Projektende obligatorische Meilensteine sind. Je Phase bzw. je Controlling-Zyklus sollte ein Meilenstein formuliert werden. Die Meilensteintermine können Grundlage für eine Meilenstein-Trend-Analyse sein.

Aktualisieren

Projekt-Meilensteinplan

EDVSys

next level SOLUTIONS

PSP-Code	Meilenstein-Bezeichnung	Basis Termine	Aktuelle Termine	Ist- Termine
1.1.1	Projektstart gestartet	02.07.12	02.07.12	02.07.12
1.2.5	Ist-Analyse abgeschlossen	27.07.12	03.08.12	
1.2.10	Variante entschieden	20.08.12	27.08.12	
1.3.6	Detailplanung abgeschlossen	27.09.12	04.10.12	
1.4.6	Implementierung abgeschlossen	10.01.13	17.01.13	
1.5.3	Betaversion liegt vor	07.02.13	14.02.13	
1.5.8	Abnahme erfolgt	07.03.13	14.03.13	
1.6.4	Inbetriebnahme erfolgt	14.03.13	21.03.13	
1.1.6	Projekt abgeschlossen	21.03.13	28.03.13	

Abb. 7.39 next project Projekt-Meilensteinplan

7.7.12 Meilenstein-Trend-Analyse

Die Meilenstein-Trend-Analyse dient der Kontrolle der Terminplanung. Sie ist im Wesentlichen ein Instrument zur Information und zur Visualisierung, nicht jedoch zur Ursachenforschung. Voraussetzung für den Einsatz einer Meilenstein-Trend-Analyse sind ein realistischer Terminplan sowie ein offenes Arbeitsklima. Da die Schätzung der Erreichung der Meilenstein-Termine nur subjektiv erfolgen kann, ist es wichtig, ein Klima zu schaffen, in dem Fehler auch zugegeben werden können.

Abbildung 7.40 zeigt, wie bei der Meilenstein-Trend-Analyse die ursprünglich geplanten Meilenstein-Termine in einem rechtwinkligen Dreieck auf der Senkrechten, die Berichtszeitpunkte im gleichen Maßstab auf der Waagerechten eingetragen werden (je nach Projektlaufzeit schwanken diese zwischen zweiwöchig und quartalsweise).

Die Antwort des Meilensteinverantwortlichen auf die Frage: „Wann wird Ihr Meilenstein erreicht werden?", ergibt zusammen mit dem Berichtszeitpunkt die Koordinate für den Meilenstein. Werden Termine immer wieder nach hinten verschoben, zeigt die Kurve nach oben. Wird die Planung eingehalten, verläuft die Kurve horizontal. Bei abfallender Kurve werden Termine früher als geplant erreicht.

7.7.13 Projektbalkenplan (Gantt-Diagramm)

Balkendiagramme eignen sich für die graphische Darstellung einfacher Ablaufstrukturen im Projekt. Dabei werden zeitliche und logische Abhängigkeiten der Arbeitspakete und der zugehörigen Projektphasen verdeutlicht.

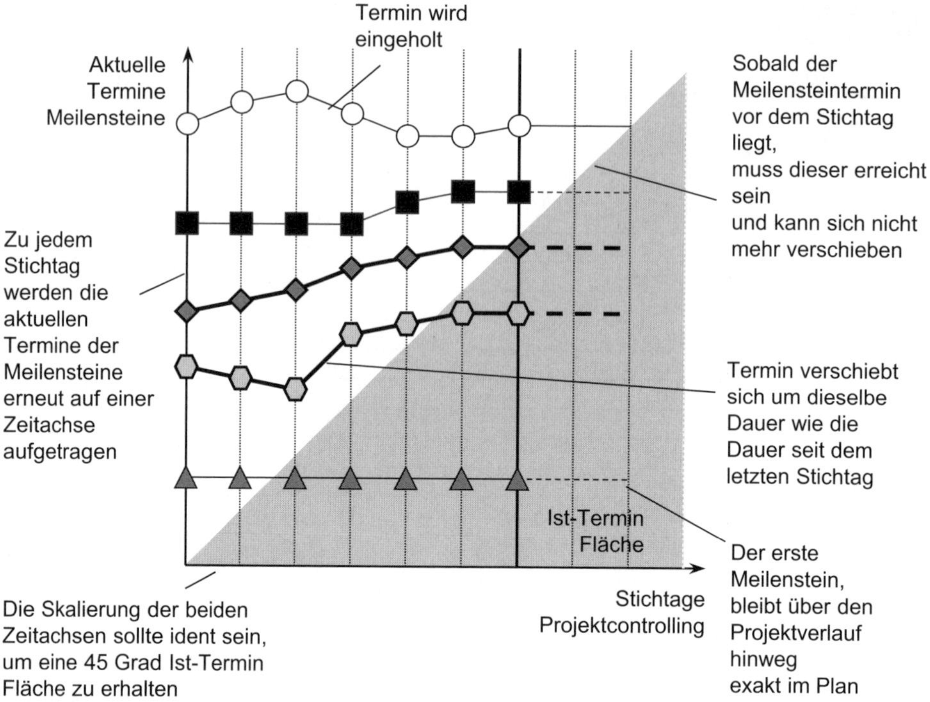

Abb. 7.40 Meilenstein-Trend-Analyse

Als Basis für den Projektbalkenplan dient der Projektstrukturplan (PSP). Je nach Komplexität werden Arbeitspakettermine bzw. Phasen in Form von Zeitbalken dargestellt, Meilensteine können ebenfalls in den Balkenplan integriert werden. Ist auf Grund der Projektkomplexität eine Verdeutlichung der logischen Abfolge notwendig, kann eine weitere Detaillierung in Form von vernetzten Balkenplänen erfolgen.

Ähnlich wie beim Meilensteinplan wird auch im Controlling des Projektbalkenplans zwischen Stichtag, Basisplan und aktuellem Plan unterschieden (vgl. Abb. 7.41).

7.7.14 Projektpersonaleinsatzplan (Projektressourcenplan)

Der Projektpersonaleinsatzplan basiert auf der Leistungsplanung und quantifiziert den Ressourcenbedarf (Personalbedarf) pro Arbeitspaket bzw. pro Phase des Gesamtprojekts. Er schafft eine Übersicht über die Verfügbarkeit des Personals in Kombination mit dem Terminplan, so dass sich Engpassressourcen identifizieren lassen.

Im Projektpersonaleinsatzplan werden alle Personalressourcen des Projekts auf Erfahrungswerten und auf Basis des Projektstrukturplans geplant. Der Personalbedarf für das Projekt wird in tabellarischer Form in Personentagen dargestellt (vgl. Abb. 7.42). Die De-

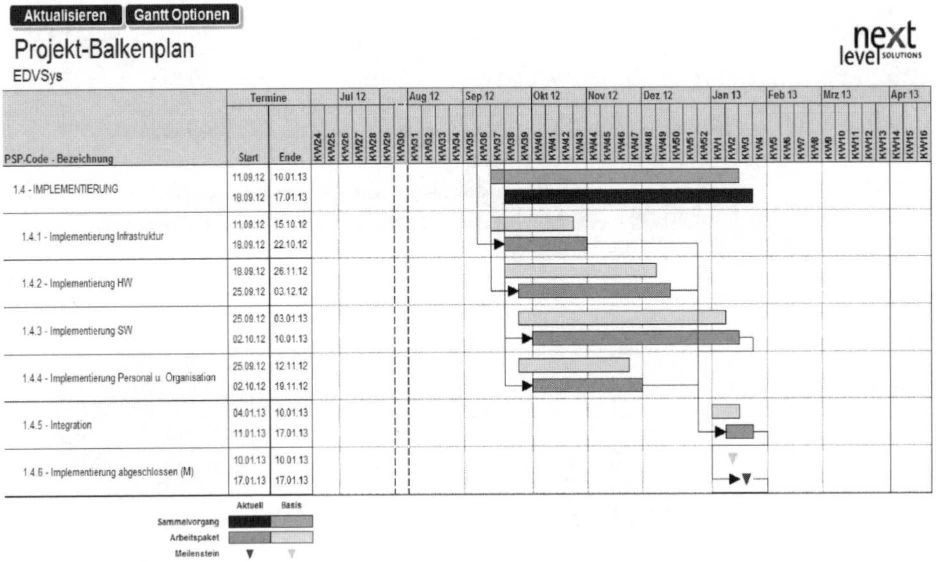

Abb. 7.41 next project Projektbalkenplan

taillierung der Personaleinsatzplanung kann sowohl auf Arbeitspaket- als auch auf Phasenebene erfolgen, wobei aus Gründen der Vergleichbarkeit der Detaillierungsgrad der Planung dem des Controllings entsprechen sollte.

Damit dient der Projektpersonaleinsatzplan nicht nur der Personaleinsatz- und Kostenkontrolle, sondern auch der Projekterfolgsermittlung und der Kontrolle der Wirtschaftlichkeit des Projekts.

7.7.15 Projektkostenplan

Die Projektkostenplanung wird auf Basis der Leistungsplanung und der anfallenden Kostenarten im Projekt erstellt und gibt Aufschluss über die geplanten Kosten (Budget) des Projekts und hilft Engpass-Ressourcen zu identifizieren (vgl. Abb. 7.43).

Basis der Kostenplanung ist der Projektstrukturplan (PSP). In einem ersten Schritt werden Kostenarten (Personal, Material etc.) definiert. Die Detaillierung der Kostenplanung kann sowohl auf Arbeitspaket- als auch auf Phasenebene erfolgen, wobei aus Gründen der Vergleichbarkeit der Detaillierungsgrad der Planung dem des Controllings entsprechen sollte. Im Anschluss werden ein Mengengerüst je Kostenart und Phase/Arbeitspaket erstellt und die Gesamtkosten ermittelt. Dabei ist darauf zu achten, nur die dem Projekt eindeutig zuordenbaren Kosten zwischen Projektstart und Projektende zu berücksichtigen.

Damit dient der Projektkostenplan nicht nur der Kostenkontrolle, sondern auch der Projekterfolgsermittlung und der Kontrolle der Wirtschaftlichkeit des Projekts.

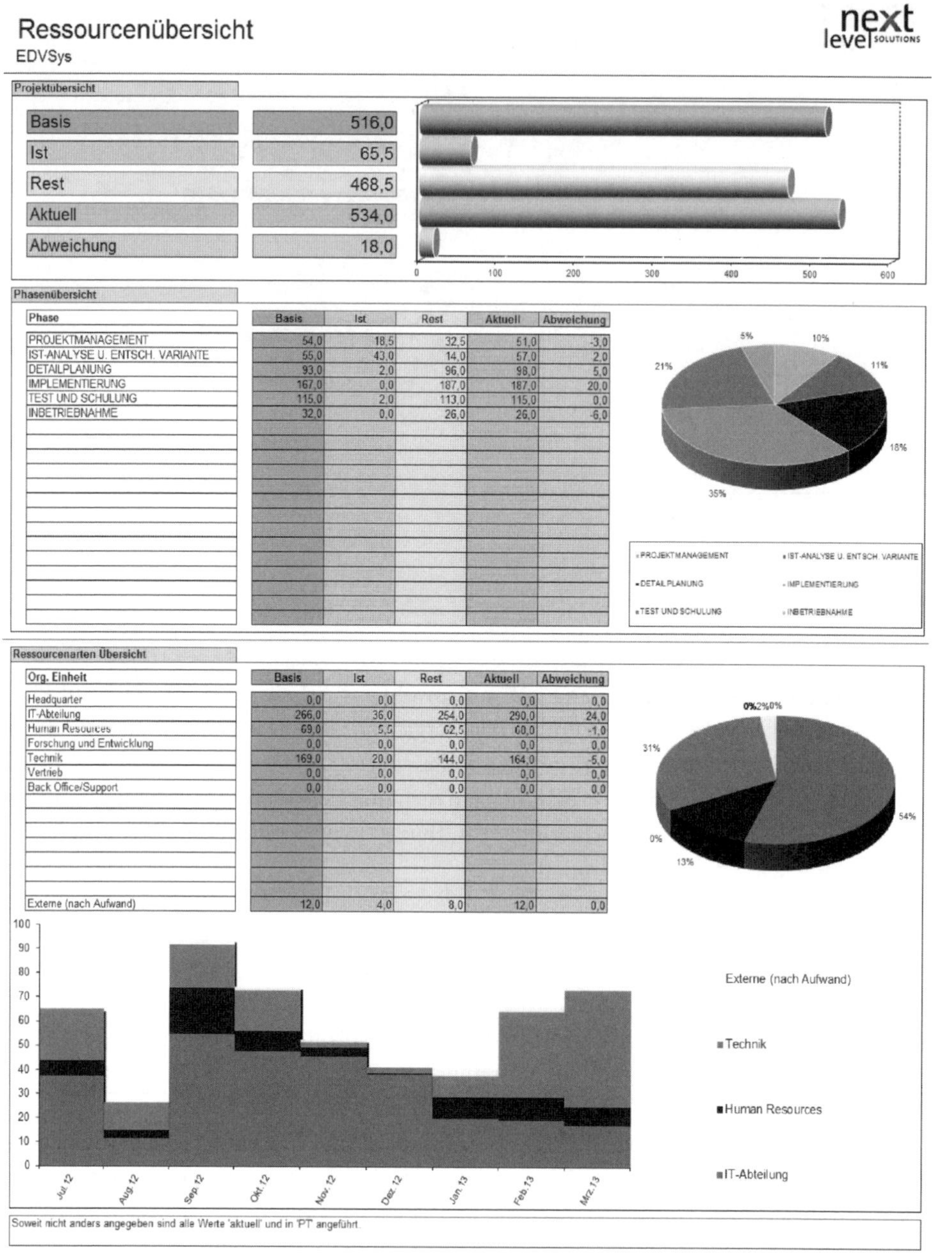

Ressourcenübersicht

EDVSys

next level SOLUTIONS

Projektübersicht

Basis	516,0
Ist	65,5
Rest	468,5
Aktuell	534,0
Abweichung	18,0

Phasenübersicht

Phase	Basis	Ist	Rest	Aktuell	Abweichung
PROJEKTMANAGEMENT	54,0	18,5	32,5	51,0	-3,0
IST-ANALYSE U. ENTSCH. VARIANTE	55,0	43,0	14,0	57,0	2,0
DETAILPLANUNG	93,0	2,0	96,0	98,0	5,0
IMPLEMENTIERUNG	167,0	0,0	187,0	187,0	20,0
TEST UND SCHULUNG	115,0	2,0	113,0	115,0	0,0
INBETRIEBNAHME	32,0	0,0	26,0	26,0	-6,0

Ressourcenarten Übersicht

Org. Einheit	Basis	Ist	Rest	Aktuell	Abweichung
Headquarter	0,0	0,0	0,0	0,0	0,0
IT-Abteilung	266,0	36,0	254,0	290,0	24,0
Human Resources	69,0	5,5	62,5	60,0	-1,0
Forschung und Entwicklung	0,0	0,0	0,0	0,0	0,0
Technik	169,0	20,0	144,0	164,0	-5,0
Vertrieb	0,0	0,0	0,0	0,0	0,0
Back Office/Support	0,0	0,0	0,0	0,0	0,0
Externe (nach Aufwand)	12,0	4,0	8,0	12,0	0,0

Soweit nicht anders angegeben sind alle Werte 'aktuell' und in 'PT' angeführt.

Abb. 7.42 next project Ressourcenübersicht

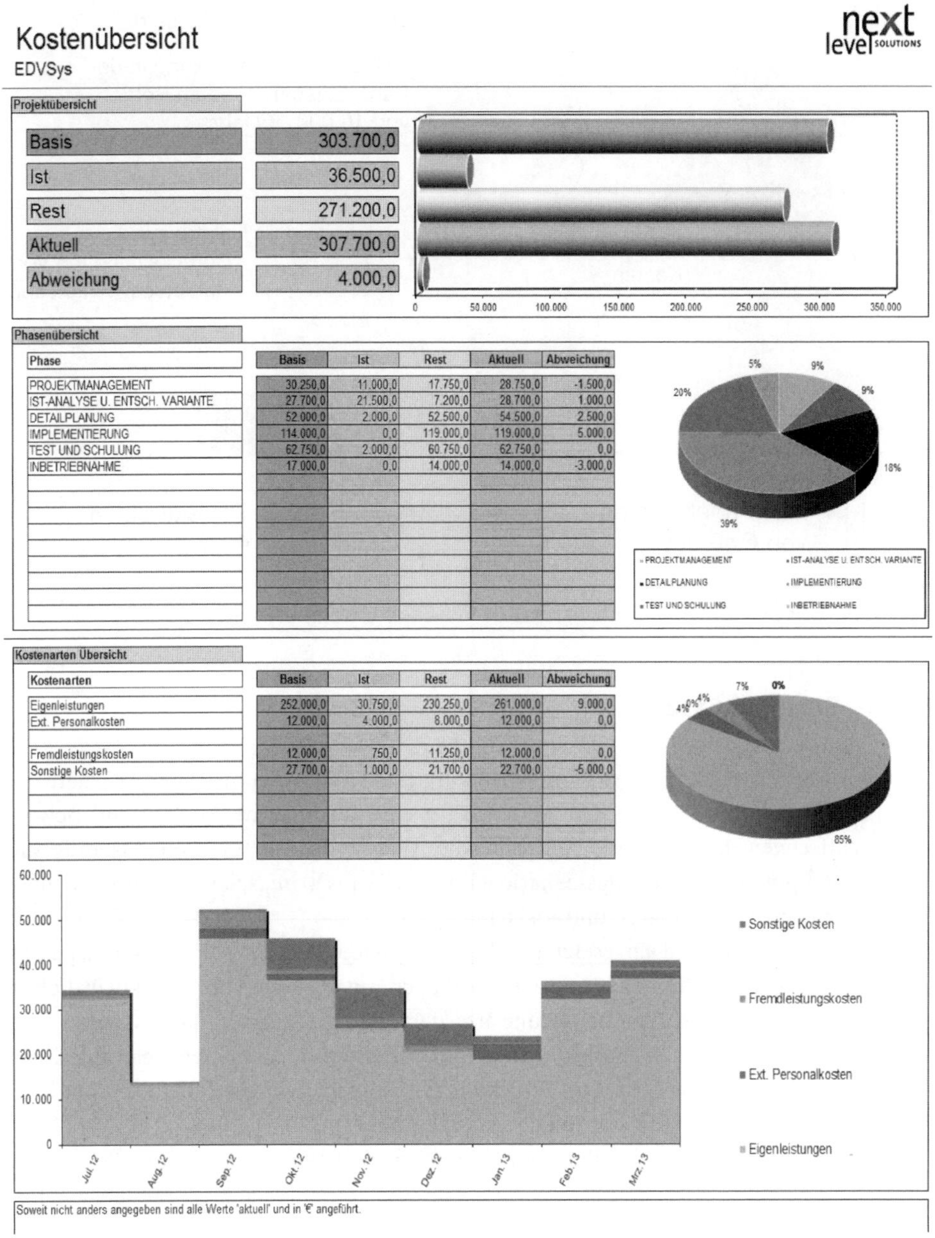

Kostenübersicht

EDVSys

next level SOLUTIONS

Projektübersicht

Basis	303.700,0
Ist	36.500,0
Rest	271.200,0
Aktuell	307.700,0
Abweichung	4.000,0

Phasenübersicht

Phase	Basis	Ist	Rest	Aktuell	Abweichung
PROJEKTMANAGEMENT	30.250,0	11.000,0	17.750,0	28.750,0	-1.500,0
IST-ANALYSE U. ENTSCH. VARIANTE	27.700,0	21.500,0	7.200,0	28.700,0	1.000,0
DETAILPLANUNG	52.000,0	2.000,0	52.500,0	54.500,0	2.500,0
IMPLEMENTIERUNG	114.000,0	0,0	119.000,0	119.000,0	5.000,0
TEST UND SCHULUNG	62.750,0	2.000,0	60.750,0	62.750,0	0,0
INBETRIEBNAHME	17.000,0	0,0	14.000,0	14.000,0	-3.000,0

Kostenarten Übersicht

Kostenarten	Basis	Ist	Rest	Aktuell	Abweichung
Eigenleistungen	252.000,0	30.750,0	230.250,0	261.000,0	9.000,0
Ext. Personalkosten	12.000,0	4.000,0	8.000,0	12.000,0	0,0
Fremdleistungskosten	12.000,0	750,0	11.250,0	12.000,0	0,0
Sonstige Kosten	27.700,0	1.000,0	21.700,0	22.700,0	-5.000,0

Soweit nicht anders angegeben sind alle Werte 'aktuell' und in '€' angeführt.

Abb. 7.43 next project Kostenübersicht

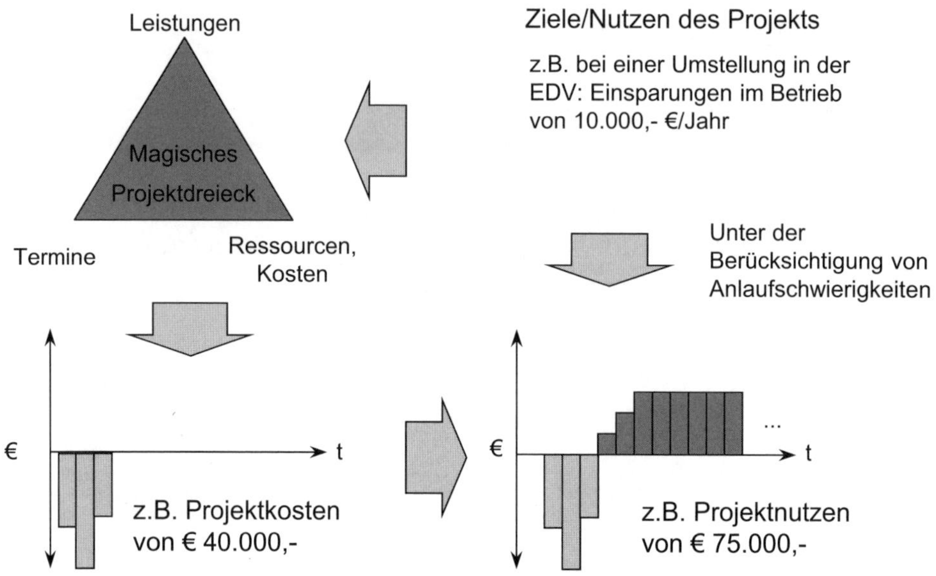

Abb. 7.44 Beispiel für Zusammenhang zwischen Business Case und Projekt

7.7.16 Business Case

Beim Business Case handelt es sich um einen Vergleich zweier oder mehrerer Alternativen, deren Komplexität und Risiko den Aufwand für eine ausführliche Analyse und Bewertung rechtfertigen. Die Methode beinhaltet die Analyse des Ist- und Soll-Zustands, die Entwicklung potentieller Lösungsszenarien, inklusive Umsetzungsplanung zur sinnvollen Bewertung von Nutzen, Kosten und Risiken.

Der Business Case wird eingesetzt, um die Wirtschaftlichkeit eines Projekts transparent zu machen und beschäftigt sich mit dem Vorhaben, unabhängig von Projektwürdigkeit oder **Projektabgrenzung**. Eine Bewertung erfordert eine detaillierte Variantenplanung mit entsprechenden Annahmen. Projektkosten sind daher ein oder mehrere relevante Zahlungsströme des Business Case. Das Projektbudget ist nicht zwingend identisch mit dem Business Case sondern häufig ein Teil davon (vgl. Abb. 7.44).

In einem ersten Schritt des Business Case wird die Ist-Situation dargestellt, danach erfolgen die Formulierung eines gewünschten Soll-Zustands und die Beschreibung von Lösungsalternativen und eine Detailplanung. Daran schließt die (finanzielle) Bewertung an zu deren Durchführung Methoden der klassischen Investitionsanalyse eingesetzt werden (vgl. Abb. 7.45). Abschließend erfolgt die Aufbereitung und Durchführung der Entscheidung.

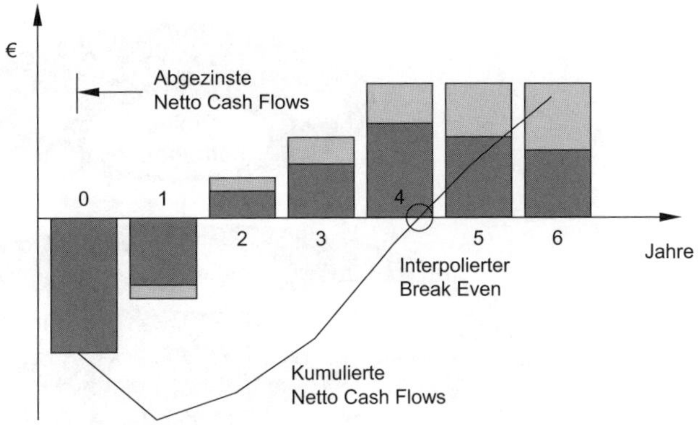

Abb. 7.45 Beispiel für einen Business Case in der Praxis

7.7.17 Claim Management

Das Nachforderungsmanagement bzw. Nachtragsmanagement (auch Claims Management oder Claim Management) ist gemäß DIN 69901-5 (Deutsches Institut für Normung e. V. 2009) die „Überwachung und Beurteilung von Abweichungen bzw. Änderungen und deren wirtschaftlichen Folgen zwecks Ermittlung und Durchsetzung von Ansprüchen". Das Nachforderungsmanagement gehört im Projektgeschäft sowohl zum Instrumentarium des Auftraggebers wie auch des Auftragnehmers. Dabei ist es das Ziel, die beim Vertragsabschluss nicht vorhersehbaren Ereignisse im Projektverlauf in ihren kommerziellen Folgen einvernehmlich zu klären. Somit umfasst das Claim Management alle Aufgaben zur Vermeidung von Claims, zur Vorsorge für Claims, zur Bewältigung von Claims und zum Aufbau von Claims.

Konkret bedeutet dies, das Entstehen von Claims zu verhindern, Mehrkosten in der Projektabwicklung gering zu halten, (begründbare) Forderungen gegenüber einem Vertragspartner durchzusetzen, (nicht begründbare) Forderungen von einem Vertragspartner abzuwehren und teure Rechtsstreitigkeiten zu vermeiden. Claims können sich auf quantitative und/oder qualitative Abweichungen Leistungsänderungen beziehen oder Terminverzögerungen und/oder Mehrkosten darstellen.

7.7.18 Projektorganigramm

Das Projektorganigramm stellt die Aufbauorganisation des Projekts dar und klärt damit, wer in dem Projekt in welcher Rolle mitarbeitet. Es bietet einen Überblick über die **temporäre Organisation** des Projekts. Gleichzeitig dient es als Kommunikationsinstrument und Basis für die Definition von Zuständigkeiten innerhalb der Projektorganisation. Im Einzelnen werden die Gliederung der Projektorganisation in Projektrollen, die Beziehung der Projektrollenträger zueinander und die fachliche Zusammensetzung des Projektteams dargestellt.

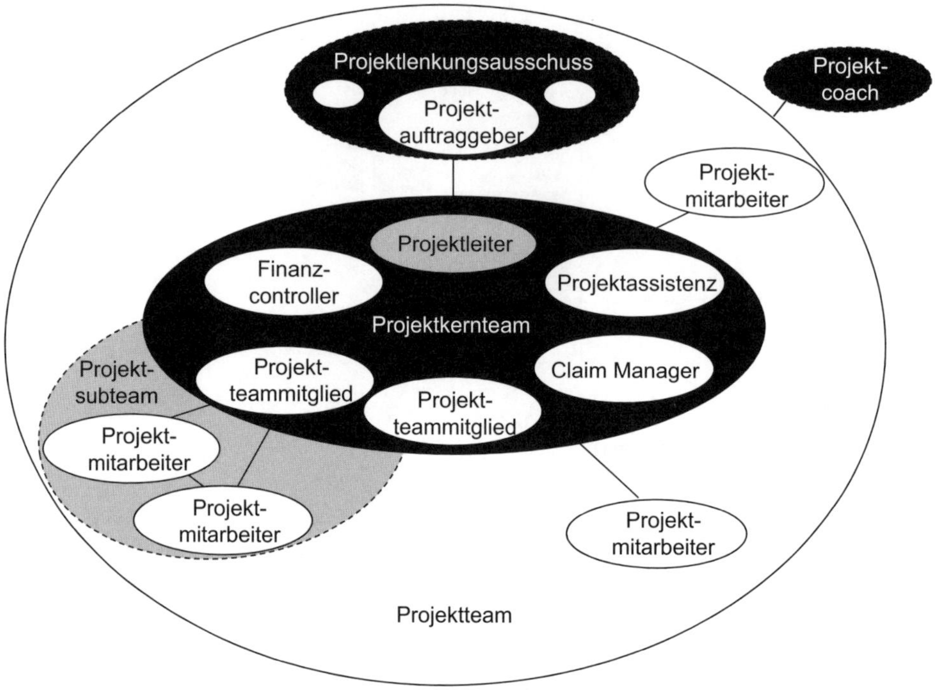

Abb. 7.46 Beispiel für eine Projektorganisation

An Stelle einer hierarchischen Darstellung empfiehlt sich die Darstellung in „Netzwerkform" (vgl. Abb. 7.46). Diese zielt weniger auf Hierarchie ab, sondern vielmehr auf die Zusammenarbeit der Rollenträger bzw. auf deren Kommunikationsstrukturen im Projekt. Projektrollen können auch von abteilungs- bzw. unternehmensexternen Personen im Sinne einer integrierten Projektorganisation wahrgenommen werden.

7.7.19 Kompetenzverteilung Projekt – Linie

Bei der organisatorischen Eingliederung von Projekten werden drei Arten von Projektorganisationen unterschieden:

Einfluss-Projektorganisation Die Projektmitarbeiter verbleiben in den Fachabteilungen (vgl. Abb. 7.47); die Ressourcensteuerung erfolgt durch Abteilungsleiter. Nachteile sind lange Entscheidungswege, eine aufwendige Eskalation und die geringe Identifikation der Projektteammitglieder mit dem Projekt. Der Projektleiter ist nicht weisungsbefugt; Linientätigkeiten haben häufig Priorität gegenüber dem Projekt.

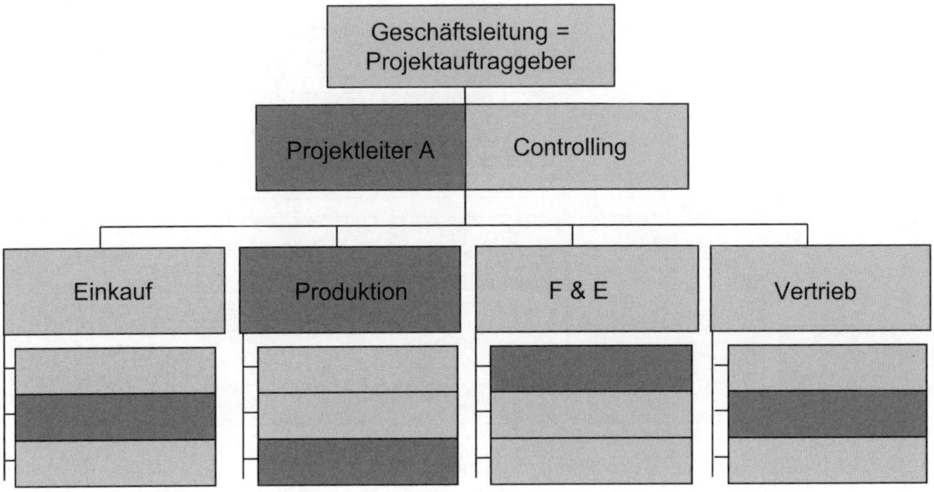

Abb. 7.47 Beispiel für Einfluss-Projektorganisation

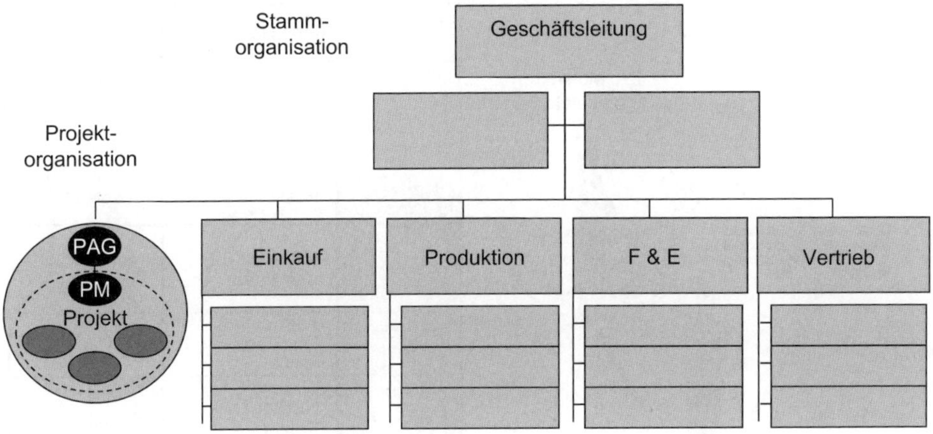

Abb. 7.48 Beispiel für reine Projektorganisation

Reine Projektorganisation Neben der Stammorganisation existiert eine eigene Projektorganisation (vgl. Abb. 7.48). Die Projektmitarbeiter konzentrieren sich voll auf das Projekt, die Entscheidungsfindung erfolgt rasch. Allerdings kann es zu Problemen bei der Mitarbeiterstellung und der Ressourcenkoordination kommen; die Projektmitarbeiter verlieren den Bezug zur Stammorganisation.

Matrix-Projektorganisation Die Projektorganisation wird temporär mit der Linienorganisation verwoben, die Projektmitglieder bleiben den jeweiligen Abteilungen zugeordnet (vgl. Abb. 7.49). Dies führt zu einer flexiblen Personaldisposition zwischen Linie und Pro-

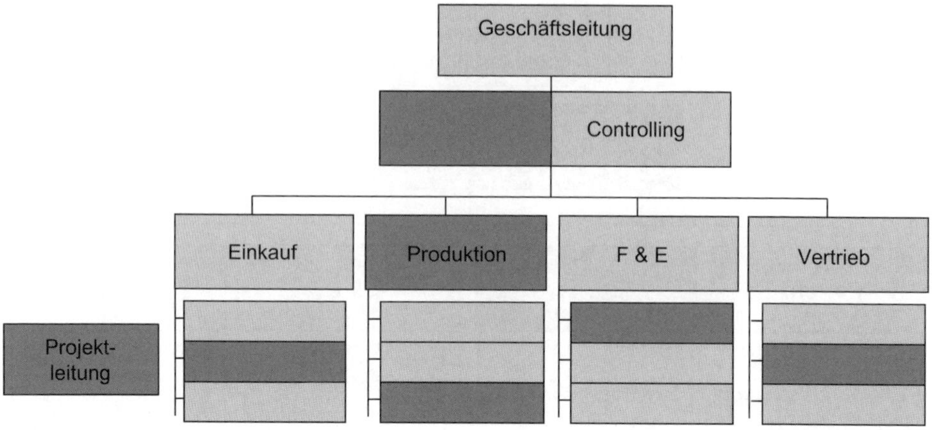

Abb. 7.49 Beispiel für Matrix-Projektorganisation

Ziele

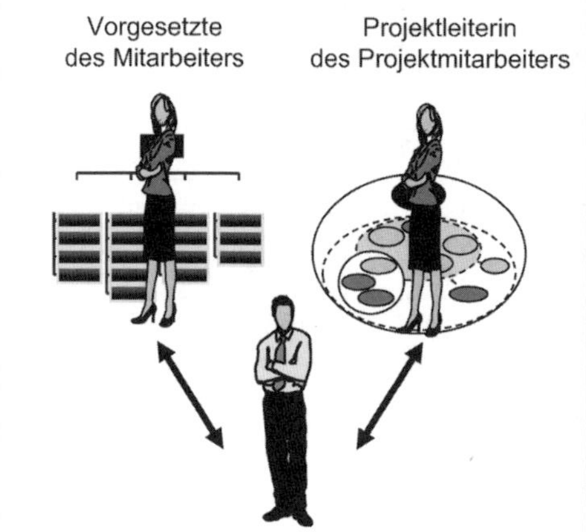

Klarheit über Weisungsbefugnisse schaffen		
	inhaltlich	personell
Was?	Arbeitspaket, Inhalte	Aufgaben, Kompetenzen
Wann?	AP-Termine, Fristen	Urlaub, Zeitausgleich
Wie?	Methoden, Verfahren	Qualifikation, Ausstattung
Wie gut?	Qualität	Leistungsbeurteilung
Wie viel?	Ressourcen, Kosten	Gehalt, Bonus, Prämien
Wer?	AP-Verantw.	Auswahl PTM/PMA

Abb. 7.50 Kompetenzmatrix für Projekt- und Linienrollen

jekt. Die Matrix-Projektorganisation stellt durch die Doppelunterstellung der Projektteammitglieder jedoch hohe Anforderungen an das Ressourcenmanagement. Die Gesamtprojektverantwortung liegt beim Projektleiter.

Zur Regelung der Kompetenzen empfiehlt sich die Beantwortung von sechs Fragen („Sechs W's"), die in Abb. 7.50 dargestellt werden.

7.7.20 Relationale Projektrollenbeschreibungen

Projektrollen werden grundsätzlich über Aufgaben (Verantwortlichkeiten) und Kompetenzen (Befugnisse) beschrieben. Dabei sollten die Aufgabenstellungen und die daraus resultierenden Verantwortungen mit der Übertragung von Kompetenzen einhergehen.

Durch eine relationale (wechselseitige) Rollendefinition haben die Projektbeteiligten die Möglichkeit, ihre gegenseitigen Erwartungen und Kompetenzen abzustimmen. Diese Vereinbarungen ermöglichen Handlungsorientierung in der Beziehung zwischen den Rollenträgern und leisten damit einen Beitrag zur Vorbeugung von Rollenkonflikten.

Dazu ist es notwendig, dass zunächst der Projektleiter die Erwartungen definiert, die der Projektauftraggeber an ihn stellen könnte, sowie Kompetenzen, die er im Gegenzug vom Projektauftraggeber erwartet. In einem zweiten Schritt formuliert er seine eigenen Erwartungen an den Projektauftraggeber sowie die Aufgaben, die er in dessen Bereich sieht. In einem Gespräch mit dem Auftraggeber stimmt der Projektleiter die formulierten Erwartungen und Befugnisse mit dem Projektauftraggeber ab (vgl. Abb. 7.51).

Ein ähnliches Prozedere kann zwischen Projektleiter und Projektteam erfolgen. Falls vorhanden, können die Standard-Rollenbeschreibungen der Unternehmensrichtlinie zum Projektmanagement als Diskussionsgrundlage dienen. Dadurch fällt es leichter, Aufgaben zu verteilen und Kompetenzen sicherzustellen.

7.7.21 Projektkommunikationsstrukturen

Projektkommunikationsstrukturen regeln den periodischen Kommunikationsbedarf im Projekt (vgl. Abb. 7.52 und 7.53). Sie dienen der Information und Entscheidungsfindung sowie der Gestaltung von Umweltbeziehungen. Mögliche Kommunikationsformen sind z. B. Einzelgespräche, Sitzungen, Workshops und Präsentationen. Kommunikationsstrukturen sollten zyklisch geplant und im Projektteam beschlossen werden.

Projektsitzungen sind ein zentrales Führungsinstrument, in welchem beispielsweise Informationen ausgetauscht, Ergebnisse abgestimmt, Entscheidungen getroffen bzw. Ziele vereinbart werden. Unterschiedliche Kommunikationsinhalte erfordern unterschiedliche Sitzungsarten, unterschiedliche Teilnehmer, unterschiedliche Häufigkeit und unterschiedliche Dauer. Wesentlich ist die Differenzierung zwischen inhaltlichen Sitzungen (z. B. Subteamsitzungen zu Diskussionen von Detailproblemen, Abstimmung von fachlichen Konzepten und Lösungen, etc.) und periodischen Projektmanagement-Sitzungen, wie Controlling-Sitzungen und Auftraggeber-Sitzungen, in denen Projektmanagement-Betrachtungsobjekte (Ziele, Leistungen, Termine, Ressourcen und Kosten sowie Organisation und Kontext) im Mittelpunkt stehen.

Kommt es im Projektverlauf zu Kommunikationsproblemen im Projekt, kann die Ursache in den definierten Kommunikationsstrukturen liegen. Möglichkeiten zur Anpassung sind beispielsweise Änderungen betreffend Häufigkeit oder Inhalt, Ergänzung oder Eliminierung von Sitzungen oder Anpassungen des Teilnehmerkreises.

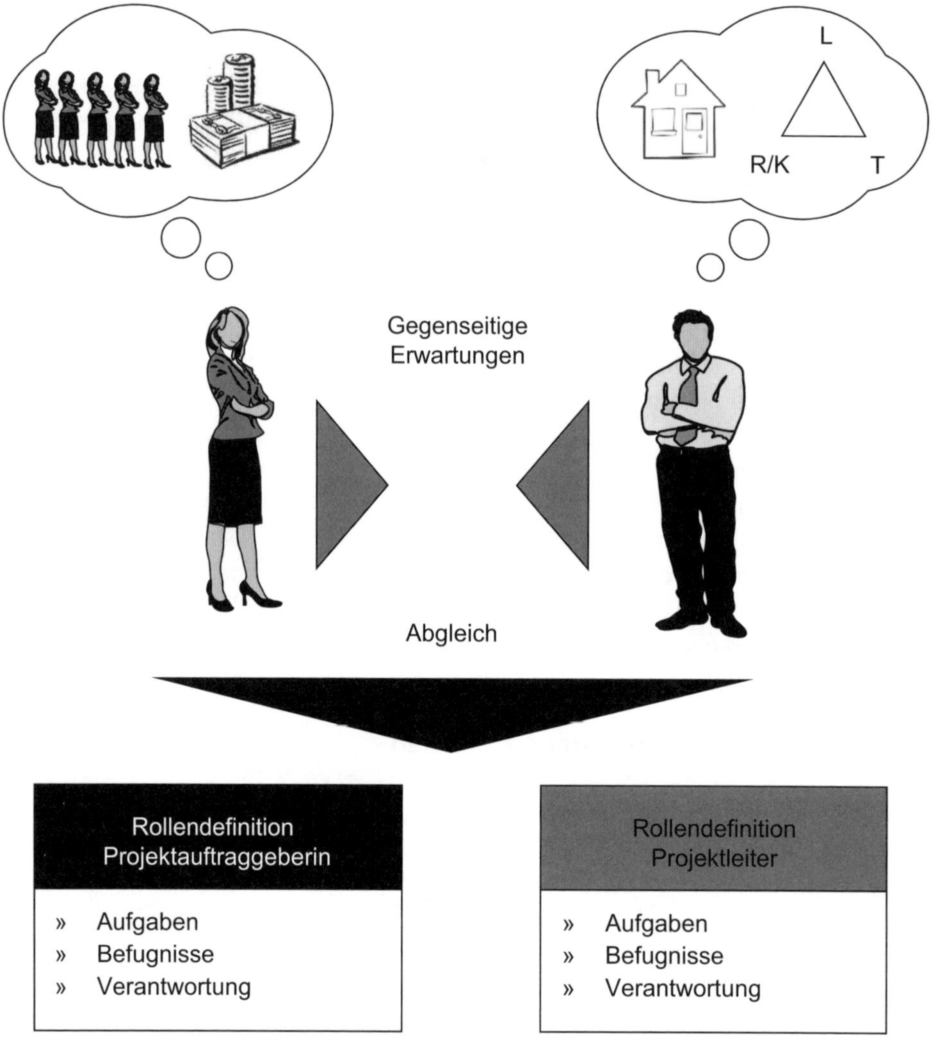

Abb. 7.51 relationale Rollendefinition

7.7.22 Projektspezifische Spielregeln

Projektspezifische Spielregeln geben Orientierung bei der Zusammenarbeit im Projektteam. Insbesondere bei komplexen Projekten können Spielregeln die Etablierung einer adäquaten Projektkultur fördern.

Es ist die Aufgabe des Projektleiters, eine gemeinsame Kultur, definiert durch Werte, Normen, Kommunikation, Spielregeln, etc. zu etablieren und im Projektcontrolling zu reflektieren bzw. gegebenenfalls adäquate Steuerungsmaßnahmen einzuleiten. Spielregeln

Projekt-Kommunikation
prof pm reloaded

Bezeichnung	Inhalte	Teilnehmer	Termine
Projektauftraggeber-Sitzung	- Projektstatus - Entscheidungsfindung für weitere Vorgehensweise - Freigabe Projektfortschrittsbericht	Projektauftraggeber, Projektleiter, eventuell Subteamleiter	
Projektcontrolling-Sitzung	- Projektstatus - Controlling der Arbeitspakete, Termine, Ressourcen und Kosten - Controlling der Umweltbeziehungen - Soziales Projektcontrolling - Entscheidungsaufbereitung für PAG-Sitzung	Projektleiter, Projektmitarbeiter, Projektcoach	

Berichtsart	Empfänger	Ersteller	Termine
Projektfortschrittsbericht	Projektleiter	AP-Verantwortlicher	
Projektstatusbericht	Projektauftraggeber, Projekteservice	Projektleiter	
Projektabschlussbericht	Projektauftraggeber, Projekteservice	Projektleiter	

Abb. 7.52 Beispiel für einen Kommunikationsplan aus Projekthandbuch Technik-D v.4.04

Projekt-Kommunikation
EDVSys

Bezeichnung	Inhalte	Teilnehmer	Termine	Ort
Projektauftraggeber-Sitzung	- Diskussion Projektstatus, Abweichungen im Projekt - Entscheidungsfindung auf Basis der PC-Sitzung - Freigabe Projektfortschrittsbericht	Projektauftraggeber, Projektleiter, eventuell Subteamleiter	monatlich	immer Besprechungsraum XY
Projektcontrolling-Sitzung	- Controlling Leistungen, Termine, Ressourcen u. Kosten - Controlling der Umweltbeziehungen - Soziales Projektcontrolling - Diskussion übergeordneter Problemstellungen - Entscheidungsaufbereitung für PAG-Sitzung - Planung WVW	Projektleiter, Projektteam, Projektcoach	monatlich	
Jour fixe	- Operative Koordination der Projektbeteiligten - Diskussion inhaltlicher Themen und Probleme - Planung WVW	Projektleiter, Projektteam	wöchentlich	
Subteam-Sitzung	- Koordination des Subteams - Diskussion inhaltlicher Problemstellungen - Planung WVW	Subteam	nach Bedarf	

Abb. 7.53 next project Projekt-Kommunikation

sollten gemeinsam im Projektteam erarbeitet werden. Um den verbindlichen Charakter zu verstärken, können Spielregeln auch im Projekthandbuch dokumentiert werden, wie Abb. 7.54 darstellt.

Keine Stell-vertreter 	• Wir entsenden keine Stellvertreter in unsere Sitzungen • Sitzungstermine legen wir rechtzeitig fest und halten wir pünktlich (wie vereinbarte Pausen) • Sollte ein Mitglied an einer Sitzung nicht teilnehmen, ist das Sitzungsteam auch ohne den Abwesenden beschlussfähig (Anwesende sind entscheidungsfähig) • Sitzungen mit weniger als der halben Teilnehmeranzahl werden abgesagt
Rauch-verbot, Telefon-verbot 	• In den Sitzungen rauchen wir nicht • Pausenzeiten stimmen wir zuvor gemeinsam ab • In den Sitzungen schalten wir die Mobiltelefone ab • Sollte ein Teilnehmer erreichbar sein, wird dies vor der Sitzung vereinbart und das Mobiltelefon lautlos geschaltet (das Gespräch muss außerhalb des Sitzungsraums geführt werden)
Agenda und Proto-kolle 	• Für jede Sitzung haben wir eine Agenda vorbereitet, legen einen Moderator und einen Verantwortlichen für das Protokoll fest • Die Agenda verteilen wir zumindest 2·3 Tage im Voraus an alle Sitzungsmitglieder • Das Protokoll sollte zumindest innerhalb von 3 Tagen an alle Teilnehmer verteilt werden • Bei Einwendungen zum Protokoll werden diese innerhalb von 3 Tagen an den PL gemeldet
Kommu-nikation 	• Wir setzen primär E-Mail als Kommunikationsform ein • Soweit möglich werden Ergebnisse via E-Mail verteilt • Dokumente, die an andere (als das Projektteam) verteilt werden, laufen über den Projektleiter • Der Projektleiter ist für das Projekt die primäre Kontaktstelle nach außen
Wir sind das Projekt-team 	• Wir versuchen, die definierten Ziele als Projektteam zu erreichen, und jeder fühlt sich für die Ergebnisse des gesamten Projekts verantwortlich • Wir „vermarkten" gemeinsam das Projekt (die einzelnen Teammitglieder stehen hinter dem Projekt) • Konflikte tragen wir innerhalb des Teams aus und eskalieren diese gegebenenfalls an den Projektleiter oder Projektauftraggeber (Konflikte innerhalb des Teams werden nicht über die Linie ausgetragen) • Im Team wird offen kommuniziert, „sensible" Informationen müssen als solche definiert werden, diese werden nicht nach außen getragen
Ampel-status 	• Wir kommunizieren den Ampelstatus „grün" soweit sich das Projekt, durch das Projektteam gesteuert, im geplanten Rahmen bewegt • Abweichungen bei Terminen und Kosten von unter 5% erfordern grundsätzlich keine Eskalation • Wir kommunizieren den Ampelstatus „gelb", sobald relevante Abweichungen vorliegen bzw. Maßnahmen außerhalb der Projektorganisation gesetzt werden müssen • Wir kommunizieren den Ampelstatus „rot", wenn erheblich Abweichungen vorliegen

Abb. 7.54 Beispiel projektspezifische Spielregeln

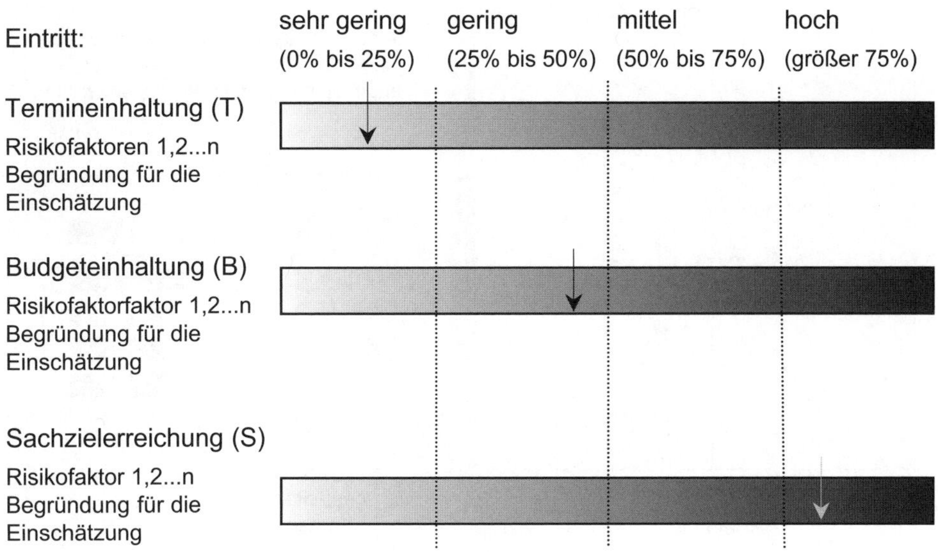

Abb. 7.55 Beispiel Risikoanalyse des Projektablaufs

7.7.23 Risikoanalyse des Projektablaufs

Die Risikoanalyse ist das systematische Erkennen potenzieller Schadensereignisse/Zielabweichungen mit ihren Auswirkungen. Projektablaufrisiken werden mittels der Kriterien Termin-, Budgeteinhaltung und Sachzielerreichung identifiziert und bewertet, wie Abb. 7.55 zeigt. Die grundsätzliche Aufgabe besteht in der Identifikation von Risikofaktoren und deren negativen Wirkung auf den Projektablauf.

Im ersten Schritt der Risikoanalyse erfolgt eine Risikoidentifizierung mittels Einschätzung der Kriterien: Termineinhaltung (T), Sachzielerreichung (S), Budgeteinhaltung (B). Bei der sich anschließenden Risikobewertung werden Eintrittswahrscheinlichkeit und die möglichen Auswirkungen auf den Projektablauf ermittelt. Die Bewertung beruht dabei auf Intuition, Erfahrung und Betrachtung vergleichbarer Risiken. Mittels Risikoklassen kann festgelegt werden, in welchem Gremium Risiken behandelt werden, ob Maßnahmen zur Risikovermeidung definiert werden und ob definierte Maßnahmen zur Risikovermeidung auch sofort umgesetzt werden müssen. Die Risiken können z. B. in Form einer Matrix dargestellt werden.

7.7.24 Earned-Value-Analyse (EVA)

Die Earned-Value-Analyse dient zur Fortschrittsbewertung von Projekten, dabei wird die aktuelle Termin- und Kostensituation durch Kennzahlen beschrieben. Schlüsselwerte sind

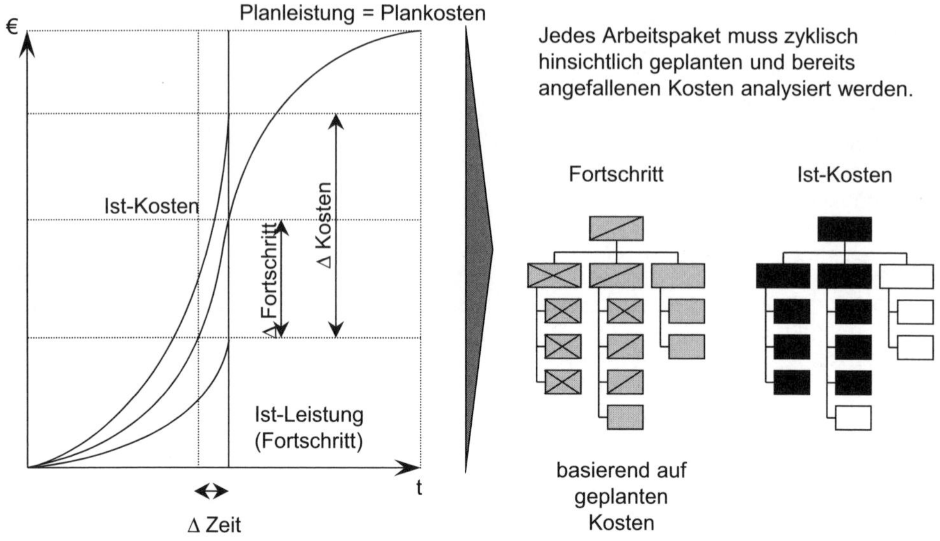

Abb. 7.56 Earned Value Analyse

dabei Plan-Kosten, Ist-Kosten und Earned Value (vgl. Abb. 7.56). Durch die Verfolgung der Kennzahlen ist eine Trendanalyse möglich.

Als Grundlage zur Ermittlung des Earned Value dient der Projektstrukturplan. Earned-Value-Analysen geben vor allem Aufschluss bei kostengetriebenen Projekte mit klaren Kalkulationsschemen (Technik) und bei Projekten mit relativ unveränderlichen Leistungen (Festpreisangebote).

Die ursprüngliche Basis-Kalkulation (Kosten-Basisplan) dient während der Umsetzung des Projekts als Referenz, gegen die der tatsächliche Projektfortschritt (also die erreichten Teilergebnisse des Projekts) gemessen wird. Dieser bestimmt sich aus der dafür benötigten Zeit und den dafür benötigten Kosten. Tendenziell ist eine Earned-Value-Analyse nur mit entsprechender IT-Unterstützung sinnvoll.

7.7.25 Best Practice beim Projektmanagement-Methodeneinsatz

In entsprechend ausgeprägten projektorientierten Organisationen sind Vorgaben für den Projektmanagement-Methodeneinsatz verfügbar. Diese Vorgaben sind für die Projektleiter verbindlich und werden von dem Projektmanagement Office entsprechend gemonitort, reviewed und wenn erforderlich nachhaltig eingefordert.

Abbildung 7.57 zeigt einen Best Practice Ansatz für Kundenauftragsprojekte von mittlerer Komplexität (Durchlaufzeit 4–10 Monate, mehr als 2 Organisationseinheiten beteiligt, …).

1	Strategiekonformitätsprüfung	kann
2	Projektwürdigkeitsprüfung	kann
3	Projektname	muss
4	Projektlogo	kann
5	Projektauftrag	muss
6	Projektumweltanalyse	muss
7	Analyse von Beziehungen zu anderen Projekten	kann
8	Projektstrukturplan	muss
9	Arbeitspaketspezifikationen	kann
10	Projektfunktionendiagramm	kann
11	Meilensteinplan	muss
12	Meilenstein-Trend-Analyse	kann
13	Projektbalkenplan	kann
14	Projektpersonaleinsatzplan	muss
15	Projektkostenplan	muss
16	Business Case	kann
17	Verträge / Claims	kann
18	Projektorganigramm	muss
19	Kompetenzverteilung Projekt – Linie	kann
20	Relationale Projektrollenbeschreibungen	kann
21	Projektkommunikationsstrukturen	muss
22	Projektspezifische Spielregeln	kann
23	Risikoanalyse	kann
24	Earned-Value-Analyse	kann

Abb. 7.57 Best Practice Ansatz für Kundenauftragsprojekte

7.8 Projektorganisation/Projektrollen

In diesem Abschnitt sind die wichtigsten Projektrollen auf Basis des Best Practice Ansatzes der next level consulting beschrieben. Die Strukturierung der Rollenbeschreibung wird wie folgt vorgenommen: Organisatorische Stellung; Aufgaben; Verantwortung; Befugnisse.

Die Aufgaben der einzelnen Projektrollen sind entlang der **Projektmanagement-Prozesse** beschrieben. In der Praxis können die Projektrollen auf Basis dieser Standardbeschreibungen unternehmensspezifisch angepasst werden. Üblich sind auch ergänzende spezifische Projektrollen, je nach Unternehmensbranche und Projektart. In dem Kontext von Kundenauftragsprojekten sind die Rollen Claim Manager und Projektcontroller ergänzend zu den Standardprojektrollen beschrieben.

7.8.1 Projektauftraggeber

Organisatorische Stellung

- Ist Teil der Projektorganisation.
- Wird von dem Projektesteuerkreis eingesetzt und berichtet diesem.
- Verfügt über oder beschafft die finanziellen Ressourcen und gemeinsam mit dem Projektlenkungsausschuss (wenn vorhanden) die personellen Ressourcen.
- Ist Sprecher des Projektlenkungsausschusses (falls etabliert).
- Der Projektauftraggeber ist fachlicher Vorgesetzter des Projektleiters.

Aufgaben *Bei der Projektbeauftragung*

- Klärung und Konkretisierung des Projektantrags herbeiführen
- Projektendtermin festlegen
- Bereitstellen der Projektressourcen
- Projektziele und Nicht-Ziele im Erstansatz bereitstellen
- Projektnutzen im Erstansatz darstellen
- Beitrag zur Projektumweltanalyse/zum **Projektkontext** liefern
- Projektauftragserteilung nach Freigabe durch den Projektesteuerkreis an den Projektleiter (dieser wird ebenfalls vom Projektesteuerkreis ausgewählt) und an das Projektkernteam (wird von verantwortlichen Linienführungskräften bereit gestellt)
- Klärung von Inhalt und Umfang des Projektstartprozesses mit dem Projektleiter (konstituierende Projektauftraggeber-Sitzung zum Projektstartprozess)

Beim Projektstart

- Durchführung einer konstituierenden Projektauftraggeber-Sitzung
- Freigabe der Projektplanung und Projektorganisation
- Freigabe der Projektkommunikationsstrukturen (inkl. evtl. Projektlenkungsausschuss)
- Sicherung von Projektmanagement-Standards

Beim Projektcontrolling

- Durchführung von Projektauftraggeber-Sitzungen zu den definierten Projektcontrolling-Zyklen (i. d. R. alle 4–6 Wochen)
- Kontinuierliche Sicherung der Bereitstellung der Projektressourcen (Anträge an den Projektesteuerkreis)
- Im Bedarfsfall Eskalationsfunktion wahrnehmen
- Freigabe der (Neu-)Planung des Projekts

Beim Projektabschluss

- Teilnahme am Projektabschluss-Workshop
- Abnahme des Projektergebnisses
- Wechselseitiges Feedback mit Projektleiter und Projektkernteam
- Erstellen einer Zwischenbeurteilung für den Projektleiter
- Sicherung des Knowhow-Transfers
- Sicherung von Vereinbarungen für die Nachprojektphase, insb. der Überführung des Projekts in die Linien (Ergebnisse, Nutzen, organisatorische Verantwortung)

Verantwortung

- Verantwortung für Ziele, Ressourcen (Personal, Finanzen), Projektergebnis und Projektnutzen gegenüber dem Projektesteuerkreis
- Projektbezogene Wahrnehmung der Unternehmensinteressen (Festlegung zur Strategiekonformität aus dem Projektesteuerkreis) sicherstellen
- Beauftragung und Unterstützung des Projektleiters und Projektkernteams (insb. Ressourcenverfügbarkeit sicherstellen)
- Fachliche Führung und Zwischenbeurteilung des Projektleiters
- Rechtzeitige Beteiligung des Controlling
- Sicherstellung der Projektauftraggeber spezifischen Kommunikationsstrukturen

Befugnisse

- Beauftragung des Projektleiters und des Projektkernteams
- Fachliche Führung des Projektleiters
- Verfügung über definiertes Projektbudget (Unterschriftsberechtigung)
- Veränderung der Projektziele, -termine und -ressourcen unter Beteiligung des Projektesteuerkreises
- Feststellung einer Projektkrise mit den dazugehörigen Eskalationsschritten
- Projektabbruch unter Beteiligung des Projektesteuerkreises und des Controllings
- Projektabschluss vornehmen
- Entlastung des Projektleiters im Projektabschlussbericht
- Beauftragung Projektaudit und -coaching

7.8.2 Projektleiter

Organisatorische Stellung

- Ist Mitglied des Projektkernteams
- Berichtet dem Projektauftraggeber und dem Projekteservice
- Führt die Projektmitarbeiter und die Subteamleiter fachlich
- Vertritt das Projekt nach außen

Aufgaben *Bei der Projektbeauftragung*

- Unterstützung des Projektauftraggebers bei der Klärung und Konkretisierung des Projektantrags
- Rechtzeitige Beteiligung des Controllings
- Unterstützung des Projektauftraggebers bei der Erarbeitung des Projektnutzens im Erstansatz
- Erarbeitung von Projektstrukturplanung, -ablaufplanung, -ressourcenplanung
- Abklärung der erforderlichen Ressourcen mit dem Projektauftraggeber
- Erarbeitung der Projektumweltanalyse und der Projektrisikoanalyse mit Unterstützung des Projekteservices
- Klärung Inhalt und Umfang des Projektstartprozesses mit dem Projektauftraggeber (Briefing-Sitzung zum Projektstartprozess)

Beim Projektstart

- Detaillierung der Projektplanung und Projektorganisation gemeinsam mit den Projektmitarbeitern
- Etablierung einer entsprechenden Projektorganisation, insb. Kommunikations- und Entscheidungsstrukturen
- Maßnahmen zur Projektkulturentwicklung
- Planung von Maßnahmen zum Risikomanagement, zur Krisenvermeidung und -vorsorge im Projektkernteam
- Analyse der Projektumweltbeziehung und Ableitung erster Maßnahmen zur Gestaltung relevanter Beziehungen
- Durchführung Projektstart-Workshop und konstituierende Projektauftraggeber-Sitzung
- Dokumentation der Projektplanung und Projektorganisation im Projekthandbuch (vgl. Abschn. 7.9 Beispiel Projekthandbuch next project)
- Etablierung Projektcontrollingprozess

Beim Projektcontrolling

- Feststellung des Projektstatus in Bezug auf Leistungen, Termine, Ressourcen und Kontext im Projektkernteam
- Vereinbarung bzw. Vornahme steuernder Maßnahmen im Projektkernteam und Adaptierung der gesamten Projektplanung und Projektorganisation
- Erstellung von Projektfortschrittsberichten
- Monitoring der erteilten Arbeitsaufträge und Freigabe von Arbeitsergebnissen
- Aktive Steuerung von Projektkontextbeziehungen

Beim Projektabschluss

- Freigabe der Projektergebnisse zur Abnahme durch den Projektauftraggeber
- Transfer von Knowhow in die Stammorganisation in Abstimmung mit dem Projektkernteam und Vertretern der Stammorganisation
- Durchführung Projektabschluss-Workshop mit Projektauftraggeber und Projektteam
- Übergabe der Abschlussdokumentation an den Projekteservice zur Wissenssicherung

Verantwortung

- Wahrnehmung der Projektinteressen
- Sicherung der Realisierung der Projektziele
- Verantwortung für definierte Projektleistungen, -termine und -ressourcen
- Sicherung der Arbeitsfähigkeit im Projektteam

Befugnisse

- Einberufen von Projektauftraggeber-Sitzungen und Projektcontrolling-Sitzungen
- Fachliche Führung der Projektmitarbeiter und der Subteamleiter
- Eigenverantwortlicher Einsatz von budgetierten Projektressourcen (Personal, Finanzen)
- Einkaufsentscheidungen im Rahmen des Projektbudgets (lt. Unterschriftenregelung)
- Freigabe von Arbeitsergebnissen
- Durchführung von Mitarbeiterbeurteilungen für Projektmitarbeiter, die länger als 6 Monate für das Projekt zu mehr als 50 % zugeordnet sind

7.8.3 Projektkernteammitglied

Organisatorische Stellung

- Ist Mitglied der Projektorganisation
- Berichtet dem Projektleiter
- Kann Subteamleiter sein

Aufgaben *Bei der Projektbeauftragung*

- Mitarbeit bei der Projektstrukturplanung, -terminplanung, -ressourcenbedarfsplanung
- Abklärung der Projektbudgetbedarfsübersicht mit dem Projektleiter
- Mitarbeit bei der Projektumweltanalyse, der Projektnutzenanalyse und der Projektrisikoanalyse
- Mitarbeit bei der Erstellung des Projektantrags

Beim Projektstart

- Aktive Mitarbeit im Projektstartprozess
- Vereinbarung von Arbeitspaketen mit dem Projektleiter
- Mitarbeit bei der Detaillierung der Projektplanung
- Mitarbeit bei der Planung von Maßnahmen zum Risikomanagement, zur Krisenvermeidung und -vorsorge
- Mitarbeit bei der Gestaltung von Projektkontext-Beziehungen
- Teilnahme am Projektstart-Workshop (Kernteam)

Beim Projektcontrolling

- Aktive Mitarbeit im Projektcontrollingprozess
- Mitarbeit bei der Feststellung des Projektstatus auf Basis der eigenverantwortlichen Arbeitspaketfortschritte in Bezug auf Leistungen, Termine und Ressourcen
- Vereinbarung und Vornahme steuernder Maßnahmen auf Arbeitspaketbasis
- Mitarbeit bei der Gestaltung der Projekt-Kontext-Beziehungen
- Teilnahme an Projektcontrolling-Sitzungen

Beim Projektabschluss

- Aktive Mitarbeit im Projektabschlussprozess
- Mitarbeit beim Knowhow-Transfer in die Stammorganisation und andere Projekte
- Teilnahme am Projektabschluss-Workshop

Verantwortung

- Wahrnehmung von Projektinteressen
- Beitrag zur Realisierung der Projektziele
- Verantwortung für definierte Qualität, Termine und Ressourcen für übernommene Arbeitspakete
- Einbringen von Expertenwissen zur eigenverantwortlichen Erfüllung von Arbeitspaketen
- Mitarbeit im Projektmanagement

Befugnisse

- Entscheidungen bzgl. Qualität, Termine und Ressourceneinsatz zur Erfüllung von Arbeitspaketen innerhalb der gegebenen Spezifikation
- Führung von Subteams

7.8.4 Projektmitarbeiter

Organisatorische Stellung

- Ist Mitglied der Projektorganisation
- Berichtet dem Projektleiter und/oder Subteamleiter

Aufgaben *Bei der Projektbeauftragung*

- Mitarbeit bei der Projektstrukturplanung, -terminplanung, -ressourcenbedarfsplanung
- Mitarbeit bei der Projektumweltanalyse und der Projektrisikoanalyse

Beim Projektstart

- Mitarbeit im Projektstartprozess
- Vereinbarung von Arbeitspaketen mit dem Subteamleiter (optional)
- Mitarbeit bei der Detaillierung der Projektplanung
- Mitarbeit bei der Planung von Maßnahmen zum Risikomanagement, zur Krisenvermeidung und -vorsorge
- Mitarbeit bei der Gestaltung von Projektkontext-Beziehungen

Beim Projektcontrolling

- Mitarbeit im Projektcontrollingprozess
- Mitarbeit bei der Feststellung des Projektstatus auf Basis der Arbeitspaketfortschritte in Bezug auf Leistungen, Termine und Ressourcen
- Mitarbeit bei der Gestaltung der Projekt-Kontext-Beziehungen
- Teilnahme an Subteam-Sitzungen (optional)

Beim Projektabschluss

- Mitarbeit im Projektabschlussprozess
- Teilnahme am Projektabschluss-Workshop

Verantwortung

- Wahrnehmung von Projektinteressen
- Beitrag zur Realisierung der Projektziele
- Einbringen von Expertenwissen zur eigenverantwortlichen Erfüllung von Arbeitspaketen
- Mitarbeit im Projektmanagement

Befugnisse

- Keine

7.8.5 Projektcoach (optional)

Organisatorische Stellung

- Steht beratend außerhalb der Projektorganisation
- Berichtsstrukturen gemäß Beauftragung mit dem Coaching-Auftraggeber

Aufgaben

- Coaching der Projektmanagement-Prozesse (Beauftragung, Start, Controlling, Krise, Abschluss)
- Aufbau von Projektmanagement-Knowhow beim Projektleiter, im Projektkernteam
- Sparring des Projektauftraggebers (optional)
- Unterstützung in der Erarbeitung der Projektmanagementdokumentation (bei Bedarf)
- Erstellung von Positions- und Beobachtungspapieren zum Projektmanagement
- Durchführung von Interviews mit Projektumwelten
- Einsicht in alle projektrelevanten Dokumente

Nicht-Aufgaben

- Übernahme von Funktionen und Aufgaben im Projekt (z. B. Projektleitungs- oder Assistenzaufgaben)

Verantwortung

- Verpflichtung auf die Vertraulichkeit der Informationen aus dem gecoachten System
- Einbringung des Knowhows zur Gestaltung der **Projektmanagement-Prozesse**

Befugnisse

- keine

7.8.6 Claim Manager (optional)

Organisatorische Stellung

- Ist Mitglied des Projektkernteams
- Berichtet dem Projektleiter und dem Accounter

Aufgaben

- Vergleiche mit Aufgaben für Projektkernteammitglied
- Claim-Vermeidung

  - Überprüfungen/Recherchen im Vertrag
- Claim-Vorsorge
  - Unterstützung des Projektleiters bei Definition der Claim-Kompetenzen
  - Unterstützung des Projektleiters bei Definition der spezifischer Kommunikationskanäle
  - Zusammenstellung und Wartung der Claim-Dokumentation
  - Unterstützung Aufbau Vorwarnsystem
  - Aufbau und Pflege einer Claim-Verfolgungsliste
- Claim-Aufbau
  - Unterstützung Claim-Erkennung
  - Entwicklung der Claim-Strategie
  - Claim-Aufbereitung, Dokumentation und Check möglicher Gegenclaims
  - Unterstützung des Projektleiters bei Claim Anmeldung
- Claim-Abwehr
  - Zusammenstellung von Gegendarstellungen und Gegenclaims
  - Unterstützung des Projektleiters bei Anmeldung Gegendarstellung
- Claim-Verhandlungen
  - Mitwirkung in Claim-Verhandlungen

Verantwortung

- Mitverantwortung für den wirtschaftlichen Erfolg des Projekts
- Verantwortung für Vertrags- und Leistungstransparenz
- Einbringen von vertraglichem Expertenwissen und Leistung von rechtlichem Support (insbesondere bei Einkaufsvorgängen und Vertragsverhandlungen)
- Er ist projektinterner Berater in Vertrags- und Rechtsfragen aller Entscheidungsträger

Befugnisse

- Keine

7.9 Exkurs: Beispiel Projekthandbuch Kundenprojekt EDVSys

Das Projekthandbuch ist das zentrale Informations- und Kommunikationsinstrument in Projekten. Es umfasst den **Projektauftrag**, die Abgrenzung und Kontextanalyse des Projekts, die Projektorganisation und alle im Projekt eingesetzten Planungs- und Controlling-Instrumente.

Die Verantwortung für die Erstellung und laufende Aktualisierung des Projekthandbuchs hat der Projektleiter. Er wird dabei von einem Projektbüro oder einen Projektassistenten vor allem in größeren Projekten unterstützt.

In diesem Kapitel ist ein Projekthandbuch mit dem PM-Tool „next project" der Firma next level consulting abgebildet (vgl. Abb. 7.58).

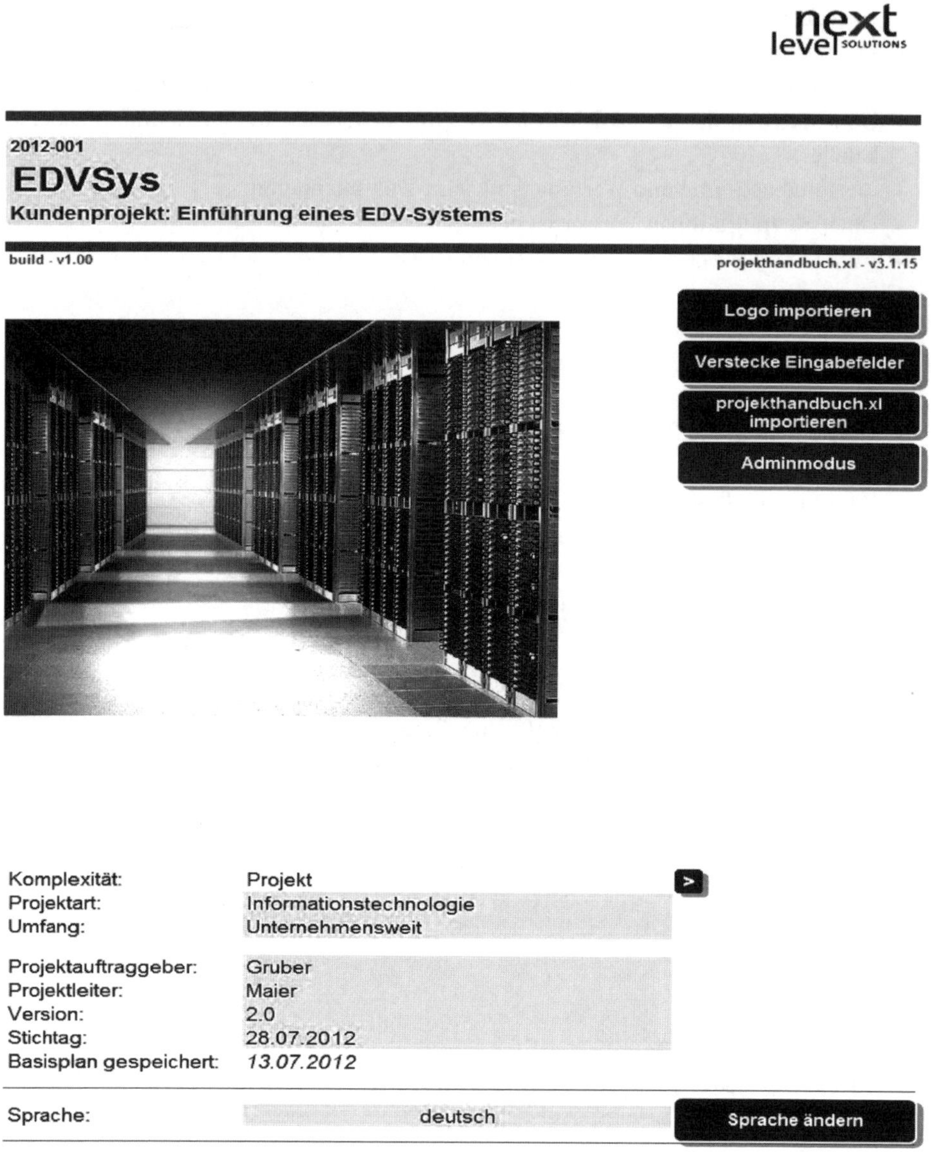

Abb. 7.58 next project Deckblatt

Im next project können Anwendungen von Methoden und Instrumenten je nach Projektkategorie festgelegt werden (vgl. Abb. 7.59 und 7.60). Dadurch ist eine einheitliche Dokumentation der Projekte im Projekthandbuch gewährleistet.

Inhalte

EDVSys

next level SOLUTIONS

	Methoden	Programm	Projekt	Kleinprojekt	Blatt-auswahl	Druck-auswahl
1	Deckblatt	M	M	M	x	x
2	Inhalte	M	M	M	x	x
3	Änderungsverzeichnis					
4	Projekt-Auftrag	M	M	M	x	x
5	Projekt-Organisation	M	M		x	x
6	Kontaktdaten					
7	Beschreibung der Vor- und Nachprojektphase					
8	Projekt-Umweltanalyse	M	M		x	x
9	Projekt Detaildaten	M	M	M	x	x
10	Funktionendiagramm	M	M		x	x
11	Projektstrukturplan	M	M	M	x	x
12	Arbeitspaket-Spezifikationen				x	
13	Projekt-Meilensteinplan	M	M	M	x	x
14	Projekt-Balkenplan	M	M	M	x	x
15	Ressourcenübersicht	M	M		x	x
16	Ressourcendetails	M	M		x	x
17	Kostenübersicht	M	M		x	x
18	Kostendetails	M	M		x	x
19	Projekt-Kommunikation	M	M		x	x
20	Projekt-Spielregeln und Dokumentation					
21	Projekt-Risiko					
22	Fortschrittsbericht	M	M	M	x	x
23	Projekt-Abschlussbericht	M	M	M	x	x
24	To-Do Liste					

M - Muss

Alles auswählen | Wähle Programm | Wähle Projekt | Wähle Klein- | Zeige / Verstecke | Drucke Auswahl | Auswahl als PDF speichern

Abb. 7.59 next project Projektkategorien und Einsatz von PM-Instrumenten

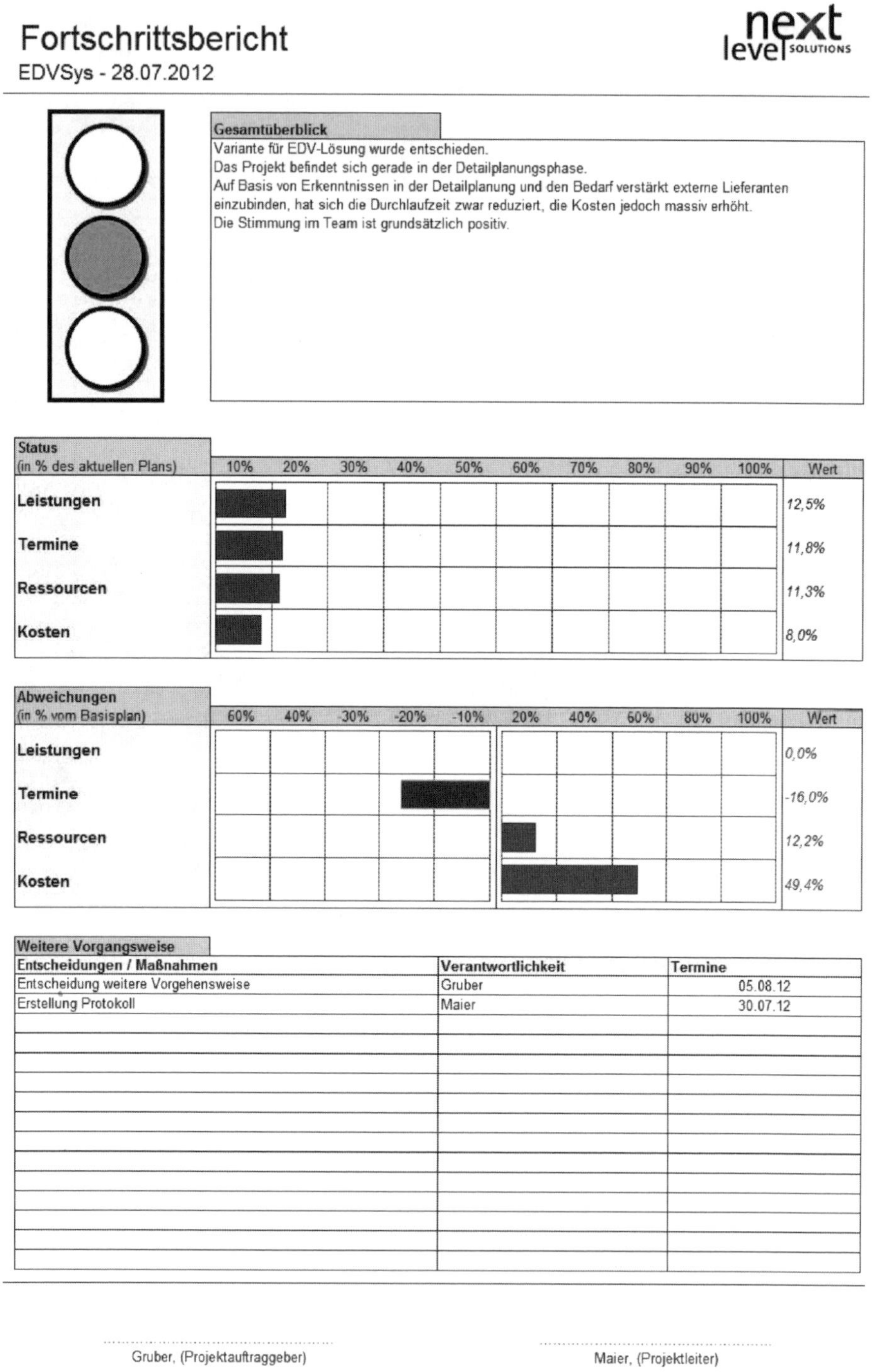

Fortschrittsbericht

EDVSys - 28.07.2012

next level SOLUTIONS

Gesamtüberblick

Variante für EDV-Lösung wurde entschieden.
Das Projekt befindet sich gerade in der Detailplanungsphase.
Auf Basis von Erkenntnissen in der Detailplanung und den Bedarf verstärkt externe Lieferanten einzubinden, hat sich die Durchlaufzeit zwar reduziert, die Kosten jedoch massiv erhöht.
Die Stimmung im Team ist grundsätzlich positiv.

Status (in % des aktuellen Plans)	10%	20%	30%	40%	50%	60%	70%	80%	90%	100%	Wert
Leistungen											12,5%
Termine											11,8%
Ressourcen											11,3%
Kosten											8,0%

Abweichungen (in % vom Basisplan)	60%	40%	-30%	-20%	-10%	20%	40%	60%	80%	100%	Wert
Leistungen											0,0%
Termine											-16,0%
Ressourcen											12,2%
Kosten											49,4%

Weitere Vorgangsweise

Entscheidungen / Maßnahmen	Verantwortlichkeit	Termine
Entscheidung weitere Vorgehensweise	Gruber	05.08.12
Erstellung Protokoll	Maier	30.07.12

Gruber, (Projektauftraggeber) Maier, (Projektleiter)

Abb. 7.60 next project Fortschrittsbericht

7.10 Übungsaufgaben

1. Mit welchen Merkmalen wird ein Projekt beschrieben?
2. Nennen und beschreiben Sie die wichtigsten Rollen der Projektteammitglieder auf den jeweiligen Projektebenen.
3. Welche Kriterien sollten herangezogen werden, um zu entscheiden, ob ein Auftrag als Projekt mit temporärer Organisation abgewickelt werden soll?
4. Erläutern Sie, inwiefern die Projektdetailplanung und das Projektcontrolling in Zusammenhang stehen.
5. Beschreiben Sie die weichen und harten Faktoren im Projektcontrolling. In welchem Kontext werden diese jeweils eingesetzt?
6. Was verstehen Sie unter „sozialem Projektmanagement"? Welche Aufgaben beinhaltet es?
7. Welche Art der Projektsitzung würden Sie im Rahmen der Kommunikationsstrukturen vorschlagen, wenn es sich um ein Kundenprojekt handelt? Welche Inhalte sollten nicht in Projektsitzungen besprochen werden?
8. Welche Projektmanagement-Methoden erachten Sie als besonders wichtig bei internen Projekten? Welche bei Kundenprojekten?
9. Nennen und beschreiben Sie geeignete Methoden, um durch Projekte das organisatorische Lernen zu fördern.

Literatur

Deutsches Institut für Normung e. V. (2009). *DIN 69901-1 Projektmanagement – Projektmanagementsysteme – Teil 1: Grundlagen.*

Deutsches Institut für Normung e. V. (2009). *DIN 69901-5 Projektmanagement – Projektmanagementsysteme – Teil 5: Begriffe.*

Gareis, R. (1991). *Projektmanagement im Maschinen- und Anlagenbau.* Wien: Manz.

IPMA-International Project Management Association (2006). *ICB – IPMA-Kompetenzrichtlinie Version 3.0.* Nijkerk.

OGC – Office of Government Commerce (2009). *Managing successful projects with PRINCE2.*

OGC – Office of Government Commerce (2010a). Portfolio, Programme and Project Management Maturity Model (P3M3®). Introduction and Guide to P3M3®. http://www.p3m3-officialsite.com/nmsruntime/saveasdialog.aspx?lID=456&sID=210. Zugegriffen: 4. Oktober 2012.

OGC – Office of Government Commerce (2010b). PRINCE2® Maturity Model (P2MM). http://www.p3m3-officialsite.com/nmsruntime/saveasdialog.aspx?lID=462&sID=210. Zugegriffen: 4. Oktober 2012.

Project Management Institute (2010). *A Guide to the Project Management Body of Knowledge (PMBOK Guide).*

Luft, J., & Ingham, H. (1955). The Johari window: A graphic model of interpersonal awareness. In Proceedings of the Western Training Laboratory in Group Development. Los Angeles.

Projektkooperationen

8

Bernd Günter

Inhaltsverzeichnis

Prof. Dr. Bernd Günter ✉
Lehrstuhl für BWL, insbes. Marketing, Heinrich-Heine-Universität, Universitätsstr. 1, 40225 Düsseldorf, Deutschland
e-mail: guenter@uni-duesseldorf.de

M. Kleinaltenkamp et al. (Hrsg.), *Auftrags- und Projektmanagement*,
DOI 10.1007/978-3-658-01352-3_8,

Zusammenfassung

Viele Projekte erreichen Volumina und Komplexitäten, die für einen Anbieter allein nicht mehr handhabbar sind. Die Akquise und Umsetzung solcher Projekte ist damit nur in einer Kooperation verschiedener Anbieter möglich. Das vorliegende Kapitel widmet sich diesen sogenannten Projektkooperationen. Nach einer Analyse, wie Kooperationen zur Generierung von Wettbewerbsvorteilen beitragen oder gar erst führen können, werden verschiedene Formen horizontaler und vertikaler Kooperationen diskutiert. Im Anschluss wird gezeigt, wie Kooperationen zur Kundenorientierung beitragen, wie der Kooperationsprozess aussieht und unter welchen Bedingungen Kooperationen sinnvoll sind. Ein weiteres Augenmerk liegt auf dem Management von Risiken in Kooperationen. Im Einzelnen besprochen werden die Kooperationsformen der Generalunternehmerschaft, des offenen und stillen Konsortiums sowie der Arbeitsgemeinschaft. Das Kapitel schließt mit einem Exkurs zu Produktentwicklungskooperationen und einer theoretischen Betrachtung zur Koordinationsform „Kooperation" als Zwischenform zwischen Markt und Hierarchie.

8.1 Kooperationen im Business-to-Business-Marketing – Ein Weg zu Wettbewerbsvorteilen

Ende September 2012 titelte das „Handelsblatt": „Kooperation statt Konflikt – Warum im modernen Kapitalismus Zusammenarbeit deutlich besser funktioniert als Konkurrenz und Konflikt" (Handelsblatt 2012). Ein solcher Titel zeigt deutlich, welchen Stellenwert Zusammenarbeit und Allianzen, Netzwerke und andere Kooperationen in der jüngsten Vergangenheit gewonnen haben und welche Bedeutung darin für den Erfolg auf Märkten liegen kann.

Der Vertrieb technischer und/oder an Unternehmen gerichteter Produkte und Dienstleistungen kann in vielen Fällen nicht auf der Basis standardisierter Katalog-Angebote mit von vornherein festliegendem Leistungsumfang und Standardpreisen erfolgen. Vielmehr ist in weiten Bereichen des Business-to-Business-Marketings eine kunden-, auftrags- und damit letztlich projektbezogene individuelle Planung des Angebotes und ggf. der Auftragsabwicklung erforderlich. Diese stellt besondere Anforderungen an die strategische Positionierung von Unternehmen und an die operative Marketingplanung, vor allem wenn es um einzelne und/oder im Kundenauftrag gefertigte Produkte geht oder gar um komplexe Leistungsbündel aus Sach- und Dienstleistungen wie z. B. im industriellen Anlagengeschäft oder im Bereich der Bauindustrie und Infrastrukturplanung. In diesen Fällen muss im Rahmen der Kundenverhandlungen und der Angebotserstellung der zu erbringende Leistungs- und Entgeltumfang erst festgelegt werden. Vielfach geht es in diesem Prozess auch zunächst darum, *wer* auf Angebotsseite Vertragspartner des Kunden sein soll und *wer* die erforderlichen Teilaufgaben erfüllen soll. Der Vertrieb vieler komplexer Investitionsgüter und Dienstleistungen wird kooperativ durch sich ergänzende Anbieter geplant und abgewickelt. Darüber hinaus treten im Business-to-Business-Marketing und im Technischen Vertrieb

Situationen auf, die zu einer durch Marketing-Überlegungen motivierten vertikalen Zusammenarbeit zwischen Anbietern und Kunden führen. Die Planung eines kooperativen Marketings in derartigen Bereichen, Branchen und Marktsituationen ist der Schwerpunkt des vorliegenden Beitrags. Dabei steht insbesondere die projektbezogene Kooperation zwischen sich ergänzenden Anbietern am Markt im Mittelpunkt der Darstellung. Als Beispiel diene die nachfolgend dargestellte Unternehmens- und Marktsituation.

Beispiel 1

Beim Verkauf eines kompletten Kraftwerks wirken Hersteller aus den Bereichen Elektrotechnik, Steuerungs- und Regelungstechnik, Kesselbau, Turbinenbau (Spezialmaschinenbau), Hochbau usw. zusammen, evtl. auch Planungs- und Beratungsunternehmen auf Anbieterseite, Montageunternehmen und weitere Dienstleistungsanbieter. Zieht man den Kreis der an einem Angebot Beteiligten weiter, so lassen sich auch finanzierende Kreditinstitute, evtl. eingeschaltete Agenten/Sponsoren als Kontaktvermittler und Informationsdienstleister sowie auch Berater und Financiers des Kunden als Kooperationspartner verstehen.

Aber nicht nur die angedeuteten Konstellationen erfordern eine temporäre, projektbezogene Zusammenarbeit. „Projekte" sind isolierbare, in sich geschlossene, zeitlich begrenzte Vorhaben mit einem vorgegebenen Ziel, aber oft zunächst unstrukturiert (Bea et al. 2011, S. 32 ff.). Unter den Begriff einer projektbezogenen Kooperation fallen dann auch Aufgaben wie etwa:

- die gemeinsame Entwicklung von Produkten durch mehrere Lieferantenunternehmen;
- die gemeinsame Entwicklung von Produkten bzw. Aggregaten durch Lieferanten und Verwender, z. B. im Rahmen des Simultaneous Engineering oder mit Leitkunden auf der Basis des Lead User-Konzeptes (Weiber und Jacob 1995, S. 577 ff.);
- die Zusammenarbeit bei der Erschließung eines speziellen Marktes;
- die gemeinsame Durchführung von Veranstaltungen, Messen und Ausstellungen, Leistungsdemonstrationen, kommerziellen Events u. v. a.

Auch in diesen Fällen lässt sich von projektbezogener Kooperation sprechen, die im Business-to-Business-Marketing und im Technischen Vertrieb konzipiert, implementiert und kontrolliert werden muss.

Eine überbetriebliche Zusammenarbeit im Vertrieb ist aus der Sicht eines beteiligten Anbieters unter Marketing-Gesichtspunkten immer dann vorteilhaft, wenn sie dazu beiträgt, Wettbewerbsvorteile zu schaffen, zu verstärken, weiterzuentwickeln und dauerhaft auszubauen. Natürlich ist damit auch der Fall erfasst, in dem ein Unternehmen zur Behebung eigener Wettbewerbsnachteile die Zusammenarbeit mit einem in diesen Punkten stärkeren Unternehmen sucht. Wettbewerbsvorteile, die ein Zusammenschluss von Unternehmen (etwa eine Anbietergemeinschaft bzw. Anbieterkoalition) erwirbt, stehen in einem unmittelbaren Zusammenhang mit der Positionierung, der Reputation und damit den von

Nachfragern wahrgenommenen Wettbewerbsvorteilen jedes der beteiligten Unternehmen bei getrennter Betrachtung. Es besteht also i. d. R. eine Wechselwirkung zwischen der isolierten Marktposition der einzelnen Kooperationspartner und ihrer Performance als einer bei einem Projekt (ggf. auch darüber hinaus) zusammenarbeitenden Gruppe von Unternehmen.

8.2 Formen horizontaler und vertikaler Kooperation

Grundsätzlich lassen sich marktrelevante Kooperationen in Abhängigkeit von der Art der Beteiligten und der Wertschöpfungsstufe, in der sie tätig sind, in horizontale und vertikale Kooperationen unterscheiden (Günter 1992, S. 800; Zentes et al. 2005).

Von vertikaler Kooperation wird gesprochen, wenn Unternehmen unterschiedlicher Wertschöpfungsstufen innerhalb eines Sektors zusammenarbeiten, also Unternehmen der Lieferantenstufe(n) mit solchen der Abnehmerstufe(n), wobei es sich um Weiterverarbeiter, Weiterverwender oder Wiederverkäufer (Händler, Distributoren) handeln kann.

Im Marketing technischer Produkte erfolgen Planung der Leistungen und Bestimmung der Leistungsträger (Lieferanten) häufig in Abstimmung mit dem Auftraggeber, dem Kunden („*Vorwärtskooperation*"). Dabei sind dessen Vorgaben zu beachten oder zu verhandeln. Gemeinsame Entwicklungen mit dem Nachfrager sind zunehmend üblich. Untersuchungen im Business-to-Business-Marketing haben gezeigt, dass bei derartigen Verhandlungen der „*In-supplier*" im Vorteil ist. Das ist derjenige Anbieter, der anders als einzelne Konkurrenten („*Out-supplier*") bereits Lieferbeziehungen mit diesem Kunden unterhält.

Daneben erbringt der Kunde gelegentlich *Eigenleistungen*, die für das Zustandekommen der Gesamtlieferung notwendig sind. Die Integration dieser sogenannten „*Beistellungen*" erfordert ebenfalls eine Kooperation oder Koordination zwischen dem Kunden und dem/den Lieferanten.

Eine weitere Form kooperativer Geschäftsbeziehungen kann für einen Anbieter *rückwärts*gerichtet erforderlich werden: gegenüber Unterlieferanten (Zulieferern). So muss die Planung des eigenen Angebots gegenüber dem Kunden die Integration von Zulieferungen einschließen („*Rückwärtskooperation*").

Neben die beiden genannten Formen der *vertikalen* Kooperation bei der Absatzplanung und -durchführung tritt die *horizontale* Kooperation auf der Anbieterebene. Damit ist die Zusammenarbeit angesprochen mit

a. Anbietern, die *ergänzende* Lieferungen und Leistungen erbringen („*horizontal-komplementäre Kooperation*"),
b. Anbietern, die *gleichartige* Leistungen erbringen („*horizontal-konkurrierende Kooperation*").

Kooperationen zwischen Anbietern der Gruppe b) sind erforderlich, wenn der Kunde einen homogenen Gesamtauftrag auf mehrere Lieferanten aufteilt, z. B. um das Beschaffungsrisiko zu senken, oder wenn ein einzelner Anbieter einen Großauftrag kapazitätsmäßig nicht allein bewältigen könnte. Wettbewerbsrechtliche Probleme sind bei derartigen Kooperationen stets zu prüfen, können aber, wenn überhaupt, wohl nur im letztgenannten Fall entstehen.

Tabelle 8.1 zeigt in einer Übersicht wichtige Formen der horizontalen und der vertikalen Kooperation im Business-to-Business-Marketing. Dabei wird bereits die unten noch zu erläuternde Unterscheidung zwischen projektbezogenen und projektübergreifenden Kooperationen verwendet.

Welches sind nun die maßgeblichen Gründe für den Zusammenschluss selbständiger Unternehmen in einer der Kooperationsformen?

Im Business-to-Business-Marketing spielen als Bestimmungsgründe horizontaler und vertikaler Zusammenarbeit je zwei Überlegungen eine besondere Rolle. Zum einen erzwingen Verbundangebote, also Systemgeschäfte (Systems Selling, „Paketangebote", Großprojekte, Turnkey-Geschäfte) in hohem Maße die Zusammenarbeit von Anbietern komplementärer Leistungen. Dies wird besonders deutlich bei horizontal-komplementärer Kooperation im industriellen Anlagengeschäft und im Geschäft mit Systemtechnologien (Backhaus und Voeth 2010; Backhaus et al. 1994; Engelhardt und Günter 1981). Horizontale Kooperation zwischen Konkurrenten ist in den vergangenen Jahren aus einem zweiten Grund zu einem zentralen Thema geworden. Die Zusammenfügung von Ressourcen wird erzwungen, um angesichts schnellen technischen Fortschritts internationale Märkte überhaupt und wettbewerbsfähig zu bearbeiten. Dies ist auch Kern der Diskussion um strategische Allianzen, welche oft zwischen Wettbewerbern zur Zusammenbindung der Ressourcen bei der Verfolgung (evtl. globaler) strategischer Ziele gebildet werden. Weitere Ziele horizontaler Kooperationsformen zeigt Tab. 8.2 auf.

Für vertikale Kooperationen zwischen Herstellern und Weiterverarbeitern bzw. Montagebetrieben liegt ein wichtiger Anlass in der angestrebten Beschleunigung von Entwicklungsvorhaben und Produktinnovationen. Dieser Aspekt besitzt vor allem bei Kooperationen zwischen Zulieferern und deren Abnehmern aktuelle Bedeutung, etwa bei Kooperationen in Form des Simultaneous Engineering. Hier soll die besonders intensive Koordination der Entwicklungsplanung – eine wichtige Variable des Bindungsgrades – zeitsparend und fehler- sowie änderungsvermeidend wirken (Chelsom 1989). Schließlich ist die gemeinsame Erschließung und Bearbeitung eines Endkundenmarktes für die Vorstufen, die Investitionsgüter im weitesten Sinne vermarkten, ein Anreiz zu vertikaler Kooperation, was angesichts der abgeleiteten Nachfrage nach Roh- und Einsatzstoffen, Halbfabrikaten und Komponenten/Teilen in diesen Bereichen eine hohe Bedeutung besitzt.

8.3 Projektbezogene und projektübergreifende Zusammenarbeit

Eine überbetriebliche Zusammenarbeit kann sich zunächst auf ein einzelnes von den Partnern festgelegtes Projekt beziehen. In diesem Fall endet die Zusammenarbeit mit dem Abschluss (Abwicklung) des Projektes. Die Intensität der Zusammenarbeit, die Form der

Tab. 8.1 Formen vertikaler und horizontaler Kooperation (in Anlehnung an Günter 1992, S. 800)

	Horizontale Kooperation		Vertikale Kooperation	
	mit Konkurrenten	*mit Komplementär-Anbietern*	*mit Lieferantenstufe(n)*	*mit Abnehmerstufe(n)*
Projektbezogene Kooperation	Arbeitsgemeinschaften Industrielle Konsortien Emissionskonsortien Verkaufsförderungsaktionen, z. B. Messekooperation	Industrielle Konsortien (Anlagenbau) Verkaufsförderungsaktionen	Generalunternehmerschaft mit Unterlieferanten F & E-Kooperation Simultaneous Engineering	F & E-Kooperation Entwicklungskooperation Lead User-Konzepte
Projektübergreifende Kooperation	Joint Ventures (Typ A) Exportgemeinschaften Einkaufsverbunde Gemeinschaftswerbung, Branchen-werbung Strategische Allianzen (Typ A)	Joint Ventures (Typ B) Exportgemeinschaften Logistiksysteme Strategische Allianzen (Typ B) Distributionskooperationen	Just-in-time-Systeme Subcontracting/ Lohnfertigung Rahmenverträge	Just-in-time-Systeme Distributionskooperationen Mehrstufiges Marketing Rahmenverträge

Tab. 8.2 Typische Ziele horizontaler Marketingkooperationen

1. Kapazitätserweiterung, Ausnutzung von Größenvorteilen (economies of scale)
2. Programmergänzung, -abrundung (economies of scope)
3. Zugang zu Produktalleinstellungen, Know-how u. a., Kompetenzerwerb/-verstärkung
4. Marktzugang, Markterschließung (insb. auf nationalen Märkten mit staatlichen u. a. Zugangsbarrieren)
5. Risikominderung (z. B. im Zusammenhang mit der Aufteilung von Projektlieferungen)
6. Verstärkung der Machtposition auf Märkten

Beziehungen, die Beteiligung von Abteilungen und Mitarbeitern kann während des Projektablaufes variieren.

Für die Zusammenarbeit von Anbietern in horizontaler Kooperation und auch mit Zulieferern für ein einzelnes Projekt wurde der Begriff der Anbietergemeinschaft oder *Anbieterkoalition* geprägt (Günter 1977). Solche Kooperationen können unterschiedliche inhaltliche, organisatorische und vertragsrechtliche Formen annehmen. Diese Koalitionsformen werden im Abschn. 8.5 behandelt.

In manchen Fällen von Kooperationsentscheidungen besteht die Option, eine einmal begonnene Zusammenarbeit über ein einzelnes Projekt hinaus fortzusetzen. Diese projektübergreifende Kooperation bringt für die Partner verschiedene Vorteile mit sich. So können geklärte Schnittstellen, positive Erfahrungen einer reibungslosen Zusammenarbeit, Kostenaspekte, Imagefaktoren und andere Argumente eine wiederholte Zusammenarbeit nahelegen. Damit wird das projektbezogene Marketing in ein Relationship Marketing überführt (Bruhn 2012).

Im Folgenden soll die auf ein einzelnes Projekt bezogene Zusammenarbeit mit ihren Marketing-Entscheidungen im Mittelpunkt stehen.

8.4 Marketingbezogene Merkmale von Projektkooperationen

8.4.1 Kundenorientierung durch Kooperation

Kooperation von Anbietern kann unterschiedliche Gründe und Motive haben. Aus Marketingsicht stellt sich stets die Frage nach der Einbettung einer derartigen Entscheidung in die angestrebte Position hinsichtlich möglicher Wettbewerbsvorteile (komparativer Konkurrenzvorteile). Damit stellt sich unmittelbar die Frage nach der Markt- bzw. Kundenorientierung von Kooperationsstrategien.

Vertikale Projektkooperationen zwischen Lieferanten und Abnehmern stellen aus der Sicht des beteiligten Lieferanten ein Element der Kundengewinnung und der Kundenbindung dar. Sie sind – ähnlich wie die vertikale Diversifikation bzw. die Vorwärtsintegration, der Weg in die Weiterverarbeitung – darauf gerichtet, die Abnehmerstufe zu beeinflussen und Commitment (Söllner 1993, S. 134) zugunsten des Anbieters zu erzeugen. Dabei können stufenübergreifende Überlegungen eine wesentliche Rolle spielen. Dies ist etwa der Fall, wenn der Lieferant im Sinne des mehrstufigen Marketings auf die Folgestufen seines direkten Abnehmers zielt und gemeinsam mit ihm die Markterschließung auf Folgemärkten anstrebt, z. B. mit Weiterverarbeitern oder OEM-Unternehmen gegenüber Endverwendern (Günter 1997, S. 215 ff.).

Horizontale Kooperationen zwischen Anbietern im Technischen Vertrieb dienen dazu, Wettbewerbsvorteile auf Absatzmärkten zu schaffen und durch gemeinsames Auftreten zu bündeln. Dabei spielt die Kundenanalyse eine besondere Rolle. Auf der Basis der Analyse von Leistungsanforderungen und des Buying Network (Bristor 1987; Klöter 1997 S. 44 ff.) muss geprüft werden, welche vom Kunden wahrgenommenen Wettbewerbsvorteile (Kundenvorteile; Günter 2007) der betrachtete Anbieter selbst besitzt und welche Vorteile mögliche Kooperationspartner in die Zusammenarbeit einzubringen in der Lage sind. Damit wird auch deutlich, dass neben Leistungselementen und Konditionen auch weiche Faktoren, wie die Reputation eines Kooperationspartners beim Kunden, eine Bedeutung für Partnerwahl und Kooperationsprozess besitzen (Günter 1992, S. 804; Helm et al. 1997).

8.4.2 Der Kooperationsprozess

Der Ablauf von Kooperationsentscheidungen im Marketing komplexer Investitionsgüter und Dienstleistungen lässt sich idealtypisch in einem Prozessmodell darstellen (VDI 1991).

Projektkooperationen befassen sich mit komplexen, in frühen Phasen oft noch ungenau umrissenen Auftragsvolumina und -strukturen, bei denen auch die Art der Kooperation und der Kreis der Beteiligten noch näher festzulegen sind. Die vielfältigen, teils technischen, teils kaufmännischen und auch juristischen Aufgaben im Rahmen der Projektkooperation können zur näheren Analyse zweckmäßigerweise nach dem Projektfortschritt, also – etwa im Maschinen- und Anlagenbau – nach dem Ablauf der Akquisition und Abwicklung von Aufträgen, aufgegliedert werden.

Tabelle 8.3 gibt einen Überblick über die einzelnen Phasen der Projektbearbeitung in Fällen, in denen mehrere Anbieter zusammenwirken, um ein geschlossenes Angebot für eine Anlage zu erstellen und einen Auftrag erfolgreich abzuwickeln. An dem Wirtschaftszweig bzw. Geschäftstyp *industrielles Anlagengeschäft* (Systems Selling; Günter 1979a) lassen sich die typischen Entscheidungsinhalte und -probleme von Projektkooperationen gut erörtern. Auf einzelne Teilentscheidungen in den Projektbearbeitungsphasen wird im Folgenden näher eingegangen.

Tabelle 8.3 zeigt, dass in einem ersten Schritt zu prüfen ist, ob ein evtl. in Kooperation zu bearbeitendes Projekt überhaupt angegangen werden soll und ob der Kunde bzw. die Projektinhalte eine ganz bestimmte Kooperationsform und/oder ganz bestimmte Partner erfordert. Dieses geschieht im Rahmen der Anfragenbewertung und Projektanalyse (vgl. Kap. 2 in diesem Buch).

Vorentscheidungen für eine Projektkooperation entstehen durch Kundenvorgaben und durch den Weg, auf dem eine Anfrage den betrachteten Anbieter erreicht. Präferenzen

Tab. 8.3 Ablauf und Entscheidungsstufen eines Kooperationsprozesses

Schritt	Tätigkeit	Ergebnis
1	Prüfung der Ausschreibung/Anfrage	Projekterfordernisse
2	Konkurrenzanalyse	Wettbewerbssituation
3	Bestimmung der eigenen Ziele	Notwendigkeit der Kooperation
4	Bestimmung der eigenen Position in der Kooperation	Vom/von Partner(n) zu übernehmende Lieferungen und Leistungen (vgl. „make-or-buy")
5	Feststellung der die Kooperationsform beeinflussenden Größen	Grundlage für die Gewichtung
6	Prüfung und Gewichtung der Größen, zusammenfassende Beurteilung	Entscheidung der Kooperationsform
7	Zusammenstellung der in Betracht kommenden Partner und deren wesentliche Merkmale	Vorauswahl möglicher Partner und Entscheidung über Kontaktaufnahme
8	Kontaktaufnahme mit möglichen Partnern und Abklärung von grundsätzlichen Fragen	Partnerwahl
9	Entwerfen und Verhandeln des Kooperationsvertrages	Abschluss des Kooperationsvertrages

der kaufentscheidenden Personen auf Kundenseite vermögen Anbieterkooperationen mit Lieferanten bestimmter Produkte oder aus bestimmten Staaten zu erzwingen. Für den Anbieter gibt es in solchen Fällen nur geringe Möglichkeiten, den Kunden von abweichenden Angebotskonstellationen zu überzeugen.

In vielen Fällen gelangen Informationen über ein Projekt oder Kundenanfragen nach Investitionsgütern nicht unmittelbar an einen Lieferanten. Vielmehr werden Anfragen für Teilanlagen oder für Komponenten (also einzelne Sach- bzw. Dienstleistungen) auch von anderen Anbietern, typischerweise von Hauptauftragnehmern oder Beratern des Kunden, an Zulieferer und Kooperationspartner herangetragen. Der an einem Auftrag interessierte Anfragenempfänger sieht sich in diesem Fall den Präferenzen und Spezifikationen des Endkunden *und* der bereits eingeschalteten, angefragten Anbieter gegenüber. Sein Spielraum, selbst Kooperationspartner auszuwählen, seine eigenen Angebotsvorstellungen zu realisieren und Vertriebsinstrumente einzusetzen, wird damit u. U. erheblich eingeengt.

Die Wettbewerbsanalyse stellt eine weitere Aufgabe im Rahmen der Kooperationsplanung dar. Die Analyse möglicher Konkurrenten und ihrer Stärken und Schwächen (insbesondere in ihrem Standing beim Kunden und in dessen Wahrnehmung) gibt Hinweise darauf, welche Chancen und Wettbewerbsvorteile bestimmte Kooperationen besitzen, aber auch welche Risiken für Auftragserhalt und Abwicklung bestehen. Zusätzlich lässt sich prüfen, ob bestimmte Konkurrenten zur Abwehr ihrer Marktchancen ins eigene Boot hineingezogen werden sollten („If you can't beat them, join them!"). Die Konkurrenzanalyse muss einhergehen mit der Überprüfung der eigenen Ziele, der Stärken und Schwächen (wiederum besonders bedeutsam: aus Kundensicht) und mit der Bewertung der eigenen Chancen und Risiken.

Für die weitere Verfolgung der Kooperation ist die Frage wichtig, zu welchem Zeitpunkt, in welcher Phase Kooperationsverträge und weitere Zusammenarbeitsentscheidungen zweckmäßigerweise gefällt werden sollen. Dies wird am Beispiel der Bildung von Anbieterkoalitionen an späterer Stelle erörtert.

Im Folgenden sollen stichwortartig einige Voraussetzungen und Einflussfaktoren genannt werden, von denen der weitere Ablauf einer Projektkooperation maßgeblich bestimmt ist und die in Entscheidungsprozesse einzubeziehen sind. Kooperative Projektbearbeitung muss im Wesentlichen von den nachstehenden *Vorbedingungen* und *Ausgangsdaten* ausgehen:

- vom Kunden vorgegebene Projektziele und -inhalte (Spezifikationen, Einsatz- und Verwendungsbedingungen),
- Standortdaten und standortbezogene Rahmenbedingungen,
- eigene Finanzierungsmöglichkeiten und solche möglicher Partner, vor allem wenn der Kunde bei Anlagengeschäften Lieferantenkredite oder die Vermittlung eines Bestellerkredites verlangt,
- Informationen über das rechtliche Umfeld (z. B. Vertragsmodalitäten, Schutzrechte) und andere marktrelevante Umfeldbedingungen,
- Informationen über eigene sachliche, personelle, finanzielle Kapazitäten und deren zeitliche Verfügbarkeit (ähnlich für mögliche Partner),
- Informationen über kaufentscheidende und kaufbeeinflussende Gegebenheiten beim Kunden sowie bei Organisationen, die evtl. Einfluss auf den Kaufprozess haben können („Drittparteien"),
- Kundenvorgaben bzw. -präferenzen bezüglich möglicher Kooperationspartner und deren Lieferungen und Leistungen,
- Vorgaben und Präferenzen, die die möglichen Angebotspartner, vor allem der Hauptauftragnehmer (Generalunternehmer bzw. Konsortialführer) hinsichtlich der Auftragskomponenten entwickeln,
- die Wettbewerbssituation.

8.4.3 Kooperationsanlässe, Projektziele und Partnerwahl

8.4.3.1 Kauftyp und Anbieterkooperation

Anlässe und Gründe zur Bildung von Projektkooperationen können entstammen aus der Sphäre des Kunden, aus eigenen Motiven des betrachteten Lieferanten oder aus Planungen von Kooperationspartnern, die eine Zusammenarbeit suchen.

Der Ausgangspunkt für die Bildung von Anbieterkoalitionen ist die Entscheidung eines Nachfragers, im Rahmen eines Projektes anstelle des separaten Kaufs einzelner Komponenten (*Komponentenkauf*; vgl. Abb. 8.1) ein Gesamtpaket einer Anlage o. ä. von einer

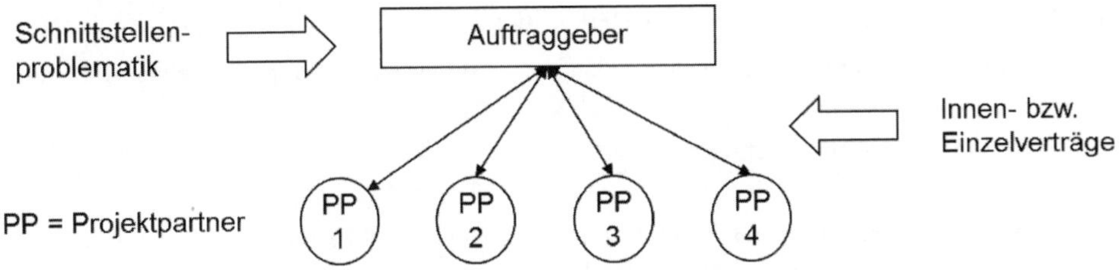

Abb. 8.1 Kauftyp Komponentenkauf

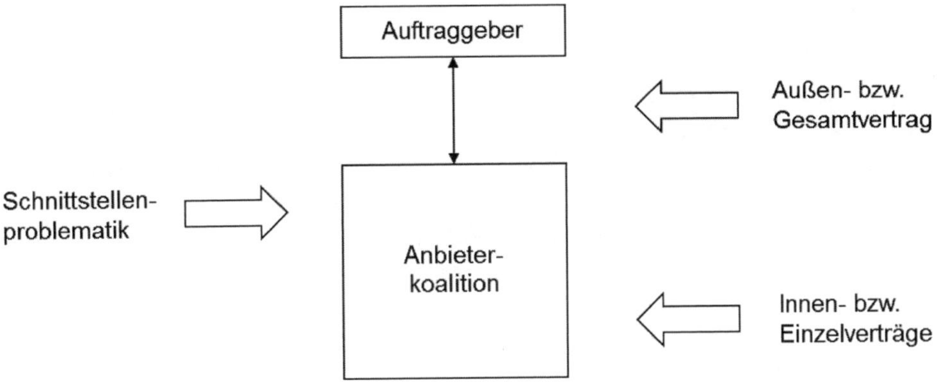

Abb. 8.2 Kauftyp Systemkauf

Anbietergemeinschaft zu erwerben (*Systemkauf*, vgl. Abb. 8.2). Die Schaubilder sollen auch verdeutlichen, wo in den jeweiligen Fällen der beiden Kauftypen das Schnittstellenproblem, das Risiko aus Nahtstellen liegt, wer also dafür verantwortlich ist, die Koordination der Teilleistungen zu sichern (Günter 1977).

Die Abb. 8.1 und 8.2 zeigen die Kauftypen als Anlässe für Kooperationsentscheidungsprozesse im Business-to-Business-Marketing und im Technischen Vertrieb. Tabelle 8.4 nennt die Kooperationsgründe (VDI 1991, S. 1).

8.4.3.2 Projektziele und Kooperationen

Mit der Entscheidung über die Projektverfolgung wie auch mit den zentralen Festlegungen der Organisationsform und der Partnerwahl muss eine Bestimmung der Projektziele verbunden sein. Dabei lassen sich unterscheiden:

1. Finanzielle Ergebnisziele eines Projektes (Nettogewinn, Deckungsbeitrag, Cash Flow, Vertriebserfolg),
2. Kundenbezogene Ziele (Aufbau oder Stabilisierung einer Geschäftsbeziehung, Erhalt von Folgeaufträgen, Segmenterschließung),
3. Markterschließungsziele, z. B. durch Gewinnung einer Referenzanlage,
4. Unternehmensinterne Sachziele wie etwa Know-how-Erwerb bzw. -ausbau,

Tab. 8.4 Gründe für die Bildung von Anbieterkoalitionen

1.	Unmöglichkeit der Erbringung aller verlangten Leistungsbereiche durch einzelnen Anbieter
2.	Fehlendes eigenes Know-how
3.	Fehlende eigene Schutzrechte
4.	Fehlende eigene Präqualifikation
5.	Bessere Chancen der Auftragserlangung und -abwicklung mit Partnern
6.	Einbindung örtlicher Partner im Kundenland (Local Content, Local Manufacturing)
7.	Unterstützung durch die Partner (Finanzierung, Akquisition etc.)
8.	Finanzierung/Exportkreditversicherung aus Drittland
9.	Preisgünstigere Lieferung durch die Partner
10.	Möglichkeit der Spezialisierung
11.	Reduzierung der Projektkosten
12.	Risiko- und Haftungsteilung
13.	Unmöglichkeit der Bewältigung des Auftragsvolumens durch einen einzigen Anbieter
14.	Ausschalten der Konkurrenz
15.	Unmöglichkeit des Auftretens „unter eigener Flagge“
16.	Spezieller Kundenwunsch nach Kooperationen bzw. nach bestimmten Angebotspartnern

5. Technologieentwicklung,
6. (Ausbau der) Erfahrung im Projektmanagement, evtl. spezialisiert bezogen auf bestimmte Projekttypen
7. Partnerbezogene Ziele, z. B. Sicherung eines marktstarken Partners für das betreffende Projekt oder projektübergreifend, sowie
8. Risikobegrenzung bzw. -verteilung.

Die Erreichung einiger dieser Projektziele lässt sich durch Zusammenarbeit erleichtern. Dies gilt für die Ziele 3, 4, 5 und 6. Dagegen kollidieren Zielsetzungen 1 und 2 zumindest insoweit mit Kooperationsentscheidungen, als erzielte Ergebnisse mit Partnern zu teilen sind bzw. Kooperationspartner zu späteren Konkurrenten werden können.

8.4.3.3 Vorüberlegungen zur Projektaufteilung, Organisationsform und Partnerwahl

Die Kooperation von Lieferanten bei der Angebotserstellung und Auftragsabwicklung im Technischen Vertrieb kann in verschiedenen Organisationsformen und Ablaufstrukturen durchgeführt werden, mit denen unterschiedliche Leistungs-, Entgelt- und Risikoaufteilungen verbunden sind. Zwischen dieser Entscheidung über die Organisationsform der Koalition (z. B. Konsortium) einerseits und der Wahl geeigneter Partner andererseits besteht ein wechselseitiger Einfluss. Im konkreten Einzelfall steht die Wahl bestimmter Partner und einer Organisationsform *vor* der Leistungsaufteilung, in anderen Fällen verläuft der Entscheidungsprozess umgekehrt oder die Entscheidungen werden *simultan* getroffen.

Tab. 8.5 Entscheidungsschritte bei der Auswahl von Kooperationspartnern

1.	Grobfestlegen von Kooperationsform und eigener Position
2.	Kriterien für die Bestimmung von Kooperationspartnern
3.	Liste bzw. Portfolio von Kooperationspartnern
4.	Bewertung der möglichen Kooperationspartner
5.	Verhandlungen und Auswahlentscheidungen
6.	Kooperatives Festlegen von Koalitionsform und Aufgabenverteilung

Ungeachtet dessen soll zunächst – bevor in Abschn. 8.5 auf die Koalitionsformen einzugehen ist – das Problem der Partnerwahl diskutiert werden.

Die Auswahl der wichtigsten Kooperationspartner setzt eine grobe Vorstellung des betrachteten Lieferanten über die Aufgliederung des vom Kunden geforderten Leistungspaketes voraus. Diese Aufteilung auf verschiedene Leistungsträger wird bei komplexeren Investitionsgütern zu einer entscheidenden Einflussgröße für die Qualität des Angebots und des Produktes bzw. der Anlage. Dabei kann in den Entscheidungsschritten vorgegangen werden, die Tab. 8.5 beschreibt.

Die Grobfestlegung der eigenen Position wird maßgeblich davon beeinflusst, in welcher Form sich das Gesamtpaket einer kooperativ zu bewältigenden Angebotsleistung unter den Partnern zerlegen lässt. Man kann grundsätzlich zwischen horizontaler und vertikaler Zerlegung des Leistungsbündels unterscheiden (Roth 1977):

- bei *vertikaler* Zerlegung erfolgt eine Aufteilung eines Projektes in komplette Teilanlagen, Produktgruppen, Funktionseinheiten (Beispiel: Industrieanlage)
- bei *horizontaler* Schnittlegung wird jede Teilanlage in einzelne Teil-Funktionen oder Prozessabläufe zerlegt (z. B. Mechanik, Bau, Elektrik, Steuerung/Regelung usw.) und diese Leistungen für alle Teilanlagen gemeinsam von einem (bei sehr komplexen Anlagegütern von mehreren) Spezialisten erbracht.

Die Bedeutung dieser Grundsatzentscheidung, die durch den Nachfrager, seinen Consultant oder auch durch die Anbieterkoalition vorgenommen wird, kann kaum hoch genug eingeschätzt werden. Zum einen werden damit Schnittstellen festgelegt, an denen Qualitäts-, Termin- und andere Abstimmungsprobleme auftreten können. Zum anderen werden damit auch die Kooperations- und Koordinationserfordernisse bestimmt, die auftreten, wenn nach der Aufgabenverteilung eine Zusammenfügung zu einem vermarktungs- und funktionsfähigen Ganzen erfolgen soll. In den meisten Fällen wird eine vertikale Zerlegung nur bei sehr komplexen und heterogenen größeren Anlagen in Frage kommen. Hier erfolgt dann zumeist im zweiten Schnitt eine horizontale Zerlegung.

Jede zu kleinteilige Aufgliederung eines Investitionsobjektes schafft zusätzliche Schnittstellen. Diese sind Risikofaktoren und führen zu Koordinationskosten und ggf. weiteren Transaktionskosten. Andererseits lassen sich gelegentlich die Kostenvorteile spezialisierter Hersteller nutzen, wenn einzelne Teilleistungen aus einem Paket ausgegliedert werden. Es sind also im Einzelfall gegeneinander abzuwägen: Integralqualitätsvorteile und Senkung der Koordinationskosten gegen Spezialisierungsvorteile und andere Benefits (z. B. terminbezogene Vorteile der Arbeitsteilung).

Bei der Entscheidung, *welches* Unternehmen eine bestimmte Teilleistung übernimmt, spielen die im Folgenden genannten Kriterien der Partnerwahl die wichtigste Rolle. Eine zentrale Bedeutung hat die Frage, wer die Gesamtplanung des technischen und kaufmännischen Angebots übernehmen soll, die Gesamtleitung der Akquisition und die verantwortliche Leitung der Auftrags- bzw. Projektabwicklung. Die Entscheidung über die Geschäftsführung, gelegentlich auch als Federführung innerhalb der Anbietergemeinschaft bezeichnet, erfolgt:

a. nach der Dominanz bestimmter Komponenten im Rahmen einer Anlage (Beispiel: bei Kraftwerken Dominanz elektrotechnischer Anbieter),
b. nach der Dominanz von Verfahrens-Know-how (Beispiel: bei chemischen Anlagen Dominanz des Anbieters, der Verfahrensinhaber ist),
c. nach der Größe des Auftragsanteils und
d. nach der Dominanz kaufmännisch-organisatorischer Leistungsanteile.

Dabei entstehen zwei Besonderheiten: einige Unternehmen haben sich darauf spezialisiert, mit Anlagegütern bzw. komplexeren Anlagen zu „handeln". Das bedeutet: sie bieten die Abwicklung von Anlagenbau-Aufträgen an, ohne selbst (wesentliche) Herstellkapazitäten und oft auch ohne Kapazitäten für viele der erforderlichen Dienstleistungen zu besitzen. Sie beschränken sich z. B. auf die Planung der Gesamtkonzeption einer Anlage, auf die Akquisitionsaufgabe, die Abwicklungsüberwachung und die koordinierende Geschäftsführung. Evtl. notwendiges Verfahrens-Know-how wird auf Spezialanbieter ausgegliedert oder zugekauft.

Die zweite Besonderheit ist die Möglichkeit, für die im Wettbewerb besonders wichtige Aufgabe der Liefer- und Leistungskoordination Spezialanbieter zu integrieren (sachlich, personell, terminbezogen). Diese können z. B. Aufgaben des Projektmanagements übernehmen. Damit erhalten sie in einer Anbietergemeinschaft eine Schlüsselposition, die organisatorisch und vertragsrechtlich gesichert werden muss, damit der Gesamtverantwortlichkeit entsprechende Befugnisse gegenüberstehen. Von erheblicher Bedeutung ist es, unter Risikoaspekten die Leistungs- und Aufgabenaufteilung unter den Anbietern vertraglich zu fixieren und dabei mögliche Änderungen und Streitfälle zu regeln.

8.4.3.4 Die Entscheidung über den Kooperationspartner

Der Entscheidung über den/die Partner einer Projektkooperation sollte wegen der damit verbundenen Risiken eine umfassende und systematische Analyse zugrunde liegen, ähnlich wie sie im Rahmen formalisierter Lieferantenauswahl und -bewertung erfolgt. Dazu ist zumindest eine Checkliste der als wichtig erachteten Kriterien zu erstellen. Die folgende Prüfliste gibt einen Überblick über einige wichtige Kriterien, die im Zusammenhang mit der Auswahl von Partnern aus dem Kreis der in Frage kommenden Unternehmen analysiert werden sollten. Die Grundfrage, die zu stellen ist, lautet: Welcher Partner erfüllt am besten die Voraussetzungen für eine erfolgreiche Auftragsakquisition und/oder -abwicklung und die Voraussetzungen zur Anwendung der evtl. vorläufig in Betracht gezogenen Kooperationsform? Diese Frage ist im Hinblick auf die nachfolgend stichwortartig zusammengefassten Aspekte zu prüfen:

1. Ressourcen und Kapazitäten eines möglichen Partners:
   - technisch,
   - organisatorisch,
   - personell,
   - finanziell und
   - Know-how-bezogen (einschließlich Vertriebs-/Marketing-Know-how)
   - Reputation/Standing.

     Es ist also zu klären: Wo und wie kann ein Partner helfen
   - bei der Akquisition,
   - bei der Finanzierung,
   - bei den Kontakten vor Ort,
   - beim Projektmanagement sowie
   - bei After-Sales-Services?
2. Kundenvorgaben und -präferenzen:
   Die Wahl von Koalitionspartnern muss oft auf unabdingbare Vorgaben des Kunden Rücksicht nehmen. In manchen Fällen benennt der Kunde Konsortialpartner oder auch Unterlieferanten (im internationalen Geschäft als *„named subcontractors"*, *„nominated subcontractors"* bezeichnet). Gründe für solche Vorgaben liegen aus Kundensicht in bestehenden Geschäftsbeziehungen oder z. B. speziellen Kapazitäten des benannten Anbieters. Vor allem tritt dieser Fall auf, wenn im internationalen Marketing Nachfrager die Erfüllung von *Teilaufträgen im eigenen Land* verlangen (=*Local Content*; wenn es sich um Produktionsleistungen handelt: *Local Manufacturing*). Daneben ist zu prüfen, ob in Betracht gezogene Partner vom Kunden aufgestellte Präqualifikationsmerkmale erfüllen. In einzelnen Fällen werden bestimmte Partner gewählt, damit man gemeinsam Präqualifikationskriterien erfüllen kann (Engelhardt und Günter 1981, S. 126 ff.).
3. Leistungs- und Qualitätskriterien:
   - Liefer- und Leistungsqualität, -umfang und -abgrenzung,
   - Lokale Leistungen (Local Content/Local Manufacturing),
   - Dienstleistungen, insb. After-Sales-Services,
   - Finanzierungsleistungen,
   - Standardisierung(smöglichkeiten),
   - Nutzungsrechte, Schutzrechte (Patentlizenzen usw.),
   - Vertriebskapazitäten (u. a. Stützpunktfragen),
   - Verfügbarkeit von Kapazitäten, Liefertermine,
   - Ersatzteilversorgung und
   - Angebotsaufmachung und -präsentation.

4. *Kontakte und Erfahrungen des Partners* mit dem Kunden, ggf. zu dessen Consultants bzw. im Kundenland; Referenzen und Reputation beim Kunden, im Kundenland, in Drittländern.
5. Weitere Eigenschaften und erwartete Verhaltensweisen eines Partners, u. a.:
   - Risikobereitschaft; Risikoverteilung (z. B. Haftungsfragen),
   - Aufgabenteilung in Akquisition und Abwicklung,
   - Übernahme organisatorischer Funktionen (z. B. Geschäftsführung/Federführung),
   - Kostenteilung,
   - Bonität,
   - Währung,
   - Sprache und Kommunikation,
   - Übereinstimmung in Unternehmenspolitik und -kultur,
   - Kompatibilität mit weiteren Partnern, sowie
   - Politisches Umfeld des Partners.
6. Kooperationsbedingungen, z. B.:
   - Mögliche Vertragsformen,
   - Intensität der Zusammenarbeit,
   - Partnerbindung, Exklusivitätsvereinbarungen,
   - Laufzeit der Vereinbarungen und
   - Chancen für attraktive Folge-Kooperationen.
7. Eigene Erfahrungen mit bestimmten Partnern (z. B. bezüglich ihres preispolitischen Verhaltens).
8. Wettbewerbssituation und wettbewerbsstrategische Gesichtspunkte.
9. Risikoüberlegungen hinsichtlich des betrachteten Partners.

Das Ergebnis der Prüfung aller genannten Überlegungen wird eine Einengung des Kreises in Frage kommender Partner sein. Gegebenenfalls ist dieser Kreis durch Verhandlungen weiter zu reduzieren. Die Entscheidung über den Kooperationspartner geht damit in die Phase der vertraglichen Festlegung der Kooperation über.

8.4.4 Kooperationsrisiken und -verträge

Projekt- und andere Kooperationen ermöglichen die Überwindung von Zugangsbarrieren und die Bündelung von Stärken; sie bergen aber auch typische Risiken. Dabei dienen Kooperationen einerseits der Aufteilung und Begrenzung unternehmerischer Risiken. Andererseits bringen sie auch zusätzliche, neue Risiken mit sich. Ein Beispiel ist das Ausfallrisiko eines „schwachen" Partners im internationalen Geschäft.

Ein erster Faktor, der Kooperationen gefährdet oder ihren Erfolg unsicher erscheinen lässt, sind Widerstände einzelner Personen oder ganzer Organisationseinheiten gegen eine überbetriebliche Zusammenarbeit („barriers to cooperation"; Günter 1992, S. 801 ff.). Mit der Identifikation derartiger Hemmnisse ist die Aufgabe, Instrumente und Strategien

Tab. 8.6 Kooperationshemmnisse (Barriers to Cooperation)

1.	Mentalität „not invented here" bzw. „not produced here"
2.	Risiken des Know-how-Abflusses
3.	Geringe Affinität und mangelndes Vertrauen zu geeigneten Partnern
4.	Unzureichende vertragliche Klärung der Interessen und Verteilungsprinzipien
5.	Koordinationsaufwand
6.	Andere subjektiv wahrgenommene Risiken

zu entwickeln bzw. zu analysieren, die geeignet sein könnten, Kooperationsbarrieren zu überwinden. Die empirisch orientierte betriebswirtschaftliche Forschung hat bisher wenige generelle Antworten auf die Frage nach den Barrieren der Kooperation gefunden. Aus einer Vielzahl mosaikartiger Ergebnisse scheinen sich einige Aspekte immer wieder als Barrieren herauszuschälen (vgl. Tab. 8.6).

Die in Tab. 8.6 aufgezeigten Barrieren sind Hemmnisse für das Eingehen und/oder für das Weiterverfolgen von Kooperationen. Ihre Existenz beeinträchtigt bei bereits abgeschlossenen Projektkooperationen den Ablauf und wohl ebenso das Ergebnis. Auch die mit Kooperationen verbundenen Risiken, besonders auch von Entscheidungsträgern subjektiv empfundenen Unsicherheiten lassen sich als Barrieren interpretieren. Für Beschaffungsentscheidungen im Investitionsgütersektor wurde das *wahrgenommene Risiko* als Variable im Kaufentscheidungsprozess vielfach und eingehend diskutiert (synoptisch Gemünden 1985). Es liegt von daher nahe, neben möglichen „objektiv gegebenen Risiken" besonders das subjektiv empfundene Risiko („perceived risk") im Zusammenhang mit zwischenbetrieblichen Kooperationen als Hemmnis für eine Zusammenarbeit anzusehen (Günter 1992, S. 802 f.; Molter 1986). In einer subjektivistischen Betrachtung kann das von dem jeweiligen Entscheidungsträger empfundene Risiko als relevanter Einflussfaktor auf Kooperationsentscheidungen angesehen werden. Solche risikobehafteten Entscheidungstatbestände sind immer wieder die Partnerauswahl, die Abgrenzung der Aktivitätsbereiche, Haftungs- und Garantiefragen, Exklusivitätsklauseln und vertragsrechtliche Rahmenbedingungen sowie evtl. strategische Konsequenzen aus der Zusammenarbeit.

Vor allem in der praxisorientierten Literatur zum Anlagen- und System-Marketing werden vielfältige Risikokataloge vorgestellt. Das hängt wesentlich damit zusammen, dass die Thematik der Risikobegrenzung bei komplexen Investitionsgütersystemen mit beträchtlichem wertmäßigen Volumen, zumeist hohem Individualisierungsgrad und oft auch hohem Innovationsgrad von gravierender betriebswirtschaftlicher Bedeutung ist. In diesen Risikokatalogen (Höffken und Schweitzer 1991, S. 14 ff.; anders: VDI 1991) werden die Risiken, die aus der Vermarktung solcher Güter und Systeme entstehen, üblicherweise nicht unter dem Etikett subjektiv wahrgenommener Risiken behandelt. Die anschließend vorzunehmende Risikobeurteilung lässt jedoch deutlich erkennen, dass letztlich außer objektiv gegebenen auch die subjektiv wahrgenommenen Risiken entscheidungsrelevant sind, z. B. im Rahmen der Anfragenbewertung und Auftragsplanung (Backhaus 1980, S. 36; Heger 1988; sowie Kap. 1 und 2 in diesem Buch). Generell zeigen Befunde aus der Aufarbeitung

Tab. 8.7 Arten von Kooperationsrisiken bei horizontalen Projektkooperationen

A.	*Risiken aus Akquisition und Angebotserstellung*
	1. Partnerbedingtes Auftragserhalt-Risiko
	2. Risiko der Veränderung des angestrebten Eigenanteils
	3. Kooperationskosten-Risiko (Schnittstellen-Risiko)
	4. Risiko des Ausfalls/Auswechselns von Partnern
B.	*Risiken aus Abwicklung von Kundenaufträgen bei Auftragserhalt*
	1. Kooperationsbedingte Erfüllungsrisiken
	2. Risiken aus Schnittstellenänderungen
	3. Kooperationsbedingte Zahlungsrisiken
	4. Kooperationskosten-Risiko (Kooperationsmehraufwand)
	5. Risiko des Ausfalls/Auswechselns von Partnern
	6. Restrisiko aus Risikoabwälzungsmaßnahmen
C.	*Projektübergreifende Risiken*
	1. Risiken aus Know-how-Transfer
	2. Risiken aus Datentransfer bzw. Online-Kommunikation
	3. Imagerisiko durch Kooperationstatbestände

einschlägiger Risikokataloge in der Literatur, dass Risiken, die (erst) daraus entstehen, dass überhaupt Kooperationen eingegangen werden und eingegangen werden müssen – also etwa aus der Beteiligung an einem Konsortium zur Vermarktung einer Industrieanlage – nachhaltig unterschätzt werden. Dieser Typ von Risikofaktoren tritt in der Praxis immer wieder auf; seine Steuerung und Verteilung ist über sorgfältig geplante Kooperationsverträge möglich und erforderlich (VDI 1991; Chelsom 1989). Tabelle 8.7 zeigt – zusammengestellt aus in der Praxis ermittelten Befunden – einen Katalog von Kooperationsrisiken, deren Beachtung vor allem bei Projektkooperationen im industriellen Anlagengeschäft bedeutsam ist.

Die Prüfliste in Tab. 8.7 kann als ein „Fahndungsraster" verstanden werden, das Hinweise auf die verschiedenen Arten von kooperationsbedingten Risiken gibt. Sie ist daher auch Basis für die nachfolgende Entwicklung von Risikohandhabungsstrategien unter Partnern horizontaler Projektkooperationen (VDI 1991). Sie kann aber auch Anhaltspunkte dafür liefern, in welchen Zusammenhängen bei *anderen* Kooperationsformen Risiken identifiziert werden können, die in Kooperationsinteraktionen zu behandeln sind und dabei subjektiven Wahrnehmungen und Bewertungen unterliegen. So lässt sich z. B. vermuten, dass empfundene Kooperationsrisiken in einem direkten Zusammenhang mit der Bindungsintensität stehen, die ein Unternehmen einzugehen bereit ist. Von daher besteht auch ein Zusammenhang zur gelegentlich zu beobachtenden Stabilität einer Zusammenarbeit über die Zeit hinweg.

Projekt- und Kooperationsrisiken müssen in einer systematischen Weise identifiziert und dann gehandhabt werden. Formen der Handhabung sind: Risikotragung, Risikovermeidung, Risikosenkung und Risikoteilung bzw. -abwälzung. Instrument dazu ist die Vor-

Tab. 8.8 Drei Wege vertraglicher Festlegung bei Projektkooperationen

Der Kooperationsvertrags ist …	
Weg A:	… ein Bündel von losen, nicht unbedingt präzisen Einzelabsprachen; dieses „Paket" wird im Verlaufe der Kooperation ständig ergänzt und angepasst
Weg B:	… ein allgemeiner Grundvertrag (Rahmen), der erweitert wird um flexibel gehaltene Anlagen und Zusätze
Weg C:	… ein frühzeitig abgeschlossener, detaillierter Vertrag mit allen notwendigen Regelungen

entscheidung über den eigenen Auftragsanteil am Projekt; hierdurch werden bestimmte Risiken übernommen, andere vermieden. Entscheidendes Instrument der Risikohandhabung in Kooperationen ist jedoch das Vertragsmanagement (Kontrahierungspolitik; Günter 1995), das die Zusammenarbeit rechtlich wirksam sichert (VDI 1991, S. 138 ff.).

Die Sicherung ist erforderlich, da die Partner erhebliche Beträge in die Vorbereitung und Ausarbeitung des Angebotes investieren. Diese Aufwendungen einschließlich evtl. Tendergebühren und eventuell bereits erstellter Bid Bonds oder Bietungsgarantien sind verloren, wenn der Kooperationspartner sich so zurückziehen kann, dass man selber in die Gefahr gerät, das eigene Angebot entweder nicht rechtzeitig oder nicht vollständig beim Kunden einreichen zu können oder zurückziehen zu müssen. Basiert das eigene Konzept auf einem bestimmten technischen Verfahren oder Patent eines Kooperationspartners, der sich zurückziehen kann, so wird das eigene Angebot eventuell sogar komplett unmöglich. Zu dem materiellen Verlust der Projektaufwendungen kommt zweitens ein eventuell ganz erheblicher Prestige-Verlust dem Kunden gegenüber und eventuell sogar auf dem gesamten Markt.

Es ist also unbedingt erforderlich, wichtige Kooperationspartner frühzeitig rechtlich wirksam an sich zu binden – es sei denn, man erachtet es als wichtige strategische Option, so lange als möglich Flexibilität zu bewahren. Die frühzeitige Festlegung der Kooperationspartner kann aber auch den Wettbewerbsvorteil mit sich bringen, dass diese wegen der exklusiven Bindung an die eigene Unternehmung nicht mehr den Wettbewerbern zur Verfügung stehen.

Kooperationsvereinbarungen lassen sich schriftlich, mündlich oder auch fernmündlich treffen. Im einfachsten Fall wird nur die Zusammenarbeit als solche vereinbart, während man die weiteren Einzelheiten einer späteren Regelung oder den Regelungen des Gesetzes überlässt. Tabelle 8.8 stellt die drei Optionen der vertraglichen Festlegung von Projektkooperationen dar (VDI 1991, S. 142 f.).

Es stellt sich also die Frage, wie ausführlich eine Kooperationsvereinbarung sein soll. Bei einer Kooperation mit intensiven und komplexen, d. h. in aller Regel gesellschaftsartigen Beziehungen der Partner zueinander, muss die Kooperationsvereinbarung entsprechend ausführlich sein, will man späteren Konflikten vorbeugen. Wenn keine besondere Rechtsform der Kooperation vereinbart ist, gelten in Deutschland die Regelungen der §§ 705 ff. BGB (Bürgerliches Gesetzbuch). Diese Regelungen über die „Gesellschaft bürgerlichen Rechts" sind genereller Art und gehören zum dispositiven Recht, d. h. sie sind nicht zwingend vorgeschrieben, sondern stehen zur Disposition der Gesellschafter (Kooperationspartner). Dadurch bieten sie einerseits die Möglichkeit, dass die Partner ihre Zusammenarbeit flexibel den Erfordernissen des jeweiligen Projektes anpassen können. Andererseits ist dadurch eine weitergehende Abstützung auf einen „gesetzlichen Hintergrund" nicht möglich.

Zum Beispiel sieht § 706 BGB vor, dass alle Partner die gleichen Beiträge, d. h. Leistungen zu erbringen haben. Gemäß § 708 BGB haften die Partner einander nur für diejenige Sorgfalt, die sie in eigenen Angelegenheiten anzuwenden pflegen. Da die Lieferungen und Leistungen der einzelnen Partner sowie die Haftung untereinander und nach außen die beiden zentralen Themen jedes größeren Kooperationsvorhabens sind, ergibt sich auch daraus erneut die zwingende Notwendigkeit für die vertragliche Festlegung der Kooperationsvereinbarung, hier in Form umfangreicherer Haftungsklauseln in z. B. Konsortialverträgen. Die Beschreibung der Lieferungen und Leistungen der Partner muss wegen ihres Umfanges oft in einer gesonderten Vertragsanlage spezifiziert werden.

Bei Kooperationsvorhaben mit ausländischen Partnern befindet man sich verstärkt in dieser Situation. Oft kann die Geltung deutschen Rechts nicht durchgesetzt werden. Das Landesrecht des Partners oder ein neutrales, z. B. Schweizer Recht, wird vereinbart. Aber auch dort finden sich kaum geeignetere Vorschriften als die §§ 705 ff. BGB sie zur Verfügung stellen. Da das speziell im deutschen Recht sehr stark entwickelte Prinzip von „Treu und Glauben" in ausländischen Rechtsordnungen zumeist eine wesentlich schwächere Wirksamkeit hat, ergibt sich auch unter diesem Blickwinkel die Notwendigkeit der vertraglichen Festlegung von Kooperationsvereinbarungen.

Das Vertragsmanagement kann an dieser Stelle nicht in seinen Details behandelt werden; allerdings widmet sich Kap. 5 dieses Buches diesem Thema. Hinweise zur Aufteilung von Leistungen und Risiken gibt der Abschnitt zu den Organisationsformen der Anbieterkoalition (Günter 1995). An dieser Stelle soll lediglich das Problem der Exklusivitätsregelung in einer Projektkooperation angesprochen werden. Zur Frage, ob ein Kooperationspartner daran interessiert ist, sich bzw. andere exklusiv zu binden, zeigt Tab. 8.9 schematisch, welche Interessenlagen sich bei ganz bestimmten Kapazitätskonstellationen typischerweise ergeben (VDI 1991, S. 146). Tabelle 8.10 stellt die Argumente für und gegen exklusive Bindung an eine bestimmte Kooperationskonstellation gegenüber.

8.4.5 Kooperatives, überbetriebliches Projektmanagement

Erhält ein Anbieter oder eine Anbieterkoalition einen angestrebten Projektauftrag, so stellen sich vor allem folgende *kooperativ* zu bewältigende Aufgaben:

- evtl. Konkretisierungsverhandlungen mit dem Kunden (technisch, kaufmännisch),
- Beschaffung, in Einzelfällen Fertigung und Transport, Montage, Inbetriebnahme, sowie
- begleitende Dienstleistungen, einschl. Finanzierung.

Tab. 8.9 Die Interessenlage bezüglich einer Exklusivitätsklausel

	Fall A Kapazitäten des Partners sind substituierbar	Fall B Kapazitäten des Partners sind nicht substituierbar
Aus der Sicht der Nachfrager-Seite (z. B. Generalunternehmer)	Kein Interesse an Exklusivität	Interesse an Exklusivität
Aus der Sicht der Anbieter-Seite (z. B. Unterlieferant)	Interesse an Exklusivität	Kein Interesse an Exklusivität

Tab. 8.10 Vor- und Nachteile von Exklusivitätsklauseln

Vorteile der Bindung	Sichern eines attraktiven Partners
	Erhöhte Planungssicherheit
	Risikominderung, z. B. im Hinblick auf Know-how- und Datenschutz
	Senkung bestimmter Kosten
Nachteile der Bindung	„Suboptimale“ Wahl der Kooperationspartner
	Inflexibilität

In jedem Fall entstehen hohe Koordinationserfordernisse, wenn Gesamtleistungen auf mehrere Lieferanten aufgeteilt werden. Leistungs-, Termin- und Zahlungskoordination müssen straff organisiert sein. Dazu hat sich das Projektmanagement als effiziente Organisationsmethode erwiesen (siehe hierzu Kap. 7 in diesem Buch sowie z. B. Bea et al. 2011). Bei größeren Anlagenprojekten muss ein überbetriebliches Projektmanagement unter Leitung eines sog. „*Managing contractors*“ die Koordinations-, Steuerungs- und Überwachungsaufgaben übernehmen, um die Schnittstellenrisiken zu verringern. In der Regel wird die Projektleitung bei einem Projektmanager des technischen bzw. des kaufmännischen Geschäftsführers (Federführer) liegen, wenn das Projekt konsortial bearbeitet wird. Es ist aber auch eine *Buy*- statt *Make*-Entscheidung möglich – vergleichbar dem *Outsourcing* (Günter und Kuhl 1995). Dabei werden Projektkoordination und -überwachung von externen Dienstleistern zugekauft. Diese bei größeren Bau- oder Infrastrukturprojekten häufig auftretende externe Projektsteuerung kann Spezialisierungsvorteile aufweisen, Kapazitätsengpässe vermeiden helfen und ist im Einzelfall auch einfacher verantwortlich zu machen.

Nach Auftragserhalt können ebenfalls häufig noch weitreichende Kooperationsentscheidungen die Zusammenarbeit und ihre Inhalte verändern. Falls es sich als unumgänglich erweist, müssen Angebotspartner ausgewechselt werden, z. B. wenn Zuliefertermine nicht eingehalten werden können. Mögliche Änderungen der zu erbringenden Leistung bzw. im Vertrag mit dem Kunden (der auf dem abgegebenen Angebot basiert) sind daher in einer als Änderungsdienst bezeichneten Klausel des Anlagenvertrages vorsorglich zu regeln. Entsprechend muss im Kooperationsvertrag der Anbieterkoalition eine Änderungsklausel reibungslose Anpassungen ermöglichen. Damit soll nachdrücklich auf die Notwendigkeit hingewiesen werden, den internen Kooperationsvertrag, der das Innenverhältnis in der Anbieterkoalition regelt, an den Bedingungen des Kundenvertrages auszurichten. Ist das nicht der Fall, so können z. B. Vereinbarungen mit dem Kunden über Termine oder Gewährleistungen, die *nicht* unter den Konsortialpartnern geregelt und entsprechend festgelegt sind, zu Kompetenzstreitigkeiten, Leistungslücken, Lieferverzögerungen, Haftungstatbeständen, Mehrkosten und Ertragsminderungen führen (Molter 1986).

8.4.6 Beendigung der Projektkooperation und Folgewirkungen

Ein Kooperationsvertrag endet durch Erfüllung aller im Innenverhältnis zwischen den Partnern eingegangenen Verpflichtungen (VDI 1991, S. 252 ff.). Dafür wird bei Marketing-Kooperationen in aller Regel die Erfüllung der Verpflichtungen im Außenverhältnis gegenüber dem Kunden zur Voraussetzung gemacht. Daneben lassen Kooperationsverträge eine Beendigung durch vorzeitige Kündigung zu. Ferner ermöglichen besondere Umstände, z. B. Konkurs eines Partners, eine Beendigung der Projektkooperation.

Die Beendigung durch Erfüllung ist in § 362, Absatz 1 BGB geregelt. Wann ein Vertrag erfüllt ist, hängt vom Vertragstyp ab. Die Feststellung der Vertragserfüllung setzt die Analyse der vertraglichen Vereinbarungen und des Vertragstyps nach dem jeweiligen anwendbaren Recht voraus. Selbst wenn ein Kooperationsvertrag durch Erfüllung erlischt, können nachvertragliche Verpflichtungen be- oder entstehen, die den Fortbestand einer Kooperationsbeziehung zur Folge haben (Gewährleistungsansprüche, Nebenverpflichtungen wie z. B. Geheimhaltungsverpflichtungen oder die Verpflichtung, ein Schutzrecht aufrechtzuerhalten und zu verteidigen). Es können auch weitere Verpflichtungen hinzukommen, die sich z. B. aus dem Umweltschutz- oder Produkthaftpflichtrecht ergeben. Die Leistungserfüllung ist also nicht notwendigerweise in allen Fällen das „natürliche Ende" einer Kooperation.

Kundenverträge enthalten üblicherweise Kündigungs-, zuweilen Rücktrittsklauseln, die den Kunden berechtigen, den Vertrag entweder für die Zukunft (meist mit sofortiger Wirkung) zu kündigen oder – im Falle des Rücktritts – ihn rückwirkend aufzuheben. Kooperationsinterne Regelungen sehen zumeist ähnliche, wenn nicht weiter gefasste Vereinbarungen zur vorzeitigen Beendigung der Kooperation vor. Beendet der Kunde gegenüber einem Generalunternehmer vorzeitig den Liefervertrag, so will dieser sicher sein, dass er seinerseits die entsprechenden Unterlieferantenverträge ebenso beenden kann. Konsortialverträge enthalten üblicherweise zwei gesonderte Regelungen der vorzeitigen Vertragsbeendigung. Beendet der Kunde den Vertrag mit dem Konsortium, so endet der Konsortialvertrag, und die Regelungen des Kundenvertrages über Feststellung des Leistungsstandes im Vergleich zu geleisteten Zahlungen gelten konsortialintern entsprechend für den internen Ausgleich. Die andere übliche Regelung sieht das Recht der Konsorten vor, einen Konsorten aus dem Konsortium auszuschließen, wenn dieser z. B. seine Leistungsverpflichtungen schwerwiegend verletzt.

Jenseits von Überlegungen zur Beendigung einer Projektkooperation ist auf längerfristige Konsequenzen aus kooperativ erbrachten Angebots- und Auftragsbearbeitungen hinzuweisen. Der erfolgreiche oder weniger erfolgreiche Verkauf eines komplexen Investitionsgutes hat u. a. Folgen für das Image eines Anbieters. Die Anlagenerstellung wird zur Referenz, die für spätere Projekte in der Kommunikationspolitik genutzt werden kann. Die Kooperationsnotwendigkeit führt dazu, dass Image- und Referenzwirkungen auch von guter oder weniger guter Leistungserfüllung der Kooperations*partner* abhängen.

Erfolgreiche Projektabwicklungen erhöhen für den Lieferanten, der damit bei einem bestimmten Kunden bzw. in einem Nachfragerland *In-supplier* wird, die Chancen, bei Folgeaufträgen gegenüber einem *Out-supplier* vorgezogen zu werden.

Schließlich haben positive Kooperationserfahrungen bei einem Anlagenprojekt Konsequenzen für spätere Zusammenarbeit. Diese Erfahrungen, die Klärung von Schnittstellenproblemen und die verbesserte Information über den Angebotspartner (= Risikominderung) führen in vielen Fällen dazu, dass bei späteren Projekten bekannte Partner nach Möglichkeit vorgezogen werden. Damit erweisen sich Kooperationsentscheidungen bei Investitionsgüterangeboten nicht nur als fallweise bedeutsames, sondern auch als marketingstrategisch wirksames Instrument.

8.5 Projektkooperation in Anbieterkoalitionen

Aus der bisherigen Betrachtung der Struktur und des Ablaufs von Projektkooperationen in Abschn. 8.4 wurde das Thema der Organisationsform einer Projektkooperation herausgelöst; es wird im folgenden Abschn. 8.5 behandelt, weil Umfang und Tragweite der Entscheidungen besondere Überlegungen zu den verschiedenen Formen von Anbieterkoalitionen erfordern (Günter 1977 und 1979a).

In bestimmten Wirtschaftszweigen wie etwa dem industriellen Anlagengeschäft sind für die Auftragserlangung und Projektabwicklung meist mehrere Anbieter notwendig, um den vom Kunden geforderten Leistungsumfang anbieten zu können und den Auftrag abzuwickeln. Aus diesem Grund schließen sich zwei oder mehrere Anbieter zu einer Anbieterkoalition zusammen, um ein gemeinsames Angebot für ein System oder eine Anlage abzugeben und bei Auftragserhalt den Auftrag auch abzuwickeln. Die typischen Wege, im Anlagengeschäft und bei Bauprojekten projektbezogene Kooperation zu organisieren, sind sogenannte Anbietergemeinschaften, für die sich auch der Begriff der *Anbieterkoalition* eingebürgert hat (Günter 1977). Derartige Kooperationsformen beruhen auf vertraglichen Beziehungen zwischen den Partnern, in denen die Aufteilung der Lieferungen und Leistungen, der Gegenleistung des Kunden, der Haftung und anderer Risiken geregelt wird.

Projektbezogene Anbieterkoalitionen werden überwiegend in vier Grundformen der Organisation realisiert (Günter 1979a; Lemiesz 1978; Hautkappe 1986; Backhaus und Voeth 2010, S. 351 ff.):

- als Generalunternehmerschaft mit Unterlieferanten,
- als offenes Konsortium,
- als stilles Konsortium und
- als Arbeitsgemeinschaft (vor allem im Baugewerbe).

Daneben kommen die Form der Europäischen Wirtschaftlichen Vereinigung (EWIV) und gelegentlich andere in Betracht. Die Entscheidung über eine dieser Formen fällt, wenn nicht von einem Projektkunden eine zwingende Vorgabe gemacht wird, als Konsequenz aus der angestrebten Projektaufteilung auf die ins Auge gefassten Kooperationspartner. Dem einzelnen Partnerunternehmen stehen folgende Rollen zur Verfügung:

- Generalunternehmer („general contractor", „main contractor"),
- Konsortialpartner, entweder als Konsortialführer (Federführer) oder als Konsortialpartner (einfacher Konsorte)
  - in einem offenen Konsortium oder
  - in einem stillen Konsortium,
- Partner in einer Arbeitsgemeinschaft, sowie
- Unterlieferant (Sub-Unternehmer, „subcontractor") gegenüber einem Generalunternehmer oder einem Konsortialpartner.

In diese Funktions- und Rollenentscheidung müssen auch die zu erwartenden Wünsche und Vorstellungen des Projektkunden sowie möglicher Kooperationspartner einbezogen werden.

8.5.1 Generalunternehmerschaft

Bei der *Generalunternehmerschaft* trägt ein einzelnes Unternehmen die Gesamtverantwortung für Planung, Steuerung und Abwicklung eines Anlagenprojektes (vgl. schematisch Abb. 8.3). Der Generalunternehmer, auch als „general contractor", „prime contractor" oder „main contractor" bezeichnet, schuldet allein dem Kunden die Erbringung der Gesamtleistung und haftet als einziger gegenüber dem Kunden. Der Generalunternehmer beauftragt seinerseits im eigenen Namen und auf eigene Rechnung weitere Anbieter mit der Erbringung von Leistungen. Dies geschieht teilweise mit Kenntnis oder gar auf Veranlassung des Auftraggebers. Die vom Generalunternehmer beauftragten Anbieter stehen in einem Unterlieferanten-Verhältnis zu ihm. Unterlieferanten werden auch als Sublieferanten oder „subcontractors" bezeichnet. Dennoch lässt sich hier von einer Anbieter*koalition* sprechen, da der Generalunternehmer seine Aufgaben nur in enger Zusammenarbeit mit den Unterlieferanten ausüben kann. Außerdem treten Sublieferanten in Einzelfällen auch in direkte projektbezogene Kontakte mit dem Anlagen-Nachfrager, so dass auch in dieser Beziehung eine Gruppe von Lieferanten gemeinsam betrachtet werden muss. Die Verantwortlichkeit

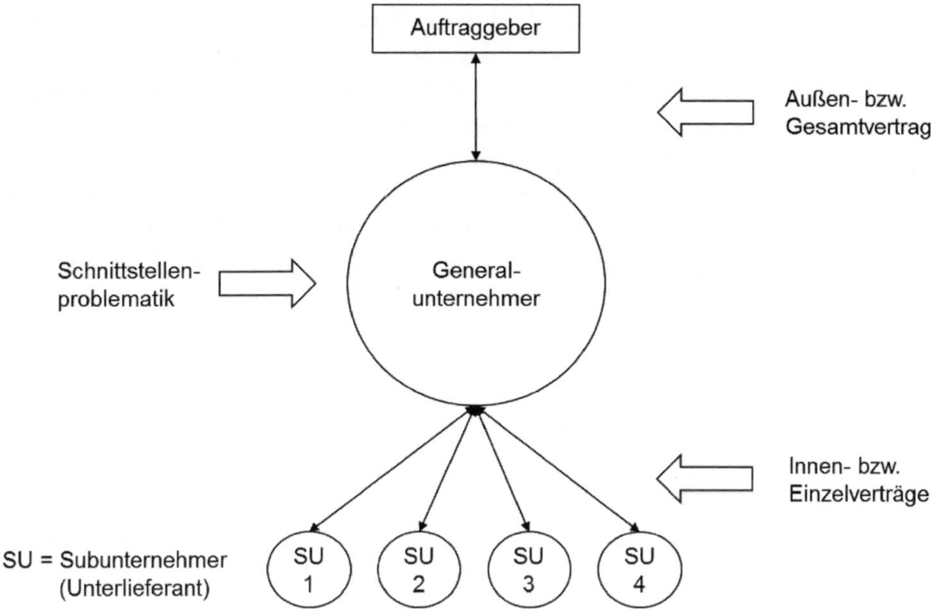

Abb. 8.3 Generalunternehmerschaft mit Unterlieferanten (VDI 1991, S. 34)

für das Gesamtprojekt wird jedoch auf Wunsch und im Interesse des Kunden („Paket aus einer Hand, von einem Ansprechpartner") beim Generalunternehmer zentralisiert.

Aus dem Kreis möglicher Koalitionspartner kommt als Generalunternehmer dasjenige Unternehmen in Betracht, das in der Lage ist,

- die Gesamtprojektierung zu erstellen und/oder
- Akquisitionsleitung und Projektmanagement zu übernehmen und/oder
- den wesentlichen Lieferanteil hinsichtlich Wert/Umfang oder hinsichtlich zentraler Elemente einzubringen, das also über die „core competence" verfügt, die ein Projekt prägt. Dabei werden Bauleistungen oft ausgenommen; bei industriellen Anlagen fungiert im Gegensatz zu Verkehrs- u. a. Bauwerken nie ein Bauunternehmen als Generalunternehmer.

Von besonderer Bedeutung ist die Dienstleistung, die in der Integration aller Teilleistungen zu einer geschlossenen Großanlage besteht. In dem dafür notwendigen Abwicklungs-Know-how liegt die Stärke des Generalunternehmers, weniger in seinen Lieferanteilen. Diese können etwa bei Engineeringfirmen minimal sein.

Beachtliche Vorteile der Generalunternehmerschaft sind darin zu sehen, dass der Generalunternehmer in hohem Maße den Eigenleistungsanteil an einem Projekt bestimmen kann und in der Planung und Realisierung einer technischen und ökonomischen Konzeption erhebliche Spielräume besitzt. Diese sind deutlich größer als bei anderen Formen von Anbieterkoalitionen. Auf der anderen Seite wachsen dem Generalunternehmer erhebliche Risiken zu, die teilweise betriebsfremd sein können und keineswegs immer durch die zusätzliche Vergütung sowie durch die Möglichkeit der Einflussnahme auf das Gesamtprojekt aufgewogen werden. Derartige Probleme entstehen in der Regel dort, wo Schnittstellen zwischen den verschiedenartigen Leistungen der Sublieferanten bzw. zwischen diesen und den Leistungen des Generalunternehmers entstehen (sog. Differenzrisiken). Sowohl im Leistungsbereich als auch im Entgelt- und Kontrahierungsbereich (Vertragspolitik) entstehen in der Regel „Lücken", deren Schließung Hauptaufgabe des Generalunternehmers ist. Hier ist Schnittstellenmanagement erforderlich.

Beispiel 2

Der Kunde verlangt eine Garantiezeit von zwei Jahren; Sublieferant A gesteht diese für seinen Leistungsanteil zu, Sublieferant B konzediert maximal ein Jahr. Der Generalunternehmer muss notfalls durch Garantieübernahme diese Diskrepanz beseitigen. Der Generalunternehmer kann versuchen, solche Risiken auf ihm verantwortliche Unterlieferanten abzuwälzen. Dies wird jedoch keineswegs immer möglich sein, vor allem wird vom Kunden allein der Generalunternehmer zur Verantwortung gezogen. Ob dieser seinerseits Regress bei den Sublieferanten finden kann, hängt im Einzelfall von der Vertragsgestaltung zwischen Generalunternehmer und Unterlieferant ab.

In der Akquisition, Angebotsplanung und Abwicklung sieht sich der Generalunternehmer vielfältigen Entscheidungs- und Koordinationsproblemen und enormen Risiken gegenüber. Seine Angebotsplanung muss mögliche Koordinationsschwierigkeiten in späteren Phasen berücksichtigen, um Risiken zu mindern, die dem Generalunternehmer aufgrund seiner alleinigen Verantwortung gegenüber dem Auftraggeber entstehen. Einige dieser Problemfelder sollen hier beispielhaft angesprochen werden (Nicklisch 1984):

- Der Generalunternehmer stößt auf Schwierigkeiten der Projektabwicklung, wenn einzelne seiner Kooperationspartner (Sublieferanten) nicht rechtzeitig oder nicht entsprechend den Anforderungen liefern. Die durch evtl. Lieferverzug eines einzelnen Sublieferanten entstehenden Folgen für das Gesamtprojekt können dem Verursacher kaum voll aufgebürdet werden.
- Die Gewährleistungsfrist für Teilleistungen kann abgelaufen sein, bevor die entsprechenden Fristen für die Gesamtanlage überhaupt beginnen. Hier muss die Vertragspolitik einsetzen und eine Koordination herbeiführen.
- Probleme der Abstimmung der Kunden-Zahlungen mit den Zahlungen des Generalunternehmers an die Sublieferanten (Übernahme oder Ausschluss der Delkrederehaftung des Generalunternehmers).
- Vereinbarungen über Schiedsgerichtsentscheidungen und andere Konfliktlösungsmechanismen können zwischen den Beteiligten stark auseinanderfallen.
- Abgrenzung und Zurechnung der Gewährleistungsverpflichtungen und der Haftung (Pönale, Vertragsstrafen) machen oft große Schwierigkeiten.

- Werden von Sublieferanten bei der Erstellung seiner Teilleistungen Schäden am Gesamtprojekt bewirkt, so haftet grundsätzlich zunächst der Generalunternehmer dem Kunden. Die Möglichkeit des Regresses beim Schadensverursacher ist oft in Anbetracht der Unverhältnismäßigkeit von Schaden und Lieferung oder infolge der Unternehmensgröße des Sublieferanten kaum gegeben.
- Es kommen für den Generalunternehmer zusätzliche finanzielle Belastungen hinzu, z. B. Bankgarantien, Bevorschussungen von Transportkosten, Zollauslagen, Erstattung von Hafengebühren etc.
- Die Durchführung der Generalunternehmerschaft setzt ein Projektmanagement voraus, das hochqualifizierte Kräfte bindet und ebenso ein Kapazitätsproblem aufwirft wie die Fertigung.

Das Entgelt, das für die Übernahme einer Generalunternehmerschaft gezahlt wird bzw. vom Kunden gezahlt werden muss (durchschnittlich ca. 10–15 % des Auftragswertes), kann evtl. die besonderen Risiken und Kosten nicht aufwiegen. Eine Generalunternehmerschaft kommt vor allem bei schlüsselfertigen Anlagen (Turnkey-Projekten) in Betracht bzw. in Fällen, bei denen die Teilleistungen nicht klar abgrenzbar sind und daraus für den Nachfrager erhebliche Risiken entstehen können. Häufig wird sie nur auf dringenden Wunsch des Kunden übernommen, dem Know-how fehlt (z. B. in Entwicklungsländern) oder der eine klare Verantwortungszuständigkeit wünscht.

Der Generalunternehmer kann versuchen, die Risiken durch vertragliche Vereinbarungen auf die Sublieferanten abzuwälzen. Wie die aufgeführten Beispiele von auftretenden Problemen zeigen, kann dies im Einzelfall auf erhebliche Schwierigkeiten treffen.

8.5.2 Offenes Konsortium

Das *Konsortium* ist eine spezielle Form der Werkgemeinschaft. Dabei schließt sich eine begrenzte Anzahl von rechtlich und meist auch wirtschaftlich selbständigen Unternehmen (*Konsortialpartner*, *Konsorten*) mit gleichen und/oder sich ergänzenden Arbeitsgebieten zu einer objektbezogenen und damit zeitlich begrenzten Kooperation zusammen.

Im Falle des offenen Konsortiums kommt es zu einem Vertrag eines Projektkunden nicht mit einzelnen Anbietern, sondern mit dem Konsortium. Das heißt, das *Konsortium* erscheint als Auftragnehmer (vgl. schematisch Abb. 8.4). Sofern im Vertrag mit dem Kunden nicht explizit davon abgewichen wird, haftet jeder Konsorte gesamtschuldnerisch. Gesamtschuldnerische Haftung bedeutet, dass jeder Konsortialpartner im Außenverhältnis voll für die Erfüllung der Gesamtleistung, d. h. nicht nur seines eigenen Anteils, haftet. Der Kunde kann jeden einzelnen Konsorten zur Erfüllung seiner Ansprüche aus dem Vertrag über das Projekt bezüglich Gewährleistung, Schadenersatz, Pönale etc. heranziehen.

Ein Konsortium wird meist in Form einer BGB-Gesellschaft nach §§ 705 ff. BGB betrieben, bei der eines der beteiligten Unternehmen als Konsortialführer (sog. „Federführer")

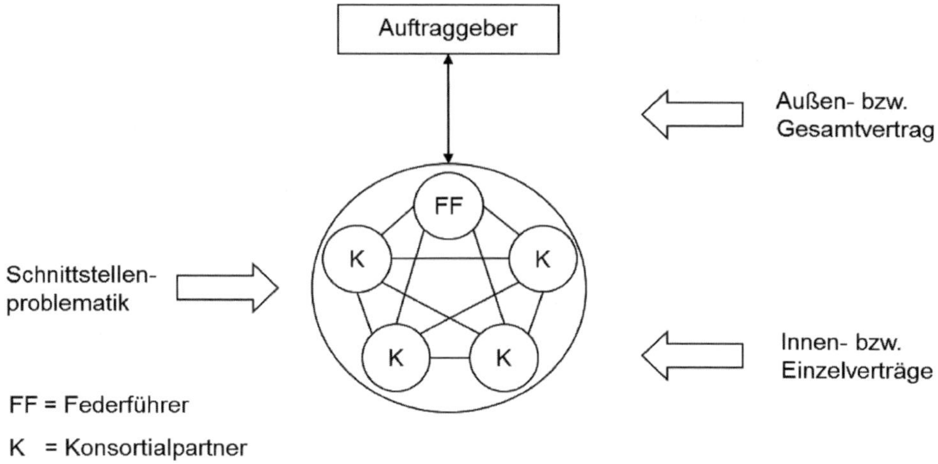

Abb. 8.4 Das offene Konsortium (VDI 1991, S. 37)

auftritt und die technische und administrative Geschäftsführung übernimmt. Dafür erhält dieses Unternehmen ein Entgelt von den anderen Konsorten.

Die Konsortialpartner schließen untereinander einen Konsortialvertrag ab, in dem die Rechte und Pflichten jedes einzelnen Anbieters geregelt werden (vgl. Tab. 8.11). Der Vertrag regelt u. a. die Definition und Abgrenzung der Liefer- und Leistungsanteile für jeden Konsorten einschließlich eventueller Änderungsregeln. Dabei muss eine sog. Vollständigkeitsklausel Berücksichtigung finden, durch die in genereller Form festgelegt wird, wie zu verfahren ist, wenn unbeabsichtigt Lücken in den Leistungsbeschreibungen und -abgrenzungen auftreten. Ferner ist auf Regelungen zu achten hinsichtlich Haftung und Gewährleistung bei Ansprüchen des Kunden, bei Ansprüchen Dritter, bei Ansprüchen der Konsorten untereinander sowie bei unklaren Fällen, in denen beispielsweise der Verursacher nicht oder nicht unmittelbar feststellbar ist. Weiteren Regelungsbedarf zeigt Tab. 8.11 (Horn 1986; VDI 1991).

Die Bildung eines Konsortiums erfolgt vor oder – häufiger – nach der Auftragsvergabe, evtl. auch bereits im Stadium der Vorprojektierung des Vertragsobjektes. Für die Akquisition und Angebotsplanung erscheint es wichtig, dass bereits sehr früh eine Fühlungnahme zwischen potentiellen Konsortialpartnern erfolgt, nicht zuletzt, um an den Bemühungen einzelner Unternehmungen um bestimmte Großaufträge frühzeitig partizipieren und einen gewissen Einfluss ausüben zu können. Eine im Einzelfall zu regelnde Frage ist die Aufteilung der Angebotskosten. Sie muss im Konsortialvertrag ebenso geregelt werden wie die Fülle anderer Belastungen, die das Projekt insgesamt betreffen und den Konsortialpartnern zugerechnet werden müssen.

Die Gründe, die Anbieter zur Bildung eines Konsortiums veranlassen, können sehr vielfältig und bei den einzelnen Beteiligten sehr unterschiedlich sein:

Tab. 8.11 Die wesentlichen Inhalte eines Konsortialvertrages

1.	Ziel und Partner des Konsortiums
2.	Definition und Abgrenzung der Liefer- und Leistungsanteile für jeden Konsorten mit evtl. Änderungsregeln inkl. Vollständigkeitsklausel
3.	Haftung und Gewährleistung bei Ansprüchen des Kunden aufgrund nicht vertragsmäßiger Leistung eines oder mehrerer Konsorten durch Verzug, Schlechterfüllung, Nichterfüllung bei Ansprüchen Dritter bei unklaren Fällen (wenn der Verursacher fraglich ist)
4.	Geschäftsführung („Federführung"): Aufgaben einschl. Begrenzungen, Kosten („Federführungsgebühr"), Haftung
5.	Allgemeine Pflichten der Konsorten, z. B. Informations- und Mitwirkungspflichten
6.	Angebotserstellung, Projektorganisation und -abwicklung, Terminplanung
7.	Konsortialversammlung und Abstimmungsmodalitäten
8.	Finanzierung und Erbringung von Sicherheitsleistungen (Bonds, z. B. Bid Bonds = Bietungsgarantien und Performance Bonds = Leistungsgarantien)
9.	Versicherungen
10.	Finanzielle Abwicklung (Zahlungen) und Rechnungslegung
11.	Exklusivitätsvereinbarung (ggf.)
12.	Schiedsgericht und anzuwendendes Recht
13.	Formalbestimmungen (Vertragsdauer, Ausscheiden oder Ausschluss von Konsorten, Kündigung, Geheimhaltung usw.)

- Naheliegend ist zunächst die aufgrund der Spezialisierung notwendige Arbeitsteilung hinsichtlich der Leistungsbereiche. So kommt es in der Regel zum Zusammenwirken von Unternehmungen des Bau-, Maschinenbau- und Elektrosektors.
- Übersteigt das Projekt eine gewisse Größenordnung, so ist schon aus Kapazitätsgründen eine Beteiligung weiterer Anbieter notwendig. Dabei ist es oft geraten, diese Partner voll verantwortlich zu machen und konsortial zu beteiligen. Die Projektgröße wirkt sich nicht nur auf den Leistungsumfang aus, sondern auch auf Art und Umfang der Risiken, die dann eine Haftungsteilung nahelegen. Ähnliche Konsequenzen in Richtung auf konsortiale Kooperation können bei besonders hoher Komplexität des Projektes sowie bei zu geringem Know-how der einzelnen Unternehmungen im funktionalen wie im Abwicklungsbereich gezogen werden.
- Wird die Erstellung einer Anlage vom Abnehmer in relativ kurzer Frist verlangt, kann auch dies den konsortialen Zusammenschluss notwendig machen, insbesondere dann, wenn eine Ausweitung der Kapazität nicht möglich ist oder unter langfristigen Beschäftigungsaspekten zu risikoreich erscheint.
- Hohe Kosten bei der Akquisition und Auftragserlangung können eine Bündelung von Kräften erforderlich machen. Ebenso kann die Nutzung von bestimmten Absatzmarktkenntnissen und Kundenbeziehungen eine Rolle spielen.

- Einen nicht unwichtigen Einfluss auf die Konsortialbildung üben finanzielle Aspekte aus. Zunächst können Bietungsgarantien fällig werden, welche eine Belastung darstellen, die – auf mehrere Schultern verteilt – leichter zu tragen ist. Ferner kommt unter Umständen ein erheblicher Mittelbedarf bei Vorleistungen, Investitionen, Baustelleneinrichtungen etc. zustande, der ebenfalls eine Aufteilung nahelegt. Schließlich können die Kreditwünsche des Abnehmers ein Konsortium herbeiführen, insbesondere wenn mit Hilfe ausländischer Konsortialpartner die Exportfinanzierung und -förderung anderer Staaten genutzt werden kann. Letzteres gilt auch für Exportkreditversicherungen. Die konsortiale Beteiligung von ausländischen Partnern wird in solchen Fällen zum Instrument der Sicherung günstiger Finanzierungs- und Kreditversicherungskonditionen.
- Eine weitere Eigenschaft, ein Vorteil des Konsortiums, liegt darin, dass es jedem einzelnen Konsorten ein weit höheres Maß an Mitwirkung und Mitbestimmung bei den Kundenverhandlungen sowie bei der Leistungs- und Risikoaufteilung ermöglicht als beispielsweise die Rolle eines Unterlieferanten im Falle der Generalunternehmerschaft.

Die Wahl geeigneter Partner für ein Konsortium stellt eine der zentralen betriebswirtschaftlichen Kooperationsfragen dar (vgl. auch Abschn. 8.4.3.3 und 8.4.3.4; VDI 1991, S. 93 ff.). Innerhalb eines Konsortiums engagiert sich ein Anbieter weit stärker als im Falle des Unterlieferantenstatus. Er muss daher besonders auf die Auswahl geeigneter Partner achten, vor allem auf deren Know-how und Reputation, ihre Bonität und Solidität sowie auf eigene bzw. fremde Erfahrungen und die Einschätzung der Konfliktmöglichkeiten. Gerade auch vor diesem Hintergrund finden sich bestimmte Konsortialpartner immer wieder zu Projektkooperationen zusammen. Dabei spielen nicht nur die Überwindung bestimmter technischer Schnittstellenprobleme (Sicherung technischer Kompatibilität, betriebswirtschaftlich generell: der *Integralqualität*) eine Rolle, sondern auch bisherige Erfahrungen mit der gemeinsamen Abwicklung von Projekten einschließlich der dabei auftretenden Schwierigkeiten.

Die Interessenabstimmung kann innerhalb einer derartigen Anbieterkoalition außerordentlich schwierig werden, insbesondere wenn die Auftragslage der beteiligten Unternehmungen unterschiedlich ist. Dementsprechend wird auch ihr Interesse divergieren, einen bestimmten Auftrag zu erlangen (evtl. sogar durch Zugeständnisse an den Kunden), bestimmte Leistungsteile für sich zu reservieren oder bestimmte Preisvorstellungen durchzusetzen. Auch die zeitliche Koordination der Leistungen sowie die Abstimmung der Preisfindung (Formulierung eines Gesamtangebotspreises bei unterschiedlichen Preisstrategien der einzelnen Partner) können zu Schwierigkeiten führen. Know-how, Image/Reputation, Bonität, Solidität, die Minimierung von Schnittstellenproblemen sowie ein möglichst geringes Konfliktpotential (Unternehmenskulturen, Verträglichkeit der Produkt-, Preis- Distributions- und sonstigen Strategien) sind daher wichtige Auswahlkriterien für die Konsorten.

Das offene Konsortium wird nach außen hin rechtlich wirksam (Außengesellschaft), so dass aufgrund der gesamtschuldnerischen Haftung *jeder* einzelne Konsorte vom Abnehmer bezüglich Gewährleistung, Schadenersatz usw. herangezogen werden kann. Damit hat es für den Abnehmer vor allem den Vorteil einer Verbreiterung der Haftungsgrundlage. Da es gegenüber dem Kunden, im Außenverhältnis, die gemeinsame und solidarische Haftung für die Erfüllung aller Vertragspflichten übernimmt, ist der Abnehmer weit besser abgesichert als bei einer Generalunternehmerschaft oder dem Fall des Komponentenkaufs. Die gesamtschuldnerische Haftung bewirkt, dass der Kunde sich zunächst an jeden beliebigen Konsortialpartner wenden kann, um seine Forderungen, z. B. bezüglich der Gewährleistung, geltend zu machen.

Aus der Sicht eines Projekt*kunden* liegt der Vorteil konsortialer Projektkooperation in einer Verbreiterung der Haftungsgrundlage der Anbieter. Durch die gesamtschuldnerische Haftung jedes Konsorten ist der Abnehmer wesentlich besser abgesichert, als er es bei einer Generalunternehmerschaft oder im Fall eines Komponentenkaufs wäre.

Als nachteilig für den Kunden kann sich auswirken, dass ein Konsortium über mehr Verhandlungsmacht verfügt als ein einzelnes Unternehmen. Ein Konsortium ist in der Regel eher als ein einzelner Anbieter, der als Komponenten-Lieferant oder als Generalunternehmer auftritt, in der Lage Verhandlungsdruck auszuüben. Werden viele Anbieter in das Konsortium einbezogen, kann es darüber hinaus zu einer Abschwächung der Wettbewerbsintensität kommen, weil möglicherweise weniger Angebote miteinander konkurrieren. Im Vergleich zur Vergabe von Einzelaufträgen (Komponentenkauf) ist letzterer in der Regel für Kunden mit genügendem Know-how mindestens prima facie kostengünstiger als eine Auftragserteilung an ein Konsortium.

8.5.3 Stilles Konsortium

Die heute wohl häufigste Form der Anbieterkoalition bei größeren und internationalen Projekten ist das stille Konsortium. Konsortien können als offene oder *stille Konsortien* auftreten. Die beiden Typen unterscheiden sich in der Praxis nicht darin, ob die Existenz eines Konsortiums dem Kunden bekannt ist oder nicht. Zwar ist der Grad der Kenntnis von Zusammensetzung und Funktionsweise der Koalition beim offenen Konsortium größer als beim stillen Konsortium. Aber auch bei dem letztgenannten ist es durchaus üblich, dass der Abnehmer die am Konsortium beteiligten Unternehmen kennt, dass er über Veränderungen unterrichtet wird und vielleicht sogar Einfluss auf die Zusammensetzung nimmt. Die Unterschiede liegen vielmehr in der juristischen Konstruktion und den rechtlichen Folgen.

Beim stillen Konsortium (vgl. die schematische Darstellung in Abb. 8.5) entsteht im Außenverhältnis formell eine Generalunternehmerschaft. Im *Außen*verhältnis zum Abnehmer, also dem Projektkunden, kontrahiert ein Anbieter (der *intern* Konsortialführer ist) alleinverantwortlich. Er ist demzufolge auch dem Abnehmer gegenüber zunächst allein zur Leistungserbringung verpflichtet. Der Kunde schließt also einen projektbezogenen Vertrag mit einem Generalunternehmer.

Im *Innen*verhältnis der Kooperationspartner, die sich um den Generalunternehmer scharen oder von diesem herangezogen werden, schließt der Generalunternehmer mit weiteren Anbietern einen Konsortialvertrag ab, in dem letztere die Risiken aus dem

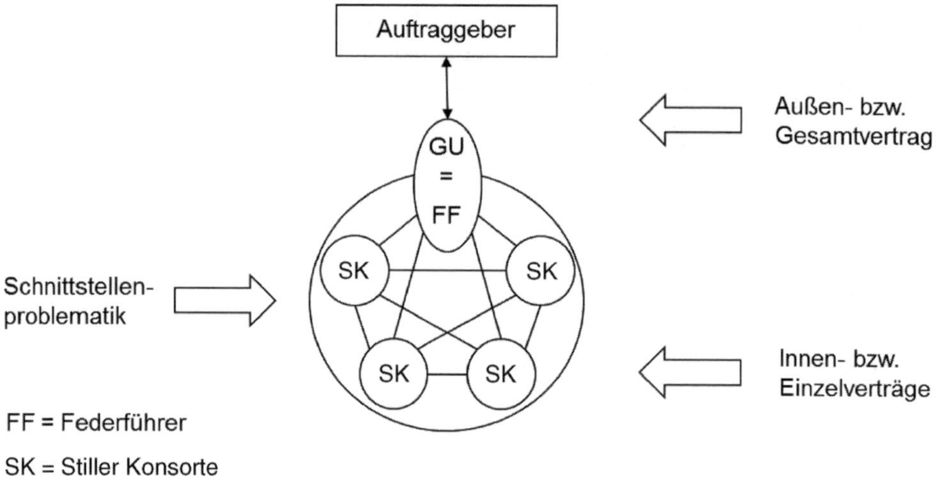

Abb. 8.5 Das stille Konsortium (VDI 1991, S. 38)

Kundenvertrag mit übernehmen. Damit wird im Innenverhältnis die Haftung für die Gesamtleistung auf Konsortialpartner aufgeteilt, es erfolgt also eine entsprechende Risikoteilung. Unbeschadet dieses Sachverhaltes mag der Generalunternehmer wie auch jeder stille Konsorte Verträge mit Unterlieferanten eingehen.

Von der Generalunternehmerschaft unterscheidet sich das stille Konsortium folglich durch die Gestaltung des Innenverhältnisses (Anbieterzusammenschluss statt Unterlieferanten-Verhältnisse), vom offenen Konsortium durch die Gestaltung des Außenverhältnisses (*ein* Ansprechpartner in Haftungs- und Garantiefragen anstelle mehrerer Ansprechpartner für den Kunden).

Der Vorteil des stillen Konsortiums liegt vor allem darin, dass dem Kunden eine Verhandlungs- und Verantwortungszentralisierung geboten wird und doch – intern – eine Risikoverteilung unter den Anbietern erreicht wird. Mit dieser Argumentation ist das stille Konsortium zu einer äußerst beliebten Form der Anbieterkoalition geworden. Allerdings liegen hierzu – verständlicherweise – exakte empirische Befunde wie etwa Statistiken nicht vor.

8.5.4 Arbeitsgemeinschaft

Die Arbeitsgemeinschaft (Arge) stellt ebenfalls einen Zusammenschluss verschiedener Anbieter dar, der auf die Erbringung einer bestimmten Leistung gerichtet und zeitlich auf ein Projekt begrenzt ist. Während das Konsortium einer Liefergemeinschaft selbständiger Partner ähnelt und die Erstellung der Leistung selbst in den einzelnen Unternehmen erfolgt, tritt die Arge als der eigentliche Leistungsträger auf. Sie besitzt – im Gegensatz zum

Konsortium – ein eigenes Gesamthandsvermögen, das die Partner z. B. in Form von Maschinen zur Verfügung stellen. Sie tritt als Arbeitgeber auf und erteilt ihrerseits Aufträge, beispielsweise bezüglich der Beschaffung von Baumaterial. Die Arge rechnet selbständig ab. Nach Abschluss des Projektes teilen die beteiligten Partner Gewinn und Verlust. Sie nimmt eher die Züge einer Unternehmung auf Zeit an, die selbständig und als Einheit handelt. Projektkooperationen in Form einer Arbeitsgemeinschaft finden sich vor allem in der Bauwirtschaft.

8.5.5 Entscheidungskriterien für die Wahl einer Kooperationsform

Die Entscheidung für eine der beschriebenen Organisationsformen kann aus der Sicht der verschiedenen Beteiligten nach unterschiedlichen Kriterien erfolgen. Einige der wichtigsten sind:

- evtl. Wünsche bzw. Forderungen des Kunden,
- angestrebter Leistungsumfang und Erlösanteil,
- Know-how und Kapazitäten (Kapazitätsziele),
- Erschließung bestimmter Märkte/Marktsegmente, u. U. mit Hilfe von Kooperationen,
- Profilierung und Referenzerlangung,
- Mitsprache und Mitentscheidung in der Anbieterkoalition und
- Bereitschaft zur Risikoübernahme.

Die wichtigsten Vor- und Nachteile der Generalunternehmerschaft bzw. des offenen Konsortiums und damit die bedeutendsten Entscheidungskriterien zwischen beiden Formen sind in Tab. 8.12 gegenübergestellt.

Für die Struktur und den Ablauf von Projektkooperationen in den o. g. Organisationsformen ist im Übrigen die Frage von Bedeutung, zu welchem Zeitpunkt die Bildung einer Projektkooperation vertraglich erfolgen sollte.

Eine *frühe* Bildung von Anbieterkoalitionen erfolgt in der Anfragen- oder Angebots(erstellungs)phase von Projekten. Von einer *späten* Bildung kann man sprechen, wenn ein Anbieter (Auftragnehmer, Generalunternehmer, „main contractor") sich erst *nach* dem Auftragserhalt mit Kooperationspartnern vertraglich zusammenschließt. Eine Kooperationsentscheidung und Partnerwahl bereits in Phasen der Angebotsvorbereitung empfiehlt sich,

- wenn ein Anbieter auf starke Marktpartner, deren Know-how und Kapazitäten angewiesen ist,
- wenn der Kunde Präferenzen für *bestimmte* Angebotspartner oder Lieferländer zu erkennen gibt,
- wenn die zu erstellende Leistung noch wenig strukturiert ist und Partner zur Strukturierung und Spezifizierung des Angebots benötigt werden.

Tab. 8.12 Gegenüberstellung Generalunternehmerschaft – offenes Konsortium (Backhaus und Voeth 2010, S. 355)

	Generalunternehmerschaft	Konsortien
Vorteile für den Kunden	Nur ein Verhandlungspartner Gesamtrisiko in einer Hand	Leistungsanteile können direkt verhandelt werden Haftungsbasis wird vergrößert
Vorteile für den Anbieter	Eigenleistung ist beim Generalunternehmer frei bestimmbar Freie Wahl der Subunternehmer Referenzvorteil	Risikoanteil sinkt für alle Anbieter Direkter Kundenkontakt nicht nur für den Generalunternehmer, sondern für alle Konsorten (Referenz) Evtl. können Finanzierungshilfen genutzt werden, wenn als Voraussetzung direkte Kundenkontakte gegeben sind
Nachteile für den Kunden	Evtl. geringe Haftungsbasis beim Anbieter Wenn eigenes Know-how groß ist, müssen u. U. Leistungen, die selbst erbracht werden können, abgegeben werden	Mehrere Verhandlungspartner Er muss die Nahtstellenprobleme beurteilen können
Nachteile für den Anbieter	Wenn die Lieferkonditionen nicht weitergegeben können Größeres Risiko beim Generalunternehmer	Höhere Kosten durch Koordinationserfordernisse Direkter Haftungszugriff auf alle Konsorten

Dagegen kann die Koalitionsbildung eher auf spätere Phasen verschoben werden,

- wenn der Hauptauftragnehmer in der Lage ist, das Angebot ausreichend detailliert auszuarbeiten und zu verhandeln,
- wenn der Anbieter eine starke Marktposition, evtl. eine Alleinstellung mit seinen Produkten bzw. seinem Know-how, besitzt oder hohe Präferenzen beim Kunden genießt.

8.5.6 Typische Fehlerquellen bei der Wahl der Kooperationsform

Bevor die Entscheidung über die Kooperationsform getroffen wird, sollte sich der Beurteilende nochmals die nachstehenden Gesichtspunkte vor Augen führen, die sich immer wieder als typische Fehlerquellen bei der Entscheidungsfindung herausstellen (VDI 1991, S. 82 ff.).

Soll eine Kooperationsbeziehung eingegangen werden, sind stets die folgenden Einflussgrößen besonders zu beachten:

- die Produktpalette des jeweiligen Kooperationspartners,
- die Machtverhältnisse innerhalb der kooperierenden Gruppe,

- die Bereitschaft des einzelnen Kooperationspartners zur Übernahme von Risiken, insbesondere Haftungs- und Gewährleistungsrisiken für den eigenen Liefer- und Leistungsanteil.

Häufig wird zunächst nur die Verteilung der Lieferungen und Leistungen geklärt, aber kein Gesamtkonzept für die Zusammenarbeit unter Berücksichtigung aller Aspekte entworfen. Dies kann dazu führen, dass der Partner mit dem stärksten Interesse am Projekt später Kooperationsbedingungen der anderen Partner akzeptieren muss, die seine Situation erheblich verschlechtern. Daher sollten frühzeitig alle wesentlichen Aspekte der Kooperation verbindlich geklärt werden. Dies gilt verstärkt bei korporativer Zusammenarbeit.

Im Hinblick auf eine ausgewogene Interessenlage ist es wichtig, dass sich alle beteiligten Gesellschafter gleichermaßen um den Erfolg der Zusammenarbeit bemühen. Daher sollte eine möglichst einheitliche Interessenlage für alle Partner bestehen oder geschaffen werden. Gelingt dies nicht, besteht die Gefahr, dass ein Partner, der weniger Interesse an dem Geschäft hat, die anderen Partner mit stärker ausgeprägtem Interesse ausschließlich zu seinem eigenen Vorteil ausnutzt – und zwar zu Lasten der stärker interessierten Partner. Hier kommt einer ausgewogenen Verteilung von Chancen und Risiken eine wesentliche Bedeutung zu. In der Praxis treten gelegentlich folgende Fälle auf, die hier als Beispiel dienen mögen: ein mit Aufträgen ausgelasteter Partner täuscht starkes Interesse vor, oder ein Partner aus einem Land, das einen regierungsgestützten Kredit gewährt und einen Wettbewerber aus diesem Land bevorzugt, fühlt sich deshalb oder aus anderen Gründen in seiner Rolle als Kooperationspartner allzu sicher. In diesen Fällen ist das Erkennen der wirklichen Interessen des Partners schwierig, sollte aber versucht werden, um Fehlentscheidungen vorzubeugen.

Schnittstellenproblematik Eine oft vernachlässigte Aufgabe ist die zweifelsfreie Abgrenzung der Verantwortungsbereiche der einzelnen Partner. Entstehen dadurch Lücken im Liefer- und Leistungsbereich, kann dies zu erheblichen Leistungs-, Gewährleistungs- und Haftungsansprüchen des Kunden führen. Dies wiederum zieht insbesondere in Konsortien harte Auseinandersetzungen zwischen den Partner nach sich, wenn geklärt werden muss, in wessen Verantwortungs- und Risikobereich die Ansprüche fallen. Je mehr Konsortialpartner beteiligt sind, umso schwieriger, komplizierter und langwieriger werden die Auseinandersetzungen. In der Generalunternehmerschaft trägt der Generalunternehmer allein das Risiko, wenn er die in Unterauftrag gehenden Lieferungen und Leistungen nicht vollständig bzw. zweifelsfrei bei den Unterlieferanten in Auftrag gibt. Dafür verfügt er aber bei Auseinandersetzungen allein über die erforderlichen Entscheidungsspielräume.

Zuordnung von Risiken Die Lieferungen und Leistungen und die damit zusammenhängenden Verantwortungsbereiche und Risiken einerseits und der Anteil am Kundenpreis und der Zufluss der Zahlung andererseits bei dem jeweiligen Partner sollten sich entsprechen und „zusammenpassen". Ein Partner sollte möglichst die Risiken übernehmen und gegebenenfalls kalkulieren, die sich aus seinem Anteil ergeben, die er beeinflusst und die er aufgrund seiner Erfahrungen kennen sollte. Besondere Vorsicht ist geboten, wenn ein Partner sehr risikofreudig ist, aber nur über eine geringe Haftungssubstanz (z. B. niedriges Stammkapital) verfügt. Leicht können sich Schwierigkeiten bei schwer überschaubaren Risiken (z. B. bei lokalen Lieferungen und Leistungen, Bau und Montage) ergeben. Hier kann in einzelnen Fällen die Übernahme der betreffenden Arbeiten durch den Kunden, aber auch bereits eine finanzielle Risikobeteiligung des Kunden entlastend wirken.

Preisgestaltung beim Konsortium Die Kooperationsentscheidung sollte nicht zu einer unnötigen Erhöhung des Angebotspreises für das Projekt führen. Diese Gefahr besteht insbesondere bei Konsortien, und zwar vor allem dann, wenn keine ausreichende und eindeutige Abgrenzung der Verantwortungs- und Risikobereiche getroffen wurde. Da aufgrund der gesamtschuldnerischen Haftung bei einem Konsortium jeder Partner einen Teil des Risikos der anderen Partner mit trägt, besteht die Neigung, diese Risiken zusätzlich zu kalkulieren, was zu beachtlichen Preiszuschlägen führen kann. Dies kann nur dadurch vermieden werden, dass sich alle Partner über eine einheitliche Vorgehensweise bei der Kalkulation einigen und insbesondere die sich aus der Kooperation ergebenden Risiken offen diskutieren, gemeinsam bewerten und sich auf eine entsprechende preisliche Berücksichtigung einigen.

8.6 Produktentwicklungskooperation

Eine besondere Form der Projektkooperation ist die Zusammenarbeit bei einem Projekt, dessen Gegenstand die Entwicklung neuer Produkte oder Dienstleistungen ist. Dabei kommt es typischerweise zu Kooperationen folgender Art:

1. Zusammenarbeit zwischen einem die Technologie liefernden bzw. die Produktentwicklung besorgenden und einem Produktion und/oder Vermarktung betreibenden Unternehmen,
2. Zusammenarbeit zwischen Herstellern und Händlern,
3. Zusammenarbeit zwischen einem Unternehmen sowie seinen Lieferanten und
4. Zusammenarbeit zwischen einem Unternehmen und Beratern.

Als Beispiel sei hier die als dritten Punkt genannte Zusammenarbeit mit Lieferanten genannt. Eines der Projektziele ist in derartigen Fällen die Beschleunigung des Entstehungs- und Entwicklungszyklus. Damit soll sichergestellt werden, dass ein Produkt baldmöglichst in den zweiten Abschnitt des Produktlebenszyklus, den Marktzyklus, eintreten kann, und zwar durch die beschleunigte Markteinführung. Das Verfahren, das zur Verkürzung der Entwicklungszeit heute eine besondere Rolle einnimmt, ist das *Simultaneous Engineering* (Chelsom 1989). Dabei handelt es sich um eine projektbezogene Zusammenarbeit des betrachteten Unternehmens mit Lieferanten von Materialien, Maschinen usw. Ziel ist es, sonst nacheinander erfolgende Schritte wie etwa Produktentwicklung, Materialbestellung, Ma-

Tab. 8.13 Charakteristika des Simultaneous Engineering

Simultaneous Engineering
Ist das gleichzeitige Entwickeln von Produkten und Produktionseinrichtungen mit Hilfe von firmeninternen Projektteams unter weitgehender Einbeziehung von Zulieferern und Systemherstellern
Zielt auf eine Verkürzung der Innovationszyklen und auf Leistungsverbesserungen durch frühzeitige Koordination
Wird z. B. im Fahrzeugbau, in der elektrotechnischen Industrie und im Industrieanlagenbau eingesetzt
Erfordert ein produkt-, funktions- und bereichsübergreifendes Denken und Handeln, insbesondere Kooperation
Synchronisiert z. B. Vertrieb, Fertigung und Beschaffung
Muss unternehmensübergreifend eingesetzt werden; dabei müssen Lieferanten, Komplementär-Anbieter und Abnehmer (Verwender/Weiterverarbeiter) einbezogen und koordiniert werden
Nutzt die Chancen computergestützter Konstruktion (CAD), Engineering (CAE), Fertigung (CAM) usw., u. a. mit Hilfe der Datenfernübertragung zwischen den beteiligten Unternehmen
Setzt insb. die herkömmlichen Methoden des Projektmanagements und der Projektorganisation ein
Eröffnet Chancen im Bereich von Innovation, Qualität, Bindung von Lieferanten und Abnehmern
Stellt aber auch hohe Ansprüche an Partnerauswahl, Kooperation und Organisation
Birgt Risiken aus wechselseitigen Abhängigkeiten
Kann oder wird oft zur Folge haben, dass sich langfristige Geschäftsbeziehungen etablieren

schinenbeschaffung usw. überlappend und in frühzeitiger kooperativer Zusammenarbeit mit strategischen Partnern auf der Beschaffungsseite stattfinden zu lassen (vgl. die schematische Darstellung in Abb. 8.6). Es handelt sich also vom entwickelnden Unternehmen aus gesehen um eine vertikale Projektkooperation. Die Eigenarten des Simultaneous Engineering sind in der Tab. 8.13 zusammengefasst.

Besondere Aufmerksamkeit verdient bei dieser Form der Projektkooperation die spezielle Eigenart der Partnerauswahlentscheidung. Der geringe Strukturierungsgrad von Entwicklungsprojekten in frühen Phasen bringt es mit sich, dass eine frühe Einschaltung von Kooperationspartnern inflexibel macht und Know-how-Abfluss ermöglicht. Es wird also ganz besonders wichtig, solche Partner auszuwählen, bei denen frühzeitig bekannt oder abschätzbar ist, dass sie das Projekt mittragen und ggf. nach erfolgreichem Abschluss dauerhafter Lieferant für Folgeprojekte werden. Das entwickelnde Unternehmen verzichtet zugunsten einer zeitlichen Beschleunigung zumindest teilweise auf die Option, in späten Innovationsphasen unterschiedliche Angebote einzuholen und die Wettbewerber auf der Lieferantenstufe gegeneinander auszuspielen. Stattdessen bindet es sich, um mit den Partnern das Projekt weiter zu strukturieren und abzuwickeln. Voraussetzung für eine derartige Entscheidung ist umfassende Erfahrung und Vertrauen in die Kompetenz dieser Partner. Ferner ist eine vertragliche Absicherung erforderlich, z. B. mit Geheimhaltungs- und Exklusivitätsklauseln.

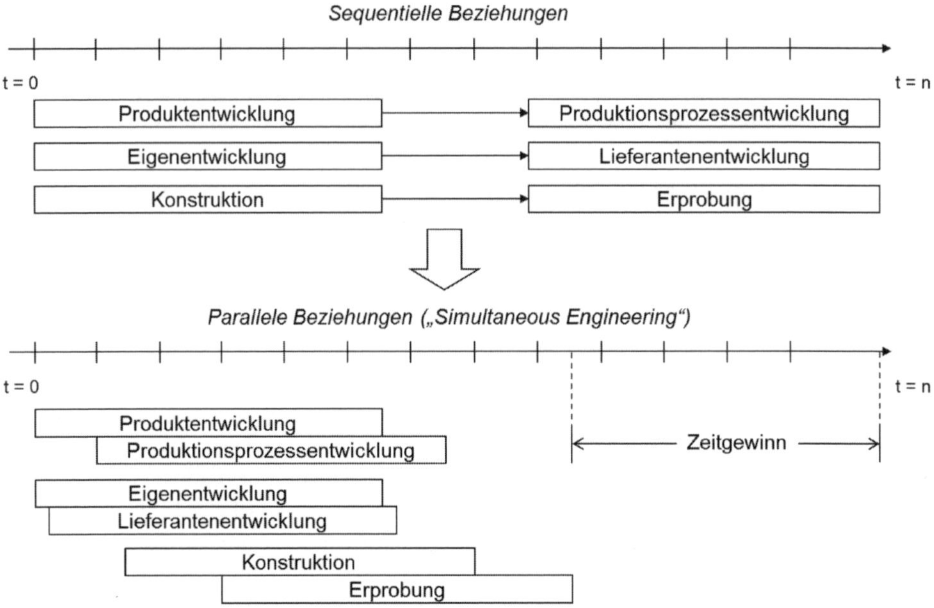

Abb. 8.6 Schematische Darstellung von Planungsabläufen ohne und mit Simultaneous Engineering (in Anlehnung an Eichler und Steinau 1993, S. 29)

8.7 Projektkooperation „zwischen Markt und Hierarchie"

Projektkooperationen im Investitionsgüter-Marketing stellen eine Zwischenformen zwischen den Extremen „Markt-Koordination" (mit dezentraler Koordination der Entscheidungen über auszuhandelnde Preise) einerseits und der Koordinationsform „Hierarchie", also der festgefügten Form des Wirtschaftens innerhalb eines Unternehmenszusammenschlusses oder eines einzigen Unternehmens. Erklärungsansätze, warum man welche der beiden extremen Formen des Produzierens und Arbeitens wählt oder warum man Kooperationen als Zwischenform wählt, liefern neuere Ansätze der ökonomischen Theorie. So vermag die Transaktionskostentheorie zur Erklärung und zur Optimierung der Wahl einer Organisationsform beizutragen. Sie postuliert, diejenige Organisationsform, hier eben auch Kooperationsform zu wählen, die mit den geringsten Transaktionskosten verbunden ist. Dabei bestehen die zu vergleichenden Transaktionskosten in Suchkosten, Anbahnungskosten, Vertragskosten und Kontrollkosten (Thommen und Achleitner 2012, S. 861). So entstehen bei Projektkooperationen Informations- und Suchkosten etwa bei der Partnerauswahl, Kosten des Aushandelns von Kooperationsverträgen, Anpassungskosten und Kontrollkosten solcher Verträge treten etwa beim industriellen Anlagengeschäft im Rahmen des Projekt-, Konfigurations- und Claim-Managements auf. Die Transaktionskostentheorie lässt sich auch heranziehen, um Partnerwechsel oder längerfristige Stabilität von Anbieterkoalitionen im industriellen Anlagengeschäft zu erklären.

Abb. 8.7 Das Marketing-Viereck

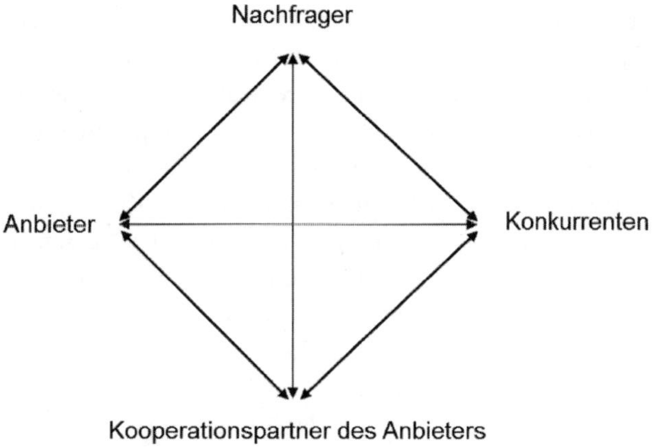

Eine beliebte Darstellung der Beteiligten im Marketing ist das sogenannte Marketing-Dreieck (Anbieter-Nachfrager-Wettbewerber). Es soll im Zusammenhang mit dem „Denken in Wettbewerbsvorteilen" Kunden- und Konkurrenzorientierung visualisieren (Plinke 2000, S. 66 ff.; Günter 1997 und 2007). Wie oben dargestellt, muss aber für horizontale und, wenn auch in abgewandelter Form, für vertikale Marketing-Kooperationen eine Erweiterung vorgenommen und von einem „Marketing-Viereck" ausgegangen werden (vgl. Abb. 8.7; Günter 1992). Dieses enthält nun als viertes Element den/die Kooperationspartner.

Das Marketing-Viereck stellt eine auch auf kooperative Strategien ausgerichtete Sichtweise für die Erarbeitung von Unternehmensentscheidungen in einen gegenüber dem Marketing-Dreieck erweiterten gedanklichen Rahmen. Es ist ein anderer Denkstil, welcher der Betrachtung von Kooperationen im Marketing zugrundeliegt. Mit zunehmender Bedeutung von vertikalen Kooperationen verliert die traditionelle Perspektive, die Lieferant und Abnehmer/Kunde als Marktgegenseiten auffasst, an Bedeutung. Zwar wird es auch bei derartigen Kooperationen nach wie vor Interessengegensätze zwischen Anbieter und Nachfrager geben. Je nach Bindungsintensität einer Geschäfts- bzw. Kooperationsbeziehung ist allerdings eine wachsende Bedeutung oder gar Dominanz auch gleichgerichteter Ziele zu registrieren. Dies manifestiert sich letztlich z. B. in partiellen Verschmelzungen der beteiligten Organisationen in Projektteams oder Teams beim Simultaneous Engineering sowie in logistischen und informatorischen Verkettungen bei Just-in-time-Beziehungen.

Eine spezielle Form der Projektkooperation und ein Beispiel für eine Mischform zwischen marktlicher und organisationshierarchischer Koordination stellt eine Zusammenarbeit bei Vorhaben des industriellen Anlagengeschäfts dar, die sich in *BOT-Verträgen* bzw. *BOOT-Verträgen* niederschlägt (vgl. auch das Kap. 3 in diesem Buch). Build-Operate-Own- bzw. Build-Operate-Own-Transfer-Vereinbarungen sind Formen des Angebots und der Abwicklung von Anlagenbau-Projekten zwischen Nachfragern und bestimmten Konstellationen von Anbieterkoalitionen. Die genannte Kennzeichnung der Vertragstypen gibt bereits die Konstellation der Anbieter an. Basis ist der Wunsch eines Anlagen-Nachfragers, außer Planung und Bau einer Anlage („build") auch das Betreiben („operate") und ggf. das Eigentum oder Miteigentum an der Anlage („own") Anbietern zu übertragen. Nachfrager erwarten von diesen Vereinbarungen ein besonders intensives Engagement der Anbieter, eine Entlastung in der Finanzierung, Know-how-Transfer und schließlich auch Risikominderung. In der Praxis bedeutet die Umsetzung solcher Forderungen, dass die Anbieterkoalition auch Partner mit Betreiber-Know-how umfassen muss. Diese, evtl. auch andere Partner müssen sich im Falle des „Own" zusätzlich in einer Betreibergesellschaft engagieren. Eine verbreitete Lösung der Finanzierung besteht dann darin, dass das Entgelt für die Anbieter aus den Erlösen des Betriebs einer Anlage erwirtschaftet werden muss.

Bei der betriebswirtschaftlichen Planung und Umsetzung dieser Kooperationsform geht es u. a. um folgende Entscheidungsprobleme:

Zumindest teilweise ist die Nachfragervorgabe durch Informationsasymmetrien, speziell die Qualitätsunsicherheit des Nachfragers über die Qualität der Leistungserbringung, herbeigeführt. Dieser können sich Anbieter durch Qualitätssignale stellen wie etwa Informationsabgabe oder Reputationsaufbau und -kommunikation. Maßgebliches Instrument und Transaktionsdesign im Sinne der Informationsökonomik ist aber hier der Abschluss von Kontingenzverträgen. BOT- bzw. BOOT-Vereinbarungen können in diesem Sinne *auch* als „contingent contracts" interpretiert werden, zumindest enthalten sie Elemente solcher Kontrakte. Sie beinhalten vertragliche Absicherungen des Nachfragers und Auftraggebers für den Fall, dass der/die Auftragnehmer sich opportunistisch verhalten und bei bzw. nach Abwicklung nicht die gewünschte Hilfestellung leisten, z. B. beim Betrieb der Anlage und zur Sicherstellung ihrer Funktionserfüllung. Anbieter sind also gefordert, durch Abschluss solcher Kontingenzverträge die Unsicherheit des Nachfragers zu reduzieren. Dazu ist bei der Partnerwahl Betreiber-Know-how zu integrieren und das gesellschaftsrechtliche Engagement im Fall des „own" betriebswirtschaftlich zu kalkulieren und festzulegen. Ähnliches gilt für das finanzielle Engagement im letzteren Fall, das die Einbindung kapitalstarker Partner nahelegt.

Für jedes an einer Anbieterkoalition beteiligte Unternehmen stellt sich die Grundsatzfrage der Beteiligung, die aus der strategischen Positionierung und damit aus dem Selbstverständnis des Anbieters heraus zu entscheiden ist. Die Entscheidung wird aber – insbesondere bei Nachfragern mit schwacher Marktposition – auch unter Wettbewerbs- und Risikogesichtspunkten fallen müssen. Dabei sind die personellen und finanziellen Ressourcen sowie eventuelle Rückzugsmöglichkeiten von maßgeblicher Bedeutung.

BOT- und BOOT-Verträge befassen sich mit Organisationsoptionen, die ebenfalls Zwischenformen zwischen einer rein marktlichen Koordination und einer integrierten Koordination innerhalb eines einzelnen Unternehmens bedeuten. Das Dargestellte macht deutlich, dass diese aktuelle Form der Projektkooperation mit Entscheidungsfragen verbunden ist, die nicht nur in der Unternehmenspraxis nicht abschließend gelöst erscheinen, sondern die vor dem theoretischen Hintergrund der Neuen Institutionenökonomik interessante Analyse- und Handlungshinweise erfahren.

8.8 Übungsaufgaben

1. Welche Phasen der Angebotsplanung und Auftragsabwicklung lassen sich unterscheiden?
2. Welche Gründe können zu Kooperationen bei der Angebotsplanung führen?
3. Bei welchen Kauftypen erscheinen Kooperationen mit anderen Anbietern sinnvoll? Begründen Sie Ihre Antwort!
4. Was versteht man unter einem multiorganisationalen Selling Center, und in welchem Zusammenhang steht es mit dem überbetrieblichen Projektmanagement?
5. Welche Argumente sprechen für eine frühzeitige Bildung einer Anbieterkoalition?
6. Auf welche Angebotsinhalte beziehen sich die wichtigsten Koordinationserfordernisse bei kooperativer Angebotsplanung?
7. Mit welchen Vor- und Nachteilen kann ein Parallelangebot verbunden sein?
8. Welche Kriterien der Auswahl von Angebotspartnern werden besonders bedeutsam, wenn ein Anbieter mit ihm kaum bekannten ausländischen Kooperationspartnern zusammenarbeiten muss?
9. Welche Gründe können einen Anbieter dazu veranlassen, als Angebotspartner anstelle eines bekannten deutschen Lieferanten einen weniger bekannten ausländischen Anbieter zu bevorzugen?
10. Welche Gründe sind dafür maßgeblich, dass eine Unternehmung A, die für ein komplett zu erstellendes Kraftwerk (nur) Dampfkessel liefert, nicht die Generalunternehmerschaft übernimmt?
11. Unter welchen Voraussetzungen ist ein Anbieter in der Lage, als Generalunternehmer aufzutreten?
12. Warum kann auch zwischen konkurrierenden Lieferanten eine Kooperation, z. B. in einem Konsortium, erforderlich sein?
13. Ein Kunde K verlangt von einem Maschinenhersteller M bei einer Neuentwicklung zwingend den Einbau von Steuerungseinrichtungen des Elektronikanbieters E. Welche Gründe können für derartige Präferenzen maßgebend sein?
14. Aus welcher Interessenlage heraus wünscht ein Anlagenkunde eine Anbieterkoalition
    a. in Form eines Konsortiums,
    b. in Form der Generalunternehmerschaft?
15. Inwiefern beeinflussen Finanzierungswünsche eines Anlagenkunden Kooperationsentscheidungen des Anlagenanbieters?
16. Welche Bedeutung haben Schutzrechte (Lizenzen) für Entscheidungen über und in Anbieterkoalitionen?
17. Welche Kooperationserfordernisse ergeben sich bei Gegengeschäften, wenn der Kunde die Abnahme von auf der Anlage erzeugten Produkten verlangt?
18. Worin liegt der Grundgedanke einer konsortialen Zusammenarbeit?

19. Worin liegt die besondere Bedeutung der Ausrichtung von Kooperations- und Zulieferverträgen am Anlagenvertrag (Kundenvertrag)?
20. Was spricht aus der Sicht eines Projekt-Investors für eine Lösung „Build-Own-Operate-Transfer"?

Literatur

Backhaus, K. (1980). *Auftragsplanung im industriellen Anlagengeschäft*. Stuttgart: Poeschel.

Backhaus, K., & Voeth, M. (2010). *Industriegütermarketing* (9. Aufl.). München: Vahlen.

Backhaus, K., Aufderheide, D., & Späth, G.-M. (1994). *Marketing für Systemtechnologien – Entwicklung eines theoretisch-ökonomisch begründeten Geschäftstypenansatzes*. Stuttgart: Schäffer-Poeschel.

Bea, F. X., Scheurer, S., & Hesselmann, S. (2011). *Projektmanagement* (2. Aufl.). Stuttgart: UTB.

Bristor, J. M. (1987). *Buying Networks: A Model of positional Influence in Organizational Buying*. Dissertation. University of Michigan.

Bruhn, M. (2012). *Relationship Marketing* (3. Aufl.). München: Vahlen.

Chelsom, J. V. (1989). Simultaneous Engineering in Fallbeispielen. In Verein Deutscher Ingenieure (VDI) (Hrsg.), *Simultaneous Engineering. VDI-Bericht* (S. 169–180, Bd. 758). Düsseldorf: VDI.

Eichler, B., & Steinau, S. (1993). Auch Zulieferer müssen immer mehr Flexibilität beweisen. *Handelsblatt*, Donnerstag, 7.10.1993, Nr. 194, S. 29.

Engelhardt, W. H., & Günter, B. (1981). *Investitionsgüter-Marketing*. Stuttgart u. a.: Kohlhammer.

Gemünden, H. G. (1985). Wahrgenommenes Risiko und Informationsnachfrage. *Marketing – Zeitschrift für Forschung und Praxis*, *1*(1), 27–38. 7. Jg.

Günter, B. (1977). Anbieterkoalitionen bei der Vermarktung von Anlagegütern – Organisationsformen und Entscheidungsprobleme. *Anlagenmarketing*. Sonderheft 7/77 der Zeitschrift für betriebswirtschaftliche Forschung, hrsg. von W. H. Engelhardt und G. Leßmann, Opladen 1977, S. 155–172.

Günter, B. (1979). *Das Marketing von Großanlagen – Strategieprobleme des Systems Selling*. Berlin: Duncker & Humblot.

Günter, B. (1992). Unternehmenskooperation im Investitionsgüter-Marketing – Überlegungen zu einer unterschätzten Strategie. *Zeitschrift für betriebswirtschaftliche Forschung*, *1992*(9), 792–808. 44. Jg.

Günter, B. (1995). Vertragsgestaltung. In M. Kleinaltenkamp, & W. Plinke (Hrsg.), *Technischer Vertrieb – Grundlagen* (S. 923–945). Berlin u. a.: Springer.

Günter, B. (1997). Wettbewerbsvorteile, mehrstufige Kundenanalyse und Kunden-Feedback im Business-to-Business-Marketing. In K. Backhaus, B. Günter, M. Kleinaltenkamp, W. Plinke, & H. Raffée (Hrsg.), *Marktleistung und Wettbewerb* (S. 213–231). Wiesbaden: Gabler.

Günter, B. (2007). Verlässlichkeit als Wettbewerbsvorteil im Business-to-Business-Marketing. In J. Büschken, M. Voeth, & R. Weiber (Hrsg.), *Innovationen für das Industriegütermarketing* (S. 185–199). Stuttgart: Schäffer-Poeschel.

Günter, B., & Kuhl, M. (2000). Industrielles Beschaffungsmanagement. In M. Kleinaltenkamp, & W. Plinke (Hrsg.), *Technischer Vertrieb. Grundlagen des Business-to-Business Marketing* (S. 374–450, 2. Aufl.). Berlin u. a.: Springer.

Handelsblatt (2012). Ausgabe 28./29./30. September 2012, Nr. 189.

Hautkappe, B. (1986). *Unternehmereinsatzformen im Industrieanlagenbau.* Heidelberg: Verl.-ges. Recht u. Wissenschaft.

Heger, G. (1988). *Anfragenbewertung im industriellen Anlagengeschäft*. Berlin: Dissertation.

Helm, R., Mehlhorn, A., & Strohmayer, M. (1986). Die Vertrauensproblematik bei zwischenbetrieblichen Kooperationen in der mittelständischen Industrie. *Zeitschrift für Planung, 1996*(1), 73–90. 7. Jg.

Höffken, E., & Schweitzer, M. (Hrsg.) (1991). *Beiträge zur Betriebswirtschaft des Anlagenbaus; Sonderheft 28/91 der Zeitschrift für betriebswirtschaftliche Forschung*. Düsseldorf.

Horn, N. (1986). *Der Konsortialvertrag; Lehrbrief für das Weiterbildende Studium Technischer Vertrieb der Freien Universität Berlin.* Berlin. (Nachdruck 1995)

Klöter, R. (1997). *Opponenten im organisationalen Beschaffungsprozess.* Wiesbaden: Gabler.

Lemiesz, D. (1978). *Abwicklung von Industrialisierungsprojekten. Planung und Errichtung von autonomen, unverbundenen Betriebsstätten in Entwicklungsländern.* Essen: Girardet.

Molter, W. (1986). *Verzugsrisiken im Anlagengeschäft - Risikoverteilung in Anbieterkonsortien.* Berlin/München: Duncker & Humblot.

Nicklisch, F. (Hrsg.). (1984). *Bau- und Anlagenverträge - Risiken, Haftung, Streitbeilegung.* Heidelberg: Müller.

Roth, P. (1977). Vergabeformen für die Beschaffung industrieller Anlagen. *Die Betriebswirtschaft, 1977*(37), 193–208.

Söllner, A. (1993). *Commitment in Geschäftsbeziehungen.* Wiesbaden: Gabler.

Thommen, J.-P., & Achleitner, A.-K. (2012). *Allgemeine Betriebswirtschaftslehre* (7. Aufl.). Wiesbaden: Gabler.

Verein Deutscher Ingenieure (VDI) (Hrsg.). (1991). *Projektkooperation beim internationalen Vertrieb von Maschinen und Anlagen.* Düsseldorf: VDI.

Weiber, R., & Jacob, F. (2000). Kundenbezogene Informationsgewinnung. In M. Kleinaltenkamp, & W. Plinke (Hrsg.), *Technischer Vertrieb - Grundlagen* (S. 523–612, 2. Aufl.). Berlin u. a.: Springer.

Zentes, J., Swoboda, B., & Morschett, D. (Hrsg.). (2005). *Kooperationen, Allianzen und Netzwerke* (2. Aufl.). Wiesbaden.

Autorenverzeichnis

Prof. Dr. Dr. h.c. Klaus Backhaus ist seit Frühjahr 2012 Senior Professor an der Westfälischen Wilhelms-Universität Münster, wo er seit 1989 das Institut für Anlagen- und Systemtechnologien leitet. Zuvor war er Hochschullehrer an der Universität Mainz und der Freien Universität Berlin. Außerdem war er fünf Jahre lang im Vertrieb von Großanlagen bei der Siemens AG tätig. Seine Forschungsschwerpunkte liegen im Industriegütermarketing, hierbei insbesondere in der Verhandlungsforschung, sowie in der Etablierung dominanter industrieller Standards. Seit 2005 ist er Mitglied der Nordrhein-Westfälischen Akademie der Wissenschaften und Künste.

M. Kleinaltenkamp et al. (Hrsg.), *Auftrags- und Projektmanagement*,
DOI 10.1007/978-3-658-01352-3,

RA Dr. Georg Berkel MBA ist Berater für Vertrags- und Verhandlungsmanagement und Inhaber einer Professur für Business Administration an der Internationalen Hochschule Bad Honnef. Zuvor verhandelte er rund zehn Jahre lang Anlagenverträge für die Siemens AG und Siemens Israel in 15 verschiedenen Ländern.

Dipl.-Kfm. Philipp Alexander Brüne studierte Betriebswirtschaftslehre an der Westfälischen Wilhelms-Universität Münster und der University of Queensland in Brisbane. Seit 2010 ist er wissenschaftlicher Mitarbeiter am Institut für Anlagen und Systemtechnologien von Prof. Backhaus. In seiner Forschung beschäftigt er sich vor allem mit der Frage, wie Produktivität von Dienstleistungen messbar und vergleichbar gemacht werden kann.

Dipl.-Ing. Matthias Claßen studierte Wirtschaftsingenieurwesen an der Technischen Universität Berlin. Seit Frühjahr 2009 ist er wissenschaftlicher Mitarbeiter am Executive Master of Business Marketing der Freien Universität Berlin. In seiner Forschung beschäftigt er sich vor allem mit Fragen des mehrstufigen Marketings.

Prof. Dr. Ingmar Geiger ist seit September 2009 Juniorprofessor für unternehmensbezogenes Dienstleistungsmarketing am Executive Master of Business Marketing der Freien Universität Berlin. Zuvor arbeitete er anderthalb Jahre als Unternehmensberater in Marketing- und Vertriebsfragen in Projekten weltweit bei Roland Berger Strategy Consultants. Seine Forschungsschwerpunkte liegen im Industriegütermarketing und in der Verhandlungsforschung.

Prof. Dr. Bernd Günter hat seit Oktober 1991 den Lehrstuhl für Betriebswirtschaftslehre, insbesondere Marketing, an der Heinrich-Heine-Universität Düsseldorf inne. Er ist Mitbegründer und Dozent der Düsseldorf Business School. Zuvor war er Hochschullehrer an der Freien Universität Berlin. Seine Forschungsschwerpunkte liegen im Business-to-Business-Marketing, im Kundenbeziehungsmanagement sowie im Kultur- und Stadtmarketing.

Prof. Dr. Frank Jacob hat seit April 2000 den Lehrstuhl für Marketing an der ESCP Europe Wirtschaftshochschule Berlin inne. Seine Forschungsschwerpunkte liegen im Business-to-Business- und im Dienstleistungsmarketing.

Sarah Krüger, BSc studierte Betriebswirtschaftslehre an der Freien Universität Berlin, wo sie während ihres Studiums als studentische Hilfskraft am Executive Master of Business Marketing arbeitete. Ihre Bachelorarbeit schrieb sie zum Thema „Anfragenbewertung im Projektgeschäft – State of the Art in Wissenschaft und Praxis". Seit Herbst 2012 ist sie als Trainee bei der Daimler AG beschäftigt.

Prof. Dr. Wulff Plinke ist seit 2011 emeritierter Gründungsdekan der ESMT European School of Management and Technology, Berlin. Im Jahre 2008 wurde er als Ordinarius der Humboldt-Universität zu Berlin emeritiert. Zuvor war er von 1985 bis 1993 Ordinarius für Allgemeine Betriebswirtschaftslehre an der Freien Universität Berlin. In diese Zeit fielen auch Gründung und Aufbau des Weiterbildenden Studiums Technischer Vertrieb unter seiner Leitung. Seine Forschungsschwerpunkte liegen im Industriellen Marketing Management.

Mag. Wolfgang Rabl ist CEO der next level consulting. Seine Arbeitsschwerpunkte als Senior Berater liegen im Bereich der Personal- und Organisationsentwicklung in projektorientierten Organisationen, in der Konzeption und Begleitung von komplexen Projekten und Programmen und in der Beratung von Veränderungsprozessen und Change Projekten. Zudem ist er im Academic Board des MBA Projektmanagement und Prozessmanagement der Salzburger Management Business School.

Dipl.-Kfm. Nico Wiegand studierte Betriebswirtschaftslehre an der Westfälischen Wilhelms-Universität Münster und der Università „La Sapienza" in Rom. Seit 2010 ist er wissenschaftlicher Mitarbeiter am Institut für Anlagen und Systemtechnologien von Prof. Backhaus. In seiner Forschung beschäftigt er sich vor allem mit dem Marketing plattformbasierter Systeme mit Schwerpunkt auf dem Einfluss direkter und indirekter Netzeffekte auf deren Adoption.

Sachverzeichnis